甘肃省常见中药生态适宜性区划

GANSU SHENG CHANGJIAN ZHONGYAO SHENGTAI SHIYIXING QUHUA

主审 ◎ 晋 玲　主编 ◎ 赵文龙

甘肃科学技术出版社

图书在版编目(CIP)数据

甘肃省常见中药生态适宜性区划 / 赵文龙主编. -- 兰州：甘肃科学技术出版社, 2023.6
 ISBN 978-7-5424-3029-8

Ⅰ.①甘… Ⅱ.①赵… Ⅲ.①药材-产地-区划-甘肃 Ⅳ.①S567

中国国家版本馆CIP数据核字(2023)第089538号

审图号：甘S（2023）4号

甘肃省常见中药生态适宜性区划
赵文龙　主编

责任编辑　陈学祥
封面设计　麦朵设计

出　版	甘肃科学技术出版社		
社　址	兰州市城关区曹家巷1号　730030		
电　话	0931-2131572(编辑部)　0931-8773237(发行部)		
发　行	甘肃科学技术出版社	印　刷	甘肃兴业印务有限公司
开　本	889毫米×1194毫米　1/16	印张 24　插页 4　字数 649千	
版　次	2023年11月第1版		
印　次	2023年11月第1次印刷		
印　数	1~1000		
书　号	ISBN 978-7-5424-3029-8	定　价　198.00元	

图书若有破损、缺页可随时与本社联系：0931-8773237
本书所有内容经作者同意授权,并许可使用
未经同意,不得以任何形式复制转载

项目支持

中医药行业科研专项(201207002)"全国第四次中药资源普查甘肃省试点项目"
中医药部门公共卫生专项(财社〔2013〕135号)"我国代表性区域特色中药资源保护利用"
中医药部门公共卫生服务补助资金项目"国家基本药物所需中药原料资源调查和监测"
中医药公共卫生服务补助专项"中药原料质量监测体系建设"(财社〔2014〕76号)
中医药公共卫生服务补助专项"全国第四次中药资源普查"(财社〔2017〕66号)
中医药公共卫生服务补助专项"全国第四次中药资源普查"(财社〔2018〕43号)
甘肃省基础研究创新群体项目(1606RJIA323)"甘肃省中藏药资源评价、保护与开发利用"
国家中医药管理局医疗服务与保障能力提升项目(国中医药科技〔2020〕153号)"道地药材生态种植及质量保障"
中国工程院战略研究与咨询项目(GS20212DA06)"陇药全链条品质最造体系研究"

平台支持

教育部西北中藏药省部共建协同创新中心
财政部和农业农村部国家现代农业产业体系食用百合兰州综合试验站
甘肃省珍稀中药资源评价与保护利用工程研究中心
陇药产业创新研究院

致 谢

感谢第四次全国中药资源普查提供了开展甘肃省道地大宗中药区划研究的平台和机会,也为本书的正式出版提供了支持!本书从立项研究、数据分析整理、文字撰写、制图及审图,到最后的校对,历时6年。得到了中国中医科学院中药资源中心、兰州大学、甘肃省基础地理信息中心、西北师范大学、甘肃农业大学、甘肃省农业科学院、陇东学院、甘肃医学院和陇南师范高等专科学校等兄弟院校及科研机构同行的大力支持和帮助,万分感谢!本书的编撰出版过程先后有20余位研究生和本科生参与其中,对他们的辛苦付出,在这里一并感谢!

甘肃省第四次全国中药资源普查成果

编辑领导小组

组　　长：李金田　　刘维忠
副组长：刘伯荣　　郑贵森
成　　员：甘培尚　　崔庆荣　　晋　玲　　李成义

编辑委员会

总顾问：黄璐琦

顾　　问：张士卿　　段金廒　　赵润怀　　安黎哲
主　　任：郑贵森
副主任：晋　玲
委　　员（按姓氏拼音排序）

蔡子平	陈学林	陈　垣	程亚青	崔治家	丁永辉
杜　弢	冯虎元	高海宁	何春雨	黄兆辉	雷菊芳
李成义	李建银	李善家	廉永善	蔺海明	林　丽
刘　立	刘晓娟	吕小旭	马世荣	马晓辉	马　毅
蒲　训	秦临喜	师立伟	宋平顺	孙　坤	孙少伯
孙学刚	王明伟	王　艳	王一峰	王振恒	杨扶德
杨　韬	杨永建	张东佳	张启立	张世虎	张西玲
张　勇	赵建邦	赵文龙	周天林	朱俊儒	朱田田

《甘肃省常见中药生态适宜性区划》

编 委 会

主审：晋 玲

主编：赵文龙

编委（按姓氏拼音排序）：

蔡炳昕	陈红刚	陈学林	崔治家	达朝明	杜 弢
段海婧	高 洁	耿蓓蕊	辜晓英	黄兆辉	蒋泽英
景志贤	康生福	李振林	林 丽	刘 立	马晓辉
马 毅	其乐木格	师立伟	孙 倩	孙少伯	孙学刚
王圆圆	王振恒	卫紫琪	吴国泰	席少阳	许丽媛
张 娟	张金保	张小波	朱俊儒		

序

中医药是中华民族灿烂文化的重要组成部分，是中国文化的瑰宝。中药约87%来源于植物，我国是世界上药用植物资源最丰富的国家之一，在研究和开发利用药用植物资源方面有着悠久的历史和丰富的经验。

甘肃省地处黄土高原、内蒙古高原和青藏高原的交会地带，地域辽阔、气候类型多样、地形地貌复杂，造就了森林、草原、荒漠、戈壁、高山草甸、冰川冻土等多种生态景观类型，蕴藏着丰富的天然药材资源，是我国药用植物资源大省。

药用植物长期以来形成了对特定环境和某些生态因子的特殊适应性规律，这些规律既决定药用植物类群的地域性分布差异，同时在药效物质积累方面也起到了关键作用。开展人工种植是解决中药材供求矛盾最有效的方法，但盲目引种可能影响生态环境和中药材合理生产布局，还可能削弱中药材道地性，从而导致药材品质下降。在中药材种植及引种驯化过程中，应充分尊重物种分布规律，因地制宜地开展中药材科学区划和种植工作。

鉴于此，甘肃省中药资源领域研究工作者通过近6年的努力，在现有历史文献记录和甘肃省第四次中药资源普查数据基础上，运用地理信息系统(GIS)空间分析技术和物种生态位理论模型，结合多年气候、土壤、地形和植被类型等观测数据，开展了甘肃省中药材生态适宜性区划研究工作，并最终绘制出甘肃省常见的74种中药材(100种基原)生态适宜性区划图。

本书是科学价值和实用意义较高的中药材领域著作，有助于明确甘肃省不同地域间中药材生长和分布规律,有助于因地制宜地指导中药材种植产业规划,可为甘肃省中药材生产结构优化调整,优质药材原料基地的选取,以及实现中药资源产业区域化合理布局提供科学依据同时,也可为中药生产、经营、科研、教学、资源保护等行业提供参考。

  谨此为序!

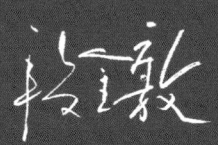

前言

近年来，随着人们对中医诊疗和康养保健认识的提升，中药资源需求量迅猛增长，中药材供需矛盾日趋显著。目前，开展中药材人工种植是解决供求矛盾最有效的途径，但盲目引种影响生态环境和中药材生产的合理布局的同时，还可能削弱中药材道地性，从而导致药材品质下降。那么，如何开展中药材科学种植，如何在中药资源利用与保护并重的前提下实现中药资源可持续发展，是当前亟需解决的问题。为此，甘肃中医药大学中药资源研究团队在中国中医科学院中药资源中心、甘肃省中医药管理局及省内部分高校和科研院所的帮助支持下，以全国第四次中药资源普查为契机，针对甘肃省重点中药材开展生态适宜性研究，以期为甘肃省中药材人工种植与驯化提供数据支撑。

中药大多来源于药用植物，而药用植物的生长与分布离不开环境影响。在生存、繁衍和进化过程中，药用植物形成了对特定环境和某些生态因子的特殊适应性规律，这些规律既决定药用植物类群的地域性分布差异，同时在药效物质积累方面也起到了关键作用。甘肃省地域辽阔，气候类型多样、地形地貌复杂，造就了森林、草原、荒漠、戈壁、高山草甸、冰川冻土等多种生态景观类型，蕴藏着丰富的天然药材资源，在中药材种植及引种驯化过程中，应充分尊重物种分布规律，因地制宜地开展中药材科学区划和种植工作。中药生态适宜性区划是科学开展中药材种植规划工作的前提，该工作以特定区域内中药材为研究对象，在调查基础上，重点分析研究中药材与自然生态环境之间的关系，明确区域之间中药资源分布的空间差异，并进行区域划分，对指导中药材产业布局规划具有重要意义。

本书在现有历史文献记录和甘肃省第四次全国中药资源普查数据基础上，结合专家论证，确定甘肃省重点中药材74种(100种基原)，基于物种分布理论和生态位模型，运用地理信息系统(GIS)空间分析技术，结合多年气候、土壤、地形和植被类型等观测数据，开展甘肃省重点中药材生态适宜性区划研究。本研究有助于明确甘肃省不同地域间中药材生长和分布规律，有助于因地制宜地指导中药材种植产业规划，为全省中药材生产结构优化调整、优质药材原料基地的选取，以及实现中药资源产业区域化合理布局提供科学依据。

全书分为总论、各论和附录三部分，其中，总论主要介绍甘肃省的自然条件和经济条件，中药资源的发展概况，中药生态适宜性区划基本概念、研究背景、目的与意义，中药生态适宜性区划的理论依据和技术方法；各论将甘肃省具有代表性的74种重点中药材（100种基原植物）以入药部位进行了归类，并对每种基原植物的地理分布及生境、生物习性、生态适宜性地理分布、生态适宜区域面积、适宜种植区域及布局建议等几个方面进行了深入探讨；附录列出了本书所涉74种甘肃省重点中药材及100种基原植物名录、模型模拟精度评价结果以及使用的生态因子数据名录，以便读者了解与应用。全书从中药材生产发展实际需要出发，突出"诸药所生，皆有其境"，基于气候、土壤、地形和植被类型等方面对74种中药材物种进行了分析与区划，希望为甘肃省从事中药资源保护、利用、规划和生产等领域的科研人员、院校师生和政府管理人员提供参考依据。

中药生态适宜性区划涉及中药学、植物学、生态学、地理学和计算机信息技术等多学科融合，鉴于作者学识有限及部分研究数据限制，一些中药品种和基原的区划分析结果难免以偏概全，如有遗漏偏差，恳请谅解。同时，敬请相关专家学者多提宝贵意见，以便我们未来更深入地开展相关工作。

编 者

2022年11月立冬于兰州

目录

第一部分 总论 ……………………………………………………… 1

第一章 甘肃省自然及社会经济条件概述 …………………………… 3
第一节 自然条件 ………………………………………………… 3
第二节 社会经济条件 …………………………………………… 6

第二章 甘肃省中药资源概况 …………………………………………… 8
第一节 中药资源概况 …………………………………………… 8
第二节 中药资源利用现状和面临的问题 ……………………… 10

第三章 中药生态适宜性区划简介 …………………………………… 15
第一节 中药生态适宜性区划与中药生产区划的关系 ………… 15
第二节 中药生态适宜性区划的目的和意义 …………………… 16

第四章 中药生态适宜性区划的理论依据及方法 …………………… 18
第一节 中药生态适宜性区划相关理论 ………………………… 18
第二节 技术方法及数据分析说明 ……………………………… 22

第二部分 各论 ……………………………………………………… 25

各论编制说明 …………………………………………………………… 27

第五章 根及根茎类中药 ……………………………………………… 28
1. 穿山龙 ………………………………………………………… 28
2. 黄精 …………………………………………………………… 31
3. 川芎 …………………………………………………………… 41
4. 丹参 …………………………………………………………… 44
5. 柴丹参 ………………………………………………………… 48
6. 当归 …………………………………………………………… 51
7. 党参 …………………………………………………………… 54
8. 地黄 …………………………………………………………… 64
9. 独活 …………………………………………………………… 68
10. 红景天 ………………………………………………………… 71
11. 板蓝根 ………………………………………………………… 74
12. 杜仲 …………………………………………………………… 78
13. 苦参 …………………………………………………………… 81
14. 商陆 …………………………………………………………… 85
15. 射干 …………………………………………………………… 88
16. 升麻 …………………………………………………………… 91
17. 赤芍 …………………………………………………………… 94

18. 柴胡 ……………………………………………………… 101
19. 川贝母 …………………………………………………… 104
20. 白及 ……………………………………………………… 120
21. 防风 ……………………………………………………… 123
22. 甘肃黄芩 ………………………………………………… 127
23. 甘遂 ……………………………………………………… 130
24. 高乌头 …………………………………………………… 133
25. 葛根 ……………………………………………………… 137
26. 黄芪 ……………………………………………………… 140
27. 黄芩 ……………………………………………………… 147
28. 天麻 ……………………………………………………… 150
29. 桔梗 ……………………………………………………… 154
30. 秦艽 ……………………………………………………… 157
31. 远志 ……………………………………………………… 170
32. 续断 ……………………………………………………… 174
33. 知母 ……………………………………………………… 177
34. 重楼 ……………………………………………………… 181
35. 玉竹 ……………………………………………………… 184
36. 甘松 ……………………………………………………… 188
37. 羌活 ……………………………………………………… 191
38. 何首乌 …………………………………………………… 198
39. 百合 ……………………………………………………… 201
40. 天南星 …………………………………………………… 211
41. 半夏 ……………………………………………………… 214
42. 大黄 ……………………………………………………… 217
43. 甘草 ……………………………………………………… 227
44. 铁棒锤 …………………………………………………… 234

第六章 茎木类中药 ………………………………………… 242
　　45. 川木通 ………………………………………………… 242
　　46. 木通 …………………………………………………… 248
　　47. 通草 …………………………………………………… 258

第七章 皮类中药 …………………………………………… 262
　　48. 白鲜皮 ………………………………………………… 262
　　49. 厚朴 …………………………………………………… 265

第八章 叶类中药 ... 269
50.枇杷叶 ... 269
51.淫羊藿 ... 272

第九章 果实及种子类中药 ... 279
52.牛蒡子 ... 279
53.沙棘 ... 282
54.山茱萸 ... 286
55.吴茱萸 ... 289
56.芥子 ... 292
57.女贞子 ... 295
58.亚麻子 ... 298
59.小叶莲 ... 302
60.五味子 ... 305

第十章 全草类中药 ... 309
61.独一味 ... 309
62.麻黄 ... 312
63.瞿麦 ... 322
64.锁阳 ... 325
65.贯叶连翘 ... 329
66.金钱草 ... 332
67.筋骨草 ... 335
68.连钱草 ... 338
69.薄荷 ... 341
70.益母草 ... 345
71.翼首草 ... 348

第十一章 其他类中药 ... 352
72.紫苏 ... 352
73.白果 ... 355
74.红花绿绒蒿 ... 358

主要参考文献 ... 362

附录 ... 365
附录一 甘肃省常见中药名录 ... 365
附录二 生态因子数据 ... 368

第一部分 总 论

第一章　甘肃省自然及社会经济条件概述

甘肃,古属雍州,是取甘州(今张掖)、肃州(今酒泉)二地的首字而成。甘肃位于黄河上游,地处黄土高原、内蒙古高原和青藏高原交会处。由于西夏曾置甘肃军司,元代设甘肃省,简称甘;又因省境大部分在陇山(六盘山)以西,而唐代曾在此设置过陇右道,故又简称为陇。它东接陕西,南控巴蜀青海,西倚新疆,北扼内蒙古、宁夏,是中华民族和华夏文明的重要发祥地之一,是最早开展东西方文化经贸交流合作的地区之一,举世闻名的丝绸之路在甘肃境内绵延1600km。甘肃介于北纬32°11′~42°57′、东经92°13′~108°46′之间,总面积42.58万平方千米。截至2021年末,甘肃省下辖12个地级市、2个自治州;全省共有86个县(市、区),其中17个市辖区、5个县级市、57个县、7个自治县,总人口2490万。

第一节　自然条件

甘肃省地处我国黄河上游青藏高原、黄土高原与内蒙古高原的交会处,属温带季风气候,处于我国气候自东南温暖多雨带向西北内陆干旱少雨带逐渐变化的过渡地带。甘肃地域广阔,全省地形狭长,跨度大,覆盖了黄河流域、长江流域和内陆河流域。甘肃地貌基本覆盖了山地、高原、河谷、平川、沙漠、戈壁等多种类型,气候类型也复杂多样,阳光充足,昼夜温差大,降水少,空气湿度小,农作物病虫害少,特色农业突出,是中国最大的种子产区、第三大马铃薯产区和五大牧区之一,是重要的中药材种植基地,也是种植酿酒葡萄的最佳生态区之一。

一、气候特征

甘肃省属温带季风气候,境内由于许多高山和甘南高原的隆起,使气候变化出现复杂多样的格局;处于东南部的陇南石山森林区具有南方湿润区的气候特征;河西干旱区绝大部分地方基本与新疆内陆沙漠区一致,气候干旱少雨;从东西变化看,东部天水、平凉、庆阳的气候特征接近我国中部关中平原;西部甘南高原气候特征与青藏高原东部相同。全省的气候变化不但具有东西经向性特征,而且具有南北纬向性变化,同时还具有随海拔增高的垂直性变化。总体来看,全省干旱缺雨,温差较大,四季气候的特点是:冬季雨雪少,寒冷时间长;春季升温快,冷暖变化大;夏季气温高,降水较集中;秋季降温快,初霜来临早。从空间变化看,乌鞘岭以东具有明显的大陆季风气候特征,乌鞘岭以西主要受西风带和青藏高原季风控制。冬春季节蒙古冷高压、青藏高原热源动力作用和西风带对全省影响最大,夏秋季节西太平洋副热带高压的伸缩变化对全省的雨热组合起主导作用,表现出雨热同期的气候特征。

全省各地年降水量在36.6~734.9mm,大致从东南向西北递减,乌鞘岭以西降水明显减少,陇南山区和祁连山东段降水偏多。受季风影响,降水多集中在6~8月份,占全年降水量的50%~70%。全省无霜期各地差异较大,陇南河谷地带一般在280d左右,甘南高原最短,只有140d。多数地方的海拔在1500~3000m。年平均气温0℃~15℃,大部分地区气候干燥,干旱、半干旱区占总面积的75%。主要气象灾害有干旱、暴雨洪涝、冰雹、大风、沙尘暴和霜冻等。

二、地形地貌

甘肃省地形狭长,地貌构成极其复杂,海拔大多在1000m以上。根据地貌特征可将甘肃省地形大致分为6个类区。

(一)陇中黄土高原

陇中黄土高原位于甘肃中部,是晋、陕、甘黄土高原的一部分,海拔在1000~2600m之间,主要在陇南山地的秦岭以北,祁连山东延部分的乌鞘岭、毛毛山、寿鹿山、哈思山一线之南,以纵峙其中的陇山分为陇东和陇西两个亚区。

(1)陇东黄土高原:位于陇山以东泾河流域,包括庆阳及平凉市六盘山以东各市县。地势由西北向东南缓慢倾斜下降,海拔1000~1800m。地表黄土层厚度达100m,经过流水切割,形成大小不等的黄土塬、破碎塬及梁峁沟壑等高度均匀的各类地形。陇东水系以泾河为主干,树枝状支流伸入黄土高原,支沟发育,蚕食塬面,造成破碎高原。由于新构造运动的间歇性上升,河流相应下切,河岸生成多级阶状台地,是陇东历史文化及农业发展的主要基地。阶地除河漫滩外,普遍有三级,第一级阶地高出河床25m,第二级阶地高出70~80m,第三级阶地高出180~200m。

(2)陇西黄土高原:因地处陇山之西而得名,是我国黄土高原的最西部分,境内多黄土丘陵,大部分山梁、丘陵、岇、岭、塬、坪、川、谷及盆地均被黄土层覆盖,厚度几米至数十米不等,局部地区的黄土覆盖厚度超过200m。较大山岭也被黄土堆积层分割包围,植被较少;部分山岭顶部阴坡有次生林分布。华家岭以南、渭水以北的地势向东南倾斜,海拔高度由2500m逐渐下降至1200m,大部分山丘高度在270~300m之间;华家岭以北、祖厉河流域的地势南高北低,海拔高度由2500m缓慢下降至1600m。各河谷普遍有三级阶地:一级阶地通称川地,二级阶地通称坪或塬,三级阶地通称梁。

(二)陇南山地

陇南山地位于本省南部,包括陇南地区全部及天水、甘南地区一小部分,地理范围为渭河以南,临潭、迭部一线以东的区域。境内山脉为秦岭西延部分,地势西高东低,起伏较大,大小山头相连不断,海拔从东部的1500m上升到西部的3500m左右,相对高度为500~1500m,西南部有许多高山峡谷。盆地内为断续川原和红土丘陵地貌,丘陵多数在海拔1000~1300m,河川海拔860~1000m,气候温和,河流众多,雨水充足,耕地广布,矿产丰富,人口稠密,村镇集中。陇南山地区域基本上属长江流域,主要是嘉陵江水系的白龙江、西汉水流域,是我国一条著名的南北分界线。

(三)祁连山地

祁连山地位于河西走廊之南,又名南山,介于甘、青二省之间。所谓祁连山,东起乌鞘岭,西止当金山口,当金山口以西的阿尔金山东段及其南面属于柴达木盆地北缘的苏干湖盆地,均属本省辖区,也附在本区内。

祁连山是一个复杂的山系,长900~1000km,宽250~300km,是一群平行排列的褶皱断块山脉,包括许多海拔3000m以上的高山,最高峰是甘、青界上的疏勒南山团结峰,海拔5808m。省境东段有冷龙岭;中段有陶勒南山与疏勒南山;西段有大雪山、野马山、野马南山、党河南山、土尔根达坂山以及阿尔金山。上诸山峰,均有万年积雪与现代冰川,属高山区的天然水库,不少冰源河流,是河西走廊绿洲生成的水源基础。因此可以说,没有祁连山,就没有历史上的丝绸之路和现代作为全国商品粮基地之一的河西走廊。

祁连山通常分为东、中、西三段,中段介于疏勒河上游谷地至扁都口间,为强烈切割的高山,是祁连山在省境的主要部分,比高在1000~2500m之间;扁都口以东为东段,比高在1000m上下;疏勒河谷以西为西段。当金山口以西为阿尔金山段,以南有柴达木盆地北缘的苏干湖盆地。

(四)河西走廊

河西走廊位于本省黄河以西,因南有祁连山,北有龙首、合黎等山,居两山之间,地势平坦而狭长,形似走廊,故得名。古称雍州、凉州,简称"河西",属于祁连山地槽边缘拗陷带。地势自东向西、由南而北倾斜,平均海拔在1000~1500m,也有海拔不足1000m的盆地。东西长900~1100km,南北宽5~50km,东起黄河,一般从乌鞘岭算起,西止玉门关以西的省境,与罗布泊洼地相通,海拔在800~2000m之间,主要部分在1500m左右。地貌特征是有广阔的冲积—洪积倾斜平地,中间突出一些干燥剥蚀的低山。除大黄山外,比高都在200m以内。地貌和第四纪沉积自南而北,可分为:①南山北麓坡积带;②洪积带,由3~4个叠置的洪积扇组成;③洪积—冲积带,分布在中间拗陷带;④冲积带,地下水多出露成泉,形成条状或片状绿洲;⑤北山南麓坡积带,规模小于南山北麓坡积带,多数不相连属。在历史上,河西走廊是中原地区通往西域的交通要道,"丝绸之路"贯穿全境;在现代,仍为沟通东西交通的干道。

(五)甘南高原

甘南高原位于甘肃省西南部,陇南山地以西,太子山、白石山以南,是青藏高原东缘的一隅。大部分海拔高度超过3000m,地势西高东低,从东部的3500m左右向西逐渐上升至4000m。西南部的西倾山、阿尼玛卿山海拔4400m以上。此区域虽整体海拔高,但只有小部分地区切割较深,大部分地区切割较轻,山丘坡度平缓,高差在300m以内,分布有很多较宽广的草滩,这些草滩分布在低岗岭谷之间,腐殖层厚,土地肥沃,是典型的草甸高原牧场。长江支流白龙江及黄河支流洮河、大夏河均发源于本区域的西倾山麓,这一带有多处洼地和大面积沼泽地。

(六)河西走廊以北地带

河西走廊以北地,东西长600km、海拔在1000~3600m的地带,人们习惯称之为北山山地。这里地近腾格里沙漠和巴丹吉林沙漠,风急沙大,山岩裸露,荒漠连片,人烟稀少,是难以耕作之地。

三、土壤及土地利用情况

土壤在生态环境中占据极其重要的地位。一个地区的土壤状况,直接影响着当地的植被景观类型,制约着地区经济和社会发展。甘肃复杂的地形地貌和气候条件,导致境内土壤类型丰富多样。粗略统计,常见的土壤类型多达20余种。它们错综分布于各类景观地带,形成了种类多样的植被景观。

海拔较高的山地,多寒漠土,土龄短而贫瘠,难以利用;海拔较低且相对平缓的甘南山地,广泛分布着草甸土,面积大、土层厚、草被盛。陇南山地与河谷,多覆盖棕壤、黄棕壤和褐土,适合种植多种旱作物,也宜于森林的生长,孕育着种类繁多的药用植物,但垦殖后常因易受侵蚀而肥力下降,在降雨量较大而山势较陡的地带,水土流失严重。黄土高原上主要分布着黑垆土和黄绵土,前者多见于泾、渭流域,是旱作农业的良好土壤;后者多见于黄土丘陵区与河谷阶地。河西走廊中、西部,主要分布着灰漠土、棕漠土和灌耕土,前两种属草原土壤和灌木荒漠性土壤,可耕性较差;后一种多存在于各河流中、下游的绿洲区。沙漠边缘地带覆盖风沙土,有机质含量极低。

甘肃地域辽阔,全省土地总面积42.58万平方千米,但大部分地区属高山、戈壁和沙漠。从土地开发利用的现状看,耕地有5200多万亩(1亩≈666.67m^2),占全省总面积的8%左右,其中川地不到1/3,大都肥力较差,提高耕地质量、防止水土流失的任务极其艰巨;林地5900多万亩(包括天然林和人造林),虽然覆盖面难与古代相比,但在全国仍属森林资源比较丰富的地区,林业经济存在较好的发展前景。值得特别重视的是甘肃拥有2.4亿亩的草原,约占全省总面积的30%,是全国十大牧区之一,其中大部分质量较好,但目前能够利用的草原面积不到一半。对草原资源的养护和利用,不仅对甘肃畜牧业的发展至关重要,在优化甘肃生态环境方面也举足轻重。

四、生态及植被分布

甘肃省是我国文化、经济发展较早的省之一,位于祖国的西北部,地处黄河上游青藏高原、黄土高原与内蒙古高原的交会处,分属于黄河流域、长江流域和内陆河流域。地貌复杂多样,山地、高原、平川、河谷、沙漠、戈壁类型齐全,交错分布,地势自西南向东北倾斜。受特定的自然地理条件制约,省内生态环境恶劣,生态环境问题复杂多样;并且随经济的发展与资源的消耗,生态环境呈恶化之势,已直接影响到人民群众的生存和地方经济的发展。省内主要的生态地质环境问题有水资源短缺、水土流失、土地沙漠化、土壤盐渍化、水环境污染等几个方面。

全省分属中国—日本森林植物亚区、中国—喜马拉雅森林植物亚区、青藏高原植物亚区和亚洲荒漠植物亚区等,受纬度、气候和地貌等自然因素影响,植被从南到北大部分呈明显的纬度地带性分布。森林植被面积狭小,主要分布于祁连山、陇南山地和甘南高原边缘山地的特定高度层带,林带以下为草原或荒漠草原,林带以上为高山草甸、亚冰雪稀疏植被与高山冰雪带。荒漠植被分布广泛,主要在河西地区、陇中北部和柴达木盆地北部苏干湖流域。

第二节 社会经济条件

经过西部大开和"一带一路"的建设和积累,甘肃社会经济发展已经站在一个新的历史起点上,迈上了加速转型跨越的高位平台。不但基础设施条件得到较大改善,特色优势产业也得到快速发展,生态建设和环境保护取得阶段性成果,城乡面貌发生了重大变化,社会建设进入新阶段。

2022年末全年全省地区生产总值(GDP)11 201.6亿元,其中,第一产业增加值1 515.3亿元,第二产业增加值3 945.0亿元,第三产业增加值5 741.3亿元。第一产业增加值占地区生产总值比重为13.5%,第二产业增加值比重为35.2%,第三产业增加值比重为51.3%。按常住人口计算,全年人均地区生产总值44 968元。全年全省十大生态产业增加值3 278.77亿元,占全省地区生产总值的29.3%。

一、人口条件

近年来,甘肃省人口总量缓慢增长、结构明显变化、素质稳步提升、城镇化水平逐步提高、重点人群保障体系稳步健全。2022年末,甘肃常住人口2 492.42万人,比上年末增加2.4万人。其中,城镇人口1 350.64万人,占常住人口比重(常住人口城镇化率)为54.19%,比上年末提高0.86个百分点。全年出生人口21.10万人,出生率为8.47‰;死亡人口21.20万人,死亡率为8.51‰。

全年城镇新增就业32.02万人,其中失业人员再就业13.91万人。全年输转城乡富余劳动力527.3万人,其中,省外输转230.7万人、省内输转296.6万人。

二、社会经济条件

农业方面,2022年全省粮食种植面积270.0万公顷,全年粮食产量1 265.0万吨,全年蔬菜产量1 736.6万吨,中药材产量137.5万吨。

工业方面,2022年全省全部工业增加值3 297.2亿元。规模以上工业增加值增长6.0%。在规模以上工业中,分经济类型看,国有及国有控股企业增加值增长5.3%,集体企业增长34.5%,股份制企业增长5.8%,外商及港澳台投资企业增长2.2%,私营企业增长12.9%。

服务业方面,2022年全省批发和零售业增加值795.6亿元;交通运输、仓储和邮政业增加值555.6亿元;住宿和餐饮业增加值155.0亿元。旅客运输总量8 096.9万人次,下降48.2%。甘肃省民航机场集团完成旅客吞吐量740.4万人次,比上年下降49.7%。

国内外贸易方面,2022年全省社会消费品零售总额3 922.2亿元,全年外贸进出口总值584.2亿元,比上年增长18.8%。其中,出口127.3亿元,进口456.9亿元。对"一带一路"沿线国家进出口278.3亿元,比上年增长23.8%,占全省外贸总值的47.6%。其中,出口45.3亿元,增长70.4%;进口233亿元,增长17.6%。

科学技术方面,截至2022年,全省共有国家工程技术研究中心5个,国家级企业技术中心19家。全年登记省级科技成果1851项,其中,基础理论618项、应用技术类成果1188项、软科学45项。专利授权量22 490件,其中发明专利授权量2472件,增长9.72%。有效发明专利12 000件,每万人口发明专利拥有量4.82件。

卫生健康方面,2022年末全省共有医疗卫生机构25 267个。其中医院706个,医院中有综合医院355个、中医医院120个、专科医院180个。年末卫生技术人员20.73万人。其中,执业医师和执业助理医师7.23万人、注册护士9.47万人。医疗卫生机构床位18.90万张。

资源与环境方面,全省共有自然保护区56个,其中,国家级自然保护区21个、国家地质公园12个、省级地质公园24个。全年全省平均气温为9.5℃,年日照小时数2 322.6h,年降水量363.7mm。

第二章　甘肃省中药资源概况

中药资源从自然属性分析是指在一定地区或范围内分布的各种药用植物、动物、矿物种类及其蕴藏量的总和。从社会属性看，它是用于医疗保健的传统中药、民族药及民间草药等各类物质资源的总和。中药资源的开发利用包括中药、中药材、中成药、中药饮片、民族药和民间药的生产和应用。本章对甘肃省中药资源的种类、分布、蕴藏量、中药资源的开发利用的基本情况(主要是中药)，以及各地中药资源开发利用的程度和潜力做简要介绍，以便了解各地中药资源优势，掌握开发利用现状和问题，提出进一步开发的途径和措施，为中药区划和中药长远发展规划提供依据。

第一节　中药资源概况

甘肃省地处西北黄土高原、青藏高原和内蒙古高原的交会地带，地跨长江、黄河和内陆河三大流域，处于黄河上游。地域辽阔，地形复杂，地貌形态大致可分为陇南山地、黄土高原、甘南高原、河西走廊、祁连山地和河西走廊以北地带各具特色的六大地形区域。海拔相差悬殊且气候类型多样、季节性变化明显，有热带阔叶林、暖温带、温带混交林、针叶林、温带草原、荒漠、高山草甸、冰川冻土等多种生态类型，因而蕴藏着丰富的天然药材资源，也适合多种药材生长栽培及贮藏。全省中药材资源整体呈现出水平分布与垂直分布相互交错、覆盖区域广、特色品种数量大、优势明显等特征。

一、中药资源种类

甘肃中药资源以药用植物种数最多，占全部种数的88.0%左右；药用动物约占9.4%，药用矿物仅占2.6%左右。与全国中药资源相比，矿物药最多，占全国资源的66.25%；其次是植物药，占全国资源的18.35%；动物药占全国资源的15.63%。以此比较，甘肃中药资源种类在全国排名第12位，高于全国中药资源2177种(分类群)的平均数。

甘肃省有药用植物、动物、矿物共计1527种，其中药用植物1270种、药用动物类214种、药用矿物类43种。药用植物中有菌类14科28属35种、苔藓属4种、地衣类3科3属5种、蕨类17科26属47种、种子植物116科596属1179种，主要分布的科有：毛茛科、菊科、伞形科、唇形科、豆科、蔷薇科、茄科等。其中属于国家重点品种的有276种，占全国382个重点品种的73.3%。在382种重点品种之外，甘肃省已确定的重点品种有11种，其余多为习用药和民间药。在甘肃省大宗道地药材有30多种，如当归、大黄、党参、黄芪、红芪、甘草、柴胡、猪苓、半夏、款冬花、苦参、杏仁、地骨皮、刺五加、赤芍、远志、麻黄、羌活等，品种产量大、质量优，而且大部分是早期开发，也是中医临床最为常用的品种。另外，藏药资源也是甘肃省的优势之一，诸如独一味、桑子那布等品种。甘肃是全国药材主产地之一，全省药材品种在1500种以上。甘肃省定西地区的岷县、渭源县、陇西县被中国农学会特产之乡组委会分别命名为"中国当归之乡""中国党参之乡""中国黄芪之乡"。全省中药材资源覆盖区域广、资源种类多、种植产量大、特色优势明显，为甘肃中药产业的发展提供了充足的原料保障和广阔的市场潜能。但是甘肃山大沟深，运输条件限制，野生品种资源量十分有限，没有形成主流商品，野生品种乱采乱挖，资源量十分有限，如肉苁蓉、甘草、冬虫夏草等品种；另一方面，中药材种植农户分散，对种植品种的选择、种植技术无科学指导,规模化、集约化程度较低,药材质量不稳定,市场竞争力不强。

二、常见药材蕴藏量及分布情况

据统计,全省药材种植面积已达30万公顷以上,约占全国总药材种植面积的20%,居全国药材种植面积前列。药材总产量已达130万吨,全产业链产值440亿元。人工栽培中药材品种超过300种,有著名的"十大陇药"和"五朵金花",其中,当归、党参、黄芪、大黄、板蓝根、半夏等大宗中药材年产量占该品种全国总产量的50%以上。

根据药材分布与植物区系,甘肃药材分为四大主产区。

(一)陇南山地亚热带、暖温带秦药区

包括陇南市、天水市清水县、秦巴山地和甘南州舟曲县的东部,海拔700~3600m,年降水量400~1000mm,年均气温6~15℃。该区山大沟深、地势陡峭、草木茂盛、气候温和,药用植物种类繁多,素有"天然药库"之称,药用植物资源1000多种。天然药材品种有黄芪、红芪、纹党、杜仲、大黄、黄连、半夏、山茱萸、银杏、川贝、天麻、辛夷、川楝子、女贞子、连翘、五味子、葛根、猪苓、竹节参、白芷等;大面积栽培的有黄芪、红芪、纹党、大黄、杜仲、川贝、半夏、天麻等;具有与华中(湖北西部)、秦巴山地、云贵高原相同的组分,如杜仲、华中五味子等。

(二)河西走廊温带荒漠干旱西药区

包括武威、金昌、张掖、酒泉、嘉峪关五市。东起乌鞘岭,西至甘新边界,南依祁连山和阿尔金山,北接腾格里和巴丹吉林沙漠,大部分地区为典型的内陆干旱区;海拔900~3600m,年降水量50~250mm,年均气温5~10℃,大陆性荒漠气候特征明显。该区药用植物200余种,主产甘草、麻黄草、锁阳、肉苁蓉、红花、枸杞、小茴香等,且具有华北、东北区系组分的渗入,如黄连、防风等。

(三)青藏高原东部高寒阴湿西药藏药区

包括甘南州、临夏州大部,定西市南部,祁连山北麓;海拔2000m以上,年降水量400~1000mm,年均气温2~7℃。该区高寒阴湿,有药用植物资源280余种,多数品种属喜马拉雅区系,珍奇独特的品种有虫草、雪莲、川芎、秦艽、羌活、丹皮、地黄、益母草、祖师麻、丹参等,大面积栽培的有当归、党参、黄芪、红芪等。黄土高原北部和河西走廊,显示出中亚、蒙新区系的特点,且有裸果木等少数地中海组分。

(四)陇中陇东黄土高原温带半干旱西药区

包括定西市、天水市大部及平凉、庆阳、兰州、白银等市;海拔1400~3000m,年降水量300~600mm,年均气温6~10℃。该区土层深厚、光照充足、干旱少雨,适宜于喜阳耐旱药材的生长。有药用植物资源200余种,代表品种如党参、柴胡、黄芩、防风、生地、黄芪、红芪、半夏、远志、百合、车前子、蒲公英、地骨皮、苍耳子、苦参、槐米等;大面积栽培的有党参、柴胡、大黄、黄芪、红芪、防风、生地、板蓝根、黄芩等。

三、甘肃省道地药材

通过本草考证,唐、宋朝是甘肃道地药材涌现的鼎盛时期,甘肃道地药材资源和规模基本奠定,大多数品种在临床中广泛应用,传承至今。

南北朝《本草经集注》收载大黄、当归、升麻、甘草、肉苁蓉、黄芪、麝香、雌黄等8种,具有甘肃地域优势,除雌黄现已不生产外,其余仍为道地、大宗商品药材。唐《新修本草》收载当归、百脉根、泽泻、秦艽、黄芪、黄芩、藁本、方解石、空青、雄黄等10种。《千金翼方》收载大黄、川芎、当归、甘草、白药、白附子、百脉根、肉苁蓉、防葵、防风、独活、泽泻、狼毒、荆子、秦艽、黄芩、黄芪、椒根、蘼芜、萹蓄、庵闾子(蒿属 *Artemisia*)、藁本、鹿茸、鹿角胶、石膏、石胆、芫青、虻虫、兽狼牙、雄黄、雌黄等34种,其中,百脉根、

荆子、庵闾子(花)、椒根、蘼芜等来源不详,防葵等品种失传。五代《蜀本草》收载了川芎、黄连、黄芪等3种道地药材。明《本草品汇精要》首列"道地"章节,列入甘肃的有大黄、乌头、木贼、百合、当归、甘松香、谷精草、肉苁蓉、苦参、枳实、地骨皮、香蒲、枸杞、茵陈子、泽泻、桔梗、秦艽、秦椒、秦皮、骨碎补、黄药根、黄连、黄芪、豨莶草、鹤虱、款冬花、庵闾子、蒲黄、蓬藟等共30种道地药材。明《本草蒙筌》收载硇砂、枸杞子。明《本草纲目》收载大黄、当归、枸杞子、甜瓜和玛瑙道地药材或地方特产。《本草崇原》收载当归、肉苁蓉、羌活、枸杞、蒲黄、麝香、雄黄。《本经逢原》收载枸杞、雌黄。《本草求真》收载甘松、当归和枸杞子。《本草术钩元》收载大黄、甘遂、肉苁蓉、枸杞子和黄芪。综上分析,古代本草中记载的甘肃道地药材或土贡药材达72种之多,其中植物药56种、动物药7种、矿物药9种。

历史上形成并延续至今,有商品的约51种,包括植物药44种、动物药4种和矿物药3种。其中,当归、大黄、甘草、花椒、肉苁蓉、枸杞子、羌活、党参、秦艽、柴胡、黄芪、款冬花、鹿茸、麝香、石膏等品种为甘肃优势道地药材;苦参、苦杏仁、地骨皮、桃仁、藁本、方解石等品种为甘肃一般道地药材,其中32种构成了甘肃道地药材的基本来源。

甘肃道地药材来自全省各地,从自然资源的分布来看既有纬向地带性、经向地带性分布,也有不同海拔高度的垂直分布规律,具有显著的地域优势。有陇南(成州、宕州、阶州、武州、扶州、文州)、天水(秦州)、陇东(泾州、宁州、原州)、中南部(陇西、河州、西羌、兰州、羌夷)、河西(甘州、肃州、凉州、西凉、西羌、沙州)等地域分布,道地药材最丰富的为陇南。

甘肃特有的自然环境,蕴育了丰富的中药资源,经过长期的自然选择、种植生产和医药实践,形成了一批著名的道地药材,为历代本草推崇。同时,由于现代中医药产业的发展,农业产业结构的调整,催生了新兴的大宗、优质药材品种,同样在国内同类产品中享有盛誉。

第二节　中药资源利用现状和面临的问题

中药是以传统中医药学为理论指导、加工炮制规范、在医药市场上广泛流通的天然药物及其制品。中药资源是中药的物质基础,我国开发利用中药资源历史悠久,从"神农尝百草"开始,人们利用草药治疗疾病,积累了日益丰富的经验。东汉末年,著名医生华佗创造的"麻沸散"用于外科手术,已载入史册;孙思邈撰著的《备急千金要方》等集唐代以前医方之大成,对中药发展起到了很大的促进作用;明代大医药家李时珍撰著的药学巨著《本草纲目》对世界医药学界产生了巨大影响。千百年来,我国劳动人民在与疾病做斗争的实践中创造了中国医药学的辉煌历史。

甘肃省是全国重要的中药材原产地和主产地,素有"千年药乡""天然药库"之称,具有种植历史悠久、品种资源丰富、种植面积大等优势。特别是"十一五"以来,甘肃中药材产业得到了长足发展,中药材种植面积不断扩大,已经形成十大陇药品牌,中药加工企业不断壮大,专业市场、储藏流通、网络信息平台建设不断完善,中药材产业链不断延伸,对甘肃省农民增收、农村发展和农业经济的支撑力不断增强。

一、中药资源开发利用现状

(一)中药材

中药材是加工中药饮片和中成药的原料,包括植物药材、动物药材和矿物药材。在植物药材中,包括野生药材1000种左右,约占80%;家种药材200多种,约占20%。全国的药材种植在北方地区品种较少,在20~70种之间;南方地区的栽培品种一般在70~120种之间。各地常年收购的家种、野生药材种类,东北、华北各省区在120~230种之间,华东、中南、西南各省区在350~500种之间,西北各省区在120~350种之间。动物药材以野生为主,有130种左右,常见动物药约70种。矿物药材有40种左右,常见品种约占10%,主要有石膏、雄黄等;较常见品种约20%,主要有琥珀、龙骨等;大部分品种如云母石、寒水石等为少见品种。

甘肃省中药材所面临的现状可总结为以下3点:

(1)药材种植面积扩大,但有些品种单产不高,总产不稳。

中药材生产本着保护和发展道地品种、调剂市场、供应出口的宗旨,种植规模不断扩大。据甘肃省史料记载,甘肃中药材种植已有千年历史。早在汉代我国第一部药学专著《神农本草经》记载的252种植物药中,分布在甘肃的约有180种。此后在历代本草记载中,指明属甘肃的道地药材有当归、黄芪、党参、大黄、甘草等23种。据中药资源普查资料显示,甘肃省有80个县(区)种植中药材,家种品种110多种,常见的有20多种,现集中人工种植的药材有50多种,其中种植面积在1万亩以上的品种有18个。据统计,2015年全省种植面积增加到26.87万公顷,产量108.20万吨,产值约100亿元,占全国中药材种植面积近20%。家种药材生产虽然不断发展,但是盲目种植、竞相扩种,导致药材产量起伏不定。生产高峰期,药材产量大大高出当时的社会需要,市场容纳不下,商品滞销,就要降低收购价格,压缩生产,药农的积极性受到挫伤,种植面积减少,产量下降,商品供应又处于紧张状态。这种不良循环曾在川芎、白芍、三七、地黄、菊花、白术、党参等品种中都出现过。甘肃省由于自然植被稀少,盐碱涝洼地多,降雨不均衡,春季干旱少雨,夏季暴雨成灾,对药材生产不利;加之当地农业生产水平低且不稳定,不太讲究科学种田和科学管理,广种薄收,单产不高,总产不稳。

(2)引种试种,新产区增加,有些品种布局趋向分散,药材质量有所下降。

中药材为农副产品,生产受自然条件制约较大,特别是一地或几地生产供应全国的品种,如果产区遇到自然灾害或其他原因而欠产歉收,将影响全国的药用。因此,有些品种可选择与生产区条件相似的地区进行易地种植,有计划地扩大新产区,弥补老产区生产的不足,以改变歉收致全国紧缺脱销的被动局面。中药材的引种试种成效显著,是发展药材生产的重要途径之一。但是盲目引种,追求自给自足的现象也普遍存在,所存在的问题主要有两个:一是盲目种植使品种布局趋向分散,药材质量有所下降;二是不顾客观条件盲目引种,劳民伤财,得不偿失。

(3)药材收购增加,野生资源呈下降趋势。

中药材生产包括药材的种植业和采集业。药材的收购量逐年增长,家种药材的种类和收购量逐渐增加,野生药材的种类和收购量逐渐减少。多年来,人们采集野生药材忽视了对山区药用资源的保护和合理利用,过度的采挖和猎捕使许多野生资源呈下降趋势,多年生根茎类、皮类植物药材和动物药材中前胡、重楼、龙胆、射干、半夏、杜仲、厚朴、黄柏、甘草、麻黄、肉苁蓉、防风、黄芩、远志、知母以及蛇类、龟、鳖等尤为突出。对一些稀有种类"只挖不育,只采不护,只捕不养"的现象普遍存在,加之森林减少,水土流失,生态失调,一些赖以森林生存的野生珍稀种类失去栖息场所,资源日渐减少。对生态环境要求比较严格,分布区域狭窄或经济价值高的名贵珍稀药用品种野山参、石斛、野黄连、原麝等已处于濒危状态。

(二)中成药

中成药是中药资源深度开发的产品,它集中反映了历代名中医的经典方,是中医辨证施治反复临床的精华,体现了"理、法、方、药"的整体观。每一种中成药严格按照中医方剂学的配伍要求配制,剂型是根据病症与方剂相结合而设计的,宜丸则丸,宜片则片,生产工艺有充足的数据和科学的依据。

全省现有200多家药材加工企业,年中药材加工量超过20万吨,约占全省药材总产量的23%,加工产值约30亿元。其中省级以上农业产业化重点龙头企业30家,有GMP认证药品生产企业139

家,产值过亿元企业17家。有103家中药材饮片加工企业,其中陇西"一方""效灵""伊真堂""中天"和岷县"康达"等5家企业已进入中药材浸膏提取和精深化加工领域。

中药材加工方式已由传统的拣选、清洗、切制等方式,向中药材饮片精制、浸膏提取、挥发油萃取和精深化加工转变,产业链不断延伸和完善,加工增值效益明显。同时综合开发能力和水平不断提升,如以当归为主药,研制出了面膜、营养露、沐浴液、膏霜类、洗发剂等产品,开发了当归保健醋、当归黄酒、虫草归芪二十五香佐料,当归煮粥、炖肉、炖鸡汤等药膳受到消费者欢迎,大大提高了当归的附加值,培育出一批当归主导产品,以当归为原料的当归产业链已经形成。

(三)中药饮片

饮片是中药材经加工炮制成一定规格,供配方使用的制成品。饮片的生产技术统称为加工炮制或中药炮制。中药炮制是为了医疗、配方和制剂的需要,根据中医药理论和药物本身性质,对中药材采用的不同加工处理的制药技术。

中药加工炮制方法除了清洁药材,除去杂质和非药用部分外,对切制的饮片一般采用清炒包括炒黄、炒焦、炒炭,加辅料炒包括麸炒、土炒、米炒;烫制包括沙烫、蛤粉烫、滑石粉烫;炙法包括酒炙、醋制、盐炙、姜炙、蜜制、油炙;煅法包括明煅、煅淬、暗煅;还有蒸法、煮法、>法以及发酵、发芽、煨制、制霜等特殊制法。

中药加工炮制的目的和作用在于降低或消除药物毒性或副作用,改变或缓和药性,增强药物疗效,便于调剂和制剂,确保药物净度,消除异味,便于储存。比如附子、乌头经过泡、漂、蒸、煮等法炮制,毒性大减;生地黄用黄酒拌蒸可调整药性;治疗胃肠疾病的药物用炒香、炒焦或麸炒、土炒等可引导药物归经,提高治疗效果。全国大部分地区建有饮片加工厂,各地对饮片加工厂的布局和规模,根据需要进行了适当安排。全国省、地(市)一级大多设中型饮片厂,县级一般设小型饮片厂。

二、甘肃省药用植物资源现状

(一)资源尚未破坏的药材

资源尚未遭到破坏的药材在甘肃有下列4种类型:

(1)完全以栽培为主的药材,如当归、草红花、火麻仁、苦杏仁、小茴香等。

(2)以栽培为主,野生占比重很小的药材,如党参、黄芪、红芪、大黄、贝母、纹党、天麻、半夏、板蓝根、丹皮等,这类药材栽培历史悠久,近几十年栽培产量大幅提高,对野生资源保护起到关键作用,但以野生者质量最佳,故野生采集强度较大,必须加以适当保护。

(3)用量较大,资源丰富的药材,如蒲公英、天南星、射干、藿香、金银花、黄芩、荆芥、苍耳、牛蒡子、车前草、益母草等,这类药材分布广泛,多属一年生草本,繁殖率高,虽然用量较大,但资源尚丰富。

(4)用量小,资源丰富的药材,如萹蓄、曼陀罗、地榆、狼毒等,临床用药量较小,分布广泛,不存在资源破坏的问题。

(二)资源受到破坏的药材

资源已遭到破坏,但破坏不十分严重,需要尽快加以保护的药材在甘肃有下列2种类型:

(1)以野生为主,栽培为辅的药材,如柴胡、地骨皮、秦艽、生地、白芷等,这类药材栽培驯化工作已有基础,但目前临床用药主要是野生品,对野生资源破坏已很严重,急需保护。

(2)以野生为主,用量较大,繁殖系数小的药材,如虫草、羌活、灵芝、防风、岷贝、肉苁蓉等,这类药材栽培驯化工作几乎没有进行,临床用药全靠野生品,对野生资源采集强度很大,保护工作已到关键时刻。

(三)资源受到严重破坏,处于濒危状态的药材

资源受到严重破坏,处于濒危状态,急需抢救的药材在甘肃省有下列2种类型:

(1)根系或全草入药的多年生草本植物,如甘草、麻黄、锁阳等名贵药材,用量大,以野生者质量佳,野生资源破坏极为严重。

(2)药用木本植物,如杜仲、银杏、黄柏、厚朴、刺五加等药材,野生资源已近消亡,虽然已重视人工繁殖,并不同程度地获得成功,但由于这类药材往往是树龄三五十年甚至数百年老树,资源一旦遭到破坏,临床用药吃紧,价格大幅上扬,加快破坏速度,形成恶性循环,短时间内很难恢复。

三、面临问题

(一)科技创新与中药材产业发展需求不对称

科技创新是驱动中药材产业持续发展的重要支撑。全省中药材产业科技创新取得了一定成绩,但与中药材产业发展和中药现代化的需求还不相适应,矛盾日益突显。全省中药材发展现状是种植面积和产量均大,而前期科学研究及后期新产品研发滞后,长期以来大部分中药材以原料出售,致使药材价格波动幅度大、质量不稳、种植效益不高,加工增值空间受限等问题,直接影响中药材产业的进一步发展。

(1)中药材研究起步晚,力量薄弱。

长期以来,中药材都是由农民根据市场需求采挖野生药材,随着市场需求量的增大,野生资源不能满足时,农民开始摸索人工种植,由此形成了目前的大宗家种药材,而科研单位参与种植研究的相对较少。20世纪80年代就有科研单位开展中药材种植研究,因受争取科研项目、经费限制,研究人员很少,研究步伐缓慢。直到2008年甘肃省出台中药材发展扶持政策,对中药材研究支持力度增大,才有科技人员不断加入中药材研究的队伍中,但中药材种类多、研究面宽,和从事农作物研究的人员相比,研究人员的数量差距较大。

(2)中药材研究期限长,创新成果时限长。

与农作物相比,农作物多为一年生,而大部分中药材为二年生或多年生,这就拉大了研究期限,增加了研究难度。而在中成药及高质量制剂新产品研发中,由于中药材成分复杂,成分分析、药效鉴定、临床应用都需要开展大量的工作,实验研究环节多,为新产品研发带来了一定的难度。2009年以来,虽然甘肃省每年下拨专项资金扶持中药材产业发展,但大部分资金用来支持中药企业发展、市场建设等,对中药材的相关研究支持经费还是明显不足,不能完全满足中药材产业发展对科技创新的需求。同时由于经费的限制,不能使更多的科研人员和科研单位参与到中药材领域的研究中,致使中药材科技创新步伐缓慢。

(二)中药材种植业发展与精深加工业发展不对称

全省有中药材加工企业200多家,中药材浸膏提取企业5家,年销售收入过亿的仅有10家,上市公司只有奇正藏药、兰州佛慈、独一味、陇神戎发等4家,而大部分企业以切片初加工为主。2014年全省种植面积25.58万公顷,产量99.37万吨;2015年种植面积26.87万公顷,产量108.20万吨,产值100亿元左右。甘肃省中药材年加工量只有20万吨左右,约占全省药材总产量的23%,加工产值约30亿元,而大部分药材均以原药销售,用以精深加工不足年总产量的1/3,可见甘肃省精深加工业发展完全不适应中药材产业的发展,中药材产业链没有得到较好的延伸,作为中药材原料大省的面貌还没有完全改变,极大地影响了中药材产业的效益。

(三)信息物流网络建设与中药材产业发展不对称

目前甘肃省中药材主要依靠外省药商外运,本地药商多从事各级收购。虽然在收购季节流通渠

道较多,但极不稳定,加之国际市场信息不畅,造成出口到东南亚、日本及中东地区的药材数量不稳定,个别外地药商时有哄抬价格现象,市场波动较大。虽然目前国家中医药管理局设有中药材情报中心,各地也建立了信息网络,甘肃省也建立中药材相关网站13个,但因中药材市场情况繁杂,药农分散贮存,难以统计栽培面积和产量,目前只能按安徽亳州、河北安国、广州清平、江西樟树、成都荷花池等中药材集散地及各城市各类库存资料估计供需状态,而且从信息收集、整理到各类媒体公布传播周期长,交易波动性大,信息反馈滞后于生产决策。药农主要根据当年市场行情安排次年生产,农户自己的计划生产对药材整体规划和基地建设产生不利影响。甘肃中药材物流产业尚处于发展的初期阶段,存在流通渠道流程过长、物流水平低、流通过程损耗增加,造成交易成本提高,流通主体组织规模不对等以及组织化程度低等问题,同时物流活动作业分散,专业化程度不高,组织管理效率低下,既影响了物流供应链管理的合力效应,也成为制约整个物流体系规模化、集约化发展的瓶颈。

(四)优势品牌打造与中药材产业发展不对称

虽然甘肃省已经形成十大陇药品牌,一些企业也研发出了一些好的产品,在全国也有一定的影响力,但单品种年销售额超过亿元的仅有9个,完全没有体现出中药材大省的能力,至今没有知名的地产品牌,缺乏市场影响力和竞争力,整体中药材优势品牌打造与中药材产业的发展不相对称。与甘肃毗邻的宁夏在中药材发展中主打"中宁枸杞"品牌,2014年"中宁枸杞"品牌估值为23亿元;吉林全力打造"长白山人参"品牌,成立了"长白山人参"品牌管理委员会。各地围绕品牌不断拓宽研发领域,开发系列产品,有力地带动了地方经济的发展,实实在在地增加了农民收入。而甘肃省道地药材"岷归""纹党""铨水大黄""民勤甘草"等质量上乘,但至今未能形成一个强势的战略品牌,有优势,不强势,大部分的中药材以原材料和初加工产品销往外地。

(五)中药材生产标准体系建设与中药材产业发展不对称

甘肃省中药材种植虽然历史悠久,但中药材标准化体系建设相对滞后。2008年发布的《甘肃省中药材质量标准》主要对中药材性状、总灰分、浸出物、炮制功能与主治、用法上做了规定,对中药材外源性有害残留物没有描述和规定,也对中药材生产过程控制没有做出相应规定,但中药材生产要经过多个环节,要保证中药材质量,就要完善中药材种子种苗生产标准、种植过程的施肥、施药技术标准或者是技术规程以及加工贮藏技术标准等,而中药材生产标准体系建设是保证中药材质量的前提,只有建立完善的中药材生产标准技术体系,对中药材实行从种植到加工的全过程标准化,才能保证中药材质量,提高中药材及其产品的市场竞争力。

第三章 中药生态适宜性区划简介

第一节 中药生态适宜性区划与中药生产区划的关系

中药资源的集中分布区是生态最适宜区，某种药材的生态最适宜区即为其药材生产的主产区。但是往往药材的生产加工技术、仓储运输等都有严格的要求，不同地域社会发展、经济发展和人文发展等也是影响中药区划布局的重要因素，所以中药生态适宜性区划与中药生产区划既有联系又有区别。

一、中药生态适宜性区划的概念

生物的生存离不开环境。生物不断从环境中取得生活所需的能量和营养物质，同时，物种在繁衍、发展过程中，也形成了对某种生态因子的特定需要和对环境的适应能力，也就是形成一定的生态习性。中药生态适宜性区划是以特定区域内中药材为研究对象，在调查的基础上，明确区域之间资源分布（或潜在分布）的空间差异，并进行区域划分的研究工作，中药生态适宜性区划更多地关注中药材的自然属性，需要重点分析研究中药材与自然生态环境之间的关系。其主要方法是：首先要掌握药材的生态习性，了解区域各生态因子分布特征；其次是调查药材的分布历史与现状；然后进行综合分析与评价。通过分析提出适宜区和最佳适宜区，为因地制宜地合理规划药材生产布局、发展道地药材提供可靠依据。

二、中药生产区划的概念

中药生产区划是以特定区域、特定品种为研究对象，在中药生态适宜性区划、中药品质区划的基础上，基于中药的工农业生产和临床需要，研究影响中药材生产条件的空间差异，包括自然生态条件（地形、气候、土壤等）、社会经济条件（生产技术和交通等）、中药材自身条件（分布、产量、质量等），并按照空间分异规律对其进行区域划分。中药生产区划更多地关注中药材的社会属性，需要重点分析研究中药材与社会经济环境之间的关系、区域之间中药材生产的经济效益和社会效益。

三、中药生态适宜性区划与中药区划的关系

生态适宜区与中药资源植物分布一般将植物生长具体地段的环境因子统称为生境。当一个区域的生境与某一生物的生态习性相匹配时，这一区域地理环境和生态环境的制约程度在这一生物的耐性限度之内，该生物能够自然分布，且以中心地带为最多。所谓植物分布区是指某一植物在地球表面所占有的一定的生长与分布区域。在一个种的分布区域内，环境条件差异在该种植物耐性限度内。而当环境条件的差异开始超过植物耐性的区域，即为分布区的边界。但由于自然和历史的原因，物种的实际分布区域往往小于上述的区域，该种植物个体并不是在区域内所有地方都能生长、分布，而只是在适合于它们生长的环境里。就某种药用植物来说，它的分布区域就是生态适宜区的范围，在分布区域中心，耐性限度处于最适范围，即生态最适宜区范围。但是，在实际生产区划布局中，不但要通过对生态限制因子的定性和定量分析来确定某种药用植物的最适宜区域，还需要在这一区域里，充分考虑如技术、资金投入、交通、产业发展前景等与其他区域的差异，充分评估后择优开展生产区划布局。

所以，生态适宜性区划重视"原产地"概念，即当潜在区域与原产区生态环境高度相似时，才有可能生产出高品质的中药材，这是保证中药材高质量生产的基础。生态适宜性分析多采用气候和土壤类型等生态因子，气候指标主要指降水、温度、湿度、日照等指标。生态适宜性区划由于没有考虑土地利用情况等诸多社会因素，在实际使用时还需结合其他相关影响因素。

第二节 中药生态适宜性区划的目的和意义

随着我国中药资源的长期开发利用以及生态环境的变化，资源蕴藏量日益减少。要保护中药资源，尊重自然规律，加强宏观控制，就需要进行中药资源区划的调查研究，为国家战略资源和区域性资源经济的健康发展进行科学规划与合理布局。中药资源区划是在中药资源调查的基础上，以中药资源和中药生产地域系统为研究对象，通过对中药资源区域分布与中药生产特征的分析，根据区域相似性、区际差异，将全国划分成不同级别的中药资源保护管理、开发利用和中药生产的区域。

一、中药生态适宜性区划的目的

通过分析中药资源区域分布与中药资源生产规律，从自然条件、社会经济、技术发展等多角度进行生态环境、地理分布、区域特征、历史成因、时空变化、区域分异，以及与中药资源数量等相关因素的综合评价研究。因此，中药生态适宜性区划有利于中药资源开发、保护及中药生产分区规划、分类指导、分级实施，有利于按市场机制调整中药生产与流通，创造更佳的经济效益、社会效益和生态效益，促进中医药事业的健康发展。中药生态适宜性区划的目的在于：揭示中药资源生产的地域分异规律，因地制宜、合理规划和进行中药材生产基地布局，正确选建优质药材商品生产基地，实现资源的合理配置，充分发挥区域性药用生物资源优势，为我国区域性中药资源保护与开发利用提供科学依据。

二、中药生态适宜性区划的意义

中药生态适宜性区划从地域分异规律出发，揭示不同地区中药资源及药材生产在空间上、时间上的分布规律。通过研究主要药材对生态因子的适应范围，明确其实际分布的生态环境与地区，为揭示各地域中药资源的分布特征、生产潜力等提供依据。开展中药生态适宜性区划分析的意义主要表现在以下几方面。

(一)科学指导中药材引种和栽培选址

揭示各地中药资源与药材生产的地域性特点，为调整药材生产结构和布局提供科学依据。中药区划在综合评价各地自然经济条件的基础上，研究主要品种适宜区域，在分析药材生产现状和区域性特点的基础上划分不同级别的中药区，为研究药材生产布局提供系统资料和科学依据。推动中药材生产专业化、布局区域化，充分发挥各地的自然和资源优势，避免盲目引种及扩大种植区域。

(二)实现中药适宜区划分的精准化和直观化

中药材生产区划过去主要依靠行政规划或者借鉴农作物种植经验，很难体现药用植物自身生长特点。中药生态适宜性区划可以使用多个气候、地形、土壤因子，提高分析效率。同时，地理信息系统强大的空间可视化功能使其能够形象直观地展示分析结果。计算机网格分析方法极大地提高分析结果的可靠性，并以地图形式直观地展示出来，给中药材种植提供数据支持和可视化空间服务。

(三)为中药产业可持续发展奠定基础

中药生态适宜性区划在传统中药学相关理论的基础上实现了计算机技术和生态学方法的有机结合，可以明确药材适宜生长和分布的范围，从而为揭示各地域优势药材品种、发挥资源潜力提供依据。这将大大提高中药材引种栽培的可预见性,为相关管理和监测部门科学规划中药资源提供理论数据,为优化中药资源产业配置,提高宏观调控能力提供支持。

第四章 中药生态适宜性区划的理论依据及方法

第一节 中药生态适宜性区划相关理论

中药以临床用药为最终服务目的,而大部分中药材来源于药用植物,其生长和繁殖离不开一定的自然生态条件。因此,中药既具有"药用"属性,还具有"植物"和"自然生态"属性。不同地域之间在气候、土壤、地形和生物影响等方面的不同造就了同种中药在基原、数量和形态结构等方面错综复杂的差异,明显的地域性是中药相关研究的一个重要特点。因此,中药生态适宜性区划工作应在中药学及其他相关学科理论的共同指导下开展,这主要包括中药学、药用植物学、生态学、地理学等多个领域。

一、中药学相关理论

中药是在中医传统理论指导下使用药物的统称,加上"诸药以草为本"的说法,使我国有了较为丰富的本草典籍和文献,对中药材的认识和使用形成了独特的理论和应用体系。

(一)中药材种类方面

我国中药材的种类是在历代本草不断地变迁中逐渐发展起来的。随着中医药学的发展,人类社会对中药材的认识和利用能力不断提升,如《山海经》记载药材百余种、《神农本草经》记载 365 种、《新修本草》记载 844 种、《证类本草》记载 1744 种、《本草纲目》记载 1892 种、《本草纲目拾遗》记载 2600 余种,第三次全国中药资源普查记载我国中药资源的种类多达 12 807 种。

(二)中药鉴定学方面

我国劳动人民数千年来在与疾病做斗争中不断积累和丰富起来的药物学知识,目前市场流通的药材,绝大多数在历代本草中已有记载。但由于同物异名、记述粗略、一药多源、品种变迁等原因,使中药材品种混乱现象严重,鉴定中药材真伪优劣就显得格外重要。

中药鉴定学是鉴定和研究中药的品种和质量,制定中药标准,寻找和扩大新药源的应用学科。它是在继承中医药学遗产和传统鉴别经验的基础上,运用现代自然科学的理论知识和技术方法,研究和探讨中药的来源、性状、显微特征、理化鉴别、质量标准及寻找新药源等的理论和实践问题。简而言之,中药鉴定学对于中药生态适宜性区划而言,起到了保质寻新、整理提高的作用。

(三)中药材采收加工方面

根据临床用药的不同需求,每种药材具有特定的采收时节,不同的采收时节和采收方法与药材的质量有密切的关系;不同地区的炮制方法不同,导致药材的质量也存在一定的差异。因此,在进行中药区划相关研究工作中,需要根据中药学的相关研究成果,明确中药材的种类、临床用药的需求及评价标准要求等,围绕中药材的"药用"属性和"用药"需求进行区划,即区域之间中药材的品质和功效,以及其影响因素的差异性是中药区划的基础和依据。

中药材的临床疗效是评价中药材使用和人工生产成功与否的核心,影响中药材临床疗效的主要因素包括种类、产地、采收期、炮制和储藏方法等,基于这些理论,可以明确各方面对中药材使用情况的评价指标体系,在中药区划中充分体现出中药的药用属性特征。

二、药用植物学相关理论

中药主要来源于植物,故有"诸药以草为本"的说法,也把传统药学称为"本草学"。《史记·补三皇本纪》记载"神农氏……始尝百草,始有医药"。《淮南子·修务训》记载"神农……尝百草之滋味,水泉之甘苦,令民之所避就,当此之时,一日而遇七十毒"。虽然"神农尝百草"仅是个传说,但反映了中药起源于药用植物的发展历程。作为"药"和"草"的纽带,药用植物起到了调整人体机能、治疗疾病的作用。药用植物学是研究药用植物形态构造、分类鉴定、生长发育、化学成分形成与变化及引领新资源开发的一门学科,包括中药植物、民族药植物、民间药植物、国外药用植物和药食两用植物等。药用植物学中采用的植物分类学原理和方法,对有药用价值的植物进行鉴定至关重要,是中药生态适宜性区划的基础。

(一)药用植物的形态构造和分类学方面

药用植物形态是学习中药性状鉴定的基础,依据形态特征开展药用植物分类是进行中药品种溯源、整理、保证中药真实性的重要理论知识。掌握药用植物形态构造学知识并拥有经典植物分类学功底,才能进行中药基原植物及中药材真伪鉴定,这是药用植物学理论知识的主要作用。

(二)分类鉴定新方法方面

目前DNA条形码分类研究在植物学领域迅速发展,以经典植物分类学方法为基础,结合现代分子生物学新技术,使植物分类学家们对植物的系统进化及物种形成机制认识更加深入,分类鉴定的结果将更为客观。

(三)药用植物的生长发育规律方面

药用植物的生长发育与药材产量具有密切关系,在药用植物生长发育过程中,植物激素具有重要的调控作用,研究药用植物的生长发育规律,尤其是根和根茎类器官的生长发育规律,是提高药材产量的理论基础。

(四)药用植物化学成分的形成和变化规律方面

药用植物化学成分的形成就是药用植物通过体内一系列酶促反应,逐步合成药用植物化学成分的过程。药用植物化学成分与物种、地理分布、生态环境、生长周期和生长部位密切相关。探究药用植物化学成分的形成与变化规律,可以为优质中药材生产奠定基础。

三、生态学相关理论

中药资源是自然资源的一部分,大量存在于自然界,中药材的人工引种和种植需要有适宜的生态环境。生态学是研究生物体与其周围环境相互关系的学科,基于生态学相关理论,可以研究中药材与自然生态环境之间的关系,明确影响中药资源分布、产量和质量等方面的主导因子,为中药生态适宜性区划提供科学依据。

(一)生态因子

生态因子是指对生物的生长、发育、行为和分布有着直接或间接影响的环境要素。在任何一种生物的生存环境中都存在着很多生态因子,这些生态因子在其性质、特性和强度方面各不相同,它们彼此之间相互制约、相互组合,构成了多种多样的生境。根据生态因子的性质,可将生态因子归纳为五类。①气候因子:包括温度、湿度、降水、日照、辐射、风、气压和雷电等;②土壤因子:包括土壤结构、土壤有机和无机成分的理化性质及土壤生物等;③地形因子:包括地面的起伏、海拔、坡度、坡向和坡位等;④生物因子:包括植被类型、群落结构、生物之间的各种相互关系等;⑤人为因子:人类活动对自然界和其他分布在地球各地的生物都直接或间接产生特殊而重要的影响。目前,大多数中药生态适宜性区划是基于中药材与生态环境之间的关系理论开展的,不同类型的生态因子起到了至关重要的作用。

（二）生态因子作用规律方面

药用植物和生态因子之间的相互关系有着普遍性规律，这些规律主要包括以下四类。①综合性规律：每个生态因子都与其他生态因子相互影响、相互作用、相互制约，任何一个因子的变化都会在不同程度上引起其他生态因子的变化，这使得开展生态适宜性区划时需考虑不同生态因子间的相互影响，以排除影响的累加效应。②非等价性规律：在药用植物的生活环境中，对其起作用的诸多因子是非等价的，其中有几个是起主要作用的主导因子，且主导因子的改变常会引起其他生态因子发生明显变化或使生物的生长发育发生明显变化，例如在荒漠地区，湿度因子对药用植物的生存起主导作用，非等价性规律对判断影响药用植物生长的生态因子重要性方面至关重要。③不可替代性和互补性规律：不可替代性是指在植物生长发育过程中所需要的生态因子虽非等价，但都不可缺少。互补性是指某一生态因子的数量不足，可以靠另一个生态因子的改变而得到调剂和补偿。④限定因子规律：生物在不同的生长发育阶段对生态因子的需求不同或对同一生态因子强度的需求不同，对生物的生长、发育、繁殖、数量和分布起限制作用的关键性因子叫限制因子，该规律对药用植物对环境的适应及指导人工驯化区划具有参考意义。

（三）生态位理论

生态位理论是经典生态学发展至今的重要理论成果之一，是指在生物群落或生态系统中，每一个物种都拥有自己的角色和地位，占据一定的空间、发挥一定的功能。生态位是每种生物对环境变量的选择范围，或者说是群落内一个物种与其他物种的相对位置，是每个物种在群落中的时间、空间位置及其功能的关系。在大自然中各种生物都有自己的"生态位"，一般亲缘关系接近、具有同样生活习性的物种，不会在同一地方竞争同一生存空间。因此，在考虑物种生态需求和资源分配相关工作时，生态位理论可以作为参考依据。

四、地理学相关理论

纬度和地形造就了地理空间单元的异质性，形成了丰富多彩的自然生态景观，也造就了具有地域性特色的中药材分布规律。基于地理学相关理论，可以从宏观层面明确和解释中药材与生态环境之间的空间分布特征及其关系特征。

（一）地域分异规律理论

地域分异规律也称空间地理规律，是指自然地理环境整体及其组成要素在某个确定方向上保持特征的相对一致性，在另一确定方向上表现出差异性，而发生更替的规律。地域分异规律是自然地理环境各组成成分及其构成的自然综合体在地表沿一定方向分异或分布的规律性现象，揭示了自然地理系统的整体性和差异性及其形成原因与本质，是自然界最普遍的特征之一。地域分异规律一般分为地带性规律（纬度影响）和非地带性规律（地形影响）两类，在各类分异因素的共同作用下，自然地理环境分化为多级镶嵌的物质系统，形成了丰富多彩的自然生态环境，也造就了具有地域性特色的中药材分布规律，在使用地域性分异规律时要着重考虑尺度的内在影响。

（二）空间插值理论

地统计学方法在空间预测和不确定性分析方面存在明显优势，但其估计结果依赖于采样数据、空间结构分析和估计模型的选取。空间插值就是地统计学的一种，其核心就是通过对采样数据的分析、对采样区地理特征的认识选择合适的空间内插方法创建表面。插值方法按其实现的数学原理可以分为两类，一类是确定性插值方法，另一类是地统计插值方法也就是克里格插值方法。在空间数据处理分析过程中，常常只有一些有限的数据样本，例如在地理位置上分布不均的气象站记录的降水量,现在要求得到未设气象站观测点的降水量,就可以通过克里格空间插值的方法由若干已知点推测未知点数据。

(三)空间统计分析

地理空间信息与一般信息不同,一般信息没有空间坐标数据,空间数据信息必须有时空坐标,从数据分析与处理来看,空间数据是相互关联的,时间序列空间数据具有不可重复性,空间信息维的加入使数据量大大丰富,能够揭示数据背后的空间格局机制,在优化运筹领域加入空间维能大大优化结果。空间统计分析,是对空间数据的统计分析,是通过空间位置建立数据间的统计关系,进而明确与地理位置相关数据的空间依赖、空间关联、空间相关性。对于那些与空间数据的结构性和随机性,或空间相关性和依赖性,或空间格局与变异有关的空间现象,均可应用空间分析方法进行研究。

由于空间统计方法可在有限的离散数据基础上无偏最优预测(或模拟)连续的空间分布,且得到预测的不确定性估计,因此得到广泛应用。可以研究中药材与生态环境之间的关系,并建立定性或定量关系模型,便于利用相关行业的基础数据资料,生成更加客观的中药区划结果。在中药生态适宜性区划工作中,可能用到的空间统计方法包括:空间数据的叠置分析、空间数据的缓冲区分析、区域统计分析、栅格计算、重分类等。

五、"3S"相关技术理论

"3S"技术是指遥感技术(Remote Sensing,RS)、地理信息系统(Geographic Information System,GIS)、全球卫星定位系统(Global Positioning System,GPS)三种技术。这三种技术以其宏观性、实时性的特点,在农业、林业的自然资源量值和生长势监测方面,已得到广泛的应用。第四次全国中药资源普查工作中,也全面推广使用"3S"技术,进行土地利用分类、随机样点生成、资源分布面积和资源量统计等方面的工作。

(一)遥感技术理论

遥感技术是指利用可见光、红外光、微波等探测仪器,在远距离、高空,通过摄影或扫描、信息感应、传输或处理方法,根据地物反射和发射不同的波谱,来识别地面物质属性的信息技术。在中药资源调查中,遥感技术主要用于产量、蕴藏量调查,通过植被面积的计算和相关产量进行估测。应用RS可以辅助确定调查样点,辅助确定中药资源的分布面积,对特定调查区域进行抽样监测,结合地面调查完成大面积分布或特定生境分布的中药资源的调查,辅助进行中药资源的动态监测。计算某种药用植物资源面积时,是根据植物不同生长期的光谱特性,选择适当的时间,合适波段的航天遥感或航空遥感资料,进行一定处理后,建立敏感区的解译标志,进行识别和分类,再通过地面实地调查资料加以补充修正,最后完成该植物的面积估测。开展某种药用植物产量或生物量的估算时,利用地面遥感资料,建立光谱资料及植物产量的关系,建立产量和空间遥感资料的回归模型,估测出产量。在中药生态适宜性区划工作中,主要运用遥感技术对地面土地利用类型进行识别,对植被覆盖类型进行区分。

(二)地理信息系统技术及其应用

地理信息系统技术是指以地理空间数据库为基础,在计算机软硬件支持下,对空间数据按照地理坐标或空间位置进行输入、存储、检索、运算、分析、显示、更新和提供应用研究,并处理各种以空间实体和空间关系为主的技术。主要用于大面积资源调查的数据处理。这种方法的优点是直观、简洁、数据库易于更新,有利于保持现实性。应用GIS可以将资源数据空间化,并构建数据库,可实现资源数据的管理、分析、信息发布和生成专题地图,辅助进行中药资源的动态监测。在中药生态适宜性区划工作中,主要运用地理信息技术完成空间数据的归一化处理、空间数据的叠置分析、区域统计分析、栅格计算、重分类及地图展示等。

（三）全球定位系统技术及其应用

全球卫星定位系统是指使用GPS接收机来确定地理数据的卫星定位系统。在中药资源调查中，它可以帮助我们解决过去需要采用多种测量仪器进行地理数据测量问题，目前还可以用于调查植物的占有面积的计算。应用GPS可以进行样方的精确定位和样地面积的确定，并可进行样地的属性数据采集，辅助RS进行中药资源的动态监测。在中药生态适宜性区划工作中，主要使用GPS进行野外样点地理坐标、海拔、坡度和坡向等信息的记录。

第二节 技术方法及数据分析说明

一、技术方法介绍

（一）生态位模型

生态位模型是利用研究对象已知的分布数据和环境数据，基于可获取有限的物种分布点位信息及其所关联的环境信息，判断物种生态需求，并将结果反映在不同的空间中，用来预测物种潜在的分布范围。生态位模型中常见的是最大熵模型。信息熵是对信息的度量，熵可以解释为不确定性，信息增加，熵减少。2006年，S.J.Phillips等基于生态位理论，考虑气候、海拔、植被等环境因子，用最大熵原理作为统计推断工具，构建了最大熵模型（Maxent）。Maxent模型是基于生态位原理建立的生态位模型，以物种在已知分布区的信息及目标区的环境变量为基础，通过比较该物种在已知分布区的生态环境变量来确定其占有的生态位，通过数学模型模拟该物种的适生性，再对目标区域其他栅格点的环境数据进行计算，得出该栅格点物种存在的概率值，判断所预测物种是否有分布，再投影到地理空间中，预测物种的潜在地理分布情况。一个物种在没有任何约束条件的情况下，会尽最大可能地扩散蔓延，接近均匀分布。物种空间分布的建模分两种情形：一种是已知某物种明确的分布区与非分布区时，在地理尺度上预测该物种的空间分布比较容易；另一种是只知道某物种出现的一些地区，不确定其非分布区时，在地理尺度上预测该物种的分布会比较困难。Maxent模型在农作物适宜区预测、动物潜在生境评价、外来入侵物种风险评估和药用植物潜在生境分布中得到广泛应用并取得了良好效果。国内一些研究表明，Maxent模型结合GIS空间分析技术在模拟道地药材生境适宜性方面可以发挥更大优势。

（二）空间网格技术

网格技术是近年逐渐兴起的一个研究领域，网格技术可以将各种信息资源（内容）连接起来，比现有网络更有效地利用信息资源，关于网格技术现在尚无统一的定义。广义的空间信息网格是指在网格技术支持下，在信息网格上运行的天、空、地一体化地球空间数据获取、信息处理、知识发现和智能服务的新一代整体集成的实时空间信息系统。狭义的空间信息网格是指网格计算环境下的新一代GIS，是广义空间信息网格的一个组成部分。

空间网格是一种汇集和共享地理上分布的海量空间信息资源，对其进行一体化组织与处理，从而具有按需服务能力的、强大的空间数据管理和信息处理能力的空间信息资源。使用空间信息网格技术的主要目标是空间信息的共享与服务，它既是空间位置的划分方法，也是特定空间位置范围内自然、社会、经济属性的信息载体，是为了更方便地在网格计算环境下实现对空间信息资源的整合、共享与利用。

空间网格在中药生态适宜性区划中的作用主要体现在两个方面：一是网格作为宏观信息（空间位置范围内的自然、社会、经济信息）的载体，也就是说宏观信息是以地理上网格的形式进行管理和分析的，而不是以传统的行政区形式，从而更好地掌握和使用这些宏观信息；二是网格是空间数据的载体,即空间数据经过一定的处理后,以网格作为其存储与管理的单元,各种数据通过记录与网格中心的相对量来表达数据的空间位置。

二、数据来源及分析说明

(一)生态环境数据

本研究所使用的生态因子数据来源于"中药资源空间信息网格数据库",其中:气候数据是根据我国气象观测站1950~2000年的气候观测数据插值成空间分辨率为1km×1km的网格数据;土壤类型数据采用FAO—90土壤分类系统,是根据第二次全国土壤调查《1:100万中华人民共和国土壤图》制成;植被类型数据来源于中科院植物所《1:100万中华人民共和国植被图》中的植被亚类数据。

(二)物种分布数据

完成本书工作中涉及的基原植物分布数据一部分来源于第四次全国中药资源普查实地调查数据,还有一部分来源于"中国数字植物标本馆"(http://www.cvh.ac.cn)、"国家教学标本资源共享平台"(http://mnh.scu.edu.cn)、"中国植物主题数据库"(http://www.plant.nsdc.cn)等历史记录。

(三)最大熵模型(Maxent)参数设置

将中药各基原植物的地理分布信息和生态因子数据按要求导入Maxent模型,在对模型参数进行设定时,选取所有样点分布数据中的85%作为训练数据集,同时设定10^4迭代次数来估算每个特征在训练数据中的分布,直到训练集样本的特征分布和模型的特征分布相同时给出模型最优参数;剩余15%的空间分布数据作为随机测试数据集,对模型进行随机测试;在环境参数设置中开启刀切法(Jackknife)来评价各生态因子的权重。

(四)模型预测精度评价

采用受试者工作特征曲线(Receiver operating characteristic curve,ROC)和曲线下面积(AUC)的大小作为模型预测准确度的衡量指标,其取值范围为[0,1],值越大表示模型判断力越强。AUC值在0.5~0.6为失败,0.6~0.7为较差,0.7~0.8为一般,0.8~0.9为好,0.9~1.0为非常好。

(五)主要生态因子及生境适宜性分析

根据各基原植物分布的位置信息和生态因子数据,分别在Maxent中进行迭代运算,评估对基原植物生长影响贡献率较高的主要生态因子,并根据它们的响应曲线获得相应的适宜值范围。

Maxent模拟出的生境适宜值为0~1,数值越大表明该地区目标物种生境适宜性越高,提取各基原植物所在位置的生境适宜值,以提取结果中最小值(min)作为适宜生长和不适宜生长的分界线;对于适宜生长的区间,则以正态分布中的指标参数平均值(μ)和标准差(δ)作为区分次适宜区和最适宜区的中断值,即[0,min]为不适宜区,[min,$\mu-\delta$]为次适宜区,[$\mu-\delta$,1]为最适宜区。

(六)叠置分析及区域面积统计

叠置分析是地理信息系统中常用的用来提取空间隐含信息的方法之一,是将两层或多层地图要素进行叠置产生一个新要素层的操作,其结果将原来要素分割成新的要素,新要素综合了原来两层或多层要素所具有的属性。也就是说,叠置分析不仅生成了新的空间关系,还将输入数据层的属性联系起来产生了新的属性关系。叠置分析是对新要素的属性按一定的数学模型进行计算分析,进而产生用户需要的结果。叠置分析不仅生成了新的空间关系,而且还将输入的多个数据层的属性联系起来产生了新的属性关系。

叠置分析要求被叠加的要素层面必须是基于相同坐标系统的相同区域,同时还必须查验叠加层面之间的基准面是否相同。从原理上说,叠置分析是对新要素的属性按一定的数学模型进行计算分析,其中往往涉及逻辑交、逻辑并、逻辑差等的运算。根据操作要素的不同,可以分成点与多边形叠加、线与多边形叠加、多边形与多边形叠加；根据操作形式的不同，叠置分析可以分为图层擦除、识别叠加、交集操作、对称区别、图层合并、修正更新和空间联合。在中药材生态适宜性区划工作中，使用GIS中的叠置分析方法，可以将不同的生态因子图层进行叠加，计算每种因子的权重，生成模型，同时可以利用各级行政区划结合各地经济、交通、中药产业发展历史等因素开展相对精确的区域划分和面积统计工作。

第二部分 各 论

各论编制说明

一、本书选取甘肃省74种常见中药,涉及基原药用植物共计100种。

二、为了方便读者,各论部分以药用部位对药材进行了归类。

三、每种药材主要介绍其基本情况,包括:药材中文名、拼音、英文名、植物分类学、性味、功效、草本沿革及入药成方等。

四、每种基原药用植物,依次介绍其中文名;植物拉丁学名;"地理分布及生境"介绍该药用植物历来被发现和记载的地域范围;"生物习性"介绍该药用植物生境特点;"生态环境影响分析"对影响药用植物适宜性分布的主要生态因子、贡献率和取值范围进行分析;"生态适宜性区划"介绍该药用植物生态适宜性的空间分布格局,主要通过地理信息图进行展示分析;"生态适宜区域面积"通过生态适宜性区划图结合甘肃省县级行政区划统计分析得出,以表格和柱状图的形式对药用植物在各县域的生态适宜区面积进行比较分析;"适宜种植区域及布局建议"对引种栽培区域提出布局建议。

五、附录一为本书74种中药、100种基原药用植物的药材名、基原名、拉丁学名;附录二为精度评价时重要参考指标ROC曲线下面积AUC值;附录三为使用的生态因子数据名录。

第五章　根及根茎类中药

1. 穿山龙
Chuanshanlong
DIOSCOREAE NIPPONICAE RHIZOMA

本品为薯蓣科植物穿龙薯蓣 Dioscorea nipponica Makino 的干燥根茎。春、秋二季采挖，洗净，除去须根和外皮，晒干。味甘、苦，性温。归肝、肾、肺经。有祛风除湿，舒筋通络，活血止痛，止咳平喘等功效。用于风湿痹病，关节肿胀，疼痛麻木，跌仆损伤，闪腰岔气，咳嗽气喘。《陕西中草药》谓其"治咳嗽，风湿关节炎，大骨节病关节痛，消化不良，疟疾，跌打损伤，痈肿恶疮"。

穿龙薯蓣现代药理研究还有镇咳、祛痰、平喘作用，对心血管也有作用。可用于治疗慢性气管炎、急性化脓性骨关节炎、甲状腺瘤和甲状腺机能亢进。

【地理分布与生境】

穿龙薯蓣多分布于东北、华北、山东、河南、安徽、浙江北部、江西、陕西、甘肃、宁夏、青海南部、四川西北部。穿龙薯蓣在古代历代本草中均无记载，作为中药应用的历史较短，但是随着应用领域的不断扩大，野生资源急剧减少。

【生物习性】

穿龙薯蓣常生于山腰的河谷两侧半阴半阳的山坡灌木丛中和稀疏杂木林内及林缘，在山脊路旁及乱石覆盖的灌木丛中较少，喜肥沃、疏松、湿润、腐殖质较深厚的黄砾壤土和黑砾壤土，耐寒，较耐干旱，幼苗后期至成龄植株需要光照。

【生态环境影响分析】

根据分析结果可知，影响穿龙薯蓣适宜分布的生态因子共有27个。其中以坡度的贡献率最大，达21.0%，取值范围为2.5°~42.0°；其次为10月份降雨量，贡献率为12.0%，取值范围为25~150mm；等温性贡献率为9.8%，取值范围为23.0~3.25；4月份降雨量贡献率为9.8%，取值范围为25~174mm；海拔贡献率为8.7%，取值范围为700~2800m；土壤含黏土量贡献率为7.8%，取值范围为8%~31%；最冷月最低温贡献率为4.2%，取值范围为-16.5~-7.5℃；2月份平均气温贡献率为3.8%，取值范围为-13~12℃；11月份降雨量贡献率为3.8%，取值范围为8~82mm。（见表1-1）

【生态适宜性区划】

从穿龙薯蓣生态适宜性区划图来看，穿龙薯蓣在甘肃适宜及次适宜生长区域主要在甘肃东南地区。在临夏回族自治州、定西市、陇南市、天水市、平凉市、庆阳市绝大部分为适宜种植区域；甘南藏族自治州、兰州市、白银市、武威市绝大部分为不适宜种植区域，少部分为适宜种植区域；金昌市、张掖市有极小部分区域有穿龙薯蓣的次适宜与适宜种植区域分布。（见图1-1）

【生态适宜区域面积】

对生态适宜性进行面积统计发现，穿龙薯蓣分布总面积最大的是环县，分布总面积为7088km²，适宜面积2549km²、次适宜面积4539km²，所占比例分别为35.96%、64.04%；其次是文县，文县分布总

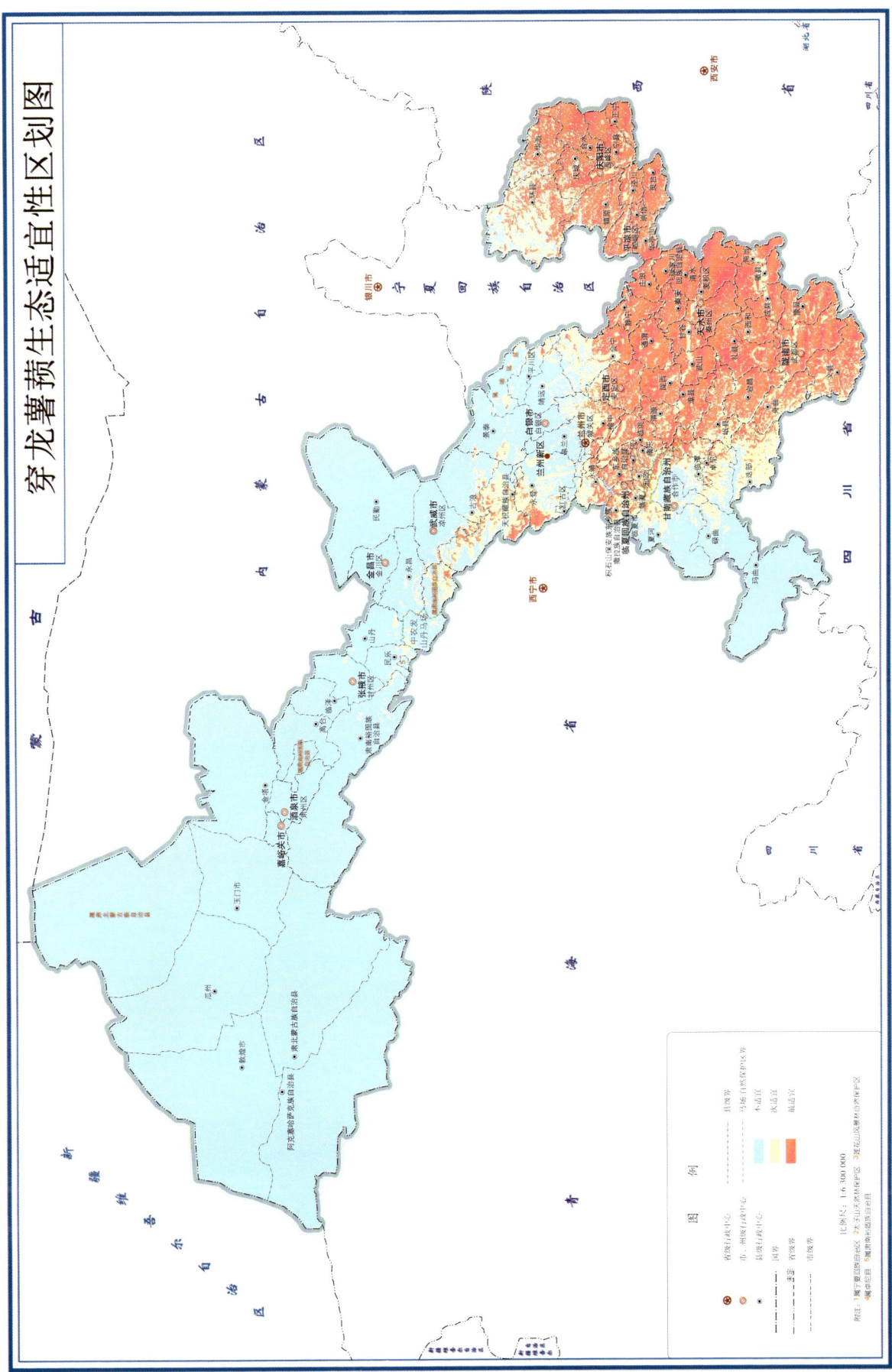

图 1-1 穹龙薯蓣生态适宜性区划图

表 1-1 穿龙薯蓣生态因子贡献率

生态因子	贡献率(%)	取值范围
坡度	21.0	2.5°~42.0°
10月份降雨量	12.0	25~150mm
等温性	9.8	23.0~3.25
4月份降雨量	9.8	25~174mm
海拔	8.7	700~2800m
土壤含黏土量	7.8	8%~31%
最冷月最低温	4.2	-16.5~-7.5℃
2月份平均气温	3.8	-13~12℃
11月份降雨量	3.8	8~82mm

面积为4946km²,适宜面积3563km²、次适宜面积1383km²,所占比例分别为72.04%、27.96%;武都区、礼县、安定区、华池县的适宜比例均大于次适宜比例,武都区分布总面积为4659km²,适宜面积3628km²、次适宜面积1031km²,所占比例分别为77.87%、22.13%;礼县分布总面积为4285km²,适宜面积3635km²、次适宜面积650km²,所占比例分别为84.83%、15.17%;安定区分布总面积为3525km²,适宜面积2392km²、次适宜面积1133km²,所占比例分别为67.87%、32.13%;华池县分布总面积为3477km²,适宜面积2257km²、次适宜面积1220km²,所占比例分别为64.91%、35.09%。会宁县、天祝县、迭部县、卓尼县次适宜比例均大于适宜比例,会宁县分布总面积为4943km²,适宜面积1934km²、次适宜面积为3009km²,所占比例分别为39.13%、60.87%;天祝县分布总面积为4935km²,适宜面积1254km²、次适宜面积3681km²,所占比例分别为25.41%、74.59%;迭部县分布总面积为4211km²,适宜面积816km²、次适宜面积3395km²,所占比例分别为19.38%、80.62%;卓尼县分布总面积为3732km²,适宜面积为959km²、次适宜面积2773km²,所占比例分别为25.69%、74.31%。(见表1-2)

表 1-2 甘肃各区县穿龙薯蓣适宜面积

区县	总面积(km²)	适宜(km²)	次适宜(km²)	适宜比例(%)	次适宜比例(%)
环县	7088	2549	4539	35.96	64.04
文县	4946	3563	1383	72.04	27.96
会宁县	4943	1934	3009	39.13	60.87
天祝县	4935	1254	3681	25.41	74.59
武都区	4659	3628	1031	77.87	22.13
礼县	4285	3635	650	84.83	15.17
迭部县	4211	816	3395	19.38	80.62
卓尼县	3732	959	2773	25.69	74.31
安定区	3525	2392	1133	67.87	32.13
华池县	3477	2257	1220	64.91	35.09

从适宜生境分布面积柱状图可以看出,穿龙薯蓣在环县、会宁县、天祝县、迭部县、卓尼县的次适宜生境分布面积明显大于适宜生境分布面积;在文县、武都区、礼县、安定区、华池县的适宜生境分布面积明显大于次适宜生境分布面积。(见图1-2)

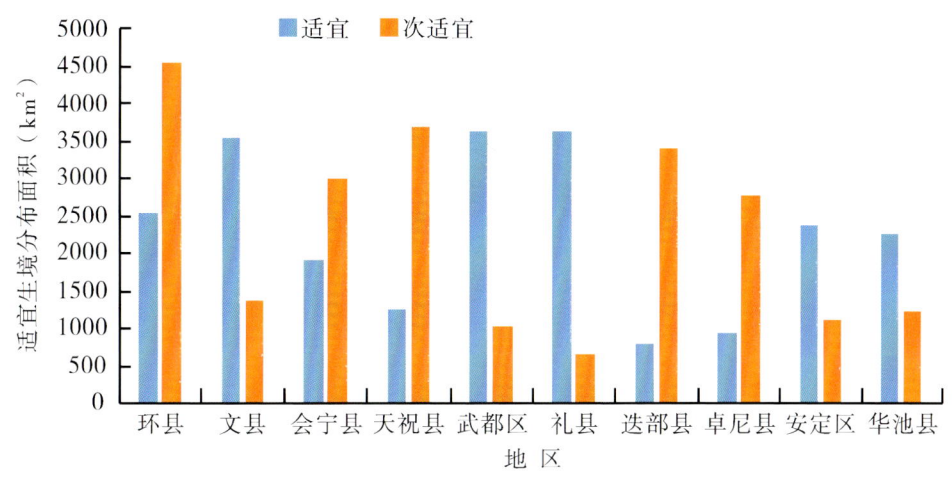

图1-2 穿龙薯蓣适宜生境分布面积

【适宜种植区域及布局建议】

根据穿龙薯蓣的生态适宜性分析结果,建议选择栽培种植的区域时应首先考虑环县,主要包括的乡镇有合道镇、耿湾乡、芦家湾乡、洪德镇、小南沟乡、虎洞镇、木钵镇、演武乡、樊家川镇、曲子镇。其次是文县,主要包括的乡镇有范坝镇、丹堡镇、刘家坪乡、中庙镇、中寨镇、玉垒乡、堡子坝镇、铁楼乡、桥头镇、石鸡坝镇。会宁县主要乡镇包括大沟镇、刘家寨子镇、柴家门镇、四房吴镇、新塬镇、头寨子镇、汉家岔镇、郭城驿镇、甘沟驿镇、新庄镇;天祝县主要乡镇包括炭山岭镇、赛什斯镇、天堂镇、祁连镇、东坪乡、赛拉隆乡、石门镇、哈溪镇;武都区主要乡镇包括枫相乡、洛塘镇、裕河镇、三仓镇、鱼龙镇、外纳镇、五马镇、五库镇、安化镇、两水镇;礼县主要乡镇包括洮坪镇、石桥镇、永坪镇、崖城镇、罗坝镇、白河镇、白关镇、固城镇、上坪乡、桥头镇;迭部县主要乡镇包括腊子口镇、卡坝乡、益哇镇、桑坝乡、阿夏乡、尼傲乡、达拉乡、电尕镇、多儿乡、旺藏镇;卓尼县主要乡镇包括喀尔钦镇、木耳镇、尼巴镇、恰盖乡、康多乡、藏巴哇镇、刀告乡、完冒镇、扎古录镇、纳浪镇;安定区主要乡镇包括新集乡、凤翔镇、高峰乡、永定路街道、团结镇、石峡湾乡、西巩驿镇、李家堡镇、宁远镇、石泉乡;华池县主要乡镇包括王咀子乡、柔远镇、山庄乡、桥河乡、林镇乡、元城镇、上里塬乡、乔川乡。

2. 黄　精

Huangjing

POLYGONATI RHIZOMA

本品为百合科植物滇黄精 *Polygonatum kingianum* Coll. et Hemsl.、黄精 *Polygonatum sibiricum* Red.或多花黄精 *Polygonatum cyrtonema* Hua.的干燥根茎。按形状不同,习称"大黄精""鸡头黄精""姜形黄精"。春、秋二季采挖,除去须根,洗净,置沸水中略烫或蒸至透心,干燥。味甘,性平。归脾、肺、肾经。有补气养阴,健脾,润肺,益肾等功效。用于脾胃气虚,体倦乏力,胃阴不足,口干食少,肺虚燥咳,劳嗽咳血,精血不足,腰膝酸软,须发早白,内热消渴。有蔓菁子散等复方。

黄精具有增强免疫功能、调血脂、降血糖、延缓衰老等多种现代药理作用,可用于糖尿病、冠心病、高脂血症等的临床治疗。同时黄精的营养价值也十分丰富,近年来在保健食品、化妆品等领域的开发应用也逐渐增加,其市场需求量越来越大,黄精产业作为传统中医药产业的一部分已经进入了飞速发展时期。

黄 精
Polygonatum sibiricum

【地理分布与生境】

黄精主产于黑龙江、吉林、辽宁、河北、山西、陕西、内蒙古、宁夏、甘肃(东部)、河南、山东、安徽(东部)、浙江(西北部)等地。近年来黄精成为新药和保健品研究的热点,从而使其市场需求量急增,野生资源逐步减少。

【生物习性】

黄精生长于山坡阔叶林或针叶林下。适宜生长环境凉爽、潮湿、荫蔽;土壤为透气、疏松、肥沃的砂壤土;耐严寒。

【生态环境影响分析】

根据分析结果可知,影响黄精适宜分布的生态因子共有34个。其中以坡度的贡献率最大,达20.4%,取值范围为0°~18°;其次为9月份降雨量,贡献率为20.2%,取值范围为70~200mm;温度季节性变化标准差贡献率为10.0%,取值范围为8000~12 000;3月份降雨量贡献率为9.5%,取值范围为>10mm;海拔贡献率为6.2%,取值范围为500~3200m;7月份平均气温贡献率为6.0%,取值范围为17~22℃;1月份平均气温贡献率为4.8%,取值范围为-10~5℃;最冷月最低温贡献率4.3%,取值范围为-5~10℃;酸碱度贡献率为3.3%,取值范围为>7。(见表2-1)

表2-1 黄精生态因子贡献率

生态因子	贡献率(%)	取值范围
坡度	20.4	0°~18°
9月份降雨量	20.2	70~200mm
温度季节性变化标准差	10.0	8000~12 000
3月份降雨量	9.5	>10mm
海拔	6.2	500~3200m
7月份平均气温	6.0	17~22℃
1月份平均气温	4.8	-10~5℃
最冷月最低温	4.3	-5~10℃
酸碱度	3.3	>7

【生态适宜性区划】

从黄精生态适宜性区划图来看,黄精在甘肃适宜及次适宜生长区域主要在甘肃东南及中部地区。在天水市、平凉市、庆阳市、临夏回族自治州绝大部分为最适宜种植区域;在陇南市、定西市大部分为最适宜种植区域;在兰州市、白银市大部分为次适宜种植区域,部分为最适宜种植区域;在甘南藏族自治州、武威市大部分为不适宜种植区域,部分为最适宜和次适宜种植区域;在金昌市、张掖市不适宜种植区域与最适宜和次适宜总种植区域相当;酒泉市有极小部分为次适宜种植区域。(见图2-1)

【生态适宜区域面积】

对生态适宜性进行面积统计发现,黄精适宜面积最大的区域为肃南县,其分布总面积为10 155km²,

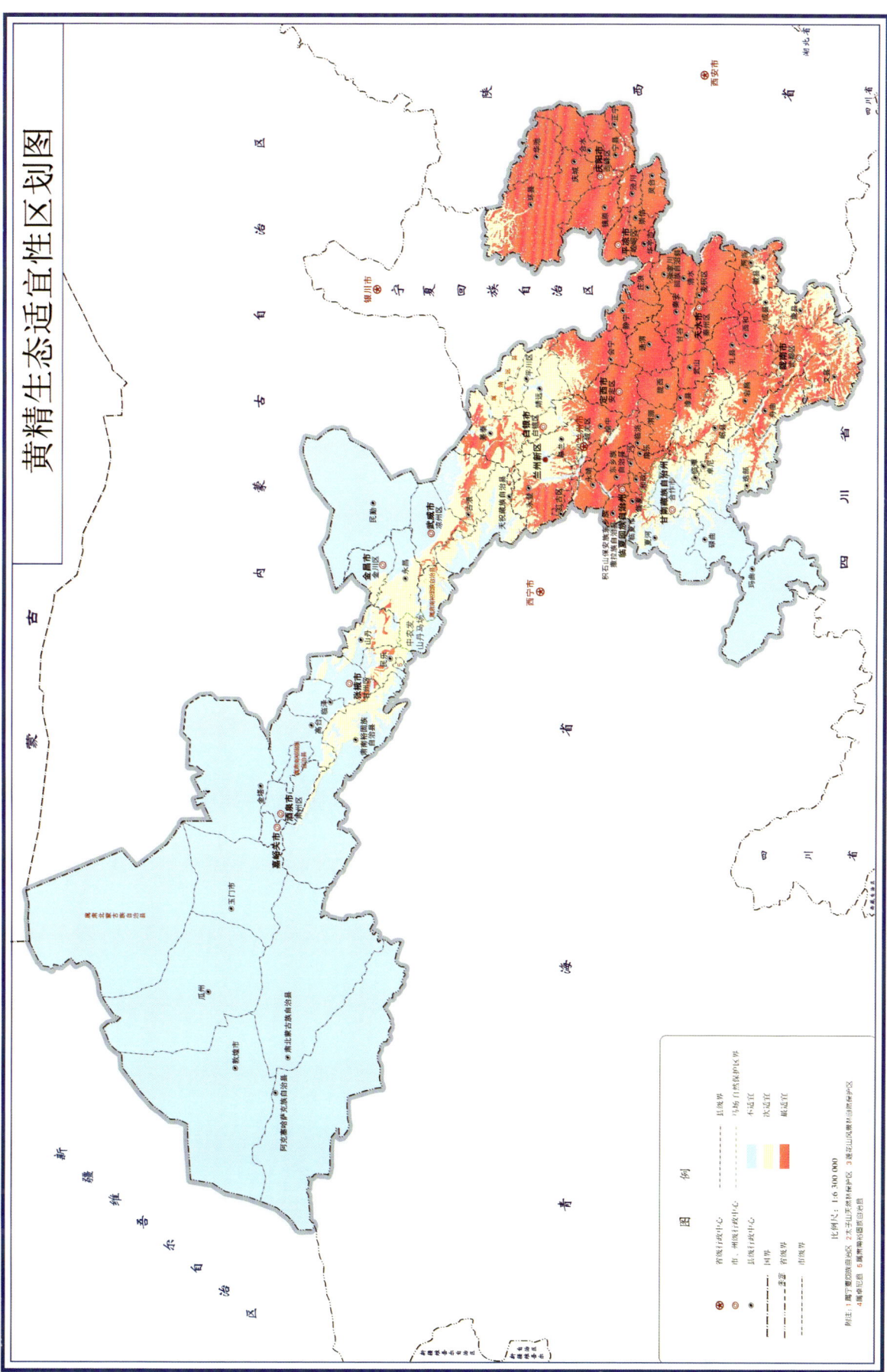

图 2-1 黄精生态适宜性区划图

适宜面积293km²、次适宜面积9862km²,所占比例分别为2.88%、97.12%;其次为环县,其分布总面积为8641km²,适宜面积8240km²、次适宜面积401km²,所占比例分别为95.36%、4.64%;会宁县分布总面积为6075km²,适宜面积5395km²、次适宜面积680km²,所占比例分别为88.80%、11.20%;天祝县、永登县分布总面积相差不大,其中天祝县分布总面积为5708km²,适宜面积1581km²、次适宜面积4127km²,所占比例分别为27.69%、72.31%;永登县分布总面积为5692km²,适宜面积4758km²、次适宜面积934km²,所占比例分别83.59%、16.41%;靖远县分布总面积为5299km²,适宜面积1791km²、次适宜面积3507km²,所占比例分别为33.80%、66.20%;景泰县、文县、卓尼县的分布总面积相差不大,其中景泰县分布总面积为4982km²,适宜面积3233km²、次适宜面积1749km²,所占比例分别为64.89%、35.11%;文县分布总面积为4885km²,适宜面积3527km²、次适宜面积1358km²,所占比例分别为72.21%、27.79%;卓尼县分布总面积为4790km²,适宜面积837km²、次适宜面积3953km²,所占比例分别为17.47%、82.53%;山丹县分布总面积为4334km²,适宜面积899km²、次适宜面积3435km²、所占比例分别为20.75%、79.25%。(见表2-2)

表2-2 甘肃各区县黄精适宜面积

区县	总面积(km²)	适宜(km²)	次适宜(km²)	适宜比例(%)	次适宜比例(%)
肃南县	10 155	293	9862	2.88	97.12
环县	8641	8240	401	95.36	4.64
会宁县	6075	5395	680	88.80	11.20
天祝县	5708	1581	4127	27.69	72.31
永登县	5692	4758	934	83.59	16.41
靖远县	5298	1791	3507	33.80	66.20
景泰县	4982	3233	1749	64.89	35.11
文县	4885	3527	1358	72.21	27.79
卓尼县	4790	837	3953	17.47	82.53
山丹县	4334	899	3435	20.75	79.25

从生态适宜生境分布面积柱状图可以看出,黄精在肃南县、天祝县、靖远县、卓尼县、山丹县的次适宜生境分布面积明显大于适宜生境分布面积,其中肃南县的次适宜生境分布面积最大;在环县、会宁县、永登县、景泰县、文县的适宜生境分布面积明显大于次适宜生境分布面积,其中会宁县的适宜

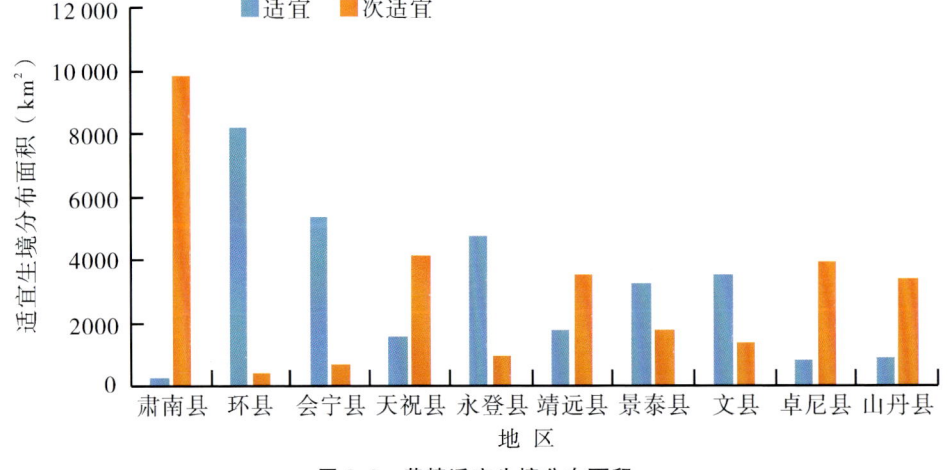

图2-2 黄精适宜生境分布面积

生境分布面积最大。(见图2-2)

【适宜种植区域及布局建议】

根据黄精的生态适宜性分析结果,建议选择栽培种植的区域时应首先考虑肃南县,其分布总面积最大,主要包括的乡镇有大河乡、祁丰乡、皇城镇、康乐镇、马蹄乡。其次为环县,其分布总面积与适宜分布面积均较大,主要包括环城镇、车道镇、毛井镇、洪德镇、小南沟乡。永登县主要乡镇包括七山乡、龙泉寺镇、武胜驿镇、苦水镇、通远镇;天祝县主要乡镇包括松山镇、旦马乡、哈溪镇、抓喜秀龙镇、华藏寺镇;会宁县主要乡镇包括头寨子镇、汉家岔镇、甘沟驿镇、新庄镇、郭城驿镇;靖远县主要乡镇包括高湾镇、北滩镇、石门乡、若笠乡、刘川镇;景泰县主要乡镇包括中泉镇、寺滩乡、正路镇、喜泉镇、五佛乡;山丹县主要乡镇包括清泉镇、位奇镇、老军乡、东乐镇;文县主要乡镇包括丹堡镇、范坝镇、中寨镇、刘家坪乡、铁楼乡;卓尼县主要乡镇包括木耳镇、喀尔钦镇、尼巴镇、恰盖乡、藏巴哇镇;古浪县主要乡镇包括海子滩镇、新堡乡、黄花滩镇、西靖镇、直滩镇。

滇黄精
Polygonatum kingianum

【地理分布与生境】

滇黄精主产于云南,在四川、贵州、广西等地均有分布。近年来,随着市场需求量的增加,人们对滇黄精研究的不断深入,滇黄精的应用领域不断拓展,人工栽培滇黄精已成为市场供应的主体。

【生物习性】

滇黄精多生于林下、灌木丛或山坡地,喜阴湿,耐寒,幼苗能露地越冬。以排灌方便、土层深厚、疏松肥沃、表层水分充足、富含腐殖质的砂质壤土种植为佳,最好是荫蔽之地,上层为透光充足的林缘、灌木丛、草丛及林下开阔地带。

【生态环境影响分析】

根据分析结果可知,影响滇黄精适宜分布的生态因子共有35个。其中贡献率最大的为10月份降雨量,达70.2%,取值范围为67~250mm;其次为海拔,贡献率为11.5%,取值范围为800~4000m;5月份降雨量贡献率为3.6%,取值范围为75~220mm。(见表2-3)

表2-3 滇黄精生态因子贡献率

生态因子	贡献率(%)	取值范围
10月份降雨量	70.2	67~250mm
海拔	11.5	800~4000m
5月份降雨量	3.6	75~220mm

【生态适宜性区划】

从滇黄精适宜性区划图来看,滇黄精除在陇南市有大部分的最适宜种植区域分布外,其分布主要为次适宜分布,生长区域主要在甘肃东南地区。在陇南市绝大部分为最适宜生长区域,部分为次适宜生长区域;在天水市大部分为次适宜生长区域,小部分为最适宜生长和不适宜生长区域;在定西市、平凉市大部分为次适宜生长区域;在甘南藏族自治州、庆阳市大部分为不适宜生长区域;白银市绝大部分为不适宜生长区域。(见图2-3)

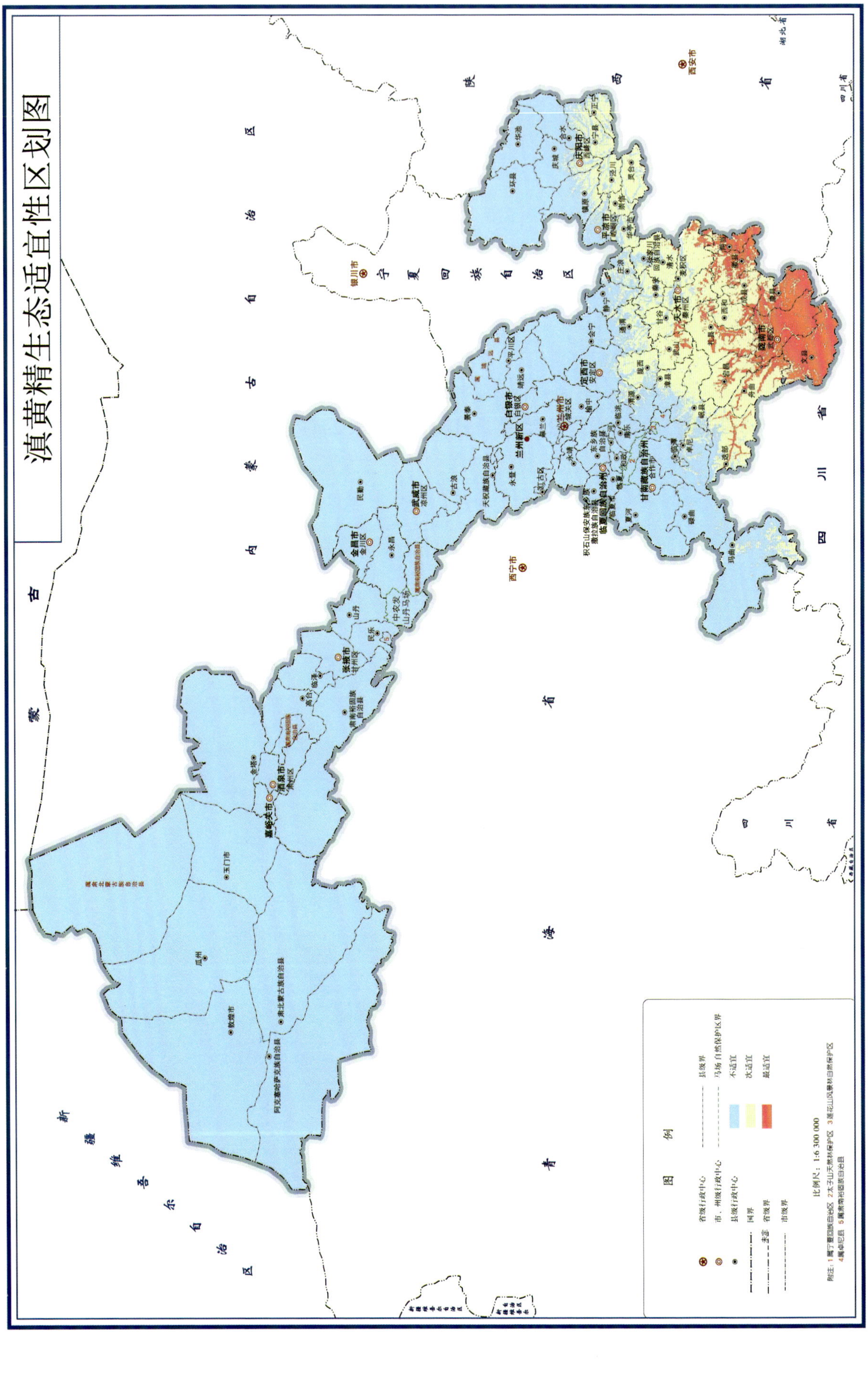

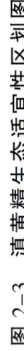

图2-3 滇黄精生态适宜性区划图

【生态适宜区域面积】

对生态适宜性进行面积统计发现,滇黄精适宜面积最大的区域为文县,其分布总面积为4962km²,适宜面积4547km²,次适宜面积415km²,所占比例分别为91.63%、8.37%;其次为武都区,其分布总面积为4658km²,适宜面积4138km²,次适宜面积520km²,所占比例分别为88.83%、11.17%;礼县、迭部县、宕昌县、麦积区、舟曲县次适宜区域比例明显高于最适宜区域,其中礼县分布总面积为4269km²,适宜面积1057km²、次适宜面积3212km²,所占比例分别为24.75%、75.25%;迭部县分布总面积为3922km²,适宜面积472km²、次适宜面积3450km²,所占比例分别为12.03%、87.97%;宕昌县分布总面积3313km²,适宜面积659km²、次适宜面积2654km²,所占比例分别为19.90%、80.10%;麦积区分布总面积为3027km²,适宜面积405km²、次适宜面积2622km²,所占比例分别为13.39%、86.61%;舟曲县分布总面积为3008km²,适宜面积802km²、次适宜面积2206km²,所占比例分别为26.67%、73.33%;康县分布总面积为2938km²,适宜面积2312km²、次适宜面积626km²,所占比例分别为78.69%、21.31%;徽县分布总面积2742km²,适宜面积1570km²、次适宜面积1172km²,所占比例分别为57.25%、42.75%;岷县分布的均为次适宜面积,共有2591km²。(见表2-4)

表2-4 甘肃各区县滇黄精适宜面积

区县	总面积(km²)	适宜(km²)	次适宜(km²)	适宜比例(%)	次适宜比例(%)
文县	4962	4547	415	91.63	8.37
武都区	4658	4138	520	88.83	11.17
礼县	4269	1057	3212	24.75	75.25
迭部县	3922	472	3450	12.03	87.97
宕昌县	3313	659	2654	19.90	80.10
麦积区	3027	405	2622	13.39	86.61
舟曲县	3008	802	2206	26.67	73.33
康县	2938	2312	626	78.69	21.31
徽县	2742	1570	1172	57.25	42.75
岷县	2591	0	2591	0.00	100.00

从生态适宜生境分布面积柱状图可以看出,滇黄精在文县、武都区、康县的适宜生境分布面积明显大于次适宜生境分布面积;在徽县适宜与次适宜生境分布面积相差不大;在礼县、迭部县、宕昌县、麦积区、舟曲县次适宜生境分布面积明显大于适宜生境分布面积;岷县分布的全部为次适宜生境分布面积。(见图2-4)

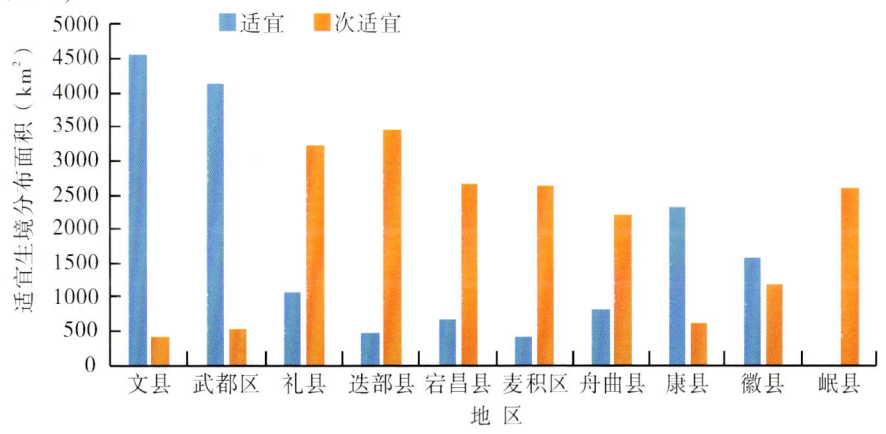

图2-4 滇黄精适宜生境分布面积

【适宜种植区域及布局建议】

根据滇黄精的生态适宜性分析结果,建议选择栽培种植的区域时应首先考虑文县,主要乡镇包括丹堡镇、范坝镇、中寨镇、刘家坪乡、铁楼乡、天池镇、堡子坝镇。其次为武都区,主要乡镇包括枫相乡、洛塘镇、裕河镇、三仓镇、鱼龙镇、外纳镇。礼县主要乡镇包括上坪乡、洮坪镇、固城镇、沙金乡、石桥镇、崖城镇、永坪镇;迭部县主要乡镇包括达拉乡、旺藏镇、多儿乡、电尕镇、腊子口镇、阿夏乡、洛大镇;宕昌县主要乡镇包括南河镇、兴化乡、狮子乡、城关镇、新城子乡、官亭镇、车拉乡;麦积区主要乡镇包括党川镇、利桥镇、东岔镇、三岔镇、甘泉镇、麦积镇、元龙镇;舟曲县主要乡镇包括曲告纳镇、博峪镇、武坪镇、峰迭镇、拱坝镇、插岗乡、大峪镇;康县主要乡镇包括阳坝镇、三河坝镇、白杨镇、岸门口镇、两河镇、长坝镇、迷坝乡;徽县主要乡镇包括高桥镇、江洛镇、麻沿河镇、榆树乡、嘉陵镇、柳林镇、大河店镇;岷县主要乡镇包括闾井镇、锁龙乡、蒲麻镇、禾驮镇、秦许乡、马坞镇、寺沟镇。

多花黄精
Polygonatum cyrtonema

【地理分布与生境】

多花黄精主要分布于长江流域,产四川、贵州、湖南、湖北、河南(南部和西部)、江西、安徽、江苏(南部)、浙江、福建、广东(中部和北部)、广西等地。随着对多花黄精的需求大增,由采挖野生资源转变为人工驯化栽培。

【生物习性】

多花黄精生长于林下、灌丛或山坡阴处。多花黄精喜欢阴湿气候条件,具有喜阴、耐寒、怕干旱的特性,在干燥地区生长不良,在湿润荫蔽的环境下植株生长良好。在土层较深厚、疏松肥沃、排水和保水性能较好的壤土中生长良好,在贫瘠干旱及黏重的地块不适宜植株生长。

【生态环境影响分析】

根据分析结果可知,影响多花黄精适宜分布的生态因子共有32个。其中贡献率最大的为4月份降雨量,达53.3%,取值范围为>50mm;其次为11月份降雨量,贡献率为18.8%,取值范围为>15mm;坡度贡献率为7.3%,取值范围为0°~65°;1月份平均气温贡献率为4.6%,取值范围为-12~-5℃;等温性贡献率为3.1%,取值范围为20~35。(见表2-5)

表2-5 多花黄精生态因子贡献率

生态因子	贡献率(%)	取值范围
4月份降雨量	53.3	>50mm
11月份降雨量	18.8	>15mm
坡度	7.3	0°~65°
1月份平均气温	4.6	-12~-5℃
等温性	3.1	20~35

【生态适宜性区划】

从多花黄精生态适宜性区划图来看,多花黄精在甘肃适宜及次适宜生长区域主要在甘肃东南地区。在陇南市大部分为最适宜生长区域,小部分为次适宜生长区域;在天水市、平凉市大部分为次适宜生长区域,小部分为最适宜生长区域;天水市的最适宜生长区域相对较大,均无不适宜生长区域;

在定西市、临夏回族自治州、庆阳市大部分为次适宜生长区域,小部分为不适宜生长区域;在甘南藏族自治州不适宜与次适宜种植区域相当,且占据绝大部分地区;在兰州市大部分为次适宜生长区域,小部分为不适宜生长区域;在白银市大部分为不适宜生长区域,小部分为次适宜生长区域;在武威市、张掖市绝大部分为不适宜生长区域。(见图2-5)

【生态适宜区域面积】

对生态适宜性进行面积统计发现,多花黄精适宜面积最大的区域为环县,其分布总面积为8449km²,均为次适宜面积;其次为会宁县,其分布总面积为5142km²,均为次适宜面积;文县分布总面积为4889km²,适宜面积3390km²、次适宜面积1499km²,所占比例分别为69.34%、30.66%;迭部县分布总面积为4688km²,适宜面积264km²、次适宜面积4424km²,所占比例分别为5.63%、94.37%;武都区分布总面积为4566km²,适宜面积2348km²、次适宜面积2218km²,所占比例分别为51.42%、48.58%;卓尼县、华池县、岷县、安定区的次适宜比例均为100%,各县分布总面积分别为:卓尼县4338km²、华池县3547km²、岷县3439km²、安定区3382km²;礼县分布总面积为4154km²,适宜面积350km²、次适宜面积3804km²,所占比例分别为8.42%、91.58%。(见表2-6)

表2-6 甘肃各区县多花黄精适宜面积

区县	总面积(km²)	适宜(km²)	次适宜(km²)	适宜比例(%)	次适宜比例(%)
环县	8449	0	8449	0.00	100.00
会宁县	5142	0	5142	0.00	100.00
文县	4889	3390	1499	69.34	30.66
迭部县	4688	264	4424	5.63	94.37
武都区	4566	2348	2218	51.42	48.58
卓尼县	4338	0	4338	0.00	100.00
礼县	4154	350	3804	8.42	91.58
华池县	3547	0	3547	0.00	100.00
岷县	3439	0	3439	0.00	100.00
安定区	3382	0	3382	0.00	100.00

从生态适宜生境分布面积柱状图可以看出,多花黄精在环县、会宁县、卓尼县、华池县、安定区、岷县均为次适宜生境分布,其中环县次适宜生境分布面积最大;在文县适宜生境分布面积大于次适宜生境分布面积,武都区次适宜生境分布面积与适宜生境分布面积相当;在迭部县、礼县次适宜生境分布面积大于适宜生境分布面积。(见图2-6)

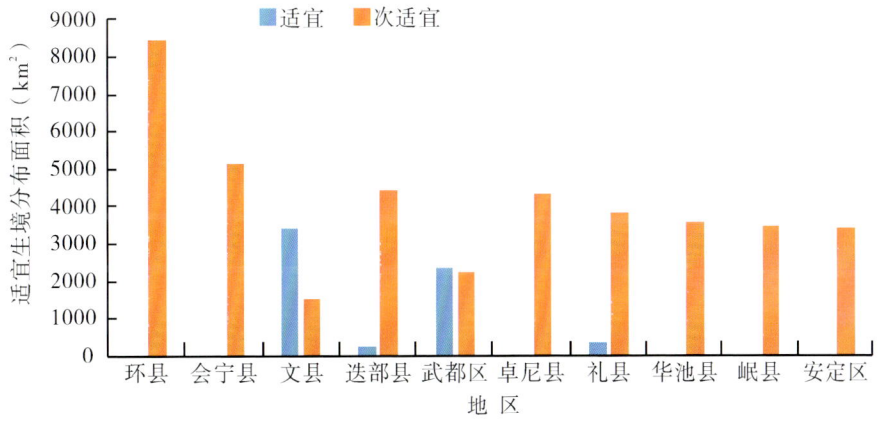

图2-6 多花黄精适宜生境分布面积

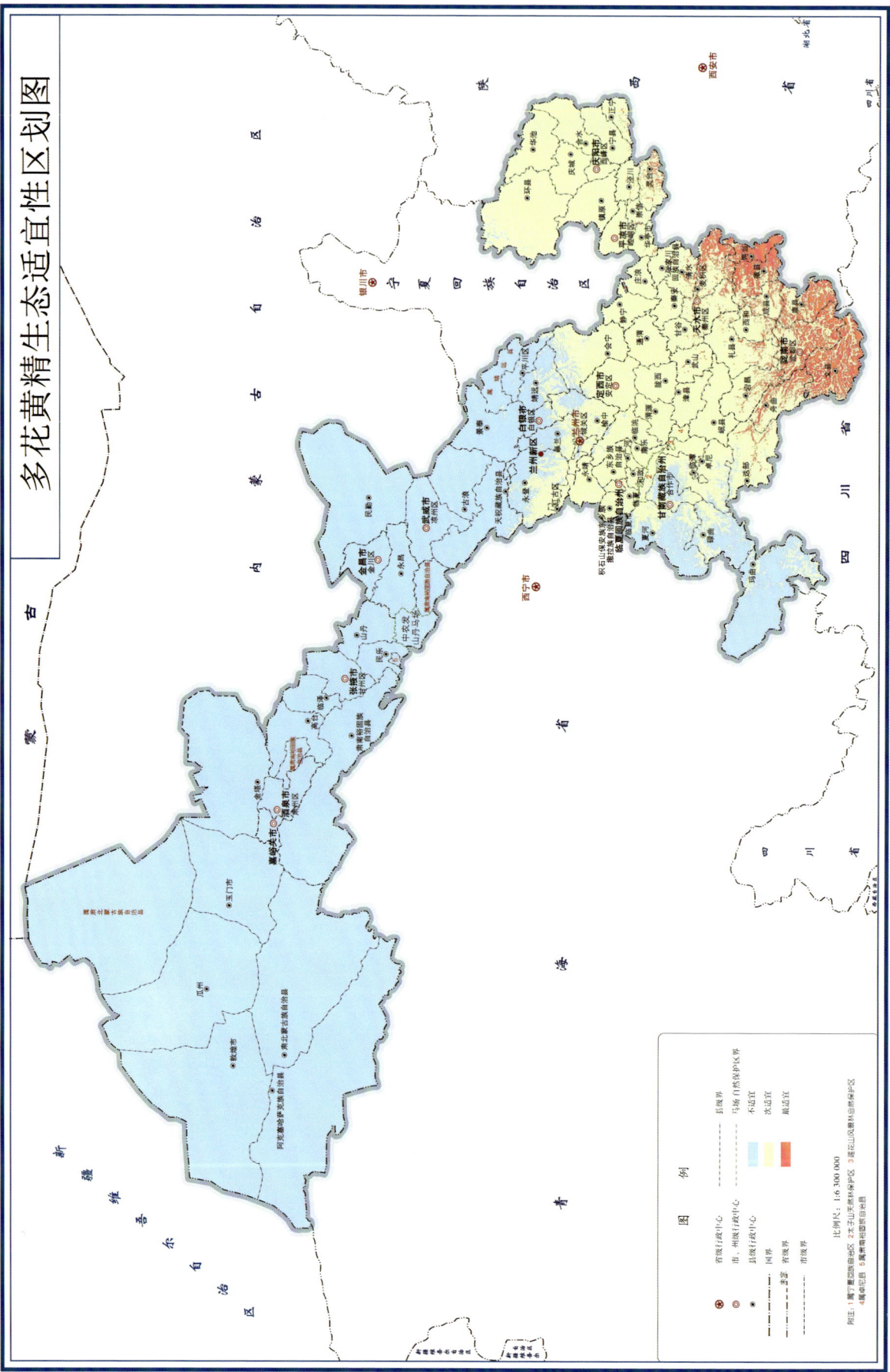

图 2-5 多花黄精生态适宜性区划图

【适宜种植区域及布局建议】

根据多花黄精的生态适宜性分析结果,建议选择栽培种植的区域时应首先考虑环县,主要乡镇包括环城镇、车道镇、毛井镇、洪德镇、小南沟乡、合道镇、耿湾乡。其次为文县,主要乡镇包括丹堡镇、范坝镇、中寨镇、刘家坪乡、铁楼乡、天池乡、堡子坝镇。会宁县主要乡镇包括汉家岔镇、头寨子镇、甘沟驿镇、柴家门镇、大沟镇、四房吴镇、新塬镇;武都区主要乡镇包括枫相乡、洛塘镇、裕河镇、三仓镇、鱼龙镇、外纳镇、五马镇;迭部县主要乡镇包括达拉乡、电尕镇、旺藏镇、多儿乡、腊子口镇、卡坝乡、桑坝乡;卓尼县主要乡镇包括木耳镇、喀尔钦镇、尼巴镇、恰盖乡、藏巴哇镇、康多乡、刀告乡;礼县主要乡镇包括上坪乡、洮坪镇、固城镇、沙金乡、石桥镇、崖城镇;华池县主要乡镇包括林镇乡、城壕镇、柔远镇、五蛟镇、悦乐镇、乔川乡、山庄乡;安定区主要乡镇包括巉口镇、内官营镇、鲁家沟镇、凤翔镇、李家堡镇、青岚山乡、西巩驿镇;岷县主要乡镇包括闾井镇、秦许乡、锁龙乡、蒲麻镇、禾驮镇、寺沟镇、马坞镇;镇原县主要乡镇包括三岔镇、孟坝镇、屯字镇、新城镇、太平镇、平泉镇。

3. 川 芎

Chuanxiong

CHUANXIONG RHIZOMA

本品为伞形科植物川芎 Ligusticum chuanxiong Hort.的干燥根茎。夏季当茎上的节盘显著突出,并略带紫色时采挖,除去泥沙,晒后烘干,再去须根。味辛,性温。归肝、胆、心包经。有活血行气,祛风止痛,疏肝解郁的功效。用于胸痹心痛,胸胁刺痛,跌仆肿痛,月经不调,经闭痛经,癥瘕腹痛,头痛,风湿痹痛。《神农本草经》谓其"主中风入脑头痛,寒痹,筋挛缓急,金创,妇人血闭无子"。有川芎丸、川芎茶调散、胶艾汤等复方。

川芎具有抗血小板凝集、抗血栓、抗氧化、清除自由基、防治冠心病等多种现代药理活性。

【地理分布与生境】

川芎历史道地产区为四川都江堰金马河上游以西地区,现彭州、眉山及什邡等地均有种植。川芎主要为栽培植物,主产四川,在云南、贵州、广西、湖北、江西、浙江、江苏、陕西、甘肃、内蒙古、河北等省区均有栽培。

【生物习性】

川芎喜温暖气候、雨量充沛、日照充足的环境,怕荫蔽和水涝。适宜在土层深厚、疏松肥沃、排水良好、中性或微酸性的砂质壤土上栽培,不宜在过砂的冷砂土或过于黏重的黄泥和下湿田等处种植,忌连作。

【生态环境影响分析】

根据分析结果可知,影响川芎适宜分布的生态因子共有31个。其中以10月份降雨量的贡献率最大,为50.3%,取值范围为>52mm;其次为9月份降雨量,贡献率为18.1%,取值范围为102~225mm;海拔贡献率为7.1%,取值范围为400~2900m;最冷月最低温贡献率为6.5%,取值范围为−5~5℃;最干季节均温贡献率为4.2%,取值范围为1~12℃;其中8月份平均气温贡献率最小,为3.8%,取值范围为17.5~27.5℃。(见表3-1)

【生态适宜性区划】

从川芎生态适宜性区划图来看,川芎在甘肃适宜及次适宜生长区域主要在甘肃东南地区。在陇

表 3-1 川芎生态因子贡献率

生态因子	贡献率(%)	取值范围
10月份降雨量	50.3	>52mm
9月份降雨量	18.1	102~225mm
海拔	7.1	400~2900m
最冷月最低温	6.5	−5~5℃
最干季节均温	4.2	1~12℃
8月份平均气温	3.8	17.5~27.5℃

南市、天水市、平凉市绝大部分为最适宜种植区域；庆阳市最适宜、次适宜、不适宜区域面积相当，最适宜相对较小一些；定西市极少部分为最适宜种植区域，次适宜与不适宜种植区域相当；白银市绝大部分为不适宜种植区域。(见图 3-1)

【生态适宜区域面积】

对生态适宜性进行面积统计发现，川芎适宜面积最大的区域为武都区，分布总面积为4502km²，适宜面积3845km²、次适宜面积657km²，所占比例分别为85.41%、14.59%；其次为文县，分布总面积为4299km²，适宜面积3154km²、次适宜面积1145km²，所占比例分别为73.37%、26.63%；礼县分布总面积为3993km²，适宜面积3091km²、次适宜面积902km²，所占比例分别为77.41%、22.59%；麦积区分布总面积为3263km²，适宜面积2768km²、次适宜面积495km²，所占比例分别为84.83%、15.17%；镇原县分布总面积为3007km²，适宜面积934km²、次适宜面积2073km²，所占比例分别为31.06%、68.94%；康县分布总面积为2863km²，适宜面积2858km²、次适宜面积5km²，所占比例分别为99.83%、0.17%；通渭县与徽县的分布总面积相差不大，分别为2640km²、2604km²，其中通渭县适宜面积218km²、次适宜面积2422km²，所占比例分别为8.26%、91.74%；徽县适宜面积为2558km²、次适宜面积为46km²，所占比例分别为98.23%、1.77%；宁县与庆城县的分布总面积相差不大，分别为2597km²、2483km²，其中宁县适宜面积1249km²、次适宜面积1348km²，所占比例分别为48.09%、51.91%；庆城县适宜面积41km²、次适宜面积2442km²，所占比例分别为1.65%、98.35%。(见表 3-2)

表 3-2 甘肃各区县川芎适宜面积

区县	总面积(km²)	适宜(km²)	次适宜(km²)	适宜比例(%)	次适宜比例(%)
武都区	4502	3845	657	85.41	14.59
文县	4299	3154	1145	73.37	26.63
礼县	3993	3091	902	77.41	22.59
麦积区	3263	2768	495	84.83	15.17
镇原县	3007	934	2073	31.06	68.94
康县	2863	2858	5	99.83	0.17
通渭县	2640	218	2422	8.26	91.74
徽县	2604	2558	46	98.23	1.77
宁县	2597	1249	1348	48.09	51.91
庆城县	2483	41	2442	1.65	98.35

从生态适宜地区面积分布柱状图可以看出，川芎在武都区、文县、礼县、康县、徽县、麦积区的适

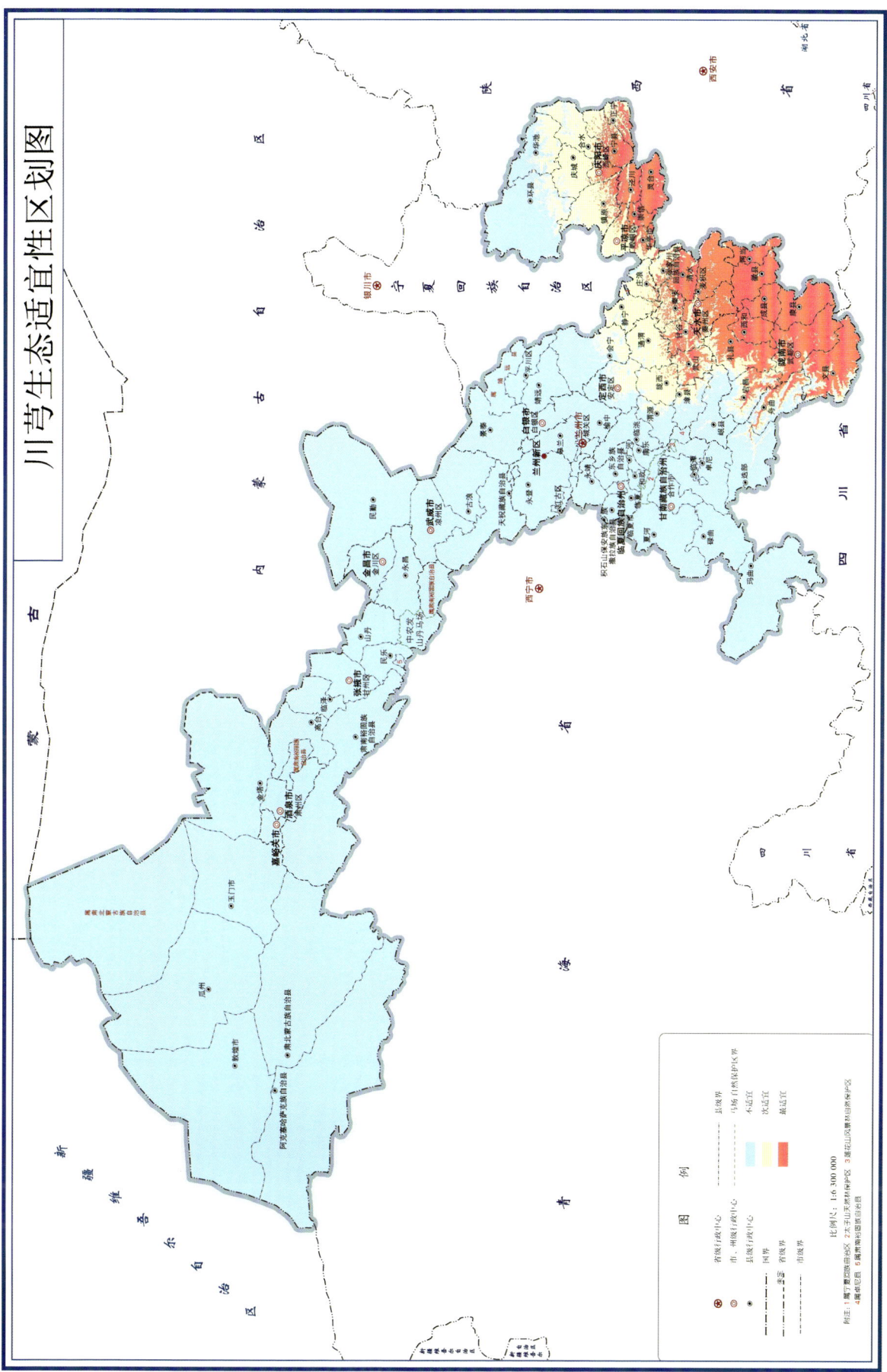

图 3-1 川芎生态适宜性区划图

宜生境分布面积明显大于次适宜生境分布面积,其中武都区适宜面积最大;在镇原县、通渭县、庆城县次适宜生境分布面积明显大于次适宜生境分布面积,其中通渭县次适宜面积最大;宁县适宜与次宜生境分布面积相差不大。(见图3-2)

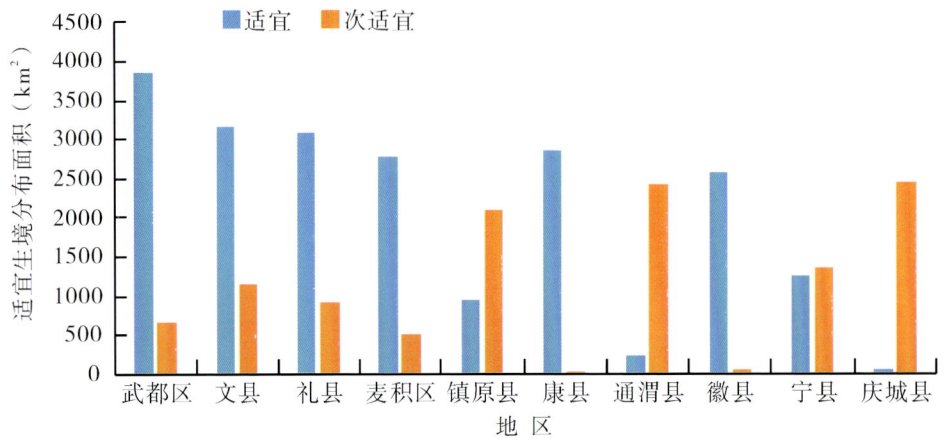

图3-2 川芎适宜生境分布面积

【适宜种植区域及布局建议】

根据川芎的生态适宜性分析结果,建议选择栽培种植的区域时应首先考虑武都区,主要乡镇包括枫相乡、洛塘镇、裕河镇、三仓镇、鱼龙镇、外纳镇。其次为文县,主要乡镇包括范坝镇、丹堡镇、刘家坪乡、中庙镇、中寨镇、铁楼乡。礼县、麦积区、康县、徽县适宜面积比例较大,礼县分布的主要乡镇为洮坪镇、上坪乡、固城镇、石桥镇、崖城镇、沙金乡;麦积区分布的主要乡镇为党川镇、利桥镇、东岔镇、三岔镇、甘泉镇、麦积镇;康县分布的主要乡镇为阳坝镇、三河坝镇、白杨镇、岸门口镇、两河镇、长坝镇,徽县分布的主要乡镇为高桥镇、江洛镇、麻沿河镇、榆树乡、嘉陵镇、柳林镇。镇原县、通渭县、宁县、庆城县、合水县主要为次适宜地区,镇原县分布的主要乡镇为孟坝镇、屯字镇、太平镇、新城乡、平泉镇、新集镇;通渭县分布的主要乡镇为马营镇、榜罗镇、平襄镇、常河镇、三铺乡、什川镇;宁县分布的主要乡镇为盘克镇、春荣镇、金村乡、九岘乡、焦村镇、湘乐镇;庆城县分布的主要乡镇为驿马镇、桐川镇、蔡家庙乡、玄马镇、马岭镇、太白梁乡;合水县分布的主要乡镇为太白镇、固城镇、老城镇、太莪乡、蒿咀铺乡、板桥镇。

4. 丹 参

Danshen

SALVIAE MILTIORRHIZAE RADIX ET RHIZOMA

本品为唇形科植物丹参 Salvia miltiorrhiza Bge.的干燥根和根茎。春、秋二季采挖,除去泥沙,干燥。味苦,性微寒。归心、肝经。有活血祛瘀,通经止痛,清心除烦,凉血消痈等功效。用于胸痹心痛,脘腹胁痛,癥瘕积聚,热痹疼痛,心烦不眠,月经不调,痛经经闭,疮疡肿痛。《本草纲目》谓其"活血,通心包络,治疝痛"。

丹参具有抗血栓、改善微循环、抗菌消炎、抗肿瘤、抗氧化、调节免疫以及保肝和调节组织修复与再生等多种药理作用。现今开发的丹参川芎嗪注射液用于治疗闭塞性脑血管疾病,是我国应用最广泛的中草药之一。

【地理分布与生境】

丹参在我国河北、山西、陕西、山东、河南、江苏、浙江、安徽、江西及湖南等地均有分布。

【生物习性】

丹参是深根植物,根部可深入土层0.3m以上。丹参生于山坡、林下草丛或溪谷旁,其对土壤要求不严,黄砂土、黑砂土、冲积土均可种植。

【生态环境影响分析】

根据分析结果可知,影响丹参适宜分布的生态因子共有37个。其中11月份降雨量对其生长贡献率最大,达52.0%,取值范围为>15mm;其次为温度季节性变化标准差贡献率,为12.7%,取值范围为7500~11 000;最干季节均温对其生长贡献率为7.0%,取值范围为-9~12℃;9月份降雨量对其生长贡献率为5.6%,取值范围为70~140mm;最湿季节均温对其生长贡献率为3.9%,取值范围为21~28℃;12月份平均气温对其生长贡献率为3.7%,取值范围为-5~12℃。(见表4-1)

表4-1 丹参生态因子贡献率

生态因子	贡献率(%)	取值范围
11月份降雨量	52.0	>15mm
温度季节性变化标准差	12.7	7500~11 000
最干季节均温	7.0	-9~12℃
9月份降雨量	5.6	70~140mm
最湿季节均温	3.9	21~28℃
12月份平均气温	3.7	-5~12℃

【生态适宜性区划】

从丹参生态适宜性区划图来看,丹参在甘肃适宜及次适宜生长区域主要在甘肃东南地区。在陇南市、天水市、平凉市、庆阳市有大面积的最适宜种植区域分布;在定西市、甘南藏族自治州有极少部分的最适宜种植区域分布,定西市还分布有绝大部分的次适宜种植区域,甘南藏族自治州分布绝大部分为不适宜种植区域;临夏回族自治州绝大部分为次适宜种植区域;白银市、兰州市分布有极小部分的次适宜种植区域,白银市还有非常小的最适宜种植区域。(见图4-1)

【生态适宜区域面积】

对生态适宜性进行面积统计发现,丹参适宜面积最大的为文县,其分布总面积为4544km²,适宜面积2856km²、次适宜面积1688km²,所占比例分别为62.85%、37.15%;其次为武都区,分布总面积为4437km²,适宜面积2532km²、次适宜面积1905km²,所占比例分别为57.07%、42.93%;礼县分布总面积为3912km²,适宜面积2037km²、次适宜面积1875km²,所占比例分别为52.07%、47.93%;环县分布总面积为3515km²,适宜面积976km²、次适宜面积2539km²,所占比例分别为27.77%、72.23%;麦积区分布总面积为3110km²,适宜面积2579km²、次适宜面积531km²,所占比例分别为82.93%、17.07%;镇原县、华池县、安定区分布总面积相差不大,分别为2673km²、2550km²、2408km²,镇原县适宜面积2076km²、次适宜面积597km²,所占比例分别为77.67%、22.33%;华池县适宜面积751km²、次适宜面积1799km²,所占比例分别为29.45%、70.55%;安定区适宜面积181km²、次适宜面积2227km²,所占比例分别为7.52%、92.48%;合水县分布总面积为2215km²,适宜面积1667km²、次适宜面积548km²,所占比例分别为75.26%、24.74%;康县分布总面积为2159km²,适宜面积1212km²、次适宜面积947km²,所占比例分别为56.14%、43.86%。(见表4-2)

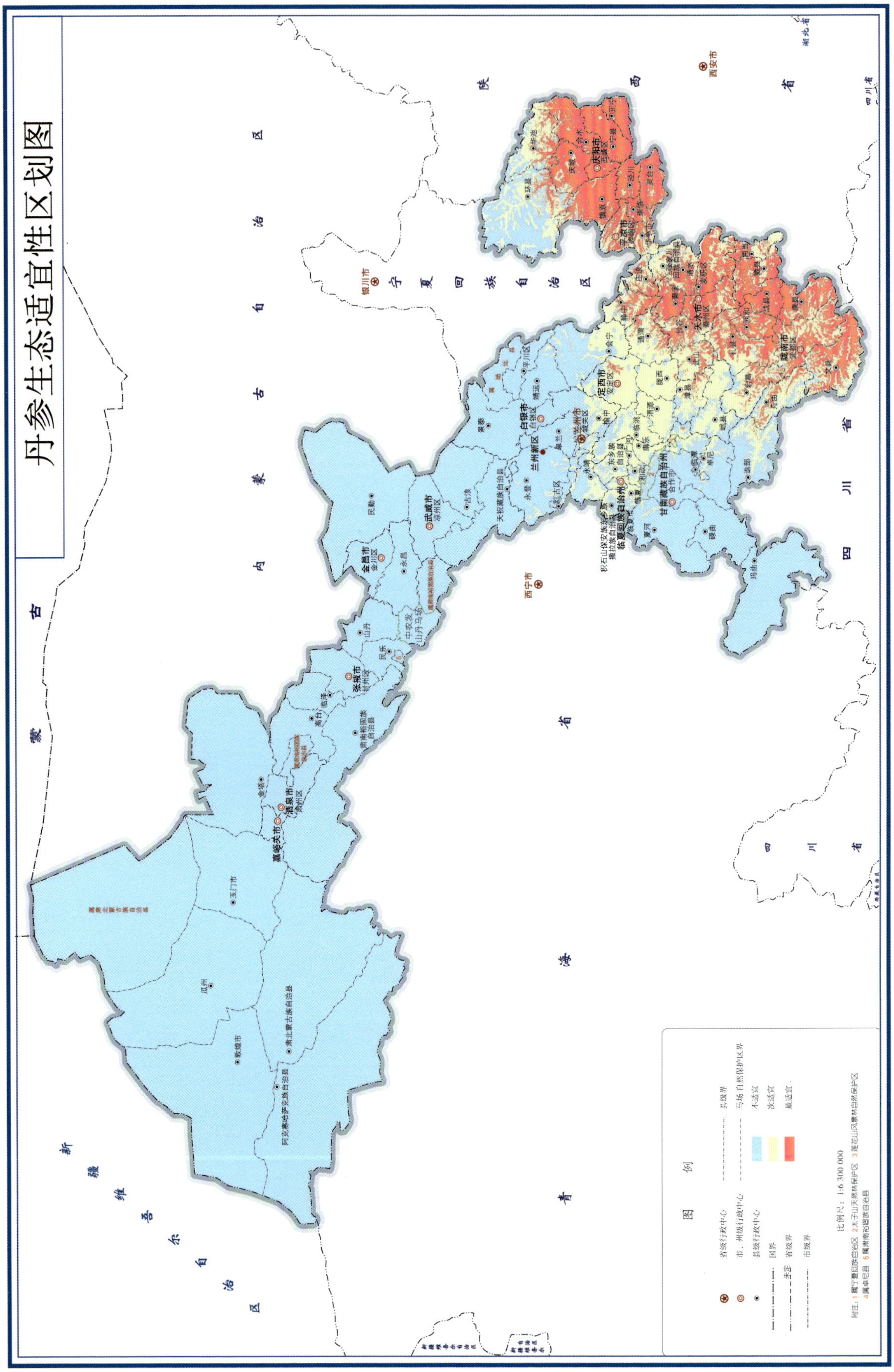

图 4-1 丹参生态适宜性区划图

表 4-2 甘肃各区县丹参适宜面积

区县	总面积(km²)	适宜(km²)	次适宜(km²)	适宜比例(%)	次适宜比例(%)
文县	4544	2856	1688	62.85	37.15
武都区	4437	2532	1905	57.07	42.93
礼县	3912	2037	1875	52.07	47.93
环县	3515	976	2539	27.77	72.23
麦积区	3110	2579	531	82.93	17.07
镇原县	2673	2076	597	77.67	22.33
华池县	2550	751	1799	29.45	70.55
安定区	2408	181	2227	7.52	92.48
合水县	2215	1667	548	75.26	24.74
康县	2159	1212	947	56.14	43.86

从生态适宜地区面积分布柱状图可以看出，丹参在麦积区、镇原县、合水县适宜生境分布面积明显大于次适宜生境分布面积；在文县、武都区、礼县、康县的适宜生境分布面积较大于次适宜生境分布面积；在环县、华池县、安定区次适宜生境分布面积明显大于适宜生境分布面积。(见图4-2)

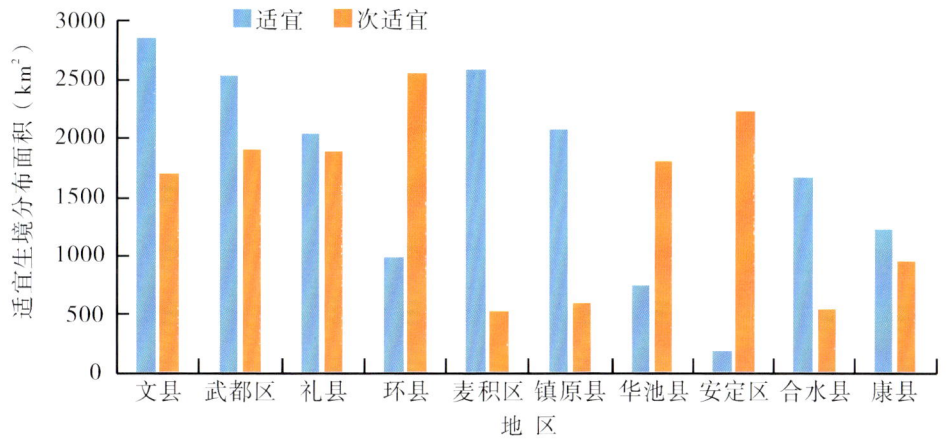

图 4-2 丹参适宜生境分布面积

【适宜种植区域及布局建议】

根据丹参的生态适宜性分析结果，建议选择栽培种植的区域时应首先考虑文县，主要乡镇包括范坝镇、丹堡镇、中寨镇、刘家坪乡、中庙镇。其次为武都区，主要包括枫相乡、洛塘镇、裕河镇、三仓镇、鱼龙镇。礼县主要包括洮坪镇、上坪乡、固城镇、沙金乡、石桥镇；环县主要包括环城镇、车道镇、合道镇、曲子镇、天池乡；麦积区主要包括党川镇、利桥镇、东岔镇、三岔镇、甘泉镇；镇原县主要包括屯字镇、平泉镇、南川乡、中原乡、马渠镇；华池县主要包括林镇乡、城壕镇、柔远镇、悦乐镇、山庄乡；安定区主要包括内官营镇、凤翔镇、巉口镇、鲁家沟镇、青岚山乡；合水县主要包括太白镇、固城镇、蒿咀铺乡、老城镇、太莪乡；康县主要包括阳坝镇、三河坝镇、白杨镇、岸门口镇、两河镇；宕昌县主要包括南河镇、官亭镇、狮子乡、兴化乡、新城子乡。

5. 柴丹参
Chaidanshen
SALVIA PRZEWALSKII

本品为唇形科植物甘西鼠尾草 Salvia przewalskii Maxim.的干燥根。味苦,性寒。有活血祛瘀,养血安神,消肿止痛,凉血消痈等功能。主治冠心病、心肌梗死、心绞痛、月经不调、产后瘀阻、瘀血疼痛、痈肿疮毒、心烦失眠等症。藏文经典《晶珠本草》记载该药有"清肝热、治口腔病"的作用,因其与常用中药丹参的化学成分类同,近年来受到了广大药学工作者的普遍重视。

【地理分布与生境】

甘西鼠尾草主产于甘肃西部、四川西部、云南西北部、西藏等地。

【生物习性】

甘西鼠尾草是多年生草本植物,根木质,直伸,圆柱锥状,外皮红褐色,长10~15cm。生于林缘、路旁、沟边、灌丛下。

【生态环境影响分析】

根据分析结果可知,影响甘西鼠尾草适宜分布的生态因子共有29个。其中9月份降雨量对其生长贡献率最大,达28.0%,取值范围为65~170mm;海拔对其生长贡献率为27.0%,取值范围为700~4200m;12月份降雨量对其生长贡献率为9.3%,取值范围为1~6mm;5月份降雨量对其生长贡献率为7.0%,取值范围为47~128mm;坡度对其生长贡献率为5.2%,取值范围为4°~47°;1月份平均气温对其生长贡献率为3.8%,取值范围为-5.2~-0.1℃和0.1~12.5℃;可知9月份的降雨量对其影响最大,在栽培时可适当在9月给予补水措施。(见表5-1)

表5-1 甘西鼠尾草生态因子贡献率

生态因子	贡献率(%)	取值范围
9月份降雨量	28.0	65~170mm
海拔	27.0	700~4200m
12月份降雨量	9.3	1~6mm
5月份降雨量	7.0	47~128mm
坡度	5.2	4°~47°
1月份平均气温	3.8	-5.2~-0.1℃和0.1~12.5℃

【生态适宜性区划】

从甘西鼠尾草生态适宜性区划来看,甘西鼠尾草在甘肃适宜及次适宜生长区域主要在甘肃东南部及中部地区。在陇南市、定西市、天水市大部分为最适宜种植区域,天水市的次适宜种植区域相对较大;在临夏回族自治州大部分为最适宜种植区域;在甘南藏族自治州和兰州市,绝大部分为最适宜种植区域;在白银市、平凉市、武威市、张掖市极小部分为最适宜种植区域,武威市相对较大,平凉市、白银市大部分为次适宜种植区域;武威市、张掖市有小部分为次适宜种植区域,大部分为不适宜种植区域;在庆阳市、金昌市大部分为次适宜种植区域分布。(见图5-1)

【生态适宜区域面积】

对生态适宜性进行面积统计发现,甘西鼠尾草适宜面积最大的为环县,其分布总面积为

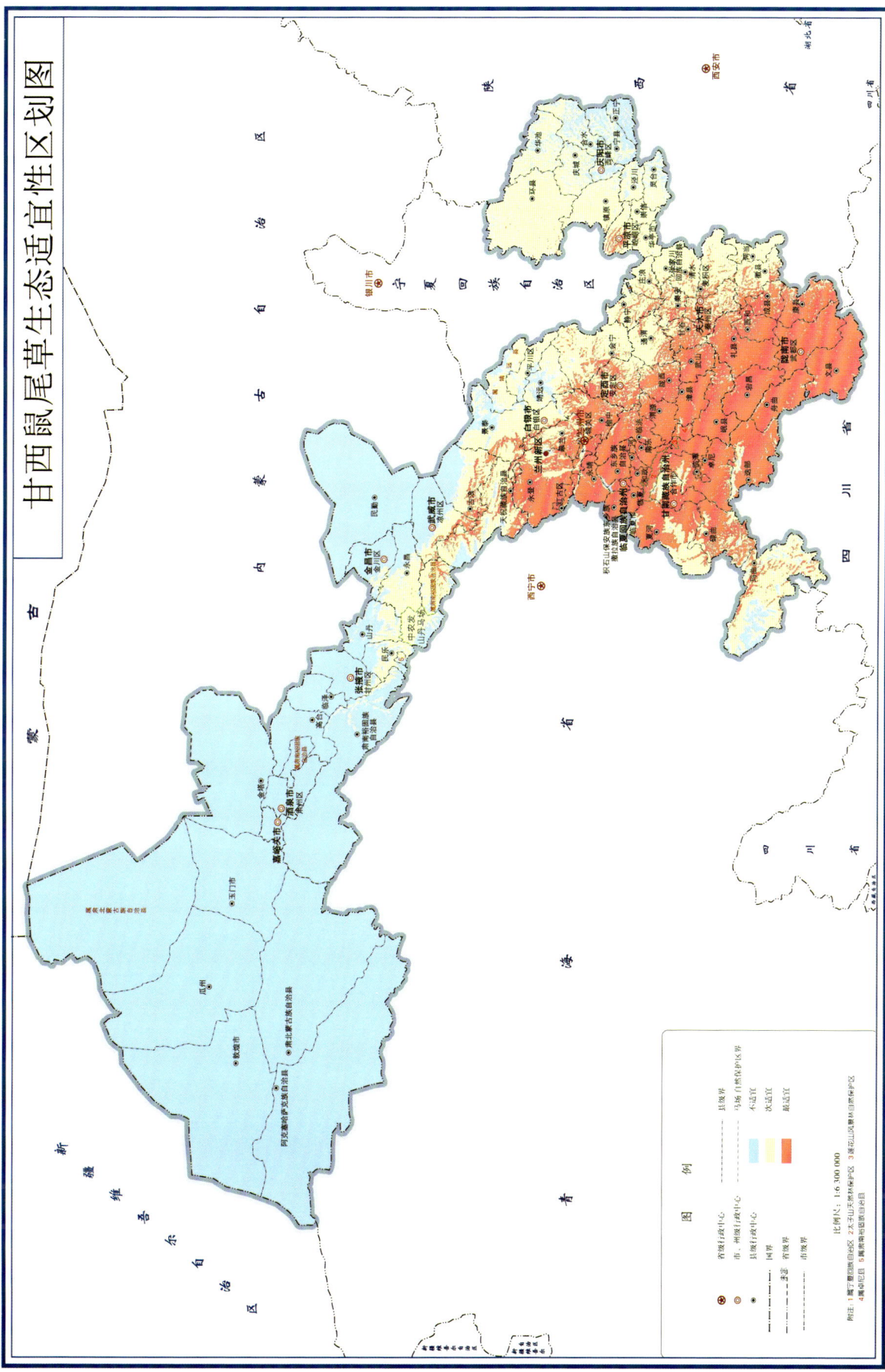

图 5-1 甘西鼠尾草生态适宜性区划图

9052km², 适宜面积91km²、次适宜面积8961km²，所占比例分别为1.01%、98.99%；其次为玛曲县，其分布总面积为7893km²，适宜面积1654km²、次适宜面积6239km²，所占比例分别为20.96%、79.04%；夏河县分布总面积为6709km²，适宜面积3334km²、次适宜面积3375km²，所占比例分别为49.69%、50.31%；天祝县分布总面积为5979km²，适宜面积2624km²、次适宜面积3355km²，所占比例分别为43.89%、56.11%；永登县分布总面积为5803km²，适宜面积3963km²、次适宜面积1840km²，所占比例分别为68.29%、31.71%；会宁县分布总面积为5491km²，适宜面积1367km²、次适宜面积4124km²，所占比例分别为24.90%、75.10%；卓尼县分布总面积为5076km²，适宜面积4087km²、次适宜面积989km²，所占比例分别为80.52%、19.48%；文县、迭部县、武都区分布总面积相差不大，其中文县分布总面积为4953km²，适宜面积4807km²、次适宜面积146km²，所占比例分别为97.05%、2.95%；迭部县分布总面积为4900km²，适宜面积3975km²、次适宜面积925km²，所占比例分别为81.12%、18.88%；武都区分布总面积为4874km²，适宜面积4725km²、次适宜面积149km²，所占比例分别为96.94%、3.06%。（见表5-2）

表5-2 甘肃各区县甘西鼠尾草适宜面积

区县	总面积(km²)	适宜(km²)	次适宜(km²)	适宜比例(%)	次适宜比例(%)
环县	9052	91	8961	1.01	98.99
玛曲县	7893	1654	6239	20.96	79.04
夏河县	6709	3334	3375	49.69	50.31
天祝县	5979	2624	3355	43.89	56.11
永登县	5803	3963	1840	68.29	31.71
会宁县	5491	1367	4124	24.90	75.10
卓尼县	5076	4087	989	80.52	19.48
文县	4953	4807	146	97.05	2.95
迭部县	4900	3975	925	81.12	18.88
武都区	4874	4725	149	96.94	3.06

从生态适宜生境分布面积柱状图可以看出，甘西鼠尾草在环县、玛曲县、会宁县次适宜生境分布面积明显大于适宜生境分布面积，环县的次适宜生境分布面积最大；在夏河县、天祝县适宜生境分布面积与次适宜生境分布面积相当；在永登县、卓尼县、文县、迭部县、武都区适宜生境分布面积明显大于次适宜生境分布面积，武都区的适宜生境分布面积最大。（见图5-2）

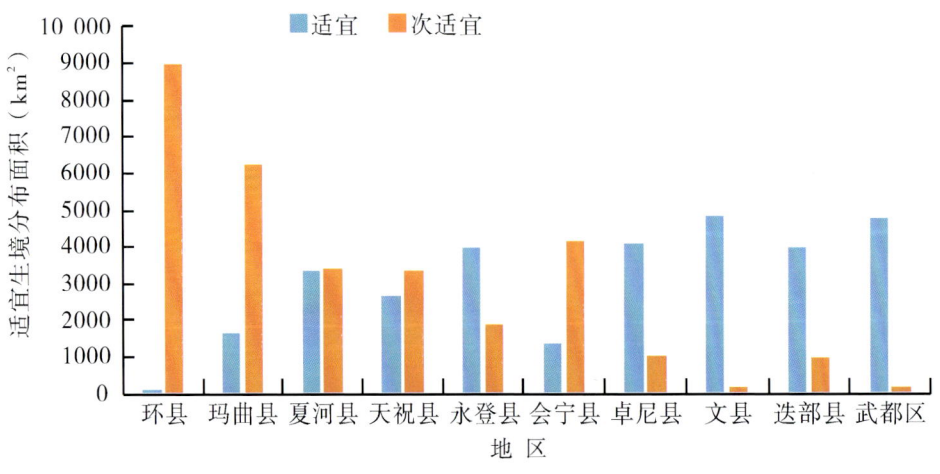

图5-2 甘西鼠尾草适宜生境分布面积

【适宜种植区域及布局建议】

根据甘西鼠尾草的生态适宜性分析结果,建议选择栽培种植的区域时应首先考虑环县,主要乡镇包括环城镇、车道镇、毛井镇、小南沟乡、洪德镇。其次为玛曲县,主要乡镇包括阿万仓镇、欧拉镇、欧拉秀玛乡、曼日玛镇、尼玛镇。夏河县主要乡镇包括桑科镇、阿木去乎镇、科才镇、甘加镇、扎油乡;天祝县主要乡镇包括松山镇、抓喜秀龙镇、旦马乡、哈溪镇、华藏寺镇;永登县主要乡镇包括七山乡、龙泉寺镇、武胜驿镇、苦水镇、通远镇;会宁县主要乡镇包括头寨子镇、汉家岔镇、甘沟驿镇、新庄镇、郭城驿镇;卓尼县主要乡镇包括喀尔钦镇、木耳镇、尼巴镇、恰盖乡、康多乡;文县主要乡镇包括丹堡镇、范坝镇、中寨镇、刘家坪乡、铁楼乡;迭部县主要乡镇包括达拉乡、电尕镇、旺藏镇、多儿乡、腊子口镇;武都区主要乡镇包括枫相乡、洛塘镇、裕河镇、三仓镇、鱼龙镇。

6. 当　归
Danggui
ANGELICAE SINENSIS RADIX

本品为伞形科植物当归 *Angelica sinensis* (Oliv.) Diels 的干燥根。秋末采挖,除去须根和泥沙,待水分稍蒸发后,捆成小把,上棚,用烟火慢慢熏干。味甘、辛,性温。归肝、心、脾经。有补血活血,调经止痛,润肠通便等功效。用于血虚萎黄,眩晕心悸,月经不调,经闭痛经,虚寒腹痛,风湿痹痛,跌仆损伤,痈疽疮疡,肠燥便秘。酒当归活血通经。用于经闭痛经,风湿痹痛,跌仆损伤。在常用中药中,当归载誉甚高。《药性论》中当归的作用为"补女子诸不足";《景岳全书》中言及当归的特点为"味甘而重,故专能补血;气轻而辛,故又能行血。诚血中之气药,亦血中之圣药也"。

目前,当归在临床中被视为妇科要药和血家圣药,并且也是多种中医复方不可或缺的组成药味之一,有"十方九归"之称,是传统中药的代表。

【地理分布与生境】

当归现今主要是栽培品,主产于甘肃东南部,以岷县产量多、质量好。除此之外还有云南、四川、湖北等产区,另外宁夏、陕西、贵州、西藏和山西也有引种栽培。

【生物习性】

当归生长于质地疏松、有机质含量高的黑土类和褐土类的土壤中,幼苗期需避免阳光直射,成药期需要雨量充足,是一种生长海拔较高、喜阴湿的低温长日照植物。海拔、气候、土壤类型对当归的生长发育影响明显。

【生态环境影响分析】

根据分析结果可知,影响当归适宜分布的生态因子共有33个。其中以10月份降雨的贡献率最大,达54.9%,取值范围为>55mm;其次为海拔,贡献率为15.5%,取值范围为850~3600m;坡度贡献率为7.6%,取值范围为>2°。(见表6-1)

表6-1　当归生态因子贡献率

生态因子	贡献率(%)	取值范围
10月份降雨量	54.9	>55mm
海拔	15.5	850~3600m
坡度	7.6	>2°

【生态适宜性区划】

从当归生态适宜性区划图来看,当归在甘肃适宜及次适宜生长区域主要在甘肃东南地区。在陇南市、天水市、平凉市大部分是适宜种植区域,小部分为次适宜与不适宜种植区域;在定西市、庆阳市大部分为适宜种植区域,定西市少部分为次适宜种植区域;庆阳市少部分为不适宜种植区域;在临夏回族自治州有大部分是适宜及次适宜种植区域;在甘南藏族自治州、兰州市、白银市有少部分为适宜及次适宜种植区域,大部分为不适宜种植区域。(见图6-1)

【生态适宜区域面积】

对生态适宜性进行面积统计发现,当归适宜面积最大的为文县,其分布总面积为4687km²,适宜面积4441km²、次适宜面积246km²,所占比例分别为94.75%、5.25%;其次为武都区,其分布总面积为4536km²,适宜面积4347km²、次适宜面积189km²,所占比例分别为95.83%、4.17%。礼县分布总面积为4137km²,适宜面积4006km²、次适宜面积131km²,所占比例分别为96.84%、3.16%;迭部县分布总面积为3304km²,适宜面积2252km²、次适宜面积1052km²,所占比例分别为68.16%、31.84%;麦积区分布总面积为3301km²,适宜面积3094km²、次适宜面积207km²,所占比例分别为93.73%、6.27%;宕昌县、岷县、镇原县分布总面积相差不大,其中宕昌县分布总面积为3165km²,适宜面积3019km²、次适宜面积146km²,所占比例分别为95.39%、4.61%;岷县分布总面积为3146km²,适宜面积2320km²、次适宜面积826km²,所占比例分别为73.76%、26.24%;镇原县分布总面积为3061km²,适宜面积1881km²、次适宜面积1180km²,所占比例分别为61.45%、38.55%;康县、舟曲县分布总面积相当,其中康县分布总面积为2799km²,适宜面积2375km²、次适宜面积424km²,所占比例分别为84.85%、15.15%;舟曲县分布总面积为2714km²,适宜面积2502km²、次适宜面积212km²,所占比例分别为92.19%、7.81%。(见表6-2)

表6-2 甘肃各区县当归适宜面积

区县	总面积(km²)	适宜(km²)	次适宜(km²)	适宜比例(%)	次适宜比例(%)
文县	4687	4441	246	94.75	5.25
武都区	4536	4347	189	95.83	4.17
礼县	4137	4006	131	96.84%	3.16
迭部县	3304	2252	1052	68.16	31.84
麦积区	3301	3094	207	93.73	6.27
宕昌县	3165	3019	146	95.39	4.61
岷县	3146	2320	826	73.76	26.24
镇原县	3061	1881	1180	61.45	38.55
康县	2799	2375	424	84.85	15.15
舟曲县	2714	2502	212	92.19	7.81

从生态适宜地区面积分布柱状图可以看出,当归在各县的适宜生境分布面积明显大于次适宜生境分布面积;文县、武都区、礼县的适宜生境面积相差不大;镇原县、岷县、迭部县的次适宜生境分布面积较其他各县稍高一些。(见图6-2)

【适宜种植区域及布局建议】

根据当归的生态适宜性分析结果,建议选择栽培种植的区域时应首先考虑文县,主要包括丹堡镇、范坝镇、中寨镇、刘家坪乡、铁楼乡。其次为武都区,主要包括枫相乡、洛塘镇、裕河镇、三仓镇、鱼

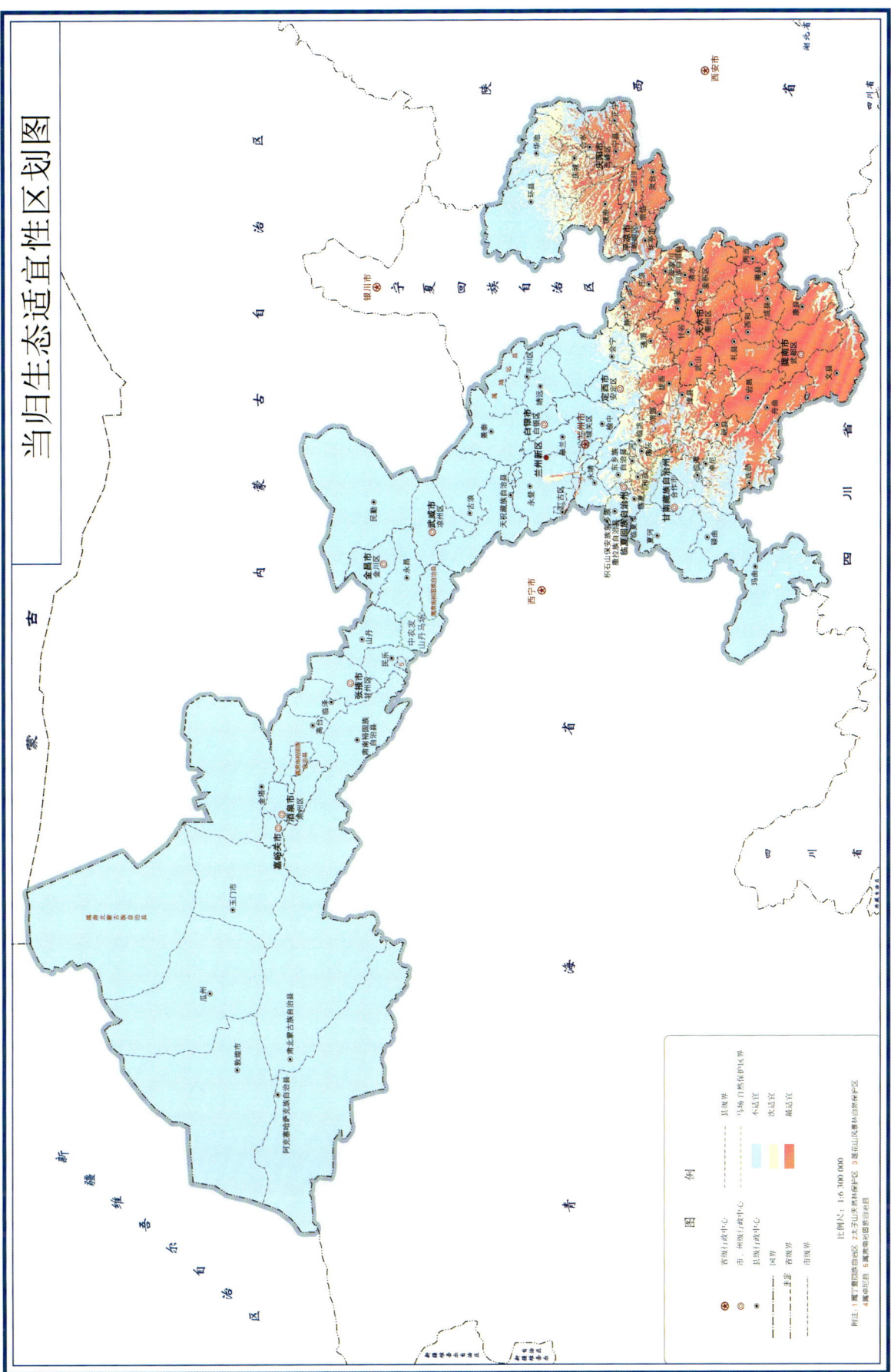

图 6-1 当归生态适宜性区划图

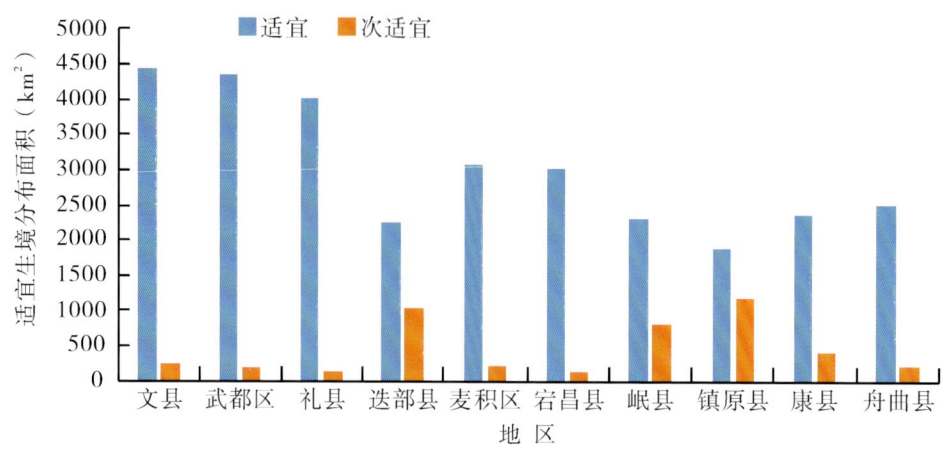

图 6-2 当归适宜生境分布面积

龙镇。当归在各县的适宜面积均较高,适宜比例在 80% 以上的有礼县、麦积区、宕昌县、康县、舟曲县,礼县主要包括上坪乡、洮坪镇、固城镇、沙金乡、石桥镇;麦积区主要包括党川镇、利桥镇、东岔镇、三岔镇、甘泉镇;宕昌县主要包括南河镇、兴化乡、狮子乡、官亭镇、新城子乡;康县主要包括阳坝镇、三河坝镇、白杨镇、岸门口镇、两河镇;舟曲县主要包括曲告纳镇、博峪镇、武坪镇、峰迭镇、拱坝镇。适宜比例在 80% 以下的有镇原县、岷县、迭部县,镇原县主要包括孟坝镇、屯字镇、新城镇、太平镇、三岔镇;岷县主要包括闾井镇、秦许乡、锁龙乡、蒲麻镇、禾驮镇;迭部县主要包括达拉乡、旺藏镇、电尕镇、腊子口镇、多儿乡。

7. 党　参

Dangshen

CODONOPSIS RADIX

本品为桔梗科植物党参 *Codonopsis pilosula* (Franch.) Nannf.、素花党参 *Codonopsis pilosula* Nannf. var. *modesta* (Nannf.) L. T. Shen 或川党参 *Codonopsis tangshen* Oliv. 的干燥根。秋季采挖,洗净,晒干。味甘,性平。归脾、肺经。有健脾益肺,养血生津,补中益气等功效。用于脾肺气虚,食少倦怠,咳嗽虚喘,气血不足,面色萎黄,心悸气短,津伤口渴,内热消渴。最初记载于《本草从新》,为临床常用中药。《本经逢原》谓其"清肺,上党人参,虽无甘温峻补之功,却有甘平清肺之力,亦不似沙参之性寒专泄肺气也"。有八珍汤、十全大补汤等复方。

党　参

Codonopsis pilosula

【地理分布与生境】

党参在我国分布广泛,主产于西藏东南部、四川西部、云南西北部、甘肃东部、陕西南部、宁夏、青海东部、河南、山西、河北、内蒙古及东北地区。

【生物习性】

党参为多年生草本,幼苗时喜阴,成长期喜阳,适宜生长在土层深厚、疏松、排水良好、富含腐殖质的砂质土壤中,以中性或偏酸性土壤为宜。在重黏土、岗地及低洼排水不利的地方生长不良。生于山地林边及灌丛中,全国各地有大量栽培。海拔高度低,昼夜温差小,不利于党参根中糖分的积累,从而影响品质。喜温和凉爽气候,怕热,较耐寒,在-30℃低温下能安全越冬,忌高温,持续高温会造成地上部分枯萎。忌涝,水分过多会烂根。

【生态环境影响分析】

根据分析结果可知,影响党参适宜分布的生态因子共有28个。9月份降雨量贡献率最大,为11.7%,取值范围为35~175mm;其次为4月份降雨量,贡献率为10.5%,取值范围为20~90mm;3月份降雨量贡献率为10.4%,取值范围为10~40mm;海拔贡献率为7.5%,取值范围为800~3400m;酸碱度贡献率为7.1%,取值范围为6.5~9;1月份平均气温贡献率为6.4%,取值范围为-12.5~-1.0℃;等温性贡献率为5.6%,取值范围为25~37;5月份降雨量贡献率为4.7%,取值范围为30~130mm;11月份平均气温贡献率4.0%,取值范围为-2~6℃。(见表7-1)

表7-1 党参生态因子贡献率

生态因子	贡献率(%)	取值范围
9月份降雨量	11.7	35~175mm
4月份降雨量	10.5	20~90mm
3月份降雨量	10.4	10~40mm
海拔	7.5	800~3400m
酸碱度	7.1	6.5~9
1月份平均气温	6.4	-12.5~-1.0℃
等温性	5.6	25~37
5月份降雨量	4.7	30~130mm
11月份平均气温	4.0	-2~6℃

【生态适宜性区划】

从党参生态适宜性区划图来看,党参在甘肃的分布基本均为适宜生长区域,其主要分布在甘肃东南地区。在临夏回族自治州、定西市、天水市、陇南市绝大部分为最适宜种植区域;在兰州市、庆阳市大部分为最适宜与不适宜种植区域,少部分为次适宜种植区域;在白银市绝大部分为不适宜种植区域;在张掖市、武威市有非常小部分的最适宜与次适宜种植区域;在金昌市可看到零星的次适宜种植区域,其余均为不适宜种植区域。(见图7-1)

【生态适宜区域面积】

对生态适宜性进行面积统计发现,党参适宜面积最大的为文县,其分布总面积为3683km^2,适宜面积2821km^2、次适宜面积862km^2,所占比例分别为76.60%、23.40%;其次为礼县,其分布总面积为3671km^2,适宜面积2896km^2、次适宜面积775km^2,所占比例分别为78.89%、21.11%;武都区分布总面积为3621km^2,适宜面积2773km^2、次适宜面积848km^2,所占比例分别为76.57%、23.43%;宕昌县、麦积区、环县、通渭县的分布总面积相差不大,其中宕昌县分布总面积为2751km^2,适宜面积2396km^2、次适宜面积355km^2,所占比例分别为87.09%、12.91%;麦积区分布总面积为2721km^2,适宜面积2038km^2、次适宜面积683km^2,所占比例分别为74.90%、25.10%;环县分布总面积为2679km^2,适宜面积1358km^2、次适宜面积1321km^2,所占比例分别为50.69%、49.31%;通渭县分布总面积为2615km^2,适宜面积1919km^2、次适宜面积696km^2,所占比例分别为73.38%、26.62%;安定区、永登县、临洮县的

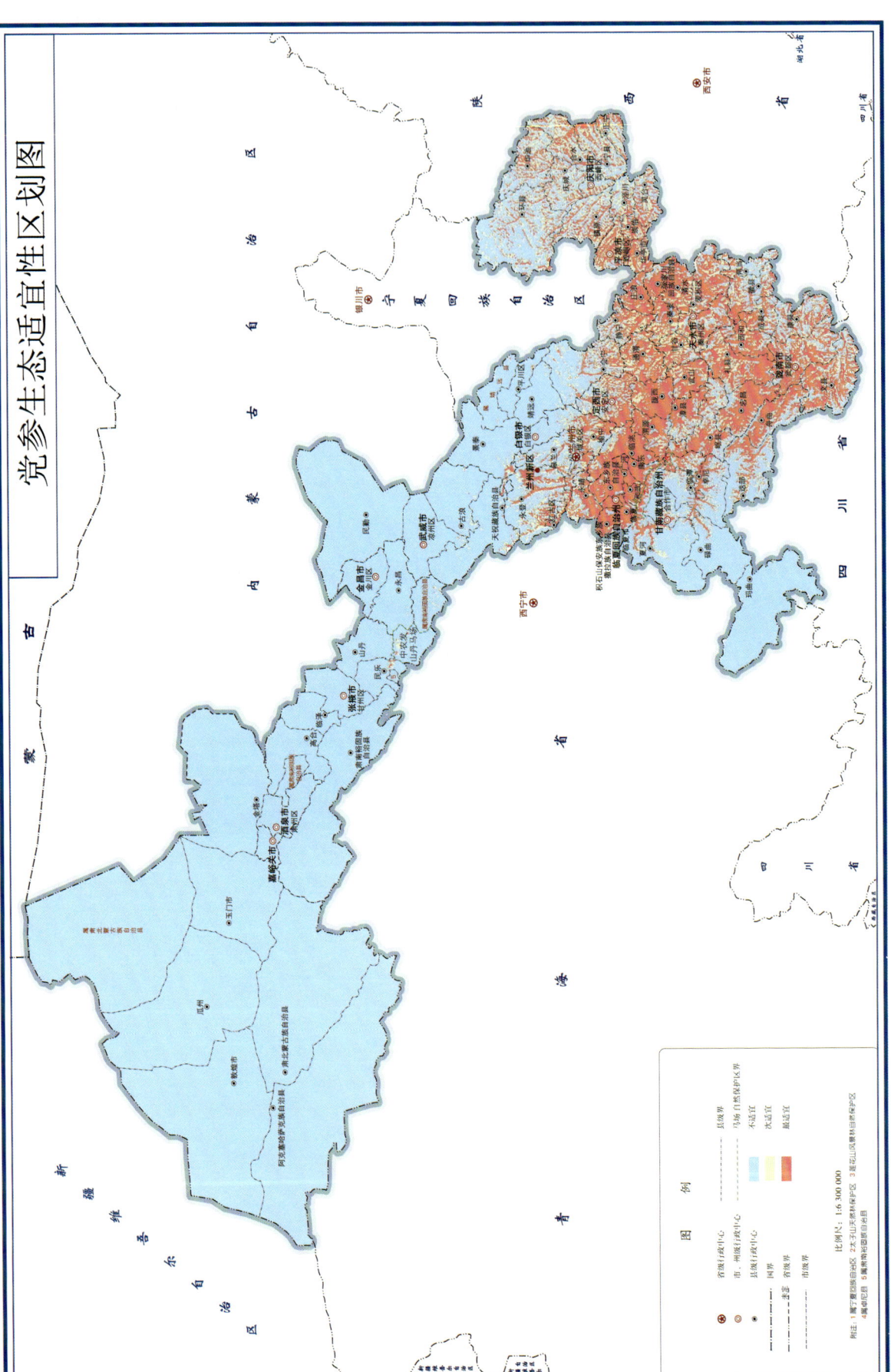

图 7-1 党参生态适宜性区划

分布总面积相差不大,其中安定区分布总面积为2478km², 适宜面积1766km²、次适宜面积712km², 所占比例分别为71.27%、28.73%;永登县分布总面积为2456km², 适宜面积1555km²、次适宜面积901km², 所占比例分别为63.31%、36.69%;临洮县分布总面积为2401km², 适宜面积2158km²、次适宜面积243km², 所占比例分别为89.90%、10.10%。(见表7-2)

表7-2 甘肃各区县党参适宜面积

区县	总面积(km²)	适宜(km²)	次适宜(km²)	适宜比例(%)	次适宜比例(%)
文县	3683	2821	862	76.60	23.40
礼县	3671	2896	775	78.89	21.11
武都区	3621	2773	848	76.57	23.43
宕昌县	2751	2396	355	87.09	12.91
麦积区	2721	2038	683	74.90	25.10
环县	2679	1358	1321	50.69	49.31
通渭县	2615	1919	696	73.38	26.62
安定区	2478	1766	712	71.27	28.73
永登县	2456	1555	901	63.31	36.69
临洮县	2401	2158	243	89.90	10.10

从生态适宜生境分布面积柱状图可以看出,党参在各县的适宜生境分布面积均大于次适宜生境分布面积;礼县的适宜生境分布面积最大;环县的次适宜生境分布面积最大,且环县的适宜生境分布与次适宜生境分布面积相当。(见图7-2)

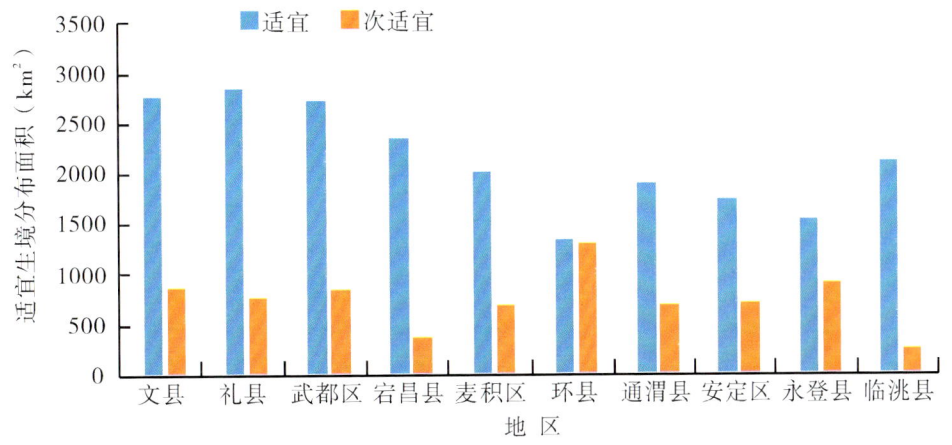

图7-2 党参适宜生境分布面积

【适宜种植区域及布局建议】

根据党参的生态适宜性分析结果,建议选择栽培种植的区域时首先考虑文县,文县分布的主要乡镇有范坝镇、丹堡镇、中寨镇、天池镇、刘家坪乡、堡子坝镇、桥头镇、石鸡坝镇。其次为礼县,礼县分布的主要乡镇为洮坪镇、上坪乡、石桥镇、永坪镇、沙金乡、罗坝镇、白河镇。武都区和永登县适宜分布比例较大,武都区分布的主要乡镇有枫相乡、洛塘镇、外纳镇、三仓镇、裕河镇、两水镇、鱼龙镇、五库镇;永登县分布的主要乡镇有七山乡、苦水镇、龙泉寺镇、大同镇、上川镇、秦川镇、树屏镇、连城镇、中川镇、民乐乡。最后选择环县,环县分布的主要乡镇有环城镇、车道乡、合道镇、洪德镇、曲子镇、毛井镇、芦家湾乡、耿湾乡。

素花党参
Codonopsis pilosula var. modesta

【地理分布与生境】

素花党参主产于四川西北部、青海、甘肃及陕西南部至山西中部。

【生物习性】

素花党参分布于四川西北部、青海、甘肃及陕西南部至山西中部。生长在山地林下、林边及灌丛中。喜冷凉气候,土层深厚,排水良好,富含腐殖质的砂质壤土。

【生态环境影响分析】

根据分析结果可知,影响素花党参的生态因子共有26个,其中4月份降雨量的贡献率最大,为30.4%,取值范围为30~125mm;10月份降雨量次之,为25.1%,取值范围为30~175mm;海拔的贡献率为15.2%,取值范围为800~3500m;等温性贡献率为7.3%,取值范围为23~39;2月份平均气温贡献率为3.2%,取值范围为-10.0~12.5℃;12月份降雨量的贡献率为3.1%,取值范围为2~27mm;土壤含黏土量的贡献率为3.0%,取值范围为18%~26%。(见表7-3)

表7-3 素花党参生态因子贡献率

生态因子	贡献率(%)	取值范围
4月份降雨量	30.4	30~125mm
10月份降雨量	25.1	30~175mm
海拔	15.2	800~3500m
等温性	7.3	23~39
2月份平均气温	3.2	-10.0~12.5℃
12月份降雨量	3.1	2~27mm
土壤含黏土量	3.0	18%~26%

【生态适宜性区划】

从素花党参生态适宜性区划图来看,素花党参在甘肃适宜及次适宜生长区域主要在甘肃东南地区。在临夏回族自治州、定西市、陇南市、天水市、平凉市绝大部分为最适宜种植区域;在甘南藏族自治州、兰州市、白银市绝大部分为不适宜种植区域;在庆阳市最适宜与不适宜种植区域相当;在武威市绝大部分为不适宜种植区域;在张掖市有零散的最适宜与不适宜种植区域。(见图7-3)

【生态适宜区域面积】

对生态适宜性进行面积统计发现,素花党参在各县的适宜比例均较大,其适宜面积最大的为文县,其分布总面积为4654km², 适宜面积4561km²、次适宜面积93km², 所占比例分别为98.01%、1.99%;其次为武都区,其分布总面积为4445km², 适宜面积4401km²、次适宜面积44km², 所占比例分别为99.00%、1.00%;礼县分布总面积为4155km², 适宜面积4066km²、次适宜面积89km², 所占比例分别为97.85%、2.15%;岷县分布总面积为3421km², 适宜面积3401km²、次适宜面积20km², 所占比例分别为99.40%、0.60%;麦积区分布总面积为3302km², 适宜面积3229km²、次适宜面积73km², 所占比例分别为97.79%、2.21%;宕昌县分布总面积为3233km², 适宜面积3232km²、次适宜面积1km², 所占比例分别为99.98%、0.02%;安定区分布总面积为3148km², 适宜面积3006km²、次适宜面积142km², 所占比例分

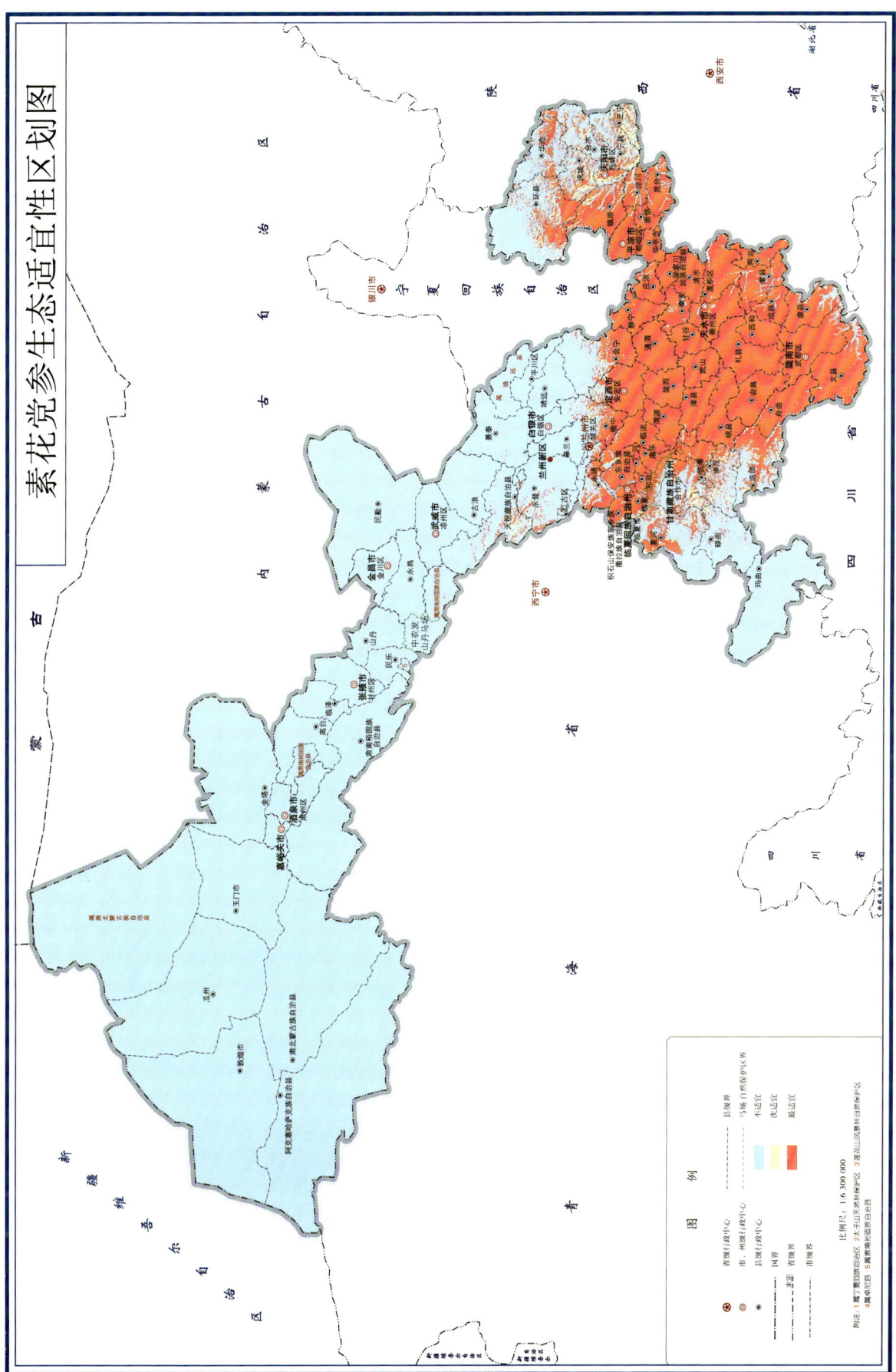

图 7-3 素花党参生态适宜性区划图

别为95.49%、4.51%;镇原县分布总面积为3033km²,适宜面积2727km²、次适宜面积306km²,所占比例分别为89.91%、10.09%;环县分布总面积为2988km²,适宜面积2240km²、次适宜面积748km²,所占比例分别为74.96%、25.04%;舟曲县分布总面积为2878km²,适宜面积2829km²、次适宜面积49km²,所占比例分别为98.29%、1.71%。(见表7-4)

表7-4 甘肃各区县素花党参适宜面积

区县	总面积(km²)	适宜(km²)	次适宜(km²)	适宜比例(%)	次适宜比例(%)
文县	4654	4561	93	98.01	1.99
武都区	4445	4401	44	99.00	1.00
礼县	4155	4066	89	97.85	2.15
岷县	3421	3401	20	99.40	0.60
麦积区	3302	3229	73	97.79	2.21
宕昌县	3233	3232	1	99.98	0.02
安定区	3148	3006	142	95.49	4.51
镇原县	3033	2727	306	89.91	10.09
环县	2988	2240	748	74.96	25.04
舟曲县	2878	2829	49	98.29	1.71

从生态适宜生境分布面积柱状图可以看出,素花党参在各县的适宜生境分布面积明显大于次适宜生境分布面积,文县的适宜生境分布面积最大;在次适宜生境分布面积上,环县的分布面积明显较大,其次为镇原县,宕昌县的为最小,在文县、武都区、礼县、岷县、麦积区、安定区、舟曲县的次适宜生境分布面积都很小,且各县差距不大。(见图7-4)

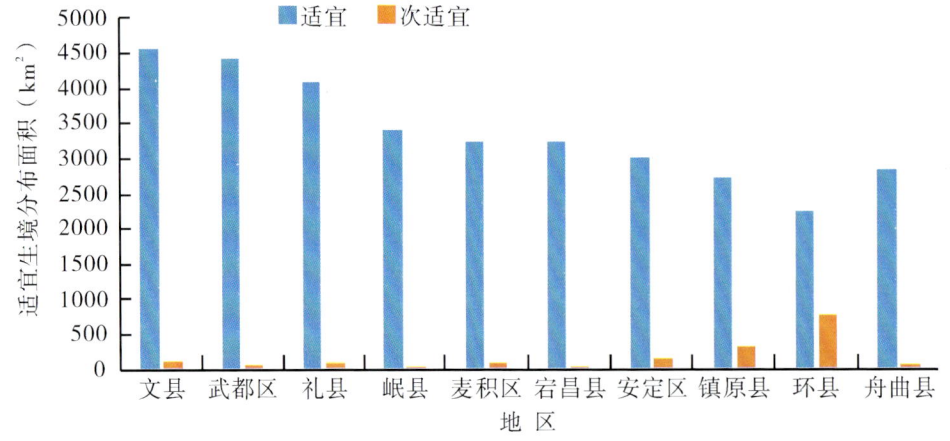

图7-4 素花党参适宜生境分布面积

【适宜种植区域及布局建议】

根据素花党参的生态适宜性分析结果,建议选择栽培种植的区域时应首先考虑文县,主要包括范坝镇、刘家坪乡、铁楼乡、堡子坝镇、石鸡坝镇。其次为武都区,主要包括枫相乡、洛塘镇、三仓镇。适宜面积比例在89%以上的有礼县、岷县、麦积区、宕昌县、安定区、镇原县、舟曲县,礼县主要包括上坪乡、洮坪镇、桥头镇;岷县主要包括闾井镇、中寨镇、秦许乡、锁龙乡、蒲麻镇;麦积区主要包括党川镇、利桥镇、东岔镇;宕昌县主要包括南河镇、兴化乡;安定区包括内官营镇、巉口镇、凤翔镇、李家堡镇、青岚山乡;镇原县主要包括孟坝镇、平泉镇;舟曲县主要包括曲告纳镇、博峪镇、武坪镇;最后选择环县,主要包括车道镇、天池乡、合道镇。

川党参
Codonopsis tangshen

【地理分布与生境】

川党参主产于我国北部及东部、贵州北部、湖南西北部、湖北北部和西部以及陕西南部。

【生物习性】

川党参大多分布在高山地区,喜温和凉爽气候,耐寒,根部能在土壤中露地越冬。幼苗喜潮湿、荫蔽、怕强光。播种后缺水不易出苗,出苗后缺水可大批死亡。高温易引起烂根。大苗至成株喜阳光充足。适宜在土层深厚、排水良好、土质疏松而富含腐殖质的砂质壤土栽培。

【生态环境影响分析】

根据分析结果可知,影响川党参的生态因子共有28个,其中9月份降雨量贡献率最大,达到27.5%,取值范围为120~320mm;10月份降雨量次之,为24.5%,取值范围为57~220mm;最干季节均温贡献率为9.7%,取值范围为-8~8℃;4月份降雨量贡献率为8.6%,取值范围30~220mm;坡度贡献率为8.2%,取值范围0°~55°;海拔贡献率为5.9%,取值范围600~2200m。(见表7-5)

表7-5 川党参生态因子贡献率

生态因子	贡献率(%)	取值范围
9月份降雨量	27.5	120~320mm
10月份降雨量	24.5	57~220mm
最干季节均温	9.7	-8~8℃
4月份降雨量	8.6	30~220mm
坡度	8.2	0°~55°
海拔	5.9	600~2200m

【生态适宜性区划】

从川党参生态适宜性区划图来看,川党参在甘肃适宜及次适宜生长区域主要在甘肃东南部地区。在陇南市和平凉市大部分为最适宜种植区域,部分为次适宜种植区域;在天水市、定西市、临夏回族自治州大部分为次适宜种植区域,部分为最适宜种植区域;庆阳市大部分为次适宜和不适宜种植区域;兰州市、白银市、甘南藏族自治州大部分为不适宜种植区域,甘南藏族自治州有相对较大的最适宜种植区域;武威市、金昌市、张掖市有零散的次适宜种植区域。(见图7-5)

【生态适宜区域面积】

对生态适宜性进行面积统计发现,川党参适宜面积最大的为文县,其分布总面积为4765km²,适宜面积2672km²、次适宜面积2093km²,所占比例分别为56.07%、43.93%;其次为武都区,其分布总面积为4461km²,适宜面积2533km²、次适宜面积1928km²,所占比例分别为56.78%、43.22%;礼县分布总面积为4110km²,适宜面积2131km²、次适宜面积1979km²,所占比例分比为51.85%、48.15%;迭部县分布总面积为3628km²,适宜面积1834km²、次适宜面积1794km²,所占比例分别为50.55%、49.45%;宕昌县分布总面积为3112km²,适宜面积1890km²、次适宜面积1222km²,所占比例分别为60.72%、39.28%;镇原县、麦积区分布总面积相差不大,其中镇原县分布总面积为2997km²,适宜面

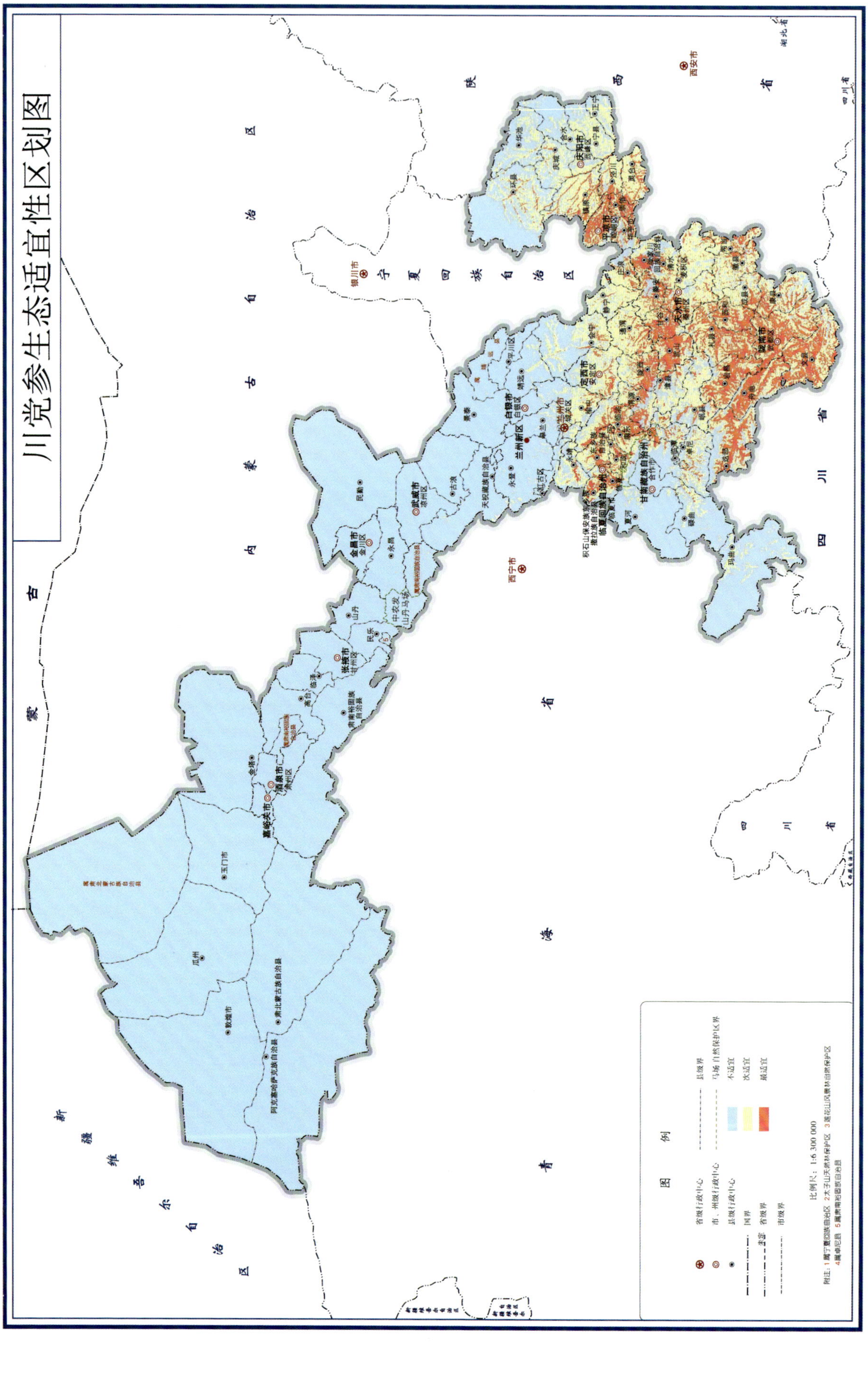

图 7-5 川党参生态适宜性区划图

积711km², 次适宜面积2286km², 所占比例分别为23.73%、76.27%; 麦积区分布总面积为2955km², 适宜面积555km²、次适宜面积2400km², 所占比例分别为18.77%、81.23%; 舟曲县、通渭县分布总面积相差不大, 其中舟曲县分布总面积为2775km², 适宜面积1745km²、次适宜面积1030km², 所占比例分别为62.87%、37.13%; 通渭县分布总面积为2717km², 适宜面积559km²、次适宜面积2158km², 所占比例分别为20.57%、79.43%; 安定区分布总面积为2490km², 适宜面积371km²、次适宜面积2119km², 所占比例分别为14.90%、85.10%。(见表7-6)

表7-6 甘肃各区县川党参适宜面积

区县	总面积(km²)	适宜(km²)	次适宜(km²)	适宜比例(%)	次适宜比例(%)
文县	4765	2672	2093	56.07	43.93
武都区	4461	2533	1928	56.78	43.22
礼县	4110	2131	1979	51.85	48.15
迭部县	3628	1834	1794	50.55	49.45
宕昌县	3112	1890	1222	60.72	39.28
镇原县	2997	711	2286	23.73	76.27
麦积区	2955	555	2400	18.77	81.23
舟曲县	2775	1745	1030	62.87	37.13
通渭县	2717	559	2158	20.57	79.43
安定区	2490	371	2119	14.90	85.10

从生态适宜生境分布面积柱状图可以看出,川党参在文县的适宜生境分布面积最大,其次为武都区、礼县、迭部县、宕昌县、舟曲县的适宜生境分布面积较大;在镇原县、麦积区、通渭县、安定区的适宜生境分布面积较小;川党参在麦积区的次适宜生境分布面积最大,在镇原县、通渭县、安定区、文县、礼县、迭部县、武都区的次适宜生境分布面积较大,在宕昌县、舟曲县的次适宜生境分布面积较小。(见图7-6)

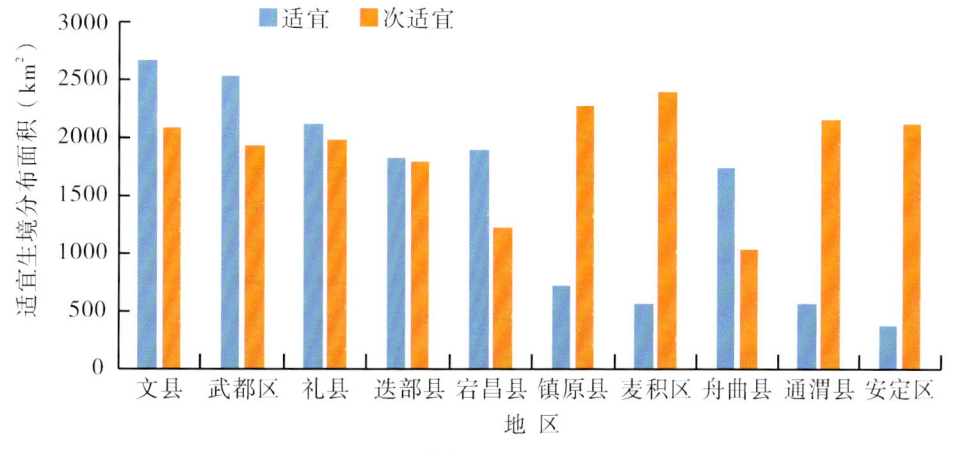

图7-6 川党参适宜生境分布面积

【适宜种植区域及布局建议】

根据川党参的生态适宜性分析结果,建议选择栽培种植的区域时应首先考虑文县和武都区,其种植总面积与适宜种植面积均较大。文县主要乡镇包括丹堡镇、范坝镇、中寨镇、刘家坪乡、铁楼乡、天池镇、堡子坝镇、石鸡坝镇、玉垒乡、桥头乡;武都区主要乡镇包括枫相乡、洛塘镇、三仓镇、裕河镇、鱼龙镇、外纳镇、马营镇、五库镇、五马镇、安化镇。其次选择礼县、迭部县、宕昌县,其种植总面积、适宜种植面积均相差不大。礼县主要乡镇包括洮坪镇、上坪乡、石桥镇、沙金乡、固城镇、永坪镇、崖城镇、罗坝镇、白河镇、白关镇;迭部县主要乡镇包括达拉乡、电尕镇、旺藏镇、腊子口镇、多儿乡、阿夏乡、洛大镇、卡坝乡、桑坝乡、尼傲乡;宕昌县主要乡镇包括南河镇、狮子乡、兴化乡、城关镇、官亭镇、新城子乡、韩院乡、哈达铺镇、贾河乡、车拉乡。镇原县主要乡镇包括孟坝镇、新城镇、太平镇、屯字镇、平泉镇、新集镇、临泾镇、三岔镇、开边镇、南川乡;麦积区主要乡镇包括党川镇、利桥镇、东岔镇、三岔镇、元龙镇、甘泉镇、麦积镇、伯阳镇、花牛镇、新阳镇;舟曲县主要乡镇包括告纳镇、博峪镇、武坪镇、峰迭镇、拱坝镇、插岗乡、大峪镇、曲瓦乡、憨班镇、城关镇;通渭县主要乡镇包括马营镇、榜罗镇、平襄镇、常河镇、北城镇、什川镇、三铺乡、襄南镇、华岭镇、义岗镇;安定区主要乡镇包括巉口镇、凤翔镇、石泉乡、西巩驿镇、李家堡镇、葛家岔镇、青岚山乡、白碌乡、石峡湾乡、杏园乡。

8. 地 黄
Dihuang
REHMANNIAE RADIX

本品为玄参科植物地黄 Rehmannia glutinosa Libosch. 的新鲜或干燥块根。秋季采挖,除去芦头、须根及泥沙,鲜用;或将地黄缓缓烘焙至约八成干。前者习称"鲜地黄",后者习称"生地黄"。生地黄经酒炖法炖至酒吸尽,取出,晾晒至外皮黏液稍干时,切厚片或块,干燥或经蒸法蒸至黑润,取出,晒至约八成干时,切厚片或块,干燥得到的称为"熟地黄"(REHMANNIAE RADIX PRAEPARATA)。

鲜地黄味甘、苦,性寒。归心、肝、肾经。有清热生津,凉血,止血等功效。用于热病伤阴,舌绛烦渴,温毒发斑,吐血,衄血,咽喉肿痛。生地黄味甘,性寒。归心、肝、肾经。有清热凉血,养阴生津等功效。用于热入营血,温毒发斑,吐血衄血,热病伤阴,舌绛烦渴,津伤便秘,阴虚发热,骨蒸劳热,内热消渴。熟地黄味甘,性微温。归肝、肾经。有补血滋阴,益精填髓等功效。用于血虚萎黄,心悸怔忡,月经不调,崩漏下血,肝肾阴虚,腰膝酸软,骨蒸潮热,盗汗遗精,内热消渴,眩晕,耳鸣,须发早白。地黄始载于《神农本草经》,谓其"生咸阳川泽,黄土地者佳,二月、八月采根"。《名医别录》也有这样的记载。有六味地黄丸、清营汤、四生丸、地黄饮等复方。

地黄还有止血、促进造血细胞功能、增加免疫细胞功能、促进网状内皮系统的吞噬功能、增加外周血T淋巴细胞、抗肿瘤、抗炎、镇静和促进大鼠肝、肾组织蛋白合成的作用;地黄提取物还具有对抗地塞米松对垂体、肾腺皮质系统的抑制作用,防止糖皮质激素引起的肾上腺皮质萎缩和皮质酮水平下降的作用。

【地理分布与生境】

地黄分布于辽宁、河北、河南、山东、陕西、山西、甘肃、内蒙古、江苏、湖北等省区,中国各地及国外均有栽培。

【生物习性】

地黄适宜在气候温暖的地区生长,但地黄本身较耐寒。地黄对土壤适宜能力强,喜充足的阳光,适宜在深厚、疏松、肥沃的中性砂质土层栽培,二合土、肥沃的黏土也可以栽种。地黄喜肥,最喜有机肥,忌连作,不宜选曾种植过棉、芝麻、豆类、瓜类等的土地,否则病害严重,前作宜选禾本科作物。

【生态环境影响分析】

根据分析结果可知,影响地黄适宜分布的生态因子共有34个,其中最湿季节降雨量贡献率最大,为29.2%,取值范围为300~500mm;其次为11月份平均降雨量,贡献率为13.5%,取值范围为10~30mm;酸碱度贡献率为12.7%,取值范围为>7;坡度贡献率为7.7%,取值范围为2°~42°;等温性贡献率为5.5%,取值范围为25~31;最冷月最低温贡献率5.2%,取值范围为-15~2℃;12月份降雨量贡献率为5.1%,取值范围为2~12mm;昼夜温差月均值贡献率为5.1%,取值范围为8.2~11.8℃;7月份平均降雨量贡献率为3.5%,取值范围为100~200mm;海拔贡献率为3.1%,取值范围为200~2800m。(见表8-1)

表8-1 地黄生态因子贡献率

生态因子	贡献率(%)	取值范围
最湿季节降雨量	29.2	300~500mm
11月份平均降雨量	13.5	10~30mm
酸碱度	12.7	>7
坡度	7.7	2°~42°
等温性	5.5	25~31
最冷月最低温	5.2	-15~2℃
12月份平均降雨量	5.1	2~12mm
昼夜温差月均值	5.1	8.2~11.8℃
7月份平均降雨量	3.5	100~200mm
海拔	3.1	200~2800m

【生态适宜性区划】

从地黄生态适宜性区划图来看,地黄在甘肃最适宜及次适宜生长区域主要在甘肃东南部地区。在陇南市、天水市、平凉市几乎全部为最适宜种植区域,平凉市的次适宜种植区域相对较大;定西市最适宜种植区域与次适宜种植区域面积相当;庆阳市最适宜、次适宜、不适宜种植区域面积均相当;甘南藏族自治州、临夏回族自治州、兰州市、白银市、武威市大部分为不适宜种植区域,有小部分的次适宜种植区域分布;甘南藏族自治州有极小部分的最适宜种植区域分布;张掖市有零散的次适宜种植区域。(见图8-1)

【生态适宜区域面积】

对生态适宜性进行面积统计发现,地黄在文县和武都区的分布总面积相差不大,在文县分布总面积为4729km²,适宜面积3567km²、次适宜面积1162km²,所占比例分别为75.42%、24.58%;武都区分布总面积为4674km²,适宜面积4384km²、次适宜面积290km²,所占比例分别为93.80%、6.20%;礼县分布总面积为4303km²,适宜面积3951km²、次适宜面积352km²,所占比例分别为91.82%、8.18%;镇原县、岷县、麦积区分布总面积相差不大,镇原县分布总面积为3463km²,适宜面积1680km²、次适宜面积1783km²,所占比例分别为48.51%、51.49%;岷县分布总面积为3458km²,适宜面积2063km²、次适宜面积1395km²,所占比例分别为59.66%、40.34%;麦积区分布总面积为3457km²,适宜面积2900km²、次适宜面积557km²,所占比例分别为83.89%、16.11%;宕昌县分布总面积为3282km²,适宜面积2221km²、次适宜面积1061km²,所占比例分别为67.67%、32.33%;合水县、通渭县、华池县分布总面积相差不大,合水县分布总面积为2932km²,适宜面积1524km²、次适宜面积1408km²,所占比例

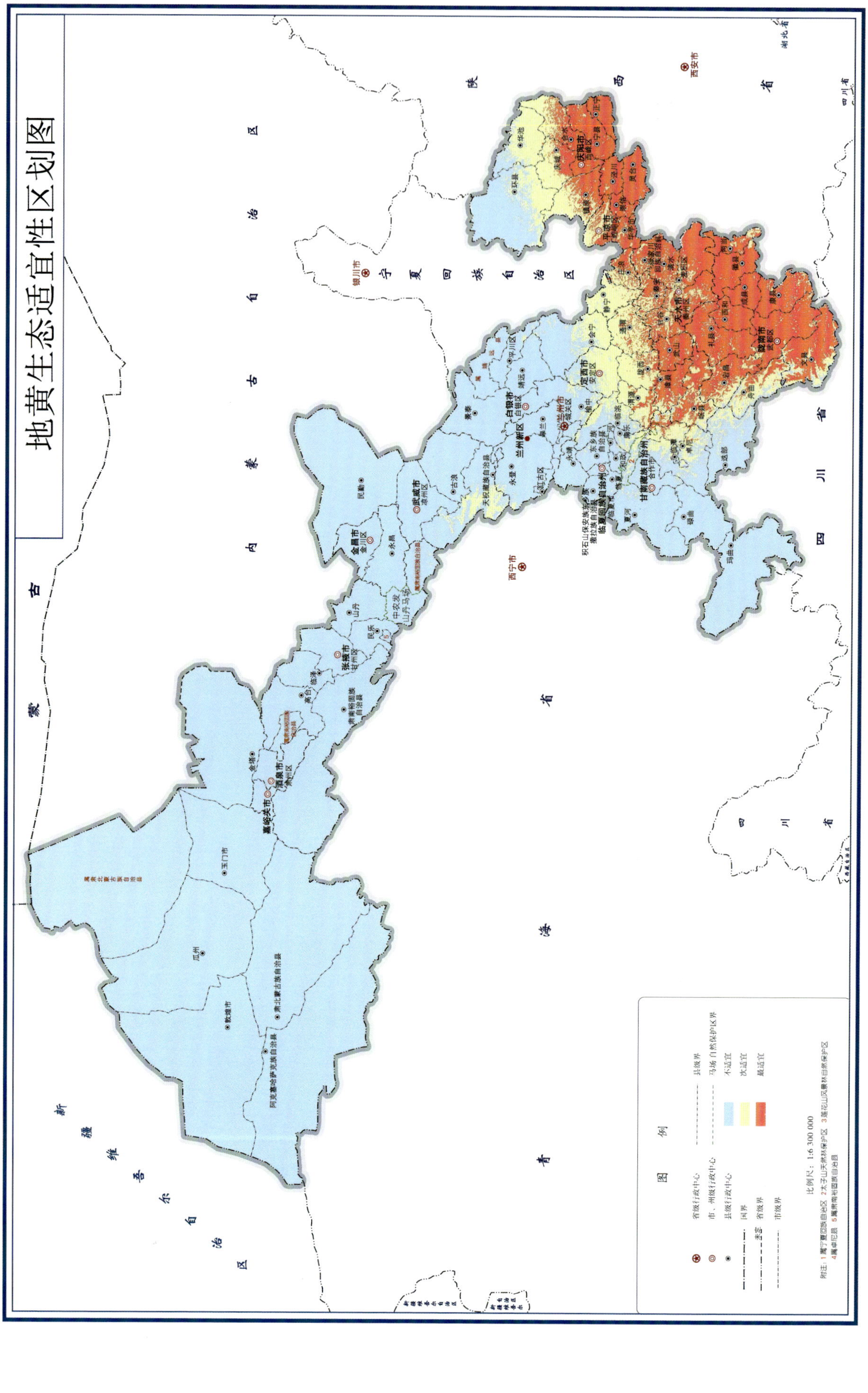

图 8-1 地黄生态适宜性区划图

分别为51.97%、48.03%；通渭县分布总面积为2907km², 适宜面积663km², 次适宜面积2244km², 所占比例分别为22.79%、77.21%；华池县分布总面积为2861km², 适宜面积13km², 次适宜面积2848km², 所占比例分别为0.44%、99.56%。(见表8-2)

表8-2 甘肃各区县地黄适宜面积

区县	总面积(km²)	适宜(km²)	次适宜(km²)	适宜比例(%)	次适宜比例(%)
文县	4729	3567	1162	75.42	24.58
武都区	4674	4384	290	93.80	6.20
礼县	4303	3951	352	91.82	8.18
镇原县	3463	1680	1783	48.51	51.49
岷县	3458	2063	1395	59.66	40.34
麦积区	3457	2900	557	83.89	16.11
宕昌县	3282	2221	1061	67.67	32.33
合水县	2932	1524	1408	51.97	48.03
通渭县	2907	663	2244	22.79	77.21
华池县	2861	13	2848	0.44	99.56

从生态适宜生境分布面积柱状图可以看出,地黄在武都区的适宜生境分布面积最大,在礼县、文县、麦积区、宕昌县、岷县的适宜生境分布面积大于次适宜生境分布面积;在华池县的次适宜生境分布面积最大,适宜生境分布面积极小,通渭县的次适宜生境分布面积较大,大于适宜生境分布面积;在镇原县、合水县适宜与次适宜生境分布面积相当。(见图8-2)

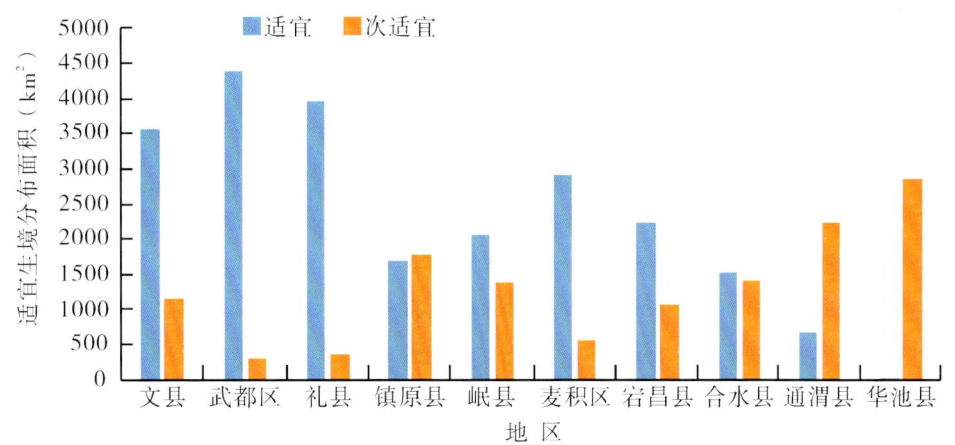

图8-2 地黄适宜生境分布面积

【适宜种植区域及布局建议】

根据地黄的生态适宜性分析结果,建议选择栽培种植的区域时首先考虑文县,文县分布总面积最大,适宜分布面积也较大,文县主要乡镇包括范坝镇、丹堡镇、刘家坪乡、中寨镇、天池镇、堡子坝镇、中庙镇、铁楼乡、石鸡坝镇、玉垒乡。其次为武都区,其适宜分布面积最大,分布总面积也较大,主要乡镇包括枫相乡、洛塘镇、裕河镇、三仓镇、鱼龙镇、外纳镇、五马镇、五库镇、马营镇、安化镇。礼县主要乡镇包括上坪乡、洮坪镇、固城镇、沙金乡、石桥镇、崖城镇、永坪镇、罗坝镇、白关镇、白河镇;镇原县主要乡镇包括孟坝镇、三岔镇、屯字镇、太平镇、新城镇、平泉镇、新集镇、临泾镇、庙渠镇、方山乡;岷县主要乡镇包括闾井镇、锁龙乡、秦许乡、蒲麻镇、禾驮镇、寺沟镇、马坞镇、梅川镇、清水镇、中寨镇;麦积区主要乡镇包括党川镇、利桥镇、东岔镇、三岔镇、甘泉镇、麦积镇、元龙镇、花牛镇、伯阳镇、新阳镇;宕昌县主要乡镇包括南河镇、兴化乡、狮子乡、官亭镇、车拉乡、新城子乡、城关镇、韩院乡、贾河乡、哈达铺镇;合水县主要乡镇包括太白镇、固城镇、蒿咀铺乡、老城镇、太莪乡、板桥镇、西华池镇、何家畔镇、店子乡、吉岘乡;通渭县主要乡镇包括马营镇、榜罗镇、平襄镇、常河镇、北城镇、什川镇、三铺乡、华岭镇、襄南镇、义岗镇;华池县主要乡镇包括林镇乡、城壕镇、悦乐镇、柔远镇、五蛟镇、山庄乡、南梁镇、桥河乡、紫坊畔乡、怀安乡。

9. 独 活
Duhuo
ANGELICAE PUBESCENTIS RADIX

本品为伞形科植物重齿毛当归 *Angelica pubescens* Maxim. f. *biserrata* Shan et Yuan 的干燥根。春初苗刚发芽或秋末茎叶枯萎时采挖,除去须根和泥沙,烘至半干,堆置2~3d,发软后再烘至全干。味辛、苦,性微温。归肾、膀胱经。有祛风除湿,通痹止痛,解表等功效。用于风寒湿痹,腰膝疼痛,少阴伏风头痛,风寒挟湿头痛。治疗风湿痹痛的要药。《汤叶本草》谓其"独活,治足少阴伏风,而不治太阳,故两足寒湿,浑不能冻止,非此不能治"。

独活还具有抗炎、镇痛、抗胃溃疡的功效,具有抗炎降压之功效。

【地理分布与生境】

重齿毛当归主产于湖北、四川、安徽等地,按照产地不同形成不同的商品,著名的有川独活、资丘独活、恩施独活、巴东独活、浙独活等。目前药材主要来源于人工栽培。

【生物习性】

重齿毛当归属于喜光作物,要求生长区域内以气候温和为宜。土壤以砂质壤土为宜,土质肥沃、质地疏松、土层深厚。山区由于昼夜温差较大,气候较川塬地区冷凉,病虫害发生概率较小,对于独活药效成分聚集,提高产量和品质非常有利。

【生态环境影响分析】

根据分析结果可知,影响重齿毛当归适宜分布的生态因子共有34个。其中以10月份降雨量的贡献率最大,达34.7%,取值范围为40~141mm;其次为海拔,贡献率为17.2%,取值范围为820~3300m;3月份降雨量贡献率为11.2%,取值范围为13~70mm;坡度贡献率为8.4%,取值范围为3°~47°;等温性贡献率为5.0%,取值范围为23~42;4月份降雨量贡献率为4.5%,取值范围为35~140mm;9月份降雨量贡献率为3.3%,取值范围为90~305mm。(见表9-1)

表9-1 重齿毛当归生态因子贡献率

生态因子	贡献率(%)	取值范围
10月份降雨量	34.7	40~141mm
海拔	17.2	820~3300m
3月份降雨量	11.2	13~70mm
坡度	8.4	3°~47°
等温性	5.0	23~42
4月份降雨量	4.5	35~140mm
9月份降雨量	3.3	90~305mm

【生态适宜性区划】

从重齿毛当归适宜性区划图来看，重齿毛当归在甘肃适宜及次适宜生长区域主要在甘肃东南地区，在陇南市、天水市绝大部分为最适宜种植区域；天水市少部分为次适宜种植区域；定西市、平凉市几乎全部为最适宜和次适宜种植区域；甘南藏族自治州、临夏回族自治州、庆阳市绝大部分为次适宜种植区域；甘南藏族自治州、庆阳市少部分为不适宜种植区域；兰州市、白银市绝大部分为不适宜种植区域，少部分为次适宜种植区域；张掖市、武威市绝大部分为不适宜种植区域；金昌市有零散的次适宜种植区域分布。（见图9-1）

【生态适宜区域面积】

对生态适宜性进行面积统计发现，重齿毛当归分布总面积最大的区域为玛曲县，为6532km²，适宜面积72km²、次适宜面积6460km²，所占比例分别为1.10%、98.90%；其次为夏河县和卓尼县分布总面积较大，分别为5419km²、5142km²，适宜面积分别为591km²、1271km²，所占比例分别为10.91%、24.71%，次适宜面积分别为4828km²、3871km²，所占比例分别为89.09%、75.29%；文县、迭部县、碌曲县总面积差别不大，分别为4879km²、4765km²、4734km²，适宜面积分别为4223km²、2447km²、248km²，次适宜面积分别为655km²、2318km²、4485km²，适宜比例分别为86.57%、51.35%、5.24%，次适宜比例分别为13.43%、48.65%、94.76%；武都区分布总面积为4563km²，适宜面积4008km²、次适宜面积556km²，所占比例分别为87.82%、12.18%；礼县分布总面积为4145km²，适宜面积3670km²、次适宜面积476km²，所占比例分别为88.53%、11.47%；岷县分布总面积为3439km²，适宜面积2836km²、次适宜面积603km²，所占比例分别为82.47%、17.53%；镇原县分布总面积为3279km²，适宜面积210km²、次适宜面积3068km²，所占比例分别为6.42%、93.58%。（见表9-2）

表9-2 甘肃各区县重齿毛当归适宜面积

区县	总面积(km²)	适宜(km²)	次适宜(km²)	适宜比例(%)	次适宜比例(%)
玛曲县	6532	72	6460	1.10	98.90
夏河县	5419	591	4828	10.91	89.09
卓尼县	5142	1271	3871	24.71	75.29
文县	4879	4223	655	86.57	13.43
迭部县	4765	2447	2318	51.35	48.65
碌曲县	4734	248	4485	5.24	94.76
武都区	4563	4008	556	87.82	12.18
礼县	4145	3670	476	88.53	11.47
岷县	3439	2836	603	52.47	17.53
镇原县	3279	210	3068	6.42	93.58

从适宜生境分布面积柱状图可以看出，重齿毛当归在文县的适宜生境分布面积最大，其次为武都区、礼县、岷县、迭部县，除迭部县适宜和次适宜生境分布面积相当外，其他四县均为适宜生境分布面积明显大于次适宜分布面积；玛曲县的次适宜生境分布面积最大；其次为夏河县、卓尼县、玛曲县、镇原县，且均明显大于次适宜生境分布面积，卓尼县的适宜生境分布面积相对较大。（见图9-2）

【适宜种植区域及布局建议】

根据重齿毛当归的生态适宜性分析结果，建议选择栽培种植的区域时应首先考虑玛曲县，主要包括的乡镇有阿万仓镇、欧拉镇、曼日玛镇、齐哈玛镇、尼玛镇。其次为夏河县，主要包括桑科镇、阿木

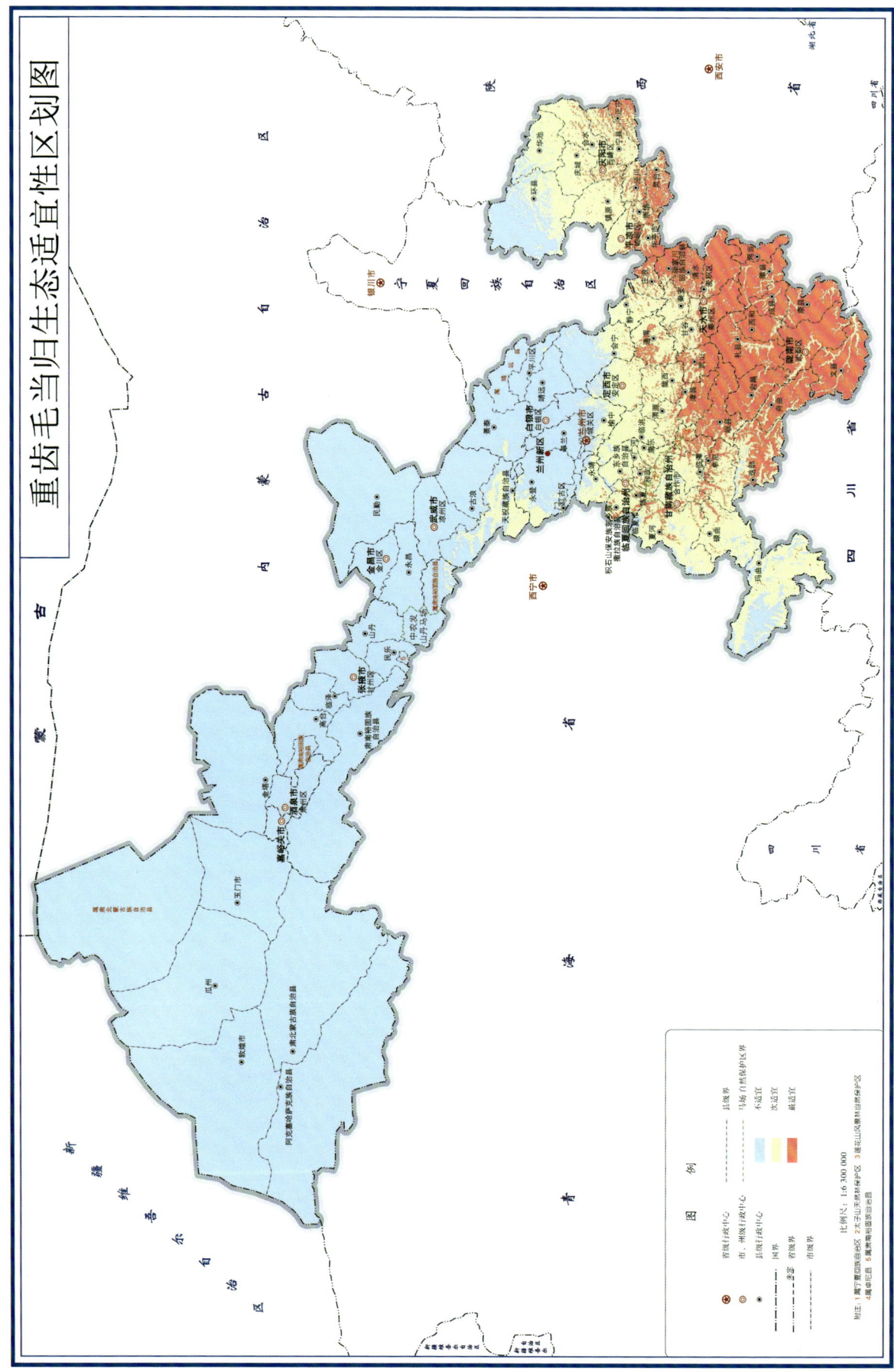

图9-1 重齿毛当归生态适宜性区划图

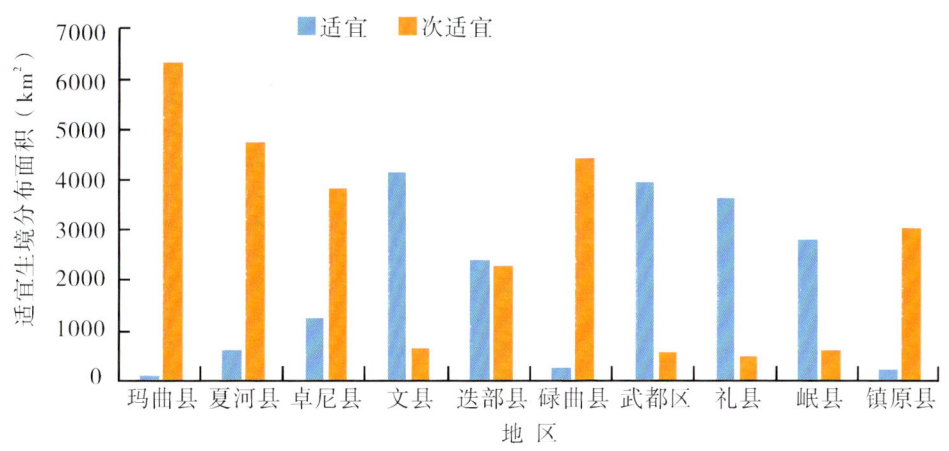

图9-2 重齿毛当归适宜生境分布面积

去乎镇、科才镇、甘加镇、扎油乡、博拉镇、麻当镇。卓尼县主要包括木耳镇、喀尔钦镇、尼巴镇、恰盖乡、康多乡、刀告乡、藏巴哇镇;文县主要包括丹堡镇、范坝镇、中寨镇、刘家坪乡、铁楼乡、天池镇、堡子坝镇;武都区主要包括枫相乡、洛塘镇、裕河镇、三仓镇、鱼龙镇、外纳镇、五马镇;迭部县主要包括达拉乡、电尕镇、旺藏镇、多儿乡、腊子口镇、卡坝乡;礼县主要包括上坪乡、洮坪镇、固城镇、沙金乡、石桥镇、崖城镇、永坪镇;碌曲县主要包括尕海镇、玛艾镇、拉仁关乡、郎木寺镇、双岔镇、西仓镇、阿拉乡;岷县主要包括闾井镇、秦许乡、锁龙乡、蒲麻镇、禾驮镇、寺沟镇、马坞镇;镇原县主要包括孟坝镇、三岔镇、屯字镇、太平镇、新城镇、平泉镇、新集镇;麦积区主要包括党川镇、利桥镇、东岔镇、三岔镇、甘泉镇、麦积镇、元龙镇。

10. 红景天
Hongjingtian
RHODIOLAE CRENULATAE RADIX ET RHIZOMA

本品为景天科植物大花红景天 Rhodiola crenulata (Hook.f.et Thoms.) H. Ohba 的干燥根和根茎。秋季花茎凋枯后采挖,除去粗皮,洗净,晒干。味甘、苦,性平。归肺、心经。有益气活血,通脉平喘等功效。用于气虚血瘀,胸痹心痛,中风偏瘫,倦怠气喘。《中药大辞典》记载:红景天"性寒,味甘涩。活血止血,清肺止咳。治咳血,咯血,肺炎咳嗽"。

红景天还有抗肿瘤、抗缺氧、增强记忆力、抗衰老、抗辐射、预防高原反应、活血化瘀、提高耐缺氧能力、改善心血管系统功能等作用。

【地理分布与生境】

大花红景天主产于西藏、云南西北部、四川西部,在黑龙江、吉林、宁夏、甘肃、青海等地也有分布。近年来红景天成为新药和保健品研究的热点,从而使其市场需求量急增,野生资源逐步减少。

【生物习性】

大花红景天生长于高寒无污染地带的山坡草地、灌丛中、石缝中,大多分布在北半球的高寒地带,对栽培地肥力要求较低。

【生态环境影响分析】

根据分析得到的结果可知,影响大花红景天适宜分布的生态因子共有30个。其中以海拔的贡献率最高,达 40.4%,取值范围为 2400~4900m;其次为等温性,贡献率为 13.7%,取值范围为 41~48;8月份降雨量贡献率为 13.0%,取值范围为 >70mm;坡度贡献率为 11.8%,取值范围为 4°~18°;温度季节性变化标准差贡献率为 3.5%,取值范围为 4300~6700;12 月份平均气温贡献率为 3.4%,取值范围为 -13~-1℃。(见表 10-1)

表 10-1 大花红景天生态因子贡献率

生态因子	贡献率(%)	取值范围
海拔	40.4	2400~4900m
等温性	13.7	41~48
8 月份降雨量	13.0	>70mm
坡度	11.8	4°~18°
温度季节性变化标准差	3.5	4300~6700
12 月份平均气温	3.4	-13~-1℃

【生态适宜性区划】

从大花红景天适宜性区划图来看,大花红景天在甘肃适宜及次适宜生长区域主要在甘肃东南地区。最适宜和次适宜种植区域在甘南藏族自治州最大,在甘南藏族自治州绝大部分为次适宜种植区域;在临夏回族自治州、定西市、陇南市也分布有极小部分的最适宜种植区域;在定西市、陇南市有相对较大的次适宜种植区域,在天水市、武威市、平凉市、兰州市分布有极小的次适宜种植区域。(见图 10-1)

【生态适宜区域面积】

对生态适宜性进行面积统计发现,大花红景天适宜面积最大的区域为玛曲县,总面积为 7422km²,适宜面积 2084km²、次适宜面积 5338km²,所占比例分别为 28.08%、71.92%;其次为卓尼县,分布总面积为 4462km²,适宜面积 1043km²、次适宜面积 3419km²,所占比例分别为 23.38%、76.62%;碌曲县分布总面积为 4163km²,适宜面积 361km²、次适宜面积 3802km²,所占比例分别为 8.67%、91.33%;夏河县分布总面积为 3814km²,适宜面积 373km²、次适宜面积 3441km²,所占比例分别为 9.78%、90.22%;岷县分布总面积为 2508km²,适宜面积 770km²、次适宜面积 1738km²,所占比例分别为 30.70%、69.30%;迭部县、宕昌县、文县、舟曲县、武都区的适宜面积较小,迭部县分布总面积为 3791km²,适宜面积 93km²、次适宜面积 3698km²,所占比例分别为 2.45%、97.55%;宕昌县、文县分布总面积相差不大,舟曲县、武都区分布总面积相差不大,其中宕昌县分布总面积为 1650km²,适宜面积 36km²、次适宜面积 1614km²,所占比例分别为 2.18%、97.82%;文县分布总面积为 1412km²,适宜面积 23km²、次适宜面积 1389km²,所占比例分别为 1.63%、98.37%;舟曲县分布总面积为 867km²,适宜面积 44km²、次适宜面积 823km²,所占比例分别为 5.07%、94.93%;武都区分布总面积为 728km²,适宜面积 15km²、次适宜面积 713km²,所占比例分别为 2.06%、97.94%。(见表 10-2)

从生态适宜地区面积分布柱状图可以看出,大花红景天在各县的次适宜生境分布面积明显大于适宜生境分布面积,其中玛曲县的次适宜生境分布面积最大;武都区的次适宜生境分布面积最小;玛曲县的适宜生境分布面积最大;卓尼县、岷县的适宜生境面积也较高于其他地区;迭部县、宕昌县、文县、舟曲县、武都区的适宜生境面积极小。(见图 10-2)

【适宜种植区域及布局建议】

根据大花红景天的生态适宜性分析结果,建议选择栽培种植的区域时应首先考虑玛曲县,主要乡镇包括尼玛镇、阿万仓镇、采日玛镇、齐哈玛镇。其次为卓尼县,主要乡镇包括木耳镇、喀尔钦镇、尼巴

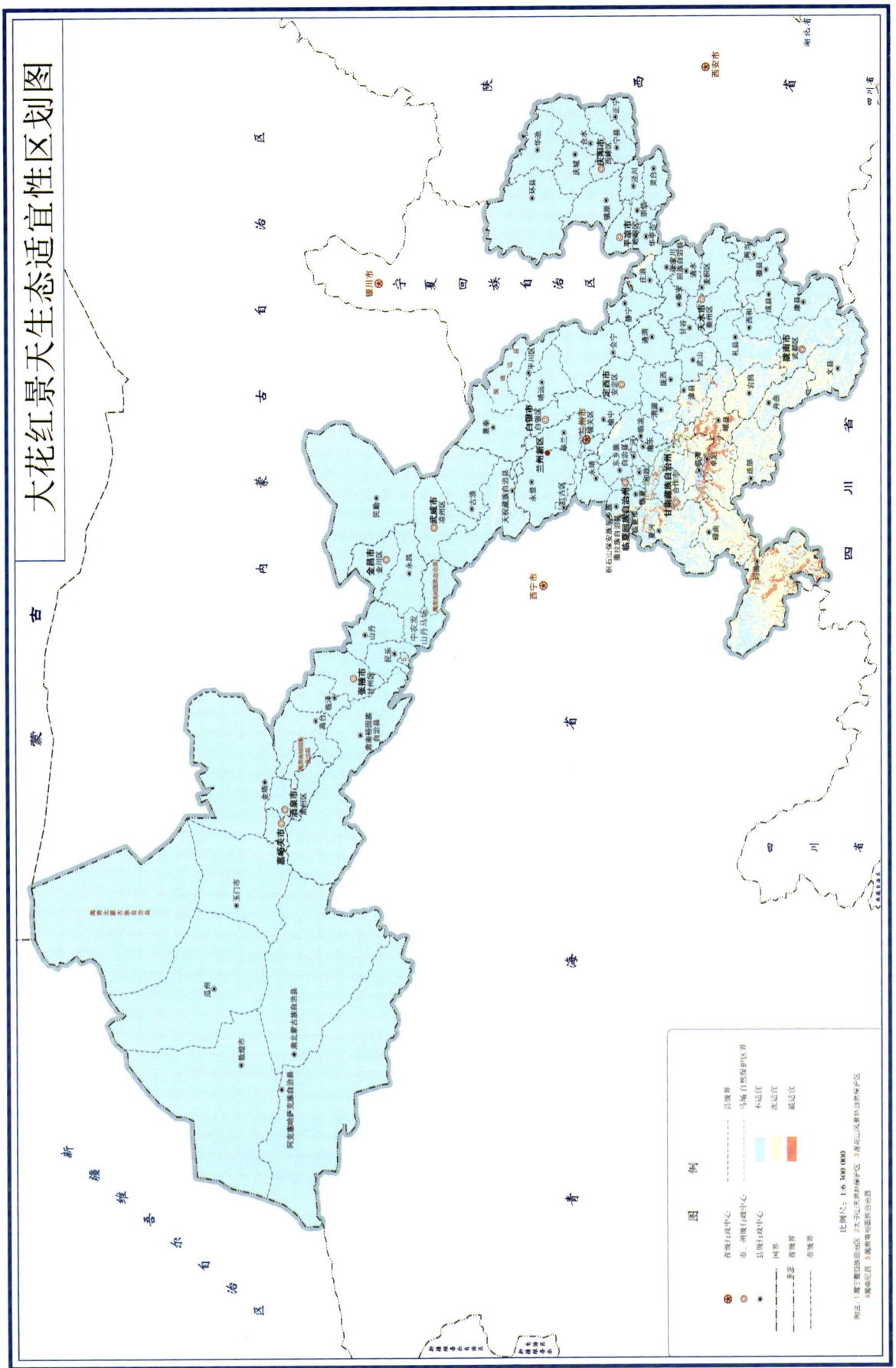

图10-1 大花红景天生态适宜性区划图

表 10-2　甘肃各区县大花红景天适宜面积

区县	总面积(km²)	适宜(km²)	次适宜(km²)	适宜比例(%)	次适宜比例(%)
玛曲县	7422	2084	5338	28.08	71.92
卓尼县	4462	1043	3419	23.38	76.62
碌曲县	4163	361	3802	8.67	91.33
夏河县	3814	373	3441	9.78	90.22
迭部县	3791	93	3698	2.45	97.55
岷县	2508	770	1738	30.70	69.30
宕昌县	1650	36	1614	2.18	97.82
文县	1412	23	1389	1.63	98.37
舟曲县	867	44	823	5.07	94.93
武都区	728	15	713	2.06	97.94

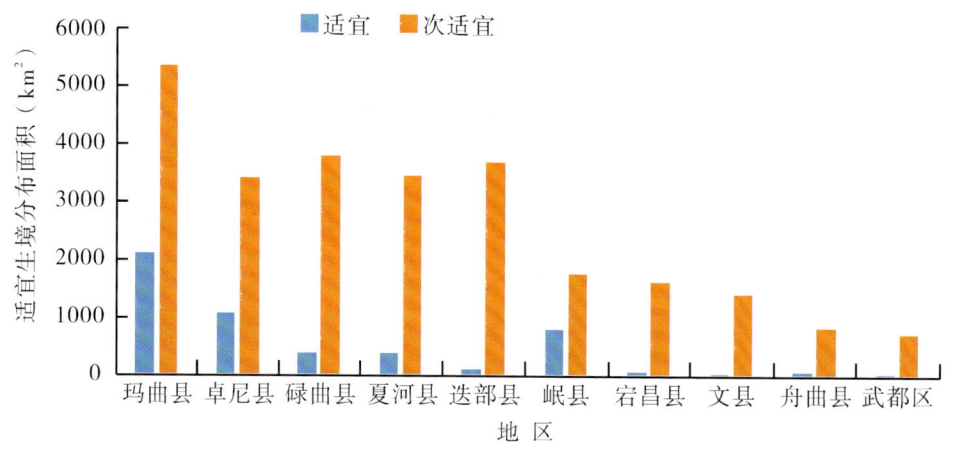

图 10-2　大花红景天适宜生境分布面积

镇、恰盖乡、刀告乡。碌曲县主要乡镇包括尕海镇、拉仁关乡、玛艾镇、郎木寺镇、双岔镇；夏河县主要乡镇包括桑科镇、科才镇、阿木去乎镇、甘加镇、扎油乡；迭部县主要乡镇包括达拉乡、电尕镇、多儿乡、卡坝乡、旺藏镇；岷县主要乡镇包括秦许乡、闾井镇、寺沟镇、清水镇、梅川镇；宕昌县主要乡镇包括南河镇、兴化乡、车拉乡、贾河乡、狮子乡；文县主要乡镇包括中寨镇、堡子坝镇、天池镇、丹堡镇、铁楼乡；舟曲县主要乡镇包括博峪镇、告纳镇、武坪镇、插岗乡、憨班镇；武都区主要乡镇包括马营镇、三仓镇、蒲池乡、安化镇、马街镇；漳县主要乡镇包括大草滩镇、石川镇、殪虎桥镇、金钟镇、四族镇。

11. 板蓝根
Banlangen
ISATIDIS RADIX

本品为十字花科植物菘蓝 *Isatis indigotica* Fort.的干燥根。秋季采挖，除去泥沙，晒干。味苦，性寒。归心、胃经。有清热解毒，凉血利咽等功效。用于瘟疫时毒，发热咽痛，温毒发斑，痄腮，烂喉丹痧，大头瘟疫，丹毒，痈肿，流行性乙型脑炎、肝炎和腮腺炎等症。与玄参、马勃、牛蒡子等同用，可用于风热上攻,咽喉肿痛等症。与生地、紫草、黄芩等同用,可用于时行温病,温毒发斑等症。

有抗病原微生物,解热抗炎,抗内毒素,提高免疫,抗肿瘤,抑制血小板聚集等药理作用。

【地理分布与生境】

菘蓝原产我国,全国各地均有栽培。主产于北京、黑龙江、甘肃、河北、江苏、安徽、河南亦产。根、叶均供药用,以根入药称"板蓝根",叶入药称"大青叶"。叶还可提取蓝色染料;种子榨油,供工业用。

【生物习性】

菘蓝喜湿暖环境,耐寒、怕涝,宜选排水良好、疏松肥沃的砂质壤土。生于山地林缘较潮湿的地方。

【生态环境影响分析】

根据分析结果可知,影响菘蓝适宜分布的生态因子共有36个,其中最干季节降雨量贡献率最大,为28.6%,取值范围为10~100mm;其次是年平均温度,贡献率为16.9%,取值范围为5~18℃;最湿季节均温贡献率为11.3%,取值范围为12~25℃;酸碱度贡献率为7.8%,取值范围为6.5~7.2;10月份降雨量和最暖季降雨量贡献率相等,为5.7%,取值范围分别为25~100mm和200~400mm;有机碳含量贡献率为5.0%,取值范围为2%~5%。(见表11-1)

表 11-1 菘蓝生态因子贡献率

生态因子	贡献率(%)	取值范围
最干季节降雨量	28.6	10~100mm
年平均温度	16.9	5~18℃
最湿季节均温	11.3	12~25℃
酸碱度	7.8	6.5~7.2
10月份降雨量	5.7	25~100mm
最暖季降雨量	5.7	200~400mm
有机碳含量	5.0	2%~5%

【生态适宜性区划】

从菘蓝生态适宜性区划图来看,菘蓝在甘肃最适宜及次适宜生长区域主要在甘肃东南部地区。在陇南市和庆阳市部分为最适宜种植区域,部分为次适宜种植区域;在天水市和平凉市大部分为最适宜种植区域,小部分为次适宜种植区域;在定西市绝大部分为最适宜种植区域;在临夏回族自治州、兰州市、白银市、武威市和金昌市大部分为次适宜种植区域和不适宜种植区域;在甘南藏族自治州、酒泉市和嘉峪关市绝大部分为不适宜种植区域。(见图11-1)

【生态适宜区域面积】

对生态适宜性进行面积统计发现,菘蓝在环县分布总面积最大,为9204km^2,适宜面积1947km^2、次适宜面积7257km^2,所占比例分别为21.15%、78.85%;在会宁县、永昌县和永登县分布总面积相差不大且较大,在会宁县分布总面积为6435km^2,适宜面积2349km^2、次适宜面积4086km^2,所占比例分别为36.50%、63.50%;在永昌县分布总面积为6392km^2,适宜面积3139km^2、次适宜面积3253km^2,所占比例分别为49.11%、50.89%;在永登县分布总面积为5971km^2,适宜面积2696km^2、次适宜面积3275km^2,所占比例分别为45.15%、54.85%;在肃南县、天祝县、靖远县和凉州区分布总面积相差不大,在肃南县分布总面积为5485km^2,适宜面积1859km^2、次适宜面积3626km^2,所占比例分别为33.89%、66.11%;在天祝县分布总面积为5344km^2,适宜面积3995km^2、次适宜面积1349km^2,所占比例分别为74.76%、25.24%;在靖远县分布总面积为5168km^2,适宜面积2174km^2、次适宜面积

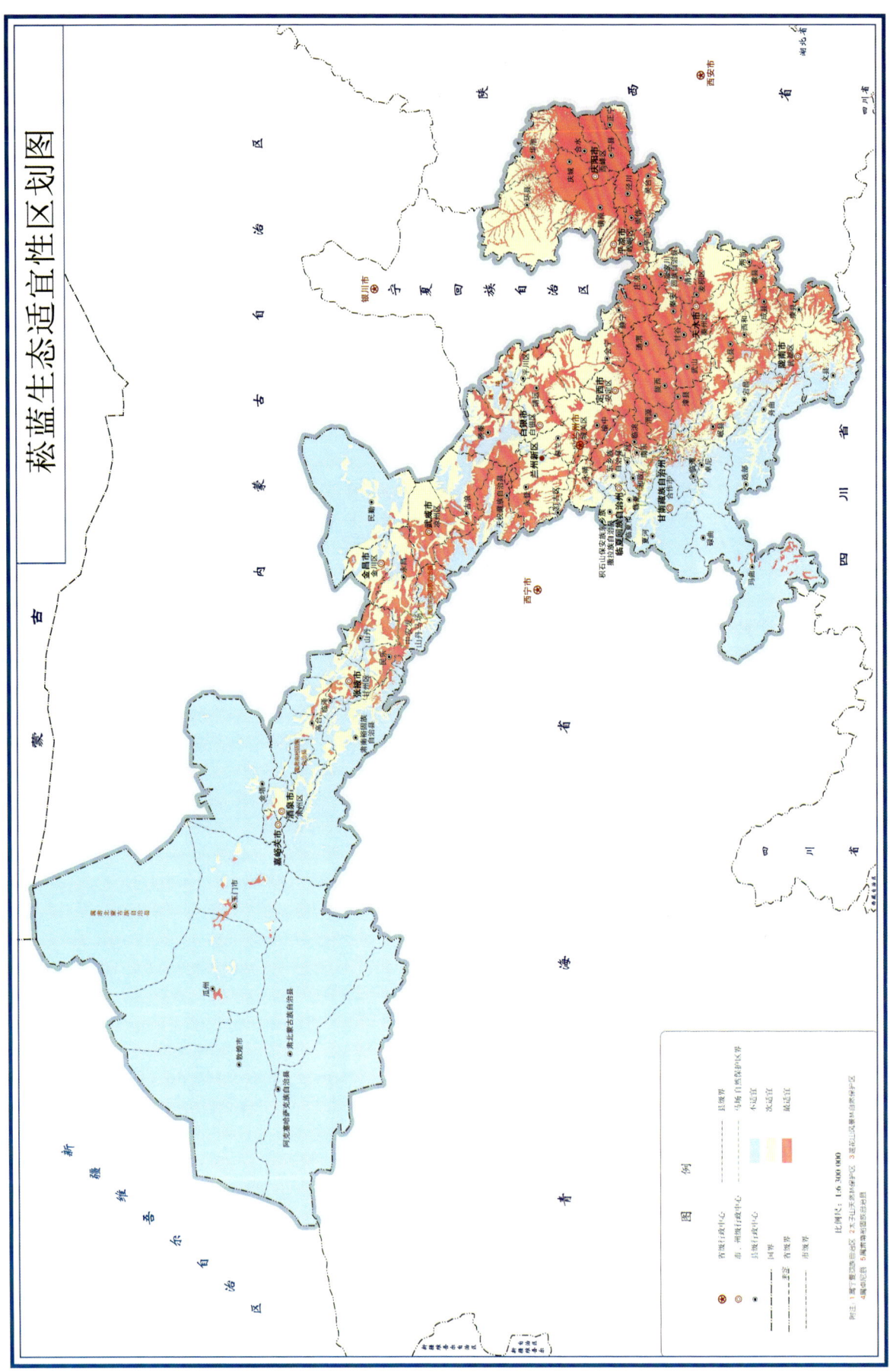

图 11-1 菘蓝生态适宜性区划图

2994km², 所占比例分别为 42.07%、57.93%；在凉州区分布总面积为 4972km²，适宜面积 2385km²、次适宜面积 2587km²，所占比例分别为 47.97%、52.03%；在景泰县和山丹县分布总面积相差不大且较小，在景泰县分布总面积为 4041km²，适宜面积 2110km²、次适宜面积 1931km²，所占比例分别为 52.22%、47.78%；在山丹县分布总面积为 3918km²，适宜面积 1900km²、次适宜面积 2018km²，所占比例分别为 48.49%、51.51%。（见表 11-2）

表 11-2　甘肃各区县菘蓝适宜面积

区县	总面积(km²)	适宜(km²)	次适宜(km²)	适宜比例(%)	次适宜比例(%)
环县	9204	1947	7257	21.15	78.85
会宁县	6435	2349	4086	36.50	63.50
永昌县	6392	3139	3253	49.11	50.89
永登县	5971	2696	3275	45.15	54.85
肃南县	5485	1859	3626	33.89	66.11
天祝县	5344	3995	1349	74.76	25.24
靖远县	5168	2174	2994	42.07	57.93
凉州区	4972	2385	2587	47.97	52.03
景泰县	4041	2110	1931	52.22	47.78
山丹县	3918	1900	2018	48.49	51.51

从生态适宜生境分布面积柱状图可以看出，菘蓝在天祝县的适宜生境分布面积最大；在环县、会宁县、永昌县、永登县、靖远县、凉州区、景泰县和山丹县的适宜生境分布面积较大；在肃南县的适宜生境分布面积最小；在环县的次适宜生境分布面积最大；在会宁县、永昌县、永登县、肃南县、靖远县和凉州区的次适宜生境分布面积较大；在景泰县、山丹县和天祝县的次适宜生境分布面积较小。（见图 11-2）

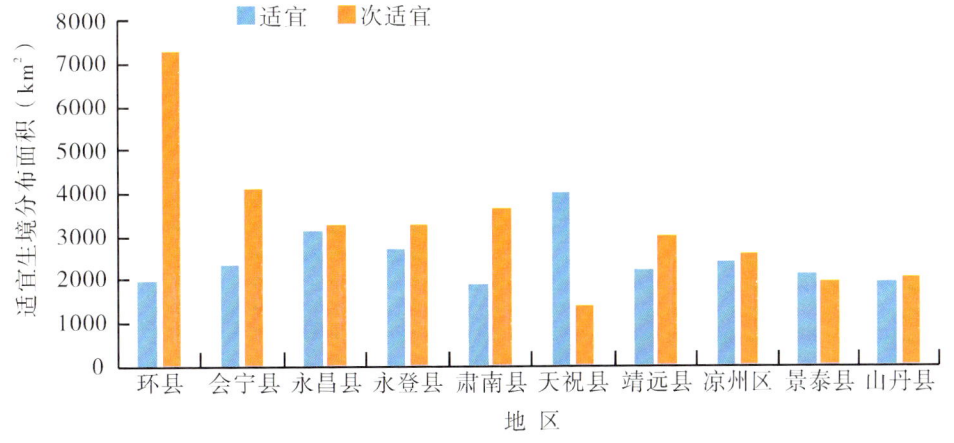

图 11-2　菘蓝适宜生境分布面积

【适宜种植区域及布局建议】

根据菘蓝的生态适宜性分析结果，建议选择栽培种植的区域时首先考虑环县，种植总面积最大，环县适宜种植的主要乡镇有环城镇、车道镇、毛井镇、洪德镇、小南沟乡、耿湾乡、合道镇、甜水镇、虎洞镇、山城乡。其次考虑会宁县、永昌县、永登县、肃南县、天祝县、靖远县和凉州区，种植总面积较大，会宁县适宜种植的主要乡镇有头寨子镇、汉家岔镇、郭城驿镇、甘沟驿镇、新庄镇、刘家寨子镇、大沟镇、柴家门镇、四房吴镇、土高山乡;永昌县适宜种植的主要乡镇有红山窑镇、河西堡镇、水源镇、朱王堡镇、新城子镇、焦家庄镇、六坝镇、南坝乡、东寨镇、城关镇;永登县适宜种植的主要乡镇有七山乡、龙泉寺镇、武胜驿镇、苦水镇、通远镇、连城镇、民乐乡、柳树镇、上川镇、坪城乡;肃南县适宜种植的主要乡镇有皇城镇、大河乡、马蹄乡、康乐镇、祁丰乡、白银乡、明花乡、甘肃省绵羊育种场、张掖宝瓶河牧场、红湾寺镇;天祝县适宜种植的主要乡镇有松山镇、旦马乡、华藏寺镇、抓喜秀龙乡、哈溪镇、祁连镇、天堂镇、打柴沟镇、炭山岭镇、西大滩镇;靖远县适宜种植的主要乡镇有高湾镇、若笠乡、北滩镇、乌兰镇、大芦镇、石门乡、刘川镇、五合镇、靖安乡、北湾镇;凉州区适宜种植的主要乡镇有羊下坝镇、金沙镇、清水镇、河东镇、清源镇、金塔镇、永昌镇、地质新村街道、永丰镇、中坝镇。在景泰县和山丹县种植总面积较小,景泰县适宜种植的主要乡镇有中泉镇、正路镇、五佛乡、草窝滩镇、上沙沃镇、喜泉镇、芦阳镇、寺滩乡、红水镇、一条山镇;山丹县适宜种植的主要乡镇有老军乡、清泉镇、陈户镇、位奇镇、大马营镇、东乐镇、霍城镇、李桥乡。

12. 杜 仲
Duzhong
EUCOMMIAE CORTEX

本品为杜仲科植物杜仲 *Eucommia ulmoides* Oliv.的干燥树皮。4~6月剥取,刮去粗皮,堆置"发汗"至内皮呈紫褐色,晒干。味甘,性温。归肝、肾经。有补肝肾,强筋骨,安胎等功效。用于肝肾不足,腰膝酸痛,筋骨无力,头晕目眩,妊娠漏血,胎动不安。《神农本草经》谓其"主治腰膝痛,补中,益精气,坚筋骨,除阴下痒湿,小便余沥。久服,轻身耐老"。有杜仲酒、思仙续断丸等复方。

杜仲对免疫系统、内分泌系统、中枢神经系统、循环系统和泌尿系统都有不同程度的调节作用,杜仲能兴奋垂体-肾上腺皮质系统,增强肾上腺皮质功能。

【地理分布与生境】

杜仲是中国的特有种,分布于陕西、甘肃、河南、湖北、四川、云南、贵州、湖南、安徽、江西、广西及浙江等省区,现各地广泛栽种。

张家界为杜仲之乡,是世界最大的野生杜仲产地,现江苏国家级林业基地大量人工培育杜仲。杜仲也被引种到欧美各地的植物园,被称为"中国橡胶树",虽然和橡胶树并没有任何亲缘关系。

【生物习性】

杜仲喜温暖湿润、气候和阳光充足的环境,能耐严寒。生长于低山、谷地或低坡的疏林里。我国大部地区均可栽培,适应性很强,对土壤没有严格选择,但以土层深厚、疏松肥沃、湿润、排水良好的壤土最宜。

【生态环境影响分析】

根据分析结果可知,影响杜仲适宜分布的生态因子共有34个,其中11月份降雨量贡献率最大,为41.5%,取值范围为>20mm;其次为年平均降雨量贡献率,为21.6%,取值范围为700~2300mm;8月份平均气温和温度季节性变化标准差贡献率较小,分别为4.7%、4.4%,取值范围为>22℃、>22;10月平均气温贡献率较小,为3.4%,取值范围为13~22℃。(见表12-1)

【生态适宜性区划】

从杜仲生态适宜性区划图来看,杜仲在甘肃最适宜及次适宜生长区域主要在甘肃东南部地区。

表 12-1 杜仲生态因子贡献率

生态因子	贡献率(%)	取值范围
11月份降雨量	41.5	>20mm
年平均降雨量	21.6	700~2300mm
8月份平均气温	4.7	>22℃
温度季节性变化标准差	4.4	>22
10月份平均气温	3.4	13~22℃

在陇南市和平凉市大部分为最适宜种植区域,部分为次适宜种植区域;在天水市和甘南藏族自治州大部分为次适宜种植区域;在庆阳市大部分为次适宜和不适宜种植区域;在定西市大部分为不适宜种植区域;在临夏回族自治州和兰州市只有极个别地区为次适宜种植区域。(见图12-1)

【生态适宜区域面积】

对生态适宜性进行面积统计发现,杜仲在武都区和文县分布总面积相差不大,在武都区分布总面积为4515km²,适宜面积2775km²、次适宜面积1740km²,所占比例分别为61.47%、38.53%;在文县分布总面积为4473km²,适宜面积3177km²、次适宜面积1296km²,所占比例分别为71.03%、28.97%;在礼县分布总面积为3724km²,适宜面积936km²、次适宜面积2788km²,所占比例分别为25.13%、74.87%;在康县和徽县适宜种植面积比例较大,在康县分布总面积为2892km²,适宜面积2624km²、次适宜面积268km²,所占比例分别为90.72%、9.28%;在徽县分布总面积为2689km²,适宜面积1974km²、次适宜面积715km²,所占比例分别为73.42%、26.58%;在麦积区和宁县的适宜种植面积比例相对较大,在麦积区分布总面积为3311km²,适宜面积1599km²、次适宜面积1712km²,所占比例分别为48.29%、51.71%;在宁县分布总面积为2470km²,适宜面积1402km²、次适宜面积1068km²,所占比例分别为56.77%、43.23%;在合水县、庆城县和镇原县的次适宜种植面积比例较大,在合水县分布总面积为2606km²,适宜面积230km²、次适宜面积2376km²,所占比例分别为8.84%、91.16%;在庆城县分布总面积为2232km²,适宜面积39km²、次适宜面积2193km²,所占比例分别为1.76%、98.24%;在镇原县分布总面积为3010km²,适宜面积571km²、次适宜面积2439km²,所占比例分别为18.97%、81.03%。(见表12-2)

表 12-2 甘肃各区县杜仲适宜面积

区县	总面积(km²)	适宜(km²)	次适宜(km²)	适宜比例(%)	次适宜比例(%)
武都区	4515	2775	1740	61.47	38.53
文县	4473	3177	1296	71.03	28.97
礼县	3724	936	2788	25.13	74.87
麦积区	3311	1599	1712	48.29	51.71
镇原县	3010	571	2439	18.97	81.03
康县	2892	2624	268	90.72	9.28
徽县	2689	1974	715	73.42	26.58
合水县	2606	230	2376	8.84	91.16
宁县	2470	1402	1068	56.77	43.23
庆城县	2232	39	2193	1.76	98.24

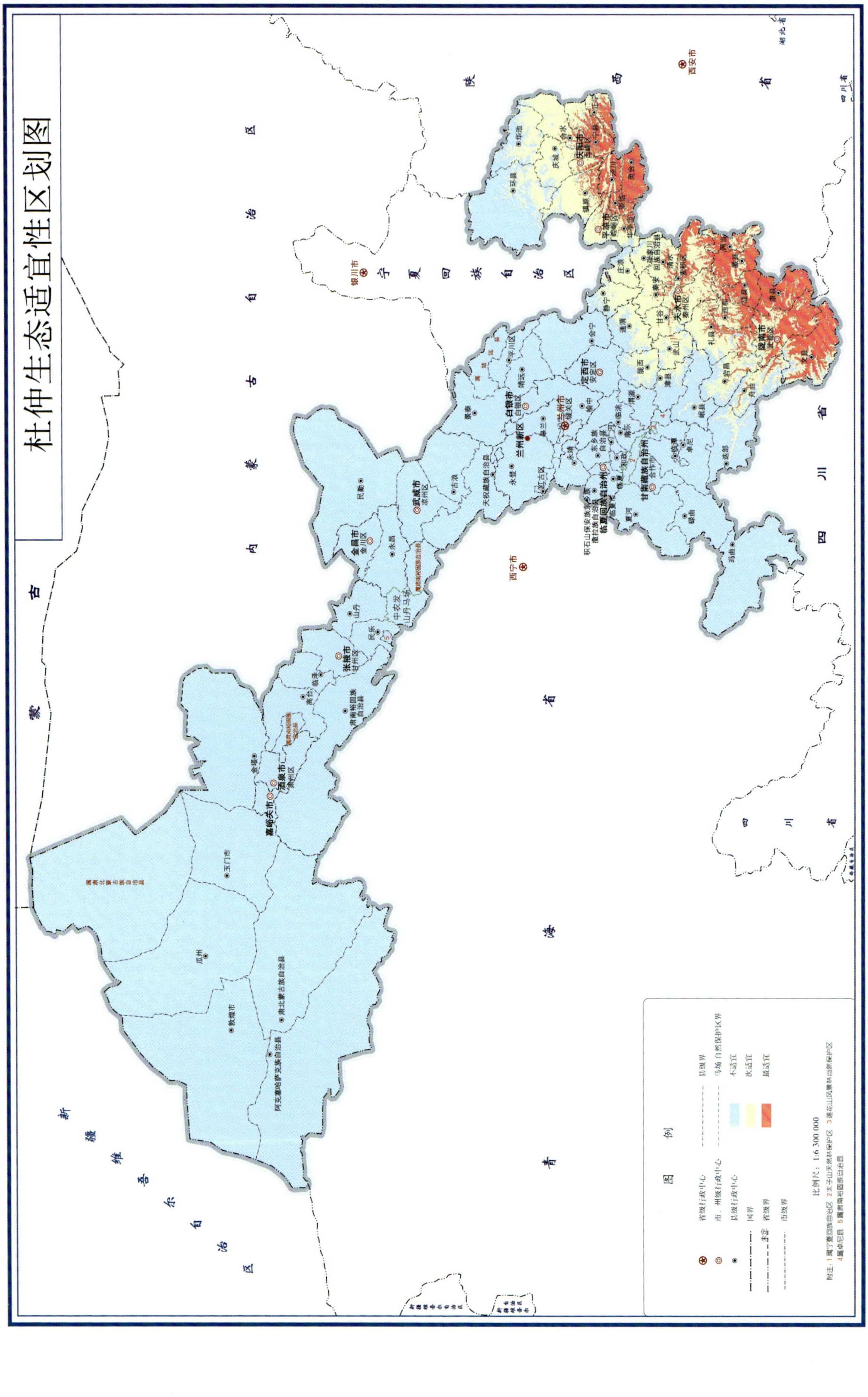

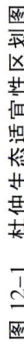

图 12-1 杜仲生态适宜性区划图

从生态适宜生境分布面积柱状图可以看出,杜仲在文县的适宜生境分布面积最大;其次是武都区和康县,适宜生境分布面积较大;在麦积区、徽县和宁县的适宜生境分布面积较大;在礼县、镇原县和合水县适宜生境分布面积较小;在庆城县的适宜生境分布面积最小;在礼县、镇原县、合水县和庆城县的次适宜生境分布面积相差不大,且较大;在武都区、文县、麦积区和宁县的次适宜生境分布面积较大;在徽县和康县的次适宜生境分布面积较小。(见图12-2)

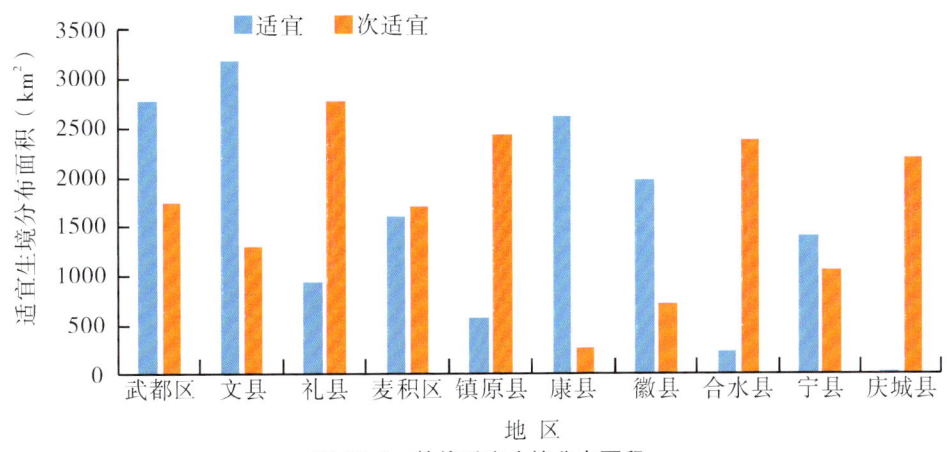

图12-2 杜仲适宜生境分布面积

【适宜种植区域及布局建议】

根据杜仲的生态适宜性分析结果,建议选择栽培种植的区域时首先考虑武都区和文县,种植总面积较大且适宜种植面积也较大,武都区适宜种植的主要乡镇有枫相乡、洛塘镇、裕河镇、三仓镇、鱼龙镇、外纳镇;文县适宜种植的主要乡镇有范坝镇、丹堡镇、刘家坪乡、中庙镇、中寨镇、铁楼乡。其次考虑礼县、康县和徽县,礼县种植总面积较大,康县和徽县适宜种植面积较大,礼县适宜种植的主要乡镇有洮坪镇、石桥镇、固城镇、永坪镇、崖城镇、罗坝镇;康县适宜种植的主要乡镇有阳坝镇、三河坝镇、白杨镇、岸门口镇、两河镇、长坝镇;徽县适宜种植的主要乡镇有高桥镇、江洛镇、麻沿河镇、榆树乡、嘉陵镇、柳林镇。在麦积区和宁县的适宜种植面积和次适宜种植面积相差不大,麦积区适宜种植的主要乡镇有党川镇、利桥镇、东岔镇、三岔镇、甘泉镇、麦积镇;宁县适宜种植的主要乡镇有盘克镇、春荣镇、九岘乡、金村乡、焦村镇、湘乐镇。在镇原县、合水县和庆城县次适宜种植面积较大,镇原县适宜种植的主要乡镇有孟坝镇、屯字镇、平泉镇、新集镇、太平镇、临泾镇;合水县适宜种植的主要乡镇有太白镇、固城镇、老城镇、蒿咀铺乡、太莪乡、西华池镇;庆城县适宜种植的主要乡镇有驿马镇、桐川镇、玄马镇、蔡家庙乡、南庄乡、马岭镇。

13. 苦 参

Kushen

SOPHORAE FLAVESCENTIS RADIX

本品为豆科植物苦参 Sophora flavescens Ait.的干燥根。春、秋两季采挖,除去根头和小支根,洗净,干燥,或趁新鲜切片,干燥。味苦,性寒。归心、肝、胃、大肠、膀胱经。有清热燥湿,杀虫,利尿等功效。用于热痢,便血,黄疸尿闭,赤白带下,阴肿阴痒,湿疹,湿疮,皮肤瘙痒,疥癣麻风;外治滴虫性阴道炎。

有利尿、抗病原体等药理作用。

【地理分布与生境】

苦参在我国各地皆有分布。全国各地均产,以山西、湖北、河南、河北产量较大。在甘肃省陇西县有栽培。

【生物习性】

苦参喜湿耐旱,喜光耐阴,喜砂耐黏,喜肥耐脊。多生于山坡草地、平原、路旁、沙质地和红壤地的向阳处。对土壤要求不严,一般砂壤和黏壤上均可生长,为深根性植物,应选择地下水位低、排水良好地块种植。

【生态环境影响分析】

根据分析结果可知,影响苦参适宜分布的生态因子共有35个,其中11月份降雨量贡献率最大,为29.4%,取值范围为>12mm;7月份平均气温贡献率次之,为13.5%,取值范围为>21℃;等温性、8月份降雨量、坡度和年均温变化范围贡献率较大,分别为9.2%、8.4%、7.8%、6.3%,取值范围分别为18~30、100~200mm、1°~27°、25~41℃;2月份平均气温贡献率较小,为3.1%,取值范围为-6~5℃。(见表13-1)

表13-1 苦参生态因子贡献率

生态因子	贡献率(%)	取值范围
11月份降雨量	29.4	>12mm
7月份平均气温	13.5	>21℃
等温性	9.2	18~30
8月份降雨量	8.4	100~200mm
坡度	7.8	1°~27°
年均温变化范围	6.3	25~41℃
2月份平均气温	3.1	-6~5℃

【生态适宜性区划】

从苦参生态适宜性区划图来看,苦参在甘肃最适宜及次适宜生长区域主要在甘肃东南部地区。在天水市、平凉市、陇南市、定西市和庆阳市绝大部分是最适宜种植区域;在临夏回族自治州和白银市大部分是次适宜种植区域;在甘南藏族自治州、兰州市、武威市、金昌市和张掖市大部分是不适宜种植区域;在嘉峪关市和酒泉市绝大部分是不适宜种植区域。(见图13-1)

【生态适宜区域面积】

对生态适宜性进行面积统计发现,苦参在西和县的分布总面积最大,为4246km²,适宜面积2152km²、次适宜面积2094km²,所占比例分别为50.68%、49.32%;其次是康县,分布总面积为3997km²,适宜面积2997km²、次适宜面积1000km²,所占比例分别为74.98%、25.02%;环县分布总面积为3415km²,适宜面积2262km²、次适宜面积1153km²,所占比例分别为66.24%、33.76%;在麦积区分布总面积为3200km²,适宜面积3083km²、次适宜面积117km²,所占比例分别为96.35%、3.65%;镇原县分布总面积为3189km²,适宜面积2913km²、次适宜面积276km²,所占比例分别为91.35%、8.65%;在成县分布总面积为3021km²,适宜面积967km²、次适宜面积2054km²,所占比例分别为32.01%、67.99%;在安定区分布总面积为3005km²,适宜面积2012km²、次适宜面积993km²,所占比例分别为66.97%、33.03%;在华池县分布总面积为2900km²,适宜面积2206km²、次适宜面积694km²,所占比例分别为76.07%、23.93%;在合水县分布总面积为2864km²,适宜面积2369km²、次适宜面积495km²,所占比例分别为82.71%、17.29%;在宕昌县分布总面积为2841km²,适宜面积2025km²、次适

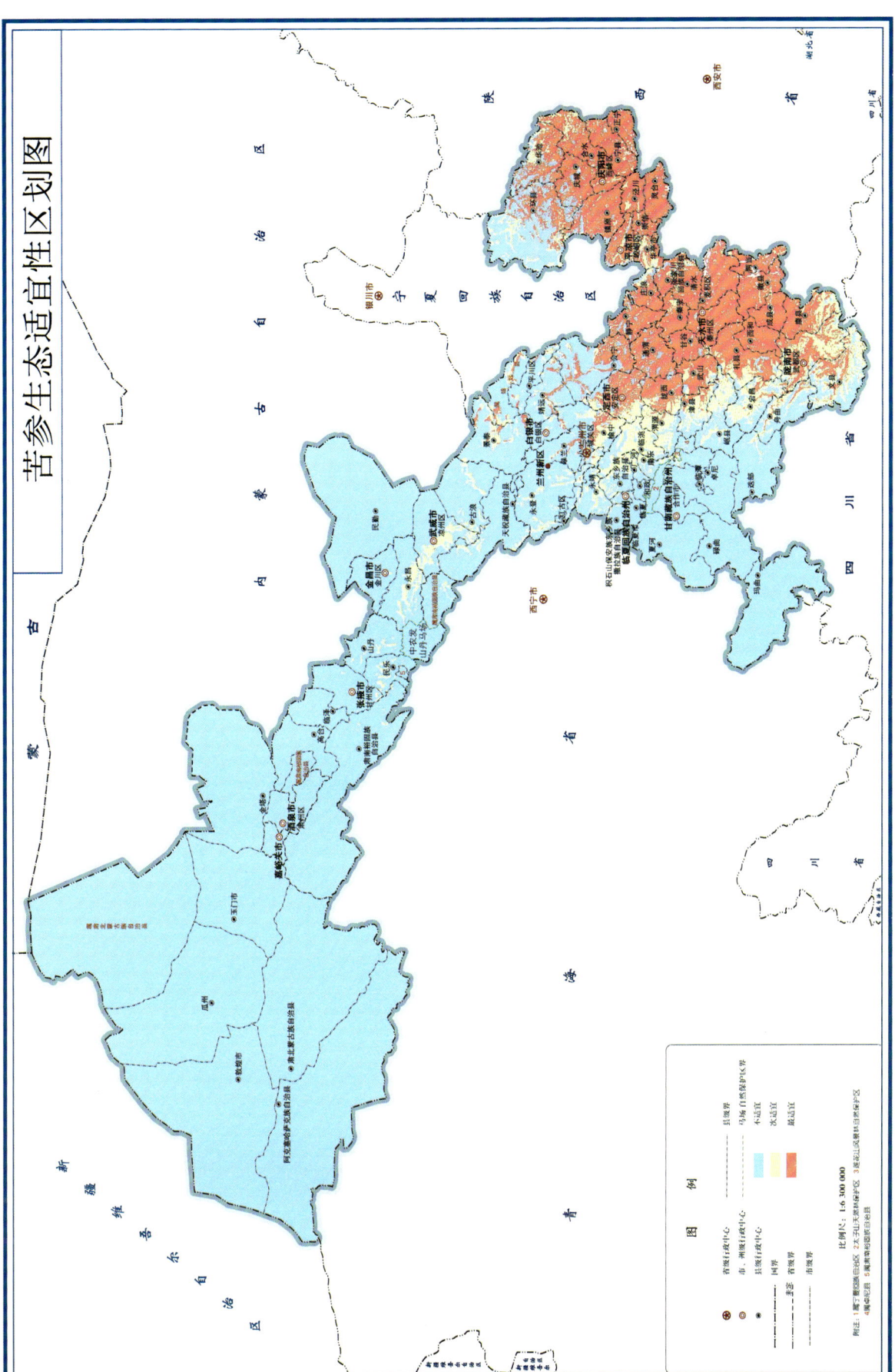

图13-1 苦参生态适宜性区划图

宜面积816km²,所占比例分别为71.27%、28.73%。(见表13-2)

表13-2 甘肃各区县苦参适宜面积

区县	总面积(km²)	适宜(km²)	次适宜(km²)	适宜比例(%)	次适宜比例(%)
西和县	4246	2152	2094	50.68	49.32
康县	3997	2997	1000	74.98	25.02
环县	3415	2262	1153	66.24	33.76
麦积区	3200	3083	117	96.35	3.65
镇原县	3189	2913	276	91.35	8.65
成县	3021	967	2054	32.01	67.99
安定区	3005	2012	993	66.97	33.03
华池县	2900	2206	694	76.07	23.93
合水县	2864	2369	495	82.71	17.29
宕昌县	2841	2025	816	71.27	28.73

从生态适宜生境分布面积柱状图可以看出,苦参在麦积区的适宜生境分布面积最大;其次是康县和镇原县;在环县、西和县、文县、华池县、安定区和合水县、宕昌县的适宜生境分布面积相差不大,成县分布面积最小;在成县和西和县的次适宜生境分布面积最大;在环县、康县、安定区、宕昌县的次适宜生境分布面积相对较少;在华池县、合水县、镇原县的次适宜生境分布面积偏少,麦积区最少。(见图13-2)

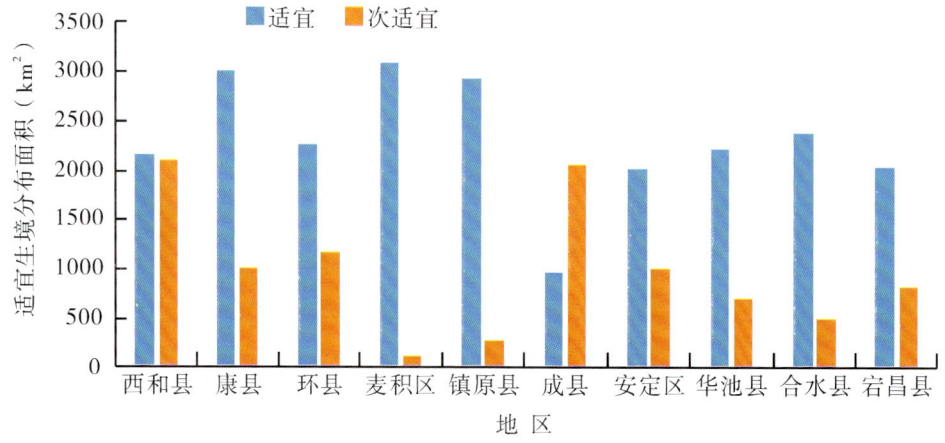

图13-2 苦参适宜生境分布面积

【适宜种植区域及布局建议】

根据苦参的生态适宜性分析结果,建议选择栽培种植的区域时首先考虑西和县,主要乡镇有洛峪镇、太石河乡、十里镇、晒经乡、马元镇、石峡镇、卢河镇、兴隆镇。康县主要乡镇有阳坝镇、三河坝镇、白杨镇、岸门口镇;环县主要乡镇有环城镇、车道镇、合道镇、毛井镇、洪德镇;镇原县主要有孟坝镇、屯字镇、太平镇、中原乡、新城镇、平泉镇;麦积区主要乡镇有党川镇、利桥镇、三岔镇、东岔镇、甘泉镇、伯阳镇;成县主要乡镇有鸡峰镇、宋坪乡、王磨镇、二郎乡、黄渚镇;安定区主要乡镇有内官营镇、巉口镇、凤翔镇、石泉乡、宁远镇;华池县主要乡镇有林镇乡、柔远镇、五蛟镇、悦乐镇、山庄乡、乔川乡、怀安乡、南梁镇;合水县主要乡镇有太白镇、固城镇、蒿咀铺乡、老城镇、西华池镇、板桥镇、店子乡;宕昌县主要乡镇有八力镇、将台乡、哈达铺镇、新寨乡、狮子乡、南河镇。

14. 商　陆
Shanglu
PHYTOLACCAE RADIX

　　本品为商陆科植物商陆 Phytolacca acinosa Roxb.或垂序商陆 Phytolacca americana L.的干燥根。秋季至次春采挖,除去须根和泥沙,切成块或片,晒干或阴干。味苦,性寒,有毒。归肺、脾、肾、大肠经。有逐水消肿,通利二便;外用解毒散结等功效。用于水肿胀满,二便不通;外治痈肿疮毒。

　　商陆根入药,以白色肥大者为佳,红根有剧毒,仅供外用。商陆有两种,茎紫红者有毒,不能食用,而绿茎商陆苗是一种优质野生森林菜蔬,可作兽药及农药,果实含鞣质,嫩茎叶可供蔬食。

【地理分布与生境】

　　商陆主产河南、湖北、山东、浙江、江西等地。

【生物习性】

　　商陆生命力强,常野生于山脚、林间、路旁及房前屋后,平原、丘陵及山地均有分布。喜温暖湿润的气候条件,耐寒不耐涝;地上部分在秋冬落叶时枯萎,而地下的肉质根能耐低温。对土壤的适应性广,不论是砂土还是红壤土,不管土壤肥沃还是瘠薄,都能长得枝繁叶茂。

【生态环境影响分析】

　　根据分析结果可知,影响商陆适宜分布的生态因子共有35个,其中3月份降雨量贡献率最大,为38.4%,取值范围为15~170mm;9月份降雨量和10月份降雨量贡献率较大,分别为13.1%、11.0%,取值范围分别为80~165mm、40~255mm;坡度、12月份降雨量、8月份平均气温和最干季节均温贡献率较小,分别为7.7%、7.6%、5.0%、3.9%,取值范围分别为1°~49°、>2mm、>18℃、-2~8℃。(见表14-1)

表14-1　商陆生态因子贡献率

生态因子	贡献率(%)	取值范围
3月份降雨量	38.4	15~170mm
9月份降雨量	13.1	80~165mm
10月份降雨量	11.0	40~255mm
坡度	7.7	1°~49°
12月份降雨量	7.6	>2mm
8月份平均气温	5.0	>18℃
最干季节均温	3.9	-2~8℃

【生态适宜性区划】

　　从商陆生态适宜性区划图来看,商陆在甘肃最适宜生长区域主要在甘肃东南部地区。在陇南市、天水市和平凉市绝大部分为最适宜种植区域;在庆阳市和临夏回族自治州大部分为次适宜种植区域,小部分为最适宜种植区域和不适宜种植区域;在甘南藏族自治州和兰州市大部分为不适宜种植区域,小部分为最适宜种植区域和次适宜种植区域;在白银市和武威市绝大部分为不适宜种植区域。(见图14-1)

【生态适宜区域面积】

　　对生态适宜性进行面积统计发现,商陆在环县的分布总面积最大,为5614km²,适宜面积44km²、次适宜面积5570km²,所占比例分别为0.78%、99.22%;在武都区、文县和礼县分布总面积相差不大,在武都区分布总面积为4534km²,适宜面积3869km²、次适宜面积665km²,所占比例分别为85.33%、14.67%;

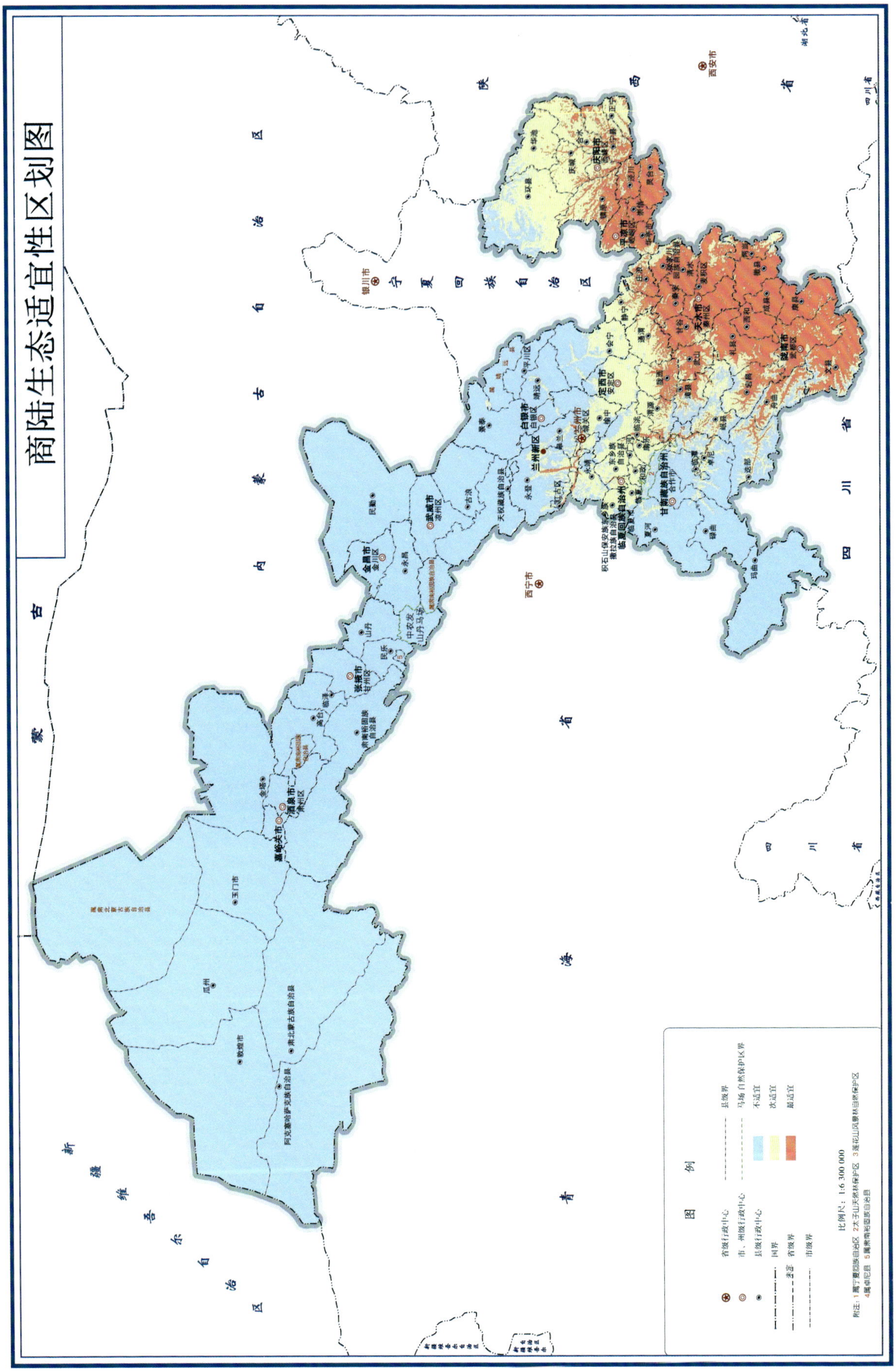

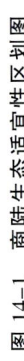

图 14-1 商陆生态适宜性区划图

在文县分布总面积为4466km², 适宜面积3520km²、次适宜面积946km²，所占比例分别为78.81%、21.19%；在礼县分布总面积为4078km²，适宜面积3269km²、次适宜面积809km²，所占比例分别为80.16%、19.84%；在麦积区、镇原县和华池县种植总面积相差不大，在麦积区分布总面积为3336km²，适宜面积2864km²、次适宜面积472km²，所占比例分别为85.85%、14.15%；在镇原县分布总面积为3289km²，适宜面积1642km²、次适宜面积1647km²，所占比例分别为49.93%、50.07%；在华池县分布总面积为3226km²，适宜面积68km²、次适宜面积3158km²，所占比例分别为2.12%、97.88%；在康县、合水县和安定区种植总面积相差不大，在康县分布总面积为2892km²，适宜面积2795km²、次适宜面积97km²，所占比例分别为96.66%、3.34%；在合水县分布总面积为2757km²，适宜面积472km²、次适宜面积2285km²，所占比例分别为17.12%、82.88%；在安定区分布总面积为2742km²，均为次适宜种植区域，无适宜种植区域，即适宜面积0km²、次适宜面积2742km²，所占比例分别为0.00%、100.00%。(见表14-2)

表14-2 甘肃各区县商陆适宜面积

区县	总面积(km²)	适宜(km²)	次适宜(km²)	适宜比例(%)	次适宜比例(%)
环县	5614	44	5570	0.78	99.22
武都区	4534	3869	665	85.33	14.67
文县	4466	3520	946	78.81	21.19
礼县	4078	3269	809	80.16	19.84
麦积区	3336	2864	472	85.85	14.15
镇原县	3289	1642	1647	49.93	50.07
华池县	3226	68	3158	2.12	97.88
康县	2892	2795	97	96.66	3.34
合水县	2757	472	2285	17.12	82.88
安定区	2742	0	2742	0.00	100.00

从生态适宜生境分布面积柱状图可以看出，商陆在武都区、文县、礼县、麦积区和康县的适宜生境分布面积较大；在合水县、环县和华池县的适宜生境分布面积较小；在安定区无适宜生境分布面积，均为次适宜生境分布面积；在环县的次适宜生境分布面积最大；在华池县、合水县和安定区的次适宜生境分布面积较大；在武都区、文县、礼县、镇原县、麦积区和康县的次适宜生境分布面积较小。(见图14-2)

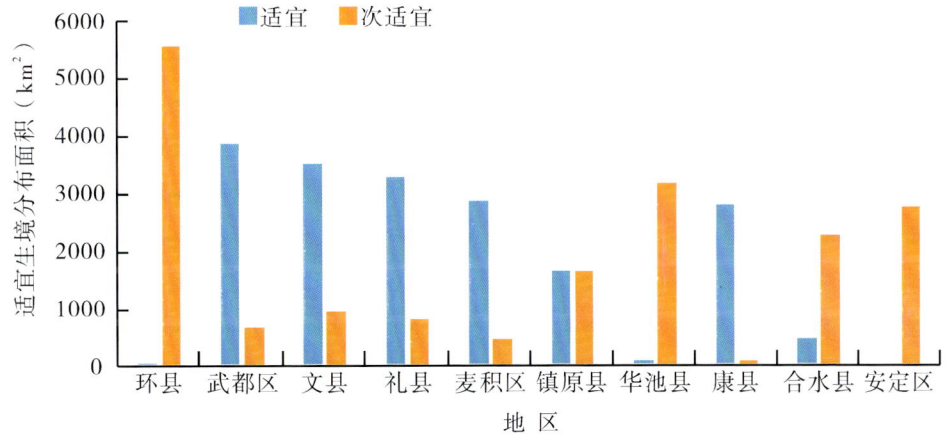

图14-2 商陆适宜生境分布面积

【适宜种植区域及布局建议】

根据商陆的生态适宜性分析结果,建议选择栽培种植的区域时首先考虑环县,种植总面积最大,适宜种植的主要乡镇有环城镇、车道镇、合道镇、洪德镇、曲子镇。其次考虑武都区、文县、礼县、麦积区和康县,适宜种植面积较大,武都区适宜种植的主要乡镇有枫相乡、洛塘镇、裕河镇、三仓镇;文县适宜种植的主要乡镇有范坝镇、丹堡镇、刘家坪乡、中庙镇、铁楼乡;礼县主适宜种植的主要乡镇有洮坪镇、上坪乡;麦积区主要乡镇包括党川镇、利桥镇、东岔镇;康县适宜种植的主要乡镇有阳坝镇。在华池县、镇原县、合水县和安定区,适宜种植面积较小,次适宜种植面积较大,华池县适宜种植的主要乡镇有林镇乡、城壕镇、柔远镇、五蛟镇、悦乐镇;镇原县适宜种植的主要乡镇有孟坝镇、屯字镇、太平镇、平泉镇;合水县适宜种植的主要乡镇有太白镇、固城镇、蒿咀铺乡、老城镇;安定区适宜种植的主要乡镇有内官营镇、巉口镇、凤翔镇。

15. 射　干

Shegan

BELAMCANDAE RHIZOMA

本品为鸢尾科植物射干 *Belamcanda chinensis* (L.)DC.的干燥根茎。春初刚发芽或秋末茎叶枯萎时采挖,除去须根和泥沙,干燥。味苦,性寒。归肺经。有清热解毒,消痰,利咽的功效。可用于热毒痰火郁结,咽喉肿痛,痰涎壅盛,咳嗽气喘。《本草纲目》:"降实火,利大肠,治疟母。射干,能降火,故古方治喉痹咽痛为要药。"《本草经疏》:"射干,苦能下泄,故善降;兼辛,故善散。故主咳逆上气,喉痹咽痛,不得消息,散结气,胸中邪逆。既降且散,益以微寒,故主食饮大热。"

【地理分布与生境】

射干种植较为广泛,产于吉林、辽宁、河北、山西、山东、河南、安徽、江苏、浙江、福建、台湾、湖北、湖南、江西、广东、广西、陕西、甘肃、四川、贵州、云南、西藏。

【生物习性】

射干生于林缘或山坡草地,大部分生于海拔较低的地方,喜温,耐干旱,耐寒。山坡旱地均能栽培,以肥沃疏松、地势较高、排水良好的砂质壤土为好。

【生态环境影响分析】

根据分析结果可知,影响射干适宜分布的生态因子共有 33 个,其中 3 月份平均降雨量贡献率最大,为 47.3%,取值范围为>20mm;10 月份平均降雨量次之,为 12.6%,取值范围为 40~250mm;等温性和 7 月份平均气温贡献率较小,分别为 8.6%、6.3%,取值范围分别为 23~34、22~30℃;7 月份平均降雨量贡献率较小,为 3.6%,取值范围为 120~230mm。(见表 15-1)

表 15-1　射干生态因子贡献率

生态因子	贡献率(%)	取值范围
3 月份平均降雨量	47.3	>20mm
10 月份平均降雨量	12.6	40~250mm
等温性	8.6	23~34
7 月份平均气温	6.3	22~30℃
7 月份平均降雨量	3.6	120~230mm

【生态适宜性区划】

从射干生态适宜性区划图来看，射干在甘肃最适宜及次适宜生长区域主要在甘肃东南部地区。在陇南市部分为最适宜种植区域，部分为次适宜种植区域，部分为不适宜种植区域；在天水市、平凉市和庆阳市绝大部分为不适宜和次适宜种植区域；在定西市绝大部分是不适宜种植区域。（见图15-1）

【生态适宜区域面积】

对生态适宜性进行面积统计发现，射干在武都区分布总面积为3612km^2、适宜面积2267km^2、次适宜面积1345km^2，所占比例分别为62.76%、37.24%；在文县分布总面积为3155km^2，适宜面积2450km^2、次适宜面积705km^2，所占比例分别为77.65%、22.35%；在康县分布总面积为2849km^2，适宜面积2408km^2、次适宜面积441km^2，所占比例分别为84.53%、15.47%；在徽县分布总面积为2339km^2，适宜面积1143km^2、次适宜面积1196km^2，所占比例分别为48.87%、51.13%；在麦积区分布总面积为1975km^2，适宜面积356km^2、次适宜面积1619km^2，所占比例分别为18.03%、81.97%；在礼县分布总面积为1896km^2，适宜面积309km^2、次适宜面积1587km^2，所占比例分别为16.32%、83.68%；在成县分布总面积为1578km^2，适宜面积1105km^2、次适宜面积473km^2，所占比例分别为70.01%、29.99%；在西和县分布总面积为1470km^2，适宜面积336km^2、次适宜面积1134km^2，所占比例分别为22.89%、77.11%；在秦州区分布总面积为996km^2，适宜面积105km^2、次适宜面积891km^2，所占比例分别为10.56%、89.44%；在清水县分布总面积为935km^2，适宜面积72km^2、次适宜面积863km^2，所占比例分别为7.71%、92.29%。（见表15-2）

表15-2 甘肃各区县射干适宜面积

区县	总面积(km^2)	适宜(km^2)	次适宜(km^2)	适宜比例(%)	次适宜比例(%)
武都区	3612	2267	1345	62.76	37.24
文县	3155	2450	705	77.65	22.35
康县	2849	2408	441	84.53	15.47
徽县	2339	1143	1196	48.87	51.13
麦积区	1975	356	1619	18.03	81.97
礼县	1896	309	1587	16.32	83.68
成县	1578	1105	473	70.01	29.99
西和县	1470	336	1134	22.89	77.11
秦州区	996	105	891	10.56	89.44
清水县	935	72	863	7.71	92.29

从生态适宜生境分布面积柱状图可以看出，射干在文县适宜生境分布面积最大；在武都区和康县适宜生境分布面积较大；徽县和成县适宜生境分布面积较大；麦积区、礼县和西和县适宜生境分布面积较小；秦州区和清水县适宜生境分布面积相差不大且最小；在麦积区和礼县次适宜生境分布面积相差不大且最大；武都区、徽县、西和县、秦州区和清水县次适宜生境分布面积较大；文县次适宜生境分布面积较小；康县和成县次适宜面积相差不大且最小。（见图15-2）

【适宜种植区域及布局建议】

根据射干的生态适宜性分析结果，建议选择栽培种植的区域时首先考虑武都区、文县和康县，武都区适宜种植的主要乡镇有枫相乡、洛塘镇、裕河镇、三仓镇、外纳乡；文县适宜种植的主要乡镇有范坝镇、中庙镇、丹堡镇、玉垒乡；康县适宜种植的主要乡镇有阳坝镇、三河坝镇、白杨镇、岸门口镇、两河镇。其次考虑徽县和成县，徽县适宜种植的主要乡镇有高桥镇、麻沿河镇、江洛镇、榆树乡、大河店

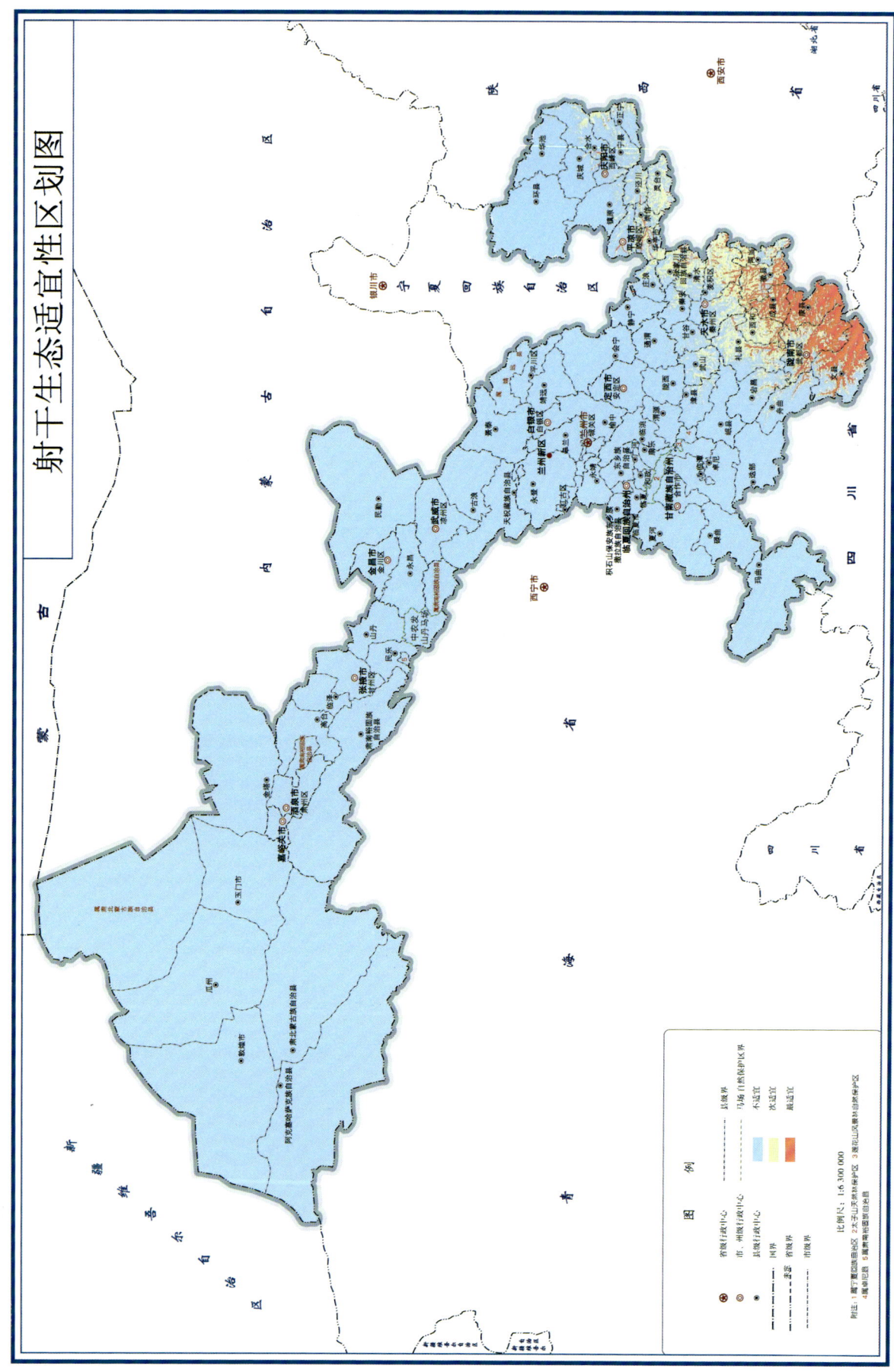

图 15-1 射干生态适宜性区划图

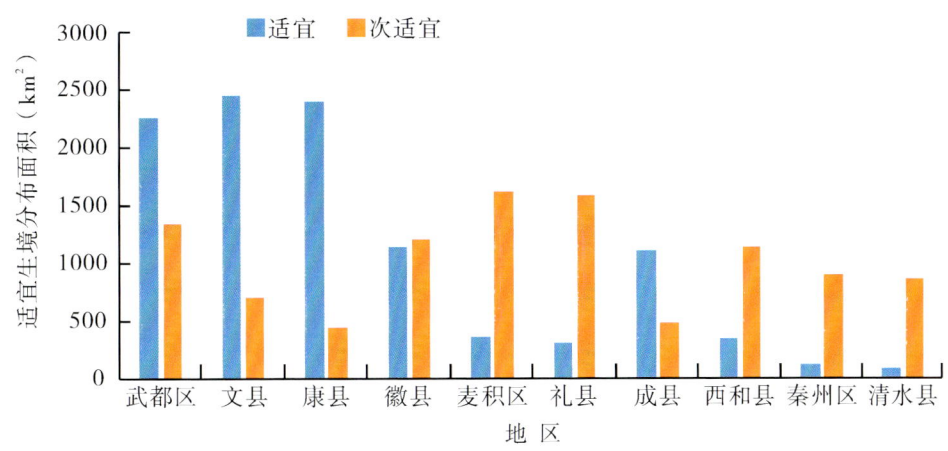

图15-2 射干适宜生境分布面积

镇;成县适宜种植的主要乡镇有鸡峰镇、宋坪乡、王磨镇、二郎乡、黄渚镇。在麦积区、礼县和西和县种植总面积较大但适宜面积小,麦积区适宜种植的主要乡镇有党川镇、利桥镇、东岔镇;礼县适宜种植的主要乡镇有桥头镇、石桥镇、永坪镇、罗坝镇;西和县适宜种植的主要乡镇有洛峪镇、太石河乡、十里镇、晒经乡。在秦州区和清水县种植总面积和适宜比例都小,不建议选择栽培种植,秦州区适宜种植的主要乡镇有娘娘坝镇、汪川镇;清水县适宜种植的主要乡镇有秦亭镇、山门镇、新城乡、白驼镇。

16. 升 麻

Shengma

CIMICIFUGAE RHIZOMA

本品为毛茛科植物大三叶升麻 Cimicifuga heracleifolia Kom.、兴安升麻 Cimicifuga dahurica (Turze.)Maxim.或升麻 Cimicifuga foetida L.的干燥根茎。秋季采挖,除去泥沙,晒至须根干时,燎去或除去须根,晒干。味辛、微甘,性微寒。归肺、脾、胃、大肠经。具有发表透疹,清热解毒,升举阳气等功效。可用于风热头痛,齿痛,口疮,咽喉疼痛,麻疹不透,阳毒发斑,脱肛,子宫脱垂。

有麻黄升麻汤、升麻葛根汤、升麻鳖甲汤等中药复方,在现代医学研究中具有降血压、抗菌、镇静、抗惊厥、解热降温等药理作用。

【地理分布与生境】

主要分布于我国西藏、云南、四川、青海、甘肃、陕西、河南西部和山西。生长于山地林缘、林中或路旁草丛中。

【生物习性】

升麻喜温暖湿润气候,耐寒,幼苗期怕强光直射,开花结果期需要充足光照,怕涝,忌土壤干旱,喜微酸性或中性的腐殖质土,在碱性或重黏土中栽培生长不良。

【生态环境影响分析】

根据分析结果可知,影响升麻适宜分布的生态因子共有28个,其中10月份平均降雨量和海拔贡献率相差不大且较大,分别为31.0%、24.8%,取值范围分别为25~130mm、1250~2700m;12月份平均气温、9月份平均降雨量、4月份平均降雨量和5月份平均降雨量贡献率相差不大且较小,分别为6.6%、6.0%、5.3%、4.1%,取值范围分别为-9~8℃、70~350mm、25~130mm、50~170mm。升麻在8~9月

时结果,故10月份平均降雨量影响最大,采收果实后,便可在秋季采挖其根茎。(见表16-1)

表16-1 升麻生态因子贡献率

生态因子	贡献率(%)	取值范围
10月份平均降雨量	31.0	25~130mm
海拔	24.8	1250~2700m
12月份平均气温	6.6	−9~8℃
9月份平均降雨量	6.0	70~350mm
4月份平均降雨量	5.3	25~130mm
5月份平均降雨量	4.1	50~170mm

【生态适宜性区划】

从升麻生态适宜性区划图来看,可以得到升麻在甘肃最适宜及次适宜生长区域主要在甘肃东南部地区。在陇南市、定西市、天水市和临夏回族自治州大部分为最适宜种植区域;在兰州市和平凉市大部分为次适宜种植区域;在甘南藏族自治州、白银市和武威市大部分为不适宜种植区域。(见图16-1)

【生态适宜区域面积】

对生态适宜性进行面积统计发现,升麻在武都区的分布总面积最大,为4503km²,适宜面积3945km²、次适宜面积558km²,所占比例分别为87.60%、12.40%;在文县、礼县和会宁县种植总面积相差不大,在文县分布总面积为4397km²,适宜面积3471km²、次适宜面积926km²,所占比例分别为78.93%、21.07%;在礼县分布总面积为4298km²,适宜面积3876km²、次适宜面积422km²,所占比例分别为90.18%、9.82%;在会宁县分布总面积为4214km²,适宜面积1807km²、次适宜面积2407km²,所占比例分别为42.88%、57.12%;在永登县分布总面积为3887km²,适宜面积1407km²、次适宜面积2480km²,所占比例分别为36.21%、63.79%;在岷县和安定区种植总面积相差不大,在岷县分布总面积为3487km²,适宜面积3090km²、次适宜面积397km²,所占比例分别为88.62%、11.38%;在安定区分布总面积为3437km²,适宜面积2116km²、次适宜面积1321km²,所占比例分别为61.58%、38.42%;在麦积区和宕昌县种植总面积相差不大,在麦积区分布总面积为3293km²,适宜面积1360km²、次适宜面积1933km²,所占比例分别为41.31%、58.69%;在宕昌县分布总面积为3270km²,适宜面积2978km²、次适宜面积292km²,所占比例分别为91.08%、8.92%;在环县分布总面积为2953km²,适宜面积448km²、次适宜面积2505km²,所占比例分别为15.19%、84.81%。(见表16-2)

表16-2 甘肃各区县升麻适宜面积

区县	总面积(km²)	适宜(km²)	次适宜(km²)	适宜比例(%)	次适宜比例(%)
武都区	4503	3945	558	87.60	12.40
文县	4397	3471	926	78.93	21.07
礼县	4298	3876	422	90.18	9.82
会宁县	4214	1807	2407	42.88	57.12
永登县	3887	1407	2480	36.21	63.79
岷县	3487	3090	397	88.62	11.38
安定区	3437	2116	1321	61.58	38.42
麦积区	3293	1360	1933	41.31	58.69
宕昌县	3270	2978	292	91.08	8.92
环县	2953	448	2505	15.19	84.81

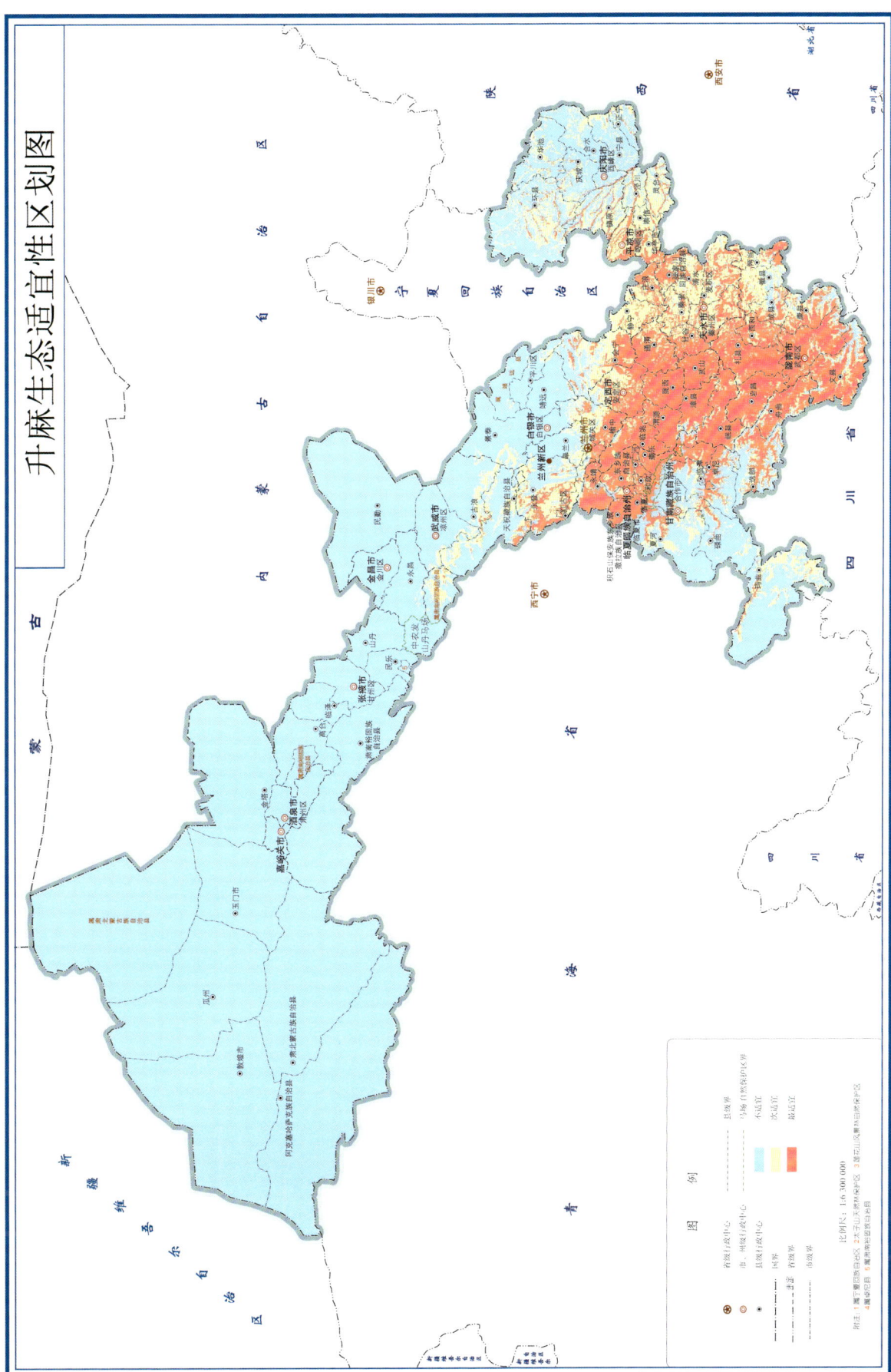

图 16-1 升麻生态适宜性区划图

从生态适宜生境分布面积柱状图可以看出,升麻在武都区、礼县、文县、岷县和宕昌县的适宜生境分布面积相差不大且较大;在永登县、会宁县、安定区和麦积区的适宜生境分布面积相差不大且较小;在环县的适宜生境分布面积最小;在会宁县、永登县、麦积区、安定区和环县的次适宜生境分布面积相差不大且较大;在岷县、文县、武都区、礼县和宕昌县的次适宜生境分布面积相差不大,都较小。(见图16-2)

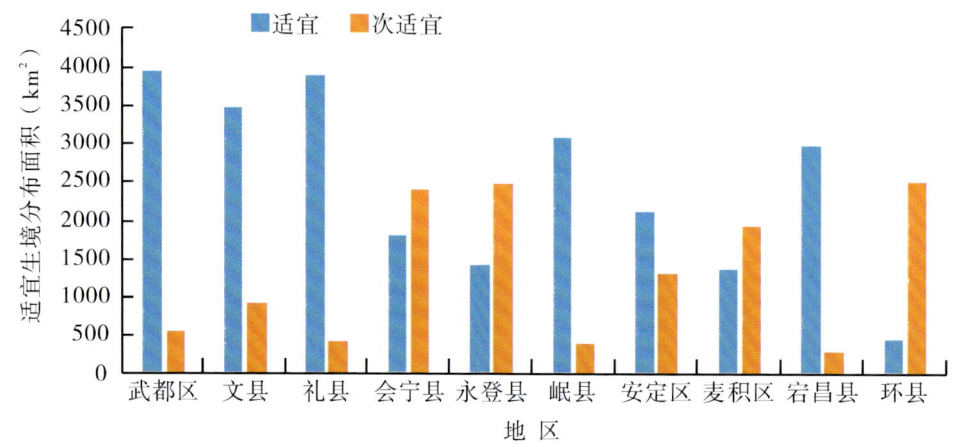

图16-2 升麻适宜生境分布面积

【适宜种植区域及布局建议】

根据升麻的生态适宜性分析结果,建议选择栽培种植的区域时首先考虑武都区、文县、礼县、岷县和宕昌县,适宜种植面积较大,武都区适宜种植的主要乡镇有枫相乡、洛塘镇、黄坪镇、五马镇、琵琶镇;文县适宜种植的主要乡镇有丹堡镇、范坝镇、刘家坪乡、铁楼乡;礼县适宜种植的主要乡镇有上坪乡、洮坪镇、固城镇、马河乡、肖良乡;岷县适宜种植的主要乡镇有西寨镇、申都乡、禾驮镇、西江镇、蒲麻镇、梅川镇;宕昌县适宜种植的主要乡镇有八力镇、将台乡、哈达铺镇、新寨乡、狮子乡。其次考虑会宁县、永登县、安定区和麦积区,会宁县适宜种植的主要乡镇有头寨子镇、汉家岔镇;永登县适宜种植的主要乡镇有七山乡、龙泉寺镇、武胜驿镇、苦水镇、通远镇;安定区适宜种植的主要乡镇有团结镇、石峡湾乡、西巩驿镇、李家堡镇、宁远镇、石泉乡、巉口镇;麦积区适宜种植的主要乡镇有渭南镇、社棠镇、琥珀镇、利桥镇、花牛镇、新阳镇。环县适宜种植面积较小,适宜种植的主要乡镇有环城镇、车道镇、毛井镇、洪德镇、小南沟乡。

17. 赤 芍

Chishao

PAEONIAE RADIX RUBRA

本品为毛茛科植物芍药 *Paeonia lactiflora* Pall.或川赤芍 *Paeoniae veitchii* Lynch 的干燥根。炮制时,除去杂质,分开大小,洗净,润透,切厚片,干燥。炒赤芍:炒后药性偏于缓和,活血止痛而不伤中,可用于瘀滞疼痛。酒赤芍:以活血散瘀力胜,清热凉血作用较弱。多用于闭经或痛经,跌打损伤。味苦,微寒。归肝经。具有清热凉血,散瘀之功效。用于热入营血,温毒发斑,吐血衄血,目赤肿痛,肝郁胁痛,经闭痛经,癥瘕腹痛,跌打损伤,痈肿疮疡等症。

《神农本草经》中记载:"芍药,味苦平。主邪气腹痛,除血痹、破坚积寒热疝瘕、止痛……生川谷。"

《名医别录》中记载:"芍药生中岳川谷及丘陵,二月、八月采根暴干。"现代药理研究表明赤芍在临床治疗心血管疾病、神经系统疾病等方面具有显著的疗效,另外还具有抗肿瘤、抑制胃酸分泌、抗脓毒血症等活性。

赤 芍
Paeonia lactiflora

【地理分布与生境】

赤芍主要分布于东北、华北、陕西及甘肃。赤芍野生资源被滥采、滥挖现象十分严重,很多赤芍主产区的野生赤芍已经处于濒危状态,目前各城市和村镇多有栽培。

【生物习性】

赤芍喜光照,耐旱。赤芍植株在一年当中,随着气候节律的变化,主要表现为生长期和休眠期的交替变化,其中以休眠期的春化阶段和生长期的光照阶段最为关键。赤芍的春化阶段,要求0℃低温下,经过40d左右才能完成。土层厚、疏松且排水良好的砂质壤土中生长较好。赤芍在草地、灌木丛中和疏林下都可以栽培,疏林下易成活,草地上利于长根而生长旺。

【生态环境影响分析】

根据分析结果可知,影响赤芍适宜分布的生态因子共有30个,其中11月份降雨量的贡献率最大,为30.9%,取值范围>5mm;其次为8月份降雨量,贡献率为19.4%,取值范围77~185mm;最暖月最高温的贡献率为11.8,取值范围为21~32.5℃;温度季节性变化标准差的贡献率为6.4%,取值范围为7000~16 250;坡度和等温性贡献率较小,贡献率分别为4.7%、4.6%,取值范围分别为0°~16°、21~31。(见表17-1)

表17-1 赤芍生态因子贡献率

生态因子	贡献率(%)	取值范围
11月份降雨量	30.9	>5mm
8月份降雨量	19.4	77~185mm
最暖月最高温	11.8	21~32.5℃
温度季节性变化标准差	6.4	7000~16 250
坡度	4.7	0°~16°
等温性	4.6	21~31

【生态适宜性区划】

从赤芍生态适宜性区划图来看,赤芍在甘肃最适宜及次适宜生长区域主要在甘肃东南部地区。在庆阳市、平凉市、天水市全为最适宜种植区域;兰州市、陇南市、定西市、临夏回族自治州、白银市大部分区域为最适宜种植区域;甘南藏族自治州、武威市、金昌市、张掖市、酒泉市、嘉峪关市、金昌市、白银市的部分区域为次适宜种植区域。(见图17-1)

【生态适宜区域面积】

对生态适宜性进行面积统计发现,赤芍适宜面积最大的区域为肃南县,分布总面积9673km²,适宜面积1829km²、次适宜面积7844km²,所占比例分别为18.90%、81.10%;环县和民勤县分布总面积相差不大,在环县分布总面积8647km²,适宜面积8640km²、次适宜面积7km²,所占比例分别为99.92%、0.08%;在民勤县分布总面积8579km²,适宜面积23km²、次适宜面积8556km²,所占比例分别

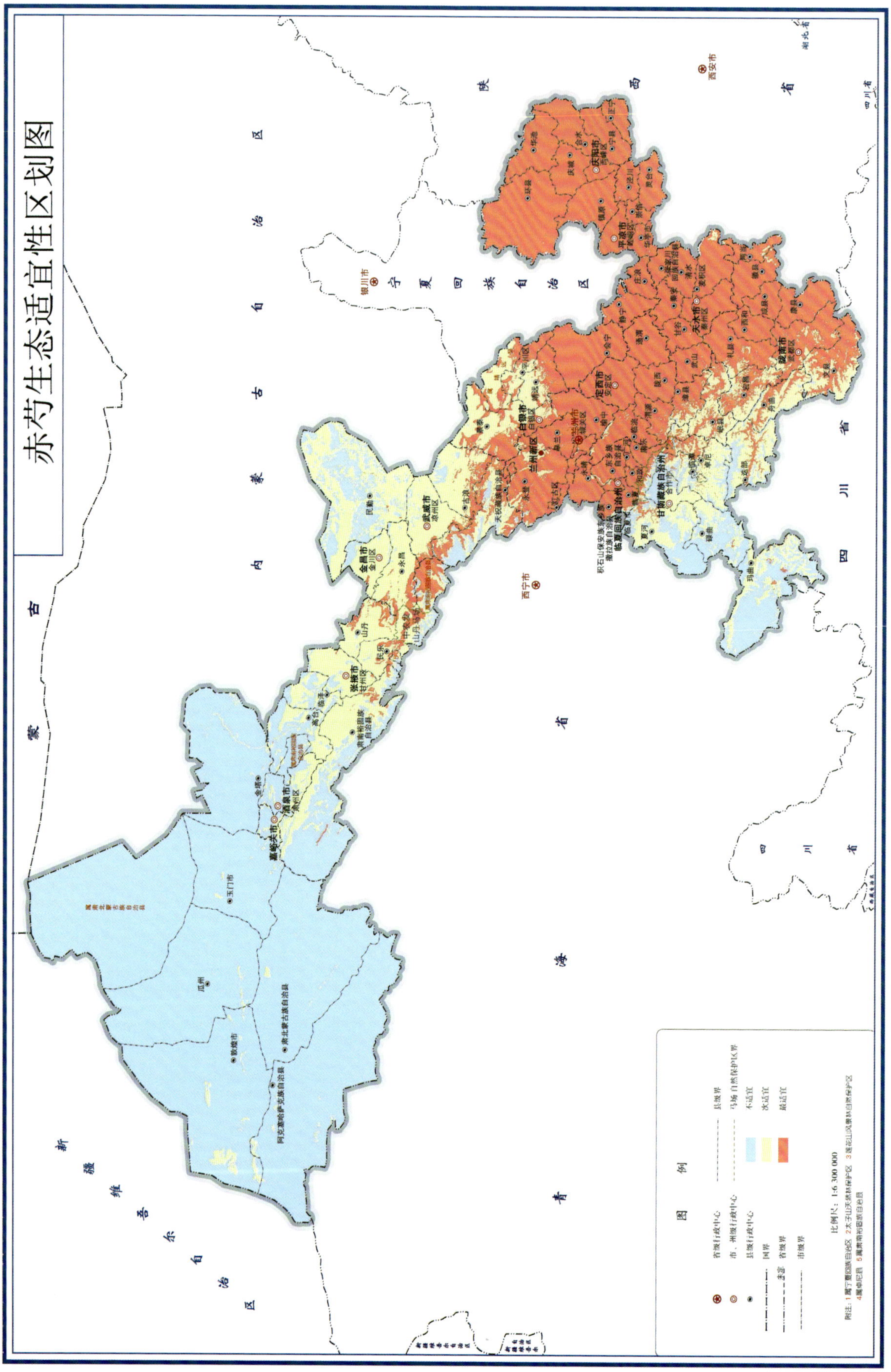

图 17-1 赤芍生态适宜性区划图

为0.27%、99.73%；在会宁县和永登县适宜种植面积比例相对较大，在会宁县分布总面积6081km²，适宜面积6075km²、次适宜面积6km²，所占比例分别为99.90%、0.10%；在永登县分布总面积5670km²，适宜面积5036km²、次适宜面积634km²，所占比例分别为88.82%、11.18%；在靖远县、天祝、景泰县适宜种植面积和次适宜种植面积比例相差不大，在靖远县分布总面积5421km²，适宜面积2464km²、次适宜面积2957km²，所占比例分别为45.46%、54.54%；在天祝县分布总面积5228km²，适宜面积2799km²、次适宜面积2429km²，所占比例分别为53.54%、46.46%；在景泰县分布总面积5051km²，适宜面积2142km²、次适宜面积2909km²，所占比例分别为42.40%、57.60%；在山丹县和凉州区次适宜种植面积比例相对较大，在山丹县分布总面积4539km²，适宜面积1069km²、次适宜面积3470km²，所占比例分别为23.55%、76.45%；在凉州区分布总面积4461km²，适宜面积426km²、次适宜面积4035km²，所占比例分别为的9.55%、90.45%。（见表17-2）

表17-2 甘肃各区县赤芍适宜面积

区县	总面积(km²)	适宜(km²)	次适宜(km²)	适宜比例(%)	次适宜比例(%)
肃南县	9673	1829	7844	18.90	81.10
环县	8647	8640	7	99.92	0.08
民勤县	8579	23	8556	0.27	99.73
会宁县	6081	6075	6	99.90	0.10
永登县	5670	5036	634	88.82	11.18
靖远县	5421	2464	2957	45.46	54.54
天祝县	5228	2799	2429	53.54	46.46
景泰县	5051	2142	2909	42.40	57.60
山丹县	4539	1069	3470	23.55	76.45
凉州区	4461	426	4035	9.55	90.45

从生态适宜生境分布面积柱状图可以看出，赤芍在环县适宜生境分布面积最大；永登县、会宁县适宜分布面积次之；靖远县、景泰县、天祝县适宜分布面积相差不大；肃南县、山丹县、凉州区适宜分布面积最小；民勤县次适宜分布面积最大；其次是肃南县，次适宜分布面积较大；靖远县、景泰县、天祝县、山丹县、凉州区次适宜分布面积较小；环县、永登县、会宁县次适宜分布面积最小。（见图17-2）

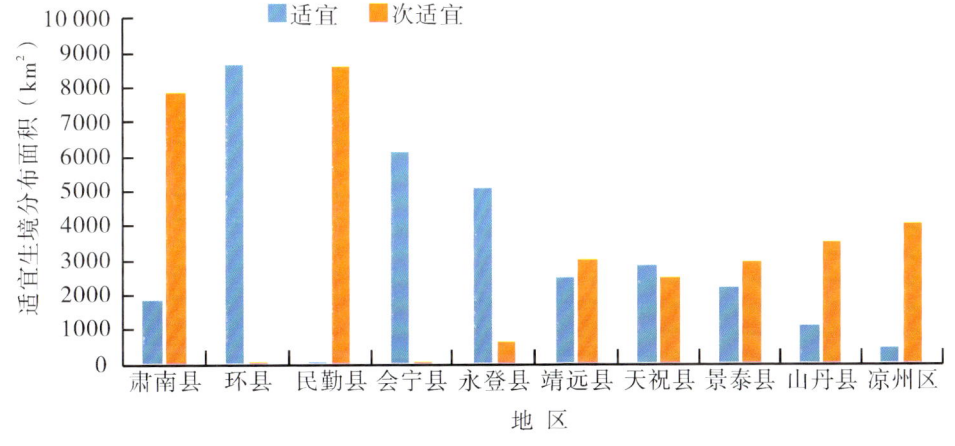

图17-2 赤芍适宜生境分布面积

【适宜种植区域及布局建议】

根据赤芍的生态适宜性分析结果，建议选择栽培种植的区域时首先考虑肃南县和环县，种植总面积较大且适宜种植面积也较大,环县主要乡镇包括环城镇、车道镇、毛井镇、洪德镇、小南沟乡、耿湾乡;肃南县主要乡镇包括祁丰乡、大河乡、皇城镇、康乐镇、马蹄乡、白银乡。在永登县和会宁县适宜种植面积较大,永登县主要乡镇包括七山乡、龙泉寺镇、武胜驿镇、苦水镇、通远镇、民乐乡、连城镇;会宁县主要乡镇包括头寨子镇、汉家岔镇、甘沟驿镇、新庄镇、郭城驿镇、刘家寨子乡。在靖远县和景泰县适宜种植面积和次适宜种植面积相差不大,靖远县主要乡镇包括高湾镇、北滩镇、若笠乡、石门乡、刘川镇、大芦镇;景泰县主要乡镇包括中泉镇、寺滩乡、正路镇、五佛乡、喜泉镇、上沙沃镇。山丹县主要乡镇包括清泉镇、位奇镇、老军乡、东乐镇、陈户镇;民勤县主要乡镇包括红砂岗镇、东湖镇、南湖镇、昌宁镇、蔡旗镇、收成镇。

川赤芍
Paeonia veitchii

【地理分布与生境】

川赤芍主要分布在四川、甘肃、新疆、云南、贵州、青海。

【生物习性】

川赤芍要求温暖的气候条件,具有喜光、抗旱及耐寒的特性。川赤芍种子在萌发过程中,具有上胚轴休眠的特性,发根要求高温,胚根伸长后,需低温条件,以打破上胚轴的休眠而发芽出土。野生川赤芍集中生长在青藏高原边缘地带的山原和峡谷地,土壤多为高原棕壤和暗棕壤。

【生态环境影响分析】

根据分析结果可知,影响川赤芍适宜分布的生态因子共有36个,其中海拔的贡献率最大,为18.3%,取值范围为1800~3000m;其次为坡度,贡献率为15.7%,取值范围3°~50°;10月份降雨量、4月份降雨量和5月份降雨量的贡献率相差不大,分别为15.4%、12.3%、10.9%,取值范围分别为30~80mm、25~70mm、60~120mm;12月份降雨量的贡献率较小,为3.6%,取值范围为0~10mm。(见表17-3)

表17-3 川赤芍生态因子贡献率

生态因子	贡献率(%)	取值范围
海拔	18.3	1800~3000m
坡度	15.7	3°~50°
10月份降雨量	15.4	30~80mm
4月份降雨量	12.3	25~70mm
5月份降雨量	10.9	60~120mm
12月份降雨量	3.6	0~10mm

【生态适宜性区划】

从川赤芍生态适宜性区划图来看,川赤芍甘肃最适宜及次适宜生长区域主要在甘肃东南部地区。陇南市、天水市、定西市、临夏回族自治州、平凉市大部分区域为最适宜生长区域,部分区域为适宜生长区域;在庆阳、兰州市、白银市、甘南藏族自治州、武威市、金昌市、张掖市的部分区域为川赤芍的次适宜生长区域。(见图17-3)

【生态适宜区域面积】

对生态适宜性进行面积统计发现,川赤芍适宜面积最大的区域为玛曲县,分布总面积为

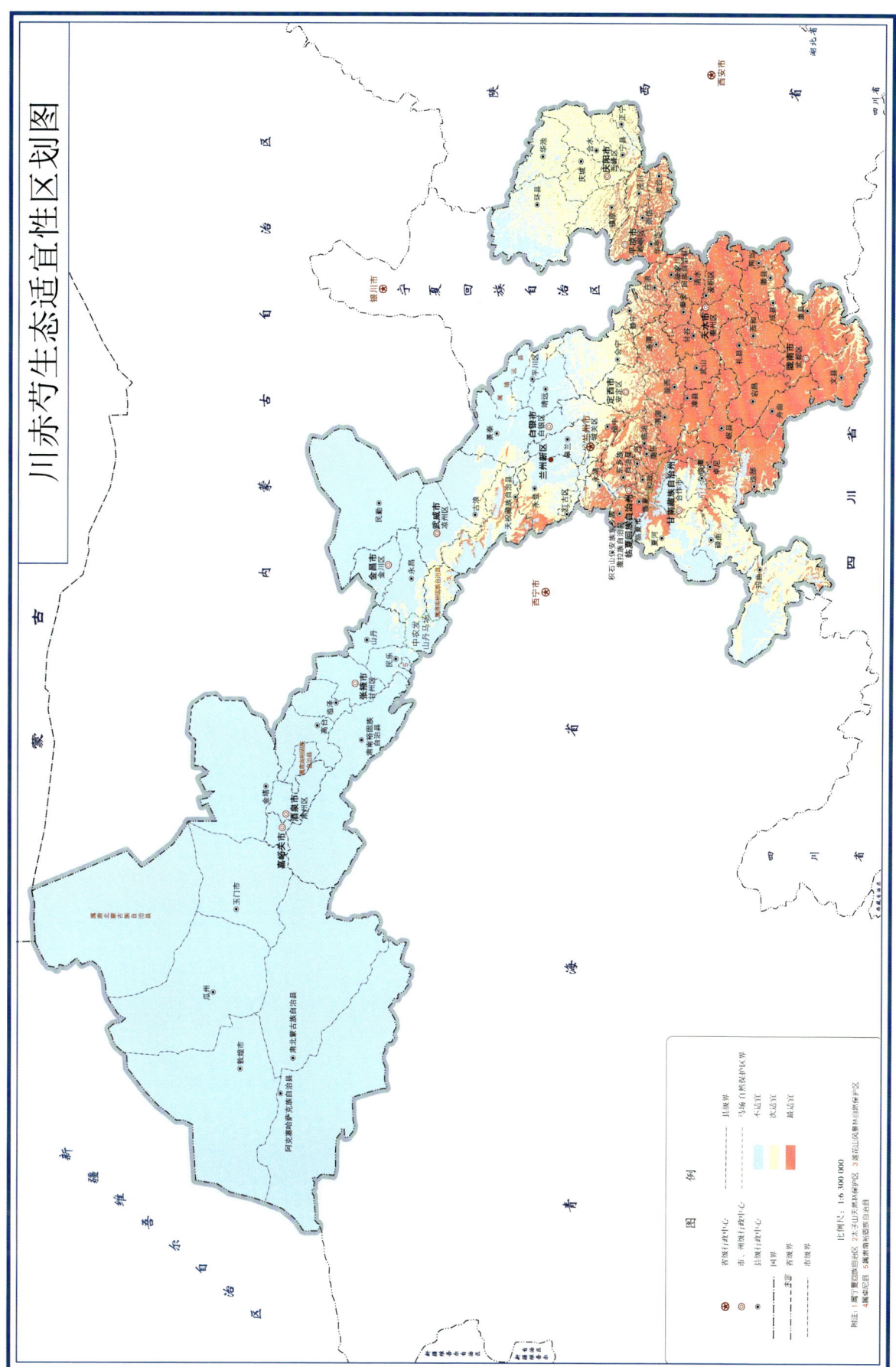

图 17-3 川赤芍生态适宜性区划图

5531km²，适宜面积609km²、次适宜面积4922km²，所占比例分别为11.00%、89.00%；在文县适宜种植面积比例较大，总面积4845km²，适宜面积4027km²、次适宜面积818km²，所占比例分别为83.12%、16.88%；在环县次适宜种植面积较大，总面积4627km²，适宜面积21km²、次适宜面积4606km²，所占比例分别为0.46%、99.54%；在武都区分布总面积4558km²，适宜面积4040km²、次适宜面积518km²，所占比例分别为88.64%、11.36%；在天祝县和迭部县分布总面积相差不大，天祝县分布总面积4435km²，适宜面积1153km²、次适宜面积3282km²，所占比例分别为26.00%、74.00%；迭部县分布总面积为4423km²，适宜面积3670km²、次适宜面积753km²，所占比例分别为82.98%、17.02%；在卓尼县分布总面积4387km²，适宜面积2545km²、次适宜面积1842km²，所占比例分别为58.02%、41.98%；在会宁县分布总面积4314km²，适宜面积480km²、次适宜面积3834km²，所占比例分别为11.13%、88.87%；在礼县和岷县适宜分布面积比例相对较大，礼县分布总面积4154km²，适宜面积3958km²、次适宜面积196km²，所占比例分别为95.28%、4.72%；岷县分布总面积为3428km²，适宜面积3218km²、次适宜面积210km²，所占比例分别为93.88%、6.12%。（见表17-4）

表17-4 甘肃各区县川赤芍适宜面积

区县	总面积(km²)	适宜(km²)	次适宜(km²)	适宜比例(%)	次适宜比例(%)
玛曲县	5531	609	4922	11.00	89.00
文县	4845	4027	818	83.12	16.88
环县	4627	21	4606	0.46	99.54
武都区	4558	4040	518	88.64	11.36
天祝县	4435	1153	3282	26.00	74.00
迭部县	4423	3670	753	82.98	17.02
卓尼县	4387	2545	1842	58.02	41.98
会宁县	4314	480	3834	11.13	88.87
礼县	4154	3958	196	95.28	4.72
岷县	3428	3218	210	93.88	6.12

从生态适宜生境分布面积柱状图可以看出，川赤芍在武都区、礼县的适宜生境分布面积较大；文县、卓尼县、礼县、迭部县、岷县适宜生境分布面积次之；天祝县、玛曲县、会宁县适宜生境分布面积相差不大；环县适宜生境分布面积最少；在玛曲县次适宜生境分布面积最大；环县次之；天祝县、会宁县次适宜生境分布面积相差不大；文县、武都区、卓尼县、迭部县次适宜生境分布面积较少；礼县、岷县次适宜生境分布面积最小。（见图17-4）

【适宜种植区域及布局建议】

根据川赤芍的生态适宜性分析结果，建议选择栽培种植的区域时首先考虑玛曲县、文县和环县，种植总面积较大且适宜种植面积也较大，玛曲县主要乡镇包括阿万仓镇、尼玛镇、曼日玛镇、齐哈玛镇、采日玛镇、欧拉镇；文县主要乡镇包括范坝镇、丹堡镇、中寨镇、刘家坪乡、铁楼乡、天池镇、中庙镇、堡子坝镇、石鸡坝镇；环县主要乡镇包括环城镇、车道镇、合道镇、洪德镇、曲子镇、天池乡、虎洞镇。其次考虑武都区、会宁县、天祝县、卓尼县、迭部县，武都区、迭部县和卓尼县适宜分布面积相对较大，天祝县和会宁县次适宜分布面积相对较大，武都区主要乡镇包括枫相乡、洛塘镇、裕河镇、三仓镇、鱼龙镇、外纳镇、五马镇、五库镇；会宁县主要乡镇包括头寨子镇、汉家岔镇、甘沟驿镇、柴家门镇、新添堡乡、大沟镇、翟家所镇、八里湾乡、会师镇；天祝县主要乡镇包括松山镇、华藏寺镇、旦马乡、抓

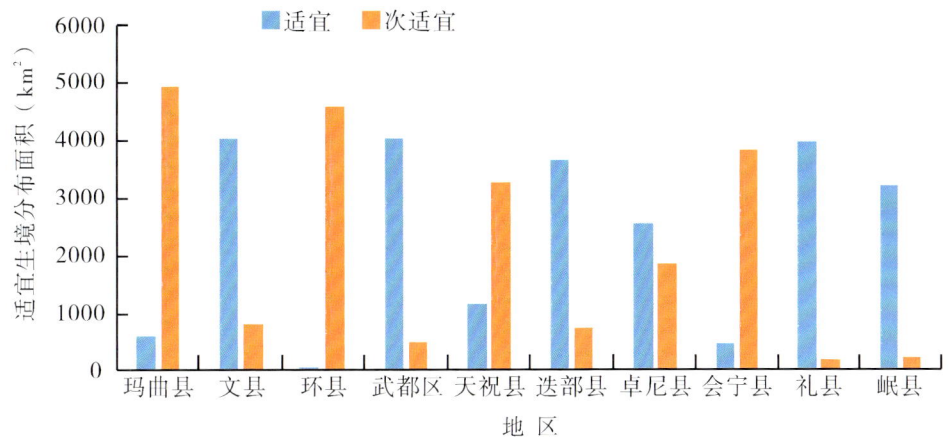

图 17-4 川赤芍适宜生境分布面积

喜秀龙镇、哈溪镇、天堂镇、打柴沟镇、炭山岭镇、祁连镇、西大滩镇；卓尼县主要乡镇包括木耳镇、喀尔钦镇、尼巴镇、恰盖乡、刀告乡、藏巴哇镇、纳浪镇、扎古录镇；迭部县主要乡镇包括达拉乡、电尕镇、旺藏镇、多儿乡、腊子口镇、卡坝乡、阿夏乡、桑坝乡。礼县主要乡镇包括上坪乡、洮坪镇、固城镇、沙金乡、石桥镇、崖城镇、永坪镇。

18. 柴 胡
Chaihu
BUPLEURI RADIX

本品为伞形科植物柴胡 *Bupleurum chinense* DC.或狭叶柴胡 *Bupleurum scorzonerifolium* Willd.的干燥根。春、秋二季采挖，除去茎叶及泥沙，干燥。柴胡是常用解表药，别名地熏、山菜、菇草、柴草。味辛苦，性微寒。归肝、胆、肺经。有疏散退热，疏肝解郁，升举阳气之功效。用于感冒发热，寒热往来，疟疾，肝郁气滞，胸肋胀痛，脱肛，子宫脱垂，月经不调。《滇南本草》中记载："伤寒发汗用柴胡，至四日后方可用；若用在先，阳证引入阴经，当忌用。"现代临床可用于退热、少阳证、肝郁气滞证等。

【地理生境与分布】

柴胡主要分布于东北、华北、西北、华东、湖北、四川等地，野生较少，现广泛栽培。

【生物习性】

柴胡喜温暖，耐干旱，较耐寒冷。一般疏林山坡、荒地、田间地头均能生长，但以向阳、肥沃疏松、排水良好的砂质壤土为宜，地势低洼积水处不宜种植。

【生态环境影响分析】

根据分析结果可知，影响柴胡适宜分布的生态因子共有 28 个，其中 3 月份降雨量的贡献率最大，为 29.1%，取值范围为 12~60mm；其次为 2 月份均温，贡献率为 11.4%，取值范围-9.8~0.2℃或 0.2~9.8℃；10 月份降雨量的贡献率为 9.2%，取值范围为 25~95mm；9 月份降雨量的贡献率为 9.0%，取值范围为 63~155mm；海拔贡献率为 8.3%，取值范围为 340~3170m；酸碱度贡献率为 5.8%，取值范围>6.6；坡度贡献率 5.7%，取值范围 1°~38°；8 月份降雨量的贡献率为 4.4%，取值范围 80~180mm；11 月份均温贡献率为 3.1%；取值范围为 1.0~13.5℃。（见表 18-1）

表 18-1 柴胡生态因子贡献率

生态因子	贡献率(%)	取值范围
3月份降雨量	29.1	12~60mm
2月份均温	11.4	−9.8~0.2℃或0.2~9.8℃
10月份降雨量	9.2	25~95mm
9月份降雨量	9.0	63~155mm
海拔	8.3	340~3170m
酸碱度	5.8	>6.6
坡度	5.7	1°~38°
8月份降雨量	4.4	80~180mm
11月份均温	3.1	1.0~13.5℃

【生态适宜性区划】

从柴胡生态适宜性区划图来看，柴胡在甘肃适宜及次适宜生长区域主要在甘肃东南部地区。庆阳市、平凉市、天水市、陇南市、定西市、甘南藏族自治州、临夏回族自治州大部分区域为柴胡最适宜生长区域；张掖市、金昌市、武威市、兰州市部分区域为柴胡的次适宜生长分布区域。（见图18-1）

【生态适宜区域面积】

对生态适宜性进行面积统计发现，柴胡适宜面积最大的区域为玛曲县，分布总面积5686km²，适宜面积777km²、次适宜面积4909km²，所占比例分别为13.66%、86.34%；在环县次适宜面积分布比例较大，分布总面积为4795km²，适宜面积388km²、次适宜面积4407km²，所占比例分别为8.09%、91.91%；在武都区分布总面积4618km²，适宜面积2770km²、次适宜面积1848km²，所占比例分别为59.99%、40.01%；在文县分布总面积4524km²，适宜面积2503km²、次适宜面积2021km²，所占比例分别为55.32%、44.68%；在礼县分布总面积4255km²，适宜面积3459km²、次适宜面积796km²，所占比例分别为81.29%、18.71%；在夏河县分布总面积为3923km²，适宜面积1412km²、次适宜面积2511km²，所占比例分别为35.99%、64.01%；在永登县次适宜面积分布比例较大，分布总面积3879km²，适宜面积211km²、次适宜面积3668km²，所占比例分别5.44%、94.56%；在华池县分布总面积3512km²，适宜面积1213km²、次适宜面积2299km²，所占比例分别为34.54%、65.46%；在镇原县分布总面积为3481km²，适宜面积2816km²、次适宜面积665km²，所占比例分别为80.91%、19.09%；在麦积区分布总面积3436km²，适宜面积2409km²、次适宜面积1027km²，所占比例分别为70.11%、29.89%。（见表18-2）

表 18-2 甘肃各区县柴胡适宜面积

区县	总面积(km²)	适宜(km²)	次适宜(km²)	适宜比例(%)	次适宜比例(%)
玛曲县	5686	777	4909	13.66	86.34
环县	4795	388	4407	8.09	91.91
武都区	4618	2770	1848	59.99	40.01
文县	4524	2503	2021	55.32	44.68
礼县	4255	3459	796	81.29	18.71
夏河县	3923	1412	2511	35.99	64.01
永登县	3879	211	3668	5.44	94.56
华池县	3512	1213	2299	34.54	65.46
镇原县	3481	2816	665	80.91	19.09
麦积区	3436	2409	1027	70.11	29.89

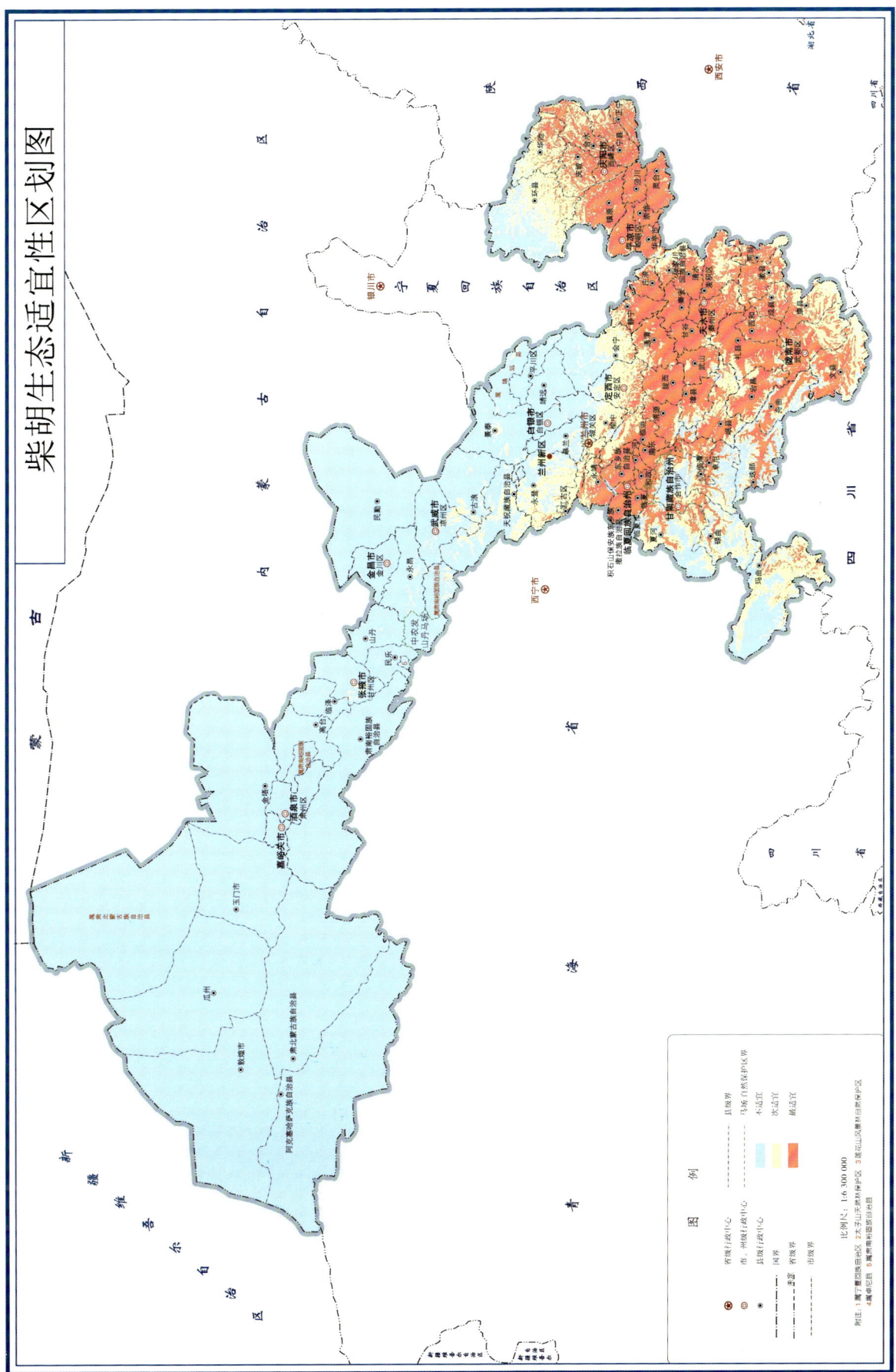

图 18-1 柴胡生态适宜性区划图

从生态适宜生境分布面积柱状图可以看出,柴胡在礼县适宜生境分布面积最大;在武都区、镇原县适宜生境分布面积次之;文县、麦积区适宜生境分布面积相差不大;玛曲县、夏河县、华池县、环县适宜生境分布面积较小;永登县适宜生境分布面积最小;在玛曲县次适宜生境分布面积最大;在环县、永登县、夏河县、文县、华池县、武都区次适宜生境分布面积相差不大;礼县、麦积区次适宜生境分布面积较小;镇原县次适宜生境分布面积最小。(见图18-2)

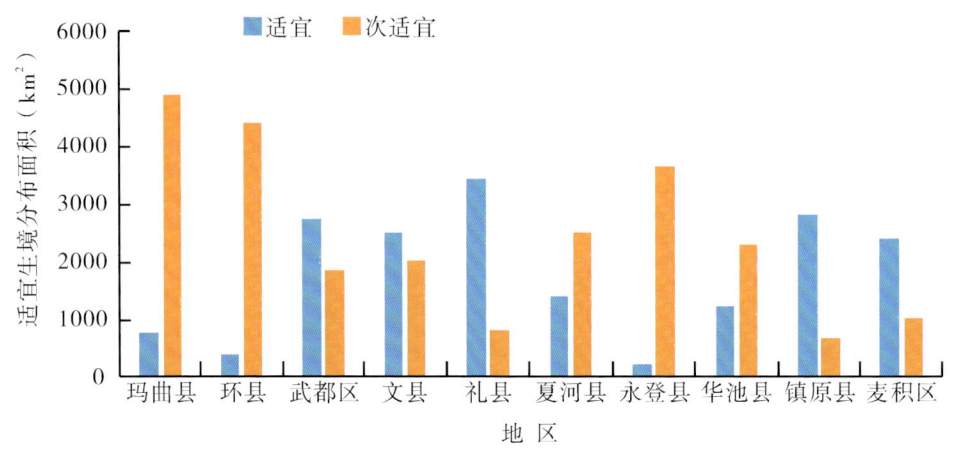

图18-2 柴胡适宜生境分布面积

【适宜种植区域及布局建议】

根据柴胡的生态适宜性分析结果,建议选择栽培种植的区域时首先考虑玛曲县和环县,种植总面积较大且次适宜种植面积也较大,玛曲县主要乡镇包括曼日玛镇、阿万仓镇、欧拉镇、齐哈玛镇、采日玛镇、尼玛镇、欧拉秀玛乡、木西合乡;环县主要乡镇包括环城镇、合道镇、车道镇、曲子镇、天池乡、木钵镇、洪德镇、八珠乡、演武乡。武都区和文县适宜种植面积比例和次适宜种植面积比例相差不大,武都区主要乡镇包括枫相乡、洛塘镇、裕河镇、三仓镇、鱼龙镇、外纳镇、五马镇、五库镇、马营镇;文县主要乡镇包括丹堡镇、范坝镇、中寨镇、刘家坪乡、铁楼乡、石鸡坝镇、堡子坝镇、中庙镇、天池镇。礼县主要乡镇包括上坪乡、洮坪镇、固城镇、石桥镇、沙金乡、崖城镇、永坪镇、罗坝镇、白关镇;夏河县主要乡镇包括甘加镇、阿木去乎镇、桑科镇、博拉镇、科才镇、麻当镇、扎油乡、吉仓乡、王格尔塘镇;华池县主要乡镇包括林镇乡、城壕镇、柔远镇、悦乐镇、山庄乡、南梁镇、怀安乡、乔川乡;镇原县主要乡镇包括屯字镇、孟坝镇、中原乡、上肖镇、太平镇、临泾镇、新城镇、郭原乡、开边镇;麦积区主要乡镇包括党川镇、利桥镇、东岔镇、三岔镇、甘泉镇、麦积镇、元龙镇、花牛镇、伯阳镇。

19. 川贝母

Chuanbeimu

FRITILLARIAE CIRRHOSAE BULBUS

本品为百合科贝母属植物川贝母 *Fritillaria cirrhosa* D.Don、暗紫贝母 *Fritillaria unibracteata* Hsiao et K. C. Hsia、甘肃贝母 *Fritillaria przewalskii* Maxim.、梭砂贝母 *Fritillaria delavayi* Franch.、太白贝母 *Fritillaria taipaiensis* P. Y. Li 或瓦布贝母 Fritillaria unibracteata Hsiao et K. C. Hsia var. *wabuensis*(S. Y. Tang et S. C. Yue) Z. D. Liu. S. Wang et S. C. Chen 的干燥鳞茎。按药材性状的不同分别习称"松贝""青贝""炉贝"和"栽培品"。一般在夏、秋两季挖,挖出后,除去须根,洗净,用矾水擦去外皮,晒干或

低温干燥,有的用硫黄熏后再晒干。味甘、苦,性微寒。归心、肺经。可清热润肺,化痰止咳,散结消痈。用于肺热燥咳,干咳少痰,阴虚劳嗽,痰中带血,瘰疬,乳痈,肺痈。在许多治疗急性气管炎、支气管炎、肺结核等病症的中药方剂或中成药制剂中都有川贝,如蛇胆川贝露、川贝枇杷露等。

现代药理研究表明川贝母不仅可以祛痰止咳,还有一定的降压、抗菌作用。

川贝母
Fritillaria cirrhosa

【地理分布与生境】

川贝母主要分布在四川境内,也有分布在云南、西藏、青海和甘肃境内,还有少量分布在湖北、陕西和重庆境内,随着川贝母栽培品的成功培育和大面积推广种植,川贝母资源匮乏的现象也正逐渐得到缓解。

【生物习性】

川贝母喜阴凉湿润气候,耐寒、怕炎热、怕干旱。生于林中、灌丛下、草地、河滩、山谷等湿地或岩缝中。

【生态环境影响分析】

根据分析结果可知,影响川贝母适宜分布的生态因子共有30个,其中海拔贡献率最大,为38.8%,取值范围1850~3550m;其次为10月份降雨量,贡献率为26.0%,取值范围35~125mm;9月份降雨量的贡献率为15.9%,取值范围100~220mm;等温性贡献率较小,为3%,取值范围为39~53。(见表19-1)

表19-1 川贝母生态因子贡献率

生态因子	贡献率(%)	取值范围
海拔	38.8	1850~3550m
10月份降雨量	26.0	35~125mm
9月份降雨量	15.9	100~220mm
等温性	3.0	39~53

【生态适宜性区划】

从川贝母生态适宜性区划图来看,川贝母在甘肃最适宜及次适宜生长区域主要在甘肃东南部地区。陇南市大部分区域为最适宜生长区域;天水市、甘南藏族自治州、定西市、兰州市、临夏回族自治州、陇南市、天水市、平凉市大部分区域为次适宜生长区域;庆阳市、白银市、武威市、张掖市有较少区域为次适宜区域。(见图19-1)

【生态适宜区域面积】

对生态适宜性进行面积统计发现,川贝母在迭部县和卓尼县分布总面积相差不大,在迭部县分布总面积4809km²,适宜面积267km²、次适宜面积4542km²,所占比例分别为5.55%、94.45%;在卓尼县分布总面积为4784km²,适宜面积4km²、次适宜面积4780km²,所占比例分别为0.07%、99.93%;在文县和武都区适宜面积分布和次适宜面积分布相差不大,在文县分布总面积4278km²,适宜面积2314km²、次适宜面积1964km²,所占比例分别为54.09%、45.91%;在武都区分布总面积4182km²,适宜面积2237km²、次适宜面积1945km²,所占比例分别为53.50%、46.50%;在礼县分布总面积4031km²,适宜面积654km²、次适宜面积3377km²,所占比例分别为16.23%、83.77%;在夏河县分布总

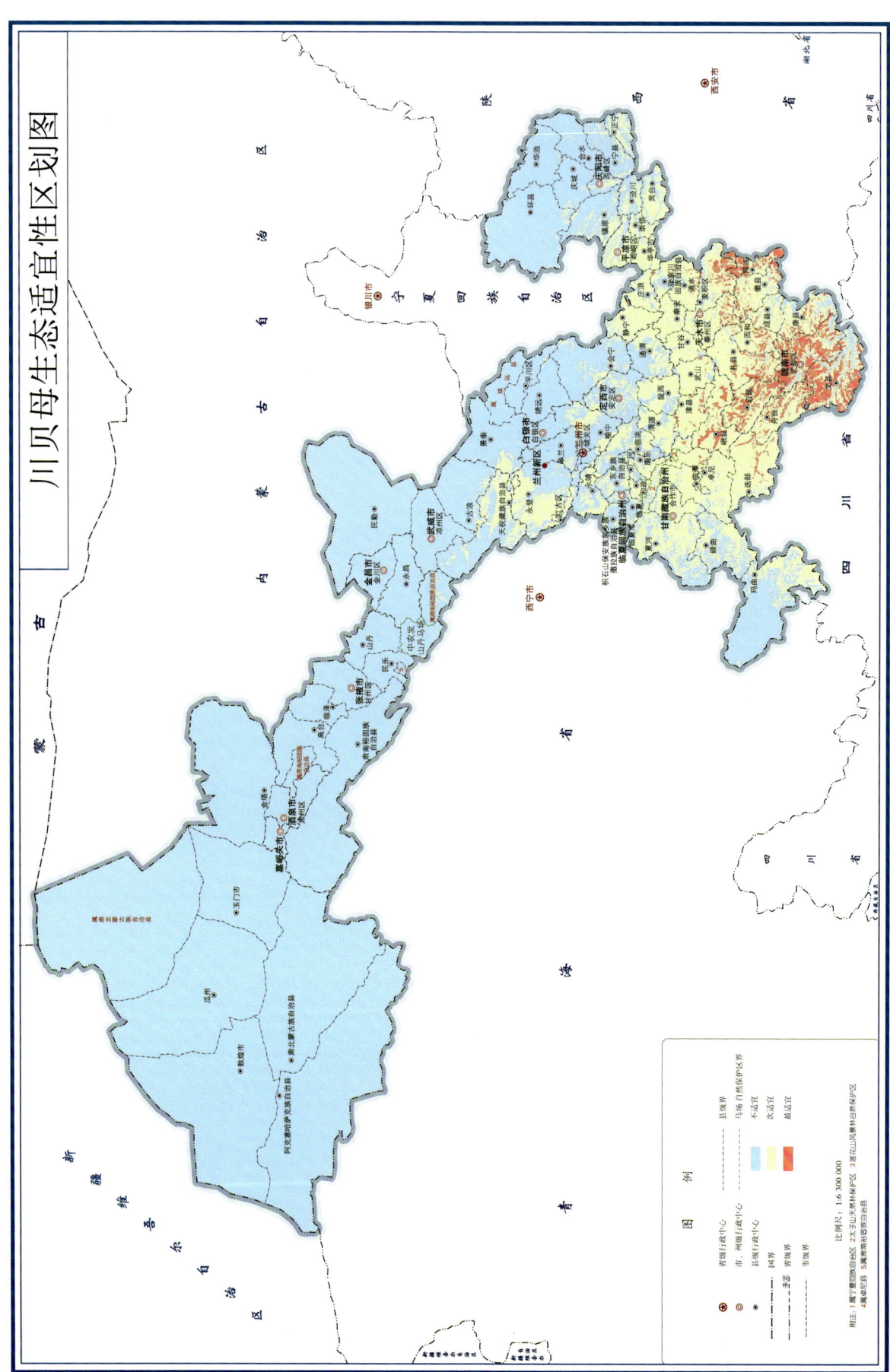

图 19-1 川贝母生态适宜性区划图

面积为3553km², 全为次适宜面积; 在岷县分布总面积3436km², 适宜面积621km²、次适宜面积2815km², 所占比例分别为18.08%、81.92%; 在宕昌县分布总面积3232km², 适宜面积1168km²、次适宜面积2064km², 所占比例分别为36.15%、63.85%; 在永登县分布总面积3028km², 全为次适宜面积; 在麦积区分布总面积为3012km², 适宜面积555km²、次适宜面积2457km², 所占比例分别为18.43%、81.57%。(见表19-2)

表19-2 甘肃各区县川贝母适宜面积

区县	总面积(km²)	适宜(km²)	次适宜(km²)	适宜比例(%)	次适宜比例(%)
迭部县	4809	267	4542	5.55	94.45
卓尼县	4784	4	4780	0.07	99.93
文县	4278	2314	1964	54.09	45.91
武都区	4182	2237	1945	53.50	46.50
礼县	4031	654	3377	16.23	83.77
夏河县	3553	0	3553	0.00	100.00
岷县	3436	621	2815	18.08	81.92
宕昌县	3232	1168	2064	36.15	63.85
永登县	3028	0	3028	0.00	100.00
麦积区	3012	555	2457	18.43	81.57

从生态适宜生境分布面积柱状图可以看出,川贝母在文县适宜生境分布面积最大,武都区适宜生境分布面积次之;礼县、岷县、宕昌县、麦积区适宜生境分布面积相差不大;迭部县适宜分布面积较小;卓尼县适宜生境分布面积最小;卓尼县次适宜生境分布面积最大;迭部县、礼县、夏河县、岷县、永登县次适宜生境分布面积相差不大;文县、宕昌县、麦积区次适宜生境分布面积较小,武都区次适宜生境分布面积最小。(见图19-2)

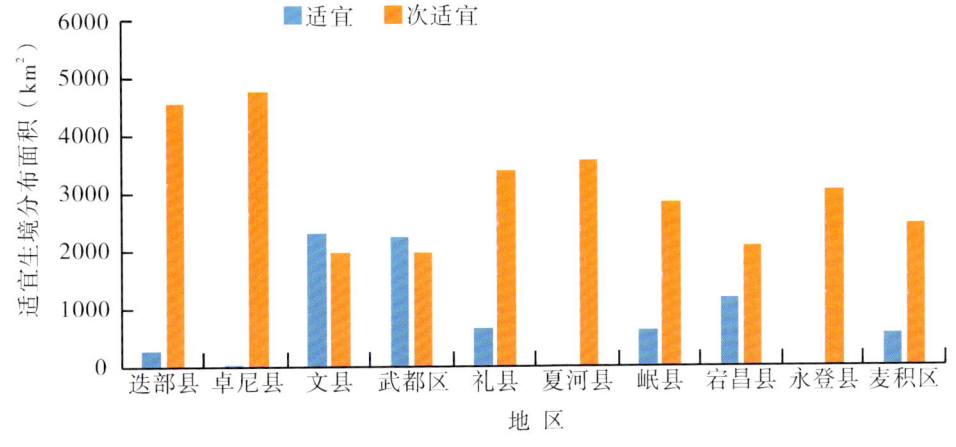

图19-2 川贝母适宜生境分布面积

【适宜种植区域及布局建议】

根据川贝母的生态适宜性分析结果,建议选择栽培种植的区域时首先考虑卓尼县和迭部县,种植总面积较大且次适宜种植面积也较大,卓尼县主要乡镇包括木耳镇、喀尔钦镇、尼巴镇、恰盖乡、康多乡、藏巴哇镇;迭部县主要乡镇包括达拉乡、电尕镇、旺藏镇、多儿乡、腊子口镇、卡坝乡。其次考虑文县和武都区,适宜种植面积和次适宜种植面积相差不大,文县主要乡镇包括丹堡镇、中寨镇、范坝镇、刘家坪乡、铁楼乡;武都区主要乡镇包括洛塘镇、枫相乡、三仓镇、鱼龙镇、五马镇、安化镇。礼县主要乡镇包括上坪乡、洮坪镇、沙金乡、固城镇、石桥镇、白关镇;夏河县主要乡镇包括阿木去乎镇、桑科镇、甘加镇、扎油乡、博拉镇、科才镇;岷县主要乡镇包括闾井镇、秦许乡、锁龙乡、蒲麻镇、禾驮镇、寺沟镇;宕昌县主要乡镇包括南河镇、兴化乡、狮子乡、城关镇、新城子乡、官亭镇;永登县主要乡镇包括七山乡、通远镇、民乐乡、武胜驿镇、柳树镇、坪城乡;麦积区主要乡镇包括党川镇、利桥镇、东岔镇、三岔镇、麦积镇、甘泉镇。

甘肃贝母
Fritillaria przewalskii

【地理分布与生境】

甘肃贝母分布于中国甘肃南部、青海东部和南部、四川西部。随着贝母临床用量大及市场价格高,加之生态环境限制性强,使其自然资源日趋枯竭。

【生物习性】

甘肃贝母喜阴凉湿润气候,耐寒,怕炎热、怕干旱。以土质结构疏松、透水性良好、含腐殖质高的黑砂土上生长最好,一般生长在土层深厚、土壤肥沃、富含腐殖质的山坡草地和山脊。生长于灌丛或草地上。

【生态环境影响分析】

根据分析结果可知,影响甘肃贝母适宜分布的生态因子共有23个,其中海拔贡献率最大,为44.9%,取值范围2800~4200m;其次为5月份降雨量,贡献率为23.0%,取值范围50~100mm;10月份降雨量的贡献率为14.4%,取值范围25~50mm;有机碳含量和12月份降雨量的贡献率相差不大,分别为4.1%、3.6%,取值范围分别为2%~37%、2~5mm。(见表19-3)

表19-3 甘肃贝母生态因子贡献率

生态因子	贡献率(%)	取值范围
海拔	44.9	2800~4200m
5月份降雨量	23.0	50~100mm
10月份降雨量	14.4	25~50mm
有机碳含量	4.1	2%~37%
12月份降雨量	3.6	2~5mm

【生态适宜性区划】

从甘肃贝母生态适宜性区划图来看,甘肃贝母在甘肃最适宜及次适宜生长区域主要在甘肃西南地区。甘南藏族自治州最适宜分布区域最大;临夏回族自治州、定西市、武威市部分区域为最适宜生长区域;张掖市、金昌市、武威市、兰州市、临夏回族自治州、定西市、天水市、陇南市、白银市、平凉市部分区域为甘肃贝母次适宜生长区域。(见图19-3)

【生态适宜区域面积】

对生态适宜性进行面积统计发现,甘肃贝母适宜面积最大的区域为玛曲县,分布总面积9883km²,适宜面积7678km²,次适宜面积2205km²,所占比例分别为77.69%、22.31%;在天祝县分布总面积为6251km²,适宜面积2066km²,次适宜面积4185km²,所占比例分别为33.06%、66.94%;在夏

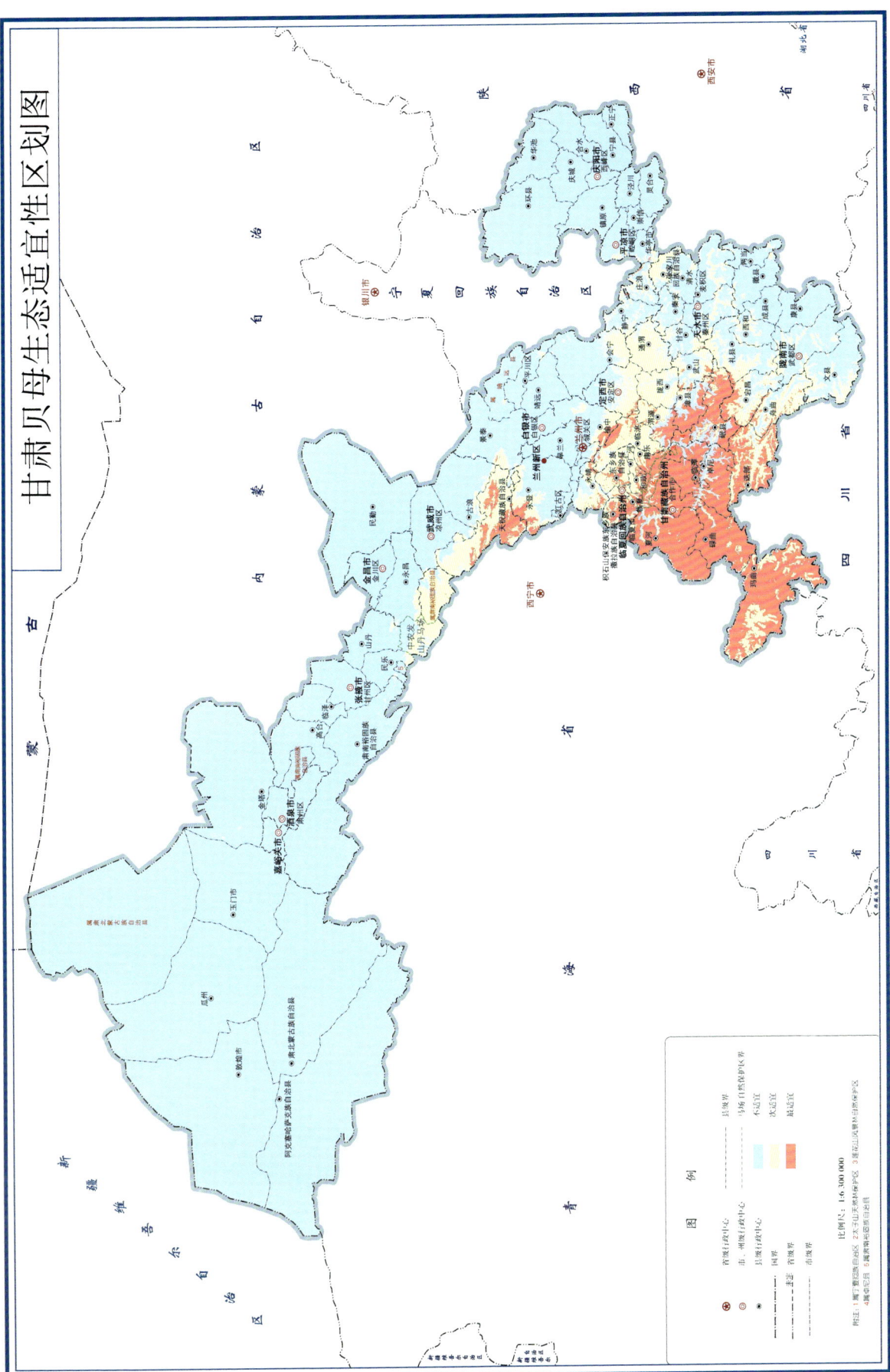

图19-3 甘肃贝母生态适宜性区划图

河县和碌曲县适宜分布面积比例相对较大,在夏河县分布总面积5737km²,适宜面积5407km²、次适宜面积330km²,所占比例分别为94.25%、5.75%;在碌曲县分布总面积5060km²,适宜面积4787km²、次适宜面积273km²,所占比例分别为94.60%、5.40%;在迭部县分布总面积4806km²,适宜面积2845km²、次适宜面积1961km²,所占比例分别为59.20%、40.80%;在卓尼县和岷县适宜分布面积比例相对较大,在卓尼县分布总面积4477km²,适宜面积4264km²、次适宜面积213km²,所占比例分别为95.24%、4.76%;在岷县分布总面积2797km²,适宜面积2251km²、次适宜面积546km²,所占比例分别为80.49%、19.51%;在临洮县分布总面积2568km²,适宜面积575km²、次适宜面积1993km²,所占比例分别为22.38%、77.62%;在通渭县分布总面积2349km²,全为次适宜面积;在宕昌县分布总面积2297km²,适宜面积709km²、次适宜面积1588km²,所占比例分别为30.87%、69.13%。(见表19-4)

表19-4 甘肃各区县甘肃贝母适宜面积

区县	总面积(km²)	适宜(km²)	次适宜(km²)	适宜比例(%)	次适宜比例(%)
玛曲县	9883	7678	2205	77.69	22.31
天祝县	6251	2066	4185	33.06	66.94
夏河县	5737	5407	330	94.25	5.75
碌曲县	5060	4787	273	94.60	5.40
迭部县	4806	2845	1961	59.20	40.80
卓尼县	4477	4264	213	95.24	4.76
岷县	2797	2251	546	80.49	19.51
临洮县	2568	575	1993	22.38	77.62
通渭县	2349	0	2349	0.00	100.00
宕昌县	2297	709	1588	30.87	69.13

从生态适宜生境分布面积柱状图可以看出,甘肃贝母在玛曲县适宜生境分布面积最大,夏河县适宜生境分布面积次之;卓尼县、碌曲县适宜生境分布面积较大;天祝县、迭部县、岷县适宜分布面积较小;临洮县、宕昌县适宜生境分布面积最小;天祝县次适宜生境分布面积最大;迭部县、临洮县、通渭县、宕昌县次适宜生境分布面积较小,通渭县全为次适宜生境分布面积;夏河县、卓尼县、碌曲县、岷县次适宜生境分布面积最小。(见图19-4)

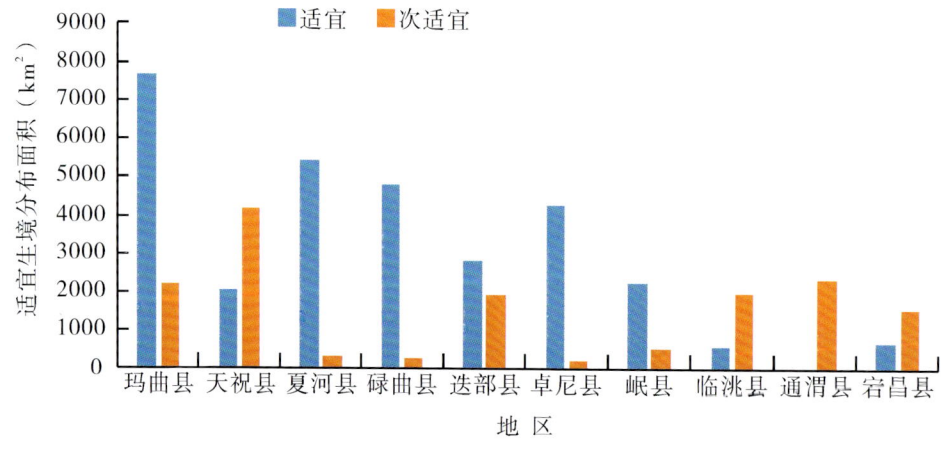

图19-4 甘肃贝母适宜生境分布面积

【适宜种植区域及布局建议】

根据甘肃贝母的生态适宜性分析结果,建议选择栽培种植的区域时首先考虑玛曲县,分布总面积最大,主要乡镇包括木西合乡、阿万仓镇、欧拉秀玛乡、欧拉镇、曼日玛镇、尼玛镇。其次考虑天祝县和夏河县,分布总面积较大,天祝县主要乡镇包括松山镇、毛藏乡、哈溪镇、抓喜秀龙镇、旦马乡、华藏寺镇;夏河县主要乡镇包括桑科镇、阿木去乎镇、科才镇、甘加镇、扎油乡、博拉镇。迭部县主要乡镇包括达拉乡、电尕镇、多儿乡、旺藏镇、卡坝乡、腊子口镇;卓尼县主要乡镇包括尼巴镇、喀尔钦镇、木耳镇、恰盖乡、康多乡、刀告乡;碌曲县主要乡镇包括尕海镇、玛艾镇、拉仁关乡、郎木寺镇、双岔镇、西仓镇;岷县主要乡镇包括闾井镇、秦许乡、锁龙乡、禾驮镇、蒲麻镇、寺沟镇;临洮县主要乡镇包括辛店镇、红旗乡、中铺镇、峡口镇、太石镇、连儿湾乡;通渭县全为次适宜种植区域,主要乡镇包括马营镇、榜罗镇、平襄镇、什川镇、北城镇、三铺乡;宕昌县主要乡镇包括南河镇、兴化乡、狮子乡、车拉乡、哈达铺镇、新城子乡。

梭砂贝母

Fritillaria delavayi

【地理分布与生境】

梭砂贝母分布于中国云南西北部、四川西部、青海南部和西藏拉萨等地。野生资源被大量采挖,面临灭绝。

【生物习性】

梭砂贝母喜冷凉湿润的环境条件,耐寒,怕炎热。以排水良好、土层深厚、疏松、富含腐殖质的砂壤土生长较优。生长于砂石地或流砂岩石的缝隙中。

【生态环境影响分析】

根据分析结果可知,影响梭砂贝母适宜分布的生态因子共有24个,其中海拔贡献率最大,为51.1%,取值范围3100~4600m;其次为9月份降雨量贡献率,为22.5%,取值范围55~150mm;坡度的贡献率为4.9%,取值范围>6°;土壤含黏土量贡献率4.0%,取值范围10%~28%;等温性和坡向的贡献率较小,分别为3.2%、3.0%,取值范围分别为41~52、>4.5。(见表19-5)

表19-5 梭砂贝母生态因子贡献率

生态因子	贡献率(%)	取值范围
海拔	51.1	3100~4600m
9月份降雨量	22.5	55~150mm
坡度	4.9	>6°
土壤含黏土量	4.0	10%~28%
等温性	3.2	41~52
坡向	3.0	>4.5

【生态适宜性区划】

从梭砂贝母生态适宜性区划图来看,梭砂贝母在甘肃最适宜及次适宜生长区域主要在甘肃西南部地区。甘南藏族自治州有部分区域为最适宜生长区域,大部分区域为次适宜生长区域;陇南市、天水市、定西市、平凉市、临夏回族自治州、兰州市、武威市、张掖市有部分区域为次适宜生长区域,大部

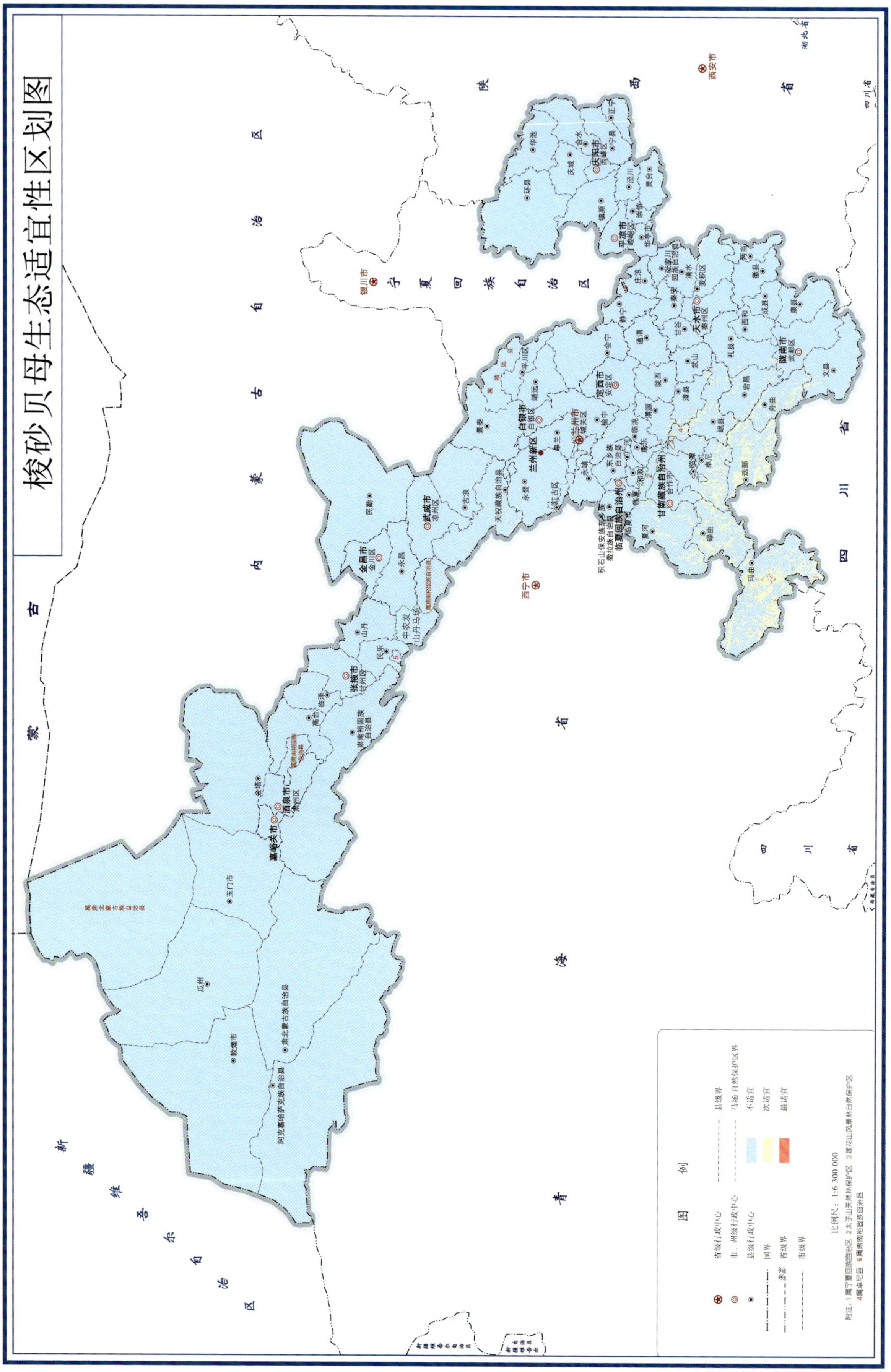

图 19-5 梭砂贝母生态适宜性区划图

分区域为不适宜生长区域。(见图 19-5)

【生态适宜区域面积】

对生态适宜性进行面积统计发现，梭砂贝母适宜面积最大的区域为玛曲县，分布总面积 3400km², 适宜面积 89km²、次适宜面积 3311km², 所占比例分别为 2.62%、97.38%；在迭部县和碌曲县次适宜分布面积较大，迭部县分布总面积 1844km², 适宜面积 7km²、次适宜面积 1837km², 所占比例分别为 0.36%、99.64%；碌曲县分布总面积 1341km², 适宜面积 2km²、次适宜面积 1339km², 所占比例分别为 0.19%、99.81%；卓尼县、夏河县、舟曲县、岷县、宕昌县、天祝县、文县均为次适宜分布，各自的次适宜面积为 1030km²、596km²、463km²、384km²、225km²、140km²、128km²。(见表 19-6)

表 19-6　甘肃各区县梭砂贝母适宜面积

区县	总面积(km²)	适宜(km²)	次适宜(km²)	适宜比例(%)	次适宜比例(%)
玛曲县	3400	89	3311	2.62	97.38
迭部县	1844	7	1837	0.36	99.64
碌曲县	1341	2	1339	0.19	99.81
卓尼县	1030	0	1030	0.00	100.00
夏河县	596	0	596	0.00	100.00
舟曲县	463	0	463	0.00	100.00
岷县	384	0	384	0.00	100.00
宕昌县	225	0	225	0.00	100.00
天祝县	140	0	140	0.00	100.00
文县	128	0	128	0.00	100.00

从生态适宜地区面积分布柱状图可以看出，梭砂贝母在玛曲县适宜生境分布面积最大，迭部县、碌曲县适宜面积较小；在玛曲县次适宜生境分布面积最大；迭部县次适宜生境分布面积次之，碌曲县、卓尼县次适宜生境分布面积相差不大；夏河县、舟曲县、岷县、宕昌县、天祝县次适宜生境分布面积较小；文县的次适宜生境分布面积最小。(见图 19-6)

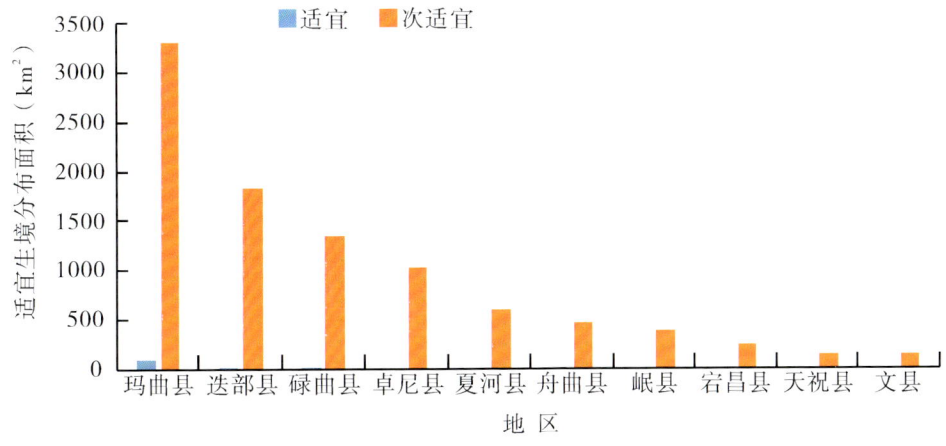

图 19-6　梭砂贝母适宜生境分布面积

【适宜种植区域及布局建议】

根据梭砂贝母的生态适宜性分析结果，建议选择栽培种植的区域时首先考虑玛曲县，次适宜种植面积最大，主要乡镇包括阿万仓镇、木西合乡、欧拉秀玛乡、欧拉镇、齐哈玛镇。其次考虑迭部县和碌曲县,次适宜种植面积比例较大,迭部县主要乡镇包括达拉乡、电尕镇、多儿乡、腊子口镇;碌曲县主要乡镇包括尕海镇、玛艾镇、拉仁关乡、郎木寺镇、双岔镇。卓尼县、夏河县、舟曲县、岷县、宕昌县、天祝县和文县全为次适宜种植分布区域,卓尼县主要乡镇包括尼巴镇、木耳镇、喀尔钦镇;夏河县主要乡镇包括科才镇、桑科镇;舟曲县主要乡镇包括博峪镇、武坪镇;岷县主要乡镇包括闾井镇、中寨镇、梅川镇、禾驮镇;宕昌县主要乡镇包括南河镇;天祝县主要乡镇包括炭山岭镇;文县主要乡镇包括堡子坝乡、铁楼乡。

暗紫贝母
Fritillaria unibracteata

【地理分布与生境】

暗紫贝母分布于四川西北部,在甘肃南部和青海东南部有一定的分布。由于暗紫贝母生境的恶化以及人为的大力采挖,暗紫贝母的资源面临着日竭枯萎的问题。

【生物习性】

暗紫贝母喜欢冷凉气候条件,具有耐寒、喜湿、怕高温、喜荫蔽的特性。土壤为山地棕壤、暗棕壤和高山草甸土。在阳光充足、腐殖质丰富、土壤疏松的条件下生长较好。

【生态环境影响分析】

根据分析结果可知,影响暗紫贝母适宜分布的生态因子共有17个,其中海拔贡献率最大,为52.6%,取值范围3200~4300m;其次为5月份降雨量贡献率,为40%,取值范围65~135mm;昼夜温差月均值的贡献率较小,为3.0%,取值范围13.5~17.0℃。(见表19-7)

表19-7 暗紫贝母生态因子贡献率

生态因子	贡献率(%)	取值范围
海拔	52.6	3200~4300m
5月份降雨量	40.0	65~135mm
昼夜温差月均值	3.0	13.5~17.0℃

【生态适宜性区划】

从暗紫贝母生态适宜性区划图来看,暗紫贝母在甘肃最适宜及次适宜生长区域主要在甘肃西南部地区。甘南藏族自治州大部分区域为最适宜暗紫贝母生长区域;酒泉市、张掖市、金昌市、武威市、白银市、兰州市、临夏回族自治州、甘南藏族自治州、定西市、天水市、陇南市部分区域为暗紫贝母次适宜生长区域。(见图19-7)

【生态适宜区域面积】

对生态适宜性进行面积统计发现,暗紫贝母适宜面积最大的区域为玛曲县,分布总面积9882km²,适宜面积8666km²、次适宜面积1216km²,所占比例分别为87.69%、12.31%;肃南县分布总面积6644km²,全为次适宜生长面积;夏河县和碌曲县适宜分布面积比例较大,在夏河县分布总面积5976km²,适宜面积4504km²、次适宜面积1472km²,所占比例分别为75.37%、24.63%;在碌曲县总面积5102km²,适宜面积4886km²、次适宜面积216km²,所占比例分别为95.77%、4.23%;在卓尼县分布总面积5091km²,适宜面积2289km²、次适宜面积2802km²,所占比例分别为44.97%、55.03%;在迭部县分布总面积为4772km²,适宜面积2986km²、次适宜面积1786km²,所占比例分别为62.57%、37.43%;在岷县

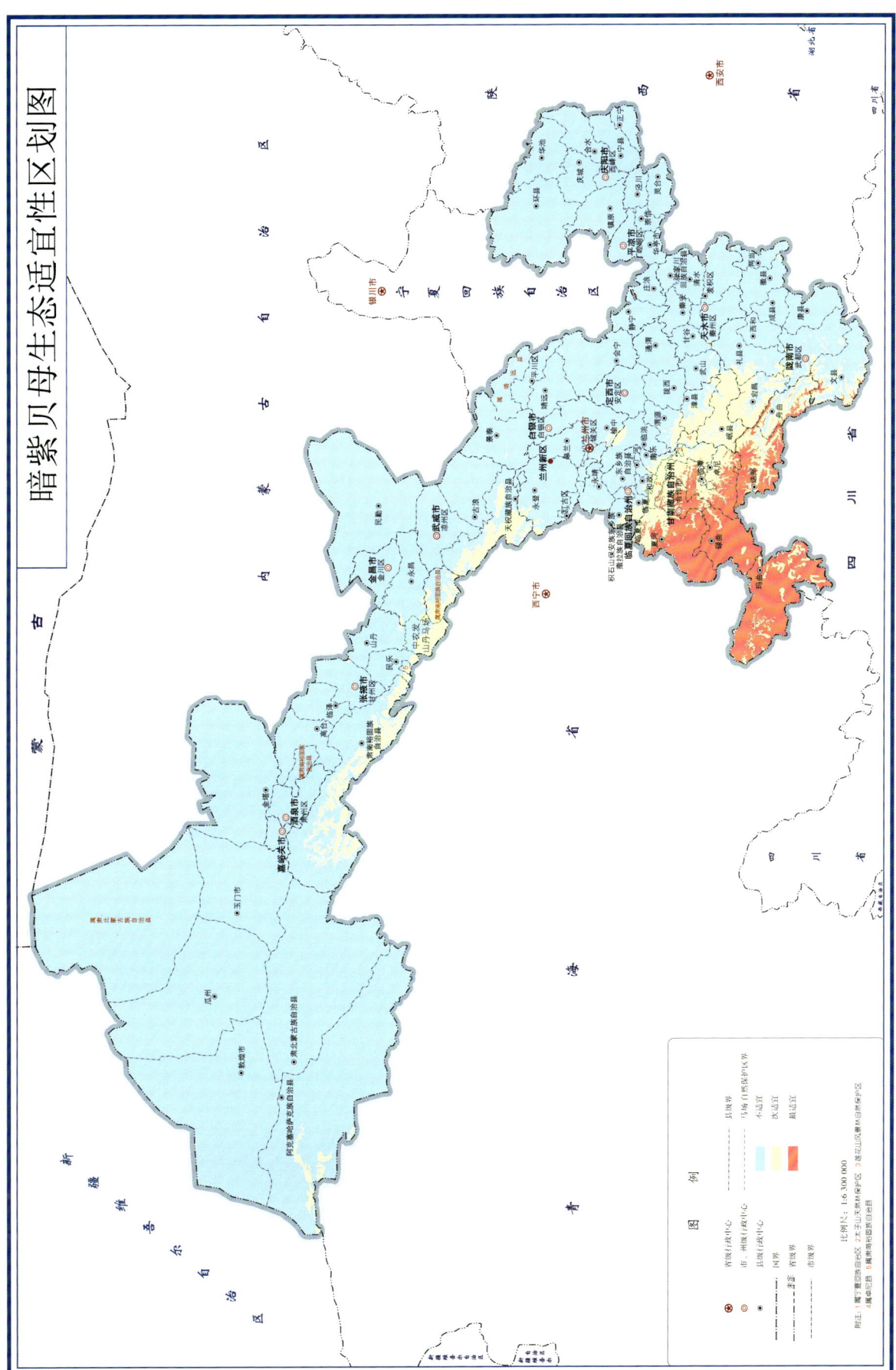

图19-7 暗紫贝母生态适宜性区划图

次适宜分布面积比例较大,分布总面积 3049km²,适宜面积 47km²、次适宜面积 3002km²,所占比例分别为 1.55%、98.45%;在天祝县分布总面积 2684km²,全为次适宜面积;在宕昌县分布总面积 2214km²,适宜面积为 87km²、次适宜面积 2127km²,所占比例分别为 3.94%、96.06%;在舟曲县分布总面积为 2174km²,适宜面积 569km²、次适宜面积 1605km²,所占比例分别为 26.17%、73.83%。(见表 19-8)

表 19-8　甘肃各区县暗紫贝母适宜面积

区县	总面积(km²)	适宜(km²)	次适宜(km²)	适宜比例(%)	次适宜比例(%)
玛曲县	9882	8666	1216	87.69	12.31
肃南县	6644	0	6644	0.00	100.00
夏河县	5976	4504	1472	75.37	24.63
碌曲县	5102	4886	216	95.77	4.23
卓尼县	5091	2289	2802	44.97	55.03
迭部县	4772	2986	1786	62.57	37.43
岷县	3049	47	3002	1.55	98.45
天祝县	2684	0	2684	0.00	100.00
宕昌县	2214	87	2127	3.94	96.06
舟曲县	2174	569	1605	26.17	73.83

从生态适宜地区面积分布柱状图可以看出,暗紫贝母在玛曲县适宜生境分布面积最大;夏河县、碌曲县适宜生境分布面积次之;卓尼县、迭部县适宜生境分布面积相差不大;宕昌县、舟曲县适宜生境分布面积较小,岷县适宜生境分布面积最小;肃南县次适宜生境分布面积最大;卓尼县、岷县、天祝县、宕昌县次适宜生境分布面积相差不大;玛曲县、夏河县、舟曲县次适宜生境分布面积较小;碌曲县次适宜生境分布面积最小。(见图 19-8)

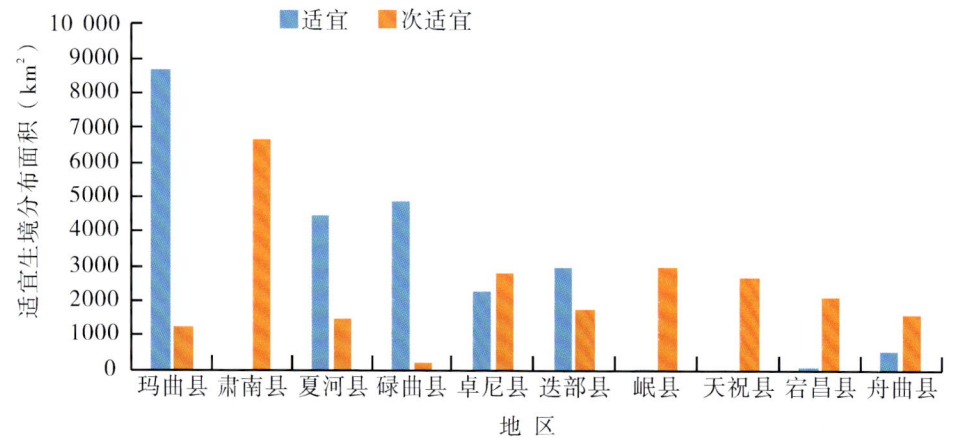

图 19-8　暗紫贝母适宜生境分布面积

【适宜种植区域及布局建议】

根据暗紫贝母的生态适宜性分析结果,建议选择栽培种植的区域时首先考虑玛曲县,种植总面积较大且适宜种植面积也较大,玛曲县主要乡镇包括木西合乡、阿万仓镇、欧拉秀玛乡、欧拉镇、曼日玛镇、尼玛镇。肃南县次适宜种植面积比例较大,主要乡镇包括祁丰乡、大河乡、皇城镇、康乐镇、马蹄乡。夏河县和卓尼县适宜种植面积比例较大,夏河县主要乡镇包括桑科镇、阿木去乎镇、科才镇、甘加镇、扎油乡、麻当镇;卓尼县主要乡镇包括喀尔钦镇、木耳镇、尼巴镇、恰盖乡、康多乡、刀告乡。迭部县主要乡镇包括达拉乡、电尕镇、多儿乡、旺藏镇、卡坝乡、腊子口镇;碌曲县主要乡镇包括尕海镇、玛艾镇、拉仁关乡、郎木寺镇、双岔镇、西仓镇。岷县、天祝县和宕昌县次适宜种植面积比例较大,岷县主要乡镇包括闾井镇、秦许乡、锁龙乡、蒲麻镇、禾驮镇、寺沟镇;天祝县主要乡镇包括抓喜秀龙镇、毛藏乡、哈溪镇、炭山岭镇、天堂镇、旦马乡;宕昌县主要乡镇包括南河镇、兴化乡、狮子乡、车拉乡、哈达铺镇、新城子乡。舟曲县主要乡镇包括博峪镇、武坪镇、插岗乡、大峪镇、峰迭镇。

太白贝母
Fritillaria taipaiensis

【地理分布与生境】

太白贝母主产陕西、甘肃、四川、湖北。随着贝母用量的增大,野生贝母已面临枯竭。

【生物习性】

太白贝母喜阴凉湿润气候,耐寒、怕炎热、怕干旱、怕污水。以土质结构疏松、透水性良好、含腐殖质高的黑砂土上生长最好。一般生长在土层深厚、土壤肥沃、富含腐殖质的山坡草地和山脊。

【生态环境影响分析】

根据分析结果可知,影响太白贝母适宜分布的生态因子共有19个,其中土壤含黏土量贡献率最大,为25.9%,取值范围<52%;其次为9月份降雨量贡献率,为22.9%,取值范围>80mm;12月份平均温度的贡献率为11.1%,取值范围-10~10℃;等温性贡献率为7.6%,取值范围12~38;11月份平均温度的贡献率为7.5%,取值范围-2.0~17.5℃;1月份平均温度贡献率为4.6%,取值范围为-13~3℃;酸碱度的贡献率为3.7%,取值范围为>5.7;昼夜温差月均值和2月份平均温度贡献率较小,分别为3.4%、3.1%,取值范围分别是2~13℃、-10~10℃。(见表19-9)

表19-9 太白贝母生态因子贡献率

生态因子	贡献率(%)	取值范围
土壤含黏土量	25.9	<52%
9月份降雨量	22.9	>80mm
12月份平均温度	11.1	-10~10℃
等温性	7.6	12~38
11月份平均温度	7.5	-2.0~17.5℃
1月份平均温度	4.6	-13~3℃
酸碱度	3.7	>5.7
昼夜温差月均值	3.4	2~13℃
2月份平均温度	3.1	-10~10℃

【生态适宜性区划】

从太白贝母生态适宜性区划图来看,太白贝母在甘肃最适宜及次适宜生长区域主要在甘肃东南部地区。庆阳市、平凉市、天水市、陇南市、定西市大部分区域为最适宜种植区域;白银市、兰州市、临夏回族自治州、甘南藏族自治州、武威市有少部分区域为最适宜种植区域;庆阳市、平凉市、天水市、陇南市、定西市、白银市、兰州市、临夏回族自治州、甘南藏族自治州、武威市有部分区域为次适宜种植区域。(见图19-9)

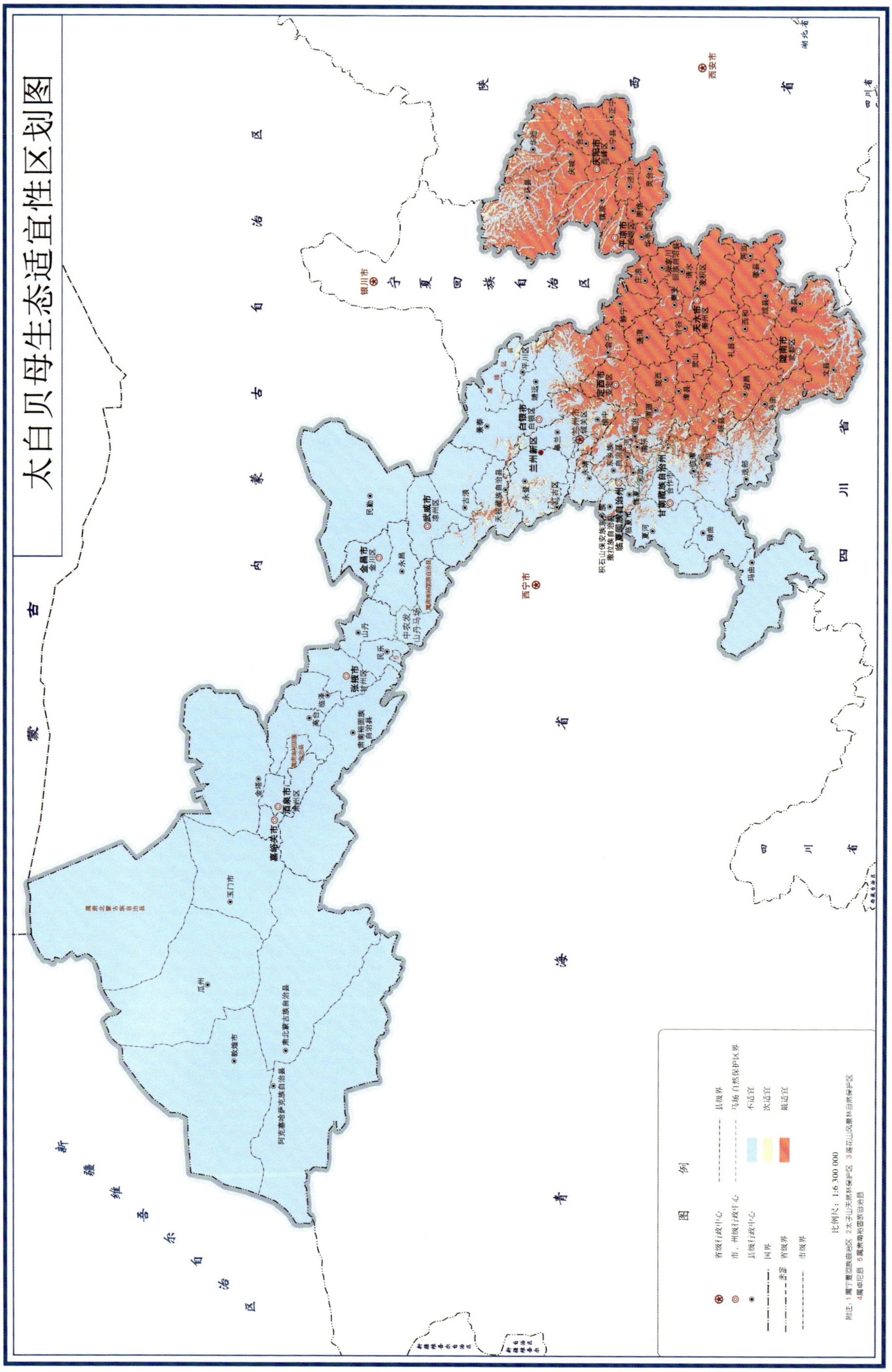

图 19-9 太白贝母生态适宜性区划图

【生态适宜区域面积】

对生态适宜性进行面积统计发现,太白贝母适宜面积最大的区域为环县,总面积为6873km²,适宜面积5916km²、次适宜面积957km²,所占比例分别为86.07%、13.93%;其次为会宁县,分布总面积4447km²,适宜面积3906km²、次适宜面积541km²,所占比例分别为87.83%、12.17%;在礼县和武都区分布总面积相差不大,适宜面积分布比例较大,礼县分布总面积4149km²,适宜面积4135km²、次适宜面积14km²,所占比例分别为99.67%、0.33%;在武都区分布总面积4049km²,适宜面积3915km²、次适宜面积134km²,所占比例分别为96.69%、3.31%;在文县分布总面积3928km²,适宜面积3663km²、次适宜面积265km²,所占比例分别为93.25%、6.75%;在麦积区分布总面积3313km²,适宜面积3299km²、次适宜面积14km²,所占比例分别为99.59%、0.41%;在安宁区、宕昌县、岷县和镇原县适宜面积分布比例相差不大,安定区分布总面积3140km²,适宜面积2936km²、次适宜面积204km²,所占比例分别为93.52%、6.48%;在宕昌县分布总面积3136km²,适宜面积2991km²、次适宜面积145km²,所占比例分别为95.37%、4.63%;在岷县分布总面积3117km²,适宜面积2873km²、次适宜面积244km²,所占比例分别为92.16%、7.84%;在镇原县分布总面积3051km²,适宜面积2896km²、次适宜面积155km²,所占比例分别为94.92%、5.08%。(见表19-10)

表19-10 甘肃各区县太白贝母适宜面积

区县	总面积(km²)	适宜(km²)	次适宜(km²)	适宜比例(%)	次适宜比例(%)
环县	6873	5916	957	86.07	13.93
会宁县	4447	3906	541	87.83	12.17
礼县	4149	4135	14	99.67	0.33
武都区	4049	3915	134	96.69	3.31
文县	3928	3663	265	93.25	6.75
麦积区	3313	3299	14	99.59	0.41
安定区	3140	2936	204	93.52	6.48
宕昌县	3136	2991	145	95.37	4.63
岷县	3117	2873	244	92.16	7.84
镇原县	3051	2896	155	94.92	5.08

从生态适宜地区面积分布柱状图可以看出,太白贝母在环县适宜生境分布面积最大;礼县、会宁县、武都区、文县、麦积区、安定区、镇原县、岷县、宕昌县太白贝母适宜生境分布面积相差不大;环县、会宁县次适宜生境分布面积较大;武都区、文县、安定区、镇原县、岷县、宕昌县次适宜生境分布面积较小;礼县、麦积区次适宜生境分布面积最小。(见图19-10)

【适宜种植区域及布局建议】

根据太白贝母的生态适宜性分析结果,建议选择栽培种植的区域时首先考虑环县,种植总面积较大且适宜种植面积也较大,主要乡镇包括毛井镇、车道镇、环城镇、小南沟乡、合道镇。礼县、会宁县、武都区、文县、麦积区、安定区、镇原县、岷县和宕昌县适宜面积较大,礼县主要乡镇包括上坪乡、洮坪镇;会宁县主要乡镇包括汉家岔镇、甘沟驿镇、头寨子镇;武都区主要乡镇包括枫相乡、洛塘镇;文县主要乡镇包括丹堡镇、刘家坪乡、范坝镇、堡子坝镇、铁楼乡;麦积区主要乡镇包括党川镇、利桥镇、东岔镇;安定区主要乡镇包括鲁家沟镇、巉口镇、内官营镇、凤翔镇;镇原县主要乡镇包括孟坝镇、屯字镇、太平镇、平泉镇;岷县主要乡镇包括闾井镇、中寨镇、锁龙乡、蒲麻镇、禾驮镇;宕昌县主要乡镇包括南河镇、兴化乡。

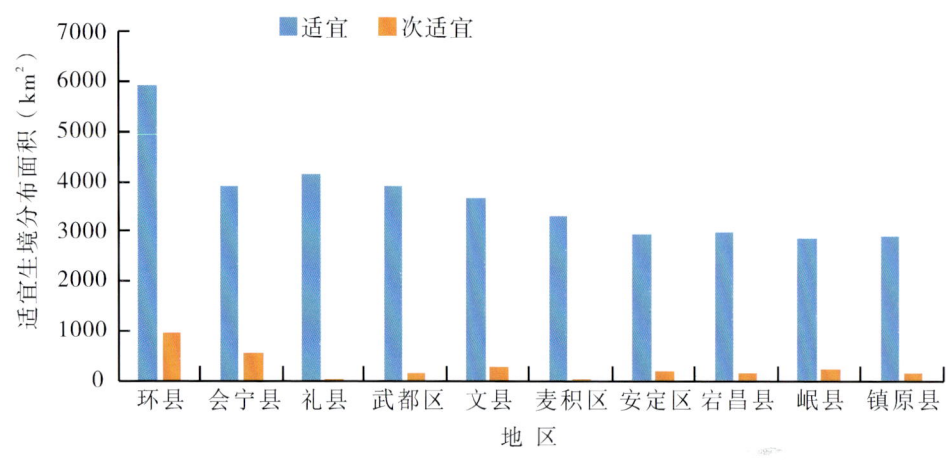

图 19-10　太白贝母适宜生境分布面积

20. 白　及
Baiji
BLETILLAE RHIZOMA

本品为兰科植物白及 *Bletilla striata* (Thunb.)Reichb. f.的干燥块茎。夏、秋二季采挖,除去须根,洗净,置沸水中煮或蒸至无白心,晒至半干,除去外皮,晒干。味苦、甘、涩,性微寒。归肺、肝、胃经。用于收敛止血,消肿生肌。它被制成各种中成药,如云南白药、白及颗粒、白及糖浆、复方白及膏等。除医药使用外,白及中含有丰富的白及胶,可应用于食品、烟草、化工(包括高档美容产品)等领域,添加到天然化妆品中无不良反应,白及牙膏可用于防治常见的口腔问题和牙科疾病;在工业上,还可以用于染布、裱字画、高级卷烟黏合剂、野山参修复剂、胃镜保护剂。

【地理生境与分布】

白及主要分布于华东、中南、西南及甘肃、陕西等地。以贵州产量最大,质量最好。主要以野生为主,但数量不断减少,出现栽培种植。

【生物习性】

白及喜湿润、阴凉的气候环境,常野生于丘陵、低山溪谷边及荫蔽草丛中或林下湿地。选择土层深厚、土壤肥沃疏松、排水良好、富含腐殖质的砂壤土及阴湿的地块种植,土层厚度35cm左右。白及不耐寒,忌水湿,若土壤水分过多,白及块茎容易腐烂。

【生态环境影响分析】

根据分析结果可知,影响白及适宜分布的生态因子共有 36 个,其中 10 月份降雨量贡献率最大,为 73.7%,取值范围 50~170mm;其次为最冷月最低温贡献率,为 5.9%,取值范围-10~-1℃和 1~9℃;坡度的贡献率较小,为 4.2%,取值范围 3°~37°;12 月份平均气温贡献率较小,为 3.9%,取值范围为 2~12℃。(见表 20-1)

【生态适宜性区划】

从白及生态适宜性区划图来看,白及在甘肃最适宜及次适宜生长区域主要在甘肃东南部地区。陇南市大部分为最适宜种植区域,部分为次适宜种植区域;天水市和平凉市大部分为次适宜种植区域,小部分为最适宜种植区域;庆阳市、定西市、甘南藏族自治州小部分为次适宜种植区域。(见图 20-1)

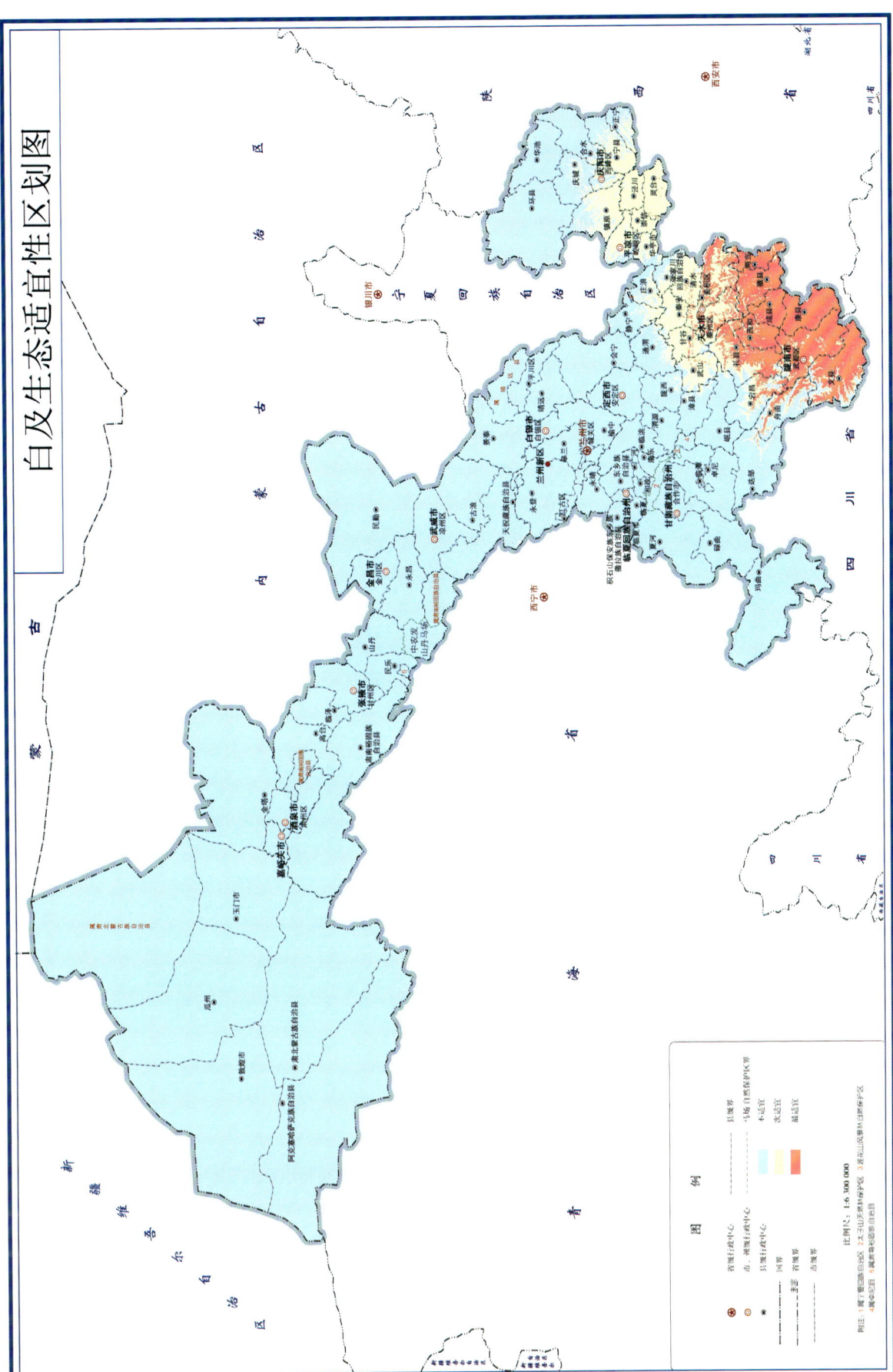

图 20-1 白及生态适宜性区划图

表 20-1　白及生态因子贡献率

生态因子	贡献率(%)	取值范围
10月份降雨量	73.7	50~170mm
最冷月最低温	5.9	−10~−1℃和1~9℃
坡度	4.2	3°~37°
12月份平均气温	3.9	2~12℃

【生态适宜区域面积】

对生态适宜性进行面积统计发现,白及在武都区和文县分布总面积相差不大,在武都区分布总面积4477km^2,适宜面积3935km^2、次适宜面积542km^2,所占比例分别为87.90%、12.10%;在文县分布总面积为4375km^2,适宜面积3663km^2、次适宜面积712km^2,所占比例分别为83.74%、16.26%;在礼县分布总面积3786km^2,适宜面积2407km^2、次适宜面积1379km^2,所占比例分别为63.58%、36.42%;在麦积区分布总面积3329km^2,适宜面积1716km^2、次适宜面积1613km^2,所占比例分别为51.55%、48.45%;在康县和徽县适宜种植面积比例较大,在康县分布总面积2892km^2,适宜面积2884km^2、次适宜面积8km^2,所占比例分别为99.71%、0.29%;在徽县分布总面积2689km^2,适宜面积2477km^2、次适宜面积212km^2,所占比例分别为92.12%、7.88%;在秦州区分布总面积2339km^2,适宜面积940km^2、次适宜面积1399km^2,所占比例分别为40.17%、59.83%;在镇原县、灵台县、清水县次适宜种植面积较大,在镇原县分布总面积2119km^2,全为次适宜面积;在灵台县分布总面积1932km^2,适宜面积34km^2、次适宜面积1898km^2,所占比例分别为1.76%、98.24%;在清水县分布总面积为1842km^2,适宜面积106km^2、次适宜面积1736km^2,所占比例分别为5.78%、94.22%。(见表20-2)

表 20-2　甘肃各区县白及适宜面积

区县	总面积(km^2)	适宜(km^2)	次适宜(km^2)	适宜比例(%)	次适宜比例(%)
武都区	4477	3935	542	87.90	12.10
文县	4375	3663	712	83.74	16.26
礼县	3786	2407	1379	63.58	36.42
麦积区	3329	1716	1613	51.55	48.45
康县	2892	2884	8	99.71	0.29
徽县	2689	2477	212	92.12	7.88
秦州区	2339	940	1399	40.17	59.83
镇原县	2119	0	2119	0.00	100.00
灵台县	1932	34	1898	1.76	98.24
清水县	1842	106	1736	5.78	94.22

从生态适宜生境分布面积柱状图可以看出,白及在武都区适宜生境分布面积最大,其次为文县,适宜生境分布面积较大;礼县、麦积区、康县、徽县适宜生境分布面积较大;秦州区适宜生境分布面积较小;灵台县、清水县适宜生境分布面积最小;镇原县次适宜生境分布面积最大;礼县、麦积区、秦州区、灵台县、清水县分布面积相差不大,且较大;武都区、文县次适宜生境分布面积较小;康县、徽县次适宜生境分布面积最小。(见图20-2)

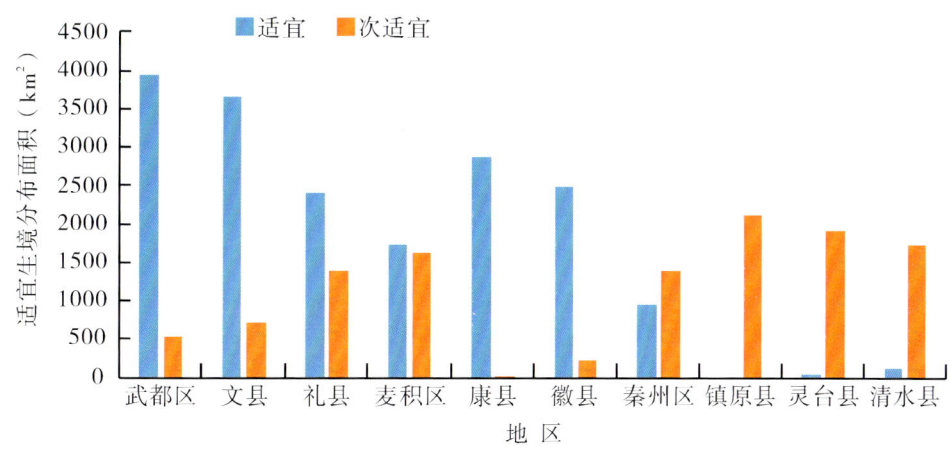

图20-2 白及适宜生境分布面积

【适宜种植区域及布局建议】

根据白及的生态适宜性分析结果,建议选择栽培种植的区域时首先考虑武都区、文县,种植总面积较大且适宜种植面积也较大,武都区主要乡镇包括枫相乡、洛塘镇、裕河镇、三仓镇、鱼龙镇、外纳镇;文县主要乡镇包括范坝镇、丹堡镇、刘家坪乡、中庙镇、中寨镇、铁楼乡。其次考虑礼县、麦积区、康县和徽县,礼县、麦积区种植总面积较大,康县和徽县适宜种植面积较大,礼县主要乡镇包括洮坪镇、石桥镇、永坪镇、罗坝镇、崖城镇、白关镇;麦积区主要乡镇包括党川镇、利桥镇、东岔镇、三岔镇、甘泉镇、麦积镇;康县主要乡镇包括阳坝镇、三河坝镇、白杨镇、岸门口镇、两河镇、长坝镇;徽县主要乡镇包括高桥镇、江洛镇、麻沿河镇、榆树乡、嘉陵镇、柳林镇。在秦州区适宜种植面积和次适宜种植面积相差不大,秦州区主要乡镇包括娘娘坝镇、藉口镇、皂郊镇、汪川镇、关子镇、太京镇。在镇原县、灵台县、清水县次适宜种植面积较大,镇原县主要乡镇包括屯字镇、太平镇、新城镇、平泉镇、临泾镇、孟坝镇;灵台县主要乡镇包括百里镇、什字镇、独店镇、龙门乡、梁原乡、朝那镇;清水县主要乡镇包括秦亭镇、山门镇、红堡镇、永清镇、白驼镇、白沙镇。

21. 防　风
Fangfeng
SAPOSHNIKOVIAE RADIX

本品为伞形科植物防风 *Saposhnikovia divaricata* (Turcz.) Schischk.的干燥根。春、秋二季采挖未抽花茎植株的根,除去须根及泥沙,晒干。味甘、辛,性微温。归膀胱、肝、脾经。其功效顾名思义,具有祛风解表,胜湿止痛,止痉之效。可治外感风寒,头痛,目眩,项强,风寒湿痹,骨节酸痛,四肢挛急及破伤风。《本经》记载:"主大风头眩痛,恶风,风邪,目盲无所见,风行周身,骨节疼痹,烦满。"微温而不燥,药性较为缓和,可用于风热痈盛、目赤肿痛、咽喉不利等症,常于与荆芥、薄荷、连翘、山栀、黄芩等同用。

【地理分布与生境】

防风主产于黑龙江、吉林、内蒙古、河北,其中以黑龙江产量最大;此外,辽宁、山东、山西、陕西等地亦产。黑龙江、内蒙古等地所产的称"关防风"或"东防风",品质最佳;河北等地所产的"口防风"和山西所产的"西防风"品质次于"关防风";山东所产的称"山防风",又称"黄防风""青防风",品质亦较次。防风常生长于草甸、草原山坡、丘陵、林缘林下灌木丛以及田边、路旁。

【生物习性】

防风为多年生草本,喜温暖湿润气候,而又耐寒喜干,适应性较强,适宜在排水良好、疏松干燥的砂壤土中生长,在我国北方及长江流域地区均可栽培。

【生态环境影响分析】

根据分析结果可知,影响防风适宜分布的生态因子共有41个,其中8月份降雨量贡献率最高,为18.4%,取值范围在72~220mm;其次为海拔和最暖月最高温的贡献率,分别为10.1%和10.0%,取值范围分别为150~1950m、22.5~30.5℃;6月份降雨量贡献率为9.5%,取值范围为48~145mm;7月份降雨量贡献率为6.9%,取值范围在80~230mm;坡度贡献率5.7%,取值范围在1°~14°;酸碱度的贡献率在5.6%,取值范围在6.15~8;降雨量变异系数贡献率为4.9%,取值范围>76;7月份平均气温的贡献率是4.7%,取值在16.3~27℃;温度季节性变化标准差的贡献率是4.5%,取值范围在1750~9250。(见表21-1)

表21-1 防风生态因子贡献率

生态因子	贡献率(%)	取值范围
8月份降雨量	18.4	72~220mm
海拔	10.1	150~1950m
最暖月最高温	10.0	22.5~30.5℃
6月份降雨量	9.5	48~145mm
7月份降雨量	6.9	80~230mm
坡度	5.7	1°~14°
酸碱度	5.6	6.15~8
降雨量变异系数	4.9	>76
7月份平均气温	4.7	16.3~27℃
温度季节性变化标准差	4.5	1750~9250

【生态适宜性区划】

从防风生态适宜性区划图来看,防风在甘肃适宜及次适宜生长区域主要在甘肃东部以及东南部分地区。适宜种植地区较大的有庆阳市、平凉市、天水市、定西市以及陇南市,兰州市、白银市、临夏回族自治州和甘南藏族自治州有较少的适宜种植区域;在金昌市、武威市、张掖市仅有极少量的适宜及次适宜种植区域,其余地区均不适宜种植防风。(见图21-1)

【生态适宜区域面积】

对生态适宜性进行面积统计发现,防风适宜面积最大区域为环县,分布总面积5542km²,适宜面积4017km²、次适宜面积1525km²,比例分别为72.48%、27.52%;其次是会宁县,分布总面积为4894km²,适宜面积2928km²、次适宜面积1966km²,比例分别为59.83%、40.17%;镇原县总面积3255km²,适宜面积2835km²、次适宜面积420km²,比例分别为87.10%、12.90%;华池县总面积3096km²,适宜面积2360km²、次适宜面积736km²,比例分别为76.23%、23.77%;文县总面积2897km²,适宜面积2015km²、次适宜面积882km²,比例分别为69.55%、30.45%;武都区总面积2810km²,适宜面积1739km²、次适宜面积1071km²,比例分别为61.89%、38.11%;安定区总面积2693km²,适宜面积1661km²、次适宜面积1032km²,比例分别为61.67%、38.33%;庆城县总面积2531km²,适宜面积2303km²、次适宜面积228km²,比例分别为90.99%、9.01%;通渭县总面积2442km²,适宜面积1796km²、次适宜面积646km²,比例分别为73.55%、26.45%;分布面积最少的是礼县,总面积仅2407km²,适宜面积1263km²、次适宜面

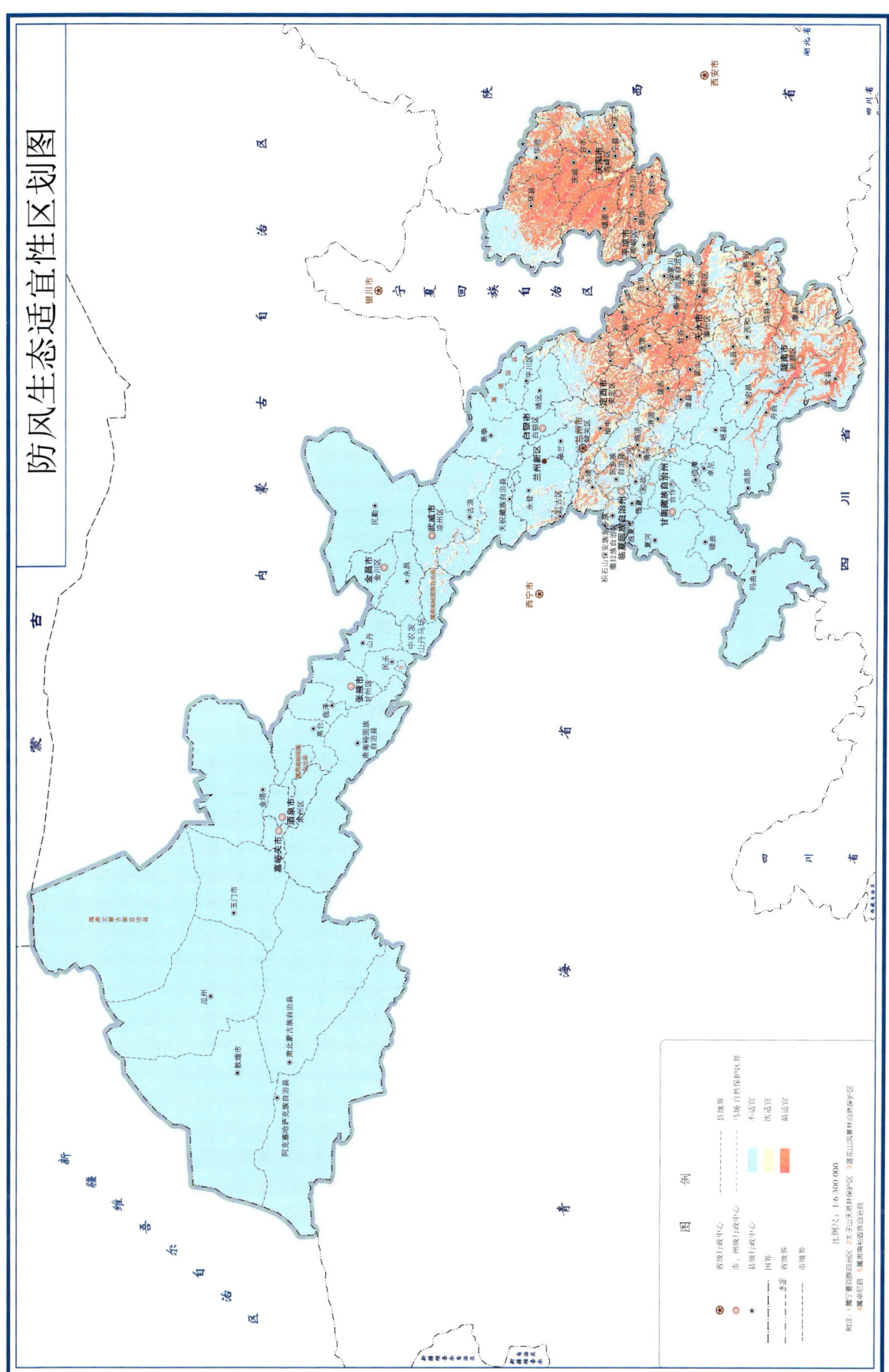

图 21-1 防风生态适宜性区划图

积 1144km², 比例分别为 52.47%、47.53%。(见表 21-2)

表 21-2 甘肃各区县防风适宜面积

区县	总面积(km²)	适宜(km²)	次适宜(km²)	适宜比例(%)	次适宜比例(%)
环县	5542	4017	1525	72.48	27.52
会宁县	4894	2928	1966	59.83	40.17
镇原县	3255	2835	420	87.10	12.90
华池县	3096	2360	736	76.23	23.77
文县	2897	2015	882	69.55	30.45
武都区	2810	1739	1071	61.89	38.11
安定区	2693	1661	1032	61.67	38.33
庆城县	2531	2303	228	90.99	9.01
通渭县	2442	1796	646	73.55	26.45
礼县	2407	1263	1144	52.47	47.53

从生态适宜生境分布面积柱状图可以看出,防风在环县的适宜生境分布面积最大,其次是会宁县、镇原县、庆城县、华池县、文县、武都区、安定区、通渭县、礼县的适宜生境分布面积相对较小,礼县最小;环县、礼县和会宁县次适宜生境分布面积较大,安定区、武都区、文县、华池县、通渭县相对较小,庆城县次适宜生境分布面积最小。(见图 21-2)

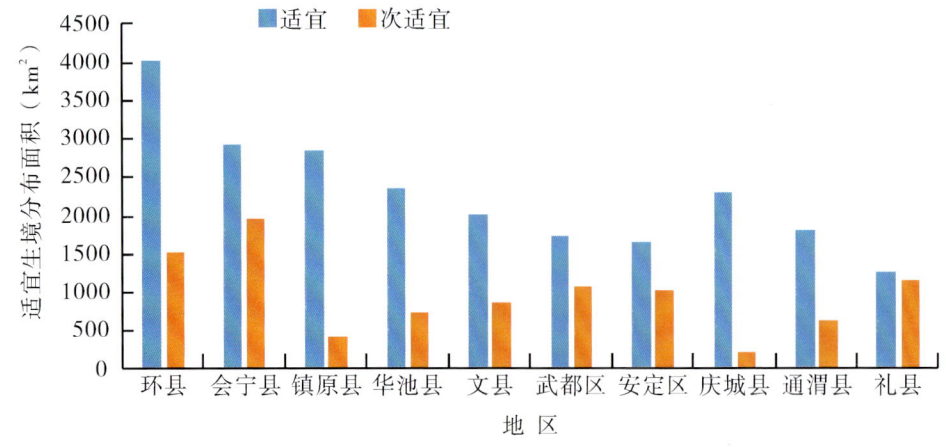

图 21-2 防风适宜生境分布面积

【适宜种植区域及布局建议】

根据防风的生态适宜性分析结果,建议选择栽培种植的区域时首先考虑环县,其主要乡镇有环城镇、车道镇、合道镇、虎洞镇、洪德镇、曲子镇、天池乡、八珠乡、木钵镇、樊家川镇和耿湾乡。其次是会宁县、镇原县和华池县,适宜面积分布相对较多,其中会宁县的主要乡镇有汉家岔镇、柴家门镇、新塬镇、大沟镇、甘沟驿镇、会师镇、新添堡乡、翟家所镇、八里湾乡;镇原县的主要乡镇有孟坝镇、三岔镇、屯字镇、太平镇、新城镇、新集镇、平泉镇、临泾镇;华池县的主要乡镇有林镇乡、城壕镇、五蛟镇、乔川乡、悦乐镇、山庄乡、怀安乡、柔远镇。再次是庆城县、武都区、文县、通渭县、礼县、安定区,其中庆城县的主要乡镇有庆城镇、玄马镇、马岭镇、蔡家庙乡、驿马镇、赤城镇、土桥乡、南庄乡、太白梁乡;武都区的主要乡镇有枫相乡、裕河镇、洛塘镇、外纳镇、三仓镇、两水镇和五库镇;文县的主要乡镇有范坝镇、中庙镇、玉垒乡、桥头镇、丹堡镇、口头坝乡、尚德镇、碧口镇、石鸡坝镇、刘家坪乡、中寨镇、城关镇、尖山乡、堡子坝镇;通渭县的主要乡镇有北城镇、陇阳镇、陇山镇、马营镇、华岭镇、寺子乡;礼县的主要乡镇石桥镇、永坪镇、城关镇、洮坪镇、白河镇、龙林镇;安定区的主要乡镇有巉口镇、凤翔镇、内官营镇、青岚山乡、李家堡镇、鲁家沟镇、西巩驿镇。

22. 甘肃黄芩
Gansuhuangqin
SCUTELLARIAE RADIX

本品为唇形科植物甘肃黄芩 *Scutellaria rehderiana* Diels (Labiatae)的干燥根。在甘肃亦作为黄芩药用,是地方商品黄芩的主要来源,收载于《甘肃省中药材标准》。药材基本情况见黄芩。

【地理分布与生境】

甘肃黄芩分布于甘肃、陕西、山西、内蒙古和宁夏等省区。生长于山地、向阳草坡、田埂。

【生物习性】

甘肃黄芩耐旱怕涝,栽培时需注意排水,尤其是雨季,田间不可积水,否则易烂根,在遇严重干旱时或追肥后,可适当浇水。

【生态环境影响分析】

根据分析结果可知,影响甘肃黄芩适宜分布的生态因子共有24个,其中海拔贡献率最大,达36.9%,取值范围在800~3200m;其次是12月份降雨量,贡献率为11.1%,取值范围在1~6mm;再次是10月份降雨量,贡献率为10.8%,取值范围在20~65mm;4月份降雨量贡献率为10.1%,取值范围为23~70mm;酸碱度贡献率为7.5%,取值范围为6.5;11月份降雨量贡献率为6.7%,取值范围在5~15mm;9月份平均气温贡献率偏低,仅有4.1%,取值范围为11~21℃。(见表22-1)

表22-1 甘肃黄芩生态因子贡献率

生态因子	贡献率(%)	取值范围
海拔	36.9	800~3200m
12月份降雨量	11.1	1~6mm
10月份降雨量	10.8	20~65mm
4月份降雨量	10.1	23~70mm
酸碱度	7.5	6.5
11月份降雨量	6.7	5~15mm
9月份平均气温	4.1	11~21℃

【生态适宜性区划】

从甘肃黄芩生态适宜区划图来看,甘肃黄芩在甘肃适宜及次适宜生长区域主要在甘肃南部的大部分区域。在兰州市、临夏回族自治州和定西市有大部分或几乎全部的适宜种植区域的分布,在甘南藏族自治州、陇南市以及天水市和白银市有部分适宜种植区域和大部分的次适宜种植区域的分布,在白银市和武威市仅有少部分的适宜和次适宜种植区域的分布,在庆阳市、平凉市、张掖市、金昌市仅有极少量的适宜种植区域和少部分次适宜种植区域分布。(见图22-1)

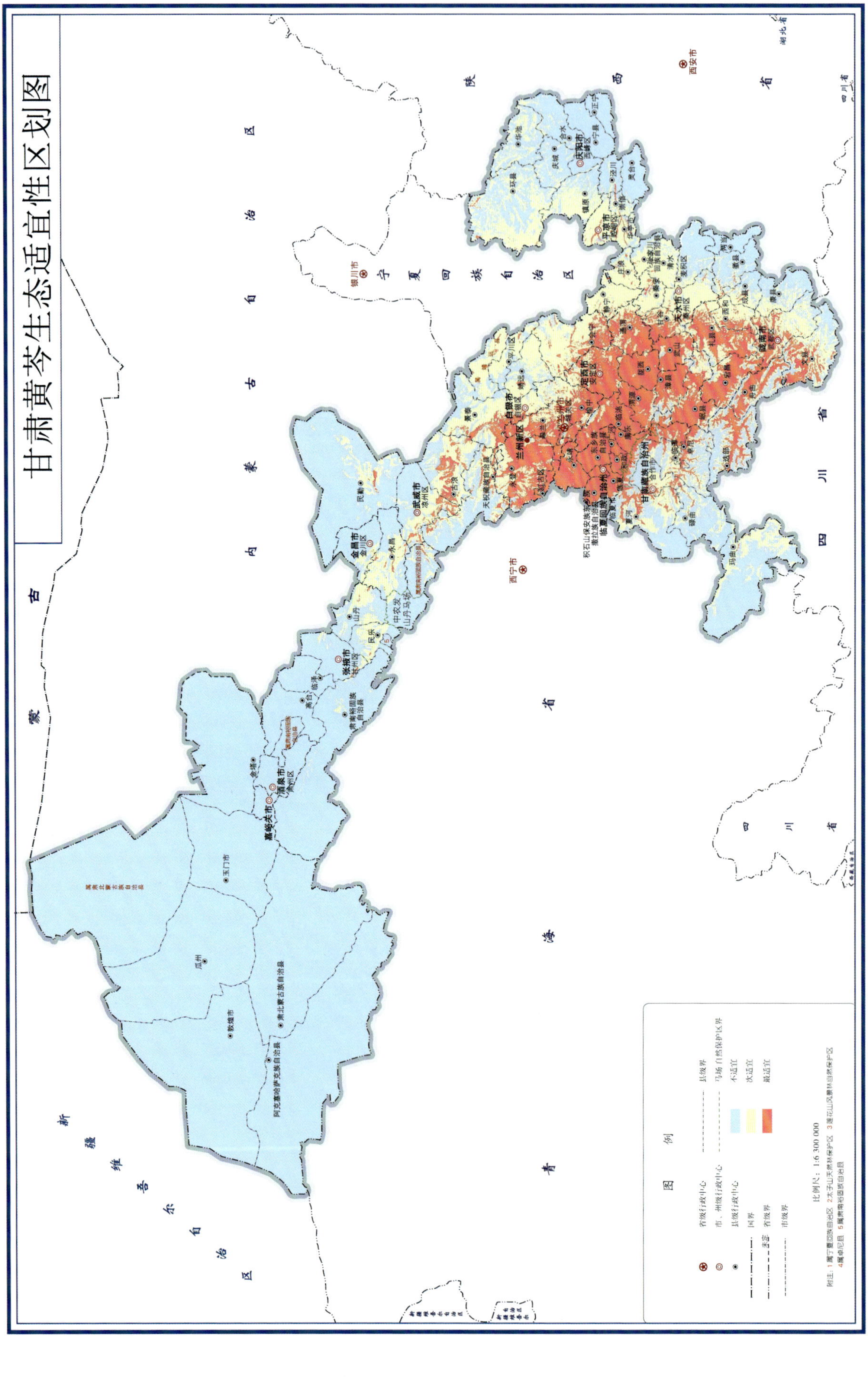

图 22-1 甘肃黄芩生态适宜性区划图

【甘肃黄芩适宜性地理分布】

对生态适宜性进行面积统计发现,甘肃黄芩在会宁县适宜分布总面积最大为5605km^2,其中适宜面积1495km^2、次适宜面积4110km^2,比例分别为26.67%、73.33%;其次是永登县,分布总面积为5542km^2,适宜面积3936km^2、次适宜面积1606km^2,所占比例分别为71.02%、28.98%;环县总面积4356km^2,适宜面积86km^2、次适宜面积4270km^2,比例分别为1.97%、98.03%;礼县分布总面积4047km^2,适宜面积2518km^2、次适宜面积1529km^2,比例分别为62.22%、37.78%;靖远县分布总面积3989km^2,适宜面积159km^2、次适宜面积3830km^2,比例分别为3.99%、96.01%;武都区总面积3794km^2,适宜面积1372km^2、次适宜面积2422km^2,比例分别为36.16%、63.84%;景泰县分布总面积3605km^2,适宜面积884km^2、次适宜面积2721km^2,比例分别为24.52%、75.48%;文县总面积3445km^2,适宜面积1480km^2、次适宜面积1965km^2,比例分别为42.96%、57.04%;安定区总面积3433km^2,适宜面积2574km^2、次适宜面积859km^2,所占比例分别为74.98%、25.02%;古浪县适宜分布总面积最少,为3315km^2,适宜面积987km^2、次适宜面积2328km^2,比例分别为29.77%、70.23%。(见表22-2)

表22-2 甘肃各区县甘肃黄芩适宜面积

区县	总面积(km^2)	适宜(km^2)	次适宜(km^2)	适宜比例(%)	次适宜比例(%)
会宁县	5605	1495	4110	26.67	73.33
永登县	5542	3936	1606	71.02	28.98
环县	4356	86	4270	1.97	98.03
礼县	4047	2518	1529	62.22	37.78
靖远县	3989	159	3830	3.99	96.01
武都区	3794	1372	2422	36.16	63.84
景泰县	3605	884	2721	24.52	75.48
文县	3445	1480	1965	42.96	57.04
安定区	3433	2574	859	74.98	25.02
古浪县	3315	987	2328	29.77	70.23

从生态适宜生境分布面积柱状图可以看出,甘肃黄芩在永登县适宜生境分布面积分布最多,其次是安定区和礼县,会宁县、文县、武都区、古浪县以及景泰县适宜生境分布面积相对较少,而环县和靖远县的适宜生境分布面积最少;总体来说次适宜生境分布面积较适宜生境分布面积多,次适宜生境分布面积最多的是环县;其次是靖远县和会宁县,景泰县、武都区、古浪县以及文县、永登县的次适宜生境分布面积相对较少,次适宜生境分布面积最少的是永登县、礼县以及安定区。(见图22-2)

【适宜种植区域及布局建议】

根据甘肃黄芩的生态适宜性分析结果,建议选择栽培种植的区域时首先考虑环县和永登县,其中环县适宜栽培的主要乡镇有毛井镇、车道镇、小南沟乡、南湫乡、合道镇、环城镇、甜水镇、芦家湾乡、罗山川乡、秦团庄乡;永登县的主要乡镇有七山乡、龙泉寺镇、苦水镇、通远镇、武胜驿镇、民乐乡、柳树镇、上川镇、连城镇、树屏镇、坪城乡、大同镇以及红城镇。其次考虑会宁县、礼县、靖远县和武都区,其中会宁县的主要乡镇有头寨子镇、汉家岔镇、甘沟驿镇、郭城驿镇、新庄镇、柴家门镇、土高山乡以及河畔镇、四房吴镇、大沟镇;礼县主要乡镇有永坪镇、石桥镇、城关镇、白河镇、洮坪镇、宽川镇、龙林镇、马河乡、固城镇;靖远县的主要乡镇有高湾镇、北滩镇、刘川镇、大芦镇、永新乡、五合镇、靖安乡、若笠乡、东升镇、石门乡;武都区主要乡镇有枫相乡、裕河镇、三仓镇、鱼龙镇、外纳镇、洛塘镇。还可以考虑景泰

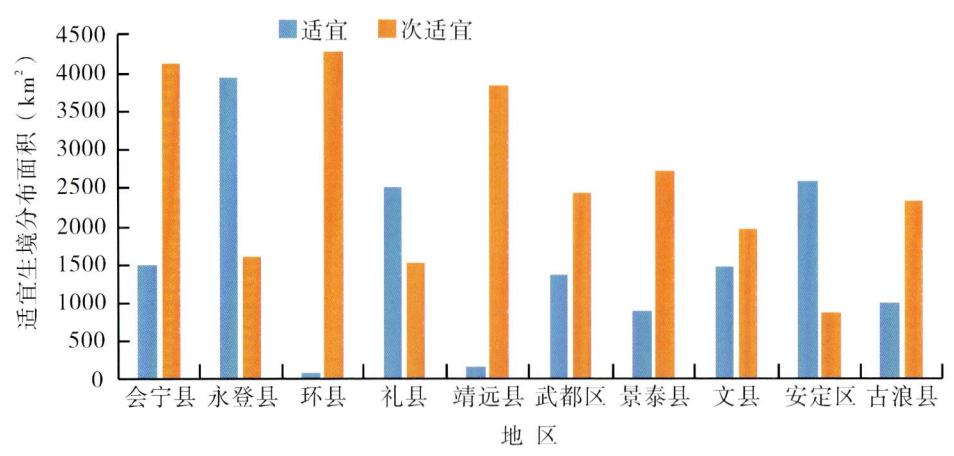

图22-2 甘肃黄芩适宜生境分布面积

县、文县、安定区和古浪县,景泰县的主要乡镇有中泉镇、喜泉镇、正路镇、寺滩乡、上沙沃镇、五佛乡、芦阳镇、草窝滩镇、红水镇、漫水滩乡、一条山镇;文县主要乡镇有丹堡镇、范坝镇、中寨镇、刘家坪镇、铁楼乡;安定区主要乡镇有巉口镇、内官营镇、凤翔镇、青岗山乡、鲁家沟镇;古浪县适宜栽培的主要乡镇有海子滩镇、新堡乡、黄花滩镇、西靖镇、直滩镇、大靖镇以及黄羊川镇和裴家营镇。

23. 甘 遂
Gansui
KANSUI RADIX

本品为大戟科植物甘遂 *Euphorbia kansui* T. N. Liou ex T.P Wang 的干燥块根。春季开花前或秋末茎叶枯萎后采挖,撞去外皮,晒干。味苦,性寒,有毒。具有泻水逐饮、消肿散结的功能。用于水肿胀满、胸腹积水、痰饮积聚、气逆咳喘、二便不利、风痰癫痫、痈肿疮毒等症状。因其逐水之力强,被医家誉为"泄水之圣药"。《神农本草经》记载甘遂功效有:"主治大腹疝瘕、腹满、面目浮肿、留饮宿食、破坚积聚、利水谷道。"《本草纲目》记载:"泻肾经及隧道水湿脚气、阴囊肿坠、痰迷癫痫、噎膈痞塞。"《本草经集注》《新修本草》《千金翼方》皆记载"下五水,散膀胱留热,皮中痞,热气肿满"。现代研究也发现甘遂有明显的泻下、抗生育和免疫抑制等作用,临床上多用于肝硬化、腹水、胸腔积液、水肿、咳喘、肿瘤等病症。

【地理分布与生境】

甘遂产于河北、山西、陕西、甘肃、河南、四川等地。生于荒坡、沙地、低山坡、草坡、农田地埂、路旁等处。

【生物习性】

甘遂对气候适应性较强,耐严寒、抗干旱,我国华北、西北、西南、中南等地均有野生分布。

【生态环境影响分析】

根据分析结果可知,影响甘遂适宜分布的生态因子共有32个,其中11月份降雨量贡献率最大,达18.9%,取值范围在5~35mm;其次是10月份降雨量,贡献率达12.4%,取值范围在25~75mm;2月份平均气温贡献率为11.3%,取值范围为-8~-1℃和1~8℃;海拔贡献率为9.0%,取值范围在200~2600m;8月份降雨量贡献率为7.8%,取值范围50~140mm;6月份降雨量贡献率5.8%,取值范围在20~85mm;12月份平均气温贡献率为5.2%,取值范围为-9.0~-0.5℃和0.5~7.0℃;10月份降雨量贡献率为4.6%,取值范围为1~12mm;温度季节性变化标准差贡献率最小,仅为4.3%,取值范围为8000~11 500。(见表23-1)

表23-1 甘遂生态因子贡献率

生态因子	贡献率(%)	取值范围
11月份降雨量	18.9	5~35mm
10月份降雨量	12.4	25~75mm
2月份平均气温	11.3	−8~−1℃和1~8℃
海拔	9.0	200~2600m
8月份降雨量	7.8	50~140mm
6月份降雨量	5.8	20~85mm
12月份平均气温	5.2	−9.0~−0.5℃和0.5~7.0℃
10月份降雨量	4.6	1~12mm
温度季节性变化标准差	4.3	8000~11 500

【生态适宜性区划】

从甘遂生态适宜性区划图来看,可以得到甘遂在甘肃最适宜及次适宜生长区域主要在甘肃东南部偏东一些地区。庆阳市、天水市、平凉市、定西市、兰州市以及临夏回族自治州均有大面积的最适宜种植面积分布;在武威市、白银市和陇南市有部分最适宜种植面积分布;在金昌市、武威市、兰州市、白银市、甘南藏族自治州和陇南市有大部分的次适宜种植面积分布;在庆阳市、定西市、天水市、定西市和临夏回族自治州有少部分的次适宜种植面积分布。(见图23-1)

【生态适宜区域面积】

对生态适宜进行面积统计发现,甘遂适宜面积最大区域为环县,其分布总面积为8649km²,适宜面积3532km²、次适宜面积5117km²,所占比例分别为40.84%、59.16%;其次是玛曲县,分布总面积6975km²,适宜面积44km²、次适宜面积6931km²,比例分别为0.63%、99.37%;会宁县总面积6081km²,适宜面积4630km²、次适宜面积1451km²,比例分别为76.14%、23.86%;永登县分布总面积5536km²,适宜面积1405km²、次适宜面积4131km²,比例分别为25.38%、74.62%;靖远县分布总面积5434km²,适宜面积1765km²、次适宜面积3669km²,比例分别为32.48%、67.52%;景泰县分布总面积5002km²,适宜面积1197km²、次适宜面积3805km²,比例分别为23.93%、76.07%;文县总面积4659km²,适宜面积315km²、次适宜面积4344km²,比例分别为6.76%、93.24%;古浪县总面积4598km²,适宜面积341km²、次适宜面积4257km²,比例分别为7.42%、92.58%;凉州区分布总面积4585km²,适宜面积935km²、次适宜面积3650km²,比例分别为20.39%、79.61%;武都区分布总面积4537km²,适宜面积689km²、次适宜面积3848km²,比例分别为15.19%、84.81%。(见表23-2)

从生态适宜生境分布面积柱状图可以看出,甘遂的适宜生境分布面积相对于次适宜生境分布面积较少,适宜生境分布面积最多的是会宁县,其次是环县,偏少的是靖远县、永登县、景泰县以及凉州区和武都区;最少的是古浪县和文县;次适宜生境分布面积最多的是玛曲县;其次是环县,会宁县则分布最少;其余的靖远县、永登县、景泰县、古浪县、凉州区、文县以及武都区生境分布面积相差不大。(见图23-2)

【适宜种植区域及布局建议】

根据甘遂的生态适宜性分析结果,建议选择栽培种植的区域时首先考虑环县,其主要乡镇有环

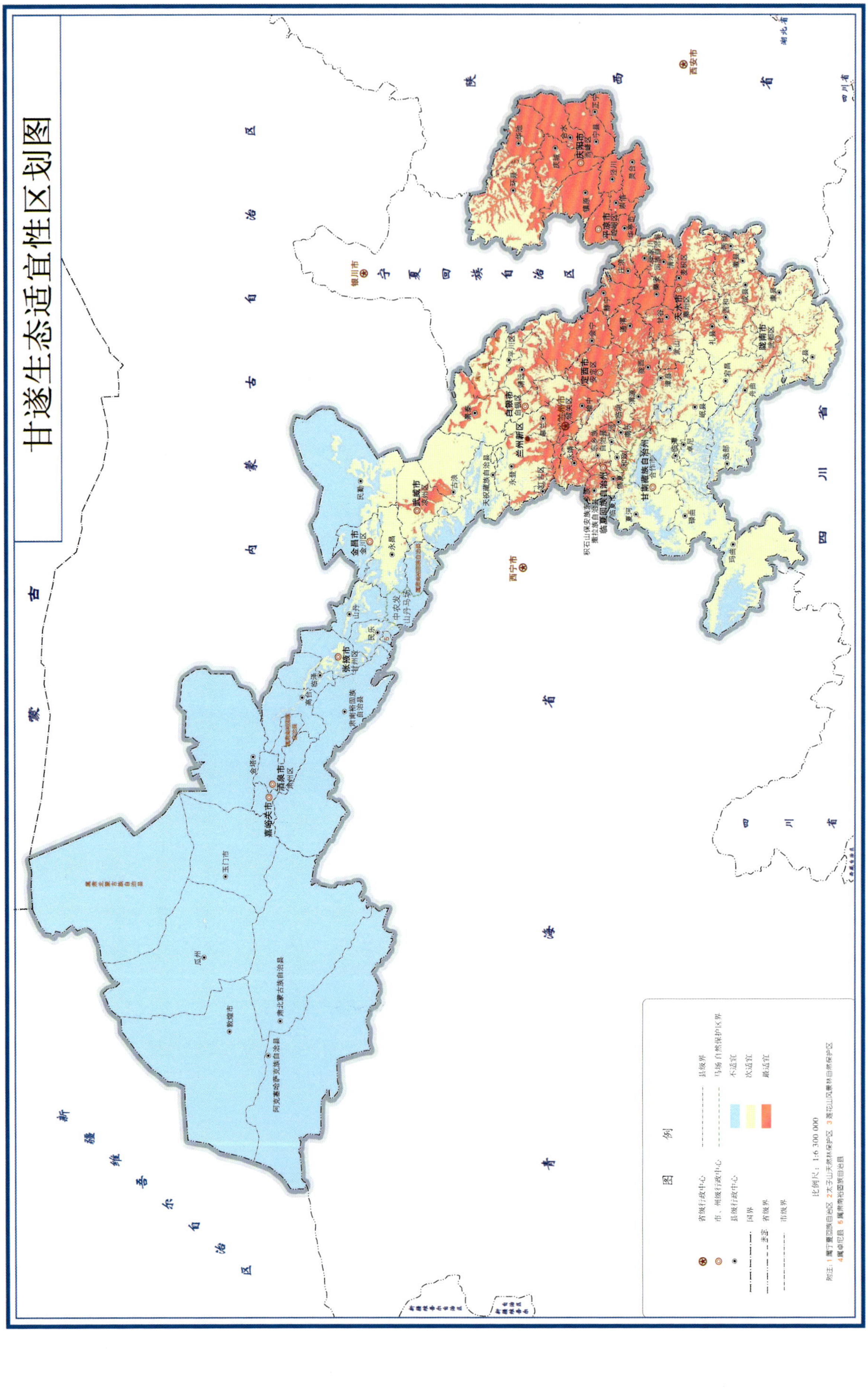

图 23-1 甘遂生态适宜性区划图

表 23-2　甘肃各区县甘遂适宜面积

区县	总面积(km²)	适宜(km²)	次适宜(km²)	适宜比例(%)	次适宜比例(%)
环县	8649	3532	5117	40.84	59.16
玛曲县	6975	44	6931	0.63	99.37
会宁县	6081	4630	1451	76.14	23.86
永登县	5536	1405	4131	25.38	74.62
靖远县	5434	1765	3669	32.48	67.52
景泰县	5002	1197	3805	23.93	76.07
文县	4659	315	4344	6.76	93.24
古浪县	4598	341	4257	7.42	92.58
凉州区	4585	935	3650	20.39	79.61
武都区	4537	689	3848	15.19	84.81

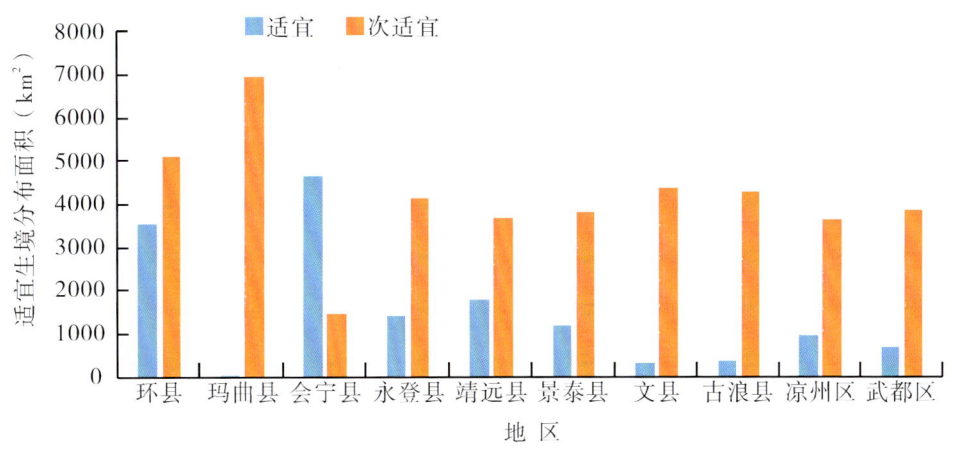

图 23-2　甘遂适宜生境分布面积

城镇、车道镇、毛井镇、洪德镇、小南沟乡、耿湾乡。其次可以考虑玛曲县、会宁县以及靖远县,其中玛曲县的主要乡镇有阿万仓镇、曼日玛镇、欧拉镇、尼玛镇、齐哈玛镇、采日玛镇;靖远县的主要乡镇有高湾镇、北滩镇、若笠乡、石门乡、刘川镇、大芦镇;会宁县的主要乡镇有头寨子镇、汉家岔镇、甘沟驿镇、新庄镇、郭城驿镇、刘家寨子镇。也可以考虑永登县,主要乡镇有七山乡、龙泉寺镇、苦水镇、武胜驿镇、通远镇、连城镇。景泰县主要乡镇有中泉镇、寺滩乡、正路镇、五佛乡、喜泉镇、上沙沃镇;古浪县主要乡镇有海子滩镇、新堡乡、黄花滩镇、西靖镇、直滩镇、大靖镇;凉州区主要乡镇有长城镇、西营镇、张义镇、清源镇、黄羊镇、古城镇;文县主要乡镇有范坝镇、丹堡镇、中寨镇、刘家坪乡、铁楼乡、中庙镇;武都区主要乡镇有枫相乡、洛塘镇、裕河镇、三仓镇、鱼龙镇、外纳镇。

24. 高乌头

Gaowutou

ACONITUM SINOMONTANUM

本品为毛茛科乌头属植物高乌头 *Aconitum sinomontanum* Nakai 的根,是甘肃等中西部地区民间习用中药;又名麻布七、大鸡爪、穿心莲乌头、穿心莲牛扁、辫子根等。历代本草著作记载"高乌头辛、苦,温,有毒"。具有祛风除湿,理气止痛,活血散瘀的功效。可用于治疗风湿痹痛,关节肿痛,跌打劳伤,急慢性菌痢等病症;外用可杀灭寄生虫。

现代研究表明高乌头具有镇痛、抗炎、解热、局麻、抗心律失常等广泛的药理作用,临床上常用于治疗类风湿性关节炎和局部镇痛。

【地理分布与生境】

高乌头分布于四川西部、湖北西部、青海东部、甘肃南部、陕西秦岭、山西及河北等地区的山坡草地或林中。

【生物习性】

高乌头喜温暖湿润气候,以阳光充足、表土疏松、排水良好、中等肥力土壤栽种为佳,适应性强,忌连作。

【生态环境影响分析】

根据分析结果可知,影响高乌头适宜分布的生态因子共有27个,其中4月份降雨量贡献率最高,达31.1%,取值范围为20~130mm;其次是海拔的贡献率,为25.2%,取值范围在1600~3100m;温度季节性变化标准差贡献率8.6%,取值范围在6000~8000;9月份降雨量贡献率7.7%,取值范围为60~300mm;等温性贡献率7.0%,取值范围在27~42;坡度贡献率5.6%,取值范围3°~24°;12月份降雨量贡献率最低,为4.2%,取值范围为0~25mm。(见表24-1)

表24-1 高乌头生态因子贡献率

生态因子	贡献率(%)	取值范围
4月份降雨量	31.1	20~130mm
海拔	25.2	1600~3100m
温度季节性变化标准差	8.6	6000~8000
9月份降雨量	7.7	60~300mm
等温性	7.0	27~42
坡度	5.6	3°~24°
12月份降雨量	4.2	0~25mm

【生态适宜性区划】

从高乌头生态适宜性区划图来看,可以得到高乌头在甘肃适宜及次适宜生长区域主要在甘肃南部以及中部偏南的大部分地区,定西市、临夏回族自治州、甘南藏族自治州有绝大部分的适宜种植面积的分布;在兰州市、武威市、陇南市、天水市有部分的适宜种植面积的分布;金昌市、白银市、平凉市、庆阳市有少量的适宜种植面积分布;平凉市、庆阳市、天水市、陇南市、甘南藏族自治州以及兰州市、金昌市、张掖市和武威市有部分次适宜种植面积的分布。(见图24-1)

【生态适宜区域面积】

对生态适宜进行面积统计发现,高乌头适宜面积最大区域为玛曲县,总面积有9138km²,适宜面积仅236km²,所占比例仅2.58%,次适宜面积有8902km²,比例达97.42%;其次为环县,总面积达8503km²,适宜面积较少有740km²,比例为8.70%,次适宜面积有7763km²,所占比例有91.30%;天祝县总面积6410km²,适宜面积4027km²,次适宜面积2383km²,比例分别为62.82%、37.18%;夏河县总面积有5971km²,适宜面积有3625km²、次适宜面积有2346km²,比例分别为60.70%、39.29%;会宁

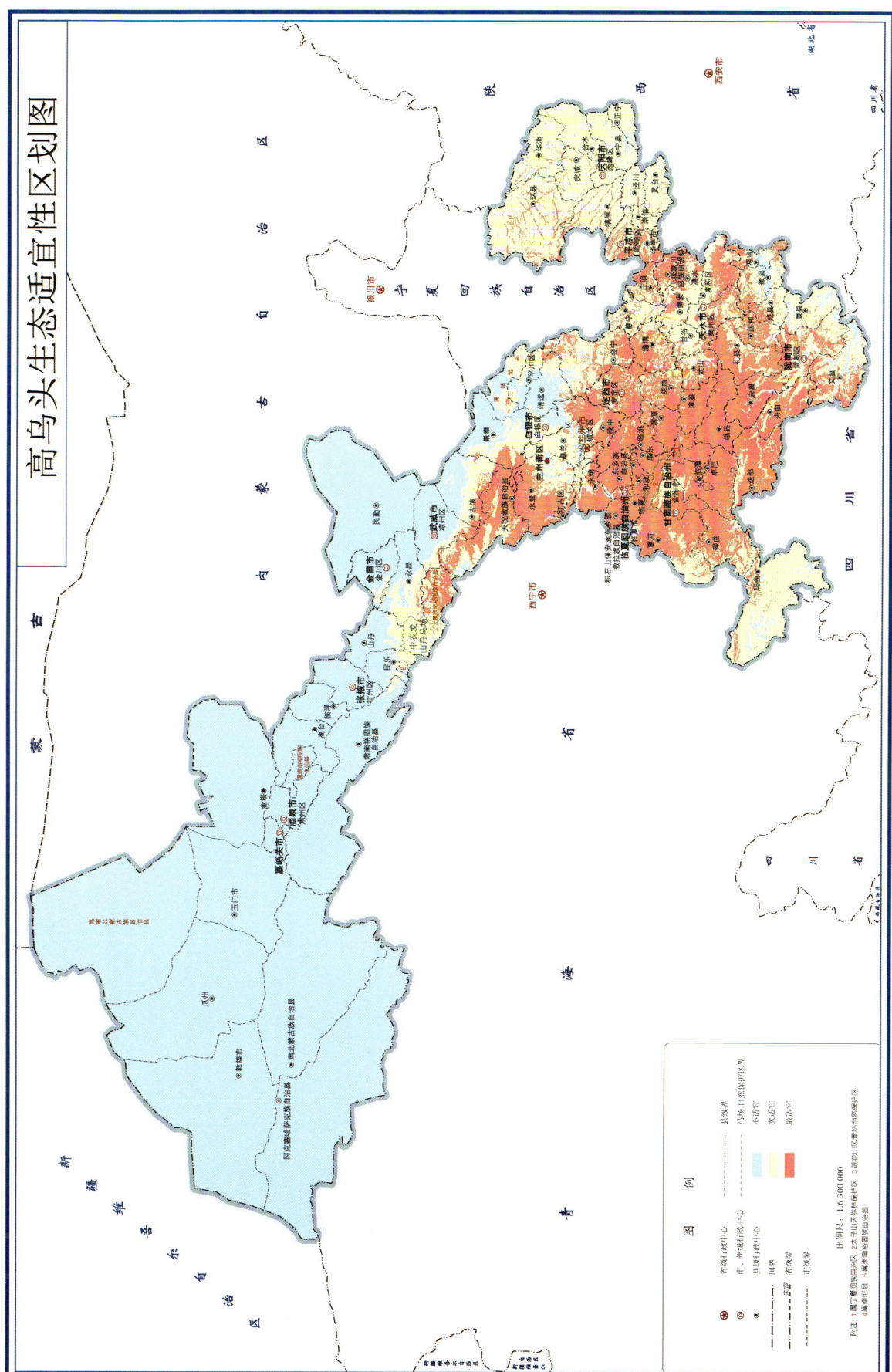

图 24-1 高乌头生态适宜性区划图

总面积5739km²,适宜面积1783km²、次适宜面积3956km²,比例分别为31.07%、68.93%;永登县总面积5390km²,适宜面积3132km²、次适宜面积2258km²,比例分别为58.11%、41.89%;卓尼县总面积5203km²,适宜面积4369km²、次适宜面积834km²,比例分别为83.97%、16.03%;碌曲县总面积5098km²,适宜面积2467km²、次适宜面积2631km²,比例分别为48.39%、51.61%;迭部县总面积4928km²,适宜面积3578km²、次适宜面积1350km²,比例分别为72.61%、27.39%;文县总面积最少为4309km²,其中适宜面积1214km²,所占面积为28.17%,次适宜面积3095km²,所占比例为71.83%。(见表24-2)

表24-2 甘肃各区县高乌头适宜面积

区县	总面积(km²)	适宜(km²)	次适宜(km²)	适宜比例(%)	次适宜比例(%)
玛曲县	9138	236	8902	2.58	97.42
环县	8503	740	7763	8.70	91.30
天祝县	6410	4027	2383	62.82	37.18
夏河县	5971	3625	2346	60.70	39.29
会宁县	5739	1783	3956	31.07	68.93
永登县	5390	3132	2258	58.11	41.89
卓尼县	5203	4369	834	83.97	16.03
碌曲县	5098	2467	2631	48.39	51.61
迭部县	4928	3578	1350	72.61	27.39
文县	4309	1214	3095	28.17	71.83

从生态适宜生境分布面积柱状图可以看出,高乌头在环县和玛曲县分布面积较多,且基本为次适宜生境分布面积,适宜生境分布面积少;其余各县适宜和次适宜生境分布面积均相差不大,其中天祝县、夏河县、永登县、卓尼县、迭部县的适宜生境分布面积相对较多,而会宁县、文县、碌曲县的适宜生境分布面积较少;天祝县、夏河县、永登县、会宁县、文县、碌曲县的次适宜生境分布面积相对偏多,而卓尼县和迭部县的次适宜生境分布面积相对偏少。(见图24-2)

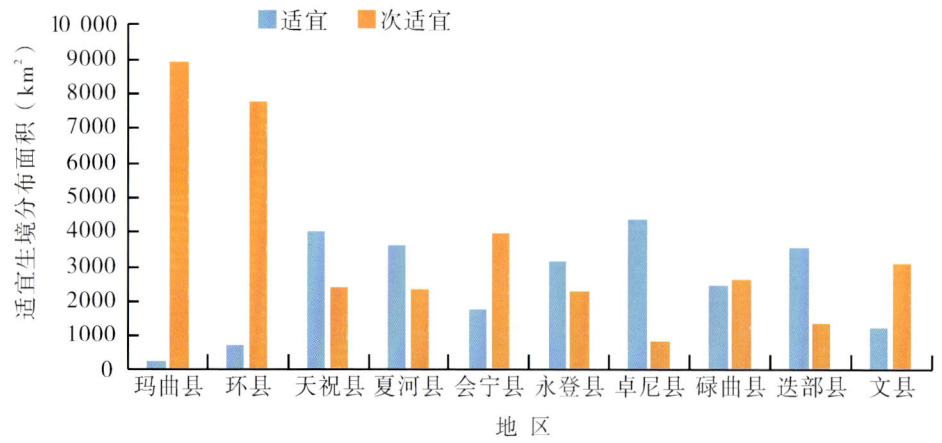

图24-2 高乌头适宜生境分布面积

【适宜种植区域及布局建议】

根据高乌头的生态适宜性分析结果,建议选择栽培种植的区域时首先考虑环县与玛曲县,其中环县分布的主要乡镇有环城镇、车道镇、毛井镇、小南沟乡、合道镇;玛曲县分布的主要乡镇有阿万仓镇、欧拉秀玛乡、木西合乡、欧拉镇、曼日玛镇和尼玛镇。天祝县的主要乡镇有松山镇、旦马乡、哈溪镇、毛藏乡、抓喜秀龙镇、祁连镇；夏河县的主要乡镇有桑科镇、阿木去乎镇、科才镇、甘加镇、扎油乡、麻当镇；永登县的主要乡镇有七山乡、武胜驿镇、通远镇、连城镇、民乐乡、苦水镇；会宁县的主要分布乡镇有头寨子镇、汉家岔镇、甘沟驿镇、大沟镇、刘家寨子镇、柴家门镇；卓尼县的主要乡镇有喀尔钦镇、木耳镇、尼巴镇、恰盖乡、康多乡、刀告乡；迭部县的主要乡镇有达拉乡、电尕镇、旺藏镇、多儿乡、腊子口镇、卡坝乡；碌曲县主要乡镇有尕海镇、玛艾镇、拉仁关乡、郎木寺镇、双岔镇、西仓镇；文县的主要乡镇有丹堡镇、范坝镇、中寨镇、刘家坪乡、铁楼乡。

25. 葛　根
Gegen
PUERARIAE LOBATAE RADIX

本品为豆科植物野葛 *Pueraria lobata* (Willd.) Ohwi 的干燥根，习称野葛。秋、冬二季采挖，趁鲜切成厚片或小块并干燥。味甘、辛，性凉。归脾、胃、肺经。主要功效有解肌退热，生津止渴，透疹，升阳止泻，通经活络以及解酒毒。可用于外感发热头痛，项背强痛，口渴，消渴，麻疹不透，热痢，泄泻，眩晕头痛，中风偏瘫，胸痹心痛，酒毒伤中等症状。明朝著名的医学家李时珍在《本草纲目》中这样记载："葛，性甘、辛，平，无毒，主治消渴、大热、呕吐，可起阴气，解诸毒。"

葛根的药用价值极高，素有"亚洲人参"之称，葛粉也被称为"长寿粉"，在日本被誉为"皇室特供食品"。常食葛粉能调节人体机能，增强体质，提高机体抗病能力，抗衰延年，永葆青春活力。张元素说："用葛根以断太阳入阳明之路，即非太阳药也，故仲景治太阳阳明合病，桂枝汤加麻黄、葛根也。又有葛根黄芩黄连解肌汤，是知葛根非太阳药，即阳明药。太阳初病，未入阳明，头痛者，不可便服葛根发之，若服之是引贼破家也，若头颅痛者可服之。"

【地理分布与生境】

葛主要产于江西、福建、台湾、湖南、广东、海南、广西、贵州、云南等地。生长于山地路旁灌木丛中或潮湿肥沃的丘陵山坡疏林下。

【生物习性】

葛的生长对气候要求不严，适应性较强，萌芽力也较强，易繁殖，喜温暖、光照充足的气候条件，其对土壤要求比较严格，适宜生长在土层厚、疏松肥沃、排水良好的砂壤土上，在土层瘦薄、黏度大、排水不良的土壤中生长不良。

【生态环境影响分析】

根据分析结果可知，影响葛适宜分布的生态因子共有 37 个，其中 4 月份降雨贡献率最大，达 31.5%，取值范围为>40mm；10 月份降雨贡献率为 23.4%，取值范围为>42mm；3 月份降雨贡献率 18.4%，取值范围为>13mm；坡度贡献率为 3.5%，取值范围在 0°~29°。（见表 25-1）

【生态适宜性区划】

从葛生态适宜性区划图来看，可以得到葛最适宜生长区域主要在甘肃东南的部分地区，在平凉市、天水市、陇南市有大部分最适宜以及少部分的次适宜种植面积的分布，甘南藏族自治州、定西市、庆阳市和白银市几个邻近市州内亦有少量的最适宜及次适宜种植面积的分布。（见图 25-1）

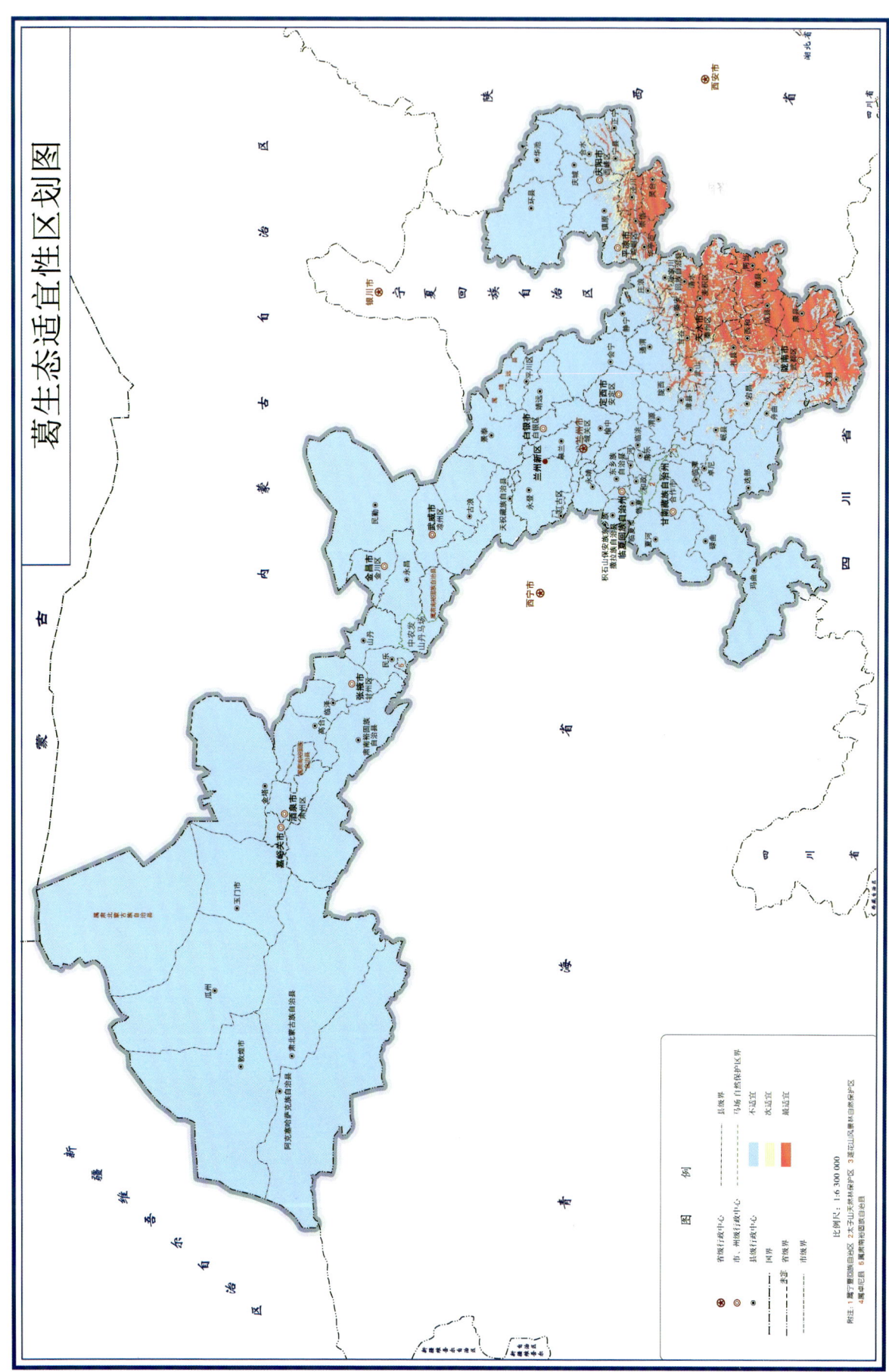

图 25-1 葛生态适宜性区划图

表 25-1 葛生态因子贡献率

生态因子	贡献率(%)	取值范围
4月份降雨量	31.5	>40mm
10月份降雨量	23.4	>42mm
3月份降雨量	18.4	>13mm
坡度	3.5	0°~29°

【生态适宜区域面积】

对生态适宜进行面积统计发现,葛适宜及次适宜面积最大区域为武都区,其总面积为3521km², 其中适宜面积3144km²、次适宜面积377km²,所占比例分别为89.29%、10.71%;其次是文县,其总面积为3119km²,适宜面积2765km²、次适宜面积354km²,比例分别为88.65%、11.35%;麦积区总适宜分布面积为2837km²,适宜面积2501km²、次适宜面积336km²,比例分别为88.16%、11.84%;康县总面积2437km²,适宜面积2340km²、次适宜面积97km²,比例分别为96.02%、3.98%;徽县总面积2432km²,适宜面积2345km²、次适宜面积87km²,比例分别为96.42%、3.58%;礼县分布总面积2428km²,适宜面积1824km²、次适宜面积604km², 比例分别为75.12%、24.88%; 秦州区总面积1982km², 适宜面积1656km²、次适宜面积328km², 比例分别为83.47%、16.53%; 灵台县总面积1872km², 适宜面积1706km²、次适宜面积166km²,比例分别为91.08%、8.82%;西和县总面积1713km²,适宜面积1545km²、次适宜面积168km²,比例分别为90.19%、9.81%;成县总面积最少,为1523km²,适宜面积1455km²,所占比例95.54%,次适宜面积68km²,其所占比例仅为4.46%。(见表25-2)

表 25-2 甘肃各区县葛适宜面积

区县	总面积(km²)	适宜(km²)	次适宜(km²)	适宜比例(%)	次适宜比例(%)
武都区	3521	3144	377	89.29	10.71
文县	3119	2765	354	88.65	11.35
麦积区	2837	2501	336	88.16	11.84
康县	2437	2340	97	96.02	3.98
徽县	2432	2345	87	96.42	3.58
礼县	2428	1824	604	75.12	24.88
秦州区	1982	1656	328	83.47	16.53
灵台县	1873	1706	166	91.08	8.82
西和县	1713	1545	168	90.19	9.81
成县	1523	1455	68	95.54	4.46

从生态适宜生境分布面积柱状图可以看出,葛在武都区生境分布面积最大,其次是文县、麦积区以及康县、徽县,生态适宜生境分布面积偏少的是礼县、秦州区、灵台县、西和县和成县,但相差不大;各县的适宜生态适宜生境均比次适宜分布面积多;次适宜生态适宜生境的是礼县,最少的是康县、徽县以及成县。(见图25-2)

【适宜种植区域及布局建议】

根据葛的生态适宜性分析结果,建议选择栽培种植葛的区域时首先考虑武都区,其主要乡镇有洛塘镇、枫相乡、裕河镇、三仓镇、鱼龙镇、五库镇。还有文县与麦积区,文县的主要乡镇有范坝镇、丹堡镇、刘

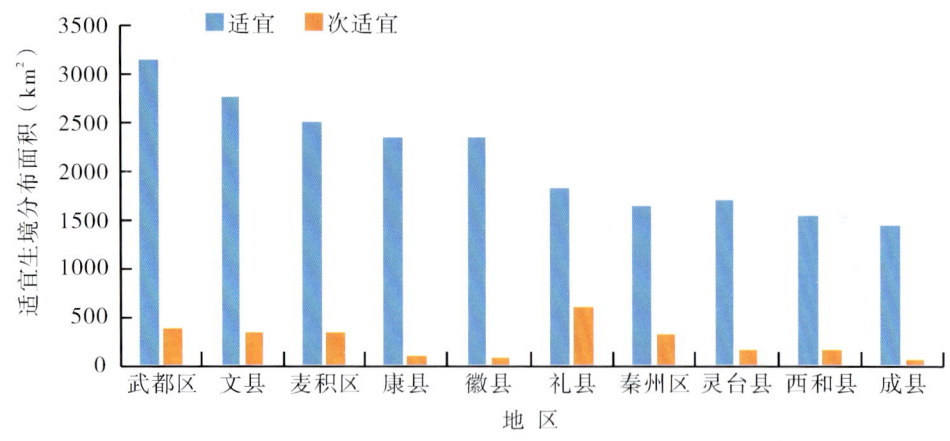

图 25-2 葛适宜生境分布面积

家坪乡、尚德镇、中庙镇、口头坝乡、玉垒乡、桥头镇、碧口镇以及堡子坝镇;麦积区的主要乡镇有党川镇、利桥镇、三岔镇、东岔镇、元龙镇、麦积镇、甘泉镇、伯阳镇。其次可以考虑康县,康县的主要乡镇有阳坝镇、白杨镇、岸门口镇、长坝镇、迷坝乡、三河坝镇、平洛镇、店子乡、豆坝镇、两河镇。徽县主要乡镇有高桥镇、江洛镇、麻沿河镇、榆树乡、嘉陵镇、柳林镇、大河店镇、虞关乡、伏家镇。也可以考虑礼县,礼县的主要乡镇有石桥镇、永坪镇、城关镇、白河镇、洮坪镇、宽川镇、白关镇、马河乡、固城镇、龙林镇。秦州区主要乡镇有娘娘坝镇、汪川镇、关子镇、太京镇、天水镇、皂郊镇;灵台县主要乡镇有中台镇、什字镇、百里镇、西屯镇、邵寨镇、龙门乡;西和县主要乡镇有马元镇、大桥镇、十里镇、石堡镇、洛峪镇;成县主要乡镇有店村镇、城关镇、宋坪乡、红川镇、二郎乡、镡河乡。

26. 黄 芪
Huangqi
ASTRAGALI RADIX

本品为豆科植物蒙古黄芪 Astragalus membranaceus (Fisch.) Bge. var. mongholicus (Bge.) Hsiao 或膜荚黄芪 Astragalus membranaceus (Fisch.) Bge.的干燥根。春、秋二季采挖,除去须根和根头,晒干。其味甘,性温。归肺、脾经。具有补气升阳,固表止汗,利水消肿,生津养血,行滞通痹,托毒排脓,敛疮生肌的功效。可用于气虚乏力,食少便溏,中气下陷,久泻脱肛,便血崩漏,表虚自汗,气虚水肿,内热消渴,血虚萎黄,半身不遂,痹痛麻木,痈疽难溃,久溃不敛等症状。

黄芪为常用药材,药材选方有防己黄芪汤、黄芪桂枝五物汤、补中益气汤等。且黄芪是百姓经常食用的纯天然品,民间流传着"常喝黄芪汤,防病保健康"的顺口溜。现代医学研究表明,黄芪有增强机体免疫功能、保肝、利尿、抗衰老、抗应激、降压和较广泛的抗菌作用,能消除实验性肾炎蛋白尿,增强心肌收缩力,调节血糖含量。黄芪不仅能扩张冠状动脉,改善心肌供血,提高免疫功能,而且能够延缓细胞衰老的进程。黄芪食用方便,可煎汤、煎膏、浸酒、入菜肴等,常见的食疗组方有黄芪建中汤、黄芪补肺饮、参芪大枣粥等。

蒙古黄芪

Astragalus membranaceus var. *mongholicus*

【地理分布与生境】

蒙古黄芪为旱生植物,生于山地草原、灌丛、林缘、沟边等地。主要分布于内蒙古的锡林郭勒盟白音锡勒牧场、克什克腾旗黄岗梁和白音敖包,华北地区的燕山山地、大青山、蛮汗山、小五台山、恒山、五台山、吕梁山北部。

【生物习性】

蒙古黄芪性喜凉爽,耐寒耐旱,怕热怕涝,适宜在土层深厚、富含腐殖质、透水力强的砂壤土种植。强盐碱地不宜种植。根垂直生长可达 1m 以上,俗称"鞭竿芪"。土壤黏重,根生长缓慢带畸形;土层薄,根多横生,分支多,呈"鸡爪形",质量差。蒙古黄芪忌连作,不宜与马铃薯、胡麻轮作,种子硬实率可达 30%~60%,直播当年只生长茎叶而不开花,第二年才开花结实并产籽。

【生态环境影响分析】

根据分析结果可知,影响蒙古黄芪适宜分布的生态因子共有 28 个,其中 8 月份降雨量贡献率最高,达 25.3%,取值范围在 75~150mm;其次是海拔,贡献率为 19.2%,取值范围在 1000~2000m;11 月份降雨量贡献率为 15.8%,取值范围为>12mm;土壤有效含水量贡献率占 7.7%,等级范围在 0.6~1.8;坡面贡献率 6.0%,取值范围>6°;等温性贡献率 4.7%,取值范围在 24~30;7 月份温度贡献 3.5%,取值范围在 11.5~21.5℃;4 月份降雨量贡献率 3.0%,取值范围为>30mm。(见表 26-1)

表 26-1 蒙古黄芪生态因子贡献率

生态因子	贡献率(%)	取值范围
8 月份降雨量	25.3	75~150mm
海拔	19.2	1000~2000m
11 月份降雨量	15.8	>12mm
土壤有效含水量等级	7.7	0.6~1.8
坡面	6.0	>6°
等温性	4.7	24~30
7 月份温度	3.5	11.5~21.5℃
4 月份降雨量	3.0	>30mm

【生态适宜性区划】

从蒙古黄芪生态适宜性区划图来看,蒙古黄芪的最适宜及次适宜种植区域分布在甘肃中部及南部的大部分地区,其中张掖市、金昌市、武威市以及定西市、临夏回族自治州有大面积的次适宜种植区域和部分的最适宜种植区域分布;庆阳市、平凉市、天水市、陇南市、白银市、兰州市有少面积的最适宜种植面积和大面积的次适宜种植面积;在甘南藏族自治州和酒泉市有少部分的次适宜种植区域分布。(见图 26-1)

【蒙古黄芪适宜性地理分布】

对生态适宜进行面积统计发现,肃南县适宜分布总面积最大为 6528km², 适宜面积 2490km²、次适宜面积 4038km², 比例分别为 38.15%、61.85%;其次是环县,总面积为 6209km², 适宜面积 1310km²、次适

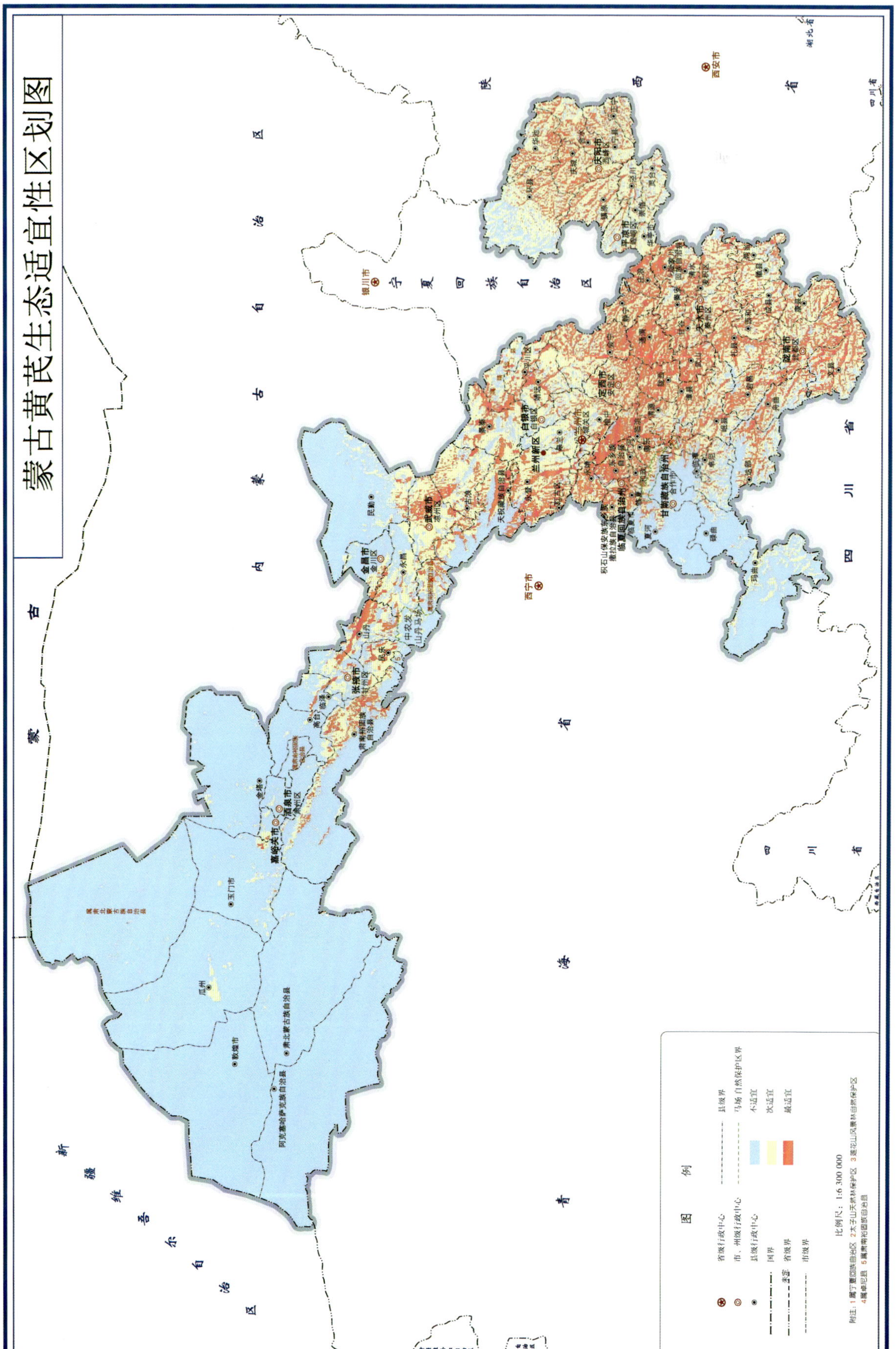

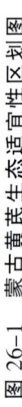

图26-1 蒙古黄芪生态适宜性区划图

宜面积4899km²,比例分别为21.10%、78.90%;会宁县总面积为5976km²,适宜面积2722km²、次适宜面积3254km²,比例分别为45.55%、54.45%;永登县总面积为5544km²,适宜面积2468km²、次适宜面积3076km²,比例分别为44.51%、55.49%;靖远县总面积为4672km²,适宜面积1631km²、次适宜面积3041km²,比例分别为34.90%、65.10%;凉州区总面积为4585km²,适宜面积1514km²、次适宜面积3071km²,比例分别为33.03%、66.97%;文县总面积为4324km²,适宜面积2131km²、次适宜面积2193km²,比例分别为49.29%、50.71%;景泰县总面积为4315km²,适宜面积1401km²、次适宜面积2914km²,比例分别为32.47%、67.53%;古浪县适宜种植面积最少,总面积为4300km²,适宜面积1213km²、次适宜面积3087km²,比例分别为28.21%、71.79%;武都区适宜种植面积最少,总面积为4253km²,适宜面积2091km²、次适宜面积2162km²,比例分别为49.16%、50.84%。(见表26-2)

表26-2 甘肃各区县蒙古黄芪适宜面积

区县	总面积(km²)	适宜(km²)	次适宜(km²)	适宜比例(%)	次适宜比例(%)
肃南县	6528	2490	4038	38.15	61.85
环县	6209	1310	4899	21.10	78.90
会宁县	5976	2722	3254	45.55	54.45
永登县	5544	2468	3076	44.51	55.49
靖远县	4672	1631	3041	34.90	65.10
凉州区	4585	1514	3071	33.03	66.97
文县	4324	2131	2193	49.29	50.71
景泰县	4315	1401	2914	32.47	67.53
古浪县	4300	1213	3087	28.21	71.79
武都区	4253	2091	2162	49.16	50.84

从生态适宜生境分布面积柱状图可以看出,蒙古黄芪在环县次适宜生境分布面积最大,其次是肃南县,会宁县、永登县、靖远县、凉州区、景泰县及古浪县面积相差不大,文县和武都区次适宜生境分布面积相对最少;对于适宜生境分布面积分析,会宁县的适宜生境分布面积最多,其次是永登县、肃南县以及文县和武都区,靖远县、凉州区、景泰县、古浪县和环县则相对较少。(见图26-2)

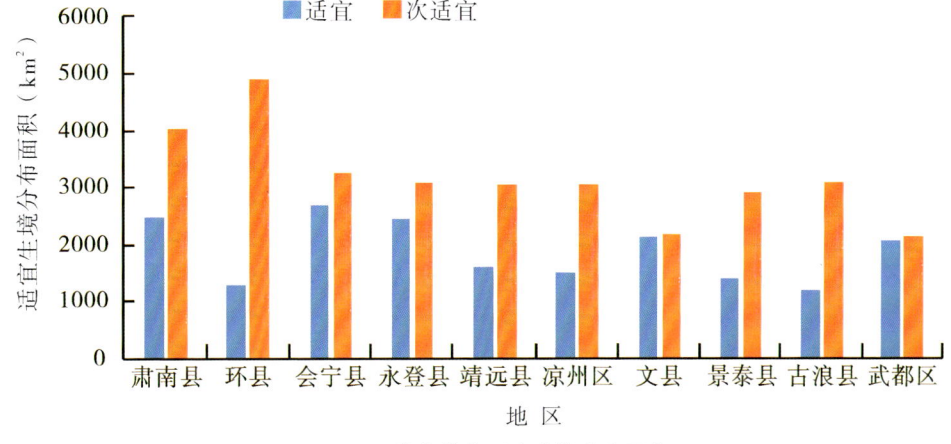

图26-2 蒙古黄芪适宜生境分布面积

【适宜种植区域划分及布局】

根据蒙古黄芪的生态适宜性分析结果,建议选择栽培种植的区域时首先考虑肃南县,肃南县的主要分布乡镇有大河乡、皇城镇、祁丰乡、康乐镇、马蹄乡。其次是环县,环县的主要分布乡镇有环城镇、合道镇、车道镇、曲子镇、樊家川镇。会宁县的主要分布乡镇有头寨子镇、刘家寨子镇、甘沟驿镇、土高山乡、新添堡乡。还可以考虑永登县、靖远县、凉州区、文县、景泰县、古浪县、武都区,永登县分布的主要乡镇有七山乡、通远镇、民乐乡、武胜驿镇;靖远县分布的主要乡镇有高湾镇、石门乡、大芦镇、乌兰镇;凉州区分布的主要乡镇有长城镇、西营镇、张义镇;文县的主要分布乡镇有范坝镇、丹堡镇、中庙镇、石鸡坝镇;古浪县的分布乡镇有横梁乡、十八里堡乡、民权镇、裴家营镇、黄羊川镇、古浪镇;景泰县的主要乡镇为五佛乡、喜泉镇、一条山镇、草窝滩镇、正路镇;武都区分布的主要乡镇为枫相乡、外纳镇、三仓镇、裕河镇、洛塘镇、两水镇、五库镇。

膜荚黄芪
Astragalus membranaceus

【地理分布与生境】

膜荚黄芪多生于林缘、灌丛或疏林下,亦见于山坡草地或草甸中。分布于东北、华北及西北,全国各地均有栽培。

【生物习性】

膜荚黄芪适应性强,喜阳、喜凉爽气候,耐寒、耐旱、怕热、怕涝。种植以土层深厚、富含腐殖质透水性强的砂质壤土为好。

【生态环境影响分析】

根据分析结果可知,影响膜荚黄芪适宜分布的生态因子共有19个,其中11月份降雨量贡献率最高,达26.6%,取值范围为10~45mm;其次是坡度,贡献率与11月份降雨量差不多,达26.2%,取值范围为3°~35°;然后是等温性贡献率,为12.7%,取值范围为20~35;海拔贡献率10.6%,取值范围为1000~3300m;坡向贡献率5.0%,取值范围为1.5~5.0。(见表26-3)

表26-3 膜荚黄芪生态因子贡献率

生态因子	贡献率(%)	取值范围
11月份降雨量	26.6	10~45mm
坡度	26.2	3°~35°
等温性	12.7	20~35
海拔	10.6	1000~3300m
坡向	5.0	1.5~5.0

【生态适宜性区划】

从膜荚黄芪生态适宜性区划图来看,膜荚黄芪在甘肃最适宜及次适宜生长区域主要在甘肃东部以及东南部分地区,在庆阳市、平凉市、天水市、陇南市最适宜及次适宜种植面积分布较多,定西市、兰州市、白银市和武威市有少部分的最适宜及次适宜种植面积分布;甘南藏族自治州、金昌市张掖市、酒泉以及嘉峪关市有少量的次适宜种植面积。(见图26-3)

【膜荚黄芪适宜性地理分布】

对生态适宜进行面积统计发现,膜荚黄芪在环县的适宜总面积最大为7426km^2,其中适宜面积2024km^2,次适宜面积5402km^2,比例分别为27.26%、72.74%;其次是文县,总面积4550km^2,适宜面积

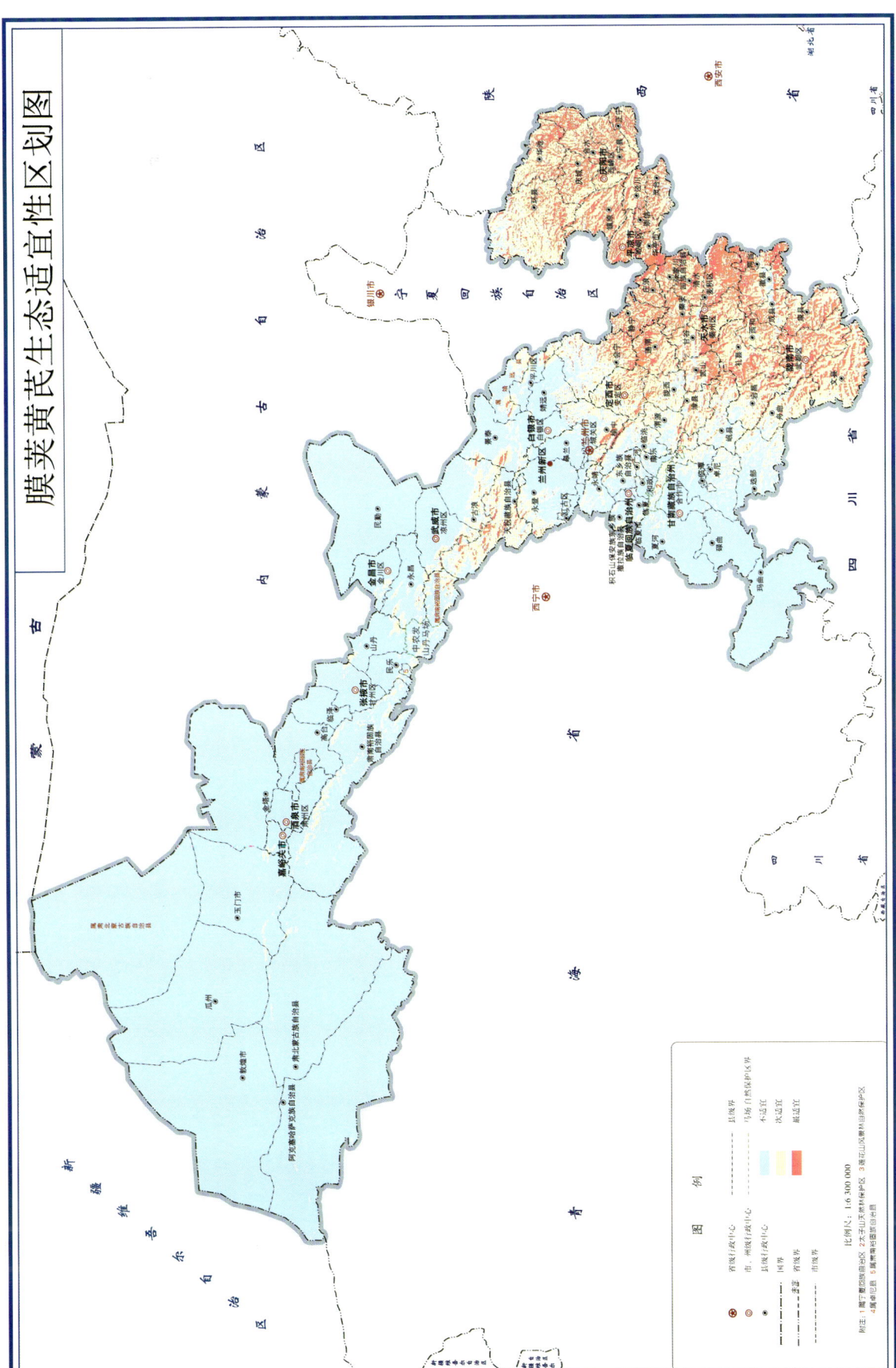

图 26-3 膜荚黄芪生态适宜性区划图

1533km²、次适宜面积3017km²，比例分别为33.69%、66.31%；天祝县总面积4350km²，适宜面积794km²、次适宜面积3556km²，比例分别为18.25%、81.75%；武都区总面积4234km²，适宜面积1975km²、次适宜面积2259km²，比例分别为46.65%、53.35%；会宁县总面积4226km²，适宜面积1146km²、次适宜面积3080km²，比例分别为27.12%、72.88%；礼县总面积3841km²，适宜面积1726km²、次适宜面积2115km²，比例分别为44.94%、55.06%；华池县总面积3468km²，适宜面积1389km²、次适宜面积2079km²，比例分别为40.05%、59.95%；镇原县总面积3262km²，适宜面积1462km²、次适宜面积1800km²，比例分别为44.82%、55.18%；麦积区总面积3221km²，适宜面积2129km²、次适宜面积1092km²，比例分别为66.10%、33.90%；安定区总面积2959km²，适宜面积830km²、次适宜面积2129km²，比例分别为28.05%、71.95%。（见表26-4）

表26-4 甘肃各区县膜荚黄芪适宜面积

区县	总面积(km²)	适宜(km²)	次适宜(km²)	适宜比例(%)	次适宜比例(%)
环县	7426	2024	5402	27.26	72.74
文县	4550	1533	3017	33.69	66.31
天祝县	4350	794	3556	18.25	81.75
武都区	4234	1975	2259	46.65	53.35
会宁县	4226	1146	3080	27.12	72.88
礼县	3841	1726	2115	44.94	55.06
华池县	3468	1389	2079	40.05	59.95
镇原县	3262	1462	1800	44.82	55.18
麦积区	3221	2129	1092	66.10	33.90
安定区	2959	830	2129	28.05	71.95

从生态适宜生境分布面积柱状图可以看出，膜荚黄芪在环县内次适宜生境分布面积最多，其次是天祝县、文县、会宁县，武都区、礼县、华池县、镇原县、安定区内次适宜生境分布面积较少，麦积区分布最少；麦积区内适宜生境分布面积最多，其次是武都区和环县，天祝县和安定区的适宜生境分布面积最少。（见图26-4）

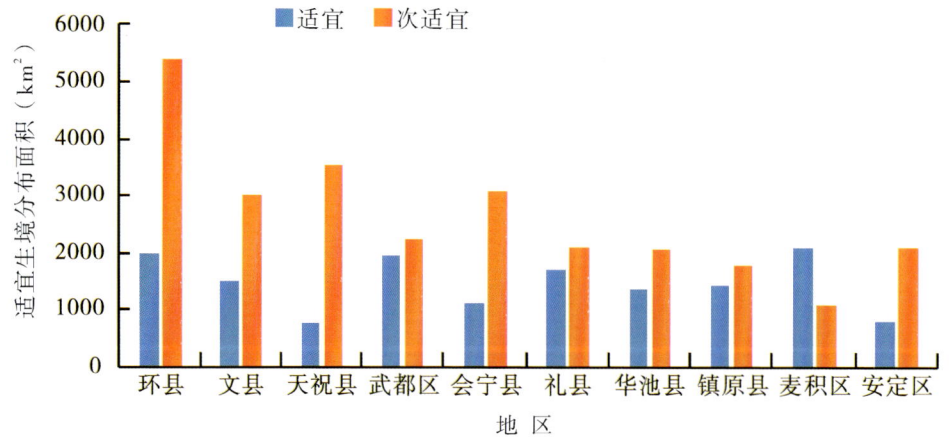

图26-4 膜荚黄芪适宜生境分布面积

【适宜种植区域划分及布局】

根据膜荚黄芪的生态适宜性分析结果，建议选择栽培种植的区域时首先考虑环县，环县主要分布乡镇有环城镇、车道镇、毛井镇、合道镇、小南沟乡。其次是文县、天祝县、武都区、会宁县、礼县、华池县、镇原县、麦积区以及安定区,其中文县主要分布乡镇有丹堡镇、范坝镇、刘家坪乡、铁楼乡、堡子坝镇;天祝县主要乡镇有抓喜秀龙镇、哈溪镇、毛藏乡、祁连镇、旦马乡;武都区主要乡镇有枫相乡、洛塘镇、裕河镇、三仓镇;会宁县主要乡镇有头寨子镇、汉家岔镇、新添堡乡、柴家门镇、新塬镇;礼县的主要乡镇有上坪乡、洮坪镇、桥头镇、沙金乡、崖城镇;华池县主要乡镇有林镇乡、城壕镇、柔远镇、五蛟镇、悦乐镇;镇原县主要乡镇有孟坝镇、屯字镇、太平镇、平泉镇;麦积区主要乡镇有党川镇、利桥镇、东岔镇;安定区主要乡镇有巉口镇、内官营镇、凤翔镇、鲁家沟镇、青岚山乡。

27. 黄 芩
Huangqin
SCUTELLARIAE RADIX

本品为唇形科植物黄芩 Scutellaria baicalensis Georgi 的干燥根。春、秋二季采挖,除去须根和泥沙,晒后撞去粗皮,晒干。味苦,性寒。归肺、胆、脾、大肠、小肠经。元素曰:"黄芩之用有九,泻肺热,一也;上焦皮肤风热风湿,二也;去诸热,三也;利胸中气,四也;消痰膈,五也;除脾经诸湿,六也;夏月须用,七也;妇人产后养阴退阳,八也;安胎,九也。酒炒上行,主上部积血,非此不能除;下痢脓血,腹痛后重,身热久不能止者,与芍药、甘草同用之;凡诸疮痛不可忍者,宜芩、连苦寒之药,详上下、分身、梢及引经药用之。"《唐本草》载:"黄芩味苦平,大寒无毒。主诸热黄疸,泻痢,逐水,下血闭,恶疮,疽蚀,火伤,痰热,胃中热,小腹绞痛,消谷,利小肠,女子血闭,淋露,下血,小儿腹痛。"

现代研究发现,黄芩根茎为清凉性解热消炎药,对上呼吸道感染、急性胃肠炎等均有功效,少量服用有苦补健胃的作用。且据国外近年来研究,中成药黄芩制剂、黄芩酊可治疗植物性神经的动脉硬化性高血压,以及神经系统的机能障碍,也可消除高血压的头痛、失眠、心中苦闷等病症,外用还有抗菌作用,如对白喉杆菌、伤寒菌、霍乱、溶血链球菌 A 型、葡萄球菌均有不同程度的抑止效用;也有记载黄芩根对防治棉铃虫、梨象鼻虫、天幕毛虫、苹果巢虫很有效;此外茎秆可提制芳香油,亦可代茶用而称为芩茶。

【地理分布与生境】

黄芩主要分布于黑龙江、辽宁、内蒙古、河北、河南、甘肃、陕西、山西以及山东、四川等地,江苏也有栽培。

【生物习性】

黄芩性喜阳光、温凉、半湿润及半干燥的环境,多见于阳光充足的向阳山坡、林缘、稀疏草丛中,在阳光充足、排水良好、土层深厚、肥沃的砂质壤土或壤土中生长良好。

【生态环境影响分析】

根据分析结果可知,影响黄芩适宜分布的生态因子共有 24 个,其中 5 月份降雨量的贡献率最大,达 25.3%,取值范围在 25~100mm;其次是 8 月份降雨量,贡献率达 19.5%,取值范围在 80~130mm;海拔贡献率 8.7%,取值范围在 700~2900m;最冷月最低温贡献率 6.3%,取值范围为 −17.5~−5.0℃;3 月份降雨量贡献率 6.1%,取值范围为 7~40mm;11 月份平均气温贡献率 5.7%,取值范围在 1~10℃;坡度贡献率 4.9%,取值范围在 1°~22°;7 月份平均气温贡献率 3.2%,取值范围为 15.0~24.5℃。(见表 27-1)

表 27-1　黄芩生态因子贡献率

生态因子	贡献率(%)	取值范围
5月份降雨量	25.3	25~100mm
8月份降雨量	19.5	80~130mm
海拔	8.7	700~2900m
最冷月最低温	6.3	-17.5~-5.0℃
3月份降雨量	6.1	7~40mm
11月份平均气温	5.7	1~10℃
坡度	4.9	1°~22°
7月份平均气温	3.2	15.0~24.5℃

【生态适宜性区划】

从黄芩生态适宜性区划图来看,黄芩在甘肃最适宜及次适宜生长区域主要在甘肃东部以及东南部分地区。在庆阳市、平凉市、天水市、定西市以及陇南市和临夏回族自治州有大部分的最适宜种植区域和部分次适宜种植区域;甘南藏族自治州、兰州市、白银市、武威市仅有少量次适宜和极少量最适宜种植区域分布。(见图27-1)

【生态适宜区域面积】

对生态适宜进行面积统计发现,黄芩在环县适宜分布总面积最大,为5418km²,其中适宜面积2345km²、次适宜面积3073km²,所占比例分别为43.28%、56.72%;华池县适宜分布总面积3501km²,适宜面积2841km²、次适宜面积660km²,比例分别为81.15%、18.85%;礼县适宜分布总面积为3447km²,适宜面积1624km²、次适宜面积1823km²,比例分别为47.11%、52.89%;会宁县总面积3311km²,适宜面积1558km²、次适宜面积1753km²,比例分别为47.06%、52.94%;镇原县总面积3274km²,适宜面积3060km²、次适宜面积214km²,比例分别为93.46%、6.54%;安定区分布总面积2985km²,适宜面积1871km²、次适宜面积1114km²,比例分别为62.68%、37.32%;通渭县总面积2766km²,适宜面积2674km²、次适宜面积92km²,比例分别为96.67%、3.33%;合水县总面积2759km²,适宜面积2698km²、次适宜面积61km²,比例分别为97.79%、2.21%;庆城县分布总面积2538km²,适宜面积2471km²、次适宜面积67km²,比例分别为97.36%、2.64%;分布面积最少的为宁县,总面积2484km²,适宜面积2145km²、次适宜面积339km²,比例分别为86.35%、13.65%。(见表27-2)

表 27-2　甘肃各区县黄芩适宜面积

区县	总面积(km²)	适宜(km²)	次适宜(km²)	适宜比例(%)	次适宜比例(%)
环县	5418	2345	3073	43.28	56.72
华池县	3501	2841	660	81.15	18.85
礼县	3447	1624	1823	47.11	52.89
会宁县	3311	1558	1753	47.06	52.94
镇原县	3274	3060	214	93.46	6.54
安定区	2985	1871	1114	62.68	37.32
通渭县	2766	2674	92	96.67	3.33
合水县	2759	2698	61	97.79	2.21
庆城县	2538	2471	67	97.36	2.64
宁县	2484	2145	339	86.35	13.65

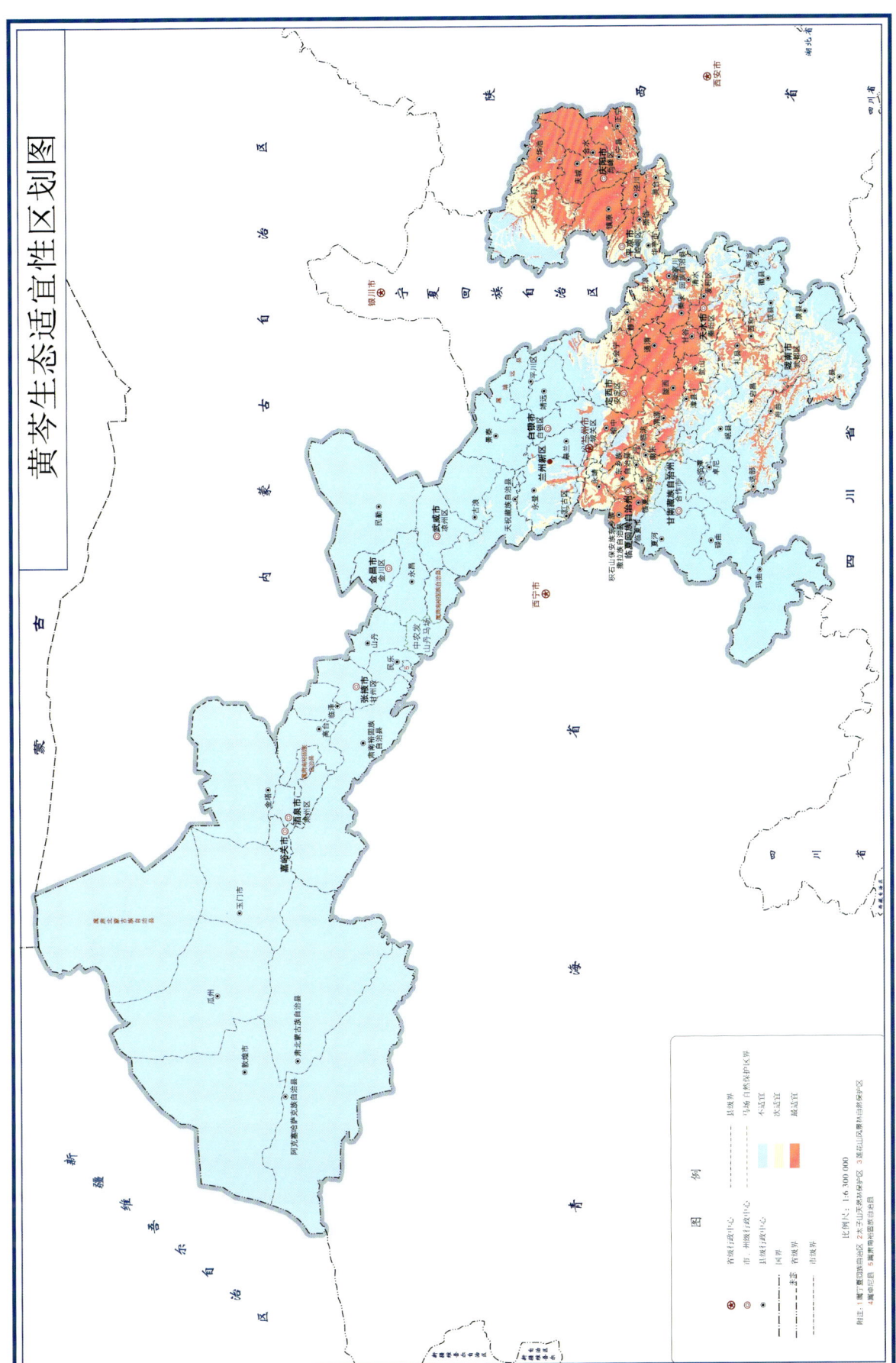

图 27-1 黄芩生态适宜性区划图

从生态适宜生境分布面积柱状图可以看出,黄芩在镇原县分布的适宜生境面积最多,其次是华池县、合水县、通渭县、庆城县以及环县、宁县,安定区、礼县和会宁县适宜生境分布面积偏少;次适宜生境分布面积最多的是环县,其次是礼县和会宁县、安定区,华池县和宁县的次适宜生境分布面积偏少,合水县、通渭县以及庆城县次适宜生境分布面积最少。(见图27-2)

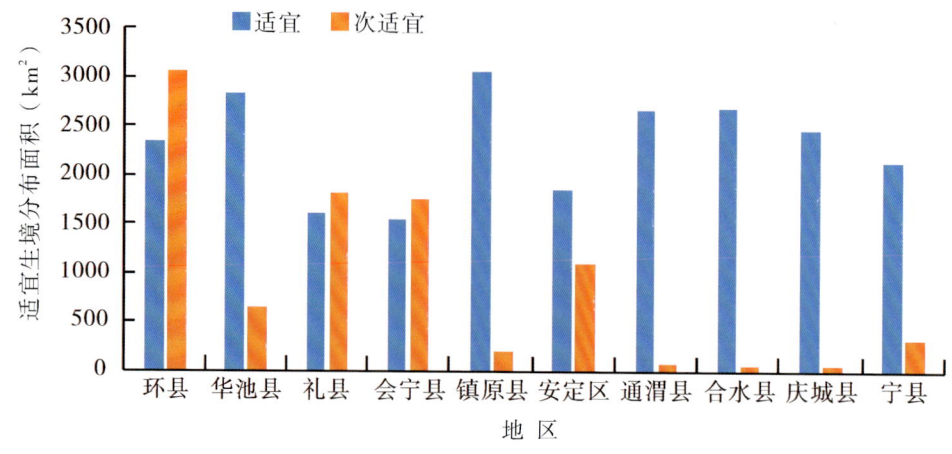

图27-2 黄芩适宜生境分布面积

【适宜种植区域划分及布局】

根据黄芩生态适宜性分析结果,建议选择栽培种植的区域时首先考虑环县,环县的主要乡镇有环城镇、车道镇、毛井镇、洪德镇、小南沟乡。镇原县主要乡镇有孟坝镇、屯字镇、太平镇、平泉镇、中原乡、新城镇;通渭县主要乡镇有马营镇、榜罗镇、平襄镇、三铺乡、什川镇、常河镇;合水县主要乡镇有太白镇、固城镇、蒿咀铺乡、老城镇、太莪乡;庆城县主要乡镇有驿马镇、桐川镇、玄马镇、蔡家庙乡、南庄乡、马岭镇;宁县主要乡镇有盘克镇、春荣镇、金村乡、九岘乡、焦村镇、湘乐镇。

28. 天　麻

Tianma

GASTRODIAE RHIZOMA

本品为兰科植物天麻 Gastrodia elata Bl. 的干燥块茎。又名赤箭、离母、鬼督邮(《神农本草经》)、定风草(《药性论》),独摇草。《本草经集注》记载:"茎如箭竿,赤色,叶生其端,根如人足,又云如芋。"《本草拾遗》记载:"天麻似马鞭草,节节生紫花,花中有子如青葙子。"立冬后至次年清明前采挖,立即洗净,蒸透,敞开低温干燥。味甘,性平。归肝经。具有熄风止痉,平抑肝阳,祛风通络的功效。用于小儿惊风、癫痫抽搐、破伤风、头痛眩晕、手足不遂、肢体麻木、风湿痹痛等症状。临床上用于眩晕、椎基底动脉供血不足、头痛、神经衰弱及高血压等疾病的治疗。

天麻在医学领域广泛应用,如人参再造丸、大活络丸、天麻丸、天麻酒、化风丹等传统中成药配方。天麻的开发利用主要在探讨主要活性成分的药理药效学方面,如抗老年痴呆潜在活性物质的基础研究,为天麻相关产品的研发奠定基础。根据民间药用食用习惯,研发出以天麻为主要原料的各种药酒。

【地理分布与生境】

天麻产自吉林、辽宁、内蒙古、河北、山西、陕西、甘肃、江苏、安徽、浙江、江西、台湾、河南、湖北、湖南、四川、贵州、云南和西藏。生于疏林下、林中空地、林缘、灌丛边缘。在尼泊尔、不丹、印度、日本、朝鲜半岛至西伯利亚也有分布。

【生物习性】

天麻生于腐殖质较多而湿润的林下，向阳灌丛及草坡亦有。须与白蘑科真菌密环菌和紫萁小菇共生才能使种子萌芽形成圆球茎，并生长成为常见的天麻块茎。紫萁小菇为种子萌发提供营养，蜜环菌为原球茎长成天麻块茎提供营养。天麻生长不需阳光，从种到收不施肥、不锄草、不喷农药，只需注意栽培环境的温度和湿度的适宜管理就能正常生长，因而不与农作物争地、争肥、争营养，是种植业项目中回报率最高的"懒汉黄金产业"。

【生态环境影响分析】

根据分析结果可知，影响天麻适宜分布的生态因子共有27个，其中4月份平均降雨量贡献率最大为26.1%，取值范围在40~200mm；10月份平均降雨量贡献率次之，为23.1%，取值范围在50~230mm；9月份平均降雨量贡献率13.3%，取值范围为100~220mm；坡度贡献率10.9%，取值范围为2°~41°；等温性贡献率5.0%，取值范围为23~33；海拔贡献率4.8%，取值范围为200~2200m；昼夜温差月均值贡献率4.0%，取值范围在6~11℃。（见表28-1）

表28-1 天麻生态因子贡献率

生态因子	贡献率(%)	取值范围
4月份平均降雨量	26.1	40~200mm
10月份平均降雨量	23.1	50~230mm
9月份平均降雨量	13.3	100~220mm
坡度	10.9	2°~41°
等温性	5.0	23~33
海拔	4.8	200~2200m
昼夜温差月均值	4.0	6~11℃

【生态适宜性区划】

从天麻生态适宜性区划图来看，天麻在甘肃最适宜及次适宜生长区域主要分布在甘肃东南部。平凉市、天水市、陇南市中有大部分的最适宜栽培种植区域以及部分的次适宜生长区域；定西市、庆阳市中亦有部分的次适宜生长区域的分布。（见图28-1）

【生态适宜区域面积】

对生态适宜性进行面积统计发现，天麻适宜面积最大区域为文县，分布总面积4833km²，适宜面积3490km²、次适宜面积1343km²，比例分别为72.21%、27.79%；其次是武都区，分布总面积4643km²，适宜面积3908km²、次适宜面积735km²，比例分别为84.16%、15.84%；礼县总面积4220km²，适宜面积1843km²、次适宜面积2377km²，比例分别为43.67%、56.33%；麦积区总面积3395km²，适宜面积2787km²、次适宜面积608km²，比例分别为82.09%、17.91%；康县总面积2941km²，适宜面积2918km²、次适宜面积23km²，比例分别为99.23%、0.77%；镇原县总面积2880km²，适宜面积19km²、次适宜面积2861km²，比例分别为0.67%、99.33%；徽县总面积2760km²，适宜面积2667km²、次适宜面积93km²，比例分别为96.64%、3.36%；宕昌县总面积2494km²，适宜面积431km²、次适宜面积2063km²，比例分别为17.30%、82.70%；秦州区总面积2410km²，适宜面积1501km²，比例为62.92%，次适宜面积909km²，比例为37.71%；分布面积最少的是宁县，总面积仅2337km²，适宜面积4km²，比例为

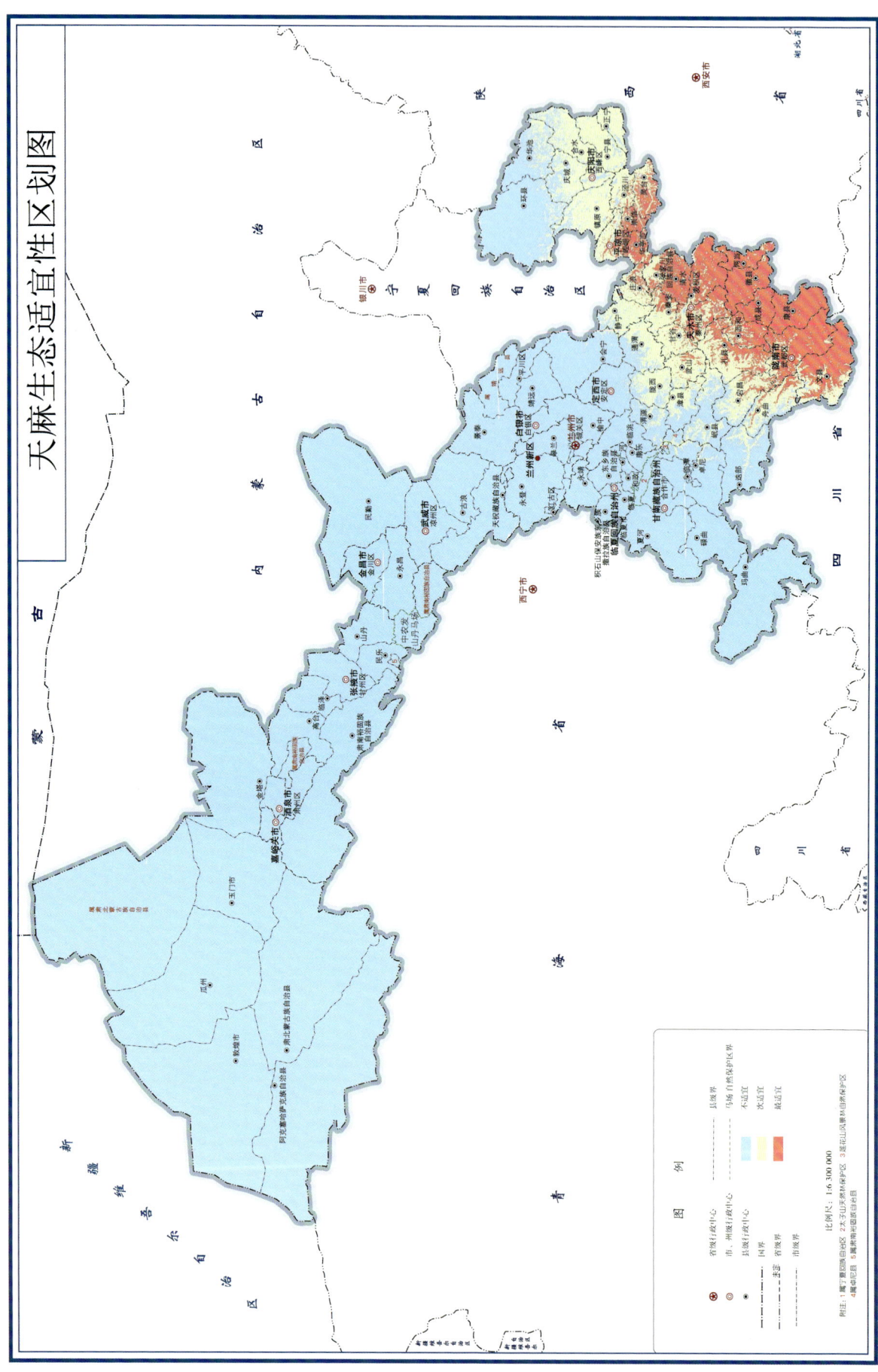

图 28-1 天麻生态适宜性区划图

0.18%，次适宜面积 2333km²，比例为 99.82%。（见表 28-2）

表 28-2　甘肃各区县天麻适宜面积

区县	总面积(km²)	适宜(km²)	次适宜(km²)	适宜比例(%)	次适宜比例(%)
文县	4833	3490	1343	72.21	27.79
武都区	4643	3908	735	84.16	15.84
礼县	4220	1843	2377	43.67	56.33
麦积区	3395	2787	608	82.09	17.91
康县	2941	2918	23	99.23	0.77
镇原县	2880	19	2861	0.67	99.33
徽县	2760	2667	93	96.64	3.36
宕昌县	2494	431	2063	17.30	82.70
秦州区	2410	1501	909	62.29	37.71
宁县	2337	4	2333	0.18	99.82

从生态适宜生境分布面积柱状图可以看出，天麻在武都区的适宜生境分布面积最大，文县次之，其次是康县、麦积区以及徽县，礼县、宕昌县和秦州区的适宜生境分布面积偏少，镇原县几乎无适宜生境分布面积；次适宜生境分布面积最大的是镇原县，其次是礼县、宁县、宕昌县，秦州区、文县、武都区和麦积区的次适宜生境分布面积偏少，最少的是徽县。（见图 28-2）

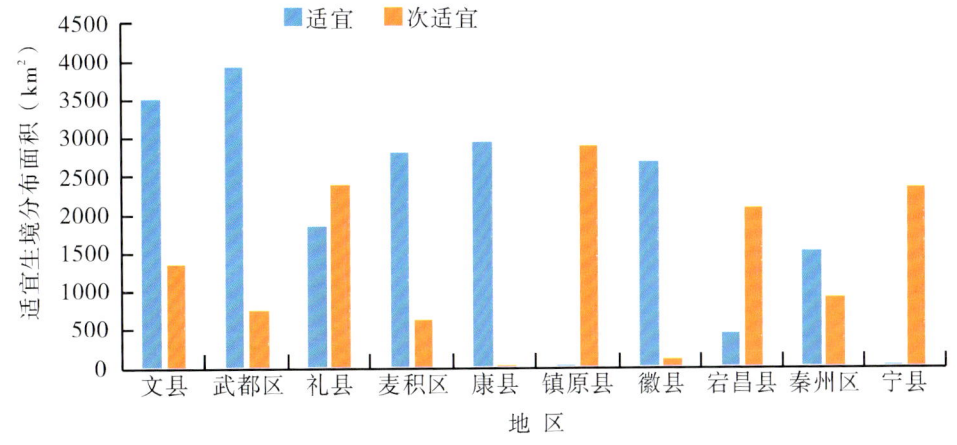

图 28-2　天麻适宜生境分布面积

【适宜种植区域及布局建议】

根据天麻的生态适宜性分析结果，建议选择栽培种植的区域时首先考虑文县和武都区，文县的主要乡镇有丹堡镇、范坝镇、刘家坪乡、中寨镇、铁楼乡、堡子坝镇、中庙镇、石鸡坝镇和玉垒乡；武都区的主要乡镇有枫相乡、洛塘镇、裕河镇、三仓镇、鱼龙镇、外纳镇、五马镇、五库镇以及安化镇和马营镇。礼县的主要乡镇有上坪乡、洮坪镇、固城镇、石桥镇、沙金乡、崖城镇、永坪镇、白关镇、罗坝镇、白河镇；麦积区主要乡镇有党川镇、利桥镇、东岔镇、三岔镇、甘泉镇、麦积镇、元龙镇、花牛镇、伯阳镇、新阳镇；康县的主要乡镇有阳坝镇、三河坝镇、白杨镇、岸门口镇、长坝镇、两河镇、迷坝乡、店子乡、大南峪镇、平洛镇；镇原县的主要乡镇有屯字镇、孟坝镇、新城镇、太平镇、平泉镇、新集镇、临泾镇、庙渠镇、开边镇、南川乡；徽县的主要乡镇有高桥镇、江洛镇、麻沿河镇、榆树乡、嘉陵镇、柳林镇、大河店镇、虞关乡、伏家镇、银杏树镇；宕昌县的主要乡镇有南河镇、狮子乡、官亭镇、兴化乡、韩院乡、新城子乡、城关镇、新寨乡、车拉乡、两河口镇;秦州区的主要乡镇有娘娘坝镇、藉口镇、皂郊镇、汪川镇、关子镇、太京镇、牡丹镇、杨家寺镇、华歧镇、天水镇;宁县的主要乡镇有盘克镇、春荣镇、金村乡、九岘乡、湘乐镇、焦村镇、和盛镇、新庄镇、中村镇、新宁镇。

29. 桔 梗
Jiegeng
PLATYCODONIS RADIX

本品为桔梗科植物桔梗 *Platycodon grandiflorum* (Jacq.)A.DC.的干燥根。春、秋二季采挖,洗净,除去须根,趁鲜剥去外皮或不去外皮,干燥。其味苦、辛,性平。归肺经。功效是宣肺,利咽,祛痰,排脓。常用于咳嗽痰多,胸闷不畅,咽痛音哑,肺痈吐脓。

桔梗是药、食、观赏兼用的珍稀经济植物,药理实验证实,桔梗具有抗炎、镇咳、祛痰、抗溃疡、降血压、扩张血管、镇静、镇痛、解热、降血糖、抗胆碱、促进胆酸分泌、抗过敏等作用,广泛应用各种方剂、中成药制剂和化妆品中。

【地理分布与生境】

桔梗产东北、华北、华东、华中各省以及广东、广西(北部)、贵州、云南东南部(蒙自、砚山、文山)、四川(平武、凉山以东)、陕西。

【生物习性】

桔梗野生状态下常分布于山坡、草丛及沟旁,对气候环境条件要求不甚严格,喜温暖湿润,阳光充足,耐旱耐寒,怕积水及风害。以土层深厚、肥沃、疏松、排水良好的砂土、壤土、腐殖质土为好,土壤偏砂或偏黏也可。

【生态环境影响分析】

根据分析结果可知,影响桔梗的主要生态因子有主要有 35 个。其中 10 月份降雨量的贡献率有 73.7%,取值范围为 50~170mm;最冷月最低温的贡献率次之,贡献率为 5.9%,取值范围是-2~11℃;坡度的贡献率为 4.2%,取值范围是 5°~40°;12 月平均气温对桔梗的贡献率为 3.9%,取值范围为 1~14℃。(见表 29-1)

表 29-1 桔梗生态因子贡献率

生态因子	贡献率(%)	取值范围
10 月份降雨量	73.7	50~170mm
最冷月最低温	5.9	-2~11℃
坡度	4.2	5°~40°
12 月份平均气温	3.9	1~14℃

【生态适宜性区划】

从桔梗的生态适宜性区划图来看,桔梗在陇南市有较大面积的最适宜种植区域。甘南藏族自治州和天水市也有少部分的最适宜种植区域;而天水市、平凉市有大面积的次适宜种植区域;庆阳市、甘南藏族自治州有很少部分的桔梗次适宜种植面积;除此之外,甘肃省其他区域都为不适宜种植区域。(见图 29-1)

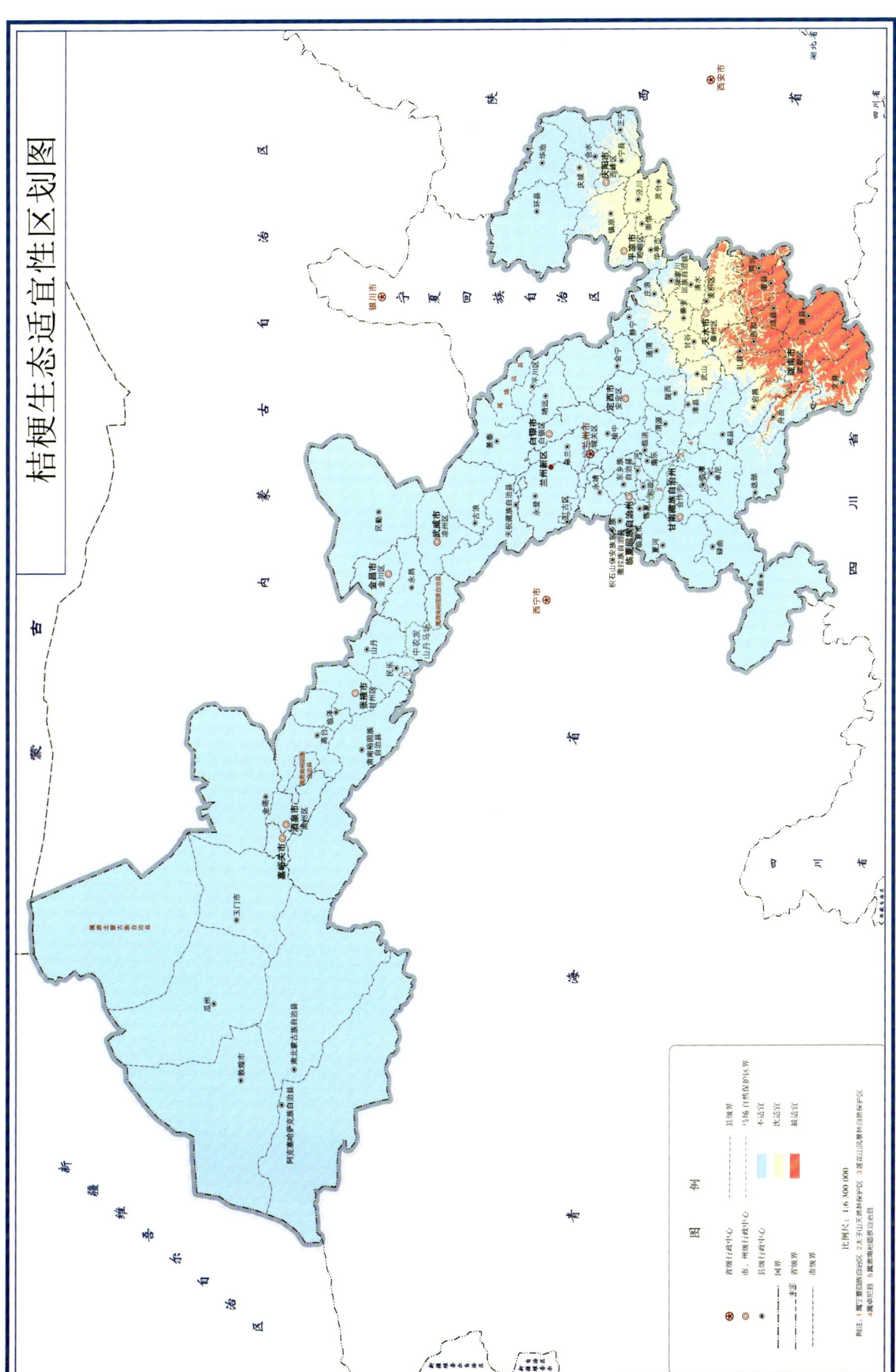

图 29-1 桔梗生态适宜性区划图

【生态适宜区域面积】

对生态适宜性进行面积统计发现,桔梗生态适宜种植面积最大的是武都区,适宜种植总面积有4575km²,其中适宜面积3683km²、次适宜面积892km²,所占比例分别为80.49%、19.51%;文县的总面积有4444km²,其中适宜面积3500km²、次适宜面积944km²,所占比例分别为78.76%、21.24%;礼县的总面积为3906km²,适宜面积1736km²、次适宜面积2170km²,所占比例分别为44.44%、55.56%;麦积区的总面积为3444km²,适宜面积853km²、次适宜面积2591km²,所占比例分别为24.77%、75.23%;康县的总面积为2948km²,适宜面积2918km²、次适宜面积30km²,所占比例分别为98.98%、1.02%;徽县的总面积为2764km²,适宜面积2243km²、次适宜面积521km²,所占比例分别为81.15%、18.85%;秦州区总面积为2438km²,适宜面积329km²、次适宜面积2109km²,所占比例分别为13.48%、86.52%;镇原县的总面积为2166km²,全部为次适宜种植面积,比例为100%;灵台县的总面积为2016km²,也全部都为次适宜种植面积;清水县的总面积最少,为1905km²,其中适宜面积18km²、次适宜面积1887km²,所占比例分别为0.94%、99.06%。(见表29-2)

表29-2 甘肃各区县桔梗适宜面积

区县	总面积(km²)	适宜(km²)	次适宜(km²)	适宜比例(%)	次适宜比例(%)
武都区	4575	3683	892	80.49	19.51
文县	4444	3500	944	78.76	21.24
礼县	3906	1736	2170	44.44	55.56
麦积区	3444	853	2591	24.77	75.23
康县	2948	2918	30	98.98	1.02
徽县	2764	2243	521	81.15	18.85
秦州区	2438	329	2109	13.48	86.52
镇原县	2166	0	2166	0.00	100.00
灵台县	2016	0	2016	0.00	100.00
清水县	1905	18	1887	0.94	99.06

从桔梗适宜生境分布面积柱状图来看,桔梗在武都区适宜生境分布的面积最大;其次为文县、康县和徽县、礼县、麦积区;秦州区适宜生境分布面积最小;麦积区的次适宜生境分布面积最大,其次为秦州区、镇原县、灵台县、清水县和礼县,它们的次适宜生境分布面积相差不大;武都区、文县、徽县的次适宜生境分布面积相对较小;康县的次适宜生境分布面积最小。(见图29-2)

【适宜种植区域及布局建议】

根据桔梗的生态适宜性分析结果,建议选择栽培种植的区域时优先选择武都区,其主要乡镇有枫相乡、洛塘镇、裕河镇、三仓镇、鱼龙镇、外纳镇、五马镇、五库镇、安化镇、两水镇。其次选择文县,主要乡镇有范坝镇、丹堡镇、刘家坪乡、中庙镇、中寨镇、玉垒乡、堡子坝镇、铁楼乡、桥头镇和石鸡坝镇。礼县适宜种植的主要乡镇有洮坪镇、石桥镇、永坪镇、崖城镇、罗坝镇、白河镇、白关镇、固城镇、上坪乡、桥头镇;麦积区适宜种植的主要乡镇有党川镇、利桥镇、东岔镇、三岔镇、甘泉镇、麦积镇、元龙镇、花牛镇、伯阳镇和新阳镇;康县生态适宜种植的主要乡镇有阳坝镇、三河坝镇、白杨镇、岸门口镇、长坝镇、两河镇、迷坝乡、店子乡、大南峪镇、平洛镇;徽县适宜种植的主要乡镇有高桥镇、江洛镇、麻沿河镇、榆树乡、嘉陵镇、柳林镇、大河店镇、虞关乡、伏家镇、银杏树镇;秦州区适宜种植的主要乡镇有娘娘坝镇、藉口镇、皂郊镇、汪川镇、关子镇、太京镇、牡丹镇、杨家寺镇、华歧镇和平南镇;镇原县的适

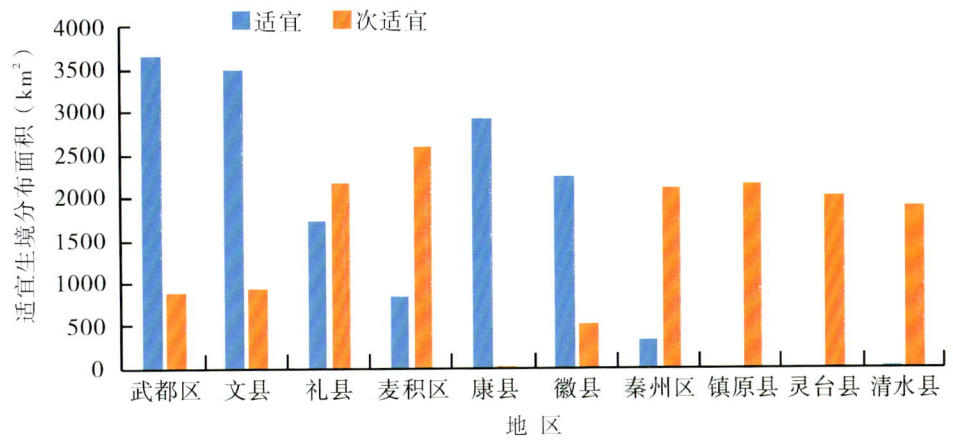

图 29-2　桔梗适宜生境分布面积

宜种植的主要乡镇有孟坝镇、三岔镇、屯字镇、太平镇、新城镇、平泉镇、新集镇、临泾镇、庙渠镇、方山乡,灵台县适宜种植的主要乡镇有百里镇、什字镇、独店镇、龙门乡、梁原乡、西屯镇、蒲窝镇、万宝川农场和邵寨镇;清水县适宜种植的主要乡镇有秦亭镇、山门镇、红堡镇、永清镇、白沙镇、白驼镇、草川铺镇、新城镇、陇东镇、黄门镇。

30. 秦　艽

Qinjiao

GENTIANAE MACROPHYLLAE RADIX

　　本品为龙胆科植物秦艽 *Gentiana macrophylla* Pall.、麻花秦艽 *Gentiana straminea* Maxim.、粗茎秦艽 *Gentiana crassicaulis* Duthie ex Burk.或小秦艽 *Gentiana dahurica* Fisch.的干燥根。前三种按性状不同分别习称"秦艽"和"麻花艽",后一种习称"小秦艽"。春、秋二季采挖,除去泥沙;秦艽和麻花秦艽晒软,堆置"发汗"至表面呈红黄色或灰黄色时摊开晒干或不经"发汗"直接晒干;小秦艽趁鲜时搓去黑皮,晒干。其味辛、苦,性平。归胃、肝、胆经。其主要功效有祛风湿,清湿热,止痹痛,退虚热。可用于风湿痹痛,中风半身不遂,筋脉拘挛,骨节酸痛,湿热黄疸,骨蒸潮热,小儿疳积发热。

　　其中解热止痛、抗风湿类中成药制剂多以秦艽为主要原料,如大活络丹、小活络丹、独活寄生丸、关节镇痛膏、骨痛贴等,秦艽白芷注射液是临床常用中药注射液制剂。秦艽作为传统常用中药,历代草本皆有收载,始载于《神农本草经》。

秦　艽

Gentiana macrophylla

【地理分布与生境】

　　秦艽在我国的分布,北自大兴安岭,经内蒙古草原,沿祁连山北麓至天山一线,东界太行山脉,向南到云贵高原西北缘,西达青藏高原东部。从资源分布的常见度来看,黄土高原及青藏高原东缘是我国秦艽资源分布中心。位于该区的甘肃、陕西、四川、山西等省是秦艽的主要产区。

【生物习性】

秦艽的生长区域狭窄,对环境要求苛刻,以及生长周期长,一般生长4~5年才能成为药材。

秦艽喜潮湿和冷凉气候,耐寒,忌强光,怕积水。对土壤要求不严,但以疏松、肥沃的腐殖土和砂壤土为好。通常每年5月下旬返青,6月下旬开花,8月种子成熟,年生育期约100d。

【生态环境影响分析】

根据分析结果可知,影响秦艽适宜分布的生态因子共有34个。其中5月份降雨量的贡献率最大,为28.3%,取值范围为15~110mm;最冷月最低温的贡献率为14.1%,取值范围为−20~−1℃;海拔的贡献率为8.6%,取值范围为600~2900m;酸碱度的贡献率为6.4%,取值范围为5.1~7.6;7月份平均气温的贡献率最小,为5.2%,其取值范围为11~24℃。(见表30-1)

表30-1 秦艽生态因子贡献率

生态因子	贡献率(%)	取值范围
5月份降雨量	28.3	15~110mm
最冷月最低温	14.1	−20~−1℃
海拔	8.6	600~2900m
酸碱度	6.4	5.1~7.6
7月份平均气温	5.2	11~24℃

【生态适宜性区划】

从秦艽生态适宜性区划图来看,秦艽在甘肃省除嘉峪关市之外,其他地区均有最适宜种植区和次适宜种植区分布。其中临夏回族自治州、天水市、定西市、陇南市、平凉市和庆阳市基本都为秦艽最适宜种植区域,有小部分的次适宜种植区域;白银市、金昌市、张掖市、兰州市有大面积的秦艽次适宜种植区域;甘南藏族自治州和武威市有大部分的最适宜种植区域,很少部分为秦艽次适宜种植区域;酒泉市大部分为秦艽不适宜种植区域,有小部分的次适宜种植区域。(见图30-1)

【生态适宜区域面积】

对生态适宜性进行面积统计发现,秦艽在环县的生态适宜总面积最大,总面积为9198km²,其中适宜面积4915km²、次适宜面积4283km²,比例分别为53.44%、46.56%;其次是肃南县,总面积为7965km²,适宜面积2142km²、次适宜面积5823km²,比例分别为26.89%、73.11%;玛曲县总面积为6496km²,适宜面积2550km²、次适宜面积3946km²,比例分别为39.25%、60.75%;会宁县总面积为6433km²,适宜面积3535km²、次适宜面积2898km²,比例分别为54.95%、45.05%;永登县总面积为6075km²,适宜面积3098km²、次适宜面积2977km²,比例分别为51.00%、49.00%;夏河县总面积为5764km²,适宜面积3046km²、次适宜面积2718km²,比例分别为52.85%、47.15%;天祝县总面积为5549km²,适宜面积4746km²、次适宜面积803km²,比例分别为85.53%、14.47%;文县总面积为4885km²,适宜面积488km²、次适宜面积4397km²,比例分别为9.99%、90.01%;武都区总面积为4642km²,适宜面积2143km²、次适宜面积2499km²,比例分别为46.17%、53.83%;山丹县总面积最少,为3903km²,适宜面积761km²、次适宜面积3142km²,比例分别为19.50%、80.50%。(见表30-2)

从秦艽适宜生境分布面积柱状图可以看出,环县的适宜生境分布面积最大;其次为天祝县和会宁县;永登县和夏河县适宜生境分布面积相差不大;其次为玛曲县、肃南县和武都区;山丹县的适宜生境分布面积较小;文县的适宜生境分布面积最小;肃南县次适宜生境分布面积最大;环县、文县和玛曲县、会宁县、永登县、夏河县、山丹县、武都区的次适宜生境分布面积都相差不大;天祝县次适宜

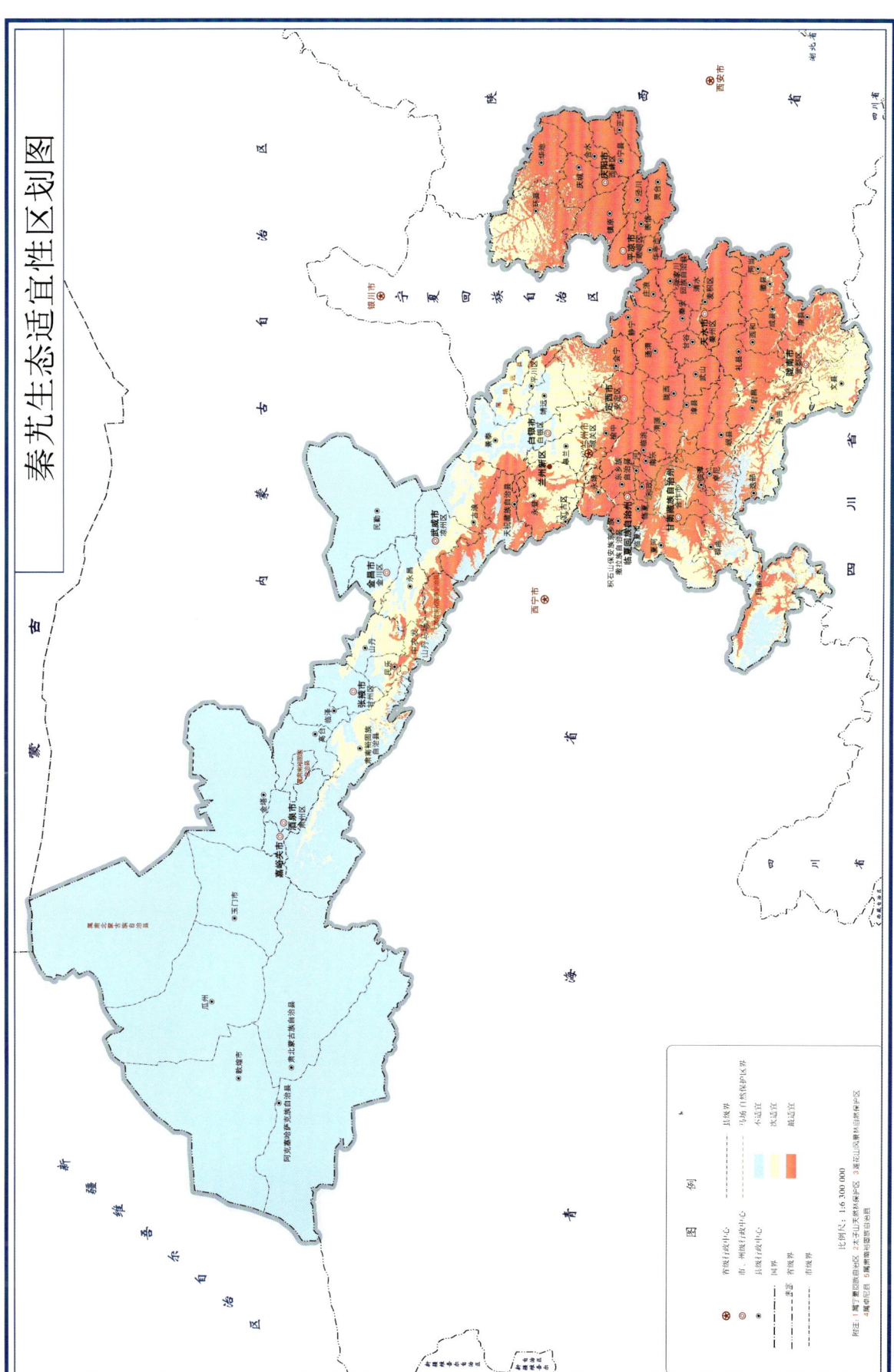

图 30-1 秦艽生态适宜性区划图

生境分布面积最小。(见图 30-2)

表 30-2　甘肃各区县秦艽适宜面积

区县	总面积(km²)	适宜(km²)	次适宜(km²)	适宜比例(%)	次适宜比例(%)
环县	9198	4915	4283	53.44	46.56
肃南县	7965	2142	5823	26.89	73.11
玛曲县	6496	2550	3946	39.25	60.75
会宁县	6433	3535	2898	54.95	45.05
永登县	6075	3098	2977	51.00	49.00
夏河县	5764	3046	2718	52.85	47.15
天祝县	5549	4746	803	85.53	14.47
文县	4885	488	4397	9.99	90.01
武都区	4642	2143	2499	46.17	53.83
山丹县	3903	761	3142	19.50	80.50

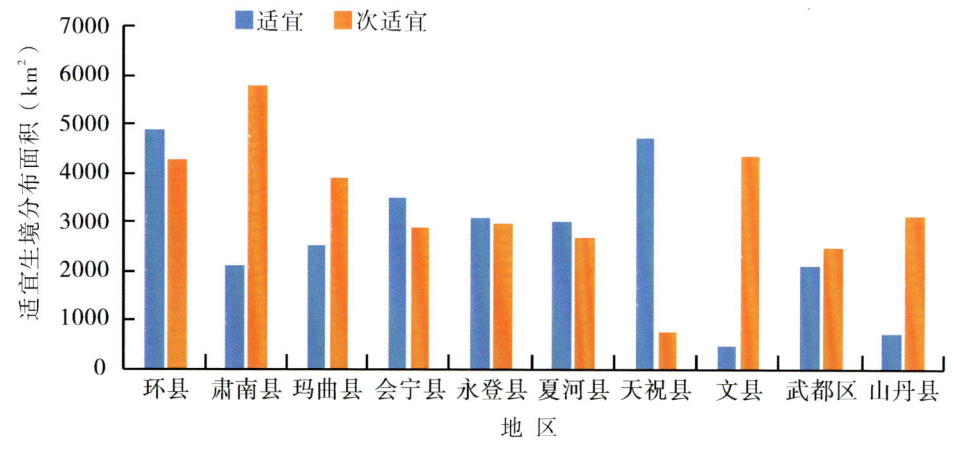

图 30-2　秦艽适宜生境分布面积

【适宜种植区域及布局建议】

根据秦艽的生态适宜性分析结果,建议选择栽培种植的区域时首先考虑环县,其主要乡镇有曲子镇、合道镇、耿湾乡、芦家湾乡、洪德镇、小南沟乡、虎洞镇、木钵镇、演武乡、樊家川镇。其次选择肃南县,肃南县适宜种植的主要乡镇有祁丰乡、红湾寺镇、明花乡、白银乡、马蹄乡、皇城镇、康乐镇、大河乡。永登县生态适宜种植的主要乡镇有红城镇、上川镇、中堡镇、河桥镇、龙泉寺镇、中川镇、苦水镇、七山乡、坪城乡、连城镇;玛曲县适宜种植的主要乡镇有欧拉秀玛乡、曼日玛镇、欧拉镇、齐哈玛镇、尼玛镇、阿万仓镇、采日玛镇;会宁县适宜种植的主要乡镇有汉岔乡、郭城驿镇、柴家门镇、大沟镇、党家岘乡、平头川镇、八里湾乡、新塬镇、头寨子镇;夏河县适宜种植的主要乡镇有麻当镇、唐尕昂乡、桑科镇、扎油乡、甘加镇、达麦乡、吉仓乡、博拉镇、拉卜楞镇;天祝县适宜种植的主要乡镇有炭山岭镇、赛什斯镇、天堂镇、祁连镇、东坪乡、赛拉隆乡、石门镇、哈溪镇;文县生态适宜种植的主要乡镇有刘家坪乡、堡子坝镇、梨坪镇、铁楼乡、范坝镇、临江镇;武都区生态适宜种植的主要乡镇有安化镇、角弓镇、石门镇、马营镇、隆兴乡、汉王镇、洛塘镇;山丹县生态适宜种植的主要乡镇有霍城镇、位奇镇、老军乡、东乐镇、陈户镇、清泉镇。

麻花秦艽
Gentiana straminea

【地理分布与生境】

麻花秦艽分布于西藏、四川、青海、甘肃、宁夏及湖北西部。

【生物习性】

麻花秦艽生长于高山草甸、灌丛、林下、林间空地、山沟、山坡及河滩等地。

【生态环境影响分析】

根据分析结果可知,影响麻花秦艽适宜分布的生态因子共有 27 个。其中海拔的贡献率最大,为 41.0%,其取值范围为 1900~4200m;5 月份降雨量的贡献率为 17.6%,取值范围为 15~110mm;等温性的贡献率为 10.8%,取值范围为 32~50;2 月份平均气温的贡献率为 4.9%,取值范围为 –11~0℃;最干季节降雨量的贡献率为 4.0%,取值范围为 2~25mm;最暖月最高温的贡献率为 3.4%,取值范围为 10~29℃。(见表 30-3)

表 30-3 麻花秦艽生态因子贡献率

生态因子	贡献率(%)	取值范围
海拔	41.0	1900~4200m
5 月份降雨量	17.6	15~110mm
等温性	10.8	32~50
2 月份平均气温	4.9	–11~0℃
最干季节降雨量	4.0	2~25mm
最暖月最高温	3.4	10~29℃

【生态适宜性区划】

从麻花秦艽生态适宜性区划图来看,麻花秦艽在甘肃最适宜及次适宜生长区域主要集中在西南及西部地区。甘南藏族自治州及临夏回族自治州基本都为麻花秦艽最适宜种植区域;而定西市、兰州市大部分为麻花秦艽的次适宜种植区域,有小部分的最适宜种植区域;武威市有部分的最适宜和次适宜麻花秦艽种植区域;陇南市、金昌市、张掖市有很小部分的麻花秦艽最适宜种植区域,大部分为次适宜种植区域;白银市、天水市和平凉市有大面积的麻花秦艽次适宜种植区域;庆阳市和酒泉市只有小部分为麻花秦艽的次适宜种植区,大部分为不适宜种植区域。(见图 30-3)

【生态适宜区域面积】

对生态适宜性进行面积统计发现,麻花秦艽在玛曲县的生态适宜总面积最大,总面积为 9509km²,其中适宜面积 6087km²、次适宜面积 3422km²,比例分别为 64.01%、35.99%;肃南县的总面积为 6540km²,适宜面积 1469km²、次适宜面积 5071km²,比例分别为 22.46%、77.54%;天祝县的总面积有 6338km²,适宜面积 4840km²、次适宜面积 1498km²,比例分别为 76.36%、23.64%;夏河县的总面积为 6148km²,适宜面积 4575km²、次适宜面积 1573km²,比例分别为 74.41%、25.59%;永登县的总面积为 5802km²,适宜面积 1985km²、次适宜面积 3817km²,比例分别为 34.21%、65.79%;卓尼县的总面积为 5389km²,适宜面积 4391km²、次适宜面积 998km²,比例分别为 81.48%、18.52%;碌曲县总面积为 5268km²,适宜面积 3963km²、次适宜面积 1305km²,比例分别为 75.23%、24.77%;迭部县的总面积为

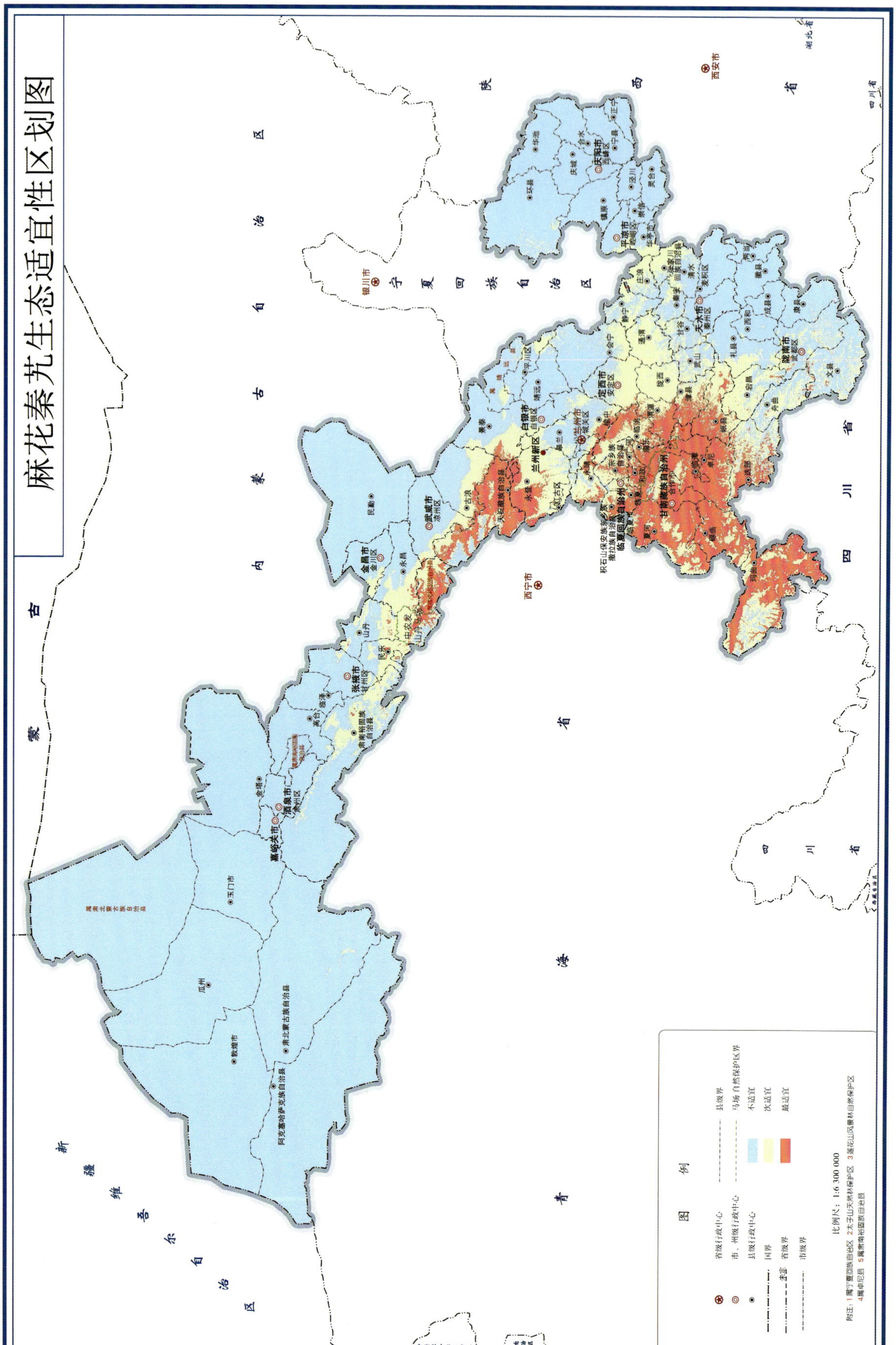

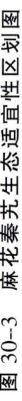

图 30-3 麻花秦艽生态适宜性区划图

4089km²,适宜面积1662km²、次适宜面积2427km²,比例分别为40.65%、59.35%;岷县的总面积为3517km²,适宜面积1582km²、次适宜面积1935km²,比例分别为44.98%、55.02%;山丹县的总面积最少,为3124km²,适宜面积540km²、次适宜面积2584km²,比例分别为17.29%、82.71%。(见表30-4)

表30-4 甘肃各区县麻花秦艽适宜面积

区县	总面积(km²)	适宜(km²)	次适宜(km²)	适宜比例(%)	次适宜比例(%)
玛曲县	9509	6087	3422	64.01	35.99
肃南县	6540	1469	5071	22.46	77.54
天祝县	6338	4840	1498	76.36	23.64
夏河县	6148	4575	1573	74.41	25.59
永登县	5802	1985	3817	34.21	65.79
卓尼县	5389	4391	998	81.48	18.52
碌曲县	5268	3963	1305	75.23	24.77
迭部县	4089	1662	2427	40.65	59.35
岷县	3517	1582	1935	44.98	55.02
山丹县	3124	540	2584	17.29	82.71

从麻花秦艽适宜生境分布面积柱状图可以看出,玛曲县的适宜生境分布种植面积最大;其次是天祝县、夏河县、卓尼县、碌曲县、永登县适宜生境分布面积较大;肃南县、迭部县和岷县的适宜生境分布面积较小;山丹县的适宜种植面积最小。次适宜生境分布面积肃南县的最大,其次是永登县、玛曲县;山丹县、迭部县和岷县的次适宜种植面积较大;天祝县、夏河县、碌曲县的次适宜种植麻花秦艽的面积较小;卓尼县次适宜种植面积最小。(见图30-4)

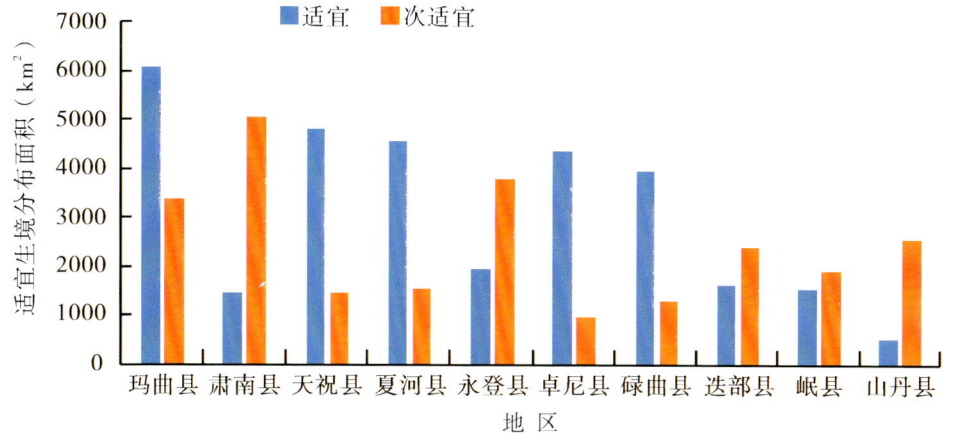

图30-4 麻花秦艽适宜生境分布面积

【适宜种植区域及布局建议】

根据麻花秦艽的生态适宜性分析结果,建议选择栽培种植的区域时首先考虑玛曲县,玛曲县主要乡镇有欧拉秀玛乡、曼日玛镇、欧拉镇、齐哈玛镇、尼玛镇、阿万仓镇、采日玛镇、木西合乡。其次选择天祝县,适宜种植的主要乡镇有炭山岭镇、赛什斯镇、天堂镇、祁连镇、东坪乡、赛拉隆乡、石门镇、哈溪镇、抓喜秀龙镇、西大滩镇。肃南县适宜种植的主要乡镇有祁丰乡、红湾寺镇、明花乡、白银乡、马蹄乡、皇城镇、康乐镇、大河乡;夏河县的适宜种植主要乡镇有麻当镇、唐尕昂乡、桑科镇、扎油乡、甘加镇、达麦乡、吉仓乡、博拉镇、拉卜楞镇、阿木去乎镇;永登县适宜种植的主要乡镇有红城镇、上川镇、中堡镇、河桥镇、龙泉寺镇、中川镇、苦水镇、七山乡、坪城乡、连城镇;卓尼县适宜种植的主要乡镇有刀告乡、完冒镇、申藏镇、尼巴镇、恰盖乡、木耳镇、柳林镇、扎古录镇、阿子滩镇、康多乡;碌曲县适宜种植的主要乡镇有西仓镇、玛艾镇、尕海镇、双岔镇、郎木寺镇、拉仁关乡、阿拉乡;迭部县适宜种植的主要乡镇有尼傲乡、腊子口镇、洛大镇、益哇镇、旺藏镇、桑坝乡、电尕镇、达拉乡、阿夏乡、卡坝乡;岷县适宜种植的主要乡镇有西寨镇、申都乡、禾驮镇、西江镇、蒲麻镇、梅川镇、麻子川镇、茶埠镇、寺沟镇、闾井镇;山丹县适宜种植的主要乡镇有霍城镇、位奇镇、老军乡、东乐镇、陈户镇、清泉镇。

粗茎秦艽
Gentiana crassicaulis

【地理分布与生境】

粗茎秦艽分布于西藏东南部、云南(丽江、维西、中甸、德钦)、四川、贵州西北部、青海东南部、甘肃南部,在云南丽江有栽培。

【生物习性】

粗茎秦艽生长于山坡草地、山坡路旁、高山草甸、荒地、灌丛中、林下及林缘。对生长环境要求不太严格,但喜冷凉湿润、日照充足的气候,耐寒冷,怕积水,幼苗忌强光。对土壤要求不严,以疏松、肥沃和土层深厚的腐殖土和砂质壤土为宜。

【生态环境影响分析】

根据分析结果可知,影响粗茎秦艽适宜分布的生态因子共有22个。其中海拔的贡献率最大,为36.0%,取值范围为1100~5000m;9月份降雨量的贡献率为33.3%,取值范围为50~270mm;10月份降雨量的贡献率为4.5%,取值范围为20~150mm;6月份降雨量的贡献率为4.1%,取值范围为80~250mm;有机含碳量的贡献率为3.2%,取值范围为0.5%~1.2%。(见表30-5)

表30-5 粗茎秦艽生态因子贡献率

生态因子	贡献率(%)	取值范围
海拔	36.0	1100~5000m
9月份降雨量	33.3	50~270mm
10月份降雨量	4.5	20~150mm
6月份降雨量	4.1	80~250mm
有机含碳量	3.2	0.5%~1.2%

【生态适宜性区划】

从粗茎秦艽生态适宜性区划图来看,粗茎秦艽在甘肃最适宜及次适宜生长区域主要集中在南部。甘南藏族自治州、陇南市、临夏回族自治州、定西市、天水市有部分的粗茎秦艽最适宜种植区域和次适宜种植区域;兰州市、张掖市、武威市有很少部分为最适宜种植区域和次适宜种植区域;白银市、庆阳市、金昌市有很小部分的次适宜种植区域,大部分为不适宜种植粗茎秦艽区域;嘉峪关和酒泉市都为不适宜种植区域。(见图30-5)

【生态适宜区域面积】

对生态适宜性进行面积统计发现,粗茎秦艽在玛曲县的生态适宜面积最大,总面积为7415km²,其中适宜面积3796km²、次适宜面积3619km²,比例分别为51.19%、48.81%;文县的总面积为

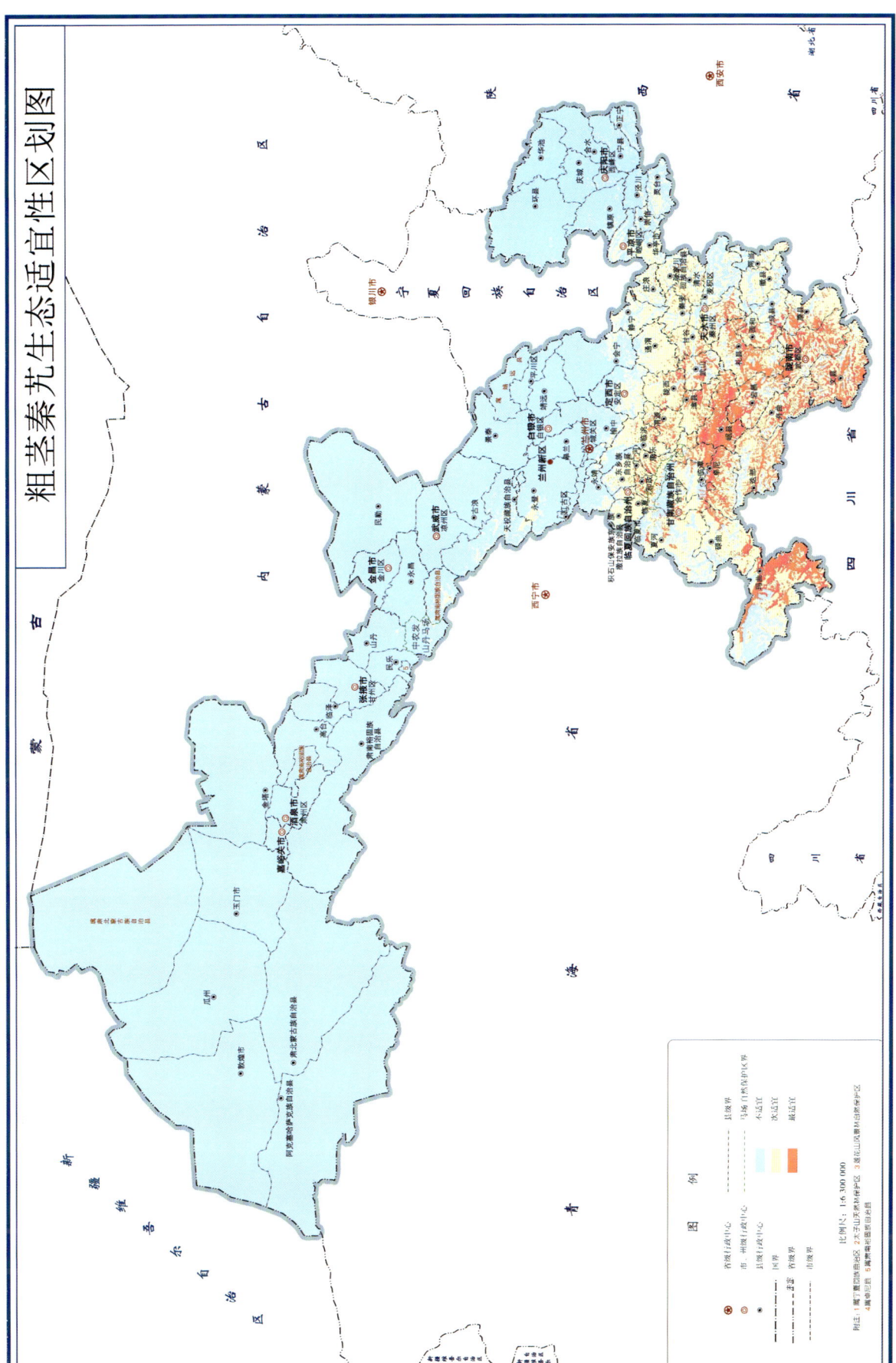

图 30-5 粗茎秦艽生态适宜性区划图

4502km²，适宜面积 2196km²、次适宜面积 2306km²，比例分别为 48.78%、51.22%；武都区的总面积为 4361km²，适宜面积 2174km²、次适宜面积 2187km²，比例分别为 49.85%、50.15%；卓尼县的总面积为 4358km²，适宜面积 1665km²、次适宜面积 2693km²，比例分别为 38.21%、61.79%；迭部县的总面积为 4280km²，适宜面积 1541km²、次适宜面积 2739km²，比例分别为 36.00%、64.00%；碌曲县的总面积为 4262km²，适宜面积 757km²、次适宜面积 3505km²，比例分别为 17.76%、82.24%；夏河县的总面积为 3988km²，适宜面积 353km²、次适宜面积 3635km²，比例分别为 8.85%、91.15%；礼县的总面积为 3888km²，适宜面积 1710km²、次适宜面积 2178km²，比例分别为 43.98%、56.02%；岷县的总面积为 3525km²，适宜面积 2695km²、次适宜面积 830km²，比例分别为 76.45%、23.55%；宕昌县的总面积最小，为 2960km²，适宜面积 1464km²、次适宜面积 1496km²，比例分别为 49.46%、50.54%。（见表 30-6）

表 30-6　甘肃各区县粗茎秦艽适宜面积

区县	总面积(km²)	适宜(km²)	次适宜(km²)	适宜比例(%)	次适宜比例(%)
玛曲县	7415	3796	3619	51.19	48.81
文县	4502	2196	2306	48.78	51.22
武都区	4361	2174	2187	49.85	50.15
卓尼县	4358	1665	2693	38.21	61.79
迭部县	4280	1541	2739	36.00	64.00
碌曲县	4262	757	3505	17.76	82.24
夏河县	3988	353	3635	8.85	91.15
礼县	3888	1710	2178	43.98	56.02
岷县	3525	2695	830	76.45	23.55
宕昌县	2960	1464	1496	49.46	50.54

从粗茎秦艽适宜生境分布面积柱状图可以看出，玛曲县的适宜生境分布面积最大；其次是岷县；文县和武都区的适宜种植面积相差不大；卓尼县、迭部县和礼县生态适宜生境分布面积相差不大，都较大；碌曲县适宜种植面积较小；夏河县种植适宜生境分布面积最小。玛曲县次适宜生境分布面积最大；其次是夏河县和碌曲县；卓尼县和迭部县的次适宜生境分布面积相差不大，相对较大；文县、武都区、和礼县的次适宜生境分布面积较小；宕昌县次适宜生境分布面积较小；岷县次适宜生境分布面积最小。（见图 30-6）

【适宜种植区域及布局建议】

根据粗茎秦艽的生态适宜性分析结果，建议选择栽培种植的区域时首先考虑玛曲县，其主要乡镇有欧拉秀玛乡、曼日玛镇、欧拉镇、齐哈玛镇、尼玛镇、阿万仓镇、采日玛镇、木西合乡。其次选择文县，适宜种植的主要乡镇有刘家坪乡、堡子坝镇、梨坪镇、铁楼乡、范坝镇、临江镇、口头坝乡、舍书乡、石坊镇。武都区适宜种植的主要乡镇有安化镇、角弓镇、石门镇、马营镇、隆兴乡、汉王镇、洛塘镇、黄坪镇、五马镇、琵琶镇、三仓镇、桔柑镇、马街镇；卓尼县适宜种植的主要乡镇有刀告乡、完冒镇、申藏镇、尼巴镇、恰盖乡、木耳镇、柳林镇、扎古录镇、阿子滩镇、康多乡；夏河县生态适宜种植的主要乡镇有麻当镇、唐尕昂乡、桑科镇、扎油乡、甘加镇、达麦乡、吉仓乡、博拉镇、拉卜楞镇、阿木去乎镇；迭部县适宜种植的主要乡镇有尼傲乡、腊子口镇、洛大镇、益哇镇、旺藏镇、桑坝乡、电尕镇、达拉乡、阿夏乡、卡坝乡；礼县适宜种植的主要乡镇有宽川镇、固城镇、马河乡、肖良乡、白河镇、上坪乡、白关镇、桥头镇、王坝镇、盐官镇、永坪镇、祁山镇、滩坪镇；岷县适宜种植的主要乡镇有西寨镇、申都乡、禾驮镇、西江镇、蒲麻镇、梅川镇、麻子川镇、茶埠镇、寺沟镇、间井镇；碌曲县生态适宜种植的主要乡镇有西仓

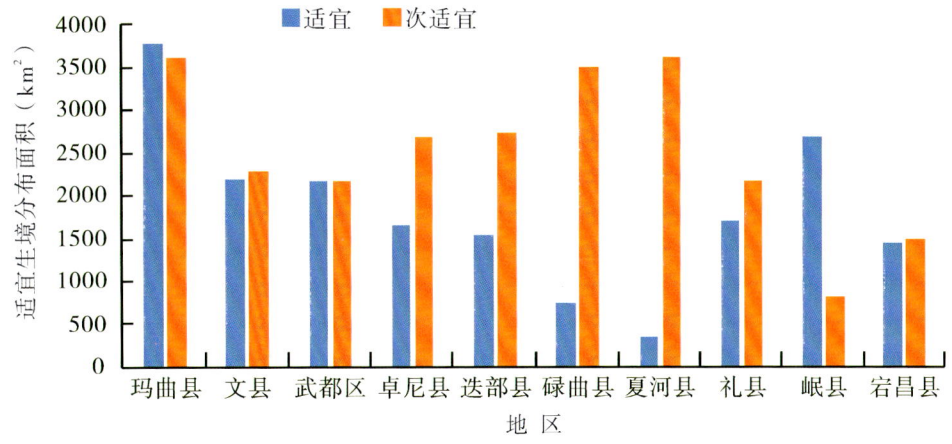

图30-6　粗茎秦艽适宜生境分布面积

镇、玛艾镇、尕海镇、双岔镇、郎木寺镇、拉仁关乡、阿拉乡；宕昌县适宜种植的主要乡镇有八力镇、将台乡、哈达铺镇、新寨乡、狮子乡、南河镇、竹院乡。

小秦艽
Gentiana dahurica

【地理分布与生境】

小秦艽分布于内蒙古、陕西、甘肃、宁夏、山西、青海、新疆、四川、西藏、河北等地。

【生物习性】

小秦艽生于田边、路旁、河滩、湖边沙地、水沟边、向阳山坡及干草原等地。秦艽为典型的高山植物，喜冷凉气候，有较强的耐寒性；对温度要求不严格，但种子萌发时必须有适宜的温度和一定的光照条件，苗期忌高温潮湿天气。在较为湿润的土壤中生长良好，忌干旱，但耐旱能力较强。土壤水分过多会影响小秦艽的生长，而且会造成烂根。喜欢微酸性土壤。小秦艽对养分有一定的要求，一般在较肥沃的黑壤土生长发育良好，因此可以不进行追肥，但在苗期由于幼苗根比较细小，吸收肥料的能力差，可以施入一定量的基肥。

【生态环境影响分析】

根据分析结果可知，影响小秦艽适宜分布的生态因子共有30个。其中5月份降雨量的贡献率最大，为21.7%，取值范围为10~110mm；12月份平均气温的贡献率为12.9%，取值范围为-15~0℃；海拔的贡献率为12.9%，取值范围为1000~3900m；最干季节均温的贡献率为9.8%，取值范围为-15~0℃；11月降雨量的贡献率为5.4%，取值范围为2~25mm；年均温变化范围的贡献率为5.4%，取值范围为20~46℃；6月份降雨量的贡献率为5.0%，取值范围为10~100mm；酸碱度的贡献率最小为4.4%，取值范围为5.1~7.3。（见表30-7）

【生态适宜性区划】

从小秦艽生态适宜性区划图来看，小秦艽在定西市、临夏回族自治州和兰州市、庆阳市基本都为最适宜种植区域。天水市、平凉市、白银市有大部分的最适宜种植区域和小部分的次适宜种植区域；武威市和金昌市、张掖市有小部分的最适宜种植区域和次适宜种植区域，大部分为不适宜种植区域；甘南藏族自治州基本都为次适宜种植区域；酒泉市和嘉峪关市只有小部分的次适宜种植区域，大部分为不适宜种植区域。（见图30-7）

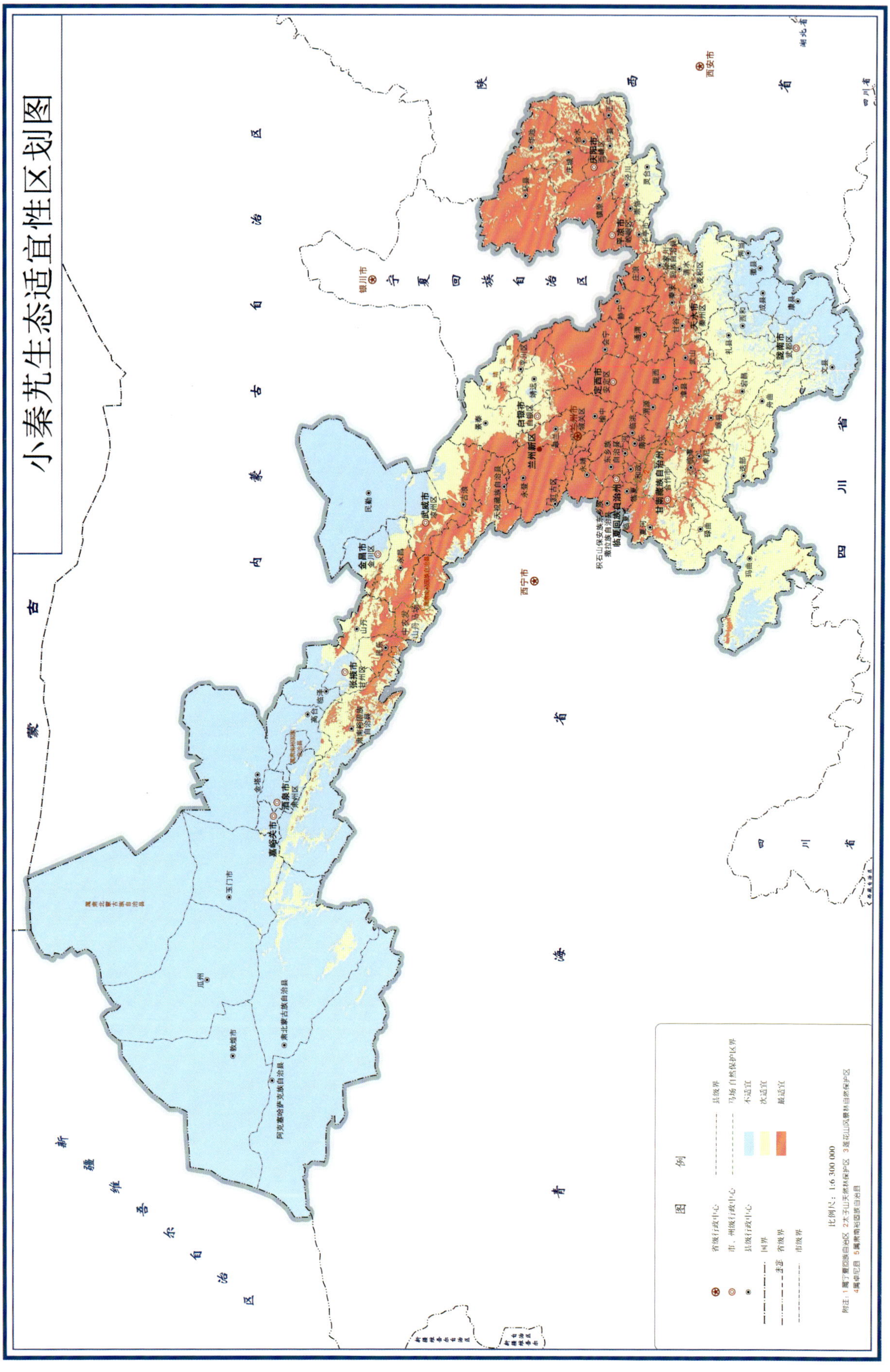

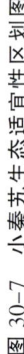

图 30-7　小秦艽生态适宜性区划图

表 30-7 小秦艽生态因子贡献率

生态因子	贡献率(%)	取值范围
5月份降雨量	21.7	10~110mm
12月份平均气温	12.9	-15~0℃
海拔	12.9	1000~3900m
最干季节均温	9.8	-15~0℃
11月份降雨量	5.4	2~25mm
年均温变化范围	5.4	20~46℃
6月份降雨量	5.0	10~100mm
酸碱度	4.4	5.1~7.3

【生态适宜区域面积】

对生态适宜性进行面积统计发现,小秦艽在肃南县的生态适宜面积最大,总面积为12 059km², 适宜面积5045km²、次适宜面积7014km²,比例分别为41.84%、58.16%;环县的总面积为9204km², 适宜面积8387km²、次适宜面积817km²,比例分别为91.12%、8.88%;玛曲县的总面积为7326km², 适宜面积318km²、次适宜面积7008km², 比例分别为4.34%、95.66%;天祝县的总面积为6793km², 适宜面积5702km²、次适宜面积1091km²,比例分别为83.94%、16.06%;会宁县的总面积为6434km², 适宜面积6209km²、次适宜面积225km², 比例分别为96.50%、3.50%;永登县的总面积为6083km², 适宜面积6058km²、次适宜面积25km², 比例分别为99.59%、0.41%;夏河县的总面积为5811km², 适宜面积2496km²、次适宜面积3315km²,比例分别为42.95%、57.05%;靖远县的总面积为5588km², 适宜面积1656km²、次适宜面积3932km²,比例分别为29.63%、70.37%;景泰县的总面积为5377km², 适宜面积1235km²、次适宜面积4142km²,比例分别为22.97%、77.03%;山丹县的总面积为5321km², 适宜面积2792km²、次适宜面积2529km²,比例分别为52.47%、47.53%。(见表30-8)

表 30-8 甘肃各区县小秦艽适宜面积

区县	总面积(km²)	适宜(km²)	次适宜(km²)	适宜比例(%)	次适宜比例(%)
肃南县	12 059	5045	7014	41.84	58.16
环县	9204	8387	817	91.12	8.88
玛曲县	7326	318	7008	4.34	95.66
天祝县	6793	5702	1091	83.94	16.06
会宁县	6434	6209	225	96.50	3.50
永登县	6083	6058	25	99.59	0.41
夏河县	5811	2496	3315	42.95	57.05
靖远县	5588	1656	3932	29.63	70.37
景泰县	5377	1235	4142	22.97	77.03
山丹县	5321	2792	2529	52.47	47.53

从小秦艽适宜生境分布面积柱状图可以看出,环县的生态适宜生境分布面积最大;其次是会宁县、永登县、天祝县;肃南县的生态适宜生境分布面积相对较大;夏河县和山丹县、靖远县的适宜生境分布面积较小;景泰县的适宜生境分布面积最小。从次适宜生境分布面积来看,肃南县和玛曲县的次

适宜生境分布面积最大；景泰县、靖远县、夏河县的次适宜生境分布面积相对较小；山丹县的次适宜生境分布面积较小，其次是天祝县、环县、会宁县；永登县的次适宜生境分布面积最小。（见图30-8）

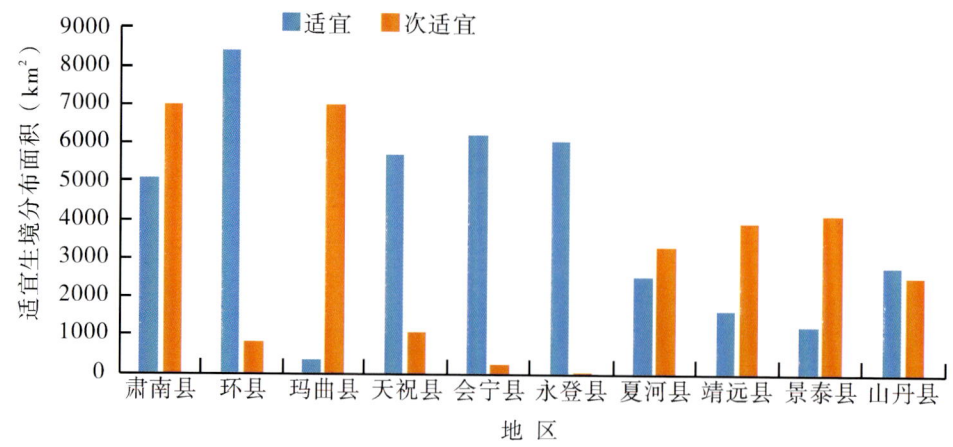

图30-8 小秦艽适宜生境分布面积

【适宜种植区域及布局建议】

根据小秦艽的生态适宜性分析结果，建议选择栽培种植的区域时首先考虑肃南县，其主要乡镇有祁丰乡、红湾寺镇、明花乡、白银乡、马蹄乡、皇城镇、康乐镇、大河乡。环县适宜种植的主要乡镇有曲子镇、合道镇、耿湾乡、芦家湾乡、洪德镇、小南沟乡、虎洞镇、木钵镇、演武乡、樊家川镇；玛曲县生态适宜种植的主要乡镇有欧拉秀玛乡、曼日玛镇、欧拉镇、齐哈玛镇、尼玛镇、阿万仓镇、采日玛镇、木西合乡；天祝县生态适宜种植的主要乡镇有炭山岭镇、赛什斯镇、天堂镇、祁连镇、东坪乡、赛拉隆乡、石门镇、哈溪镇；永登县生态适宜种植的主要乡镇有红城镇、上川镇、中堡镇、河桥镇、龙泉寺镇、中川镇、苦水镇、七山乡、坪城乡、连城镇；夏河县适宜种植的主要乡镇有麻当镇、唐尕昂乡、桑科镇、扎油乡、甘加镇、达麦乡、吉仓乡、博拉镇、拉卜楞镇；会宁县适宜种植的主要乡镇有汉家岔镇、郭城驿镇、柴家门镇、大沟镇、党家岘乡、平头川镇、八里湾乡和新塬镇；山丹县适宜种植的主要乡镇有霍城镇、位奇镇、老军乡、东乐镇、陈户镇、清泉镇；景泰县适宜种植的主要乡镇有五佛乡、喜泉镇、草窝滩镇、正路镇、漫水滩乡、一条山镇；靖远县适宜种植的主要乡镇有糜滩镇、乌兰镇、靖安乡、高湾镇、东升镇、大芦镇、五合镇、若笠乡、双龙镇。

31. 远　志

Yuanzhi

POLYGALAE RADIX

本品为远志科植物远志 Polygala tenuifolia Willd.或卵叶远志 Polygala sibirica L.的干燥根。春、秋二季采挖，除去须根和泥沙，晒干。远志别名小草、细叶远志，卵叶远志又名宽叶远志，两者在商品上没有分别。其气微，味苦、微辛，嚼之有刺喉感，性温。归心、肾、肺经。其功效安神益智，交通心肾，祛痰，消肿。用于咳痰不爽，疮痈肿毒，乳房肿痛，神经衰弱，心悸，健忘失眠，心肾不交，辟邪安梦，壮阳益精，痰多咳嗽，支气管炎等。

远志主要以野生为主，近年来野生资源破坏严重，虽然有一些家种，但因产量低、生长慢，资源严重不足，被列为国家三类保护药材。

【地理分布和生境】

远志和卵叶远志在分布地区上基本相同,分布于华北、东北、西北、华东各地,主产于山西、陕西、吉林、河南等省。

药用以远志为主,远志在东北、华北、西北、华东及华中地区都可栽培。

【生物习性】

远志野生多见于山坡、林下、路旁或草地上,喜冷凉气候,耐干旱。忌高温,适宜于在肥沃、湿润、排水通畅的腐殖质壤土或含大量腐殖质的砂壤土上生长;潮湿或积水地对其生长不利,常会引起叶片变黄脱落,不宜种植。忌连作。

【生态环境影响分析】

根据分析结果可知,影响远志适宜分布的生态因子共有35个。其中9月份降雨量贡献率最高,为29.5%,取值范围是30~130mm;酸碱度次之,贡献率为10.0%,取值范围是7.0~8.7;温度季节性变化标准差贡献率为8.4%,取值范围是7000~12 000;12月份降雨量贡献率占7.1%,取值范围是1~8mm;11月份降雨量贡献率为6.4%,取值范围是3~35mm;最暖月最高温贡献率占5.9%,取值范围是19.5~32.0℃;海拔贡献率占4.2%,取值范围是800~3200m;2月份平均气温的贡献率占3.9%,取值范围是-5~5℃;12月份平均气温贡献率占3.7%,取值范围是-2~6℃;坡度贡献率为3.3%,取值范围是2°~30°。(见表31-1)

表31-1 远志生态因子贡献率

生态因子	贡献率(%)	取值范围
9月份降雨量	29.5	30~130mm
酸碱度	10.0	7.0~8.7
温度季节性变化标准差	8.4	7000~12 000
12月份降雨量	7.1	1~8mm
11月份降雨量	6.4	3~35mm
最暖月最高温	5.9	19.5~32.0℃
海拔	4.2	800~3200m
2月份平均气温	3.9	-5~5℃
12月份平均气温	3.7	-2~6℃
坡度	3.3	2°~30°

【生态适宜性分布】

从远志生态适宜性区划可以看出酒泉市和嘉峪关为远志不适宜种植区域,而其他区域都可以种植;其中陇南市、天水市、定西市、平凉市、庆阳市、临夏回族自治州、兰州市基本上都为最适宜种植的区域;甘南藏族自治州的东部、南部地区还有白银市的西部和南部、武威市和金昌市、张掖市的中部地区也有部分的最适宜种植区;张掖市、金昌市和武威市、白银市和甘南藏族自治州有大部分的次适宜种植区域。(见图31-1)

【生态适宜区面积】

对生态适宜性进行面积统计发现,远志生态适宜种植区域最大的是环县,总面积达到8649km²,适宜面积7396km²,次适宜面积1253km²,比例分别为85.51%、14.49%;肃南裕固族自治县的总面积达到7510km²,适宜面积640km²、次适宜面积6870km²,比例分别为8.52%、91.48%;会宁县总面积

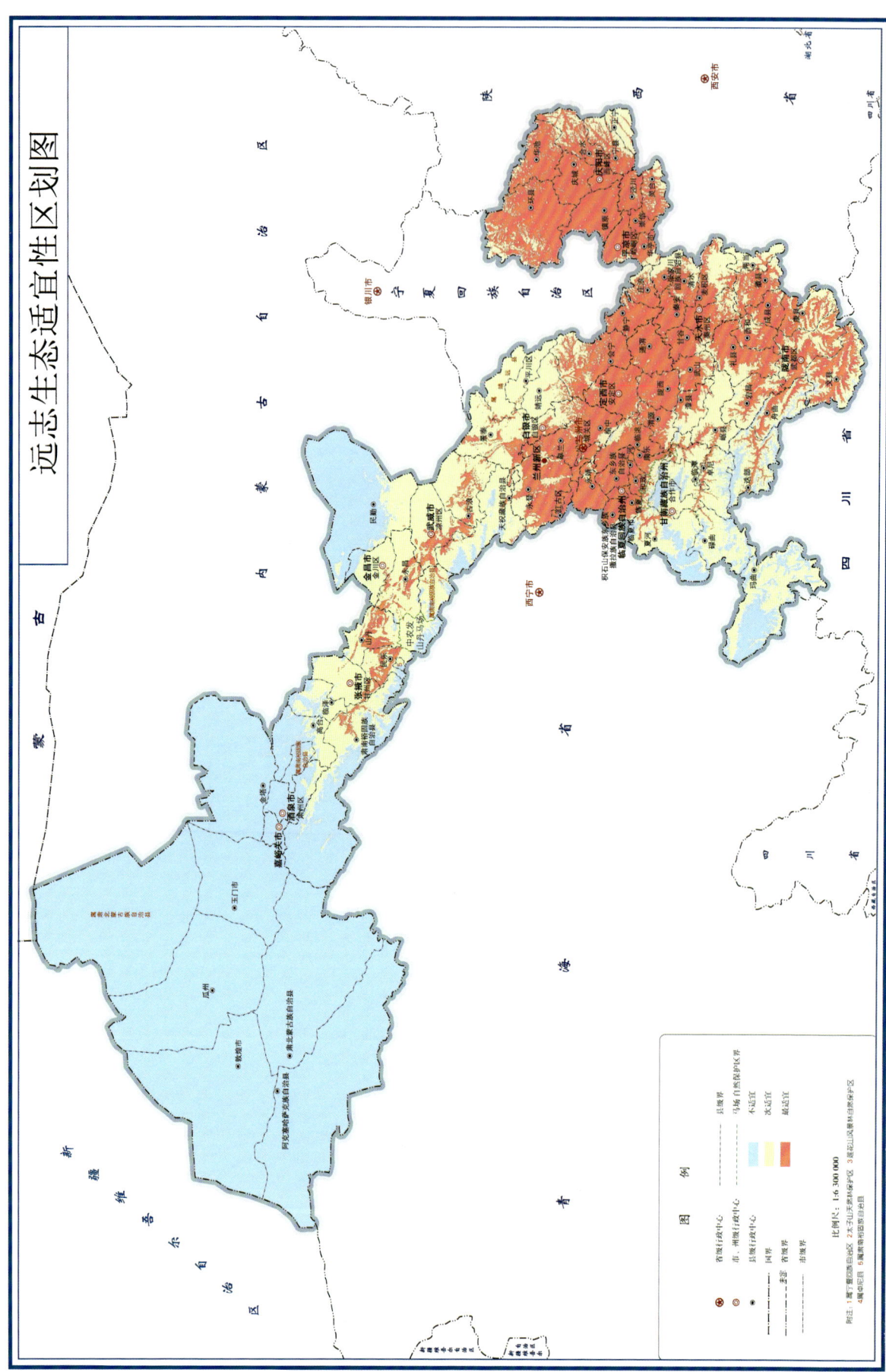

图 31-1 远志生态适宜性区划图

6081km², 适宜面积 4395km²、次适宜面积 1686km², 比例分别为 72.27%、27.73%; 永登县总面积 5705km², 适宜面积 4208km²、次适宜面积 1497km², 比例分别为 73.76%、26.24%; 靖远县总面积 5436km², 适宜面积 327km²、次适宜面积 5109km², 比例分别为 6.02%、93.98%; 天祝藏族自治县总面积 5395km², 适宜面积 361km²、次适宜面积 5034km², 比例分别为 6.69%、93.31%; 玛曲县的总面积 5319km², 适宜面积 37km²、次适宜面积 5282km², 比例分别为 0.70%、99.30%; 景泰县的总面积 5057km², 适宜面积 1221km²、次适宜面积 3836km², 比例分别为 24.14%、75.86%; 古浪县的总面积有 4726km², 适宜面积 983km²、次适宜面积 3743km², 比例分别为 20.80%、79.20%; 凉州区总面积 4671km², 适宜面积 1202km²、次适宜面积 3469km², 比例分别为 25.73%、74.27%。(见表 31-2)

表 31-2 甘肃各区县远志适宜面积

区县	总面积(km²)	适宜(km²)	次适宜(km²)	适宜比例(%)	次适宜比例(%)
环县	8649	7396	1253	85.51	14.49
肃南县	7510	640	6870	8.52	91.48
会宁县	6081	4395	1686	72.27	27.73
永登县	5705	4208	1497	73.76	26.24
靖远县	5436	327	5109	6.02	93.98
天祝县	5395	361	5034	6.69	93.31
玛曲县	5319	37	5282	0.70	99.30
景泰县	5057	1221	3836	24.14	75.86
古浪县	4726	983	3743	20.80	79.20
凉州区	4671	1202	3469	25.73	74.27

从远志适宜生境分布面积柱状图可以看出远志在环县的适宜生境分布面积最大;永登县和会宁县次之;景泰县、凉州区、古浪县适宜生境分布面积差不多;肃南县、靖远县、天祝县适宜生境分布面积都较小;玛曲县适宜生境分布面积最小。次适宜生境分布面积最大的为肃南县;靖远县、景泰县、天祝县、古浪县、玛曲县和凉州区的次适宜生境分布面积较大;永登县和会宁县次适宜生境分布面积较小;环县的次适宜生境分布面积最小。(见图 31-2)

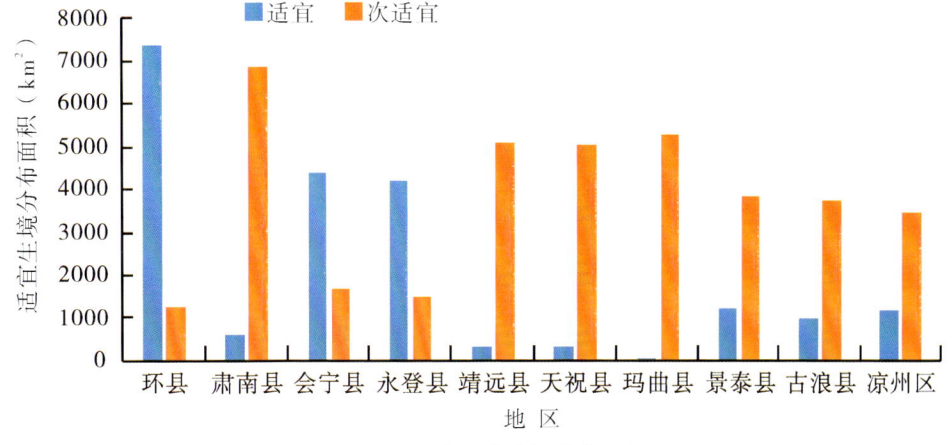

图 31-2 远志适宜生境分布面积

【适宜种植区域及布局建议】

根据远志的生态适宜性分析结果,建议选择栽培种植的区域时首先考虑环县,主要乡镇有环城镇、车道镇、毛井镇、洪德镇、小南沟乡。其次选择肃南县，主要乡镇有大河乡、皇城镇、康乐镇、马蹄乡、祁丰乡。会宁县主要适宜种植的主要乡镇有头寨子镇、汉家岔镇、甘沟驿镇；永登县的主要适宜种植乡镇有七山乡、龙泉寺镇、武胜驿镇；靖远县的主要适宜种植乡镇有高湾镇、北滩镇、若笠乡、石门乡、刘川镇；天祝县的适宜种植乡镇是松山镇、旦马乡、哈溪镇、抓喜秀龙镇、华藏寺镇；玛曲县的主要适宜种植乡镇有阿万仓镇、欧拉镇、尼玛镇、曼日玛镇。景泰县主要适宜种植乡镇有中泉镇、寺滩乡、正路镇、五佛乡、喜泉镇；古浪县的主要适宜种植乡镇有海子滩镇、新堡乡、黄花滩镇；凉州区的主要适宜种植乡镇有长城镇和西营镇。

32. 续　断
Xuduan
DIPSACI RADIX

本品为川续断科植物川续断 Dipsacus asper Wall. ex. Henry 的干燥根。秋季采挖，除去根头和须根，用微火烘至半干，堆置"发汗"至内部变绿色时，再烘干。性微温，气微香，味苦、辛、微甜而后涩。归肝、肾经。功效主要有补肝肾，强筋骨，续折伤，止崩漏。临床应用主要用于肝肾不足，腰膝酸软，风湿痹痛，跌仆损伤，筋伤骨折，崩漏，胎漏等。始载于《神农本草经》，历代本草多有记载。

近年来，随着我国经济形势发展，续断的市场需求量增大，川续断除了作为骨伤科的传统用药外，现已用于食疗保健行业，具有广阔的市场前景。另一方面，随着川续断主产地环境的改变，造成资源短缺。续断野生资源不断减少，加之临床应用价值被逐步开发，需求量不断增加，价格也逐步上升。所以利用更多的栽培技术来提高产量，正确驯化野生续断和寻找潜在适宜地种植是现在的重要任务。

【地理分布与生境】

川续断主产于湖北、湖南、江西、广西、云南、贵州、四川和西藏等地；陕西、甘肃、河南、江西、广西皆有分布。

【生物习性】

川续断生于林边、灌丛、草地，为多年生草本，其喜温暖而较凉爽湿润的环境，耐寒忌高温，对土壤的要求不太高，但以土层深厚、排水良好的疏松砂壤土为佳。海拔较低的闷热地区种植川续断，地上部分生长旺盛，但根茎产量低。土壤板结、肥力低的土地种植，地下根茎分叉严重，影响药材质量，而且在阴雨天气中容易发生根腐病。

【生态环境影响分析】

根据分析结果可知，影响川续断的主要生态因子有主要有30个。其中10月份降雨量贡献率为61.8%，取值范围为70~180mm；海拔贡献率8.2%，取值范围为500~1700m；最冷月最低温贡献率3.3%，取值范围为-13~13℃；9月份降雨量贡献率3.0%，取值范围为80~160mm。（见表32-1）

【生态适宜性区划】

从川续断生态适宜性区划可以看出，川续断在甘肃最适宜及次适宜生长区域主要在甘肃东南部地区。陇南市、天水市、平凉市南部、定西市南部、庆阳市南部都为川续断的最适宜种植区域；兰州市、白银市和甘南藏族自治州有部分区域为川续断最适宜种植区域；陇南市最适宜种植面积最大；其中兰州市、白银市南部、陇南市、天水市、定西市、庆阳市有小部分为川续断次适宜种植区域；庆阳市次适宜种植面积最大；其他区域都为不适宜种植区。（见图32-1）

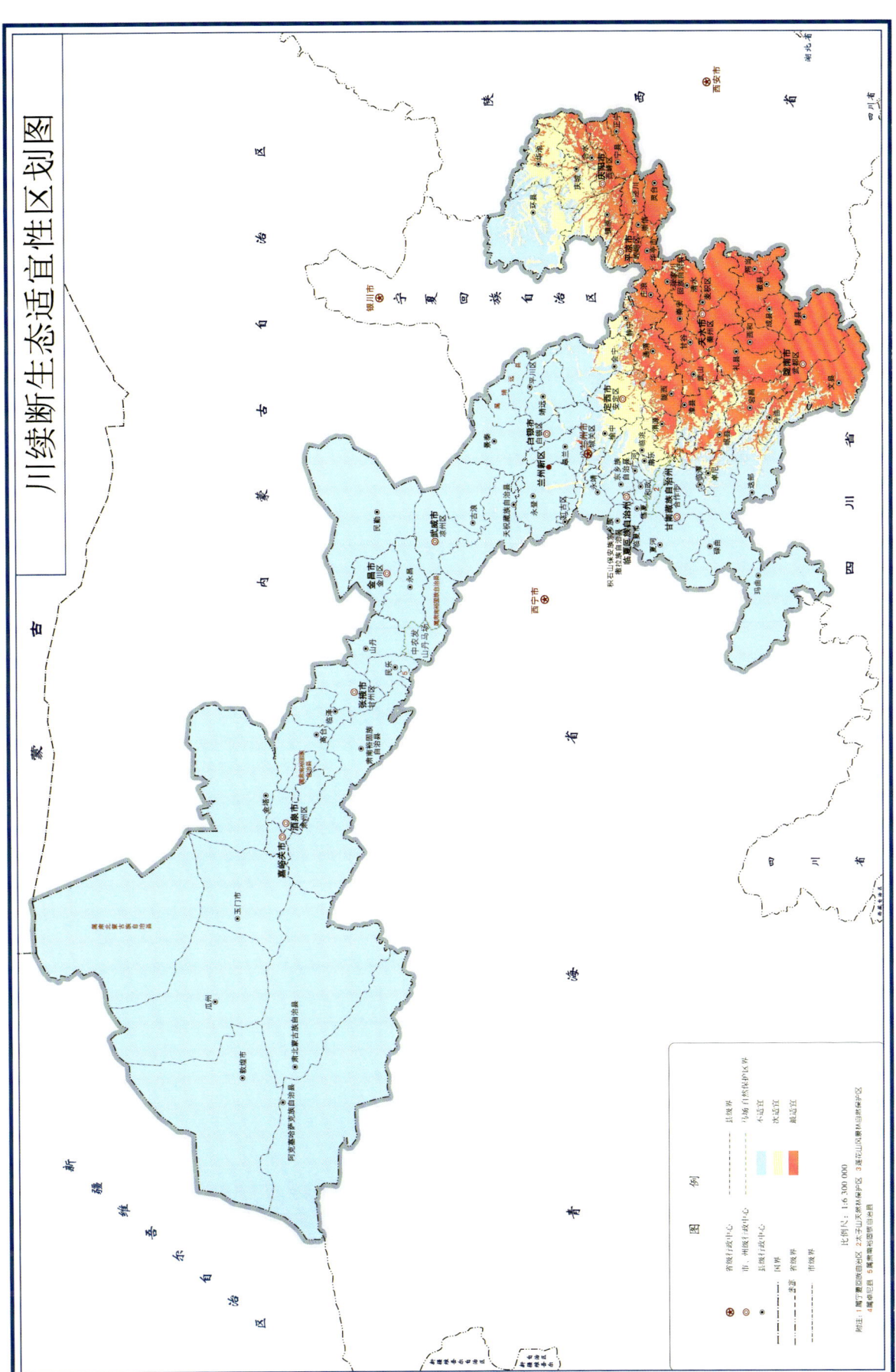

图 32-1 川续断生态适宜性区划图

表 32-1 川续断生态因子贡献率

生态因子	贡献率(%)	取值范围
10月份降雨量	61.8	70~180mm
海拔	8.2	500~1700m
最冷月最低温	3.3	−13~13℃
9月份降雨量	3.0	80~160mm

【生态适宜区域面积】

对生态适宜性进行面积统计发现,川续断种植总面积最大的是文县,其总面积为4747km²、适宜面积4280km²、次适宜面积467km²,比例分别为90.16%、9.84%;武都区总面积为4565km²,适宜面积4476km²、次适宜面积89km²,比例分别为98.05%、1.95%;礼县总面积为4145km²,适宜面积3820km²、次适宜面积325km²,比例分别为92.16%、7.84%;麦积区总面积为3345km²,适宜面积3290km²、次适宜面积55km²,比例分别为98.36%、1.64%;镇原县总面积3074km²,适宜面积1389km²、次适宜面积1685km²,比例分别为45.19%、54.81%;宕昌县总面积为2987km²,适宜面积2141km²、次适宜面积846km²,比例分别为71.68%、28.32%;环县总面积为2932km²,适宜面积22km²、次适宜面积2910km²,比例分别为0.75%、99.25%;岷县总面积为2868km²,适宜面积1501km²、次适宜面积1367km²,比例分别为52.34%、47.66%;安定区总面积为2781km²,适宜面积390km²、次适宜面积2391km²,比例分别为14.02%、85.98%;华池县的总面积最少,为2752km²,其中适宜面积317km²、次适宜面积2435km²,比例分别为11.52%、88.48%。(见表32-2)

表 32-2 甘肃各区县川续断适宜面积

区县	总面积(km²)	适宜(km²)	次适宜(km²)	适宜比例(%)	次适宜比例(%)
文县	4747	4280	467	90.16	9.84
武都区	4565	4476	89	98.05	1.95
礼县	4145	3820	325	92.16	7.84
麦积区	3345	3290	55	98.36	1.64
镇原县	3074	1389	1685	45.19	54.81
宕昌县	2987	2141	846	71.68	28.32
环县	2932	22	2910	0.75	99.25
岷县	2868	1501	1367	52.34	47.66
安定区	2781	390	2391	14.02	85.98
华池县	2752	317	2435	11.52	88.48

由川续断适宜生境分布面积柱状图可以看出,甘肃省内川续断适宜生境分布面积最大的是武都区;文县、礼县和麦积区适宜生境分布面积较大;其次分别是宕昌县、岷县、镇原县;安定区、华池县的适宜生境分布面积较小;环县的适宜生境分布面积最小。次适宜生境分布面积最大的是环县,华池县和安定区的次适宜生境分布面积相差不大;镇原县、岷县、宕昌县的次适宜生境分布面积较小;文县和礼县次适宜生境分布面积较小;武都区和麦积区次适宜生境分布面积最小。(见图32-2)

【适宜种植区域及布局建议】

根据川续断的生态适宜性分析结果,建议选择栽培种植的区域时首先考虑文县,主要乡镇有丹

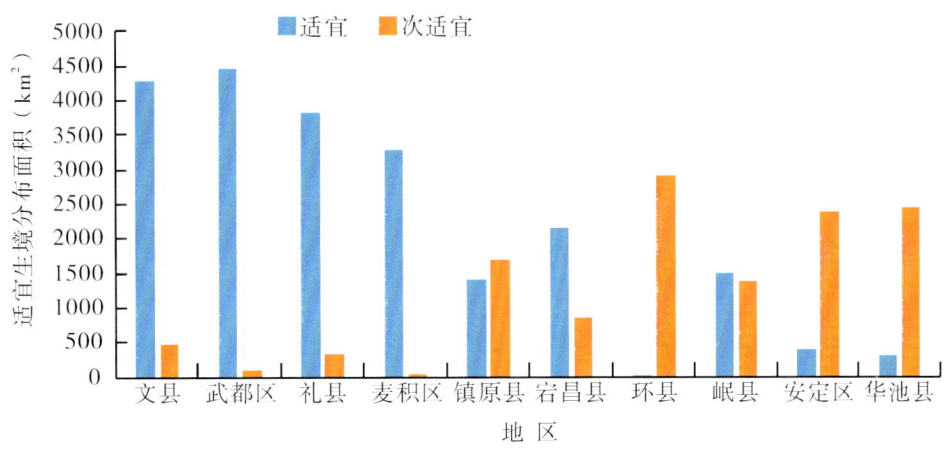

图 32-2 川续断适宜生境分布面积

堡镇、范坝镇、刘家坪乡、中寨镇、铁楼乡、中庙镇、堡子坝镇、石鸡坝镇。其次为武都区,主要乡镇为枫相乡、洛塘镇、裕河镇、三仓镇、鱼龙镇、外纳镇、五马镇、五库镇。礼县适宜种植主要乡镇有上坪乡、洮坪镇、固城镇、沙金乡、石桥镇、崖城镇等;麦积区适宜主要乡镇有党川镇、利桥镇、东岔镇、三岔镇、甘泉镇、麦积镇、元龙镇、花牛镇等;镇原县适宜种植主要乡镇有孟坝镇、屯字镇、太平镇、平泉镇、新集镇、新城镇、临泾镇等;环县适宜种植主要乡镇有环城镇、合道镇、车道镇、曲子镇、天池乡、洪德镇、演武乡等;宕昌县适宜种植主要乡镇有南河镇、兴化乡、狮子乡、官亭镇、新城子乡等;华池县适宜种植主要乡镇有林镇乡、城壕镇、柔远镇、山庄乡、悦乐镇等;安定区适宜种植主要乡镇有内官营镇、凤翔镇、巉口镇、青岚山乡、李家堡镇、鲁家沟镇等;岷县适宜种植主要乡镇有闾井镇、蒲麻镇、锁龙乡、马坞镇、禾驮镇、清水镇、秦许乡等。

33. 知　母
Zhimu
ANEMARRHENAE RHIZOMA

本品为百合科植物知母 Anemarrhena asphodeloides Bge. 的干燥根茎。春、秋二季采挖,除去须根和泥沙,晒干,习称"毛知母";或除去外皮,晒干。知母性寒,味苦、甘。归肺、胃、肾经。主要功效清热泻火,滋阴润燥。主治外感热病、高热烦渴、肺热燥咳、骨蒸潮热、内热消渴、肠燥便秘等。现代药理学研究表明,知母对机体的循环系统、中枢神经系统、免疫系统、运动系统均具有一定的药理作用。

经调查发现,目前野生种质资源明显不足,主要是由于西北地区荒漠化以及滥采等人为因素造成的。

【地理分布与生境】

知母中国各地都有栽培,最主要产区在河北、山西、山东(山东半岛)、陕西(北部)、甘肃(东部)、内蒙古(南部)、辽宁(西南部)、吉林(西部)和黑龙江(南部)。人工栽培知母主产河北省安国市、安徽省亳州市。

野生毛知母主产地为河北张北、易县、赤城、阜平,山西榆社、五台、代县、寿阳,内蒙古扎鲁特旗、西乌珠穆、东台珠穆、林西、科尔左中旗、阿荣旗;辽宁铁岭、阜新等地亦有分布。

【生物习性】

知母适应性很强,野生于向阳山坡地边,草原和杂草丛中。土壤多为黄土及腐殖质壤土。性耐寒,北方可在田间越冬,喜温暖,耐干旱,除幼苗期须适当浇水外,生长期间不宜过多浇水,特别在高温期间,如土壤水分过多,生长不良,且根状茎容易腐烂。土壤以疏松的腐殖质壤土为宜,低洼积水和过黏的土壤均不宜栽种。生长于山坡、草地或路旁较干燥或向阳的地方。

【生态环境影响分析】

根据分析结果可知,影响知母适宜分布的生态因子共有31个。其中11月份降雨量贡献率最大,占26.1%,取值范围为5~21mm;其次为温度季节性变化标准差,贡献率为20.3%,取值范围为9300~13 500;8月份降雨量的贡献率为13.4%,取值范围为76~185mm;坡度的贡献率为9.4%,取值范围是1°~19°;海拔的贡献率为5.9%,取值范围为200~1950m;8月份平均气温的贡献率为5.6%,取值范围为16.0~23.5℃。(见表33-1)

表33-1 知母生态因子贡献率

生态因子	贡献率(%)	取值范围
11月份降雨量	26.1	5~21mm
温度季节性变化标准差	20.3	9300~13 500
8月份降雨量	13.4	76~185mm
坡度	9.4	1°~19°
海拔	5.9	200~1950m
8月份平均气温	5.6	16.0~23.5℃

【生态适宜性区划】

从知母生态适宜性区划来看,知母在庆阳市、平凉市的最适宜种植面积最大,基本都为最适宜种植区域。除此之外,白银市南部、定西市北部有相对较大的最适宜种植区;天水市、陇南市、兰州市、临夏回族自治州和武威市都有小部分地区为知母最适宜种植地区;全省除嘉峪关之外都有次适宜种植区;天水市、陇南市、定西市、临夏回族自治州、兰州市、白银市基本都为知母次适宜种植区;甘南藏族自治州和酒泉市的次适宜种植区最小。(见图33-1)

【生态适宜区域面积】

对生态适宜性进行面积统计发现,知母种植总面积最大的是环县,其总面积为8649km²,其中适宜面积7330km²、次适宜面积1319km²,比例分别为84.75%、15.25%;会宁县次之,总面积有6078km²,适宜面积2311km²、次适宜面积3767km²,比例分别为38.02%、61.98%;永登县总面积5227km²,适宜面积116km²、次适宜面积5111km²,比例分别为2.22%、97.78%;武都区总面积3706km²,适宜面积193km²、次适宜面积3513km²,比例分别为5.21%、94.79%;华池县总面积3557km²,适宜面积3231km²、次适宜面积326km²,比例分别为90.83%、9.17%;礼县总面积3533km²,基本都为次适宜种植区,其中适宜面积9km²、次适宜面积3524km²,比例分别为0.25%、99.75%;安定区总面积3446km²,适宜面积1183km²、次适宜面积2263km²,比例分别为34.33%、65.67%;靖远县总面积3378km²,适宜面积17km²、次适宜面积3361km²,比例分别为0.50%、99.50%;镇原县总面积3314km²,适宜面积2915km²、次适宜面积399km²,比例分别为87.96%、12.04%;麦积区总面积3296km²,适宜面积192km²、次适宜面积3104km²,比例分别为5.83%、94.17%。(见表33-2)

从知母适宜生境分布面积柱状图可以看出,环县适宜生境分布面积最大;其次是华池县、镇原

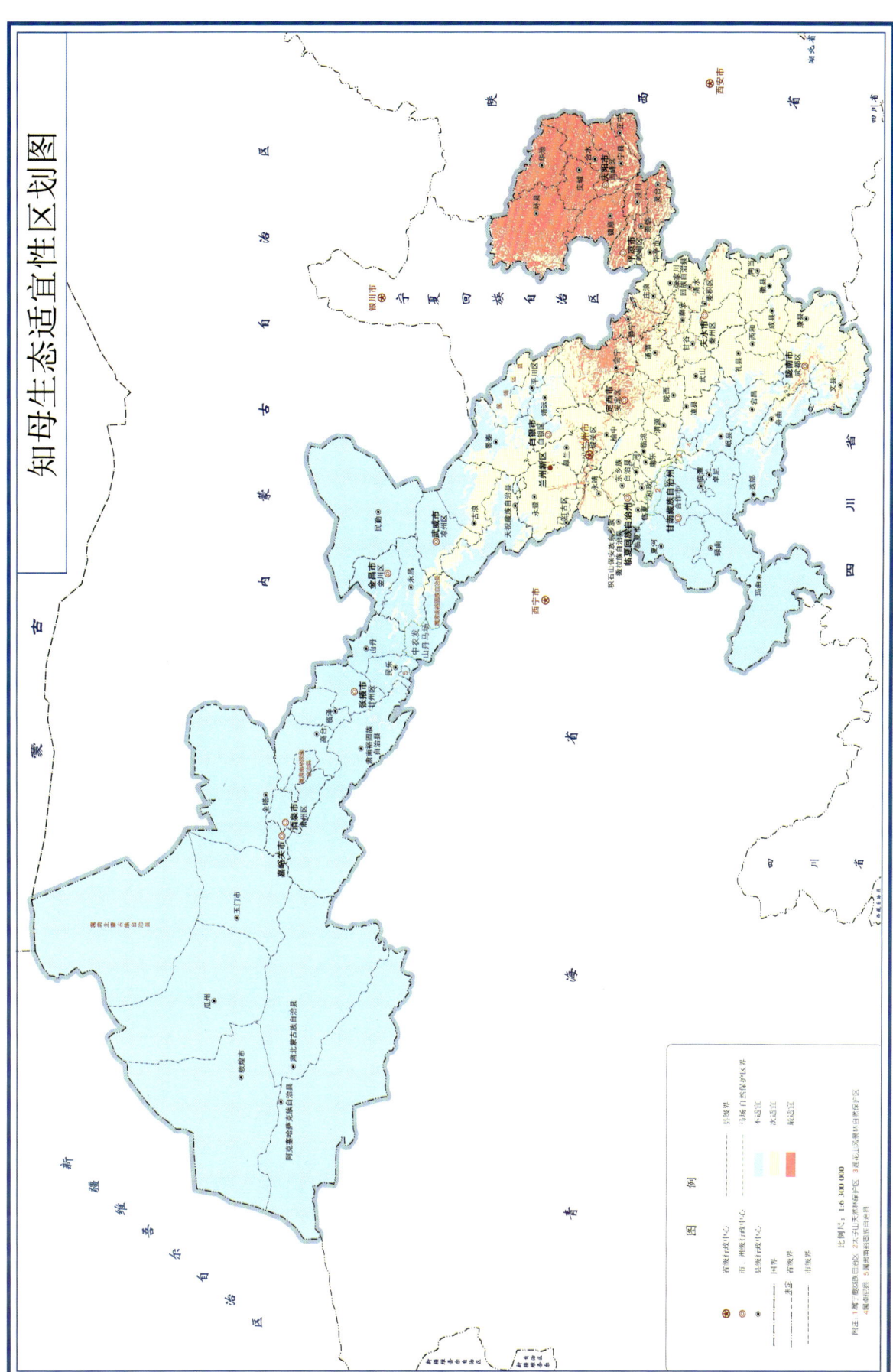

图 33-1 知母生态适宜性区划图

表33-2 甘肃各区县知母适宜面积

区县	总面积(km²)	适宜(km²)	次适宜(km²)	适宜比例(%)	次适宜比例(%)
环县	8649	7330	1319	84.75	15.25
会宁县	6078	2311	3767	38.02	61.98
永登县	5227	116	5111	2.22	97.78
武都区	3706	193	3513	5.21	94.79
华池县	3557	3231	326	90.83	9.17
礼县	3533	9	3524	0.25	99.75
安定区	3446	1183	2263	34.33	65.67
靖远县	3378	17	3361	0.50	99.50
镇原县	3314	2915	399	87.96	12.04
麦积区	3296	192	3104	5.83	94.17

县;会宁县和安定区也有部分适宜生境分布面积。其他大部分地区如永登县、武都区、礼县、靖远县和麦积区基本都为次适宜生境分布面积。(见图33-2)

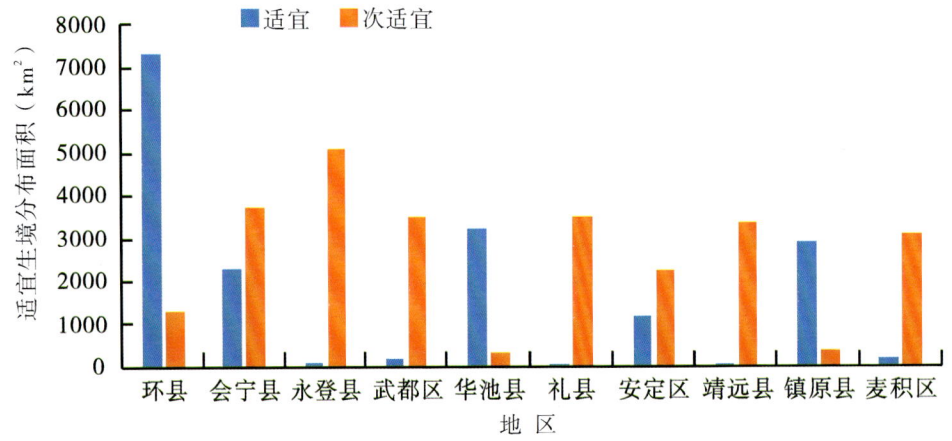

图33-2 知母适宜生境分布面积

【适宜种植区域及布局建议】

根据知母的生态适宜性分析结果,建议选择栽培种植的区域时优先选择环县,主要乡镇有环城镇、车道镇、洪德镇、小南沟乡。其次为会宁县,主要乡镇有头寨子镇、汉家岔镇、郭城驿镇、刘家寨子镇。永登县适宜种植的主要乡镇有龙泉寺镇、通远镇、上川镇;武都区适宜种植的主要乡镇有枫相乡、洛塘镇;华池县适宜种植的主要乡镇林镇乡、城壕镇、五蛟镇、悦乐镇;礼县适宜种植的主要乡镇有洮坪镇、桥头镇、永坪镇、崖城镇;安定区适宜种植的主要乡镇有巉口镇、内官营镇、凤翔镇;靖远县适宜种植的主要乡镇有高湾镇、若笠乡、乌兰镇、五合镇;镇原县适宜种植的主要乡镇有孟坝镇、屯字镇、平泉镇、临泾镇;麦积区适宜种植的主要乡镇有党川镇、利桥镇。

34. 重 楼
Chonglou
PARIDIS RHIZOMA

本品为百合科植物云南重楼 Paris polyphylla Smith var. yunnanensis (Franch.) Hand.–Mazz.或七叶一枝花 Paris polyphylla Smith var. chinensis (Franch.)Hara 的干燥根茎。秋季采挖,除去须根,洗净,晒干。味苦,性微寒,有小毒。归肝经。具有清热解毒,消肿止痛,凉肝定惊的功效。主治疔疮痈肿,咽喉肿痛,跌仆伤痛,惊风抽搐,毒蛇咬伤;还可用于流行性乙型脑炎,淋巴结结核,扁桃体炎,阑尾炎,乳腺炎,腮腺炎,胃痛,止血等。是云南白药、宫血宁等国家保护中药的主要成分之一。

近年来,重楼在临床上的应用范围不断拓展,而目前尚没有规范化的重楼种植技术,使得野生重楼被掠夺性采挖,资源匮乏,破坏严重,致使其价格不断攀升,无法满足市场的大量需求。因此,重楼资源短缺成了当前一个重要的急需解决的问题。目前市场上供应的重楼绝大部分来源于野生采挖,没有形成完整的栽培体系。

【地理分布与生境】

七叶一枝花产于西藏(东南部)、云南、四川和贵州。分布于华南、华东、西南及陕西、山西、甘肃、河南、湖北、西藏、江西、广西等地。云南重楼在甘肃没有分布。

【生物习性】

七叶一枝花生于山坡、林下及灌丛阴湿处。生于海拔 1800~3200m 的林下。喜温、喜湿、喜荫蔽,但也抗寒、耐旱,惧怕霜冻和阳光。有机质、腐殖质含量较高的砂土和壤土适宜种植,尤以河边和背阴山种植为宜。

【生态环境影响分析】

根据分析结果可知,影响七叶一枝花适宜分布的生态因子共有 32 个。其中影响最大的是 10 月份降雨量,贡献率是 46.3%,取值范围是>30mm;其次是海拔,贡献率是 23.4%,取值范围是 1250~3000m;4 月份降雨量的贡献率是 5.7%,取值范围是>0mm;等温性的贡献率是 4.6%,取值范围是 0~45;有机碳含量的生态贡献率是 3.2%,其取值范围是 0.5%~2.0%;最干季节均温的生态贡献率是 3.0%,其取值范围是 -7~10℃。(见表 34-1)

表 34-1 七叶一枝花生态因子贡献率

生态因子	贡献率(%)	取值范围
10 月份降雨量	46.3	>30mm
海拔	23.4	1250~3000m
4 月份降雨量	5.7	>0mm
等温性	4.6	0~45
有机碳含量	3.2	0.5%~2.0%
最干季节均温	3.0	−7~10℃

【生态适宜性区划】

从七叶一枝花的生态适宜性区划来看,陇南市、平凉市、天水市基本都为最适宜种植区。甘南藏族自治州、定西市和庆阳市也有部分为最适宜种植区域;定西市、庆阳市、临夏回族自治州、平凉市、天水市和陇南市都有较大的次适宜种植区域;兰州市的南部、白银市的南部、甘南藏族自治州的东部有小部分的次适宜种植面积,大部分为不适宜种植区;除此之外,武威市、金昌市、张掖市、嘉峪关市、酒泉市都为不适宜种植区域。(见图34-1)

【生态适宜区域面积】

对生态适宜性进行面积统计发现,七叶一枝花生态适宜面积最大的是文县,其总面积有6895km²,其中适宜面积5722km²、次适宜面积1173km²,适宜比例82.99%、次适宜比例17.01%;武都区的面积次之,总面积是6440km²,适宜面积5640km²、次适宜面积800km²,比例分别为87.58%、12.42%;礼县总面积5949km²,适宜面积5210km²,次适宜面积739km²,比例分别为87.58%、12.42%;麦积区总面积4853km²,适宜面积3577km²,次适宜面积1276km²,比例分别为73.71%、26.29%;镇原县的总面积4698km²,全部为次适宜面积,比例100.00%;迭部县总面积4549km²,适宜面积865km²、次适宜面积3684km²,比例分别为19.02%、80.98%;宕昌县的总面积4459km²,适宜面积2807km²、次适宜面积1652km²,比例分别为62.95%、37.05%,岷县总面积4336km²,适宜面积307km²、次适宜面积4029km²,比例分别为7.08%、92.92%;康县总面积4159km²,适宜面积3538km²、次适宜面积621km²,比例分别为85.07%、14.93%;面积最小的是通渭县,总面积为4122km²,适宜面积只有32km²、次适宜面积4090km²,比例分别为0.78%、99.22%。(见表34-2)

表34-2 甘肃各区县七叶一枝花适宜面积

区县	总面积(km²)	适宜(km²)	次适宜(km²)	适宜比例(%)	次适宜比例(%)
文县	6895	5722	1173	82.99	17.01
武都区	6440	5640	800	87.58	12.42
礼县	5949	5210	739	87.58	12.42
麦积区	4853	3577	1276	73.71	26.29
镇原县	4698	0	4698	0.00	100.00
迭部县	4549	865	3684	19.02	80.98
宕昌县	4459	2807	1652	62.95	37.05
岷县	4336	307	4029	7.08	92.92
康县	4159	3538	621	85.07	14.93
通渭县	4122	32	4090	0.78	99.22

从七叶一枝花的适宜生境分布面积柱状图可以看出,在文县的适宜生境分布面积最大;其次为武都区、礼县和麦积区;在文县、武都区和礼县、麦积区适宜生境分布面积大于次适宜生境分布面积。而在镇原县、迭部县、宕昌县、岷县、康县和通渭县中,次适宜生境分布面积大于适宜生境分布面积;其中镇原县全部为次适宜生境分布面积;通渭县几乎全为次适宜生境分布面积。(见图34-2)

【适宜种植区域及布局建议】

根据七叶一枝花的生态适宜性分析结果,建议选择栽培种植的区域时优先选择文县,主要乡镇有丹堡镇、范坝镇、中寨镇、刘家坪乡、铁楼乡、堡子坝镇、石鸡坝镇、中庙镇。其次为武都区,主要乡镇有枫相乡、洛塘镇、裕河镇、三仓镇、鱼龙镇、外纳镇、五马镇、五库镇。礼县适宜种植的主要乡镇有上坪乡、洮坪镇、固城镇、沙金乡、石桥镇、崖城镇、永坪镇和罗坝镇;麦积区适宜栽培的乡镇有党川镇、利桥镇、东岔镇、三岔镇、甘泉镇、麦积镇、元龙镇、花牛镇;镇原县适宜种植的主要乡镇有孟坝镇、屯字镇、新城镇、平泉镇、新集镇、太平镇、临泾镇、三岔镇;迭部县的主要乡镇有达拉乡、旺藏镇、电尕镇、腊子口镇、多儿乡、洛大镇、阿夏乡、卡坝乡;宕昌县适宜种植的主要乡镇有南河镇、兴化乡、狮子

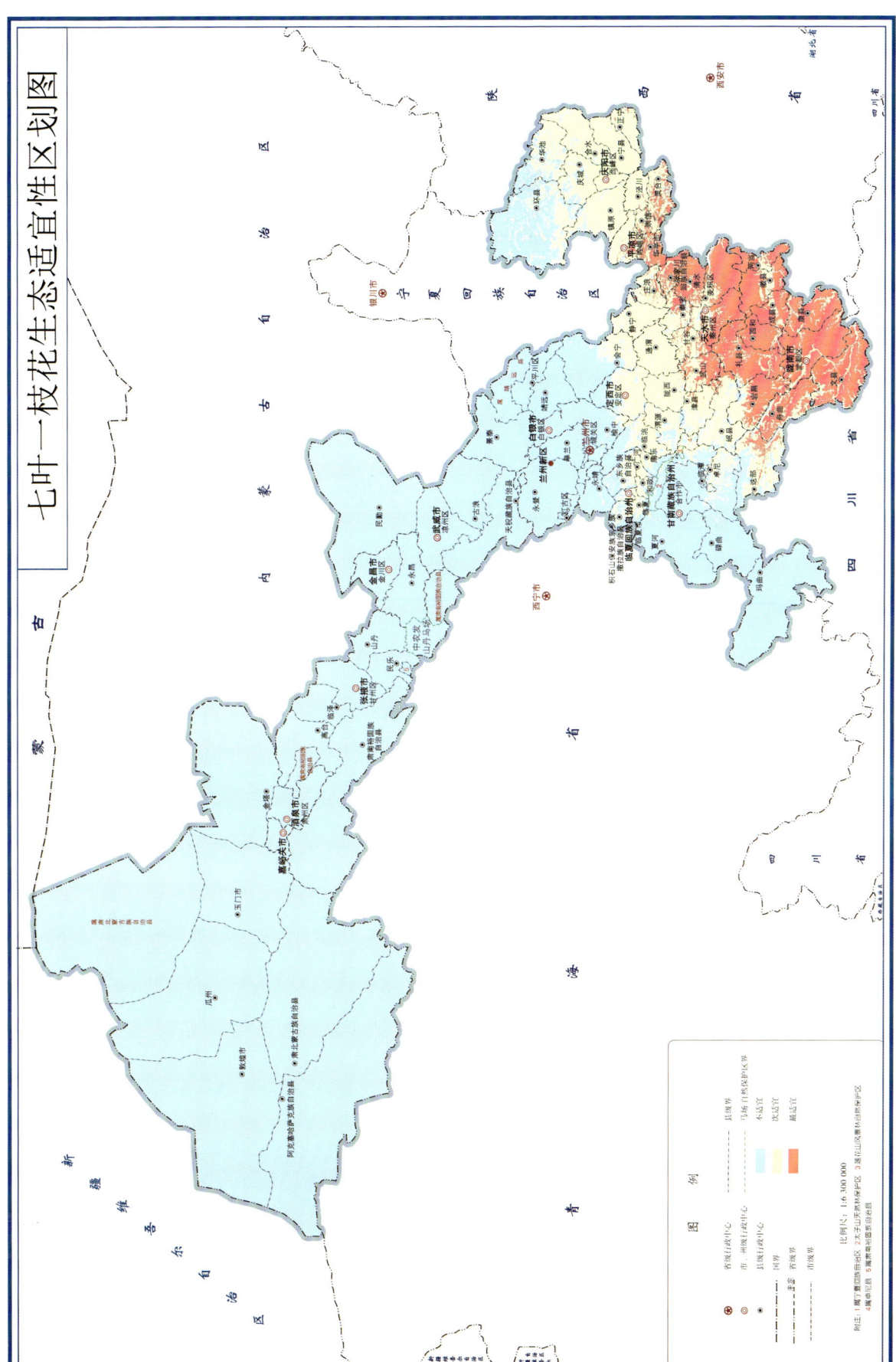

图34-1 七叶一枝花生态适宜性区划图

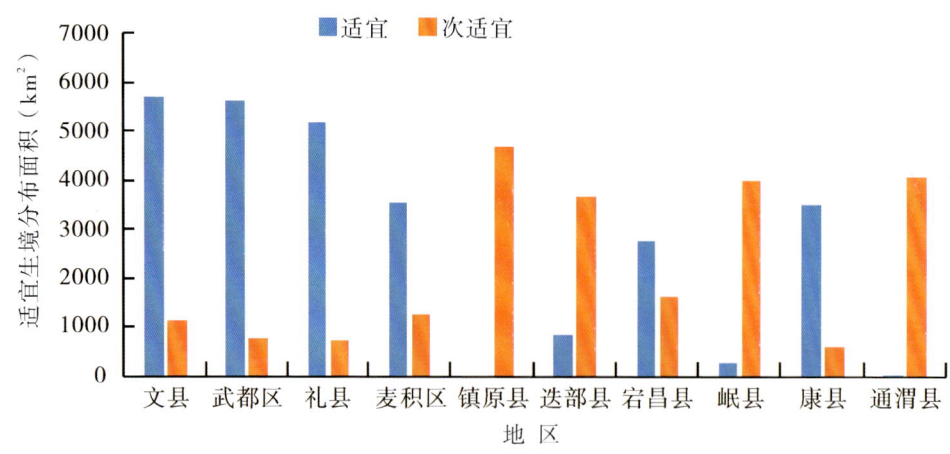

图 34-2 七叶一枝花适宜生境分布面积

乡、官亭镇、城关镇、新城子乡;岷县适宜种植的主要乡镇有闾井镇、锁龙乡、蒲麻镇、秦许乡、禾驮镇、寺沟镇、马坞镇、梅川镇、麻子川镇;康县适宜种植的主要乡镇有阳坝镇、三河坝镇、白杨镇、岸门口镇、两河镇、长坝镇、迷坝乡、店子乡、大南峪镇、平洛镇和豆坝镇;通渭县适宜栽培的主要乡镇有马营镇、榜罗镇、平襄镇、常河镇、什川镇、三铺乡、北城镇、华岭镇。

35. 玉 竹

Yuzhu

POLYGONATI ODORATI RHIZOMA

本品为百合科植物玉竹 Polygonatum odoratum (Mill.) Druce 的干燥根茎。秋季采挖,除去须根,洗净,晒至柔软后,反复揉搓,晾晒至无硬心,晒干;或蒸透后,揉至半透明,晒干。气微,味甘,性微寒。归肺、胃经。主要有滋肾润肺、生津养胃、降血脂、强心抗衰老、补虚延年之功效,可治疗糖尿病、肺结核、咳嗽等。

玉竹最早以葳蕤之名始载于《神农本草经》,列为上品。

玉竹作为传统的药食两用的中药材,适应广,用量大,疗效好。应该加强对玉竹的应用研究和生产方面的管理,形成一个完整的管理体系,将玉竹作为一个产业来开发,把玉竹的产业做大、做强,让玉竹产业走向现代化。

随着人们对健康的重视,有机林产品越来越受到欢迎,林下玉竹品质好,栽培面积近年来有上升的趋势,建议栽培户选择适宜的林地进行仿野生林下栽植。

【地理分布和生境】

玉竹产自黑龙江、吉林、辽宁、河北、山西、内蒙古、甘肃、青海、山东、河南、湖北、湖南、安徽、江西、江苏、台湾。生林下或山野阴坡。

玉竹的人工驯化栽培已经有 10 多年的时间了,大田栽培产业化程度高,成为目前主要的栽培模式,约占总栽培面积的 2/3 以上。

【生物习性】

玉竹耐寒,忌强光直射与多风,喜欢凉爽和潮湿的气候、荫蔽的环境。野生玉竹生于凉爽、湿润、无积水的山野疏林或灌丛中。生长地土层深厚,富含砂质和腐殖质。黏重或者太过于疏松的土壤不宜种植玉竹。

【生态环境影响分析】

根据分析结果可知,影响玉竹适宜分布的生态因子共有34个。其中,9月份降雨量贡献率最高为19.8%,取值范围为60~140mm;5月份降雨量贡献率次之,为15.7%,取值范围是45~180mm;4月份降雨量贡献率为13.9%,取值范围是25~150mm;温度季节性变化标准差贡献率为10.1%,取值范围为5500~10 500;12月份降雨量贡献率为8.7%,取值范围是1~10mm;酸碱度生态因子贡献率为8.6%,取值范围是>6.2;1月份平均气温贡献率为6.0%,取值范围为-11~12℃;3月份降雨量贡献率为3.9%,取值范围是10~95mm;土壤含黏土量的贡献率是3.9%,取值范围是5%~35%。(见表35-1)

表35-1 玉竹生态因子贡献率

生态因子	贡献率(%)	取值范围
9月份降雨量	19.8	60~140mm
5月份降雨量	15.7	45~180mm
4月份降雨量	13.9	25~150mm
温度季节性变化标准差	10.1	5500~10 500
12月份降雨量	8.7	1~10mm
酸碱度	8.6	>6.2
1月份平均气温	6.0	-11~12℃
3月份降雨量	3.9	10~95mm
土壤含黏土量	3.9	5%~35%

【生态适宜性区划】

从玉竹生态适宜性区划图来看,嘉峪关和酒泉不适宜种植玉竹。而陇南市、天水市、定西市、平凉市、庆阳市、临夏回族自治州的大部分都为最适宜种植玉竹的区域;兰州市西部、白银市、甘南藏族自治州的东部、武威市、张掖市南部、金昌市有部分的最适宜种植区域,大部分还是次适宜种植区域;其中金昌市只有部分的次适宜种植区域。(见图35-1)

【生态适宜区域面积】

对生态适宜性进行面积统计发现,玉竹生态适宜面积最大的区域是环县,其总面积达到8649km^2,其中适宜面积2065km^2、次适宜面积6584km^2,适宜比例23.88%、次适宜比例76.12%;而次之的是天祝县,总面积是6226km^2,其中适宜面积274km^2、次适宜面积5952km^2,比例分别为4.40%、95.60%;会宁县总面积6081km^2、适宜面积1797km^2、次适宜面积4284km^2,比例分别为29.55%、70.45%;永登县总面积5706km^2、适宜面积1241km^2、次适宜面积4465km^2,比例分别为21.75%、78.25%;卓尼县总面积5079km^2、适宜面积1508km^2、次适宜面积3571km^2,比例分别为29.69%、70.31%;夏河县总面积5059km^2、适宜面积683km^2、次适宜面积4376km^2,比例分别为13.50%、86.50%;文县总面积4855km^2,适宜面积3817km^2、次适宜面积1038km^2,比例分别为78.62%、21.38%;武都区总面积4566km^2,适宜面积3950km^2、次适宜面积616km^2,比例分别为86.51%、13.49%;迭部县总面积4456km^2,适宜面积1100km^2、次适宜面积3356km^2,比例分别为24.69%、75.31%;生态适宜种植的最小区县为礼县,总面积为4155km^2,适宜面积3795km^2、次适宜面积360km^2,比例分别为91.34%、8.66%。(见表35-2)

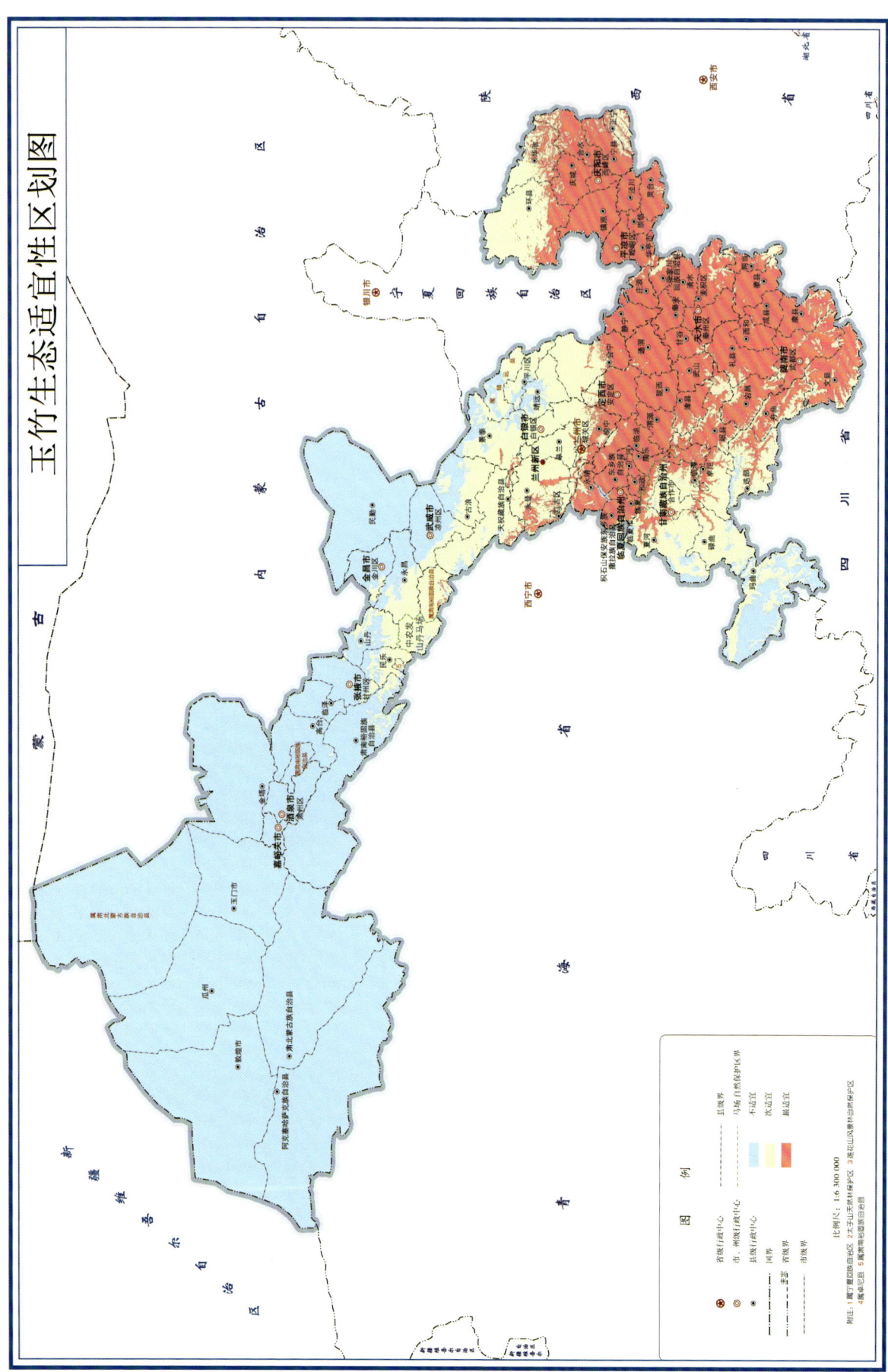

图 35-1 玉竹生态适宜性区划图

表35-2 甘肃各区县玉竹适宜面积

区县	总面积(km²)	适宜(km²)	次适宜(km²)	适宜比例(%)	次适宜比例(%)
环县	8649	2065	6584	23.88	76.12
天祝县	6226	274	5952	4.40	95.60
会宁县	6081	1797	4284	29.55	70.45
永登县	5706	1241	4465	21.75	78.25
卓尼县	5079	1508	3571	29.69	70.31
夏河县	5059	683	4376	13.50	86.50
文县	4855	3817	1038	78.62	21.38
武都区	4566	3950	616	86.51	13.49
迭部县	4456	1100	3356	24.69	75.31
礼县	4155	3795	360	91.34	8.66

从玉竹适宜生境分布面积柱状图可以看出，玉竹在武都区的适宜生境分布面积最大；其次是文县和礼县；环县和会宁县、卓尼县的适宜生境分布面积相差不大，都较小；迭部县和夏河县的适宜生境分布面积也较小；天祝县的适宜生境分布面积最小；次适宜生境分布面积中环县的最大；天祝县的次之；会宁县、永登县、夏河县的次适宜生境分布面积相差不大，面积都较大；卓尼县和迭部县的次适宜生境分布面积都较小；其次为文县和武都区；礼县的次适宜生境分布面积最小。(见图35-2)

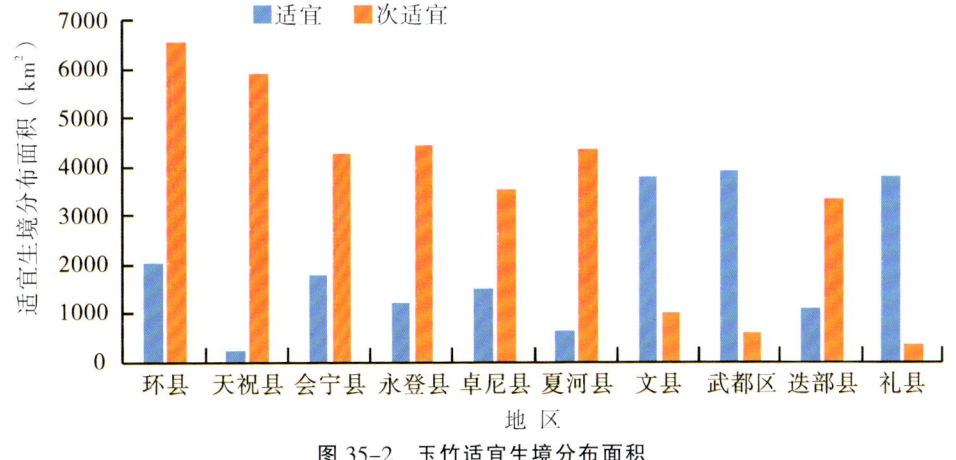

图35-2 玉竹适宜生境分布面积

【适宜种植区域及布局建议】

根据玉竹的生态适宜性分析结果，建议选择栽培种植的区域时首先考虑环县，主要乡镇有环城镇、车道镇、毛井镇、洪德镇和小南沟乡。其次选择天祝县，主要适宜种植的乡镇有松山镇、旦马乡、哈溪镇、抓喜秀龙镇、毛藏乡。会宁县适宜种植的乡镇主要有头寨子镇、汉家岔镇、甘沟驿镇、郭城驿镇；永登县适宜种植的乡镇有七山乡、龙泉寺镇、武胜驿镇、苦水镇、通远镇；卓尼县的主要适宜种植乡镇有木耳镇、喀尔钦镇、尼巴镇、恰盖乡；夏河县适宜种植乡镇有桑科镇、阿木去乎镇、甘加镇、科才镇；文县适宜种植区域有丹堡镇、范坝镇、刘家坪乡、铁楼乡；武都区适宜种植乡镇只有枫相乡；迭部县主要适宜种植乡镇有达拉乡、电尕镇、旺藏镇、腊子口镇、多儿乡；礼县适宜种植乡镇有上坪乡、洮坪镇。

36. 甘 松
Gansong
NARDOSTACHYOS RADIX ET RHIZOMA

本品为败酱科植物甘松 Nardostachys jatamansi DC. 的干燥根及根茎。春、秋二季采挖,除去泥沙和杂质,晒干或阴干。味辛、甘,性温。归脾、胃经。功能理气止痛,开郁醒脾;外用祛湿消肿。用于脘腹胀满,食欲不振,呕吐;外用治牙疼,脚气肿毒。

现代药理研究认为甘松能抗心律失常、抗心肌缺血、降压、镇静、解痉、抗菌等。还用于纯天然香料甘松油的提制。近年来,随着制皂、制药企业的开发力度逐年加大,国内外对甘松原料的需求不断增加。

【地理分布与生境】

主要分布于甘肃、青海、四川、云南西北部。四川、甘肃、青海、西藏、云南等地产的甘松为道地药材。

【生物习性】

甘松主要生长于高山草原地带的沼泽草甸、河漫滩和灌丛草坡。

【生态环境影响分析】

根据分析得到的结果可知,影响甘松适宜分布的生态因子共有 23 个。其中影响最大的是海拔,贡献率是 41.7%,取值范围是 2570~4250m;其次是 5 月份降雨量,贡献率是 36.4%,取值范围是 55~107mm;昼夜温差月均值贡献率为 14.3%,取值范围>14℃。(见表 36-1)

表 36-1 甘松生态因子贡献率

生态因子	贡献率(%)	取值范围
海拔	41.7	2570~4250m
5 月份降雨量	36.4	55~107mm
昼夜温差月均值	14.3	>14℃

【生态适宜性区划】

从甘松生态适宜性区划可以看出,甘南藏族自治州的部分地区和中部部分地区是最适宜种植甘松的地区。临夏回族自治州的西南部和南部部分地区、定西市的部分西南地区是最适宜种植甘松的区域;甘南藏族自治州和临夏回族自治州、定西市、陇南市都有部分的次适宜种植区;除此之外,甘肃省其他地区都为不适宜种植甘松的区域。(见图 36-1)

【生态适宜区域面积】

对生态适宜性进行面积统计发现,甘松种植面积最大的区域为玛曲县,总面积有 7948km²,其中适宜面积 7265km²、次适宜面积 683km²,比例分别为 91.41%、8.59%;碌曲县的总适宜面积次之,总面积有 3786km²,适宜面积 2627km²、次适宜面积 1159km²,比例分别为 69.39%、30.61%;夏河县的总面积 3219km²,适宜面积 1734km²、次适宜面积 1485km²,比例分别为 53.87%、46.13%;卓尼县总面积 931km²,适宜面积 299km²、次适宜面积 632km²,比例分别占 32.12%、67.88%;合作市总面积 818km²,适宜面积 219km²、次适宜面积 599km²,比例分别为 26.77%、73.23%;和政县总面积 717km²,适宜面积 323km²、次适宜面积 394km²,比例分别为 45.05%、54.95%;迭部县的适宜种植面积相对较小,总面积

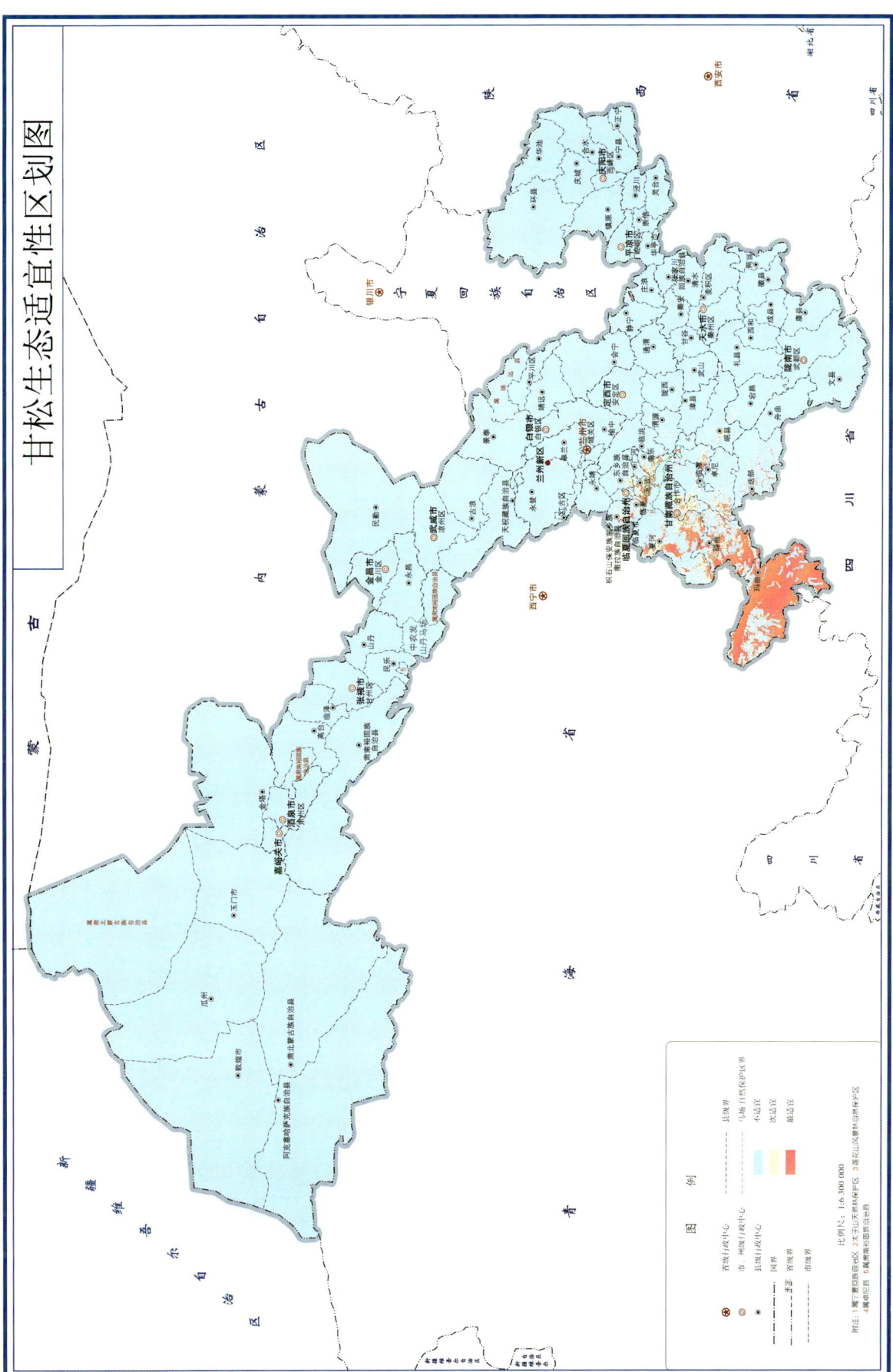

图36-1 甘松生态适宜性区划图

有632km²,其中适宜面积248km²、次适宜面积384km²,比例分别为39.24%、60.76%;康乐县总面积434km²,适宜面积145km²、次适宜面积289km²,比例分别为33.41%、66.59%;临潭县总面积360km²,适宜面积146km²、次适宜面积214km²,比例分别为40.56%、59.44%;临夏县的种植总面积最小,有357km²,适宜面积160km²、次适宜面积197km²,比例分别为44.82%、55.18%。(见表36-2)

表36-2 甘肃各区县甘松适宜面积

区县	总面积(km²)	适宜(km²)	次适宜(km²)	适宜比例(%)	次适宜比例(%)
玛曲县	7948	7265	683	91.41	8.59
碌曲县	3786	2627	1159	69.39	30.61
夏河县	3219	1734	1485	53.87	46.13
卓尼县	931	299	632	32.12	67.88
合作市	818	219	599	26.77	73.23
和政县	717	323	394	45.05	54.95
迭部县	632	248	384	39.24	60.76
康乐县	434	145	289	33.41	66.59
临潭县	360	146	214	40.56	59.44
临夏县	357	160	197	44.82	55.18

从甘松生境分布面积柱状图可以看出,玛曲县的适宜生境分布面积最大;其次为碌曲县、夏河县;卓尼县、合作市、和政县、迭部县、康乐县、临潭县和临夏县适宜生境分布面积很小;夏河县的次适宜生境分布面积最大;碌曲县和玛曲县的次适宜生境分布面积较大;卓尼县、合作市、和政县、迭部县、康乐县和临潭县的次适宜生境分布面积较小;临夏回族自治州的次适宜生境分布面积最小。(见图36-2)

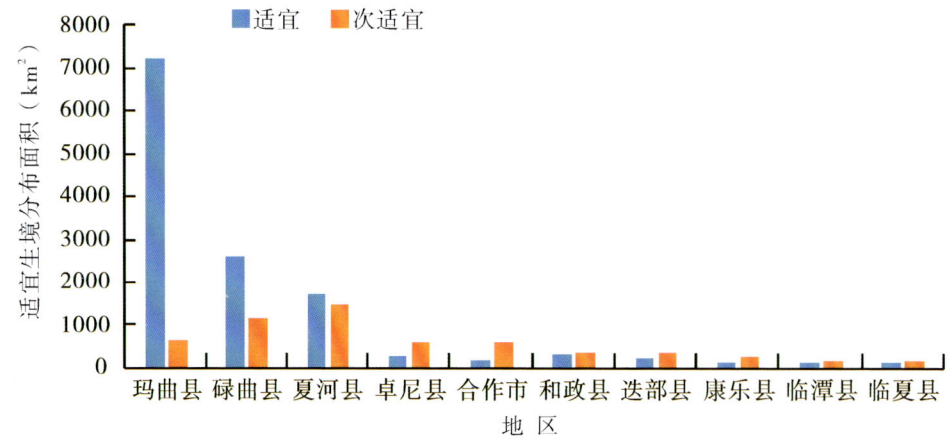

图36-2 甘松适宜生境分布面积

【适宜种植区域及布局建议】

根据甘松的生态适宜性分析结果,建议选择栽培种植的区域时优先选择玛曲县,主要乡镇有欧拉镇、欧拉秀玛乡、阿万仓镇、木西合乡、采日玛镇、曼日玛镇。其次是碌曲县,适宜种植的主要乡镇是尕海镇、玛艾镇、拉仁关乡、郎木寺镇、双岔镇。夏河县适宜种植甘松的主要乡镇有科才镇、拉不楞镇、甘加镇、扎油乡、阿木去乎镇;卓尼县适宜种植的主要乡镇有尼巴镇、完冒镇、刀告乡、扎古录镇、喀尔钦镇、恰盖乡和康多乡;合作市适宜种植的主要乡镇有勒秀镇、那吾镇、佐盖曼玛镇、佐盖多玛乡、卡加曼乡和当周街道;和政县适宜种植的主要乡镇有三合镇、马家堡镇、三十里铺镇、陈家集镇、罗家集乡、新营镇;迭部县适宜种植的主要乡镇有电尕镇、达拉乡、益哇镇、阿夏乡、旺藏镇、卡坝乡、尼傲乡;

康乐县适宜种植的主要乡镇有附城镇、白王乡、苏集镇、景古镇和草滩乡;临潭县适宜种植的主要乡镇有新城镇、卓洛乡、店子镇、长川乡、术布乡、石门乡、八角镇。临夏县适宜种植甘松的总面积最小,主要乡镇有刁祁镇、漫路乡、营滩乡、坡头乡、榆林乡和路盘乡。

37. 羌 活
Qianghuo
NOTOPTERYGII RHIZOMA ET RADIX

本品为伞形科植物羌活 *Notopterygium incisum* Ting ex H. T. Chang 或宽叶羌活 *Notopterygium franchetii* H. de Boiss.的干燥根茎和根。春、秋二季采挖,除去须根及泥沙,晒干。味辛、苦,性温。归膀胱、肾经。主要功效有解表散寒,祛风除湿,止痛。可用于治疗风寒感冒,头痛项强,风湿痹痛,肩背酸痛。

近年来由于人工栽培羌活未得到广泛推广,药用需求主要依靠采挖大量野生羌活,而羌活生长缓慢,导致使野生羌活资源濒临枯竭,已被列入国家三级保护植物,并进入中国濒危物种红色名录。

羌活作为常用野生药材,是不可缺少的宝贵资源,但由于其生长环境要求严格、生长周期漫长,加之近年来市场需求的不断增加,以及人们对野生羌活的大量采挖,羌活野生资源日益稀缺,最终造成了羌活市场供不应求,价格逐年上涨的现状。因此,加强对羌活资源的可持续利用研究和由野生资源向人工规模化种植转变的要求迫在眉睫。

羌 活
Notopterygium incisum

【地理分布与生境】

按吴征镒中国植物区系分区,羌活主要分布于中国喜马拉雅森林植物亚区的横断山脉地区,中国—日本森林植物亚区的黄土高原地区,以及青藏高原植物亚区的唐古特地区,其分布中心在横断山区北段。主产于四川、青海、甘肃、云南、西藏、陕西及内蒙古等省区的少部分高寒阴湿山区亦有零星分布。

【生物习性】

药用羌活植物喜冷、耐寒、怕强光、喜肥,适宜于寒冷湿润气候,主要分布在林缘、林下、疏林和灌丛下,适应冷凉、湿润和半阴半阳的自然环境。

羌活属于高寒植物,生长环境特殊,生长极度缓慢,生长期长,年生长期短,一般生长 4~6 年才能达到药用质量标准。羌活喜冷凉、怕强光、耐寒、喜肥沃,多生长于高山灌木林、高山林缘地、亚高山灌丛及草丛,适于生长在疏松、腐殖质较多、阴湿的中性或微酸性土壤中。

植被以硬叶常绿阔叶林、高山针叶疏林、针阔叶混交林、山地草甸、高山灌丛及高山草甸等为主,生长的地域性较强,一般在低暖、强光气候环境下不宜生长。

其中羌活分布的土壤的主要特点是有机质含量极高或较高,一般有枯枝落叶层和腐殖质层,土壤颜色为黑色、黑褐色至棕色,土壤通透性良好,土壤容重较小,土质较疏松。

【生态环境影响分析】

根据分析结果可知,影响羌活适宜分布的生态因子共有 20 个。其中海拔的贡献率最大,为

44.3%,取值范围 2200~4500m;5 月份降雨量的贡献率为 22.4%,取值范围为 30~180mm;坡度的贡献率为 11.6%,取值范围为 3°~50°;有机碳含量的生态因子贡献率为 3.4%,其取值范围为 0.00%~2.25%。(见表 37-1)

表 37-1 羌活生态因子贡献率

生态因子	贡献率(%)	取值范围
海拔	44.3	2200~4500m
5 月份降雨量	22.4	30~180mm
坡度	11.6	3°~50°
有机碳含量	3.4	0.00%~2.25%

【生态适宜性区划】

从羌活生态适宜性区划图来看,羌活在甘肃最适宜及次适宜生长区域主要在甘肃西部地区。其中甘南藏族自治州基本都为最适宜种植羌活的区域,有很少部分为次适宜种植区域;张掖市、金昌市、武威市、兰州市、陇南市和天水市有小部分的最适宜种植区域和小部分的次适宜种植区域;白银市、酒泉市和平凉市只有很小部分为次适宜种植区域;庆阳市和嘉峪关市都为不适宜种植区域。(见图 37-1)

【生态适宜区域面积】

对生态适宜性进行面积统计发现,羌活在肃南县的生态适宜面积最大,为 9960km²,其中适宜面积 3885km²、次适宜面积 6075km²,比例分别为 39.01%、60.99%;玛曲县的总面积为 8795km²,适宜面积 4646km²、次适宜面积 4149km²,比例分别为 52.82%、47.18%;天祝县总面积 6909km²,适宜面积 3844km²、次适宜面积 3065km²,比例分别为 55.64%、44.36%;夏河县总面积 6191km²,适宜面积 5299km²、次适宜面积 892km²,比例分别为 85.59%、14.41%;卓尼县总面积 5417km²,适宜面积 5010km²、次适宜面积 407km²,比例分别为 92.48%、7.52%;碌曲县总面积 5245km²,适宜面积 4477km²、次适宜面积 768km²,比例分别为 85.35%、14.65%;迭部县总面积 5009km²,适宜面积 4548km²、次适宜面积 461km²,比例分别为 90.79%、9.21%;岷县总面积 3555km²,适宜面积 2661km²、次适宜面积 894km²,比例分别为 74.85%、25.15%;永登县总面积 3544km²,适宜面积 1190km²、次适宜面积 2354km²,比例分别为 33.58%、66.42%;山丹县的总面积最小,为 2664km²,适宜面积 943km²、次适宜面积 1721km²,比例分别为 35.39%、64.61%。(见表 37-2)

表 37-2 甘肃各区县羌活适宜面积

区县	总面积(km²)	适宜(km²)	次适宜(km²)	适宜比例(%)	次适宜比例(%)
肃南县	9960	3885	6075	39.01	60.99
玛曲县	8795	4646	4149	52.82	47.18
天祝县	6909	3844	3065	55.64	44.36
夏河县	6191	5299	892	85.59	14.41
卓尼县	5417	5010	407	92.48	7.52
碌曲县	5245	4477	768	85.35	14.65
迭部县	5009	4548	461	90.79	9.21
岷县	3555	2661	894	74.85	25.15
永登县	3544	1190	2354	33.58	66.42
山丹县	2664	943	1721	35.39	64.61

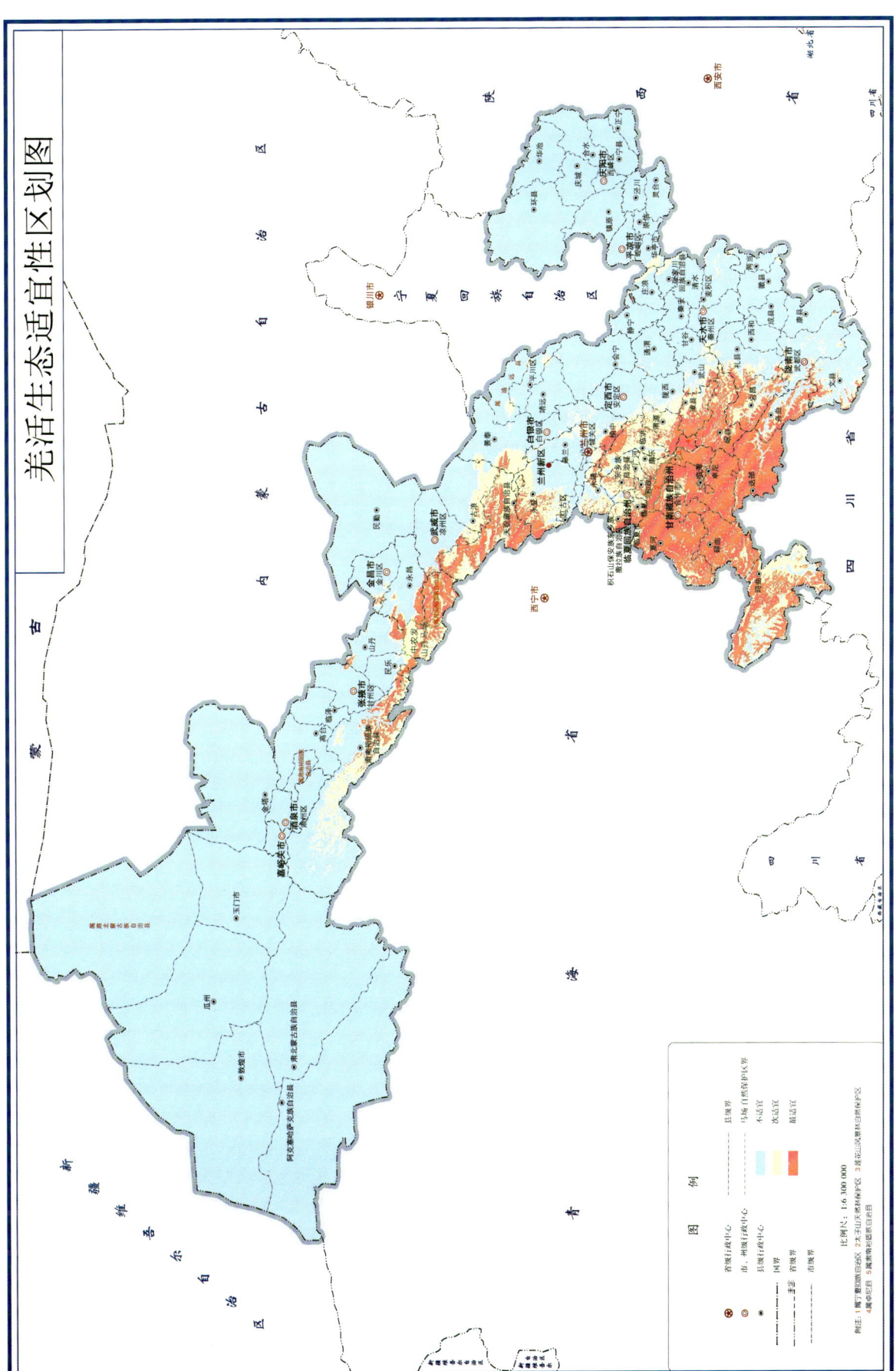

图 37-1 羌活生态适宜性区划图

从羌活适宜生境分布面积柱状图可以看出,羌活在夏河县的适宜生境分布面积最大;卓尼县的适宜生境分布面积较大;玛曲县、碌曲县、迭部县的适宜生境分布面积相差不大;肃南县和天祝县的适宜生境分布面积相差不大;其次为岷县;永登县和山丹县的适宜生境分布面积最小。而肃南县的次适宜生境分布面积最大,其次为玛曲县和天祝县;永登县和山丹县的次适宜生境分布面积相对较小;夏河县、碌曲县和岷县的次适宜生境分布面积相差不大且较小;卓尼县和迭部县的次适宜生境分布面积最小。(见图37-2)

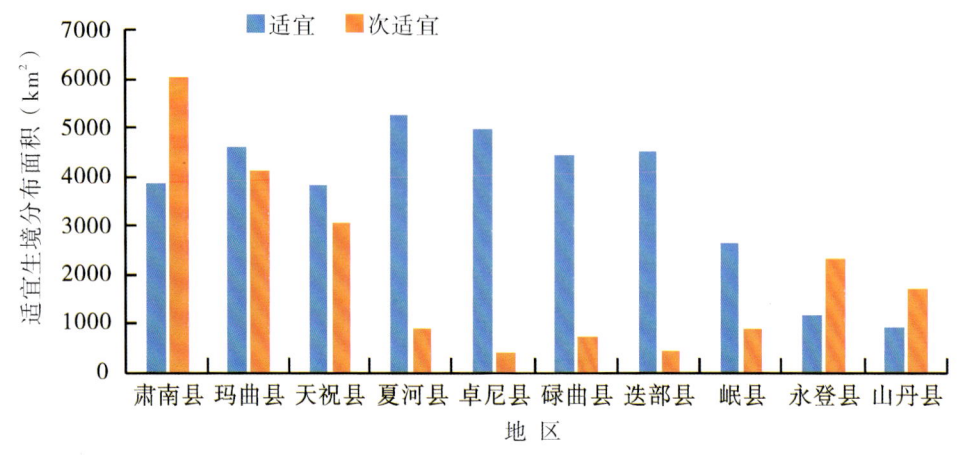

图37-2 羌活适宜生境分布面积

【适宜种植区域及布局建议】

根据羌活的生态适宜性分析结果,建议选择栽培种植的区域时首先考虑肃南县,主要乡镇有祁丰乡、红湾寺镇、明花乡、白银乡、马蹄乡、皇城镇、康乐乡、大河乡;其次选择玛曲县,主要乡镇有欧拉秀玛乡、曼日玛镇、欧拉镇、齐哈玛镇、尼玛镇、阿万仓镇、采日玛镇、木西合乡。天祝县生态适宜种植的主要乡镇有松山镇、旦马乡、毛藏乡、哈溪镇、抓喜秀龙镇、祁连镇、华藏寺镇、炭山岭镇、天堂镇、打柴沟镇;夏河县生态适宜种植的主要乡镇有桑科镇、阿木去乎镇、科才镇、甘加镇、扎油乡、麻当镇、博拉镇、吉仓乡、王格尔塘镇、唐尕昂乡;卓尼县生态适宜种植的主要乡镇有喀尔钦镇、木耳镇、尼巴镇、恰盖乡、康多乡、藏巴哇镇、刀告乡、完冒镇、扎古录镇、纳浪镇;碌曲县适宜种植的主要乡镇有西仓镇、玛艾镇、尕海镇、双岔镇、郎木寺镇、拉仁关乡、阿拉乡;迭部县的主要乡镇在达拉乡、电尕镇、多儿乡、旺藏镇、腊子口镇、卡坝乡、益哇镇、桑坝乡、阿夏乡、尼傲乡;岷县适宜栽培的主要乡镇有闾井镇、秦许乡、锁龙乡、蒲麻镇、禾驮镇、寺沟镇、马坞乡、梅川镇、清水镇、中寨镇;永登县生态适宜种植的主要乡镇有七山乡、武胜驿镇、通远镇、民乐乡、连城镇、坪城乡、柳树镇、上川镇、中堡镇、龙泉寺镇;山丹县生态适宜种植的主要乡镇有霍城镇、位奇镇、老军乡、东乐镇、陈户镇、清泉镇、大马营镇、山丹农场、中牧公司山丹马场、李桥乡。

宽叶羌活

Notopterygium franchetii

【地理分布与生境】

宽叶羌活分布范围较广,海拔也较低,主要在甘肃南部、青海、西藏东部、四川西部、陕西南部等,在山西、内蒙古、湖北、云南等省区也有分布。

【生物习性】

宽叶羌活具有喜冷凉、耐寒、稍耐阴、怕强光的特性。宽叶羌活多以种植为主,选择土层深厚、土壤疏松肥沃、排灌方便、富含腐殖质的中性或微酸性壤土或砂壤土,阴山、半阴山梯田、坡地、林缘地为好。宽叶羌活分布的土壤一般没有凋落物层或者凋落物层较薄,主要是淋溶土和雏形土,土壤容重较大,而且多是黏性土壤。

【生态环境影响分析】

根据分析结果可知,影响宽叶羌活适宜分布的生态因子共有19个。其中海拔的贡献率最大为36.7%,取值范围为1100~4500m;5月份降雨量的贡献率为19.6%,取值范围为40~250mm;4月份降雨量的贡献率为9.5%,取值范围为10~180mm;温度季节性变化标准差的贡献率为6.8%,取值范围为2500~11 000。(见表37-3)

表37-3 宽叶羌活生态因子贡献率

生态因子	贡献率(%)	取值范围
海拔	36.7	1100~4500m
5月份降雨量	19.6	40~250mm
4月份降雨量	9.5	10~180mm
温度季节性变化标准差	6.8	2500~11 000

【生态适宜性区划】

从宽叶羌活生态适宜性区划图来看,宽叶羌活在甘肃省除嘉峪关和酒泉市之外的区域分布。其中定西市和临夏回族自治州基本全部都为最适宜种植区域;天水市和陇南市、兰州市大部分为次适宜种植区域;白银市、平凉市和武威市、金昌市、张掖市、甘南藏族自治州有较小部分的最适宜种植区域和大部分的次适宜种植区;庆阳市大部分为次适宜种植区。(见图37-3)

【生态适宜区域面积】

对生态适宜性进行面积统计发现,宽叶羌活在会宁县的生态适宜面积最大,为5847km²,其中适宜面积1341km²、次适宜面积4506km²,比例分别为22.93%、77.07%;永登县总面积为5278km²,适宜面积1710km²、次适宜面积3568km²,比例分别为32.40%、67.60%;天祝县总面积为4590km²,适宜面积1559km²、次适宜面积3031km²,比例分别为33.97%、66.03%;礼县总面积为4157km²,适宜面积2642km²、次适宜面积1515km²,比例分别为63.56%、36.44%;玛曲县总面积为3990km²,适宜面积187km²、次适宜面积3803km²,比例分别为4.69%、95.31%;安定区总面积为3621km²,适宜面积1780km²、次适宜面积1841km²,比例分别为49.16%、50.84%;武都区总面积为3616km²,适宜面积2223km²、次适宜面积1393km²,比例分别为61.48%、38.52%;迭部县总面积为3601km²,适宜面积2181km²、次适宜面积1420km²,比例分别为60.57%、39.43%;岷县总面积为3482km²,适宜面积2611km²、次适宜面积871km²,比例分别为74.99%、25.01%;文县的总面积最小,为3465km²,适宜面积2123km²、次适宜面积1342km²,比例分别为61.27%、38.73%。(见表37-4)

从宽叶羌活适宜生境分布面积柱状图可以看出,礼县的适宜生境分布面积最大;其次是岷县;武都区和迭部县、文县适宜生境分布面积相差不大;安定区适宜生境分布面积较大;永登、会宁县、天祝县种植适宜生境分布面积都相差不大;玛曲县适宜生境分布面积最小。从次适宜生境分布面积来看,会宁县次适宜生境分布面积最大;其次是玛曲县;永登县和天祝县的次适宜生境分布面积相对较大;礼县、安定区、武都区和迭部县、文县的次适宜生境分布面积都较小;其中岷县的次适宜生境分布

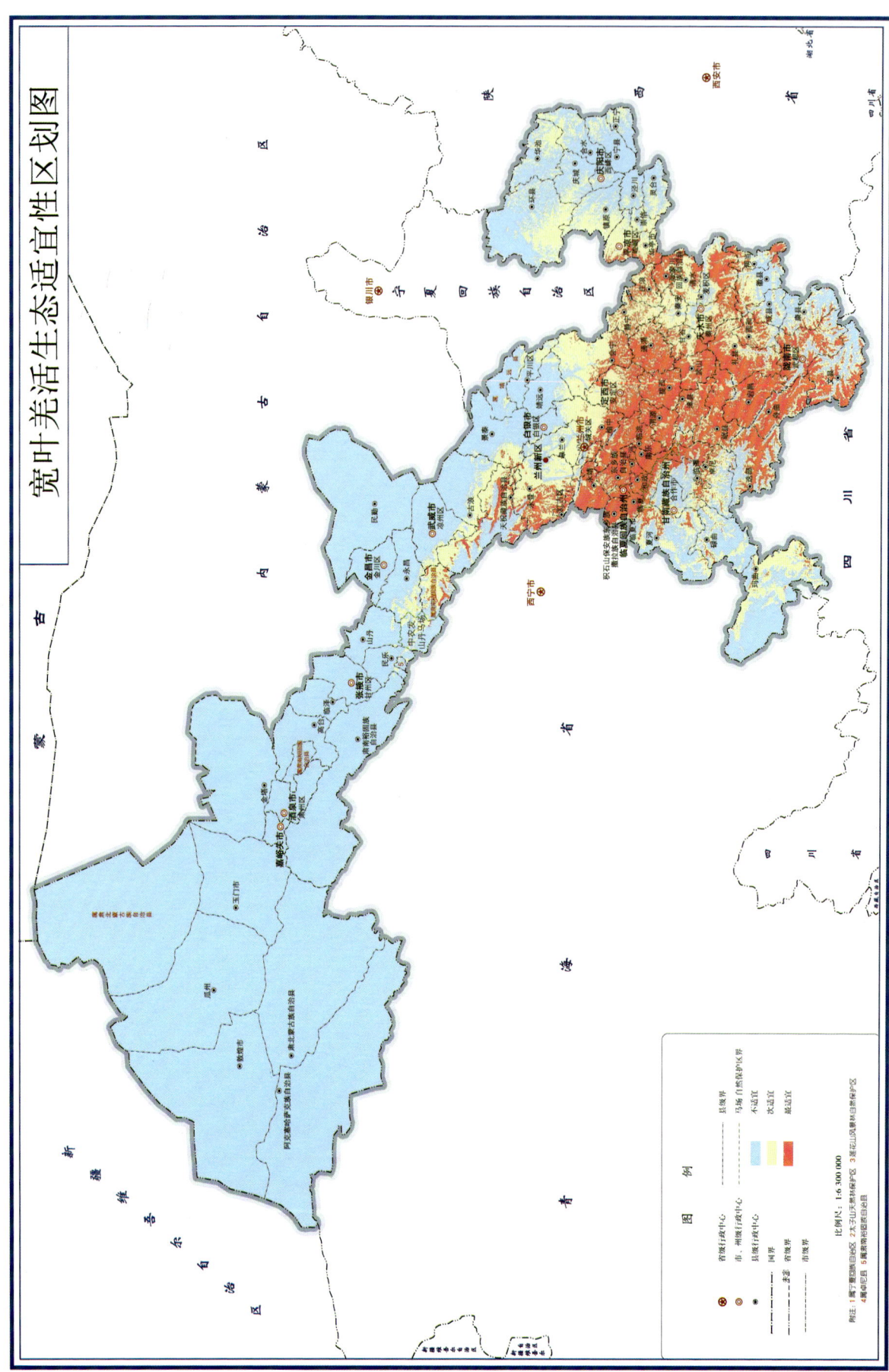

图37-3 宽叶羌活生态适宜性区划图

面积最小。(见图 37-4)

表 37-4 甘肃各区县宽叶羌活适宜面积

区县	总面积(km²)	适宜(km²)	次适宜(km²)	适宜比例(%)	次适宜比例(%)
会宁县	5847	1341	4506	22.93	77.07
永登县	5278	1710	3568	32.40	67.60
天祝县	4590	1559	3031	33.97	66.03
礼县	4157	2642	1515	63.56	36.44
玛曲县	3990	187	3803	4.69	95.31
安定区	3621	1780	1841	49.16	50.84
武都区	3616	2223	1393	61.48	38.52
迭部县	3601	2181	1420	60.57	39.43
岷县	3482	2611	871	74.99	25.01
文县	3465	2123	1342	61.27	38.73

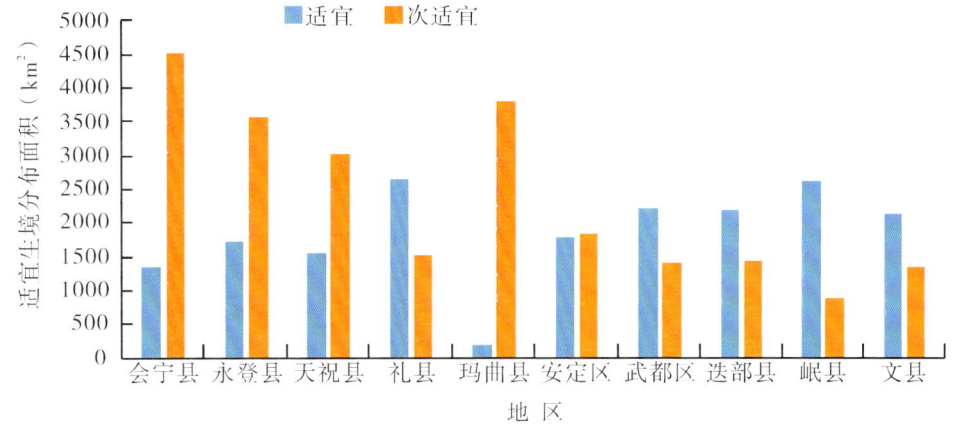

图 37-4 宽叶羌活适宜生境分布面积

【适宜种植区域及布局建议】

根据宽叶羌活的生态适宜性分析结果,建议选择栽培种植的区域时首先考虑会宁县,主要乡镇有头寨子镇、汉家岔镇、新庄镇、甘沟驿镇、刘家寨子镇、柴家门镇、新塬镇、大沟镇、四房吴镇、土高山乡。其次选择永登县,适宜种植的主要乡镇有七山乡、通远镇、武胜驿镇、连城镇、柳树镇、苦水镇、龙泉寺镇、民乐乡、坪城乡、树屏镇。天祝县适宜种植的主要乡镇有松山镇、旦马乡、华藏寺镇、祁连镇、西大滩镇、毛藏乡、哈溪镇、大红沟镇、朵什镇、打柴沟镇;礼县适宜种植的主要乡镇有上坪乡、洮坪镇、固城镇、沙金乡、崖城镇、石桥镇、永坪镇、罗坝镇、白关镇、白河镇;玛曲县种植的主要乡镇有欧拉秀玛乡、曼日玛镇、欧拉镇、齐哈玛镇、尼玛镇、阿万仓镇、采日玛镇、木西合乡;安定区生态适宜种植的主要乡镇有石泉乡、巉口镇、白碌乡、凤翔镇、西巩驿镇、葛家岔镇、石峡湾乡、新集乡、称钩驿镇、李家堡镇;武都区适宜种植的主要乡镇有洛塘镇、鱼龙镇、三仓镇、马营镇、安化镇、枫相乡、琵琶镇、五库镇、五马镇、隆兴镇;迭部县适宜种植的主要乡镇有达拉乡、电尕镇、旺藏镇、腊子口镇、多儿乡、洛大镇、阿夏乡、卡坝乡、桑坝乡、尼傲乡;岷县适宜种植的主要乡镇有闾井镇、秦许乡、锁龙乡、蒲麻镇、禾驮镇、寺沟镇、马坞镇、梅川镇、清水镇、中寨镇;文县适宜种植的主要乡镇有丹堡镇、中寨镇、铁楼乡、刘家坪乡、堡子坝镇、范坝镇、石鸡坝镇、桥头镇、梨坪镇。

38. 何首乌
Heshouwu
POLYGONI MULTIFLORI RADIX

本品为蓼科植物何首乌 Polygonum multiflorum Thunb. 的干燥块根。秋、冬二季叶枯萎时采挖,削去两端,洗净,个大的切成块,干燥。生首乌味苦、甘、涩,性微温。归肝、心、肾经。功效有解毒,消痈,截疟,润肠通便,临床用于疮痈瘰疬,风疹瘙痒,肠燥便秘。制首乌性变温,味转甘。入肝肾经。具有补肝肾,益精血,乌须发,强筋骨的功能。用于血虚萎黄,眩晕耳鸣,须发早白,腰膝酸软,肢体麻木,崩漏带下,久疟体虚,高脂血症。首载于《日华子本草》,现代药理研究证实,何首乌还具有增强免疫功能、抗氧化、延缓大脑衰老、延长寿命、抗动脉粥样硬化、治疗老年性便秘和眩晕等作用。

近年来何首乌野生资源急剧下降,其主产区广西、云南等人工栽培尚未起步,而何首乌年需求量旺盛,目前发展其人工栽培满足市场需求势在必行。明代时期广东德庆已有人工栽培,目前湖北省利川市、咸丰县、四川省米易县、贵州省施秉县、广东省德庆县、新兴县等地人工栽培已取得了成功。野生何首乌生长慢、产量低,而人工栽培何首乌生长快、产量高,在野生资源大幅下降的情况下,为了满足何首乌市场的需求,栽培何首乌将成为市场的主流。

【地理分布与生境】

何首乌分布于贵州、四川、云南、广东、广西、湖南、湖北、陕西、河南、江西、安徽、浙江、江苏、甘肃、福建、山西等省,几乎遍及全国。

其栽培资源主要分布于广东德庆、高州、云浮、四川米易县、湖北恩施州等地。

【生物习性】

何首乌喜阳,耐半阴,喜湿,畏涝,要求排水良好的土壤。十分耐寒。一般生长在野生坡地或灌木丛中,何首乌对土壤要求不高,但怕涝渍,林地、山坡均可种植。过干、过瘠、过荫蔽和低洼积水以及石砾多、砂性地均不适宜。

【生态环境影响分析】

根据分析得到的结果可知,影响何首乌的主要生态因子有主要有41个。其中10月份降雨量的贡献率最大,为72.1%,取值范围为43~240mm;12月份降雨量的贡献率为3.5%,取值范围为>2mm;海拔的贡献率为3.0%,取值范围为10~3200m。(见表38-1)

表38-1 何首乌生态因子贡献率

生态因子	贡献率(%)	取值范围
10月份降雨量	72.1	43~240mm
12月份降雨量	3.5	>2mm
海拔	3.0	10~3200m

【生态适宜性区划】

从何首乌生态适宜性区划图来看,最适宜种植何首乌的地区主要有陇南市、天水市、定西市的中部、平凉市;甘南藏族自治州和临夏回族自治州、平凉市、庆阳市只有部分地区为最适宜种植区,大部分地区为次适宜种植区;其他地区如张掖市、白银市、武威市和金昌市则只有小部分地区为次适宜种植区,大部分为不适宜种植区;酒泉市和嘉峪关市不适宜种植何首乌。(见图38-1)

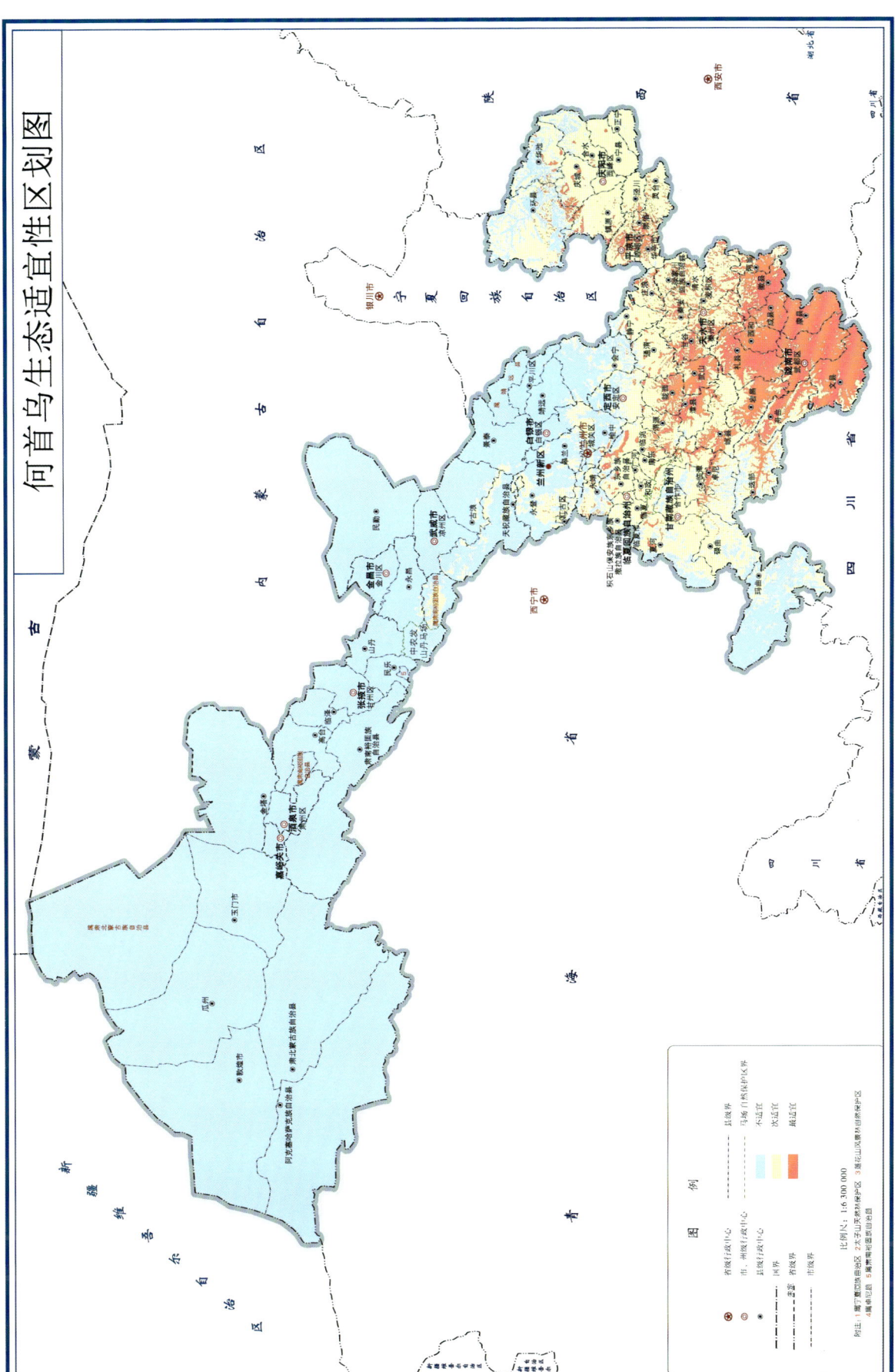

图 38-1 何首乌生态适宜性区划图

【生态适宜区域面积】

对生态适宜性进行面积统计发现,何首乌生态适宜总面积最大的区域为文县,有 4930km²,其中适宜面积 4153km²、次适宜面积 777km²,比例分别为 84.23% 和 15.77%;其次是环县,总面积有 4907km²,适宜面积 395km²、次适宜面积 4512km²,比例分别为 8.05%、91.95%;武都区的总面积为 4672km²,适宜面积 4188km²、次适宜面积 484km²,比例分别为 89.64%、10.36%;礼县总面积 4298km²,适宜面积 3214km²、次适宜面积 1084km²,比例分别为 74.77%、25.23%;麦积区总面积 3457km²,适宜面积 820km²、次适宜面积 2637km²,比例分别为 23.73%、76.27%;夏河县总面积 3452km²,适宜面积 219km²、次适宜面积 3233km²,比例分别为 6.35%、93.65%;岷县总面积 3433km²,适宜面积 929km²、次适宜面积 2503km²,比例分别为 27.07%、72.93%;卓尼县总面积 3327km²,适宜面积 589km²、次适宜面积 2738km²,比例分别为 17.71%、82.29%;镇原县总面积 3289km²,适宜面积 333km²、次适宜面积 2956km²,比例分别为 10.13%、89.87%;宕昌县总面积 3266km²,适宜面积 1916km²、次适宜面积 1350km²,比例分别为 58.67% 和 41.33%。(见表 38-2)

表 38-2 甘肃各区县何首乌适宜面积

区县	总面积(km²)	适宜(km²)	次适宜(km²)	适宜比例(%)	次适宜比例(%)
文县	4930	4153	777	84.23	15.77
环县	4907	395	4512	8.05	91.95
武都区	4672	4188	484	89.64	10.36
礼县	4298	3214	1084	74.77	25.23
麦积区	3457	820	2637	23.73	76.27
夏河县	3452	219	3233	6.35	93.65
岷县	3433	929	2503	27.07	72.93
卓尼县	3327	589	2738	17.71	82.29
镇原县	3289	333	2956	10.13	89.87
宕昌县	3266	1916	1350	58.67	41.33

从何首乌适宜生境分布面积柱状图来看,文县的适宜生境分布面积最大;其次是武都区、礼县和宕昌县;麦积区和岷县的适宜生境分布面积相差不大;卓尼县、环县和镇原县的适宜生境分布面积较小;而夏河县的适宜生境分布面积最少。环县的次适宜生境分布面积最大;其次是夏河县、镇原县、卓尼县、麦积区和岷县;文县和礼县的次适宜生境分布面积较小;武都区的次适宜生境分布面积最小。(见图 38-2)

【适宜种植区域及布局建议】

根据何首乌的生态适宜性分析结果,建议选择栽培种植的区域时优先选择文县,主要乡镇有中寨镇、刘家坪乡、铁楼乡、石鸡坝镇和堡子坝镇。环县适宜种植的主要乡镇有环城镇、车道镇、毛井镇、洪德镇、小南沟乡;武都区适宜栽培的主要乡镇有枫相乡、洛塘镇、裕河镇、三仓镇、鱼龙镇、外纳镇、五马镇和五库镇;礼县适宜种植的主要乡镇有上坪乡、洮坪镇、固城镇和石桥镇。麦积区适宜种植的主要乡镇有党川镇、利桥镇、东岔镇、三岔镇、甘泉镇、麦积镇和元龙镇;夏河县适宜种植的主要乡镇有桑科镇、阿木去乎镇、科才镇、甘加镇和扎油乡;岷县适宜种植的主要乡镇有西寨镇、申都乡、禾驮镇、西江镇、蒲麻镇、梅川镇;卓尼县适宜栽培种植的主要乡镇有喀尔钦镇、木耳镇、尼巴镇、恰盖镇和康多乡;镇原县适宜种植的主要乡镇有屯字镇、太平镇、孟坝镇、新集镇、平泉镇、上肖镇;宕昌县适宜

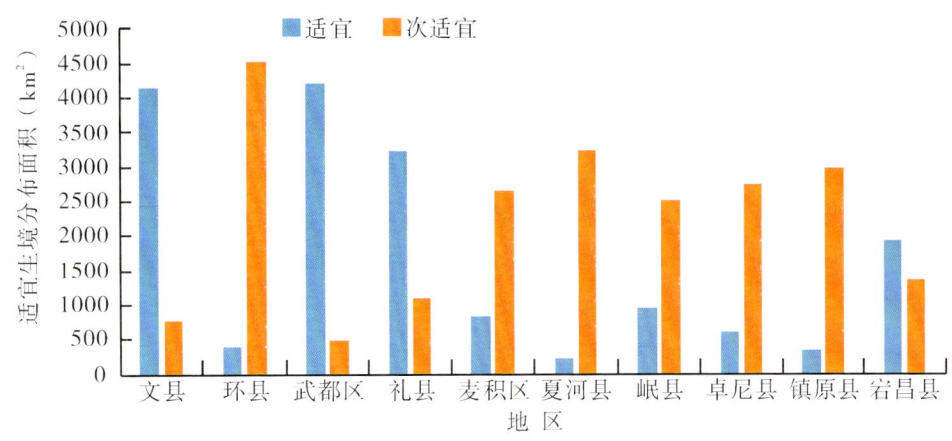

图 38-2 何首乌适宜生境分布面积

种植的主要乡镇有八力镇、将台乡、哈达铺镇、新寨乡、狮子乡、南河镇、竹院乡、两河口镇、临江铺镇和宕亭镇。

39. 百 合
Baihe
LILII BULBUS

本品为百合科植物卷丹 Lilium lancifolium Thunb.、百合 Lilium brownii F. E. Brown var. viridulum Baker 或细叶百合 Lilium pumilum DC. 的干燥肉质鳞叶。秋季采挖，洗净，剥取鳞叶，置沸水中略烫，干燥。性寒，味甘。归心、肺经。具有润肺止咳、清心安神之功效。主治劳嗽、咳血、虚烦惊悸等症，对医治肺络疾病和保健抗衰老有特别功效。其中百合功效最佳，为药食两用百合。

百合是中药中的常用药材，中医认为其花、鳞状茎均可入药，是一种药食兼用的花卉。以食用价值著称，最早记载在《平凉县志》中，迄今已有 450 多年。也是世界著名观赏花卉之一，我国百合属植物资源丰富，特有种多，分布广，是世界百合杂交育种不可多得的原始材料，但目前很多野生百合资源没有得到充分利用。为了扩大中药材百合的应用领域和供应市场需求，需大量栽培和驯化野生百合。

百 合
Lilium brownii var. *viridulum*

【地理分布与生境】
百合广泛分布于我国，其中云南、贵州、四川等省分布较集中。

【生物习性】
百合喜阳光充足的环境，少部分品种喜阴，在半湿地可生长；较耐寒，喜凉爽而湿润的气候；不耐高温炎热的气候，会影响开花。适宜在土壤深厚、质地疏松、透气性良好、富含腐殖质的酸性砂壤土上生长。前作以豆科、禾本科作物为好。

【生态环境影响分析】
根据分析结果可知，影响百合适宜分布的生态因子共有 27 个，其中 4 月份降雨量贡献率较高，为

56.8%,取值范围为>50mm;其次为3月份降雨量,为12.0%,取值范围>50mm;等温性、坡度、温度季节性变化标准差,贡献率分别为7.8%、4.6%、3.5%,取值范围依次为22~32、2°~18°、6000~8000。从而可知4月份降雨量对百合的影响最大,此时百合处于生长旺盛期,需要大量水分。(见表39-1)

表39-1 百合生态因子贡献率

生态因子	贡献率(%)	取值范围
4月份降雨量	56.8	50mm
3月份降雨量	12.0	50mm
等温性	7.8	22~32
坡度	4.6	2°~18°
温度季节性变化标准差	3.5	6000~8000

【生态适宜性区划】

从百合生态适宜性区划图可以看出,百合在甘肃最适宜及次适宜生长区域主要在甘肃东南部地区。在天水市、陇南市、平凉市大部分为最适宜种植区域,部分为次适宜种植区域;庆阳市大部分为次适宜区域;在武威市、白银市、兰州市、临夏回族自治州、甘南藏族自治州只有极个别地区为次适宜种植区域。(见图39-1)

【生态适宜区域面积】

对生态适宜性进行面积统计发现,百合适宜面积最大的区域为武都区,总面积3790km²,适宜面积2124km²、次适宜面积1666km²,比例分别为56.05%、43.95%;其次为礼县,总面积为3648km²,适宜面积2731km²、次适宜面积917km²,比例分别为74.87%、25,13%;麦积区总面积为3334km²,适宜面积2952km²、次适宜面积382km²,比例分别为88.54%、11.46%;康县总面积2745km²,适宜面积2086km²、次适宜面积659km²,比例分别为76.01%、23.99%;徽县总面积2673km²,适宜面积2540km²、次适宜面积133km²,比例分别为95.01%、4.99%;次适宜面积最大的县为环县,其面积为2495km²,适宜面积744km²、次适宜面积1751km²,比例分别为29.81%、70.19%;文县、镇原县总面积分别为2350km²、2391km²,适宜面积952km²、943km²,次适宜面积1398km²、1448km²,适宜分布比例分别为40.50%、39.44%,次适宜分布比例为59.50%、60.56%,镇原县和文县大部分区域为次适宜区域。秦州区总面积2349km²,适宜面积2150km²、次适宜面积199km²,比例分别为91.51%、8.49%;徽县和秦州区大部分区域为适宜种植区;宁县总面积2149km²,适宜面积1254km²、次适宜面积896km²,比例分别为58.33%、41.67%,相对来说适宜区域较多。(见表39-2)

从生态适宜生境分布面积柱状图可以看出,百合在麦积区适宜生境分布面积最大,礼县、徽县次之,武都区、康县、秦州区适宜生境分布面积差不多,环县、镇原县、宁县、文县适宜生境分布面积最小;在次适宜生境分布面积上,环县、武都区、镇原县、文县的分布面积较大;礼县、宁县、康县、麦积区次适宜生境面积分布较少;徽县、秦州区次适宜生境面积分布最少。(见图39-2)

【适宜种植区域及布局建议】

根据百合的生态适宜性分析结果,建议选择栽培种植的区域时首先考虑麦积区,主要包括党川镇、利桥镇、东岔镇、三岔镇、甘泉镇、麦积镇。其次为礼县,主要乡镇为洮坪乡、固城镇、石桥镇、崖城镇、永坪镇、罗坝镇、上坪乡。康县适宜生境占较大比例,康县适宜分布区域在阳坝镇、三河坝镇、白杨镇、岸门口镇、两河镇、长坝镇。环县、武都区、镇原县、文县为主要的次适宜分布区,环县为次适宜生境面积分布的最大区域,主要乡镇在毛井镇、环城镇、虎洞镇、车道镇、小南沟乡;武都区主要分布在枫相

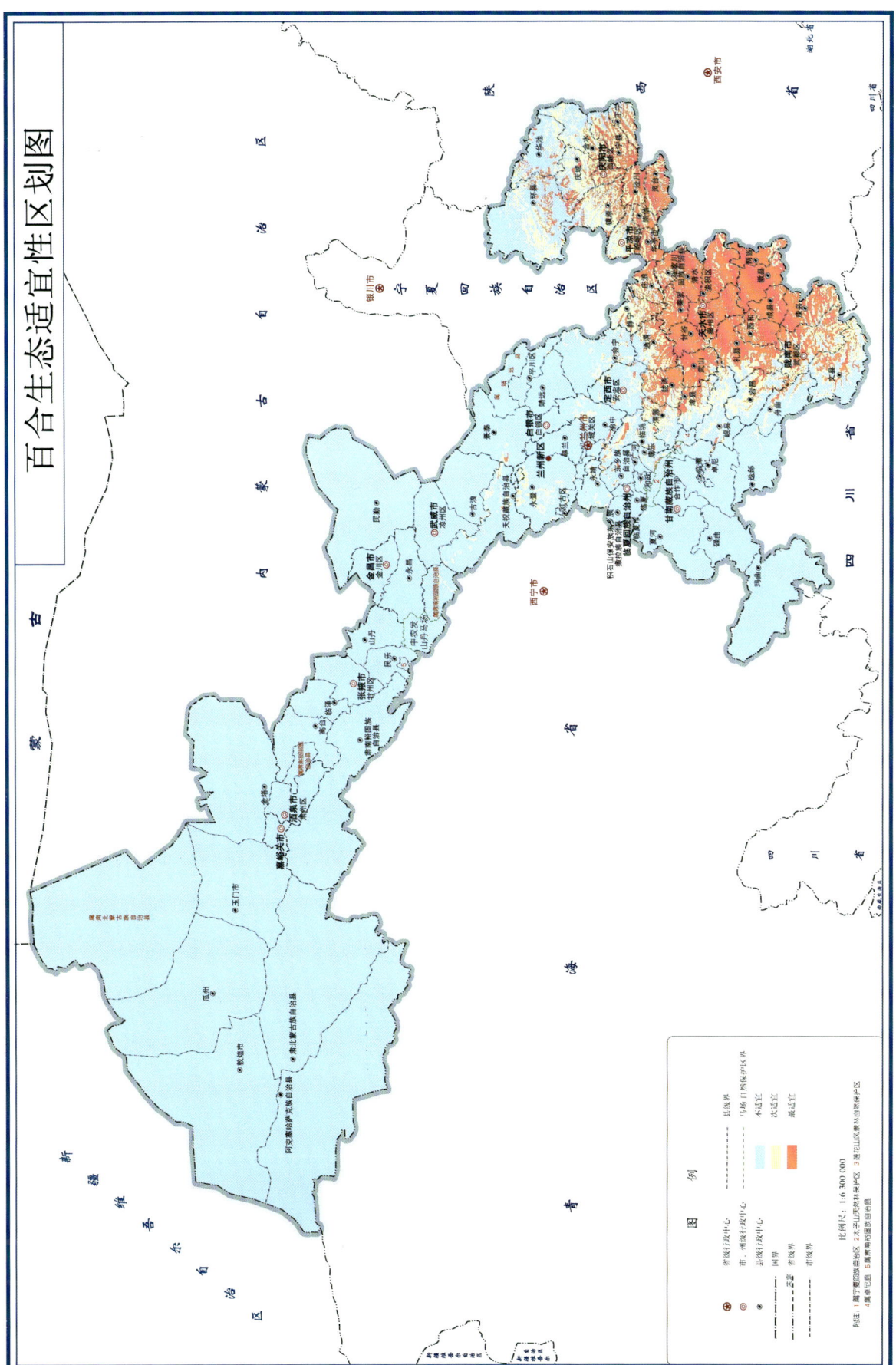

图39-1 百合生态适宜性区划图

表 39-2 甘肃各区县百合适宜面积

区县	总面积(km²)	适宜(km²)	次适宜(km²)	适宜比例(%)	次适宜比例(%)
武都区	3790	2124	1666	56.05	43.95
礼县	3648	2731	917	74.87	25.13
麦积区	3334	2952	382	88.54	11.46
康县	2745	2086	659	76.01	23.99
徽县	2673	2540	133	95.01	4.99
环县	2495	744	1751	29.81	70.19
文县	2391	943	1448	39.44	60.56
镇原县	2350	952	1398	40.50	59.50
秦州区	2349	2150	199	91.51	8.49
宁县	2149	1254	896	58.33	41.67

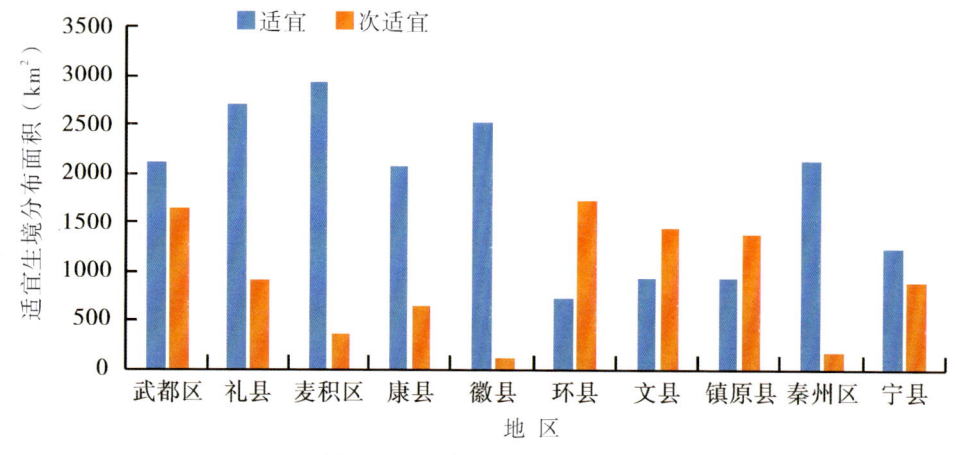

图 39-2 百合适宜生境分布面积

乡、洛塘镇、裕河乡、三仓镇、五马镇、鱼龙镇;镇原县主要分布乡镇在屯字镇、太平镇、孟坝镇、新集镇、平泉镇、新城镇、临泾镇、上肖镇;文县分布乡镇包括范坝镇、中庙镇、玉垒乡、桥头镇、尚德镇、口头坝乡、堡子坝镇。秦州区主要乡镇有娘娘坝镇、藉口镇、皂郊镇、汪川镇;徽县主要乡镇有高桥镇、江洛镇、麻沿河镇、榆树乡、柳林镇;宁县主要乡镇有春荣乡、九岘乡、焦村镇、中村镇、新宁镇、盘克镇。

卷 丹

Lilium lancifolium

【地理分布与生境】

生于山坡灌木林下、草地、路边或水旁,海拔 400~2500m。各地有栽培,可观赏花朵。产于江苏、浙江、安徽、江西、湖南、湖北、广西、四川、青海、西藏、甘肃、陕西、山西、河南、河北、山东和吉林等省区。

【生物习性】

自然原生状况下,卷丹是落叶植物,主要于严寒、短日、缺乏液态水的冬季休眠。夏季短暂休眠后,秋季萌芽形成基生莲座叶丛,越冬后茎伸长开花。夏末时种子成熟。卷丹喜凉爽潮湿环境、日光充足的地方,略荫蔽的环境对卷丹更为适合。忌干旱、忌酷暑,它的耐寒性稍差些。卷丹喜肥沃、腐殖质多深厚土壤,最忌硬黏土;排水良好的微酸性土壤为好。

【生态环境影响分析】

根据分析结果可知,影响卷丹适宜分布的生态因子共有29个,其中4月份降雨量的贡献率最高,为59.8%,取值范围为>50mm;其次为温度季节性变化标准差,贡献率为10.6%,取值范围为6000~120 000;1月份平均气温贡献率为5.7%,取值范围为-10~12℃;12月份平均气温贡献率为3.5%,取值范围为-10~13℃;等温性贡献率为3.0%,取值范围为12~38。从而可知4月份降雨量对卷丹的影响最大,此时为卷丹生长的旺盛期,需要大量水分的供给,卷丹的花期为7~8月。温度季节性变化标准差的影响次之,1月份平均气温、12月份平均气温对卷丹的影响很重要,决定卷丹的正常发育生长,低于或高于平均气温,使得卷丹推迟开花及影响卷丹的花芽分化。(见表39-3)

表39-3 卷丹生态因子贡献率

生态因子	贡献率(%)	取值范围
4月份降雨量	59.8	>50mm
温度季节性变化标准差	10.6	6000~120 000
1月份平均气温	5.7	-10~12℃
12月份平均气温	3.5	-10~13℃
等温性	3.0	12~38

【生态适宜性区划】

从卷丹生态适宜性区划图来看,卷丹在甘肃最适宜生长区域主要在甘肃南部地区。庆阳市、平凉市、天水市、陇南市、定西市、临夏回族自治州及兰州市大部分是最适宜种植区域,兰州市少部分为次适宜种植区域;金昌市、张掖市、白银市、武威市和甘南藏族自治州少部分是次适宜种植区域。(见图39-3)

【生态适宜区域面积】

对生态适宜性进行面积统计发现,在适宜面积区分布上,卷丹适宜面积最大的区域为环县,总面积8648km²,适宜面积8579km²、次适宜面积69km²,比例分别为99.21%、0.79%;其次为华池县,总面积5517km²,适宜面积5514km²、次适宜面积3km²,比例分别为99.95%、0.05%;文县总面积4878km²,适宜面积4750km²、次适宜面积128km²,比例分别为97.38%、2.62%;武都区总面积4566km²,适宜面积4565km²、次适宜面积1km²,比例分别为99.98%、0.02%;会宁县总面积6081km²,适宜面积4799km²、次适宜面积1282km²,比例分别为78.91%、21.09%;永登县总面积5694km²,适宜面积3628km²、次适宜面积2066km²,比例分别为63.71%、36.29%;礼县总面积4155km²,适宜面积4132km²、次适宜面积23km²,比例分别为99.45%、0.55%;环县、文县、武都区、会宁县、永登县、礼县等地区均为卷丹较大的适宜区域分布,大多分别占总面积的90%以上。卷丹次适宜面积最大的区域为天祝县,总面积4615km²,适宜面积359km²、次适宜面积4256km²,比例分别为7.78%、92.22%;其次为夏河县,总面积4515km²,适宜面积803km²、次适宜面积3712km²,比例分别为17.79%、82.21%。卓尼县、迭部县适宜分布比例较次适宜大,大部分为适宜分布区。卓尼县总面积4758km²,适宜面积3214km²、次适宜面积1544km²,比例分别为67.55%、32.45%;迭部县总面积4268km²,适宜面积3297km²、次适宜面积971km²,比例分别为77.26%、22.74%。(见表39-4)

从生态适宜生境分布面积柱状图可以看出,卷丹在环县适宜生境分布面积最大,华池县次之,文县、武都区、会宁县、礼县、迭部县、永登县、卓尼县大部分区域均为适宜生境分布,次适宜生境分布面积比例相对较小。天祝县、夏河县为卷丹主要的次适宜生境分布面积。(见图39-4)

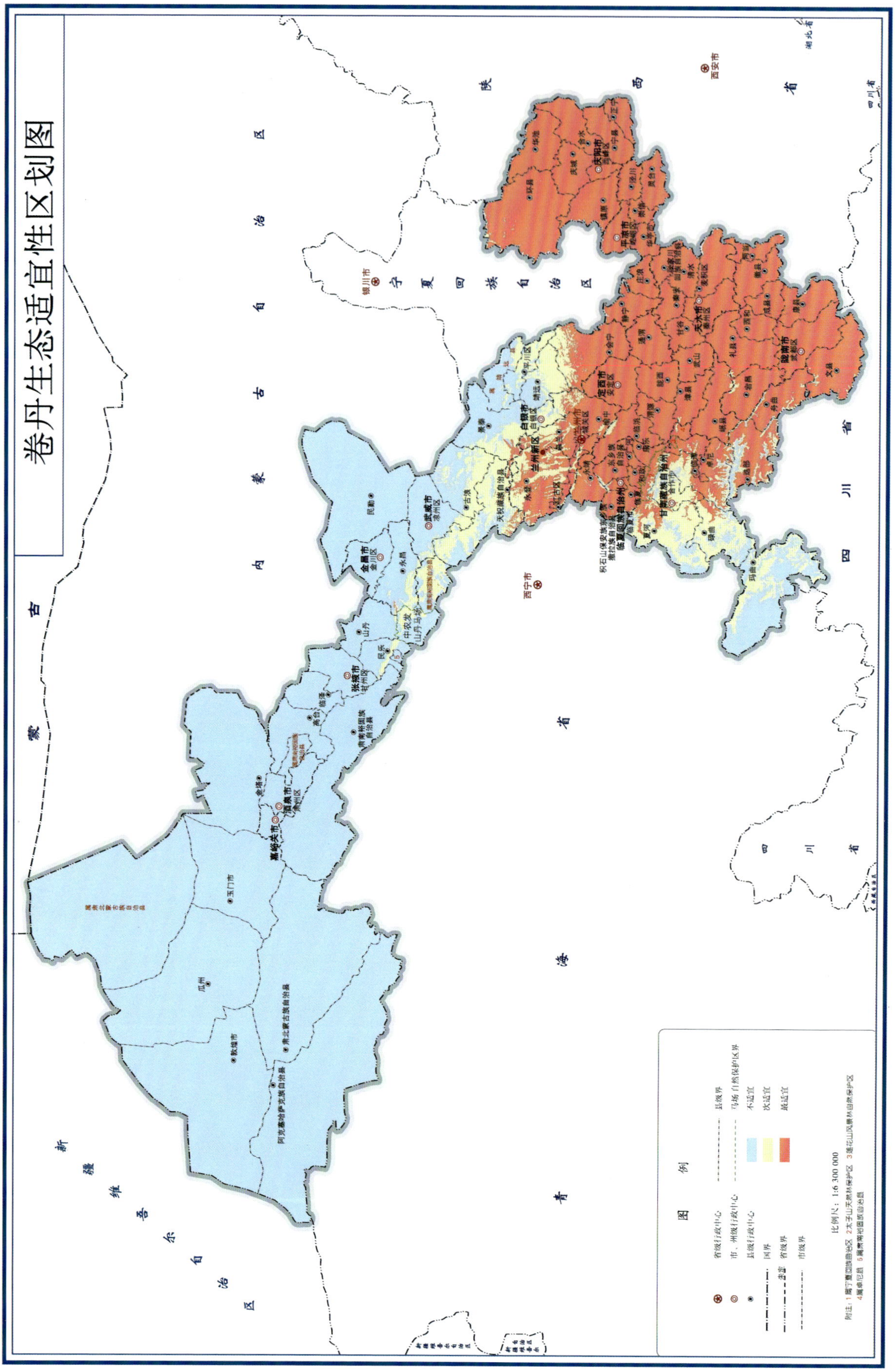

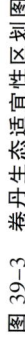

图39-3 卷丹生态适宜性区划图

表 39-4 甘肃各区县卷丹适宜面积

区县	总面积(km²)	适宜(km²)	次适宜(km²)	适宜比例(%)	次适宜比例(%)
环县	8648	8579	69	99.21	0.79
会宁县	6081	4799	1282	78.91	21.09
永登县	5694	3628	2066	63.71	36.29
华池县	5517	5514	3	99.95	0.05
文县	4878	4750	128	97.38	2.62
卓尼县	4758	3214	1544	67.55	32.45
天祝县	4615	359	4256	7.78	92.22
武都区	4566	4565	1	99.98	0.02
夏河县	4515	803	3712	17.79	82.21
迭部县	4268	3297	971	77.26	22.74
礼县	4155	4132	23	99.45	0.55

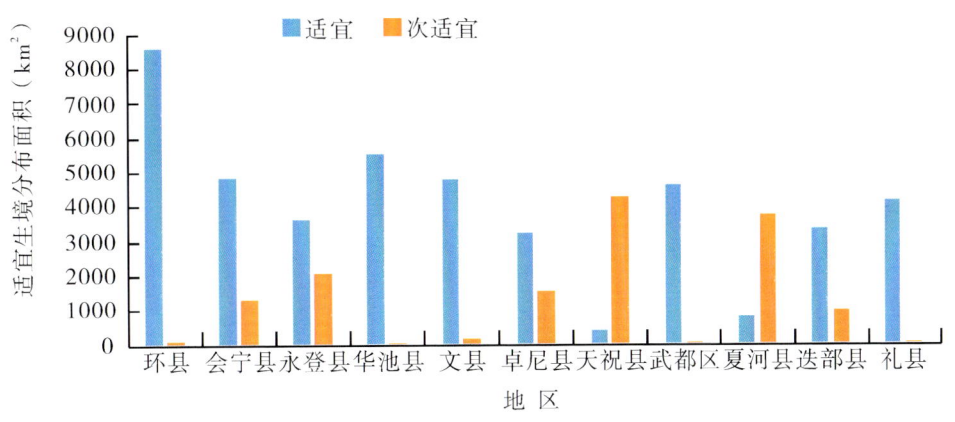

图 39-4 卷丹适宜生境分布面积

【适宜种植区域及布局建议】

根据卷丹的生态适宜性分析结果,建议选择栽培种植的区域时首先考虑环县,主要包括环城镇、车道镇、毛井镇、洪德镇、小南沟乡、耿湾乡。其次考虑会宁县、永登县、华池县,华池县主要为林镇乡、城壕乡、柔远镇、五蛟乡、悦乐镇、乔川乡;会宁县主要包括头寨子镇、汉家岔镇、甘沟驿镇、新庄镇、郭城驿镇、刘家寨子镇;永登县主要在七山乡、龙泉寺镇、武胜驿镇、苦水镇、通远镇、连城镇。文县主要乡镇有丹堡镇、范坝镇、中寨镇、刘家坪乡、铁楼乡、天池镇。武都区、礼县、华池县、会宁县、永登县、卓尼县、迭部县适宜面积占较大比例,武都区适宜分布地区在枫相乡、洛塘镇、裕河镇、三仓镇、鱼龙镇、外纳镇;礼县分布的主要乡镇在上坪乡、洮坪镇、固城镇、沙金乡、石桥镇、崖城镇;卓尼县的主要乡镇为木耳镇、喀尔钦镇、尼巴镇、恰盖乡、藏巴哇镇、康多镇;迭部县分布区域主要在达拉乡、电尕镇、旺藏镇、多儿乡、腊子口镇、卡坝乡。在次适宜区域分布上首先考虑天祝县,主要包括松山镇、华藏寺镇、旦马乡、哈溪镇、祁连镇、西大滩镇;其次为夏河县,主要乡镇为桑科镇、阿木去乎镇、甘加镇、科才镇、博拉镇、扎油乡。

细叶百合
Lilium pumilum

【地理分布与生境】

产于河北、河南、山西、陕西、宁夏、山东、青海、甘肃、内蒙古、黑龙江、辽宁和吉林。生于向阳山坡,或有栽培。

【生物习性】

细叶百合具有耐寒、喜阳光充足、略耐阴的特性,喜微酸性土,忌硬黏土,生于石质山坡、草地、灌丛、疏林下、山坡草地或林缘。细叶百合易于栽培管理,喜砂质或肥沃的湿润微酸或中性、排水良好的土壤,但仍可生长在大多数类型的土壤中,多生于阴坡疏林下,气温较低,空气湿度大,无直射强光的环境中,但仍需充足光照和适宜湿度,否则不能良好生长,而土壤的排水性能是影响细叶百合生长的关键,因此最好栽培在地势高的地方。

【生态环境影响分析】

根据分析结果可知,影响细叶百合适宜分布的生态因子共有 24 个,其中 11 月份平均降雨量的贡献率最高,为 15.4%,取值范围为 8~37mm;8 月份降雨量对细叶百合的生长影响也较大,贡献率为 12.8%,取值范围为 80~230mm;坡度的贡献率为 6.3%,取值范围为 2°~23°;11 月份平均气温的贡献率为 4%,取值范围为-7~14℃。11 月份为百合的种植时期需要水分的供给,所以 11 月份降雨量的作用至关重要。8 月为细叶百合花果期,需要大量水分,因此 8 月份降雨量对细叶百合的生长有一定的影响。(见表 39-5)

表 39-5 细叶百合生态因子贡献率

生态因子	贡献率(%)	取值范围
11 月份降雨量	15.4	8~37mm
8 月份降雨量	12.8	80~230mm
坡度	6.3	2°~23°
11 月份平均气温	4	-7~14℃

【生态适宜性区划】

从细叶百合生态适宜性区划图来看,细叶百合在甘肃最适宜生长区域主要在甘肃东部及东南部地区。庆阳市、平凉市、天水市、定西市大部分区域是细叶百合最适宜种植区域,少部分为次适宜种植区域和不适宜种植区域;陇南市大部分区域为细叶百合次适宜种植分布,少部分为最适宜分布区域;临夏回族自治州为细叶百合最大的次适宜分布区域;金昌市、张掖市、白银市、武威市、兰州市和甘南藏族自治州少部分是次适宜种植区域,最适宜种植区域只有零星分布,大部分为细叶百合不适宜区域分布。(见图 39-5)

【生态适宜区域面积】

对生态适宜性进行面积统计发现,在适宜面积区域分布上,细叶百合适宜面积最大的区域为镇原县,总面积为 2932km²,适宜面积 2077km²、次适宜面积 855km²,比例分别为 70.83%、29.17%;其次为宁县,总面积为 2392km²,适宜面积 1960km²、次适宜面积 432km²,比例分别为 81.93%、18.07%;通渭县总面积 2614km²,适宜面积 1767km²、次适宜面积 847km²,比例分别为 67.59%、32.41%;礼县适宜

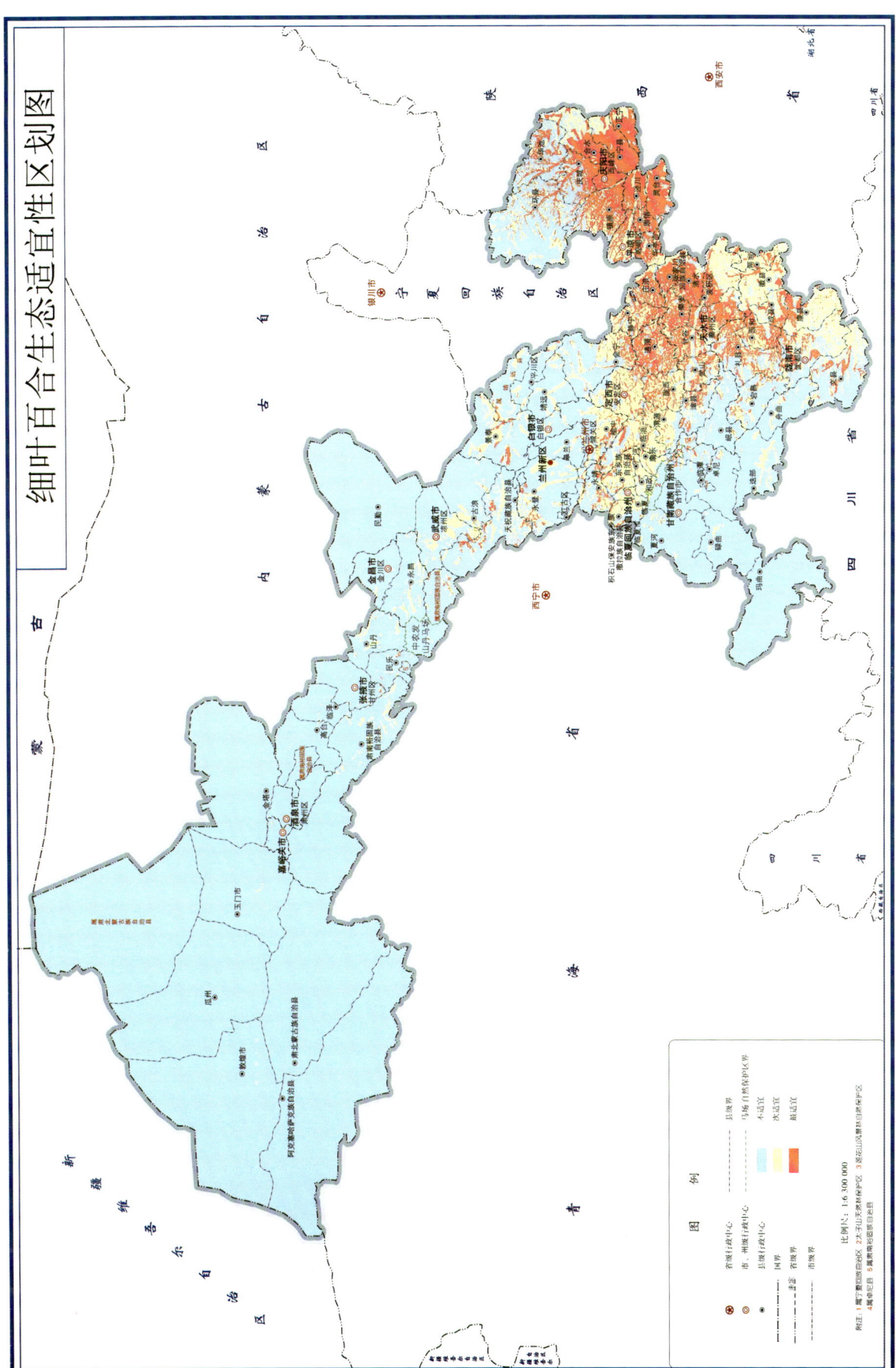

图 39-5 细叶百合生态适宜性区划图

区域与次适宜区域分布比例相差不大,总面积为2872km²,适宜面积1505km²、次适宜面积1367km²,比例分别为52.40%、47.60%。细叶百合次适宜面积最大的区域为武都区,总面积为3081km²,适宜面积789km²、次适宜面积2292km²,比例分别为25.60%、74.40%;其次为安定区,总面积为2923km²,适宜面积693km²、次适宜面积2230km²,比例分别为23.71%、76.29%;环县总面积3098km²,适宜面积927km²、次适宜面积2171km²,比例分别为29.91%、70.09%;麦积区总面积3008km²,适宜面积1093km²、次适宜面积1915km²,比例分别为36.34%、63.66%;康县总面积2444km²,适宜面积608km²、次适宜面积1836km²,比例分别为24.89%、75.11%;会宁县总面积2624km²,适宜面积720km²、次适宜面积1904km²,比例分别为27.44%、72.56%。安定区、武都区、环县、麦积区、康县、会宁县均为细叶百合在甘肃的次适宜分布县。(见表39-6)

表39-6 甘肃各区县细叶百合适宜面积

区县	总面积(km²)	适宜(km²)	次适宜(km²)	适宜比例(%)	次适宜比例(%)
环县	3098	927	2171	29.91	70.09
武都区	3081	789	2292	25.60	74.40
麦积区	3008	1093	1915	36.34	63.66
镇原县	2932	2077	855	70.83	29.17
安定区	2923	693	2230	23.71	76.29
礼县	2872	1505	1367	52.40	47.60
会宁县	2624	720	1904	27.44	72.56
通渭县	2614	1767	847	67.59	32.41
康县	2444	608	1836	24.89	75.11
宁县	2392	1960	432	81.93	18.07

从生态适宜生境分布面积柱状图可以看出,细叶百合在镇原县适宜生境分布面积最大,宁县、通渭县次之,礼县适宜生境分布面积与次适宜生境分布面积比例相差不大。安定区、武都区、环县、麦积区、康县、会宁县等地区次适宜生境分布面积比例相对较大,为主要的次适宜生境分布面积。(见图39-6)

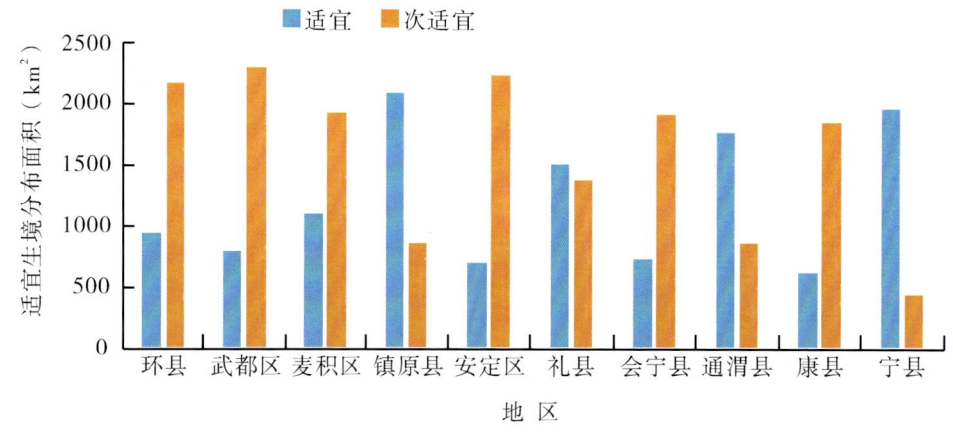

图39-6 细叶百合适宜生境分布面积

【适宜种植区域及布局建议】

根据细叶百合的生态适宜性分析结果,建议选择栽培种植的区域时首先考虑镇原县,其次考虑宁县、通渭县。镇原县主要乡镇有屯字镇、太平镇、临泾镇、上肖镇、平泉镇;宁县主要乡镇有盘克镇、春荣镇、九岘镇、金村乡、焦村镇；通渭县主要有马营镇、榜罗镇、平襄镇、常家河镇、三铺乡。在次适宜区域分布上首先考虑安定区，主要乡镇有内官营镇、凤翔镇、鲁家沟镇、巉口镇、青岚山乡。其次考虑环县、武都区、麦积区，武都区主要包括枫相乡、裕河镇、洛塘镇、鱼龙镇、马营镇；环县的主要乡镇在环城镇、洪德镇、合道镇、曲子镇、车道镇；麦积区的主要乡镇为党川镇、利桥镇、东岔镇。康县、会宁县等地区均为次适宜面积分布区域，康县主要乡镇在阳坝镇、三河坝镇、白杨镇、岸门口镇；会宁县主要包括新添堡乡、头寨子镇、翟家所镇、韩家集镇。礼县的次适宜分布区域与适宜区域分布相当，主要乡镇有石桥镇、永坪镇、崖城镇、上坪乡。

40. 天南星
Tiannanxing
ARISAEMATIS RHIZOMA

本品为天南星科植物天南星 Arisaema erubescens (Wall.) Schott、异叶天南星 Arisaema heterophyllum Bl.或东北天南星 Arisaema amurense Maxim.的干燥块茎。秋、冬二季茎叶枯萎时采挖，除去须根及外皮，干燥。味苦、辛，性温，有毒。归肺、肝、脾经。该物种为中国植物图谱数据库收录的有毒植物，其毒性为块茎有毒。有燥湿化痰，祛风止痉，散结消肿之效。用于顽痰咳嗽，风痰眩晕，中风痰壅，口眼歪斜，半身不遂，癫痫，惊风，破伤风。生用外治痈肿，蛇虫咬伤。

天南星是一种药用价值很高的中药材，不但可以燥湿化痰，还能起到祛风解痉的作用。历代本草围绕《神农本草经》主"结气、积聚、伏梁、伤筋痿拘缓"、《名医别录》用治"风眩"、《开宝本草》"主中风，除痰，麻痹，下气，破坚积"之功，不断充实完善。从历代本草记载和古代方书应用进行考察，可以归纳出天南星止痛，活血化瘀，清热解毒，祛风除湿，宁心安神，止痒等潜在功能。天南星的现代实验研究和临床应用提供了认证这些功能的重要渠道和依据。作为中国药典上品药物天南星，目前医药市场上属开发型的品种，发展前景广阔。

【地理分布与生境】

药用植物天南星分布广泛，全国除新疆、内蒙古外，其他大部分省区均有分布。野生资源较多的有四川、吉林、黑龙江、云南、贵州、辽宁、河南、广西、湖南、陕西、甘肃、安徽、浙江、河北等省。

【生物习性】

天南星喜湿润、疏松、肥沃的土壤和环境，天南星喜水肥，其块茎不耐冻，但由种子萌发的当年实生苗，第1年幼苗只生3片小叶，第2、3年后小叶片数逐次增多，且较能耐寒。天南星人工栽培宜与高秆作物间作，或选择有荫蔽的林下、林缘、山谷较阴湿的环境；土壤以疏松肥沃、排水良好的黄沙土为好。凡低洼、排水不良的地块不宜种植。

【生态环境影响分析】

根据分析结果可知，影响天南星适宜分布的生态因子共有35个，其中4月份降雨量贡献率最高，为58.3%，取值范围为>60mm；10月份降雨量的贡献率为9.0%，取值范围为70~150mm；等温性贡献率较低，等温性的贡献率为5.1%，取值范围为21~32。从而可知，4月份降雨量对天南星的影响最大，此时天南星的种子发芽率最高，长的最好，需要大量水分的供给。(见表40-1)

【生态适宜性区划】

从天南星生态适宜性区划图来看，天南星在甘肃次适宜生长区域主要在甘肃东南部地区。定西

表40-1 天南星生态因子贡献率

生态因子	贡献率(%)	取值范围
4月份降雨量	58.3	>60mm
10月份降雨量	9.0	70~150mm
等温性	5.1	21~32

市、临夏回族自治州、陇南市、天水市、平凉市、庆阳市为主要的适宜种植区域;临夏回族自治州、甘南藏族自治州、平凉市、庆阳市部分区域为次适宜种植区域;武威市、兰州市、白银市少部分区域为次适宜种植区域。(见图40-1)

【生态适宜区域面积】

对生态适宜性进行面积统计发现,天南星适宜面积最大为文县,总面积为4494km²,适宜面积3655km²、次适宜面积839km²,比例分别为81.33%、18.67%;其次为武都区,总面积为4208km²,适宜面积3378km²、次适宜面积830km²,比例分别为80.28%、19.72%;礼县总面积3980km²,适宜面积2327km²、次适宜面积1653km²,比例分别为58.47%、41.53%;麦积区总面积3063km²,适宜面积2495km²、次适宜面积568km²,比例分别为81.45%、18.55%;镇原县总面积2941km²,适宜面积287km²、次适宜面积2654km²,比例分别为9.77%、90.23%;通渭县总面积2693km²,适宜面积1535km²、次适宜面积1158km²,比例分别为57.00%、43.00%;康县总面积2658km²,适宜面积2354km²、次适宜面积304km²,比例分别为88.58%、11.42%;宕昌县总面积2586km²,适宜面积1276km²、次适宜面积1310km²,比例分别为49.36%、50.64%;宁县总面积2550km²,适宜面积1443km²、次适宜面积1107km²,比例分别为56.59%、43.41%;合水县总面积2437km²,适宜面积826km²、次适宜面积1611km²,比例分别为33.88%、66.12%。(见表40-2)

表40-2 甘肃各区县天南星适宜面积

区县	总面积(km²)	适宜(km²)	次适宜(km²)	适宜比例(%)	次适宜比例(%)
文县	4494	3655	839	81.33	18.67
武都区	4208	3378	830	80.28	19.72
礼县	3980	2327	1653	58.47	41.53
麦积区	3063	2495	568	81.45	18.55
镇原县	2941	287	2654	9.77	90.23
通渭县	2693	1535	1158	57.00	43.00
康县	2658	2354	304	88.58	11.42
宕昌县	2586	1276	1310	49.36	50.64
宁县	2550	1443	1107	56.59	43.41
合水县	2437	826	1611	33.88	66.12

从生态适宜生境分布面积柱状图可以看出,天南星在文县适宜生境分布面积最大,武都区次之;礼县、麦积区、康县适宜生境分布面积相当,通渭县、宕昌县、合水县适宜生境分布面积较少,镇原县适宜生境分布面积最少;镇原县次适宜生境分布面积最多,礼县、合水县次之,文县、武都区、麦积区、通渭县、宕昌县、宁县、合水县次适宜分布面积相差不大;康县次适宜生境分布面积最小。(见图40-2)

【适宜种植区域及布局建议】

根据天南星的生态适宜性分析结果,建议选择栽培种植的区域时首先考虑文县,主要包括丹堡

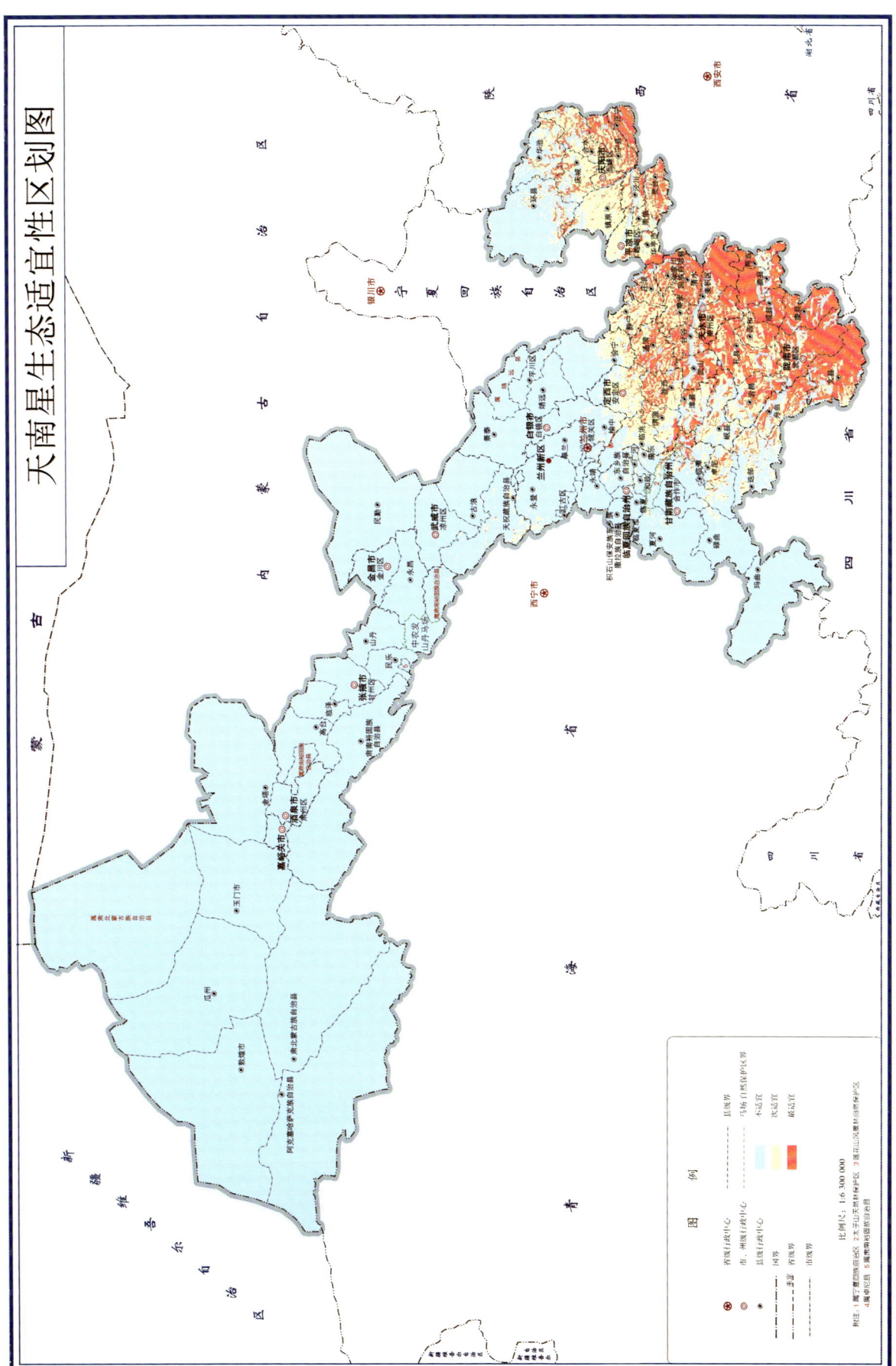

图40-1 天南星生态适宜性区划图

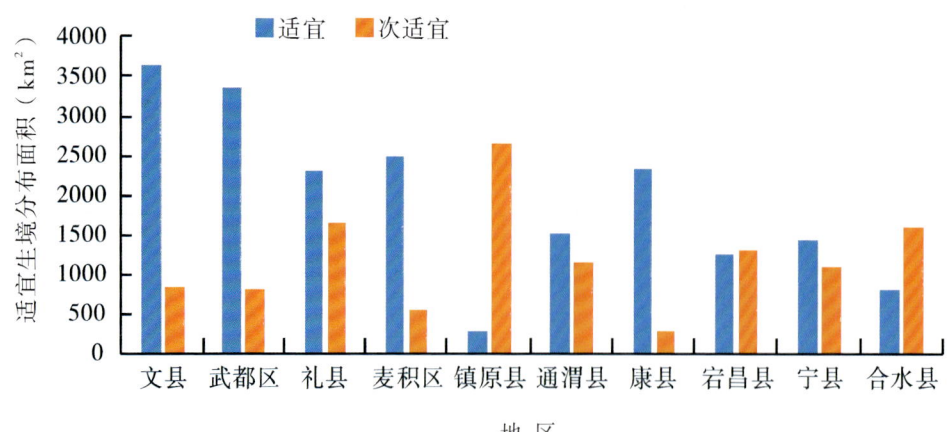

图 40-2 天南星适宜生境分布面积

镇、范坝镇、刘家坪乡、铁楼乡。其次为武都区,主要乡镇为枫相乡、洛塘镇、裕河乡、三仓镇。礼县主要乡镇为上坪乡、洮坪镇、桥头镇;麦积区主要包括伯阳镇、利桥镇、花牛镇、新阳镇、东岔镇;镇原县主要乡镇为中原乡、武沟乡、方山乡、孟坝镇;通渭县主要乡镇是新景镇、常家河镇、襄南镇、鸡川镇、陇川镇;康县主要乡镇包括城关镇、王坝镇、迷坝乡、大堡镇、岸门口镇;宕昌县主要乡镇为哈达铺镇、新寨乡、狮子乡、两河口镇、临江铺镇;宁县主要乡镇为新庄镇、早胜镇、和盛镇、盘克镇、南义乡;合水县主要乡镇包括太莪乡、西华池镇、板桥镇、固城镇。

41. 半 夏

Banxia

PINELLIAE RHIZOMA

本品为天南星科植物半夏 *Pinellia ternata* (Thunb.) Breit.的干燥块茎。味辛,性温,有毒。归脾、胃、肺经。功效燥湿化痰,降逆止呕,消痞散结。用于痰多咳喘,痰饮眩悸,风痰眩晕,痰厥头痛,呕吐反胃,胸脘痞闷,梅核气;生用外治痈肿痰核。半夏经过不同方法的炮制后所得中药饮片的功效各有侧重。生半夏多外用,消肿散结;清半夏长于燥湿化痰;姜半夏偏于降逆止呕;法半夏善和胃燥湿。

半夏,生于夏至日前后,此时,一阴生,天地间不再是纯阳之气,夏天也过半,故名半夏。复方记载有半夏泻心汤(《伤寒论》)、半夏厚朴汤(《金匮要略》)、半夏白术天麻汤(《医学心悟》)等。现代药理研究有镇咳祛痰、镇吐、抗心律失常、抗肿瘤的作用。

【地理生境与分布】

半夏广泛分布于中国长江流域以及东北、华北等地区,在西藏也有分布。

【生物习性】

半夏土壤适应性强,以土质疏松肥沃、透气、透水、富含有机质为佳。半夏适宜在半阴半阳缓坡地带生长,高温、干旱或涝渍之地皆易发生倒苗,但其地下块茎具有耐阴、耐寒的特性,能在自然状态下越冬。在自然状态下,繁殖方式多样,块茎、珠芽、种子皆可繁殖。

【生态环境影响分析】

根据分析得到的结果可知,影响半夏的主要生态因子有主要有34个。其中最湿季节降雨量的贡献率最大,为24.8%,取值范围为200~1400mm;其次为年平均降雨量,贡献率为8.3%,取值范围为

500~1500mm；10月份降雨量的贡献率为8.3%，取值范围为25~100mm；海拔的贡献率为4.9%，取值范围为1000~3000m。（见表41-1）

表41-1 半夏生态因子贡献率

生态因子	贡献率(%)	取值范围
最湿季节降雨量	24.8	200~1400mm
年平均降雨量	8.3	500~1500mm
10月份降雨量	8.3	25~100mm
海拔	4.9	1000~3000m

【生态适宜性区划】

从半夏生态适宜性区划图来看，半夏在甘肃最适宜生长区域主要在甘肃东南部地区。平凉市、天水市、陇南市大部分地区是最适宜种植区域，次适宜种植区域占少部分；庆阳市少部分为半夏适宜种植区域，其中大部分为次适宜种植区域；白银市、定西市、临夏回族自治州、甘南藏族自治州少部分为半夏的次适宜种植区域，大部分区域为不适宜种植区域。酒泉市、嘉峪关市、张掖市、金昌市、兰州市、武威市均为半夏的不适宜种植区域。（见图41-1）

【生态适宜区域面积】

对生态适宜性进行面积统计发现，半夏适宜面积最大的为文县，其分布总面积为4465km²，适宜面积1670km²、次适宜面积2795km²，比例分别为37.40%、62.60%；其次为环县，分布总面积为4408km²，适宜面积20km²、次适宜面积4388km²，比例分别为0.46%、99.54%；武都区总面积为4252km²，适宜面积1693km²、次适宜面积2559km²，比例分别为39.81%、60.19%；礼县总面积为4130km²，适宜面积1136km²、次适宜面积2994km²，比例分别为27.50%、72.50%；镇原县总面积为3360km²，适宜面积834km²、次适宜面积2526km²，比例分别为24.83%、75.17%；华池县总面积为3040km²，适宜面积85km²、次适宜面积2955km²，比例分别为2.81%、97.19%；合水县总面积为2897km²，适宜面积921km²、次适宜面积1976km²，比例分别为31.79%、68.21%；庆城县总面积为2626km²，适宜面积539km²、次适宜面积2087km²，比例分别为20.54%、79.46%；麦积区、康县的适宜面积比例较次适宜面积比例大，麦积区总面积为3353km²，适宜面积1964km²、次适宜面积1389km²，比例分别为58.57%、41.43%；康县总面积为2945km²，适宜面积2295km²、次适宜面积650km²，比例分别为77.92%、22.08%。（见表41-2）

表41-2 甘肃各区县半夏适宜面积

区县	总面积(km²)	适宜(km²)	次适宜(km²)	适宜比例(%)	次适宜比例(%)
文县	4465	1670	2795	37.40	62.60
环县	4408	20	4388	0.46	99.54
武都区	4252	1693	2559	39.81	60.19
礼县	4130	1136	2994	27.50	72.50
镇原县	3360	834	2526	24.83	75.17
麦积区	3353	1964	1389	58.57	41.43
华池县	3040	85	2955	2.81	97.19
康县	2945	2295	650	77.92	22.08
合水县	2897	921	1976	31.79	68.21
庆城县	2626	539	2087	20.54	79.46

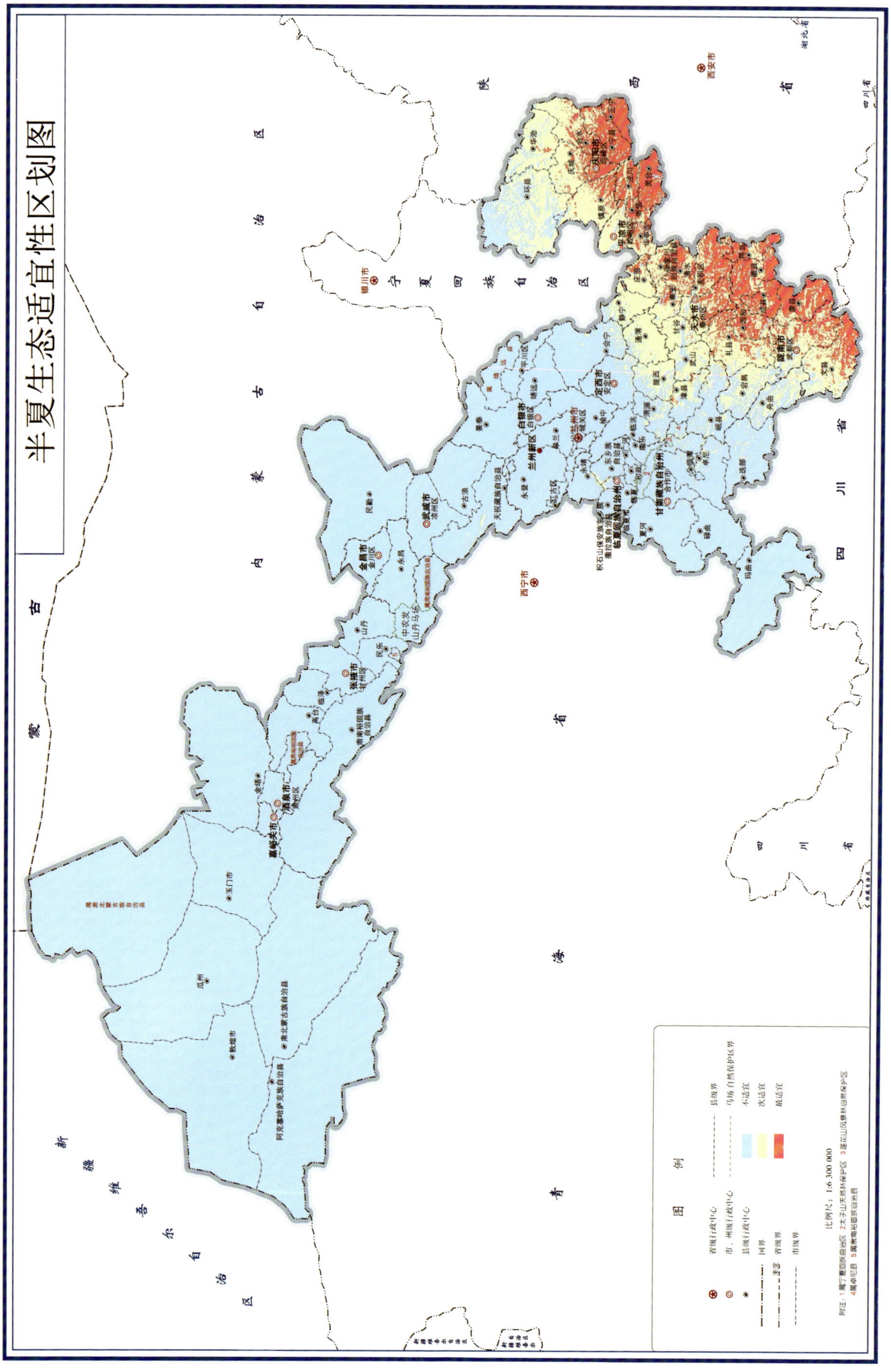

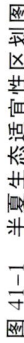

图 41-1 半夏生态适宜性区划图

从生态适宜地区面积分布柱状图可以看出,半夏除在麦积区、康县的适宜生境分布面积大于次适宜生境分布面积外,在其他各县的次适宜生境分布面积均较大,其中环县的次适宜生境分布面积最大。(见图41-2)

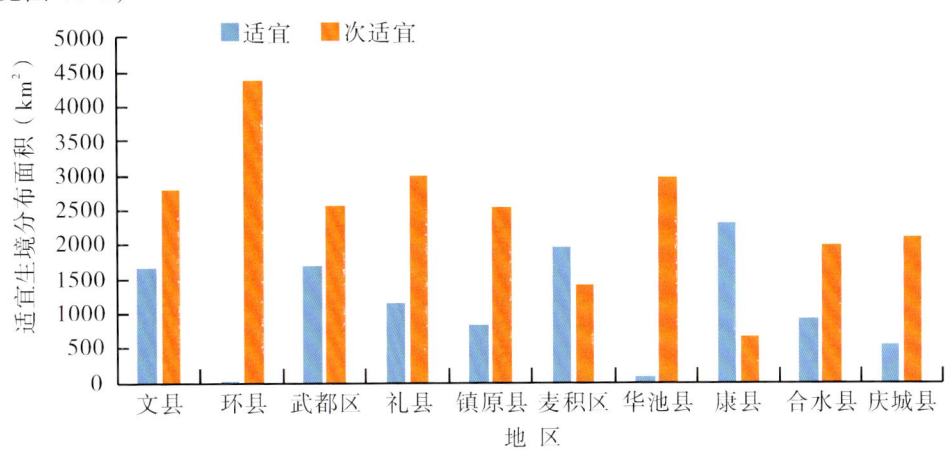

图41-2 半夏适宜生境分布面积

【适宜种植区域及布局建议】

根据半夏的生态适宜性分析结果,建议选择栽培种植的区域时优先选择文县,主要乡镇有丹堡镇、范坝镇、中寨镇、刘家坪乡、铁楼乡、石鸡坝镇、堡子坝镇、中庙镇、玉垒镇。其次为环县,适宜种植的主要乡镇有环城镇、车道镇、毛井镇、洪德镇、小南沟乡、耿湾乡、合道镇、甜水镇、虎洞镇、山城乡。武都区适宜种植的主要乡镇有枫相乡、洛塘镇、裕河镇、三仓乡、鱼龙镇、外纳镇、五马镇、五库镇、马营镇和安化镇;礼县适宜种植的主要乡镇有洮坪乡、固城镇、石桥镇、沙金乡、上坪乡、崖城镇、永坪镇、罗坝镇、白关镇和白河镇;镇原县适宜种植的主要乡镇有太平镇、孟坝镇、屯字镇、上肖镇、临泾镇、新集镇;麦积区适宜种植的主要乡镇有党川镇、利桥镇、东岔镇、三岔镇、甘泉镇、麦积镇、元龙镇、花牛镇、伯阳镇、新阳镇;华池县适宜种植的主要乡镇有林镇乡、城壕镇、柔远镇、五蛟镇、悦乐镇、山庄乡、南梁镇、怀安乡、乔川乡和元城镇;康县适宜种植的主要乡镇有城关镇、王坝镇、迷坝乡、大堡镇、岸门口镇、豆坝镇、长坝镇、铜钱镇、平洛镇、三河坝镇;合水县适宜种植的主要乡镇有太白镇、固城镇、蒿咀铺乡、老城镇、太莪乡、板桥镇、西华池镇、何家畔镇、店子乡和吉岘乡;庆城县适宜种植的主要乡镇有庆城镇、南庄乡、太白梁乡、高楼镇、白马铺镇、驿马镇、马岭镇、玄马镇、翟家河乡。

42. 大 黄

Dahuang

RHEI RADIX ET RHIZOMA

本品是我国传统中药材,为蓼科植物掌叶大黄 *Rheum palmatum* L.、唐古特大黄 *Rheum tanguticum* Maxim. ex Balf.或药用大黄 *Rheum officinale* Baill.的干燥根及根茎。秋末茎叶枯萎或次春发芽前采挖,除去细根,刮去外皮,切瓣或段,绳穿成串干燥或直接干燥。性寒,味苦。归脾、胃、大肠、肝、心包经。主要功能泻下攻积,清热泻火,凉血解毒,逐瘀通经,利湿退黄。用于实热积滞便秘,血热吐衄,目赤咽肿,痈肿疔疮,肠痈腹痛,瘀血经闭,产后瘀阻,跌打损伤,湿热痢疾,黄疸尿赤,淋证,水肿;外治烧烫伤。酒大黄善清上焦血分热毒,用于目赤咽肿,齿龈肿痛。熟大黄泻下力缓,泻火解毒,用于火毒疮疡。大黄炭凉血化瘀止血,用于血热有瘀血症。孕妇及月经期、哺乳期慎用。

中药大黄味苦性寒,具沉降之性,泻下作用甚强,能荡涤肠胃,推陈致新,有"斩关夺门"之力,故有"将军"之称,为治疗积滞便秘之要药。且其苦寒之性,兼有清泄作用,故尤适用于热结便秘。如大承气汤(芒硝、厚朴、枳实)共奏攻下热结之功;如增液承气汤(生地黄、玄参),治疗热结肠胃,阴液灼伤,大便秘结。大黄作为一种食用保健品,还有降血脂、减肥、增强免疫力等作用,是一味延年益寿的良药,现已有大黄酒、大黄饮料和大黄茶等产品,应用前景广阔。此外,大黄还可用作染料、香料及酿酒工业的配料。

掌叶大黄
Rheum palmatum

【地理分布与生境】

主产于甘肃、青海、西藏、四川、云南西北部及西藏东部等地的高寒、高海拔地带。生长于山坡或山谷湿地,野生或栽培均有。

【生物习性】

掌叶大黄喜凉爽湿润气候,耐严寒,忌高温、怕积水。根系入土较深,宜在疏松肥沃的砂质壤土中种植。黏性大、低洼积水地种植易烂根。土壤要求土层肥厚,腐殖质含量高,排水良好,尤其是新开垦的林间荒地。主产区多栽培在砂质棕壤土上,忌连作。

【生态环境影响分析】

根据分析结果可知,影响掌叶大黄适宜分布的生态因子共有27个,其中海拔的贡献率最高,为31.3%,取值范围为1700~4700m;其次为9月份降雨量,贡献率为30.4%,取值范围为80~265mm;8月份降雨量对掌叶大黄的影响也比较大,贡献率为12.2%,取值范围为≥80mm;温度季节性变化标准差对掌叶大黄有一定的影响,贡献率为5.7%,取值范围为4750~8200。从而可知海拔对掌叶大黄的影响最大,掌叶大黄适宜生长在1700~4700m的高寒山区;8~9月份为掌叶大黄的播期,需要水分对种子的供给,因此9月份降雨量对掌叶大黄的生长至关重要。温度季节性变化标准差对大黄的生长也起决定性作用;掌叶大黄不宜连作,宜与豆类、蔬菜、马铃薯等轮作,也可以党参、黄连等为前作。(见表42-1)

表42-1 掌叶大黄生态因子贡献率

生态因子	贡献率(%)	取值范围
海拔	31.3	1700~4700m
9月份降雨量	30.4	80~265mm
8月份降雨量	12.2	≥80mm
温度季节性变化标准差	5.7	4750~8200

【生态适宜性区划】

从掌叶大黄生态适宜性区划图可以看出,掌叶大黄在甘肃最适宜生长区域主要在甘肃中部及南部地区。甘肃省定西市、陇南市、甘南藏族自治州、天水市大部分地区为掌叶大黄的最适宜种植区域,次适宜种植区域和不适宜种植区域占少部分,其中定西市和陇南市最适宜种植面积最大;武威市、兰州市、平凉市、临夏回族自治州、白银市少部分区域为掌叶大黄的最适宜区域分布,大部分为不适宜种植区域。(见图42-1)

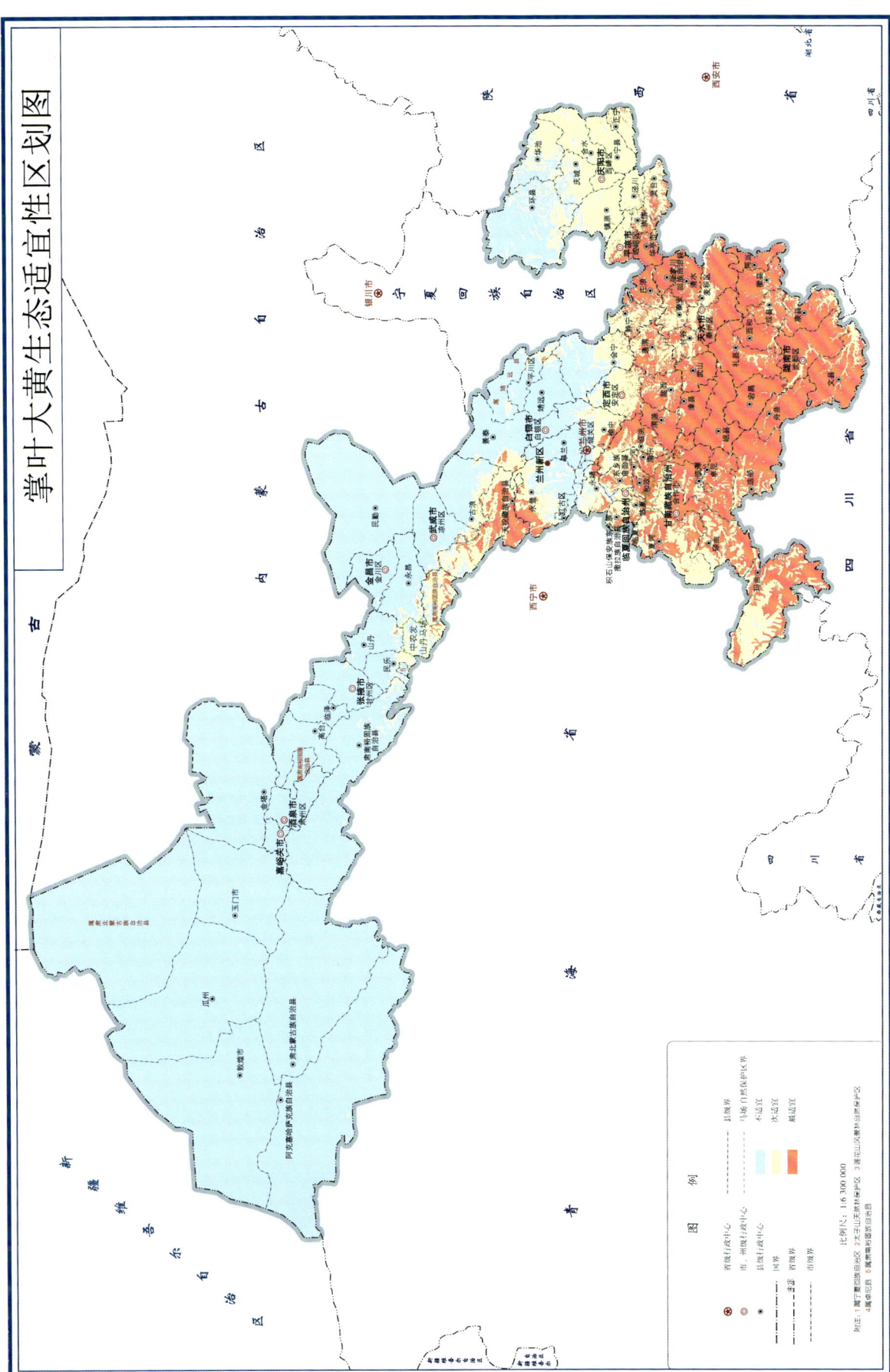

图 42-1 掌叶大黄生态适宜性区划图

【生态适宜区域面积】

对生态适宜性进行面积统计发现,掌叶大黄适宜面积最大的区域为玛曲县,总面积为9855km²,适宜面积5226km²、次适宜面积4629km²,比例分别为53.03%、46.97%;其次为卓尼县,总面积为5402km²,适宜面积4293km²、次适宜面积1109km²,比例分别为79.47%、20.53%;迭部县、文县、武都区、礼县适宜种植区域较大,迭部县总面积5090km²,适宜面积4201km²、次适宜面积889km²,比例分别为82.53%、17.47%;文县总面积4957km²,适宜面积4183km²、次适宜面积774km²,比例分别为84.39%、17.47%,武都区总面积4674km²,适宜面积4148km²、次适宜面积526km²,比例分别为88.75%、11.25%;礼县总面积4296km²,适宜面积3948km²、次适宜面积348km²,比例分别为91.90%、8.10%。天祝县、夏河县、永登县次适宜种植面积较大,其中天祝县总面积6717km²,适宜面积3082km²、次适宜面积3635km²,比例分别为45.89%、54.11%;夏河县总面积6180km²,适宜面积2581km²、次适宜面积3599km²,比例分别为41.77%、58.23%;永登县总面积3635km²,适宜面积897km²、次适宜面积2738km²,比例分别为24.67%、75.33%。碌曲县适宜生境分布面积大于次适宜生境分布面积,总面积5252km²,适宜面积2985km²、次适宜面积2267km²,比例分别为56.83%、43.17%。(见表42-2)

表42-2 甘肃各区县掌叶大黄适宜面积

区县	总面积(km²)	适宜(km²)	次适宜(km²)	适宜比例(%)	次适宜比例(%)
玛曲县	9855	5226	4629	53.03	46.97
天祝县	6717	3082	3635	45.89	54.11
夏河县	6180	2581	3599	41.77	58.23
卓尼县	5402	4293	1109	79.47	20.53
碌曲县	5252	2985	2267	56.83	43.17
迭部县	5090	4201	889	82.53	17.47
文县	4957	4183	774	84.39	15.61
武都区	4674	4148	526	88.75	11.25
礼县	4296	3948	348	91.90	8.10
永登县	3635	897	2738	24.67	75.33

从生态适宜生境分布面积柱状图可以看出,玛曲县、卓尼县、迭部县、舟曲县、文县、武都区、礼县、碌曲县均为掌叶大黄的适宜生境分布面积,且适宜生境分布面积比例相对较大,最大的适宜生境分布面积为玛曲县,其次为卓尼县。天祝县、夏河县、永登县为掌叶大黄生态次适宜生境分布面积。(见图42-2)

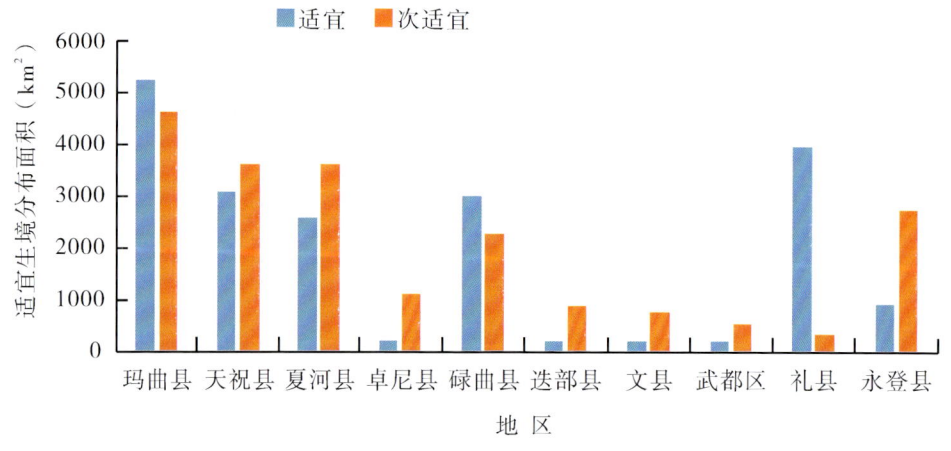

图42-2 掌叶大黄适宜生境分布面积

【适宜种植区域及布局建议】

根据掌叶大黄的生态适宜性分析结果,建议选择栽培种植的适宜区域时首先考虑武都区,主要包括洛塘镇、三仓乡、枫相乡、鱼龙镇、马营乡。其次为文县,主要乡镇为丹堡镇、铁楼乡、刘家坪乡、堡子坝镇。夏河县主要乡镇包括桑科镇、阿木去乎镇、科才镇、甘加镇、扎油乡;永登县主要主要乡镇包括七山乡、龙泉寺镇、武胜驿镇、苦水镇、通远镇;碌曲县主要乡镇包括尕海镇、拉仁关乡、玛艾镇、郎木寺镇、双岔镇。礼县的乡镇主要在上坪乡、洮坪镇;卓尼县主要包括木耳镇、尼巴镇、喀尔钦镇、恰盖乡;玛曲县包括阿万仓镇、尼玛镇、曼日玛镇、采日玛镇、木西合乡;迭部县主要包括腊子口镇、旺藏镇、达拉乡、多儿乡、电尕镇;天祝县包括天堂镇、华藏寺镇、炭山岭镇、赛什斯镇。

唐古特大黄

Rheum tanguticum

【地理分布与生境】

唐古特大黄分布于甘肃、青海、西藏东北部。唐古特大黄多为野生,故在栽培上应以野生变家种为主。

【生物习性】

唐古特大黄耐寒力强,生长于山地林缘、灌丛、草坡地带,喜凉爽气候,耐寒性强,怕炎热,适合生长在排水良好的腐殖质土,中性的微酸性砂壤土或壤土中砂壤土或石灰质壤土,在黏重酸性和低洼积水地不宜生长,宜生长于高寒半阴半阳的山坡地、灌木丛下等地方,干旱生长不良,雨水多、潮湿时则易感病或烂根。

【生态环境影响分析】

根据分析结果可知,影响唐古特大黄适宜分布的生态因子共有25个,其中5月份降雨量的贡献率最高,为43.1%,取值范围为45~120mm;其次为海拔,贡献率为27.8%,取值范围为1800~4700m;昼夜温差月均值、12月份降雨量对唐古特大黄的影响差不多,贡献率为8.9%、7.1%,取值范围分别为≥12.4℃、1~5mm。从而可知5月份降雨量对唐古特大黄的生长影响最大,3~5月份为唐古特大黄的春播期,越早越好,5月份为生长期,需要水分的供给。唐古特大黄适合生长在海拔2000m以上,对海拔的要求仅次于降雨量。当昼夜温差大时,唐古特大黄肉质根生长快,昼夜温差月均值是关键因素。12月份降雨量决定了唐古特大黄的需水量多少和土壤类型。(见表42-3)

表42-3 唐古特大黄生态因子贡献率

生态因子	贡献率(%)	取值范围
5月份降雨量	43.1	45~120mm
海拔	27.8	1800~4700m
昼夜温差月均值	8.9	≥12.4℃
12月份降雨量	7.1	1~5mm

【生态适宜性区划】

从唐古特大黄生态适宜性区划图可以看出,唐古特大黄在甘肃适宜生长区域主要在甘肃中部及西南部地区。定西市、甘南藏族自治州、临夏回族自治州绝大部分地区为最适宜种植区域,不适宜种植区域占少部分,极少部分为次适宜种植区域,其中甘南藏族自治州最适宜种植面积最大;兰州市少部分区域为适宜区域分布,大部分为不适宜种植区域;在天水市、陇南市、平凉市、白银市、武威市、张掖市适宜分布区域及次适宜分布占极少部分,大部分为不适宜种植分布区域。(见图42-3)

【生态适宜区域面积】

对生态适宜性进行面积统计发现,唐古特大黄适宜面积最大的区域为碌曲县,总面积9093km^2,适宜面积8736km^2、次适宜面积357km^2,比例分别为96.07%、3.93%;其次为玛曲县,总面积为7433km^2,适宜面积7093km^2、次适宜面积340km^2,比例分别为95.43%、4.57%;夏河县、卓尼县、岷县、永登县、临洮县、陇西县、渭源县、礼县次适宜种植面积较大,夏河县总面积5211km^2,适宜面积4962km^2、次适宜面积249km^2,比例分别为95.22%、4.78%;卓尼县总面积3003km^2,适宜面积2688km^2、次适宜面积315km^2,比例分别为89.51%、10.49%;岷县总面积2446km^2,适宜面积2236km^2、次适宜面积210km^2,比例分别为91.40%、8.6%;永登县总面积2421km^2,适宜面积1996km^2、次适宜面积425km^2,比例分别为82.44%、17.56%;临洮县总面积2290km^2,适宜面积1967km^2、次适宜面积323km^2,比例分别为85.88%、14.12%;陇西县总面积1862km^2,适宜面积1492km^2、次适宜面积370km^2,比例分别为80.14%、19.86%;渭源县总面积2065km^2,适宜面积1768km^2、次适宜面积297km^2,比例分别为85.63%、14.37%;礼县总面积1850km^2,适宜面积1232km^2、次适宜面积618km^2,比例分别为66.59%、33.41%。(见表42-4)

表42-4 甘肃各区县唐古特大黄适宜面积

区县	总面积(km^2)	适宜(km^2)	次适宜(km^2)	适宜比例(%)	次适宜比例(%)
碌曲县	9093	8736	357	96.07	3.93
玛曲县	7433	7093	340	95.43	4.57
夏河县	5211	4962	249	95.22	4.78
卓尼县	3003	2688	315	89.51	10.49
岷县	2446	2236	210	91.40	8.60
永登县	2421	1996	425	82.44	17.56
临洮县	2290	1967	323	85.88	14.12
渭源县	2065	1768	297	85.63	14.37
陇西县	1862	1492	370	80.14	19.86
礼县	1850	1232	618	66.59	33.41

从生态适宜地区面积分布柱状图可以看出,唐古特大黄在碌曲县适宜生境分布面积最大,玛曲县次之,夏河县、卓尼县、岷县、永登县、临洮县、陇西县、渭源县、礼县等县均为适宜生境分布面积,且适宜生境分布面积比例相对较大。(见图42-4)

【适宜种植区域及布局建议】

根据唐古特大黄的生态适宜性分析结果,建议选择栽培种植的适宜区域时首先考虑碌曲县、玛曲县,玛曲县主要乡镇包括阿万仓乡、欧拉乡、欧拉秀玛乡、尼玛镇、曼日玛乡;碌曲县主要乡镇包括尕海镇、玛艾镇、拉仁关乡、郎木寺镇、双岔镇。其次考虑夏河县,主要乡镇为桑科镇、科才镇、阿木去乎镇、甘加镇。卓尼县主要乡镇为尼巴镇、喀尔钦镇、木耳镇、恰盖乡;岷县主要乡镇包括闾井镇、秦许乡、蒲麻镇、寺沟镇、禾驮镇;永登县主要乡镇包括七山乡、通远镇、民乐乡、武胜驿镇、连城镇;临洮县主要乡镇包括中铺镇、红旗乡、太石镇、辛店镇;陇西县主要乡镇包括文峰镇、通安驿镇、福星镇;渭源县主要乡镇包括莲峰镇、北寨镇、会川镇;礼县主要乡镇为石桥镇。

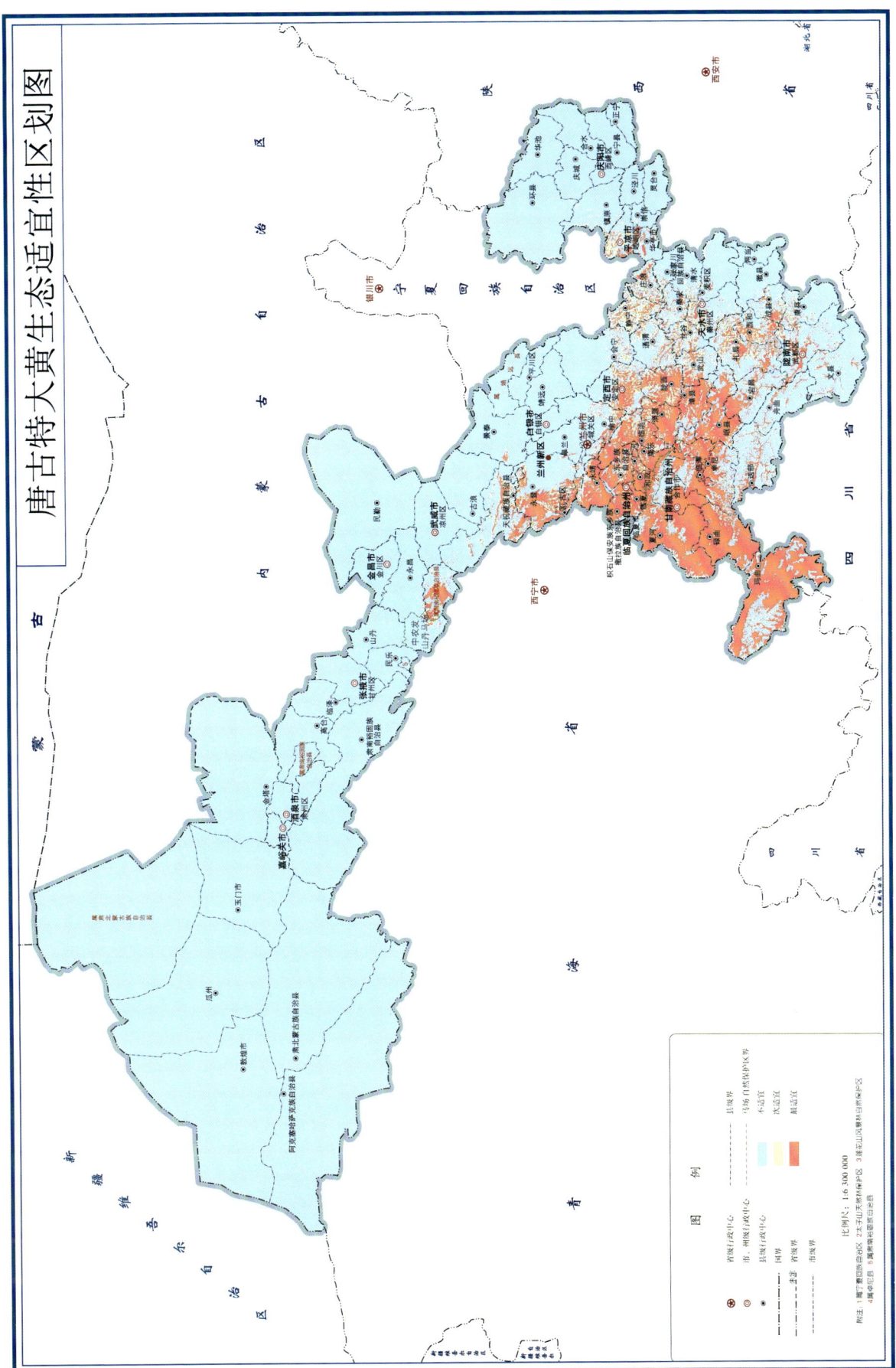

图42-3 唐古特大黄生态适宜性区划图

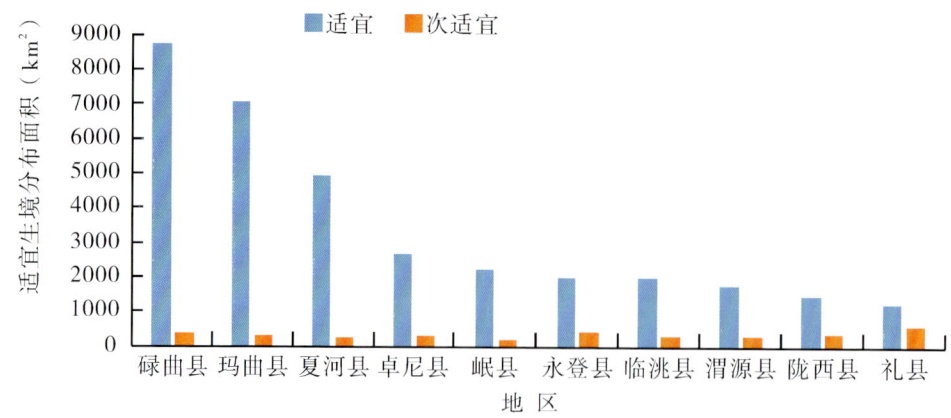

图 42-4　唐古特大黄适宜生境分布面积

药用大黄
Rheum officinale

【地理分布与生境】

药用大黄主要分布于陕西、四川、湖北、贵州、云南、河南等地。

【生物习性】

药用大黄多生长于高寒阴湿地区,栽培地应选土质疏松、土层深厚、排水良好的砂质壤土。应选择土层深厚,土壤肥沃湿润,富含腐殖质,排水良好,砂壤土或壤土山地梯田,前茬作物最好为蔬菜或洋芋,忌连作。

【生态环境影响分析】

根据分析结果可知,影响药用大黄适宜分布的生态因子共有32个,其中10月份降雨量的贡献率最高,为49.3%,取值范围为57~193mm;其次为9月份降雨量,贡献率为21.8%,取值范围为113~252mm;2月份降雨量贡献率为5.2%,取值范围为10~35mm;海拔贡献率为4.0%,取值范围为1270~3800m;最干季节均温、4月份降雨量对药用大黄的生长影响差不多,贡献率分别为3.5%、3.1%,取值范围为1~13℃、40~135mm。从而可知对药用大黄影响最大的为10月份降雨量,药用大黄的花期为5~6月,果期为8~9月,10月份为药用大黄的根茎营养物质积累期,需要足够水分的供给;9月份降雨量对药用大黄果实的生长起重要作用,有利于药用大黄种子的生长,便于采收。当种植移栽时,当年春播的于翌年3~4月上旬移栽,所以2月份降雨量对药用大黄幼苗的生长有一定的影响。最干季节均温、4月份降雨量虽然贡献率较小,但在一定程度上影响药用大黄的生长发育。(见表42-5)

表 42-5　药用大黄生态因子贡献率

生态因子	贡献率(%)	取值范围
10月份降雨量	49.3	57~193mm
9月份降雨量	21.8	113~252mm
2月份降雨量	5.2	10~35mm
海拔	4.0	1270~3800m
最干季节均温	3.5	1~13℃
4月份降雨量	3.1	40~135mm

【生态适宜性区划】

从药用大黄生态适宜性区划图可以看出,药用大黄在甘肃最适宜生长区域主要在甘肃南部及东南部地区。陇南市、天水市、平凉市为药用大黄的最适宜种植区域,少部分为次适宜种植区域,其中陇南市最适宜种植面积最大;甘南藏族自治州、临夏回族自治州、定西市、庆阳市大部分区域为药用大黄的主要次适宜种植区域,兰州市、白银市少部分区域为次适宜种植区;酒泉市、嘉峪关市、张掖市、金昌市、武威市均为不适宜种植区域。(见图42-5)

【生态适宜区域面积】

对生态适宜性进行面积统计发现,药用大黄在适宜面积区分布上,武都区最大,总面积4566km^2,适宜面积4106km^2、次适宜面积460km^2,比例分别为89.93%、10.07%;其次为文县,总面积4888km^2,适宜面积4089km^2、次适宜面积799km^2,比例分别为83.65%、16.35%;礼县总面积4155km^2,适宜面积3375km^2、次适宜面积780km^2,比例分别为81.22%、18.78%;麦积区总面积3345km^2,适宜面积2723km^2、次适宜面积622km^2,比例分别为81.41%、18.59%;宕昌县总面积3233km^2,适宜面积2391km^2、次适宜面积842km^2,比例分别为73.97%、26.03%;岷县总面积3439km^2,适宜面积2274km^2、次适宜面积1165km^2,比例分别为66.12%、33.88%。次适宜面积最大的区域为迭部县,总面积4517km^2,适宜面积175km^2、次适宜面积4342km^2,比例分别为3.87%、96.13%;其次为玛曲县,总面积4085km^2,适宜面积3km^2、次适宜面积4082km^2,比例分别为0.07%、99.93%;卓尼县总面积3983km^2,适宜面积77km^2、次适宜面积3906km^2,比例分别为1.92%、98.08%;镇原县总面积3292km^2,适宜面积44km^2、次适宜面积3248km^2,比例分别为1.34%、98.66%。(见表42-6)

表42-6 甘肃各区县药用大黄适宜面积

区县	总面积(km^2)	适宜(km^2)	次适宜(km^2)	适宜比例(%)	次适宜比例(%)
文县	4888	4089	799	83.65	16.35
武都区	4566	4106	460	89.93	10.07
迭部县	4517	175	4342	3.87	96.13
礼县	4155	3375	780	81.22	18.78
玛曲县	4085	3	4082	0.07	99.93
卓尼县	3983	77	3906	1.92	98.08
岷县	3439	2274	1165	66.12	33.88
麦积区	3345	2723	622	81.41	18.59
镇原县	3292	44	3248	1.34	98.66
宕昌县	3233	2391	842	73.97	26.03

从生态适宜生境分布面积柱状图可以看出,药用大黄在武都区适宜生境分布面积最大,文县次之,礼县、麦积区、宕昌县、岷县均为适宜生境分布面积,且适宜生境分布面积比例较大;在次适宜生境分布面积上,迭部县分布面积最大,其次为玛曲县、卓尼县和镇原县次适宜生境分布面积较大。(见图42-6)

【适宜种植区域及布局建议】

根据药用大黄的生态适宜性分析结果,建议选择栽培种植的区域时首先考虑文县,主要乡镇为丹堡镇、范坝镇、刘家坪乡、铁楼乡。其次为武都区,主要包括枫相乡、洛塘镇、裕河镇、三仓镇。礼县、麦积区、宕昌县、岷县适宜面积占较大比例,礼县适宜分布地区在上坪乡、洮坪镇、桥头镇、沙金乡、石桥镇;麦积区主要分布在党川镇、利桥镇、东岔镇;宕昌县分布的主要乡镇为南河镇、兴化乡、狮子乡、

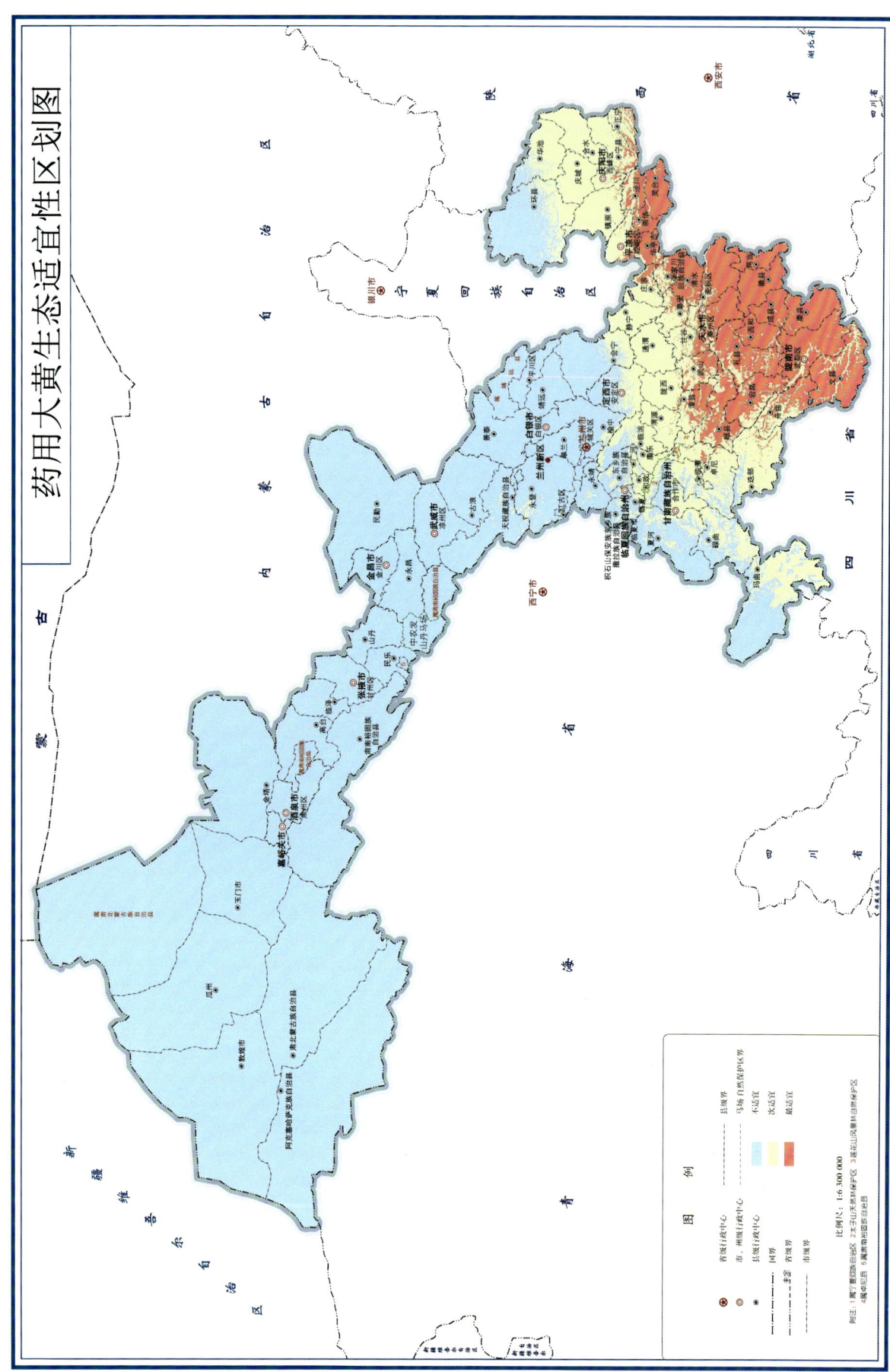

图42-5 药用大黄生态适宜性区划图

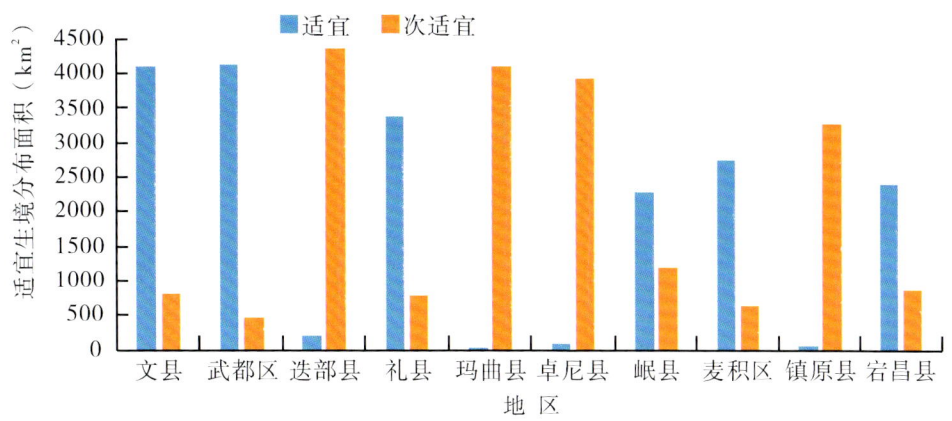

图 42-6 药用大黄适宜生境分布面积

新城子乡、官亭镇;岷县主要包括闾井镇、中寨镇、秦许乡、锁龙乡。迭部县、玛曲县、卓尼县和镇原县主要为次适宜地区,迭部县主要乡镇达拉乡、电尕镇、旺藏镇、多儿乡;玛曲县主要在曼日玛镇、齐哈玛镇、阿万仓镇、尼玛镇、采日玛镇;卓尼县主要包括木耳镇、喀尔钦镇、恰盖乡、尼巴镇、藏巴哇镇;镇原县主要分布在孟坝镇、屯字镇、太平镇、平泉镇、临泾镇。

43. 甘 草

Gancao

GLYCYRRHIZAE RADIX ET RHIZOMA

本品为豆科植物甘草 *Glycyrrhiza uralensis* Fisch.、胀果甘草 *Glycyrrhiza inflata* Bat. 或光果甘草 *Glycyrrhiza glabra* L. 的干燥根和根茎。又名甜草。春、秋二季采挖,除去须根,晒干。味甘,性平。归心、肺、脾、胃经。具有补脾益气,清热解毒,祛痰止咳,缓急止痛,调和诸药等功效。用于脾胃虚弱,倦怠乏力,心悸气短,咳痰,脘腹、四肢挛急痛,痈肿疮毒,缓解药物毒性、烈性。不宜与海藻、京大戟、红大戟、甘遂、芫花同用。

甘草秉承着中医"君臣佐使"的组方原则,恪守着自己作为使药的职责,调和矛盾,使之达到和谐平衡。它与大黄、芒硝同用,能缓和大黄、芒硝的泻下作用,使泻而不速;与附子、干姜同用,能缓和附子、干姜之热,以防伤阴;与石膏、知母同用,能缓和石膏、知母之寒,以防伤胃;与党参、白术、熟地、当归等补药同用,能缓和补力,使作用缓慢而持久;与半夏、干姜、黄连、黄芩等热药寒药同用,又能起协调作用。用于心气虚、心悸怔忡、脉结代,以及脾胃气虚、倦怠乏力等,前者常与桂枝配伍,如桂枝甘草汤、炙甘草汤;后者常与党参、白术等同用,如四君子汤、理中丸等。用于痈疽疮疡、咽喉肿痛等,可单用,内服或外敷,或配伍应用;痈疽疮疡,常与金银花、连翘等同用,共奏清热解毒之功,如仙方活命饮;咽喉肿痛,常与桔梗同用,如桔梗汤;若农药、食物中毒,常配绿豆或与防风水煎服。

甘草为我国中医药学中常见的补气类药用植物,其药性平和通行十二经脉,有调和诸药、解毒、补虚、止咳润肺等多种功能,为常用处方药。随着中医学科的应用普及,我国中药研究人员对甘草的药理作用开展了广泛和深入的研究,是我国医药管理部门作为药用而收载和管理的四大药材之一,有"中药之王"之称。甘草在临床的应用已有两千多年的历史,被《神农本草经》列为上品,《名医别录》中记有"生河西谷积沙山",汉后历朝将优质者列为贡品,主要用于治疗脉管系统、消化系统、呼吸系统、免疫系统等方面的疾病。现代药理学研究表明,甘草具有保肝、抗炎、抗菌、抗病毒、镇咳、抗氧化、抗癌、免疫调解和降糖等多种活性,同时作为食品、化妆品、烟草行业的添加剂,近年来,甘草的市场需求量逐年上升,具有广阔的市场前景。

甘 草
Glycyrrhiza uralensis

【地理分布与生境】

甘草多生长在干旱、半干旱的沙土、沙漠边缘和黄土丘陵地带,在引黄灌区的田野和河滩地里也易于繁殖。它适应性强,抗逆性强。甘草主要分布于新疆、内蒙古、宁夏、甘肃、山西朔州,以野生为主。人工种植甘草主产于新疆、内蒙古、甘肃的河西走廊和陇西的周边、宁夏部分地区。

中西部地区作为现今甘草主产区,也是采挖破坏比较严重的区域。生于干燥草原及向阳山坡。分布于东北、华北及陕西、甘肃、青海、新疆、山东等地区。西北地区野生甘草资源群落普遍较小,密度较低,群落结构简单并且呈现片段化分布状态,已破坏生境难以恢复,现阶段野生甘草资源仍在减少。

【生物习性】

甘草喜光照充足、降雨量较少、夏季酷热、冬季严寒、昼夜温差大的生态环境,具有喜光、耐旱、耐热、耐盐碱和耐寒的特性。适宜在土层深厚、土质疏松、排水良好的砂质土壤中生长。

【生态环境影响分析】

根据分析结果可知,影响甘草适宜分布的生态因子共有 25 个,其中 11 月份降雨量贡献率最大,为 21.6%,取值范围为 20~100mm;其次为温暖指数,为 17.5%,取值范围为 10~130℃;温度季节性变化标准差贡献率为 11.4%,取值范围为 5000~2500;寒冷指数贡献率为 9.7%,取值范围为 -50~-10℃;土壤阳离子交换能力贡献率为 7.3%,取值范围为 1~16;有机含碳量贡献率为 6.6%,取值范围为 0%~1%;海拔的贡献率最小,为 3.9%,取值范围为 800~3100m。从而可知 11 月份降雨量对甘草的生长影响最大,甘草花期 6~8 月,果期 7~10 月,11 月份为甘草根及根茎的营养积累期,需要大量水分,因此直接影响甘草的质量;甘草具有喜光、耐旱、耐热的特性,因此温暖指数和寒冷指数对甘草的生长有一定的影响;温度季节性变化标准差、土壤阳离子交换能力、有机含碳量和海拔相对较小,但在种植甘草时需要作为影响甘草生长的最小生态因子进行考虑。(见表 43-1)

表 43-1 甘草生态因子贡献率

生态因子	贡献率(%)	取值范围
11 月份降雨量	21.6	20~100mm
温暖指数	17.5	10~130℃
温度季节性变化标准差	11.4	5000~2500
寒冷指数	9.7	-50~-10℃
土壤阳离子交换能力	7.3	1~16
有机含碳量	6.6	0%~1%
海拔	3.9	800~3100m

【生态适宜性区划】

从甘草生态适宜性区划图来看,甘草在甘肃最适宜及次适宜生长区域主要在甘肃中部、东部及西北部即河西走廊中段地区。在白银市、兰州市、临夏回族自治州、定西市、天水市、平凉市、庆阳市、金昌市、武威市大部分为最适宜种植区域，部分为次适宜种植区域；陇南市大部分为次适宜种植区域；在嘉峪关市和酒泉市大部分为次适宜和不适宜种植区域；在甘南藏族自治州大部分为不适宜种植区域；张掖市最适宜、次适宜及不适宜分布区域比例相差不多。（见图43-1）

【生态适宜区域面积】

对生态适宜性进行面积统计发现，甘草在适宜面积最大的区域为环县，总面积为9197km^2，适宜面积7992km^2、次适宜积1205km^2，比例分别为86.90%、13.10%；其次为民勤县，总面积为15 175km^2，适宜面积6899km^2、次适宜面积8276km^2，比例分别为45.46%、54.54%；在会宁县总面积为6371km^2，适宜面积4972km^2、次适宜面积1399km^2，比例分别为78.04%、21.96%；靖远县适宜种植面积比例较大，总面积为5691km^2，适宜面积3572km^2、次适宜面积2119km^2，比例分别为62.76%、37.24%。在次适宜面积分布比例上，民勤县面积最大，其次为玉门市，玉门市总面积为8199km^2，适宜面积262km^2、次适宜面积7937km^2，比例分别为3.20%、96.80%。肃南县、金塔县、景泰县、凉州区、古浪县甘草次适宜生长分布比例大于适宜区域分布比例，为主要的次适宜面积分布区域。肃南县总面积7368km^2，适宜面积1833km^2、次适宜面积5535km^2，比例分别为24.88%、75.12%；金塔县总面积5213km^2，适宜面积319km^2、次适宜面积4894km^2，比例分别为6.12%、93.88%；景泰县总面积4950km^2，适宜面积2058km^2、次适宜面积2892km^2，比例分别为41.58%、58.42%；凉州区总面积4723km^2，适宜面积1603km^2、次适宜面积3120km^2，比例分别为33.95%、66.05%；古浪县总面积4678km^2，适宜面积106km^2、次适宜面积3572km^2，比例分别为23.65%、76.35%。（见表43-2）

表43-2　甘肃各区县甘草适宜面积

区县	总面积(km^2)	适宜(km^2)	次适宜(km^2)	适宜比例(%)	次适宜比例(%)
民勤县	15 175	6899	8276	45.46	54.54
环县	9197	7992	1205	86.90	13.10
玉门市	8199	262	7937	3.20	96.80
肃南县	7368	1833	5535	24.88	75.12
会宁县	6371	4972	1399	78.04	21.96
靖远县	5691	3572	2119	62.76	37.24
金塔县	5213	319	4894	6.12	93.88
景泰县	4950	2058	2892	41.58	58.42
凉州区	4723	1603	3120	33.95	66.05
古浪县	4678	1106	3572	23.65	76.35

从生态适宜生境分布面积柱状图可以看出，甘草在环县的适宜生境分布面积最大；其次是民勤县，适宜生境分布面积较大；在会宁县和靖远县的适宜生境分布面积较大；在民勤县次适宜生境分布面积较大；民勤县适宜生境分布面积相对其他地区来说相对比较大。在玉门市、肃南县、金塔县、景泰县、凉州区、古浪县次适宜生境分布面积较大，次适宜生境分布面积占少部分。（见图43-2）

【适宜种植区域及布局建议】

根据甘草的生态适宜性分析结果，建议选择栽培种植的区域时首先考虑环县，种植总面积较大且适宜种植面积也较大，环县主要乡镇包括环城镇、车道镇、毛井镇、洪德镇、小南沟乡、耿湾乡、合道镇、甜水镇、虎洞镇、山城乡。其次考虑民勤县、会宁县、靖远县，民勤县适宜种植面积和次适宜种植面

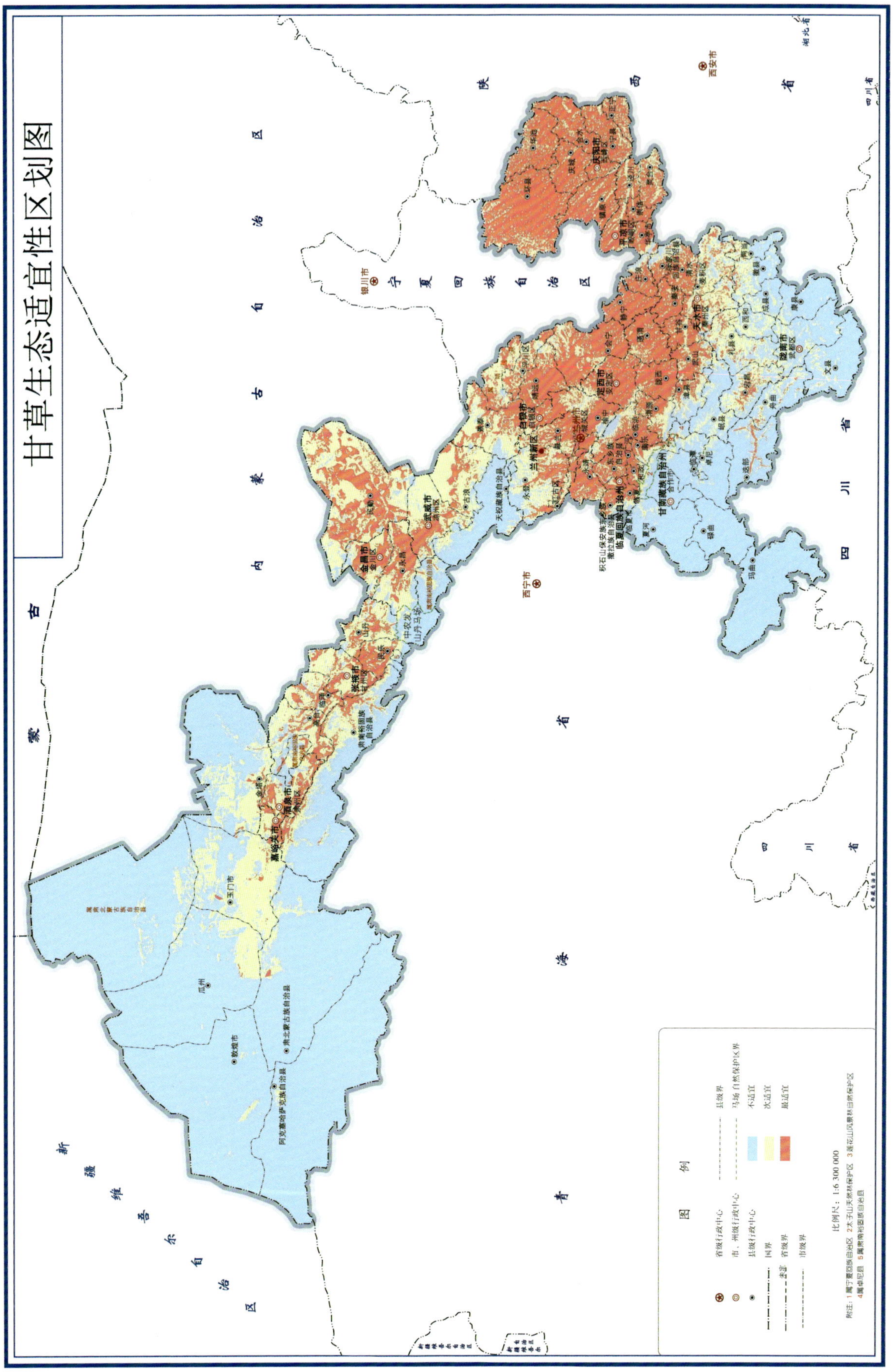

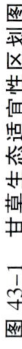

图 43-1 甘草生态适宜性区划图

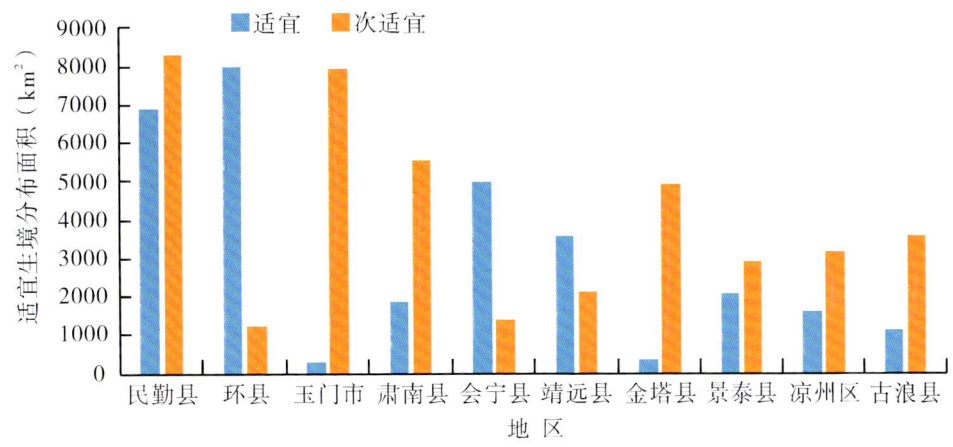

图 43-2 甘草适宜生境分布面积

积都比较大,民勤县主要乡镇包括东湖镇、南湖镇、收成镇、昌宁镇、蔡旗镇、苏武镇、夹河镇、薛百镇、泉山镇、东坝镇;会宁县分布的主要乡镇为头寨子镇、汉家岔镇、郭城驿镇、甘沟驿镇、新庄镇、大沟镇、刘家寨子镇、柴家门镇、四房吴镇、新源镇;靖远县主要包括高湾乡、北滩乡、若笠乡、刘川乡、石门乡、乌兰镇、大芦乡、五合乡、永新乡、靖安乡。在次适宜种植面积上首先考虑民勤县,其次为玉门市,玉门市主要乡镇为花海镇、昌马乡、国有黄花农场、玉门镇、黄闸湾镇、下西号镇、柳河镇。在肃南县、金塔县、景泰县、凉州区、古浪县次适宜种植分布面积较大,肃南县主要乡镇为祁丰乡、红湾寺镇、明花乡、白银乡、马蹄乡、甘肃省绵羊育种场、皇城镇、康乐镇、大河乡、张掖宝瓶河牧场;金塔县主要包括农林场站、东坝镇、鼎新镇、古城乡、西坝镇、金塔镇、中东镇;景泰县主要乡镇包括条山集团、一条山镇、漫水滩乡、红水镇、芦阳镇、正路镇、草窝滩镇、上沙沃镇、喜泉镇、五佛乡;凉州区主要包括羊下坝镇、金沙镇、清水镇、清源镇、金塔镇、永昌镇、地质新村街道、河东镇、永丰镇;古浪县主要乡镇为海子滩镇、新堡乡、黄花滩镇、西靖镇、直滩镇、大靖镇、民权镇、裴家营镇、土门镇、黄羊川镇。

胀果甘草

Glycyrrhiza inflata

【地理分布与生境】

胀果甘草产于内蒙古、甘肃和新疆。常生于河岸阶地、水边、农田边或荒地中。

【生物习性】

胀果甘草具有喜光、耐旱、耐热、耐盐碱和耐寒的特性,土壤多为砂质土,酸碱度以中性或微碱性为宜。栽培甘草应选择土层深厚、地下水位低的砂壤土。

【生态环境影响分析】

根据分析结果可知,影响胀果甘草适宜分布的生态因子共有 26 个,其中温度季节性变化标准差贡献率最大,为 27.9%,取值范围为 5100~15 000;其次为 8 月份降雨量,贡献率为 24.0%,取值范围为 10~90mm;温暖指数贡献率最小,为 14.6%,取值范围为 40~160℃。从而可知温度季节性变化标准差对胀果甘草的影响最大,胀果甘草的花期 5~7 月,果期 6~10 月,8 月份降雨量对其生长有一定的影响。(见表 43-3)

【生态适宜性区划】

从胀果甘草生态适宜性区划图来看,胀果甘草在甘肃最适宜及次适宜生长区域主要在甘肃西北

表 43-3　胀果甘草生态因子贡献率

生态因子	贡献率(%)	取值范围
温度季节性变化标准差	27.9	5100~15 000
8月份降雨量	24.0	10~90mm
温暖指数	14.6	40~160℃

部及河西走廊中部地区。在酒泉市少部分为胀果甘草最适宜种植区域,大部分为次适宜种植区域;在嘉峪关市少部分为次适宜种植区域,大部分为不适宜种植区域;张掖市大部分为不适宜种植区,少部分为胀果甘草的最适宜和次适宜种植区域;金昌市和武威市有极少部分为胀果甘草的次适宜种植区域。(见图 43-3)

【生态适宜区域面积】

对生态适宜性进行面积统计发现,胀果甘草在适宜分布面积上最大为敦煌市,总面积 30 617km², 适宜面积 19 974km²、次适宜面积 10 643km², 比例分别为 65.24%、34.76%。在次适宜面积分布上,面积最大的为肃北县,总面积 30 519km², 适宜面积 421km²、次适宜面积 30 098km², 比例分别为 1.38%、98.62%;其次为金塔县,总面积 18 294km², 适宜面积 2061km²、次适宜面积 16 233km², 比例分别为 11.27%、88.73%;瓜州县总面积 23 913km², 适宜面积 9815km²、次适宜面积 14 097km², 比例分别为 41.05%、58.95%;玉门市、高台县、肃南市、临泽县均为次适宜面积分布较大的区域,其中玉门市的总面积 12 338km², 适宜面积 2294km²、次适宜面积 10 044km², 比例分别为 18.59%、81.41%;高台县总面积 3823km², 适宜面积 768km²、次适宜面积 3055km², 比例分别为 20.09%、79.91%;肃南县总面积 2930km², 适宜面积 562km²、次适宜面积 2368km², 比例分别为 19.18%、80.82%;临泽县总面积 1684km², 适宜面积 424km²、次适宜面积 1260km², 比例分别为 25.19%、74.81%;肃州区、阿克塞县在适宜面积和次适宜面积分布区域比例相差不多,肃州区总面积 3288km², 适宜面积 1549km²、次适宜面积 1739km², 比例分别为 47.11%、52.89%;阿克塞县总面积 2929km², 适宜面积 1421km²、次适宜面积 1508km², 比例分别为 48.51%、51.49%。(见表 43-4)

表 43-4　甘肃各区县胀果甘草适宜面积

区县	总面积(km²)	适宜(km²)	次适宜(km²)	适宜比例(%)	次适宜比例(%)
敦煌市	30 617	19 974	10 643	65.24	34.76
肃北县	30 519	421	30 098	1.38	98.62
瓜州县	23 913	9815	14 097	41.05	58.95
金塔县	18 294	2061	16 233	11.27	88.73
玉门市	12 338	2294	10 044	18.59	81.41
高台县	3823	768	3055	20.09	79.91
肃州区	3288	1549	1739	47.11	52.89
阿克塞县	2929	1421	1508	48.51	51.49
肃南县	2930	562	2368	19.18	80.82
临泽县	1684	424	1260	25.19	74.81

从生态适宜生境分布面积柱状图可以看出,胀果甘草在敦煌市的适宜生境分布面积最大。在次适宜生境分布面积上,肃北县面积分布最大;其次为金塔县和瓜州县,玉门市次适宜生境分布面积远大于适宜生境分布面积;高台县、肃南县、临泽县均为次适宜生境面积分布较大的区域;肃州区、阿克

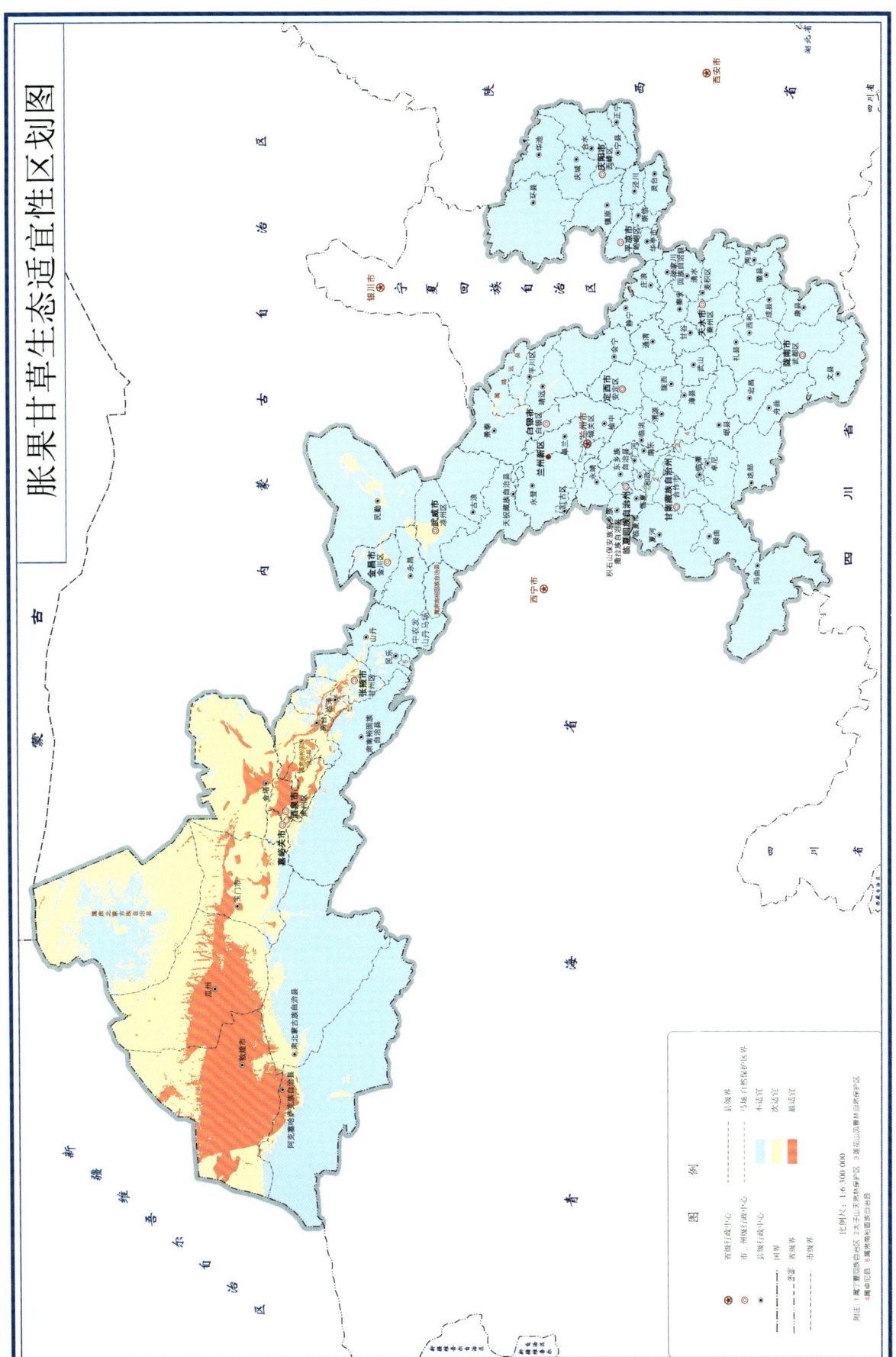

图 43-3 胀果甘草生态适宜性区划图

塞在适宜生境面积和次适宜生境面积分布区域比例相差不多。(见图43-4)

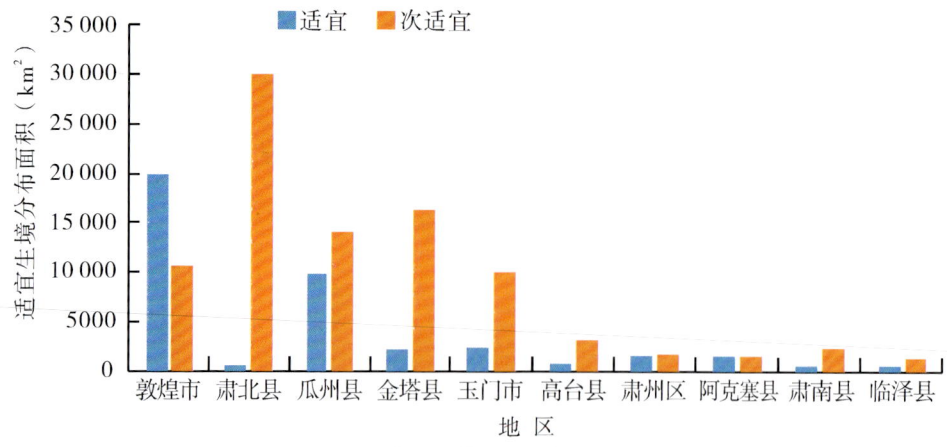

图43-4 胀果甘草适宜生境分布面积

【适宜种植区域及布局建议】

根据胀果甘草的生态适宜性分析结果,建议选择栽培种植的区域时首先考虑敦煌市,适宜种植面积较大,敦煌市主要乡镇包括阳关镇、七里镇、国有敦煌农场、莫高镇、月牙泉镇、郭家堡镇、转渠口镇、黄渠镇、肃州镇。在次适宜区域分布上首先考虑肃北县,主要包括石包城乡、马鬃山镇、党城湾镇、盐池湾乡。其次为金塔县和瓜州县,金塔县主要包括航天镇、鼎新镇、农林场站、东坝镇、古城乡、西坝镇、大庄子镇、金塔镇、中东镇;瓜州县主要乡镇包括柳园镇、锁阳城镇、渊泉镇、西湖镇、布隆吉乡、三道沟镇、南岔镇、河东镇、瓜州镇。玉门市、高台县、肃南县、临泽县均为次适宜面积分布较大的区域,其中玉门市主要乡镇为国有黄花农场、花海镇、玉门镇、黄闸湾镇、下西号乡、柳河镇、新市区街道;高台县主要包括罗城镇、黑泉镇、新坝镇、骆驼城镇、南华镇、合黎镇、巷道镇、宣化镇、城关镇、甘肃高台工业园区;肃南县主要乡镇为祁丰乡、红湾寺镇、明花乡、白银乡、马蹄乡、甘肃省绵羊育种场、皇城镇、康乐镇、大河乡、张掖宝瓶河牧场;临泽县主要乡镇为沙河镇、良种繁殖场、小泉子治沙站、平川镇、沙河林场、国有临泽农场、鸭暖镇、蓼泉镇、板桥镇。肃州区、阿克塞县在适宜生境面积和次适宜生境面积分布区域面积相差不多,肃州区主要乡镇为清水镇、三墩镇、银达镇、金佛寺镇、东洞乡、上坝镇、下河清镇、总寨镇、西洞镇、丰乐镇;阿克塞县主要包括乡镇有阿克旗乡、红柳湾镇。

44. 铁棒锤

Tiebangchui

ACONITUM PENDULUM

本品为毛茛科植物铁棒锤 Aconitum pendulum Busch 和伏毛铁棒锤 Aconitum flavum Hand.-Mazz.的块根。7~8月间采集。除去茎苗,洗净晒干。味苦、辛,性热,有大毒。归心、肺经。有活血祛瘀,祛风除湿,止痛消肿之功效。主治跌打损伤,风湿关节痛,牙痛,食积腹痛,妇女痛经,痈肿,冻疮。《北方常用中草药手册》记载活血祛瘀,止痛;治风湿关节痛,月经痛。《陕西中草药》记载活血祛瘀,祛风湿,止痛,消肿败毒,去腐生肌,止血;治跌打损伤,风湿性关节炎,腰腿痛,劳伤,恶疮痈肿,无名肿毒,冻疮,毒蛇咬伤。服药后忌热饮食、烟酒 2h,孕妇忌服。

铁棒锤
Aconitum pendulum

【地理分布与生境】

铁棒锤分布于西藏、云南西北部、四川西部、青海、甘肃南部、陕西南部及河南西部。模式标本采自甘肃。

【生物习性】

铁棒锤适生高山草甸、山坡石隙及灌木林缘。这些地区大部分为高海拔、冷凉的二阴山区。野生铁棒锤生长地区土壤含有丰富的腐殖质，疏松肥沃，排水良好。一般是壤土、砂壤土、黑钙土。以中性黑钙土生长最好。因此在人工栽培时应该选择疏松肥沃、排水良好的壤土、砂壤土或黑钙土进行栽培。在甘肃产区，选择在疏松肥沃的黑钙土栽植。铁棒锤的适应性较强，易引种栽培，但是在低于适合生长的海拔时一般不宜生长。干旱时块根的生长发育缓慢。在较高温度下几乎不能生长，铁棒锤耐旱、喜凉、怕积水。

【生态环境影响分析】

根据分析结果可知，影响铁棒锤适宜分布的生态因子共有31个，其中5月份降雨量的贡献率最高，为33.3%，取值范围为40~125mm；海拔贡献率次之，贡献率为27.8%，取值范围为1750~4550m；9月份降雨量的贡献率为6.9%，取值范围为60~170mm；温度季节性变化标准差贡献率为5.0%，取值范围为5100~8300；酸碱度贡献率为4.9%，取值范围为5.9~8.3；最冷季节均温贡献率为3.2%，取值范围为-14.0~-1.5℃。从而可知5月份降雨量对铁棒锤的影响最大，5月份为铁棒锤生长的旺盛期，需要大量水分。到7~8月间采集。铁棒锤适宜生长在高海拔、冷凉的二阴山区，因此海拔对其影响相对较大；另外9月份降雨量、温度季节性变化标准差、酸碱度、最冷季节均温对铁棒锤的影响贡献率相对较低，但在驯化栽培时仍须作为影响其生长的重要因素。（见表44-1）

表44-1 铁棒锤生态因子贡献率

生态因子	贡献率(%)	取值范围
5月份降雨量	33.3	40~125mm
海拔	27.8	1750~4550m
9月份降雨量	6.9	60~170mm
温度季节性变化标准差	5.0	5100~8300
酸碱度	4.9	5.9~8.3
最冷季节均温	3.2	-14.0~-1.5℃

【生态适宜性区划】

从铁棒锤生态适宜性区划图来看，铁棒锤在甘肃最适宜生长区域主要在甘肃中部及南部地区。兰州市、定西市、陇南市、天水市、临夏回族自治州、甘南藏族自治州大部分是最适宜种植区域，次适宜种植区域占少部分；酒泉市、嘉峪关市、张掖市、金昌市、白银市、武威市、平凉市、庆阳市大部分区域为铁棒锤主要次适宜种植分布，不适宜区域占少部分面积。（见图44-1）

【生态适宜区域面积】

对生态适宜性进行面积统计发现，铁棒锤适宜面积最大的区域为永登县，总面积6080km²，适宜

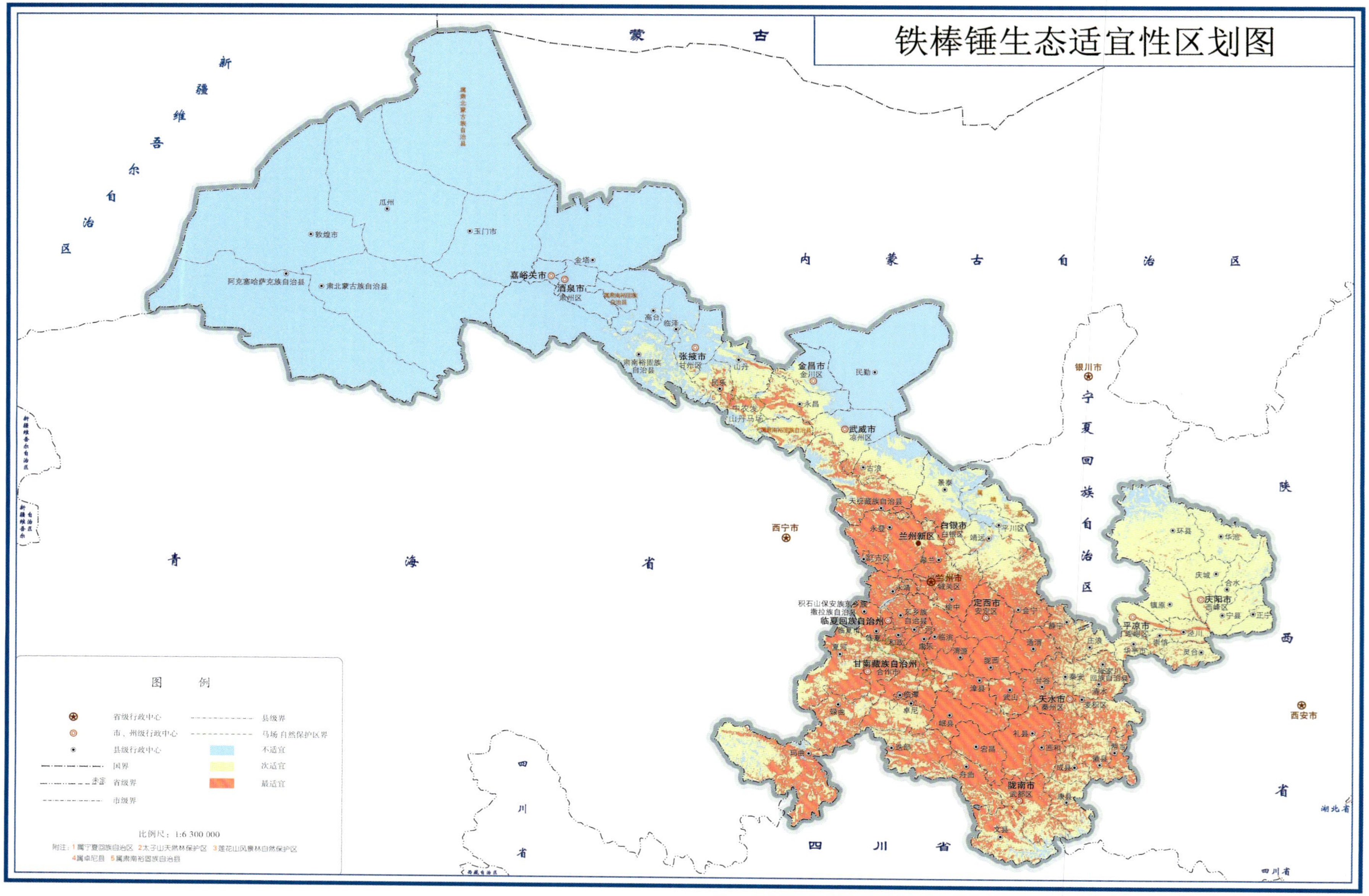

图 44-1 铁棒锤生态适宜性区划图

面积4664km²、次适宜面积1416km²,比例分别为76.71%、23.29%;其次为礼县,总面积4301km²,适宜面积3624km²、次适宜面积677km²,比例分别为84.26%、15.74%。环县适宜面积为27km²,占总面积比例为0.53%;在次适宜面积区分布上,环县分布面积最大,总面积为5038km²,次适宜面积为5011km²,占总面积的99.47%。卓尼县、迭部县、武都区适宜面积与次适宜面积区域分布相差不多,但适宜面积相对较大。卓尼县总面积5085km²,适宜面积2651km²、次适宜面积2434km²,比例分别为52.14%、47.86%;迭部县总面积4650km²,适宜面积2579km²、次适宜面积2071km²,比例分别为55.46%、44.54%;武都区总面积4312km²,适宜面积2477km²、次适宜面积1835km²,比例分别为57.44%、42.56%。玛曲县、会宁县、天祝县、夏河县在适宜面积与次适宜面积上分布差不多,但次适宜面积相对较大。玛曲县总面积8187km²,适宜面积3714km²、次适宜面积4473km²,比例分别为45.37%、54.63%;会宁县总面积6323km²,适宜面积3088km²、次适宜面积3235km²,比例分别为48.84%、51.16%;天祝县总面积5953km²,适宜面积2951km²、次适宜面积3002km²,比例分别为49.57%、50.43%;夏河县总面积5908km²,适宜面积2778km²、次适宜面积3130km²,比例分别为47.02%、52.98%。(见表44-2)

表44-2 甘肃各区县铁棒锤适宜面积

区县	总面积(km²)	适宜(km²)	次适宜(km²)	适宜比例(%)	次适宜比例(%)
玛曲县	8187	3714	4473	45.37	54.63
会宁县	6323	3088	3235	48.84	51.16
永登县	6080	4664	1416	76.71	23.29
天祝县	5953	2951	3002	49.57	50.43
夏河县	5908	2778	3130	47.02	52.98
卓尼县	5085	2651	2434	52.14	47.86
环县	5038	27	5011	0.53	99.47
迭部县	4650	2579	2071	55.46	44.54
武都区	4312	2477	1835	57.44	42.56
礼县	4301	3624	677	84.26	15.74

从生态适宜生境分布面积柱状图可以看出,铁棒锤在永登县适宜生境分布面积最大,礼县次之,卓尼县、迭部县、武都区适宜面积与次适宜面积区域分布相差不多,但适宜面积相对较大;在适宜生境面积分布地区,环县分布最大,玛曲县次之,会宁县、天祝县、夏河县在适宜面积与次适宜面积上分布差不多,但次适宜面积相对较大。(见图44-2)

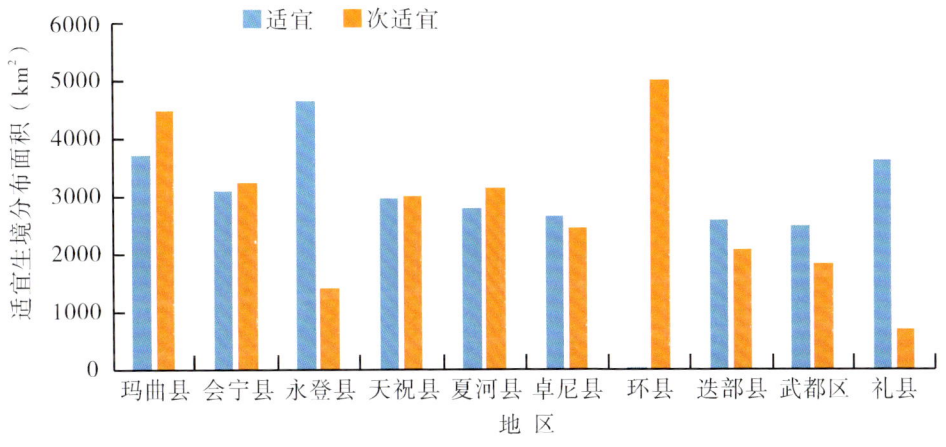

图44-2 铁棒锤适宜生境分布面积

【适宜种植区域及布局建议】

根据铁棒锤的生态适宜性分析结果,建议选择栽培种植的区域时首先考虑环县,主要乡镇包括环城镇、车道镇、毛井镇、小南沟乡、合道镇。其次为永登县,主要乡镇为七山乡、龙泉寺镇、武胜驿镇、苦水镇、通远镇。玛曲县主要包括阿万仓镇、木西合乡、欧拉镇、欧拉秀玛乡、曼日玛镇;武都区主要乡镇为枫相乡、洛塘镇、裕河镇、三仓镇;礼县主要乡镇为上坪乡、洮坪镇、桥头镇、石桥镇、沙金乡;会宁县主要乡镇为头寨子镇、汉家岔镇、甘沟驿镇、郭城驿镇、刘家寨子镇;夏河县主要乡镇包括桑科镇、阿木去乎镇、科才镇、甘加镇;天祝县主要乡镇为松山镇、旦马乡、抓喜秀龙镇、华藏寺镇、毛藏乡;卓尼县主要分布乡镇为喀尔钦镇、木耳镇、尼巴镇、恰盖乡;迭部县适宜分布乡镇为达拉乡、电尕镇、旺藏镇、多儿乡、腊子口镇。在次适宜区域分布上首先考虑永登县,其次为靖远县,主要乡镇为高湾镇、北滩镇、若笠乡、刘川镇、大芦镇。

伏毛铁棒锤

Aconitum flavum

【地理分布与生境】

伏毛铁棒锤分布于四川西北部、西藏北部、青海、甘肃、宁夏南部、内蒙古南部。生长于山地草坡或疏林下。

【生物习性】

伏毛铁棒锤适宜生长在灌排水良好、结构疏松、腐殖质含量丰富的砂质壤土或壤土地、新荒地、幼林间空地亦可种植,土质以黑壤土为好,而不宜在干旱地、重黏土及瘠薄土地栽培。伏毛铁棒锤虽为浅根性植物,但栽植后要经过4~5年才能收获,故栽植前的整地非常重要。

【生态环境影响分析】

根据分析结果可知,影响伏毛铁棒锤适宜分布的生态因子共有21个,其中海拔贡献率较高,为43.0%,取值范围均为1500~4200m;其次为9月份降雨量,为23.5%,取值范围40~170mm;12月份降雨量和土壤含黏土量对伏毛铁棒锤的贡献率差不多,分别为3.8%、3.7%,取值范围为0~20mm、10%~80%;寒冷指数的贡献率最低,为3.4%,取值范围为-100~-10℃。从而可知海拔对伏毛铁棒锤的影响最大,适宜生长地为海拔较高的地方;降雨量直接影响伏毛铁棒锤的生长状况;土壤含黏土量、寒冷指数对其贡献率较小,但却决定伏毛铁棒锤的长势与质量。(见表44-3)

表44-3 伏毛铁棒锤生态因子贡献率

生态因子	贡献率(%)	取值范围
海拔	43.0	1500~4200m
9月份降雨量	23.5	40~170mm
12月份降雨量	3.8	0~20mm
土壤含黏土量	3.7	10%~80%
寒冷指数	3.4	-100~-10℃

【生态适宜性区划】

从伏毛铁棒锤生态适宜性区划图可以看出,伏毛铁棒锤在甘肃最适宜及次适宜生长区域主要在甘肃西南部、中部地区。在兰州市、临夏回族自治州、甘南藏族自治州及定西市大部分为最适宜种植区域,部分为次适宜种植区域;陇南市、天水市、白银市伏毛铁棒锤最适宜种植区域与次适宜种植区域差不多;张掖市、金昌市、武威市大部分为伏毛铁棒锤的不适宜种植区域,少部分为最适宜种植区域和次适宜种植区域;庆阳市、平凉市大部分为伏毛铁棒锤的次适宜种植区域。(见图44-3)

【生态适宜区域面积】

对生态适宜性进行面积统计发现,伏毛铁棒锤适宜面积最大的区域为玛曲县,总面积9974km², 适宜面积5265km²、次适宜面积4709km²,比例分别为52.78%、47.22%,分布比例相差不多,但相对其他区县而言,玛曲县的适宜面积较大。其次为夏河县,总面积6189km²,适宜面积4744km²、次适宜面积1445km²,比例分别为76.65%、23.35%。天祝县总面积6958km²,适宜面积3886km²、次适宜面积3072km²,比例分别为55.85%、44.15%;碌曲县总面积5226km²,适宜面积3736km²、次适宜面积1490km²,比例分别为71.49%、28.51%。永登县、卓尼县、迭部县大部分区域均为伏毛铁棒锤的适宜区域,永登县总面积5829km²,适宜面积3571km²、次适宜面积2258km²,比例分别为61.27%、38.73%;卓尼县总面积5351km²,适宜面积3570km²、次适宜面积1781km²,比例分别为66.72%、33.28%;迭部县总面积4855km²,适宜面积2972km²、次适宜面积1883km²,比例分别为61.21%、38.79%。中药伏毛铁棒锤次适宜面积最大的县为玛曲县;其次为环县,总面积4803km²,适宜面积97km²、次适宜面积4706km²,比例分别为2.02%、97.98%;肃南县总面积5121km²,适宜面积1514km²、次适宜面积3607km²,比例分别为29.57%、70.43%;会宁县适宜面积区域与次适宜面积分布区域相差不大,会宁县总面积6094km²,适宜面积3023km²、次适宜面积为3071km²,比例分别为49.61%、50.39%。(见表44-4)

表44-4 甘肃各区县伏毛铁棒锤适宜面积

区县	总面积(km²)	适宜(km²)	次适宜(km²)	适宜比例(%)	次适宜比例(%)
玛曲县	9974	5265	4709	52.78	47.22
天祝县	6958	3886	3072	55.85	44.15
夏河县	6189	4744	1445	76.65	23.35
会宁县	6094	3023	3071	49.61	50.39
永登县	5829	3571	2258	61.27	38.73
卓尼县	5351	3570	1781	66.72	33.28
碌曲县	5226	3736	1490	71.49	28.51
肃南县	5121	1514	3607	29.57	70.43
迭部县	4855	2972	1883	61.21	38.79
环县	4803	97	4706	2.02	97.98

从生态适宜生境分布面积柱状图可以看出,伏毛铁棒锤在玛曲县适宜生境分布面积最大,夏河县次之,天祝县、永登县、卓尼县、碌曲县、迭部县均为伏毛铁棒锤适宜生境分布面积;在次适宜生境分布面积上,环县、肃南县、玛曲县的分布面积较大;会宁县适宜生境分布面积与次适宜生境分布面积相差不多。(见图44-4)

【适宜种植区域及布局建议】

根据伏毛铁棒锤的生态适宜性分析结果,建议选择栽培种植的区域时首先考虑玛曲县,主要包括欧拉秀玛乡、曼日玛镇、欧拉镇、齐哈玛镇、尼玛镇、阿万仓镇、采日玛镇、木西合乡。其次为夏河县,主要乡镇为麻当镇、唐尕昂乡、桑科镇、扎油乡、甘加镇、达麦乡、吉仓乡、博拉镇、拉卜楞镇、阿木去乎镇。天祝县适宜生境占较大比例,适宜分布区域在松山镇、旦马乡、华藏寺镇、抓喜秀龙镇、哈溪镇、祁

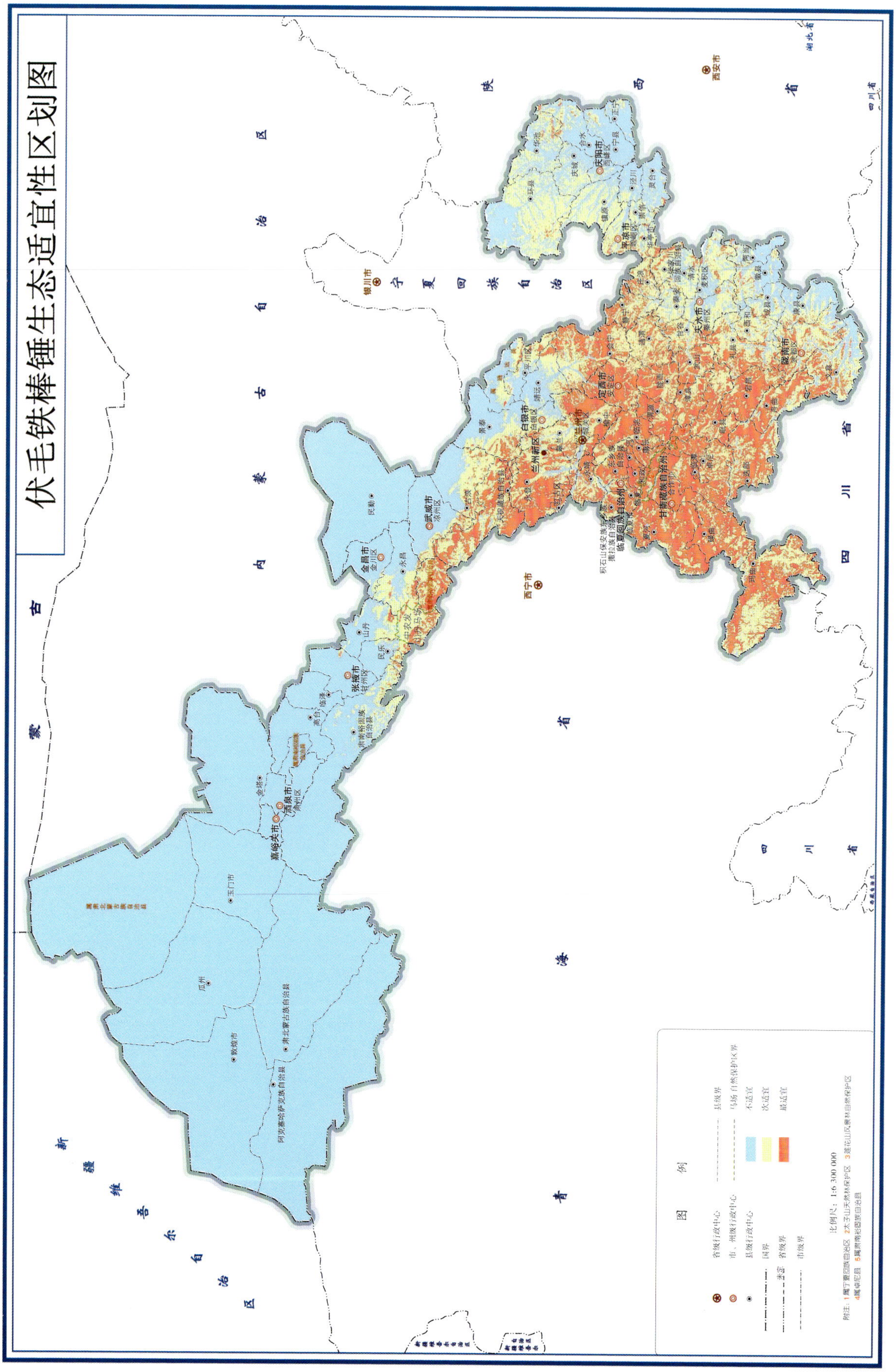

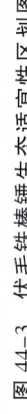

图 44-3 伏毛铁棒锤生态适宜性区划图

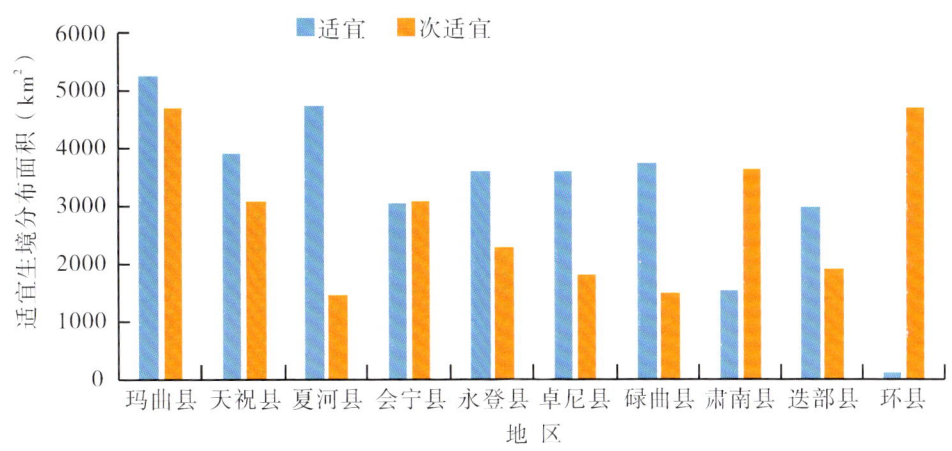

图 44-4 伏毛铁棒锤适宜生境分布面积

连镇、天堂镇、打柴沟镇、炭山岭镇、西大滩镇。永登县主要乡镇为七山乡、龙泉寺镇、武胜驿镇、苦水镇、通远镇、连城镇、民乐乡、柳树镇、上川镇、坪城乡；卓尼县主要分布乡镇为喀尔钦镇、木耳镇、尼巴镇、恰盖乡、康多乡、藏巴哇镇、刀告乡、完冒镇、扎古录镇、纳浪镇；碌曲县主要乡镇包括西仓镇、玛艾镇、尕海镇、双岔镇、郎木寺镇、拉仁关乡、阿拉乡；迭部县主要包括乡镇有达拉乡、电尕镇、多儿乡、旺藏镇、腊子口镇、卡坝乡、益哇镇、桑坝乡、阿夏乡、尼傲乡。环县、肃南县为主要的次适宜分布区，环县为次适宜生境面积分布的较大区域，主要乡镇在环城镇、车道镇、毛井镇、洪德镇、小南沟乡、耿湾乡、合道镇、甜水镇、虎洞镇、山城乡；肃南县主要分布在皇城镇、大河乡、马蹄乡、康乐镇、祁丰乡、白银乡、明花乡、甘肃省绵羊育种场、张掖宝瓶河牧场、红湾寺镇。会宁县适宜生境分布面积与次适宜生境分布面积相差不多，主要乡镇为头寨子镇、汉家岔镇、郭城驿镇、甘沟驿镇、新庄镇、刘家寨子镇、大沟镇、柴家门镇、四房吴镇、土高山乡。

第六章 茎木类中药

45. 川木通
Chuanmutong
CLEMATIDIS ARMANDII CAULIS

本品为毛茛科植物小木通 *Clematis armandii* Franch. 或绣球藤 *Clematis montana* Buch.-Ham. 的干燥藤茎。春、秋二季采收,除去粗皮,晒干;或趁鲜切薄片,晒干。味苦,性寒。归心、小肠、膀胱经。功效为利尿消肿,清心除烦,通经下乳。用于淋证,水肿,心烦尿赤,口舌生疮,经闭乳少,湿热痹痛。幼茎能除湿活络,治风湿、月经不调、胃痛、小儿麻痹后遗症;茎藤能去腐肉、引气活血,治外伤后的腐肉(研粉外用)及腰腿痛,但患肠胃溃疡者禁服;鲜茎汁可点赤眼;花治乳娥;全草可制农药,防治桥虫、菜青虫、地老虎、瓢虫等。《药性论》中记载:主治五淋,利小便,开关格,治人多睡,主水肿浮大,除烦热。绣球藤始载于《证类本草》,随着关木通被证明含有马兜铃酸及其类似物,而被禁用。川木通因与关木通有相似的名称以及类似的功效而倍受关注。绣球藤有着悠久的药用历史,许多古医籍对其作用和疗效有着明确的记载。现代研究表明,绣球藤中不含有马兜铃酸及其类似物。它不仅有良好的药用价值,还有很高的观赏价值。绣球藤花大而美丽,可作观赏树种。

小木通
Clematis armandii

【地理生境与分布】

小木通分布于西藏东部、云南、贵州、四川、甘肃和陕西南部、湖北、湖南、广东、广西、福建西南部。近年来,除了野生外,也有人工栽培品种。

【生物习性】

小木通生长于山坡、山谷、路边灌丛中、林边或水沟旁。性耐寒,耐旱,较喜光照,但不耐暑热强光,喜深厚肥沃、排水良好的碱性壤土及轻砂质壤土。根系为黄褐色肉质根,不耐水渍。

【生态环境影响分析】

根据分析结果可知,影响小木通适宜分布的生态因子共有 37 个,其中 10 月份降雨量的贡献率最大,为 48.7%,取值范围 74~170mm;其次为海拔贡献率,为 13.7%,取值范围为 430~2500m;11 月份降雨量的贡献率为 13.3%,取值范围 23~65mm;年平均降雨量和 6 月份降雨量的贡献率较小,贡献率分别为 5.0%、3.0%,取值范围分别为 900~1510mm、110~250mm。(见表 45-1)

【生态适宜性区划】

从小木通生态适宜性区划图来看,在甘肃最适宜及次适宜生长区域主要在甘肃东南部地区。陇南市小部分区域为最适宜生长区域;陇南市、天水市、庆阳市、平凉市、定西市、甘南藏族自治州有部分区域为次适宜生长区域;其余区域为不适宜种植区域。(见图 45-1)

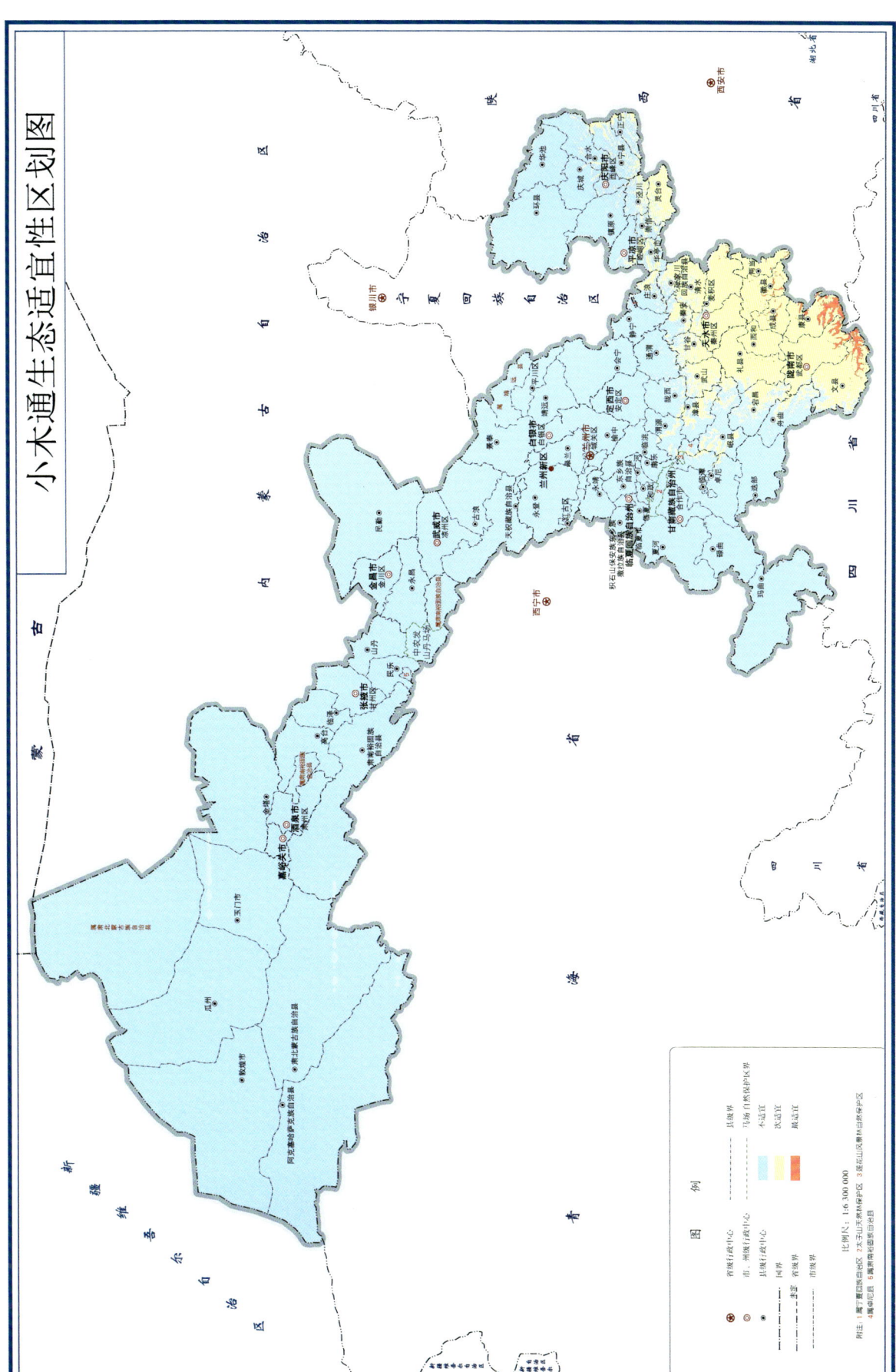

图45-1　小木通生态适宜性区划图

表 45-1 小木通生态因子贡献率

生态因子	贡献率(%)	取值范围
10月份降雨量	48.7	74~170mm
海拔	13.7	430~2500m
11月份降雨量	13.3	23~65mm
年平均降雨量	5.0	900~1510mm
6月份降雨量	3.0	110~250mm

【生态适宜区域面积】

对生态适宜性进行面积统计发现,小木通适宜面积最大的区域为武都区,分布总面积4487km²,适宜面积322km²、次适宜面积4165km²,比例分别为7.18%、92.82%。在文县、礼县、麦积区、康县、徽县和西和县次适宜种植面积比例较大,文县分布总面积4289km²,适宜面积512km²、次适宜面积3777km²,比例分别为11.93%、88.07%;在礼县分布总面积3951km²,适宜面积11km²、次适宜面积3940km²,比例分别为0.28%、99.72%;在麦积区分布总面积3208km²,适宜面积22km²、次适宜面积3186km²,比例分别为0.70%、99.30%;在康县分布总面积2892km²,适宜面积720km²、次适宜面积2172km²,比例分别为24.89%、75.11%;在徽县分布总面积2688km²,适宜面积155km²、次适宜面积2533km²,比例分别为5.78%、94.22%;在西和县分布总面积1801km²,适宜面积1km²、次适宜面积1800km²,比例分别为0.04%、99.96%。秦州区、清水县、灵台县全为次适宜面积,面积分别为2298km²、1687km²、1653km²。(见表45-2)

表 45-2 甘肃各区县小木通适宜面积

区县	总面积(km²)	适宜(km²)	次适宜(km²)	适宜比例(%)	次适宜比例(%)
武都区	4487	322	4165	7.18	92.82
文县	4289	512	3777	11.93	88.07
礼县	3951	11	3940	0.28	99.72
麦积区	3208	22	3186	0.70	99.30
康县	2892	720	2172	24.89	75.11
徽县	2688	155	2533	5.78	94.22
秦州区	2298	0	2298	0.00	100.00
西和县	1801	1	1800	0.04	99.96
清水县	1687	0	1687	0.00	100.00
灵台县	1653	0	1653	0.00	100.00

从生态适宜生境分布面积柱状图可以看出,小木通在康县适宜生境面积分布最大;武都区、文县、徽县、礼县、麦积区适宜生境分布面积较小;西和县适宜生境分布面积最小。秦州区、清水县、灵台县无适宜生境分布面积,全为次适宜生境分布面积;武都区次适宜生境分布面积最大,礼县、文县、麦积区次适宜生境分布面积次之,康县、徽县、秦州区、西和县、清水县次适宜生境分布面积相差不大,灵台县次适宜生境分布面积最小。(见图45-2)

【适宜种植区域及布局建议】

根据小木通的生态适宜性分析结果,建议选择栽培种植的区域时首先考虑武都区、文县,种植总

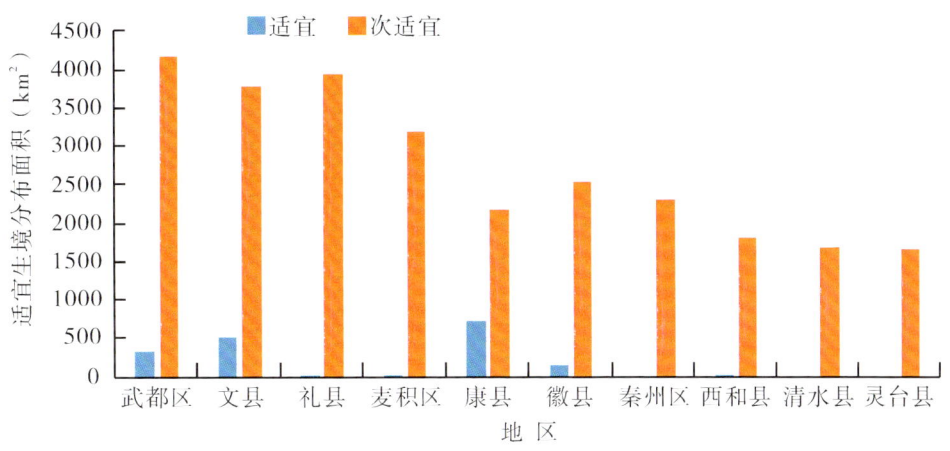

图 45-2 小木通适宜生境分布面积

面积较大且次适宜种植面积也较大,武都区主要乡镇包括枫相乡、洛塘镇、裕河镇、三仓镇;文县主要乡镇包括范坝镇、丹堡镇、刘家坪乡。在礼县、麦积区、康县、徽县、秦州区、西和县、清水县和灵台县次适宜种植面积比例较大,礼县主要乡镇包括洮坪镇、桥头镇、上坪乡、石桥镇、崖城镇;麦积区主要乡镇包括党川镇、利桥镇、东岔镇;康县主要乡镇包括阳坝镇、三河坝镇、白杨镇、岸门口镇、两河镇;徽县主要乡镇包括高桥镇、江洛镇、榆树乡、麻沿河镇、嘉陵镇;秦州区主要乡镇包括娘娘坝镇、藉口镇、皂郊镇、汪川镇;西和县主要乡镇包括洛峪镇、十里镇;清水县主要乡镇包括秦亭镇、山门镇、白驼镇、永清镇;灵台县主要乡镇包括百里镇、什字镇、独店镇、蒲窝镇、西屯镇。

绣球藤

Clematis montana

【地理分布与生境】

绣球藤分布于西藏南部、云南、贵州、四川、甘肃南部、宁夏南部、陕西南部、河南西部、湖北西部、湖南、广西北部、江西、福建北部、台湾、安徽南部。生长于山坡、山谷灌丛中、林边或沟旁。

【生物习性】

绣球藤性耐寒、耐旱,较喜光照,但不耐暑热强光,喜深厚肥沃、排水良好的碱性壤土及轻砂质壤土。根系为黄褐色肉质根,不耐水渍。

【生态环境影响分析】

根据分析结果可知,影响绣球藤适宜分布的生态因子共有 29 个,其中 10 月份降雨量的贡献率最高,为 47.0%,取值范围为 40~220mm;其次为海拔,贡献率为 26.9%,取值范围为 1000~3200m;5 月份降雨量贡献率为 5.1%,取值范围为 60~170mm。(见表 45-3)

表 45-3 绣球藤生态因子贡献率

生态因子	贡献率(%)	取值范围
10 月份降雨量	47.0	40~220mm
海拔	26.9	1000~3200m
5 月份降雨量	5.1	60~170mm

【生态适宜性区划】

从绣球藤生态适宜性区划图来看，绣球藤在甘肃最适宜生长区域主要在甘肃中部及南部地区。定西市、天水市、陇南市为绣球藤最适宜种植分布区域，极少部分为次适宜种植区域；白银市、兰州市、临夏回族自治州、甘南藏族自治州、平凉市、庆阳市大部分为绣球藤次适宜种植区域，极少部分为最适宜区域；张掖市极少部分地区和金昌市、武威市少部分地区为绣球藤次适宜分布区域，绝大部分为不适宜种植区域。（见图45-3）。

【生态适宜区域面积】

对生态适宜性进行面积统计发现，绣球藤次适宜面积最大的区域为环县，总面积为6693km^2，次适宜面积6631km^2、适宜面积62km^2，比例分别为99.07%、0.93%。其次为会宁县，总面积为6054km^2，次适宜面积5102km^2、适宜面积952km^2，比例分别为84.28%、15.72%。永登县、天祝县、华池县、卓尼县均为次适宜面积分布区，永登县总面积为5104km^2，次适宜面积5097km^2、适宜面积7km^2，比例分别为99.85%、0.15%；天祝总面积为3720km^2，次适宜面积3718km^2、适宜面积2km^2，比例分别为99.94%、0.06%；华池县总面积为3476km^2，次适宜面积3452km^2、适宜面积24km^2，比例分别为99.31%、0.69%；卓尼县总面积为4077km^2，次适宜面积3663km^2、适宜面积414km^2，比例分别为89.85%、10.15%。在适宜面积区分布上，文县最大，总面积为4884km^2，适宜面积4614km^2、次适宜面积270km^2，比例分别为94.47%、5.53%；其次为武都区，总面积为4566km^2，适宜面积4553km^2、次适宜面积13km^2，比例分别为99.71%、0.29%；礼县总面积为4155km^2，适宜面积4101km^2、次适宜面积54km^2，比例分别为98.70%、1.30%；安定区适宜区域与次适宜区域比例差不多，安定区总面积为3448km^2，适宜面积1884km^2、次适宜面积1564km^2，比例分别为54.65%、45.35%。（见表45-4）

表45-4 甘肃各区县绣球藤适宜面积

区县	总面积(km^2)	适宜(km^2)	次适宜(km^2)	适宜比例(%)	次适宜比例(%)
环县	6693	62	6631	0.93	99.07
会宁县	6054	952	5102	15.72	84.28
永登县	5104	7	5097	0.15	99.85
文县	4884	4614	270	94.47	5.53
武都区	4566	4553	13	99.71	0.29
礼县	4155	4101	54	98.70	1.30
卓尼县	4077	414	3663	10.15	89.85
天祝县	3720	2	3718	0.06	99.94
华池县	3476	24	3452	0.69	99.31
安定区	3448	1884	1564	54.65	45.35

从生态适宜生境分布面积柱状图可以看出，绣球藤在环县次适宜生境分布面积最大，永登县次之，会宁县、天祝县、华池县、卓尼县均为次适宜生境面积分布区，且次适宜生境分布面积比例较大。在适宜生境分布面积上，文县适宜生境分布面积最大；其次为武都区；礼县的适宜生境面积分布比例大于次适宜比例，为适宜生境分布区。安定区适宜生境面积区域与次适宜区域比例差不多。（见图45-4）

【适宜种植区域及布局建议】

根据绣球藤的生态适宜性分析结果，建议选择栽培种植的次适宜区域时首先考虑环县，主要包

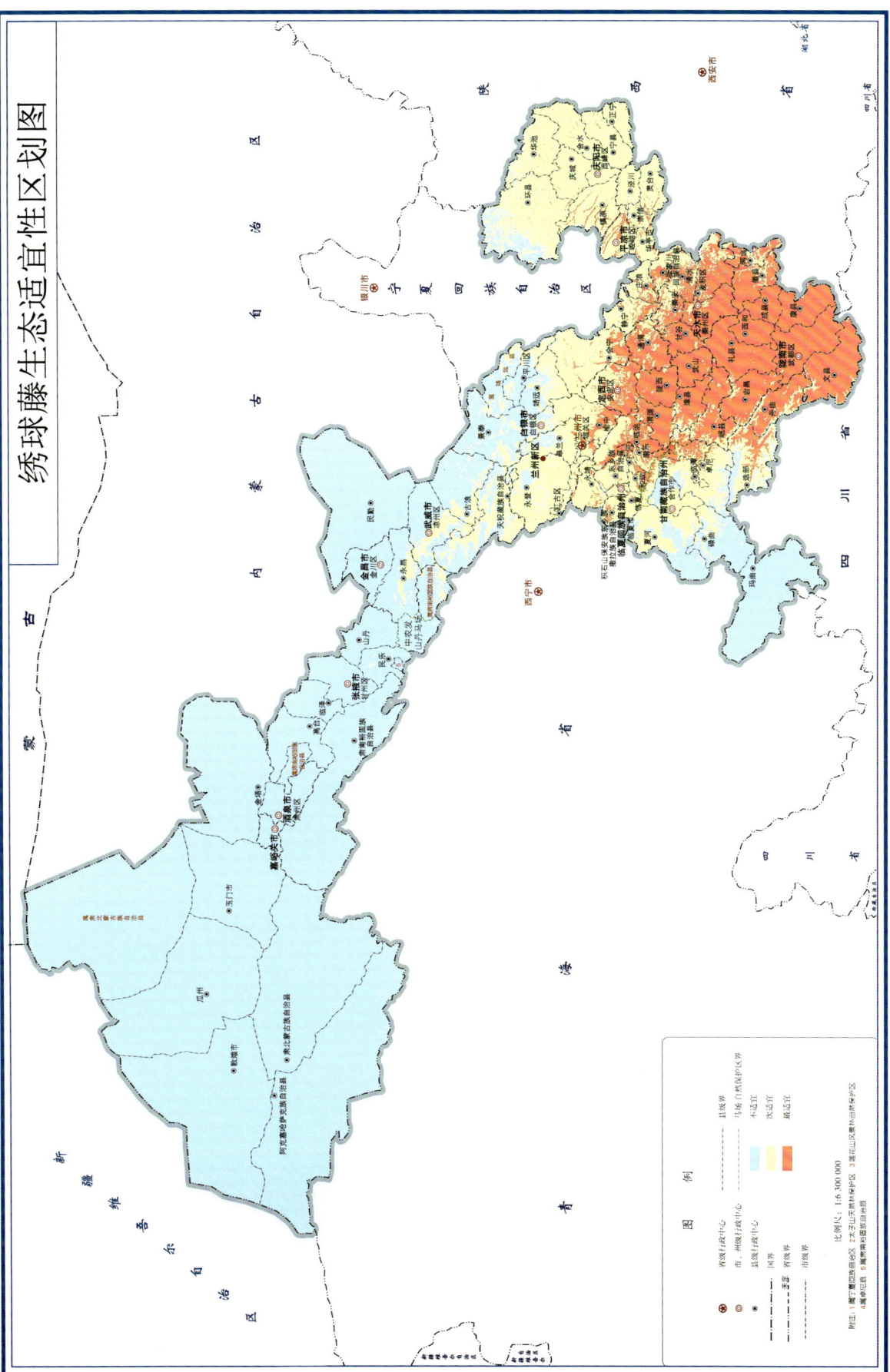

图 45-3 绣球藤生态适宜性区划图

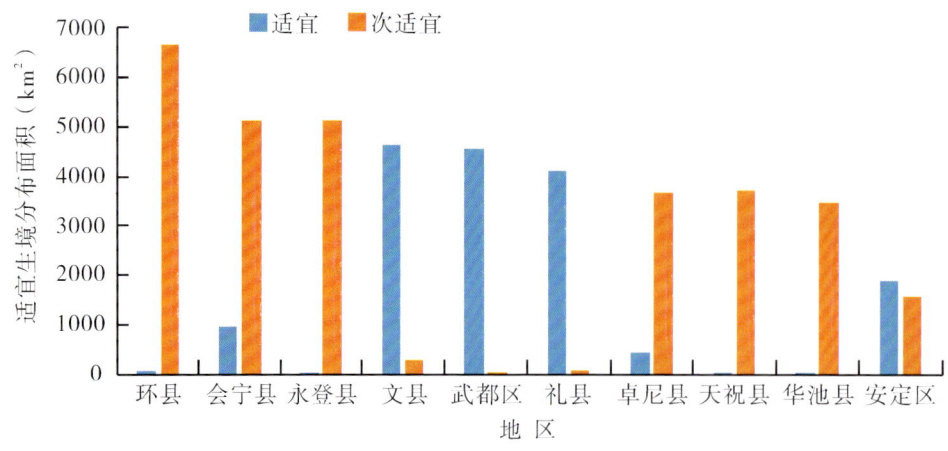

图 45-4 绣球藤适宜生境分布面积

括环城镇、车道乡、洪德乡、合道乡、耿湾乡。其次为永登县,主要乡镇为七山乡、龙泉寺镇、苦水镇、武胜驿镇、连城镇。会宁县、天祝县、华池县、卓尼县次适宜面积占较大比例,会宁县次适宜分布地区在头寨子镇、汉家岔镇、甘沟驿镇、郭城驿镇;天祝县主要分布在松山镇、华藏寺镇、哈溪镇、抓喜秀龙镇;华池县分布的主要乡镇为林镇乡、城壕镇、柔远镇、五蛟镇、悦乐镇;卓尼县主要乡镇为木耳镇、喀尔钦镇、恰盖乡、尼巴镇、藏巴哇镇。文县、武都区、礼县主要为适宜地区,文县主要乡镇在丹堡镇、范坝镇、刘家坪乡、铁楼乡;武都区主要包括枫相乡;礼县主要分布在上坪乡、洮坪镇。安定区适宜区域与次适宜区域比例差不多,主要乡镇为巉口镇、内官镇、鲁家沟镇。

46. 木 通
Mutong
AKEBIAE CAULIS

本品为木通科植物木通 *Akebia quinata*(Thunb.)Decne.、三叶木通 *Akebia trifoliata* (Thunb.) Koidz. 或白木通 *Akebia trifoliata* (Thunb.) Koidz. var. *australis* (Diels) Rehd.的干燥藤茎。秋季采收,截取茎部,除去细枝,阴干。味苦,性寒。归心、小肠、膀胱经。有利尿通淋,清心除烦,通经下乳的功效,用于淋证、水肿,心烦尿赤,口舌生疮,经闭乳少,湿热痹痛。其果有疏肝,除风湿,健脾胃,顺气,生津止渴,催产之效;还可治疗消化不良,泻痢,疝气,子宫脱垂及白带症。根有利气,散寒,补虚,止痛,止咳,睾丸肿痛,腰痛,子宫脱垂,调经的效果;并可治寒疝,气疝,虚损等症。木通茎、叶的水煮液可防治棉花蚜虫,水浸液可抑制马铃薯晚疫病菌孢子传播。木通根可作兽用药,对牛软脚症、锉胛症有显著疗效。木通果可酿酒,种子可榨油,含油率高达43%左右,出油率30%左右,木通油既可食用,还可用作化工原料制造肥皂。木通藤较长,可达十几米,可作编织材料,如编篓、筐、篮子。

木 通
Akebia quinata

【地理生境与分布】

木通分布于中国长江流域各省区以及陕西南部、甘肃东南部和山西等地。由于长期依赖野生资源及过度的采挖,野生资源减少。

【生物习性】

木通为阴性植物,喜阴湿,较耐寒。常生长在低海拔山坡林下草丛中。在微酸,多腐殖质的黄壤中生长良好,也能适应中性土壤。

【生态环境影响分析】

根据分析结果可知,影响木通适宜分布的生态因子共有33个,其中4月份的降雨贡献率最大,为59.1%,取值范围>40mm;其次为坡度贡献率,为7.8%,取值范围2.3°~48.0°;等温性的贡献率6.6%,取值范围为13.0~31.5;10月份降雨量和4月份平均温度贡献率较小,贡献率分别为3.3%、3.0%,取值范围分别为38~138mm、9~19℃。(见表46-1)

表46-1 木通生态因子贡献率

生态因子	贡献率(%)	取值范围
4月份降雨量	59.1	>40mm
坡度	7.8	2.3°~48.0°
等温性	6.6	13.0~31.5
10月份降雨量	3.3	38~138mm
4月份平均温度	3.0	9~19℃

【生态适宜性区划】

从木通生态适宜性区划图来看,木通在甘肃最适宜及次适宜生长区域主要在甘肃东南部地区。陇南市部分区域为最适宜生长区域,大部分区域为次适宜生长区域;天水市部分区域为最适宜生长区域,大部分区域为次适宜生长区域;平凉市、庆阳市大部分区域为次适宜生长区域;定西市、白银市、甘南藏族自治州有小部分区域为次适宜生长区域。(见图46-1)

【生态适宜区域面积】

对生态适宜性进行面积统计发现,木通适宜面积最大的区域为武都区,分布总面积4369km²,适宜面积1569km²、次适宜面积2800km²,比例分别为35.91%、64.09%。其次为文县,分布总面积为4239km²,适宜面积2194km²、次适宜面积2045km²,比例分别为51.75%、48.25%。在礼县和麦积区次适宜面积分布比例较大,礼县分布总面积3782km²,适宜面积179km²、次适宜面积3603km²,比例分别为4.72%、95.28%;在麦积区分布总面积3300km²,适宜面积916km²、次适宜面积2384km²,比例分别为27.75%、72.25%。在康县分布总面积2892km²,适宜面积1471km²、次适宜面积1421km²,比例分别为50.85%、49.15%;在镇原县分布总面积为2824km²,全为次适宜面积;在徽县分布总面积2688km²,适宜面积1356km²、次适宜面积1332km²,比例分别为50.45%、49.55%;在宁县分布总面积2466km²,全为次适宜面积;在合水县分布总面积2423km²,全为次适宜面积;在秦州区次适宜面积分布比例较大,总面积为2352km²,适宜面积149km²、次适宜面积2203km²,所占比例分别为6.33%、93.67%。(见表46-2)

从生态适宜生境分布面积柱状图可以看出,木通在文县适宜生境分布面积最大;武都区、麦积区、康县、徽县适宜生境分布面积较大;礼县、秦州区适宜生境分布面积最小。礼县次适宜生境分布面积最大;武都区、文县、麦积区、镇原县、秦州区的次适宜生境分布较大;宁县、合水县全为次适宜生境分布面积;康县、徽县的次适宜生境分布面积最小。(见图46-2)

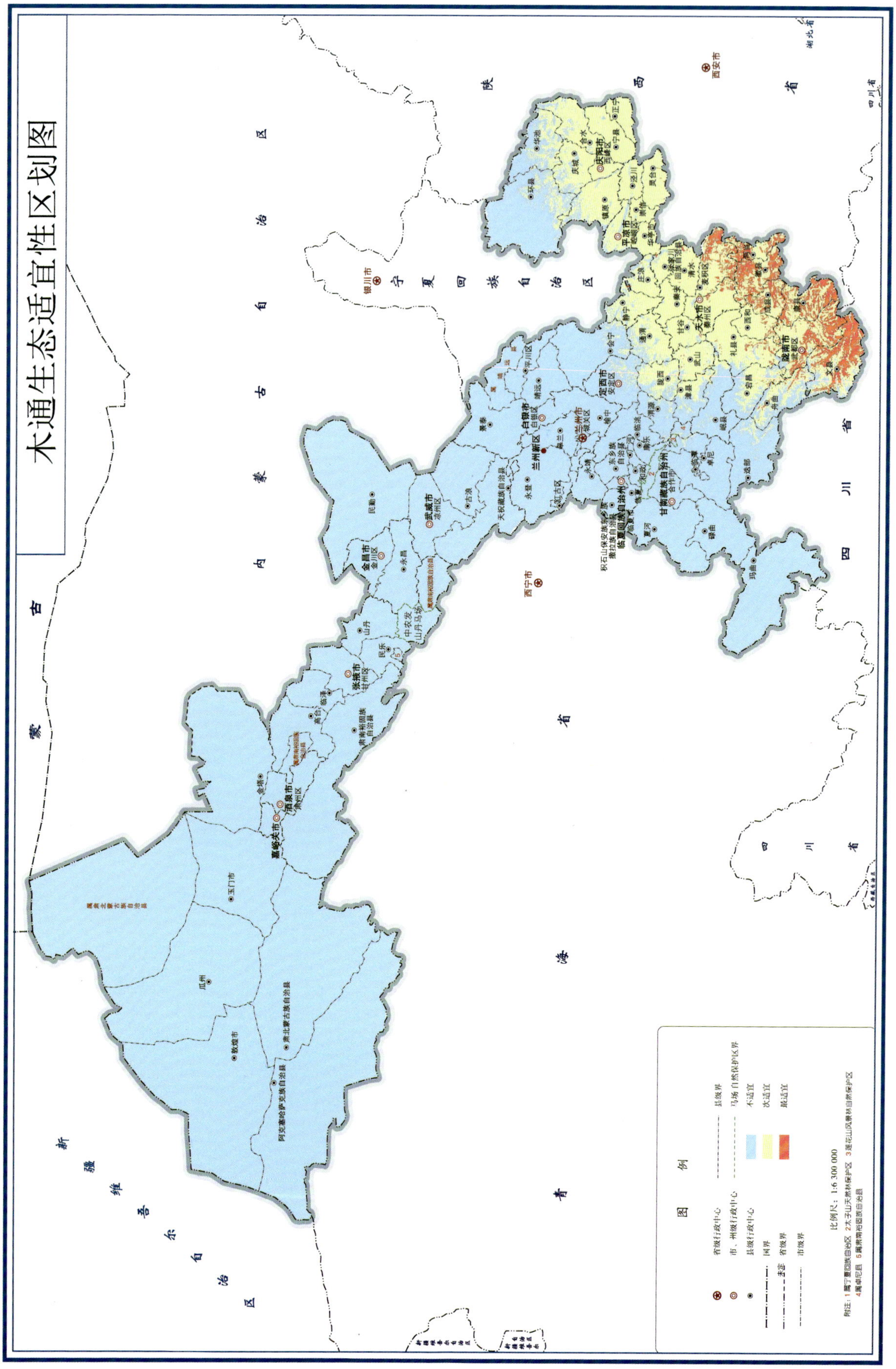

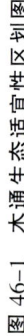

图46-1 木通生态适宜性区划图

表 46-2 甘肃各区县木通适宜面积

区县	总面积(km²)	适宜(km²)	次适宜(km²)	适宜比例(%)	次适宜比例(%)
武都区	4369	1569	2800	35.91	64.09
文县	4239	2194	2045	51.75	48.25
礼县	3782	179	3603	4.72	95.28
麦积区	3300	916	2384	27.75	72.25
康县	2892	1471	1421	50.85	49.15
镇原县	2824	0	2824	0.00	100.00
徽县	2688	1356	1332	50.45	49.55
宁县	2466	0	2466	0.00	100.00
合水县	2423	0	2423	0.00	100.00
秦州区	2352	149	2203	6.33	93.67

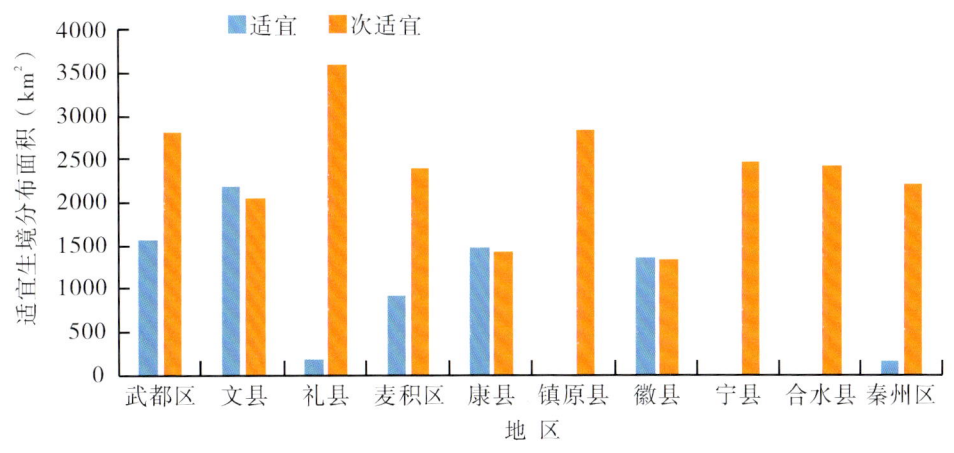

图 46-2 木通适宜生境分布面积

【适宜种植区域及布局建议】

根据木通的生态适宜性分析结果,建议选择栽培种植的区域时首先考虑武都区、文县,种植总面积较大且适宜种植面积也较大,武都区主要乡镇包括枫相乡、洛塘镇、裕河镇、三仓镇;文县主要乡镇包括范坝镇、丹堡镇、刘家坪乡、中庙镇。礼县、麦积区次适宜种植面积比例相对较大,礼县主要乡镇包括洮坪镇、桥头镇、石桥镇、永坪镇;麦积区主要乡镇包括党川镇、利桥镇、东岔镇。徽县主要乡镇包括高桥镇、江洛镇、麻沿河镇、榆树乡、嘉陵镇。镇原县、宁县、合水县全为次适宜种植面积,镇原县主要乡镇包括孟坝镇、屯字镇、平泉镇、临泾镇、太平镇;康县主要乡镇包括阳坝镇、三河坝镇、白杨镇、岸门口镇;宁县主要乡镇包括盘克镇、春荣镇、九岘乡、金村乡、焦村镇;合水县主要乡镇包括太白镇、固城镇、老城镇、太莪乡、蒿咀铺乡。秦州区主要乡镇包括娘娘坝镇、皂郊镇、汪川镇、藉口镇。

白木通

Akebia trifoliate* var. *australis

【地理生境与分布】

白木通分布于长江流域各省区,向北分布至河南、山西和陕西,主产四川、湖北、湖南、江西、广西等地。

【生物习性】

白木通为耐水湿植物、阴性植物,喜阴湿,较耐寒。常生长在低海拔山坡林下草丛中。在微酸、多腐殖质的黄壤中生长良好,也能适应中性土壤。

【生态环境影响分析】

根据分析结果可知,影响白木通适宜分布的生态因子共有32个,其中4月份降雨量贡献率最大,为50.0%,取值范围为>45mm;其次为10月份降雨量的贡献率,为16.9%,取值范围为63~187mm;海拔的贡献率13.7%,取值范围385~2500m;昼夜温差月均值贡献率6.1%,取值范围为5.6~9.6℃;坡度的贡献率较小,为3.6%,取值范围3.5°~37.0°。(见表46-3)

表46-3 白木通生态因子贡献率

生态因子	贡献率(%)	取值范围
4月份降雨量	50.0	>45mm
10月份降雨量	16.9	63~187mm
海拔	13.7	385~2500m
昼夜温差月均值	6.1	5.6~9.6℃
坡度	3.6	3.5°~37.0°

【生态适宜性区划】

从白木通生态适宜性区划图来看,白木通在甘肃最适宜及次适宜生长区域主要在甘肃东南部地区。陇南市大部分区域为最适宜种植区域;天水市、甘南藏族自治州有小部分区域为最适宜种植区域。平凉市、陇南市、天水市、甘南藏族自治州有小部分区域为次适宜种植区域。(见图46-3)

【生态适宜区域面积】

对生态适宜性进行面积统计发现,白木通适宜面积最大的区域为武都区,分布总面积3868km^2,适宜面积3562km^2、次适宜面积306km^2,比例分别为92.09%、7.91%。在文县和康县适宜种植面积比例较大,文县分布总面积为3591km^2,适宜面积3377km^2、次适宜面积214km^2,比例分别为94.03%、5.97%;在康县分布总面积2865km^2,适宜面积2786km^2、次适宜面积79km^2,比例分别为97.23%、2.77%。在徽县分布总面积2421km^2,适宜面积2050km^2、次适宜面积371km^2,比例分别为84.68%、15.32%;在礼县分布总面积1953km^2,适宜面积1316km^2、次适宜面积637km^2,比例分别为67.39%、32.61%。在成县和西和县适宜面积分布比例较大,成县分布总面积为1522km^2,适宜面积1359km^2、次适宜面积163km^2,比例分别为89.29%、10.71%;在西和县分布总面积1309km^2,适宜面积1029km^2、次适宜面积280km^2,比例分别为78.63%、21.37%。在麦积区分布总面积1076km^2,适宜面积445km^2、次适宜面积631km^2,比例分别为41.39%、58.61%;在两当县分布总面积993km^2,适宜面积691km^2、次适宜面积302km^2,比例分别为69.58%、30.42%。(见表46-4)

从生态适宜生境分布面积柱状图可以看出,白木通在武都区适宜生境分布面积最大;文县适宜生境分布面积次之;康县、徽县适宜生境分布面积相差不大;礼县、成县、西和县、两当县适宜生境分布面积较小;麦积区适宜生境分布面积最少。麦积区次适宜生境分布面积最大;礼县、武都区、徽县、两当县次适宜生境分布面积相差不大;文县、成县、西和县次适宜生境分布面积较小;康县次适宜生境分布面积最小。(见图46-4)

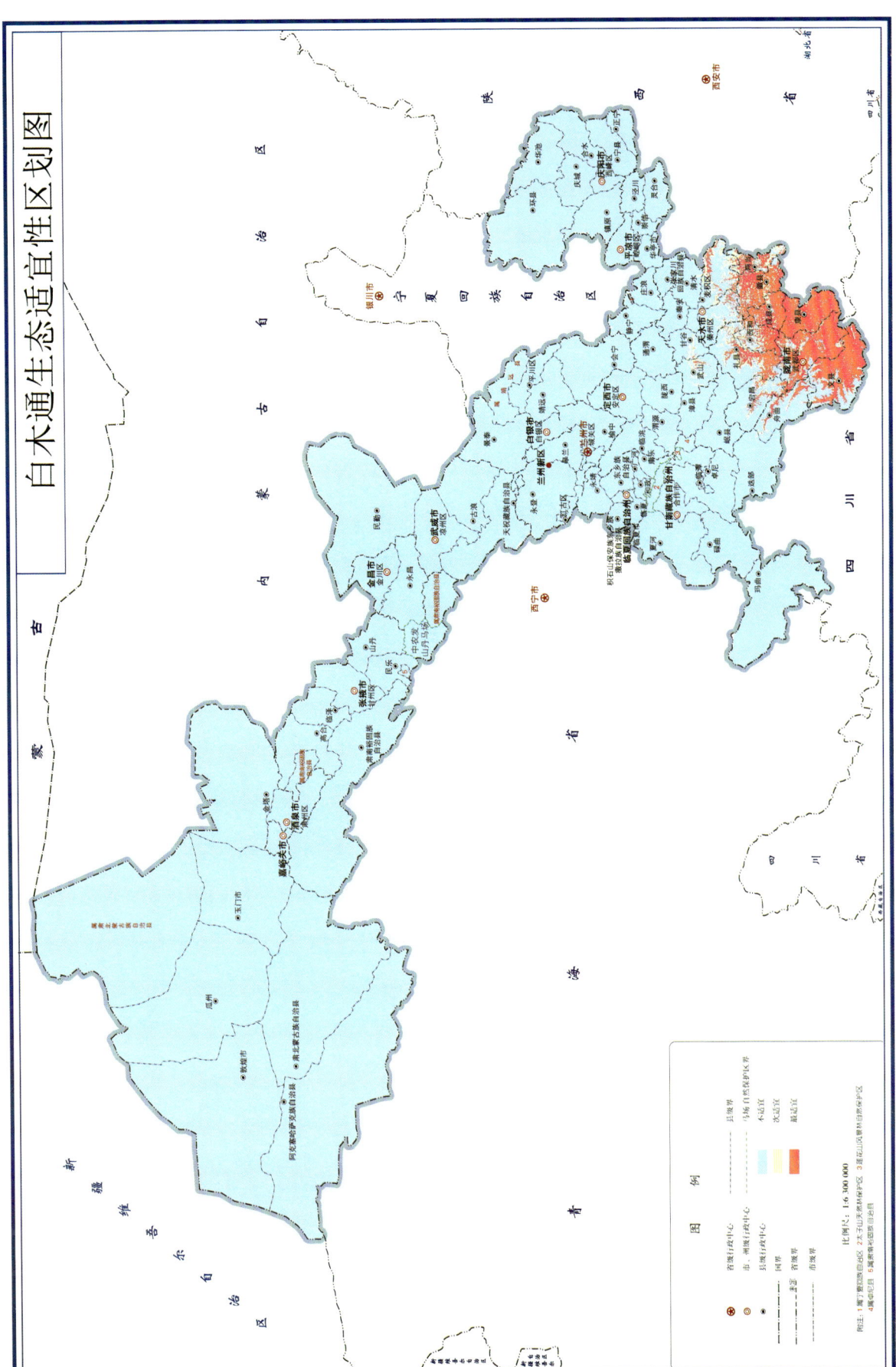

图 46-3 白木通生态适宜性区划图

表46-4 甘肃各区县白木通适宜面积

区县	总面积(km²)	适宜(km²)	次适宜(km²)	适宜比例(%)	次适宜比例(%)
武都区	3868	3562	306	92.09	7.91
文县	3591	3377	214	94.03	5.97
康县	2865	2786	79	97.23	2.77
徽县	2421	2050	371	84.68	15.32
礼县	1953	1316	637	67.39	32.61
成县	1522	1359	163	89.29	10.71
西和县	1309	1029	280	78.63	21.37
麦积区	1076	445	631	41.39	58.61
两当县	993	691	302	69.58	30.42

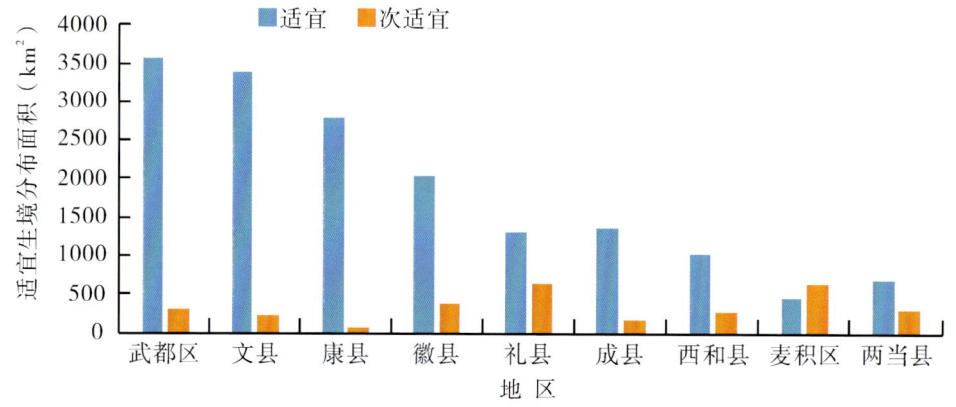

图46-4 白木通适宜生境分布面积

【适宜种植区域及布局建议】

根据白木通的生态适宜性分析结果,建议选择栽培种植的区域时首先考虑武都区和文县,种植总面积较大且适宜种植面积也较大,武都区主要乡镇包括枫相乡、洛塘镇、裕河镇、三仓镇、外纳镇、五马镇、五库镇、琵琶镇、安化镇、鱼龙镇;文县主要乡镇包括范坝镇、丹堡镇、中庙镇、刘家坪乡、玉垒乡、桥头镇、尚德镇、口头坝乡、碧口镇、堡子坝镇。康县主要乡镇包括阳坝镇、三河坝镇、白杨镇、岸门口镇、两河镇、长坝镇、迷坝乡、店子乡、大南峪镇、平洛镇;徽县主要乡镇包括高桥镇、江洛镇、麻沿河镇、榆树乡、嘉陵镇;西和县主要乡镇包括洛峪镇、十里镇、太石河乡、卢河镇、晒经乡;成县主要乡镇包括宋坪乡、二郎乡、王磨镇、黄渚镇;两当县主要乡镇包括金洞乡、左家乡、云屏镇、站儿巷镇、张家乡、杨店镇;礼县主要乡镇包括石桥镇、白河镇、桥头镇、龙林镇、城关镇、滩坪镇、三峪乡、中坝镇、雷坝镇、洮坪乡;麦积区主要乡镇包括党川镇、利桥镇、东岔镇、三岔镇、元龙镇、麦积镇、甘泉镇、伯阳镇、甘铺工业示范区、三阳工业示范区。

三叶木通

Akebia trifoliata

【地理生境与分布】

三叶木通产于河北、山西、山东、河南、陕西南部、甘肃东南部至长江流域各省区。野生三叶木通种质资源分布广,但又极其稀少。

【生物习性】

三叶木通喜阴湿、耐寒,生于山地沟谷边疏林或丘陵灌丛中。在微酸、多腐殖质的黄壤土中生长良好,也能适应中性土壤。

【生态环境影响分析】

根据分析结果可知,影响三叶木通适宜分布的生态因子共有32个,其中4月份降雨量贡献率最大,为47.1%,取值范围>40mm;其次为10月份降雨量贡献率,为14.2%,取值范围45~165mm;坡度贡献率9.2%,取值范围2°~32°;等温性贡献率7.9%,取值范围23.0~33.5;海拔贡献率7.7%,取值范围260~2260m;最冷月最低温的贡献率较小,为5.7%,取值范围-12.0~1.0℃和2.5~8.0℃。(见表46-5)

表46-5 三叶木通生态因子贡献率

生态因子	贡献率(%)	取值范围
4月份降雨量	47.1	>40mm
10月份降雨量	14.2	45~165mm
坡度	9.2	2°~32°
等温性	7.9	23.0~33.5
海拔	7.7	260~2260m
最冷月最低温	5.7	-12.0~1.0℃和2.5~8.0℃

【生态适宜性区划】

从三叶木通生态适宜性区划图来看,三叶木通最适宜及次适宜生长区域主要在甘肃东南部。陇南市大部分区域为最适宜生长区域;陇南市、天水市、平凉市、庆阳市有部分次适宜生长区域,其余为不适宜生长区域。(见图46-5)

【生态适宜区域面积】

对生态适宜性进行面积统计发现,三叶木通分布面积最大的区域为武都区,分布总面积3786km^2,适宜面积1971km^2、次适宜面积1815km^2,比例分别为52.07%、47.93%。在文县分布总面积为3468km^2,适宜面积2032km^2、次适宜面积1436km^2,比例分别为58.60%、41.40%;在康县分布总面积2879km^2,适宜面积2580km^2、次适宜面积299km^2,比例分别为89.61%、10.39%;在麦积区分布总面积2647km^2,适宜面积1323km^2、次适宜面积1325km^2,比例分别为49.96%、50.04%;在徽县分布总面积2636km^2,适宜面积2079km^2、次适宜面积557km^2,比例分别为78.86%、21.14%。在礼县和西和县适宜分布面积比例较大,礼县分布总面积为2506km^2,适宜面积400km^2、次适宜面积2106km^2,比例分别为15.94%、84.06%;在西和县分布总面积1752km^2,适宜面积558km^2、次适宜面积1194km^2,比例分别为31.86%、68.14%。在秦州区分布总面积1710km^2,适宜面积350km^2、次适宜面积1359km^2,比例分别为20.48%、79.52%;在灵台县分布总面积1707km^2,适宜面积323km^2、次适宜面积1384km^2,比例分别为18.93%、81.07%;在成县分布总面积1607km^2,适宜面积1372km^2、次适宜面积235km^2,比例分别为85.38%、14.62%。(见表46-6)

从生态适宜生境分布面积柱状图可以看出,三叶木通在康县适宜生境分布面积最大;徽县、武都区、文县适宜生境分布面积次之;麦积区、成县、礼县、西和县、秦州区适宜生境分布面积较大;灵台县适宜分布面积最小。礼县次适宜生境分布面积最大;武都区次适宜生境分布面积次之;文县、麦积区、西和县、灵台县、秦州区、康县、徽县次适宜生境分布面积差距较小,成县次适宜生境分布面积最小。(见图46-6)

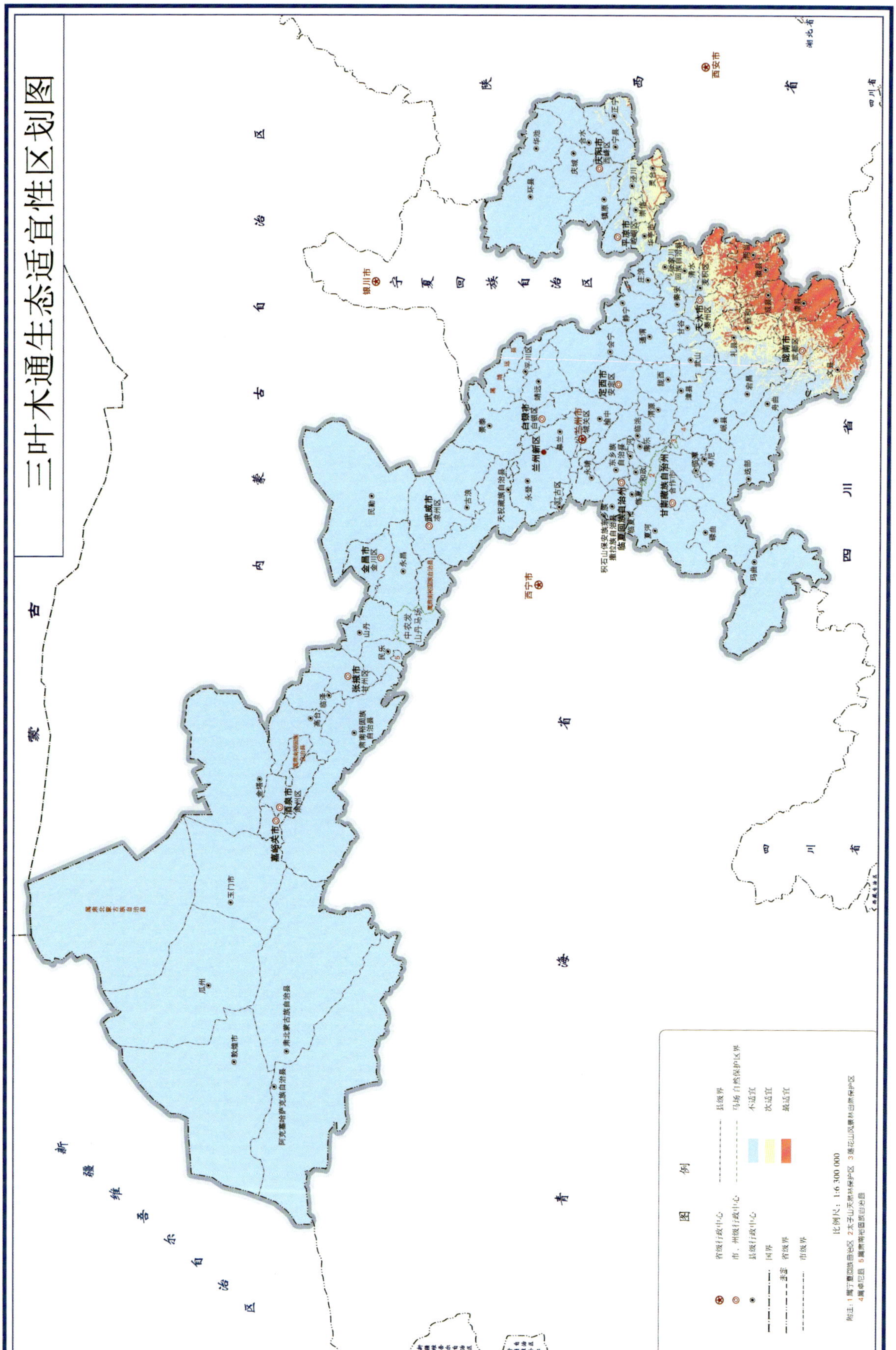

图 46-5 三叶木通生态适宜性区划图

表 46-6　甘肃各区县三叶木通适宜面积

区县	总面积(km²)	适宜(km²)	次适宜(km²)	适宜比例(%)	次适宜比例(%)
武都区	3786	1971	1815	52.07	47.93
文县	3468	2032	1436	58.60	41.40
康县	2879	2580	299	89.61	10.39
麦积区	2647	1323	1325	49.96	50.04
徽县	2636	2079	557	78.86	21.14
礼县	2506	400	2106	15.94	84.06
西和县	1752	558	1194	31.86	68.14
秦州区	1710	350	1359	20.48	79.52
灵台县	1707	323	1384	18.93	81.07
成县	1607	1372	235	85.38	14.62

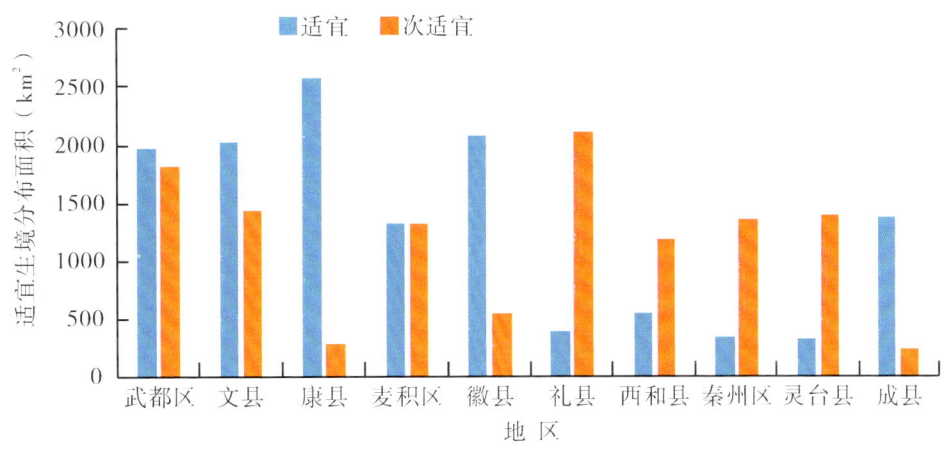

图 46-6　三叶木通适宜生境分布面积

【适宜种植区域及布局建议】

根据三叶木通的生态适宜性分析结果,建议选择栽培种植的区域时首先考虑武都区、文县,种植总面积较大且适宜种植面积也较大,武都区主要乡镇包括枫相乡、洛塘镇、裕河镇、三仓镇;文县主要乡镇包括范坝镇、丹堡镇、中庙镇、刘家坪乡、玉垒乡。康县适宜种植面积比例较大,主要乡镇包括阳坝镇、三河坝镇、白杨镇、岸门口镇。麦积区主要乡镇包括党川镇、利桥镇、东岔镇;徽县主要乡镇包括高桥镇、麻沿河镇、江洛镇、榆树乡、嘉陵镇。礼县次适宜种植面积比例较大,主要乡镇包括桥头镇、永坪镇、罗坝镇、石桥镇。西和县主要乡镇包括洛峪镇、十里镇、太石河乡、卢河镇、晒经乡;灵台县主要乡镇包括百里镇;秦州区主要乡镇包括娘娘坝镇、皂郊镇、汪川镇;成县主要乡镇包括宋坪乡、王磨镇、二郎乡、黄渚镇。

47. 通 草
Tongcao
TETRAPANACIS MEDULLA

本品为五加科植物通脱木 Tetrapanax papyrifer (Hook.)K.Koch 的干燥茎髓。秋季割取茎,截成段,趁鲜取出髓部,理直,晒干。通脱木,别名木通树、天麻子或通草。味甘、淡,性微寒。归肺、胃经。有清热利尿,通气下乳之功效,用于湿热淋证,水肿尿少,乳汁不下。

原产华南和台湾,是制宣纸的原料。叶大,多裂,树冠极似棕榈。将茎的中心组织取出,可制外科敷料和水彩画纸。通脱木为五加科落叶灌木、小乔木,树干通直不分枝,叶片及花序硕大、形状奇特,干髓白色,俗称"通草",具有重要的园林观赏与药用价值。通草是一种常见的中药材,具有很高的药用价值,属利水渗湿药。通草中主要含有灰分、脂肪、蛋白质、粗纤维、戊聚糖、糖醛酸等成分,具有促进乳汁分泌、利尿、抗氧化、提高免疫力、降血脂、调整肠道功能等作用。但孕妇以及婴幼儿要慎服通草,以免对健康不利。

【地理分布与生境】

通脱木分布广,北自陕西(太白山),南至广西、广东,西起云南西北部(丽江)和四川西南部(雷波、峨边),经贵州、湖南、湖北、江西而至福建和台湾。分布于长江以南各省区,陕西也有,极少栽培。

【生物习性】

通脱木具有喜光、喜阳耐阴、喜湿怕涝、土壤肥厚疏松的特性,在湿润、肥沃的土壤上生长良好。通脱木又很耐阴,在其他树木的林冠下生长也很茂盛,根的横向生长力强,并能形成大量根蘖。通常生于向阳肥厚的土壤上,有时栽培于庭园中,适于肥沃的砂质壤土。

【生态环境影响分析】

根据分析结果可知,影响通脱木适宜分布的生态因子共有 37 个,其中 10 月份降雨量的贡献率最高,为 40.3%,其取值范围为>100mm;4 月份降雨量的贡献率次之,为 36.8%,取值范围为>50mm。从而可知 10 月降雨量对通脱木的影响最大,10 月份到 12 月份为通草的花期,此时通脱木正值生长最旺盛的时节,需大量的水分和营养物质,1 月和 2 月为它的果期,在秋季进行采挖。(见表 47-1)

表 47-1 通脱木生态因子贡献率

生态因子	贡献率(%)	取值范围
10 月份降雨量	40.3	>100mm
4 月份降雨量	36.8	>50mm

【生态适宜性区划】

从通脱木生态适宜性区划图来看,通脱木在甘肃适宜及次适宜生长区域主要在甘肃南部地区。陇南市中部、南部及东部和天水市南部极少区域为通脱木的最适宜种植区域;平凉市、陇南市、天水市大部分区域为通脱木次适宜种植区域分布;定西市、庆阳市所属次适宜种植面积仅占极少部分。(见图 47-1)

【生态适宜区域面积】

对生态适宜性进行面积统计发现,通脱木次适宜面积最大的区域为文县,总面积为 4847km^2,次适宜面积 3870km^2,适宜面积 977km^2,比例分别为 79.85%、20.15%。武都区次之,总面积为 4437km^2,

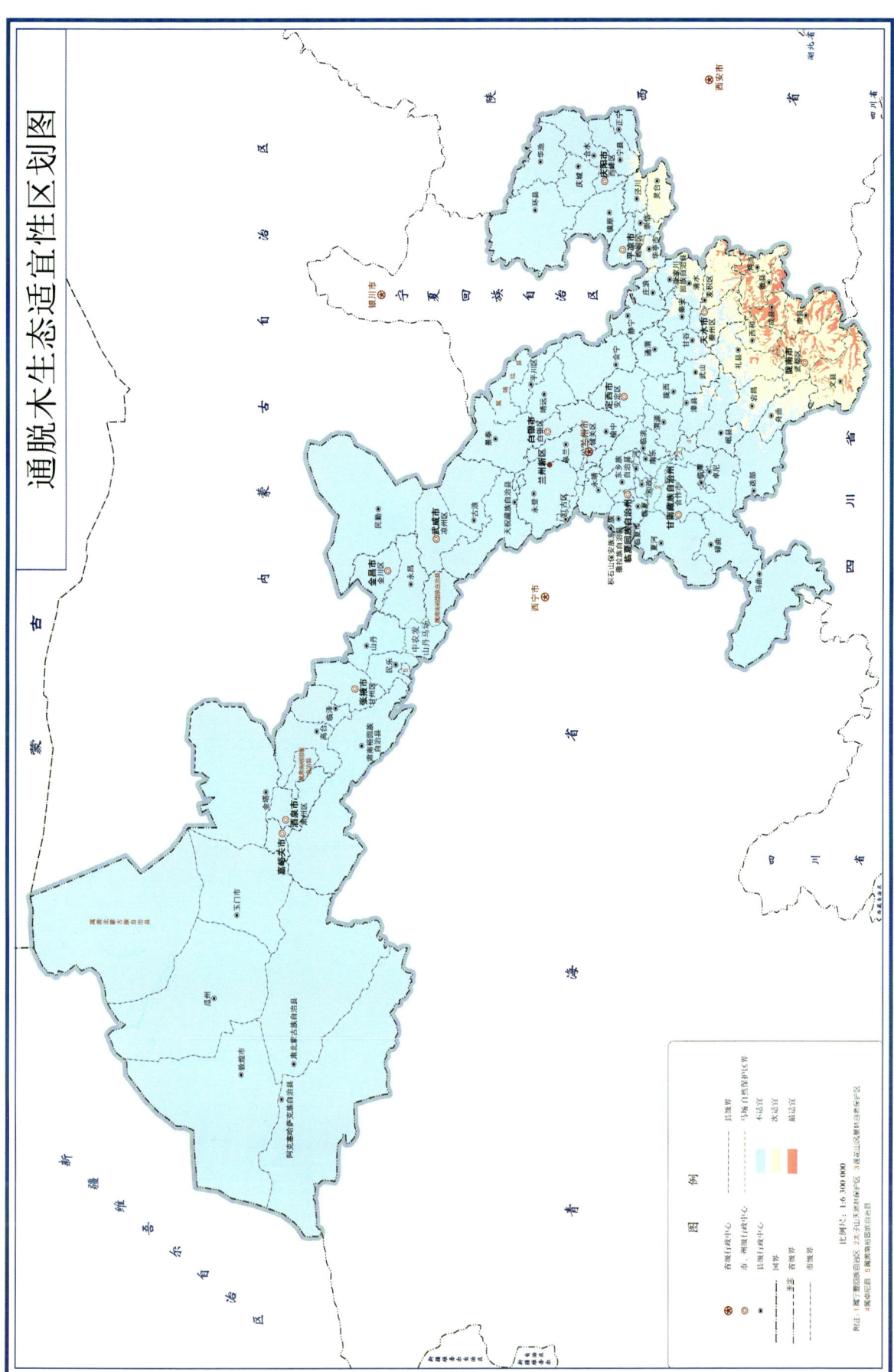

图47-1 通脱木生态适宜性区划图

次适宜面积3371km²、适宜面积1066km²，比例分别为75.97%、24.03%。依次为礼县总面积3315km²，次适宜面积3100km²、适宜面积215km²，比例分别为93.50%、6.50%；麦积区总面积2728km²，次适宜面积2462km²、适宜面积266km²，比例分别为90.26%、9.74%；康县总面积2892km²，次适宜面积1849km²、适宜面积1043km²，比例分别为63.93%、36.07%；舟曲县总面积1783km²，次适宜面积1780km²、适宜面积3km²，比例分别为99.81%、0.19%；徽县总面积2683km²，次适宜面积1641km²、适宜面积1042km²，比例分别为61.15%、38.85%。灵台县、宕昌县均为次适宜区域，次适宜比例均为100%，它们的总面积分别为1777km²、1740km²。西和县总面积1703km²，次适宜面积1342km²、适宜面积361km²，比例分别为78.82%、21.18%。在适宜区域中，武都区的适宜区域面积最大，康县、徽县和文县次之。（见表47-2）

表47-2 甘肃各区县通脱木适宜面积

区县	总面积(km²)	适宜(km²)	次适宜(km²)	适宜比例(%)	次适宜比例(%)
文县	4847	977	3870	20.15	79.85
武都区	4437	1066	3371	24.03	75.97
礼县	3315	215	3100	6.50	93.50
康县	2892	1043	1849	36.07	63.93
麦积区	2728	266	2462	9.74	90.26
徽县	2683	1042	1641	38.85	61.15
舟曲县	1783	3	1780	0.19	99.81
灵台县	1777	0	1777	0.00	100.00
宕昌县	1740	0	1740	0.00	100.00
西和县	1703	361	1342	21.18	78.82

从生态适宜生境分布面积柱状图可以看出，通脱木在文县次适宜生境分布面积最大，武都区、礼县和麦积区次之；康县、徽县次适宜生境分布面积较少；灵台县、宕昌县全为次适宜生境分布区；西和县次适宜生境分布面积最少。在适宜生境面积分布地区，文县、武都区、康县和徽县分布相对较多，但次于其次适宜面积分布面积；礼县、麦积区和西和县适宜面积较少；舟曲县的适宜生境面积分布最少。（见图47-2）

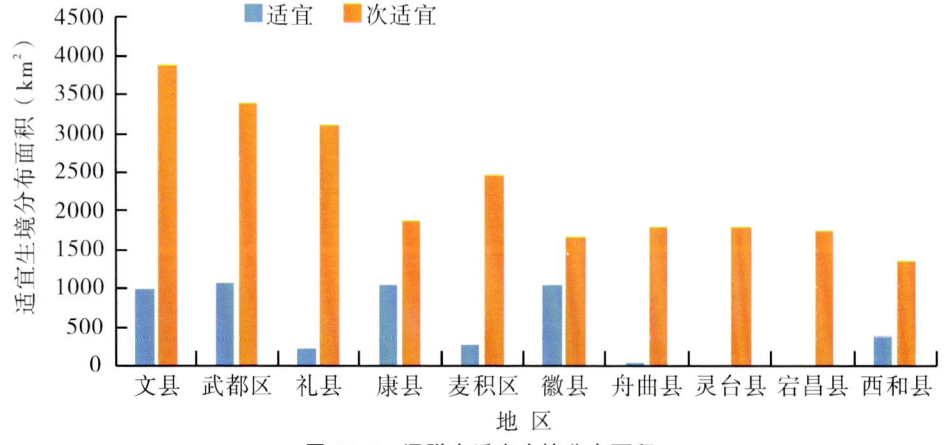

图47-2 通脱木适宜生境分布面积

【适宜种植区域及布局建议】

根据通脱木的生态适宜性分析结果,建议选择栽培种植的区域时首先考虑文县,主要包括丹堡镇、范坝镇、刘家坪乡、铁楼乡、堡子坝镇。其次为武都区、礼县、麦积区,武都区乡镇主要为枫相乡、洛塘镇、裕河镇、三仓镇;礼县主要乡镇包括洮坪镇、桥头镇、上坪乡、白关镇、石桥镇;麦积区的乡镇主要为党川镇、利桥镇、东岔镇、麦积镇、甘泉镇。康县的主要乡镇包括阳坝镇、三河坝镇、白杨镇、岸门口镇;徽县的主要乡镇为高桥镇、江洛镇、麻沿河镇、榆树乡、嘉陵镇。灵台县和宕昌县全为次适宜区域,灵台县主要乡镇为百里镇、什字镇、独店镇、西屯镇、朝那镇;宕昌县主要包括南河镇、狮子乡、官亭镇、韩院乡、新寨乡。西和县主要在洛峪镇、十里镇、太石河乡、卢河镇、晒经乡;舟曲县适宜分布最少,主要乡镇为曲告纳镇、博峪镇、拱坝镇、武坪镇。

第七章 皮类中药

48. 白鲜皮
Baixianpi
DICTAMNI CORTEX

本品为芸香科植物白鲜 Dictamnus dasycarpus Turcz.的干燥根皮,该种根皮制干后称为白鲜皮。性寒,味苦。归脾、胃、膀胱经。功效清热燥湿,祛风止痒,解毒。主治风热湿毒所致的风疹,湿疹,疥癣,黄疸,湿热痹,风湿性关节炎,外伤出血,荨麻疹等。有白鲜皮散、白鲜皮汤、一物白鲜汤等复方。

现代药理研究表明,白鲜皮有解热、抗菌作用,对子宫平滑肌有强力收缩作用,本品挥发油在体外有抗癌作用。

【地理生境与分布】

白鲜分布于中国黑龙江、吉林、辽宁、内蒙古、河北、山东、河南、山西、宁夏、甘肃、陕西、新疆、安徽、江苏、江西、四川等省区。由于天然更新能力较差,生长周期较长,尤其近几年市场需求量增多,人们过量的采挖,野生资源减少。

【生物习性】

白鲜多生长在向阳的山坡、林缘及低矮灌丛,含沙石土壤、丘陵土坡或平地灌木丛中或草地或疏林下、石灰岩山地亦常见。其适应性较强,喜温暖湿润环境、喜光照、耐严寒、耐干旱、不耐水涝。

【生态环境影响分析】

根据分析结果可知,影响白鲜适宜分布的生态因子共有 30 个,其中最湿季节降雨量的贡献率最大,为 52.6%,取值范围为 250~400mm;其次为 5 月份降雨量,贡献率为 8.8%,取值范围 35~120mm;酸碱度和 11 月份平均气温的贡献率较小,分别为 8.6%、8.2%,取值范围分别为>6.2、-8~-2℃或 1~13℃;最湿月降雨量的贡献率最小,为 3.7%,取值范围 95~170mm。(见表 48-1)

表 48-1 白鲜生态因子贡献率

生态因子	贡献率(%)	取值范围
最湿季节降雨量	52.6	250~400mm
5 月份降雨量	8.8	35~120mm
酸碱度	8.6	>6.2
11 月份平均气温	8.2	-8~-2℃或 1~13℃
最湿月降雨量	3.7	95~170mm

【生态适宜性区划】

从白鲜生态适宜性区划图来看,白鲜在甘肃最适宜及次适宜生长区域主要在甘肃东南部地区。庆阳市、平凉市、陇南市、定西市、甘南藏族自治州、临夏回族自治州大部分区域为最适宜种植区域;兰州市、白银市、武威市、张掖市有较少区域为最适宜种植区域;张掖市、金昌市、武威市、兰州市、白

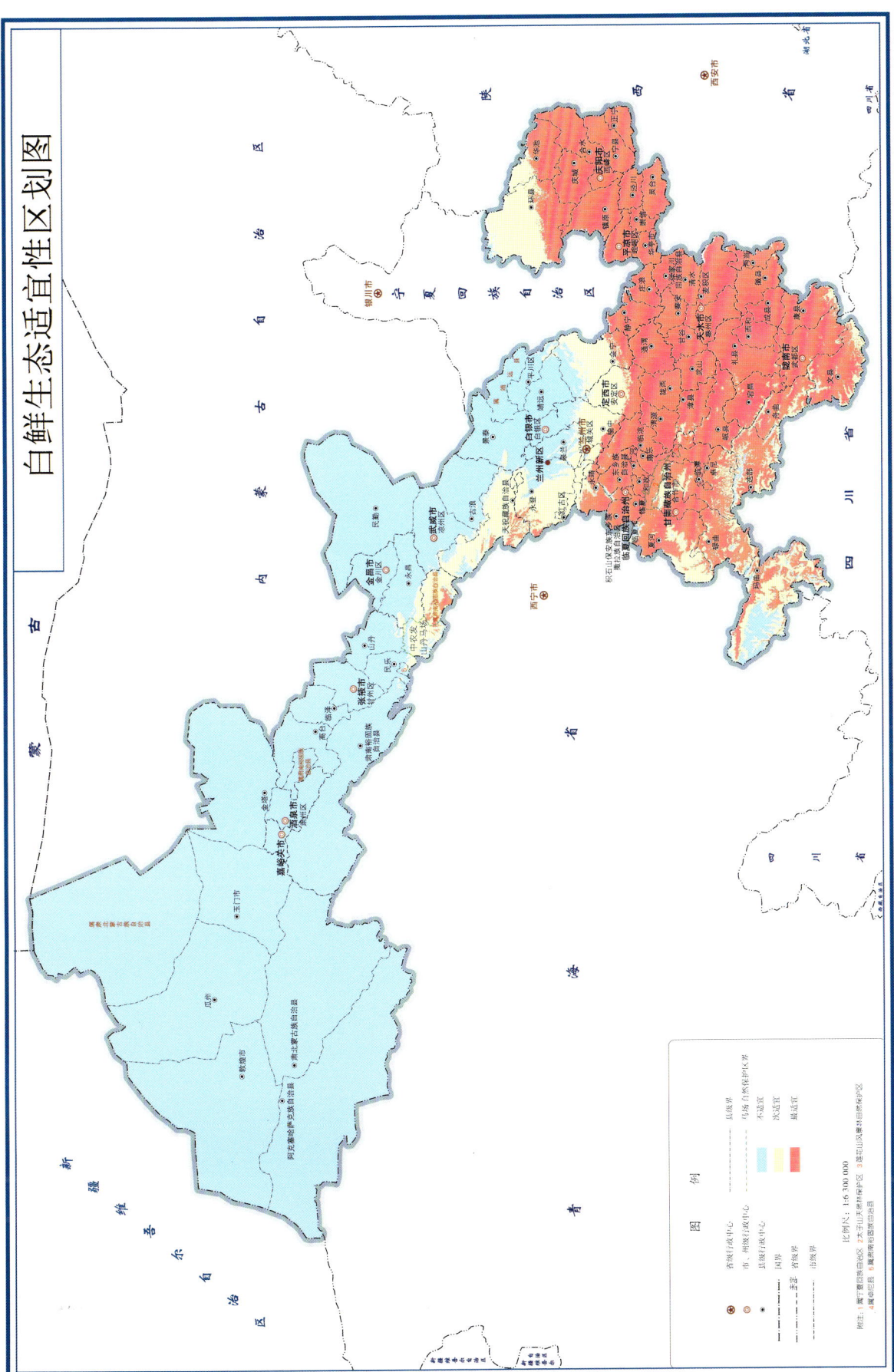

图 48-1 白鲜生态适宜性区划图

银市、定西市、甘南藏族自治州、庆阳市部分区域为白鲜的次适宜种植区域。(见图48-1)

【生态适宜区域面积】

对生态适宜性进行面积统计发现,白鲜适宜面积最大的区域为环县,分布总面积8523km²,适宜面积2913km²、次适宜面积5610km²,比例分别为34.18%、65.82%。在玛曲县分布总面积7416km²,适宜面积3062km²、次适宜面积4354km²,比例分别为41.29%、58.71%。夏河县、卓尼县适宜种植面积比例较大,在夏河县分布总面积5850km²,适宜面积3790km²、次适宜面积2060km²,比例分别为64.79%、35.21%;在卓尼县分布总面积5162km²,适宜面积3691km²、次适宜面积1471km²,比例分别为71.50%、28.50%。在天祝县、文县、会宁县的次适宜种植面积比例较大,在天祝县分布总面积5725km²,适宜面积606km²、次适宜面积5119km²,比例分别为10.59%、89.41%;在文县分布总面积4864km²,适宜面积3757km²、次适宜面积1107km²,比例分别为77.25%、22.75%;在会宁县分布总面积4717km²,适宜面积1145km²、次适宜面积3572km²,比例分别24.27%、75.73%。在迭部县分布总面积4620km²,适宜面积2902km²、次适宜面积1718km²,比例分别为62.82%、37.18%;在武都区分布总面积4566km²,适宜面积4408km²、次适宜面积158km²,比例分别为96.54%、3.46%;在永登县分布总面积4199km²,适宜面积322km²、次适宜面积3877km²,比例分别为7.67%、92.33%。(见表48-2)

表48-2 甘肃各区县白鲜适宜面积

区县	总面积(km²)	适宜(km²)	次适宜(km²)	适宜比例(%)	次适宜比例(%)
环县	8523	2913	5610	34.18	65.82
玛曲县	7416	3062	4354	41.29	58.71
夏河县	5850	3790	2060	64.79	35.21
天祝县	5725	606	5119	10.59	89.41
卓尼县	5162	3691	1471	71.50	28.50
文县	4864	3757	1107	77.25	22.75
会宁县	4717	1145	3572	24.27	75.73
迭部县	4620	2902	1718	62.82	37.18
武都区	4566	4408	158	96.54	3.46
永登县	4199	322	3877	7.67	92.33

从生态适宜生境分布面积柱状图可以看出,白鲜在环县适宜生境分布面积最大,天祝县白鲜适宜生境分布面积次之;玛曲县、会宁县、永登县适宜生境分布面积相差不大,夏河县、卓尼县、文县、迭部县适宜分布面积较小,武都区适宜生境分布面积最小。武都区次适宜生境分布面积最大,环县、玛曲县、夏河县、卓尼县、文县、迭部县次适宜生境分布面积相差不大,天祝县、会宁县的次适宜生境分布面积较小,永登县次适宜生境分布面积最小。(见图48-2)

【适宜种植区域及布局建议】

根据白鲜的生态适宜性分析结果,建议选择种植的区域时首先考虑环县、玛曲县,种植总面积较大且适宜种植面积也较大,环县主要乡镇包括环城镇、车道镇、毛井镇、洪德镇、小南沟乡、耿湾乡;玛曲县主要乡镇包括阿万仓镇、曼日玛镇、欧拉镇、尼玛镇、欧拉秀玛乡。其次考虑天祝县、夏河县、卓尼县,天祝县适宜种植面积较大,夏河县、卓尼县次适宜种植总面积较大,天祝县主要乡镇包括松山镇、哈溪镇、抓喜秀龙乡、毛藏乡、旦马乡、华藏寺镇;夏河县主要乡镇包括桑科镇、阿木去乎镇、科才镇、甘加镇、扎油乡、麻当镇;卓尼县主要乡镇包括喀尔钦镇、木耳镇、尼巴镇、恰盖乡、康多乡、刀告乡。文县、武都区、

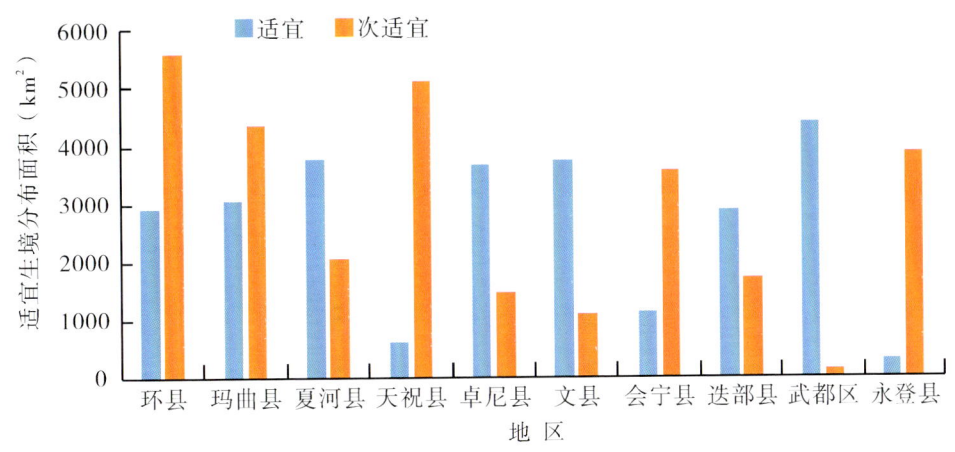

图 48-2 白鲜适宜生境分布面积

迭部县次适宜种植面积较大,文县主要乡镇包括丹堡镇、范坝镇、中寨镇、刘家坪乡、铁楼乡;武都区主要乡镇包括枫相乡、洛塘镇、裕河镇、三仓镇、鱼龙镇、外纳镇;迭部县主要乡镇包括达拉乡、电尕镇、旺藏镇、腊子口镇、多儿乡、卡坝乡。会宁县主要乡镇包括汉家岔镇、甘沟驿镇、大沟镇、头寨子镇、柴家门镇、新塬镇;永登县主要乡镇包括七山乡、武胜驿镇、通远镇、苦水镇、连城镇、民乐乡。

49. 厚 朴
Houpo
MAGNOLIAE OFFICINALIS CORTEX

本品为木兰科植物厚朴 *Magnolia officinalis* Rehd. et Wils. 或凹叶厚朴 *Magnolia officinalis* Rehd. et Wils. var. *biloba* Rehd. et Wils.的干燥干皮、根皮及枝皮。4~6月剥取,根皮和枝皮直接阴干;干皮置沸水中微煮后,堆置阴湿处,"发汗"至内表面变紫褐色或棕褐色时,蒸软,取出,卷成筒状,干燥。性温,味苦、辛。归脾、胃、肺、大肠经。具有燥湿消痰,下气除满的功效。可用于湿滞伤中,脘痞吐泻,食积气滞,腹胀便秘,痰饮喘咳。

《金匮要略》中记载:七情郁结,痰气互阻,咽中如有物阻,咽之不下,吐之不出的梅核气证,可取厚朴燥湿消痰,下气宽中之效,配伍半夏、茯苓、苏叶、生姜等药,如半夏厚朴汤。《和剂局方》记载:湿阻中焦,脘腹胀满,厚朴苦燥辛散,能燥湿,又下气除胀满,为消除胀满的要药,常与苍术、陈皮等同用,如平胃散。"方书之祖"《伤寒杂病论》中记载的有厚朴配伍的方剂14首,开创了后世对厚朴临床配伍应用的诸多先河,如大承气汤、厚朴麻黄汤、栀子厚朴汤、枳实薤白桂枝汤等。

【地理分布与生境】

厚朴多产于陕西南部、甘肃东南部、河南东南部(商城、新县)、湖北西部、湖南西南部、四川(中部、东部)、贵州东北部,其中湖北西南部所产厚朴为道地药材,质量最佳,称为"紫油厚朴",生长于山地林间。陇南地区历来有栽培厚朴的历史,且现有少量成林保存,目前厚朴药材来源于人工栽培。

【生物习性】

厚朴为落叶乔木,是亚热带特征树种,适应性强;为喜光的中生性树种,幼龄期需荫蔽;喜凉爽、湿润、多云雾、相对湿度大的气候环境。适宜在土层深厚、肥沃、疏松、腐殖质丰富、排水良好的微酸性或中性土壤上生长,常于落叶阔叶林内混生或于绿阔叶林缘生长。

【生态环境影响分析】

根据分析结果可知,影响厚朴适宜分布的生态因子共有32个,其中4月份降雨量贡献率最高,为54.9%,取值范围>50mm;10月份降雨量贡献率为9.6%,取值范围为50~250mm;海拔贡献率为7.8%,取值范围为200~2100m;等温性贡献率4.6%,取值范围为21~33;昼夜温差月均值贡献率为3.6%,取值范围为5.6~9.8℃;11月份降雨量贡献率仅3.1%,取值范围为>12mm。(见表49-1)

表49-1 厚朴生态因子贡献率

生态因子	贡献率(%)	取值范围
4月份降雨量	54.9	>50mm
10月份降雨量	9.6	50~250mm
海拔	7.8	200~2100m
等温性	4.6	21~33
昼夜温差月均值	3.6	5.6~9.8℃
11月份降雨量	3.1	>12mm

【生态适宜性区划】

从厚朴生态适宜性区划图来看,可以得到厚朴最适宜及次适宜生长区域较少,主要分布在甘肃东南部陇南市部分地区和天水市的少部分地区,多为适宜种植区域,仅少量的次适宜种植区域。(见图49-1)

【生态适宜区域面积】

对生态适宜进行面积统计发现,厚朴适宜面积最大区域为康县,总面积1809km²,适宜面积为1244km²、次适宜面积为565km²,比例分别为68.77%、31.23%。其次是徽县,总面积1585km²,适宜面积是910km²、次适宜面积675km²,比例分别为57.41%、42.59%。文县总面积1569km²,适宜面积995km²、次适宜面积574km²,比例分别为63.42%、36.58%;武都区总面积1446km²,适宜面积679km²、次适宜面积767km²,比例分别为46.96%、53.04%;成县总面积1069km²,适宜面积739km²、次适宜面积330km²,比例分别为69.13%、30.86%;西和县总面积576km²,适宜面积232km²、次适宜面积344km²,比例分别为40.28%、59.72%;礼县总面积570km²,适宜面积202km²、次适宜面积368km²,比例分别为35.43%、64.56%;两当县总面积296km²,适宜面积43km²、次适宜面积253km²,比例分别为14.52%、85.47%;麦积区总面积254km²,适宜面积89km²、次适宜面积165km²,比例分别为35.04%、64.96%;秦州区总面积最少,仅220km²,适宜面积57km²、次适宜面积163km²,比例分别为25.91%、74.09%。(见表49-2)

从生态适宜生境分布面积柱状图可以看出,厚朴在康县的适宜生境分布面积最大,徽县、文县、成县和武都区、西和县、礼县、两当县以及麦积区、秦州区的适宜生境分布面积偏少,其中两当县适宜生境分布面积最少;武都区次适宜生境分布面积分布最大,康县、徽县、文县次之,然后是成县、西和县、礼县,两当县偏少,最少的是麦积区和秦州区。(见图49-2)

【适宜种植区域及布局建议】

根据厚朴的生态适宜性分析结果,建议选择栽培种植的区域时首先考虑康县,康县主要乡镇为阳坝镇、白杨镇、岸门口镇、两河镇、长坝镇、平洛镇。西和县主要乡镇为石堡镇、卢河镇;礼县主要乡镇为雷坝镇、滩坪镇、肖良乡、龙林镇、王坝镇、石桥镇;两当县主要乡镇为金洞乡、左家乡、云屏镇、站儿巷镇、张家乡、杨店镇;麦积区主要乡镇为党川镇、东岔镇、麦积镇、三岔镇、利桥镇、伯阳镇;秦州区主要乡镇为娘娘坝镇、汪川镇、皂郊镇、牡丹镇、大门镇、华岐镇。其次是武都区、徽县、文县、成县,武

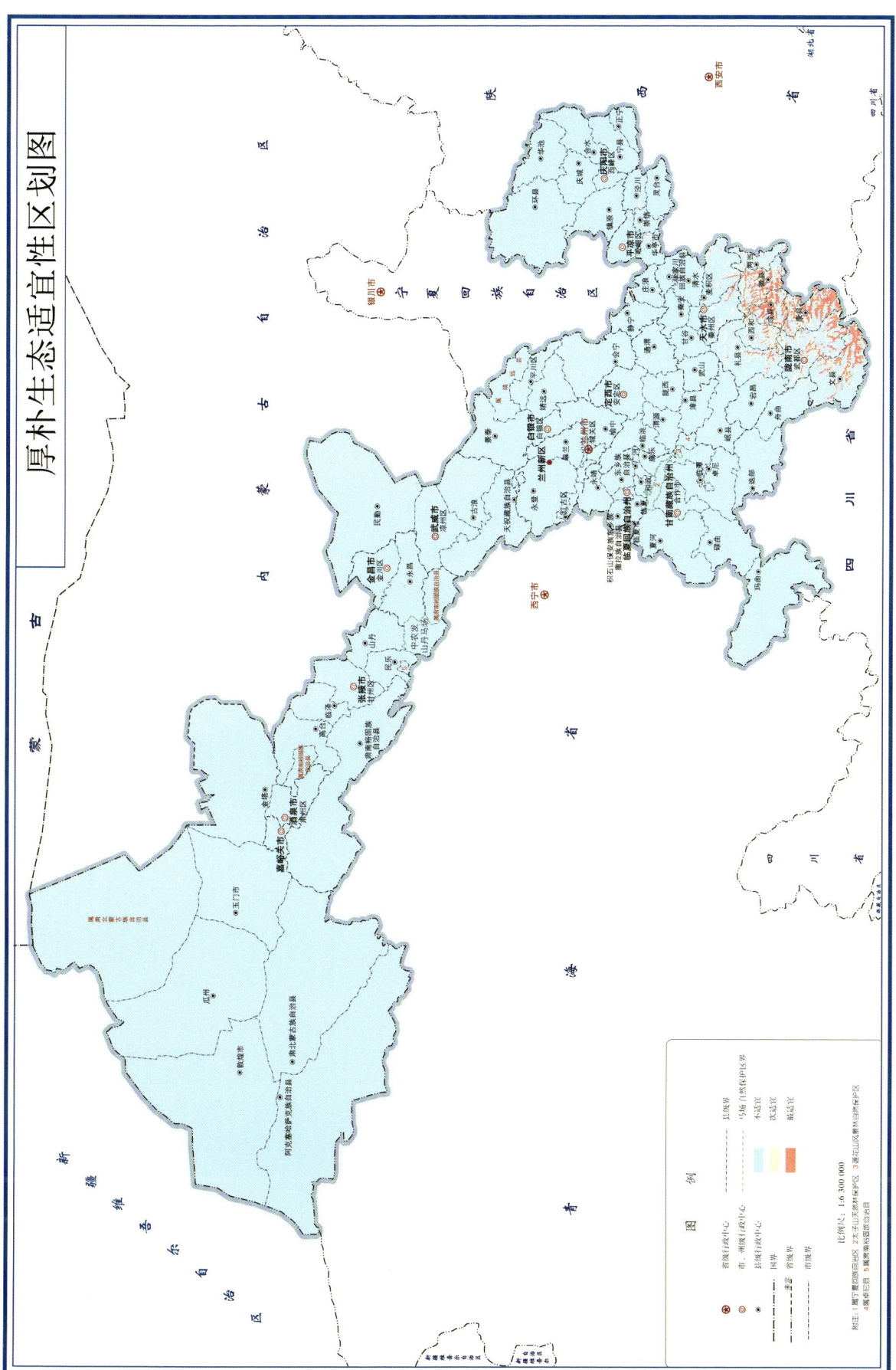

图 49-1 厚朴生态适宜性区划图

表 49-2　甘肃各区县厚朴适宜面积

区县	总面积(km²)	适宜(km²)	次适宜(km²)	适宜比例(%)	次适宜比例(%)
康县	1809	1244	565	68.77	31.23
徽县	1585	910	675	57.41	42.59
文县	1569	995	574	63.42	36.58
武都区	1446	679	767	46.96	53.04
成县	1069	739	330	69.13	30.86
西和县	576	232	344	40.28	59.72
礼县	570	202	368	35.43	64.56
两当县	296	43	253	14.52	85.47
麦积区	254	89	165	35.04	64.96
秦州区	220	57	163	25.91	74.09

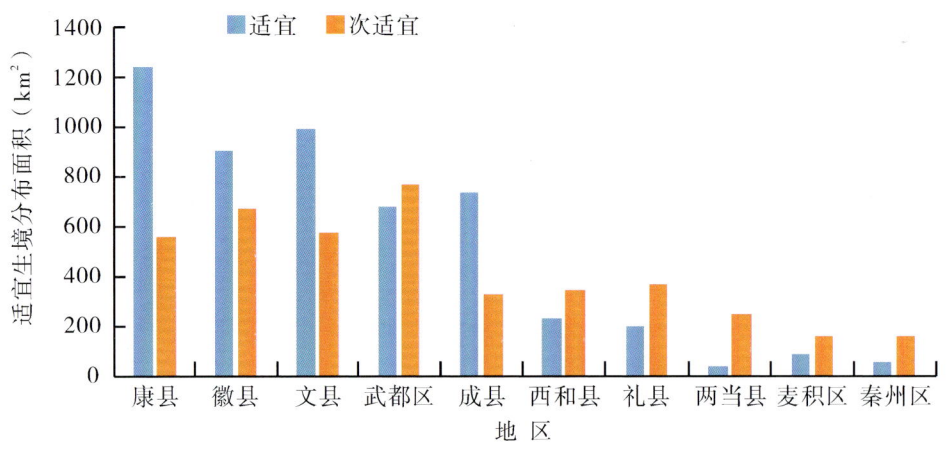

图 49-2　厚朴适宜生境分布面积

都区的主要乡镇有裕河镇、枫相乡、洛塘镇、外纳镇、五马镇、三仓镇；徽县的主要乡镇为江洛镇、榆树乡、柳林镇、麻沿河镇、大河店镇、虞关乡、伏家镇、水阳镇、银杏树镇；文县的主要乡镇包括范坝镇、中庙镇、碧口镇、玉垒乡、尚德镇、丹堡镇、口头坝乡、桥头镇、临江镇；成县主要是分布在王磨镇、宋坪乡、城关镇、黄渚镇、镡河乡、二郎乡、陈院镇、店村镇、抛沙镇。康县、徽县、文县、武都区以及成县为主要适宜分布区域，适宜分布面积比较大，且次适宜分布面积也较其他县区大。

第八章 叶类中药

50. 枇杷叶
Pipaye
ERIOBOTRYAE FOLIUM

本品为蔷薇科植物枇杷 *Eriobotrya japonica* (Thunb.) Lindl.的干燥叶。全年均可采收,晒至七八成干时,扎成小把,再晒干。味苦,性微寒。归肺、胃经。有清肺止咳,降逆止呕等功效。用于肺热咳嗽,气逆喘急,胃热呕逆,烦热口渴。《本草经集注》谓其"其叶不暇煮,但嚼食,亦差。人以作饮,则小冷"。

枇杷叶还具有提高视力、预防感冒、润肤美白、补充体力等功效与作用。现代应用于治疗蛲虫病。

【地理分布与生境】

枇杷,起源于我国南方,主要分布于苏州一带。甘肃、陕西、河南、江苏、安徽、浙江、江西、湖北、湖南、四川、云南、贵州、广西、广东、福建、台湾各地均有产出。栽培枇杷的技术历史悠久,现如今,枇杷栽培普遍存在着品质不高、产量少的问题,总是达不到预期想要的经济效益。

【生物习性】

枇杷喜光,稍耐阴,喜温暖气候和肥水湿润、排水良好的土壤。

【生态环境影响分析】

根据分析结果可知,影响枇杷适宜分布的生态因子共有 35 个。其中以 10 月份降雨量的贡献率最大,达 35.1%,取值范围为 45~145mm;其次为 11 月份降雨量,贡献率为 25.9%,取值范围为>20mm;1 月份降雨量贡献率为 11.8%,取值范围为>13mm;最冷月最低温贡献率为 3.3%,取值范围为-3~7℃;7 月份平均气温贡献率为 3.2%,取值范围为>23.8℃;9 月份平均气温贡献率为 3.0%,取值范围为>19℃。(见表 50-1)

表 50-1 枇杷生态因子贡献率

生态因子	贡献率(%)	取值范围
10 月份降雨量	35.1	45~145mm
11 月份降雨量	25.9	>20mm
1 月份降雨量	11.8	>13mm
最冷月最低温	3.3	-3~7℃
7 月份平均气温	3.2	>23.8℃
9 月份平均气温	3.0	>19℃

【生态适宜性区划】

从枇杷生态适宜性区划图来看,枇杷在甘肃适宜及次适宜生长区域主要在东南地区。在陇南市绝大部分为最适宜生长区域,小部分为次适宜生长区域。在天水市、平凉市大部分为次适宜生长区域,小部分为最适宜生长区域。在定西市、庆阳市绝大部分为次适宜生长区域,小部分为不适宜生长区域。在

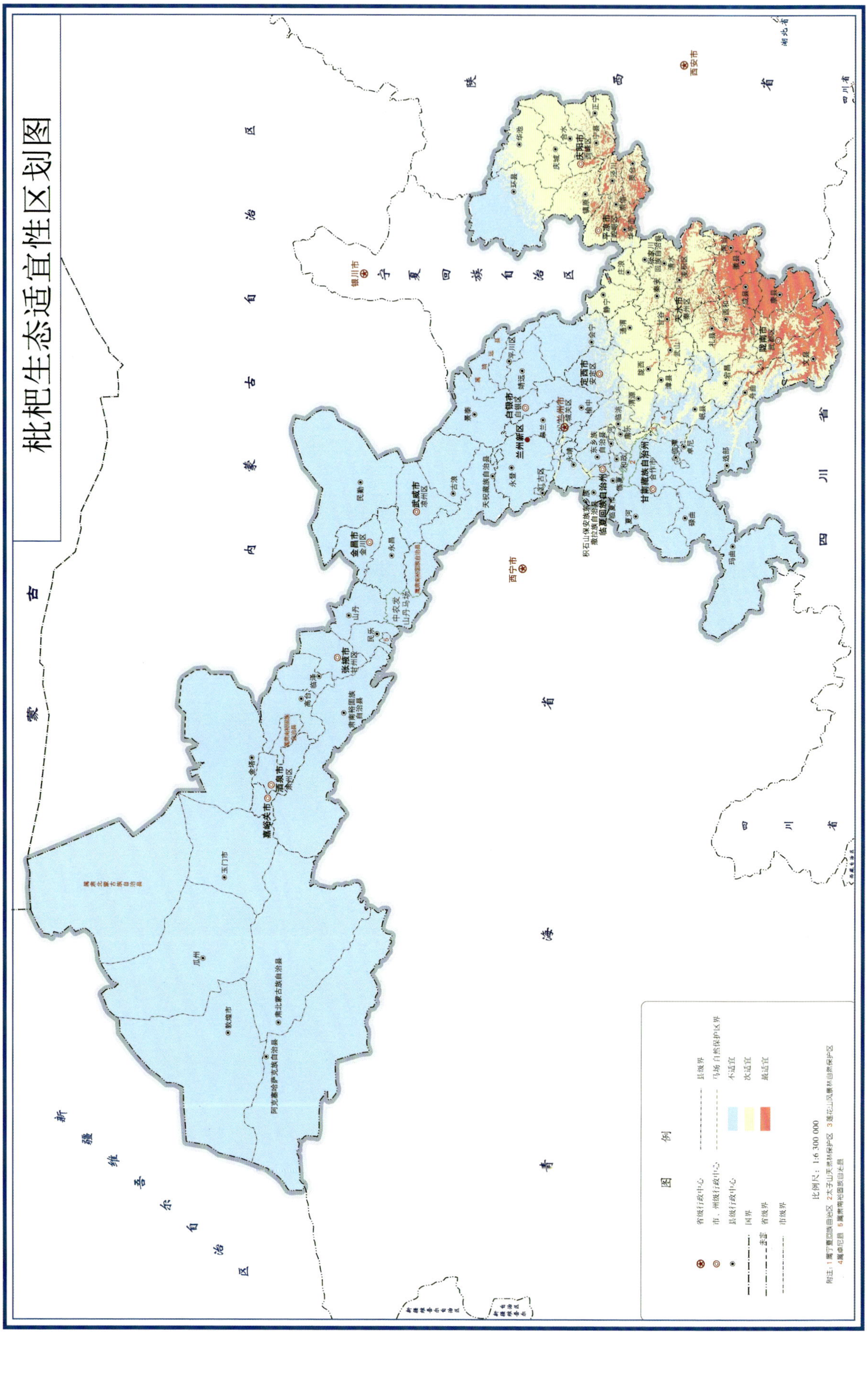

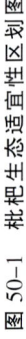

图 50-1 枇杷生态适宜性区划图

甘南藏族自治州绝大部分为不适宜生长区域，极小部分为最适宜与次适宜生长区域。临夏回族自治州、兰州市、白银市绝大部分为不适宜生长区域，极小部分为次适宜生长区域。(见图50-1)

【生态适宜区域面积】

对生态适宜性进行面积统计发现，枇杷适宜面积最大的为文县，其分布总面积为4586km^2，适宜面积2833km^2、次适宜面积1751km^2，比例分别为61.80%、38.20%。其次为武都区，总面积为4548km^2，适宜面积2714km^2、次适宜面积1834km^2，比例分别为59.67%、40.33%。礼县总面积4017km^2，适宜面积1038km^2、次适宜面积2979km^2，比例分别为25.84%、74.16%；麦积区总面积为3345km^2，适宜面积943km^2、次适宜面积2402km^2，比例分别为28.18%、71.82%；镇原县总面积3291km^2，适宜面积318km^2、次适宜面积2973km^2，比例分别9.66%、90.34%；华池县总面积3070km^2，适宜面积1km^2、次适宜面积3069km^2，比例分布为0.04%、99.96%；康县总面积2892km^2，适宜面积2672km^2、次适宜面积220km^2，比例分别为92.40%、7.60%；合水县总面积2773km^2，适宜面积34km^2、次适宜面积2739km^2，比例分别为1.23%、98.77%。庆城县和环县的分布总面积相差不大，其中庆城县总面积2541km^2，适宜面积47km^2、次适宜面积2494km^2，比例分别为1.83%、98.17%；环县总面积2517km^2，均为次适宜面积。(见表50-2)

表50-2 甘肃各区县枇杷适宜面积

区县	总面积(km^2)	适宜(km^2)	次适宜(km^2)	适宜比例(%)	次适宜比例(%)
文县	4586	2833	1751	61.80	38.20
武都区	4548	2714	1834	59.67	40.33
礼县	4017	1038	2979	25.84	74.16
麦积区	3345	943	2402	28.18	71.82
镇原县	3291	318	2973	9.66	90.34
华池县	3070	1	3069	0.04	99.96
康县	2892	2672	220	92.40	7.60
合水县	2773	34	2739	1.23	98.77
庆城县	2541	47	2494	1.83	98.17
环县	2517	0	2517	0.00	100.00

从生态适宜地区面积分布柱状图可以看出，枇杷在文县、武都区、康县的适宜生境分布面积大于次适宜生境分布面积，其中文县的适宜生境分布面积最大。在礼县、麦积区、镇原县、华池县、合水县、庆城县的次适宜生境分布面积明显大于适宜生境分布面积，其中华池县次适宜生境分布面积最大。在环县全部为次适宜生境分布。(见图50-2)

【适宜种植区域及布局建议】

根据枇杷的生态适宜性分析结果，建议选择栽培种植的区域时应首先考虑文县，主要的乡镇有范坝镇、丹堡镇、刘家坪乡、中庙镇、铁楼乡。其次为武都区，主要包括枫相乡、洛塘镇、裕河镇、三仓镇。礼县主要包括洮坪镇、上坪乡、桥头镇；麦积区主要包括党川镇、利桥镇、东岔镇、甘泉镇；镇原县主要包括孟坝镇、屯字镇、太平镇、平泉镇；华池县主要包括林镇乡、城壕镇、五蛟镇、悦乐镇、柔远镇；康县主要包括阳坝镇、三河坝镇；合水县主要包括太白镇、固城镇、蒿咀铺乡、老城镇；环县主要包括合道镇、曲子镇、天池乡、八珠乡；庆城县主要包括驿马镇、桐川镇、蔡家庙乡。

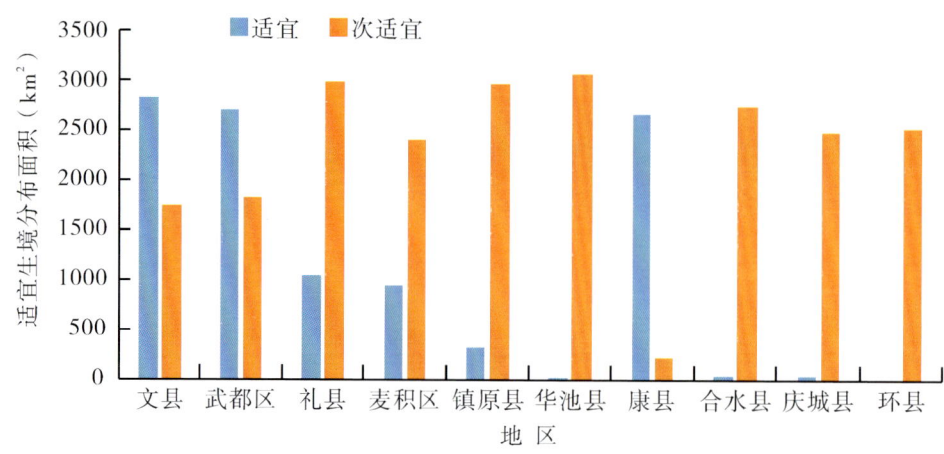

图 50-2 枇杷适宜生境分布面积

51. 淫羊藿
Yinyanghuo
EPIMEDII FOLIUM

本品为小檗科植物淫羊藿 *Epimedium brevicornu* Maxim.、箭叶淫羊藿 *Epimedium sagittatum*(Sieb. et Zucc.) Maxim.、柔毛淫羊藿 *Epimedium pubescens* Maxim.或朝鲜淫羊藿 *Epimedium koreanum* Nakai 的干燥叶。夏、秋季茎叶茂盛时采收,晒干或阴干。性温,味辛、甘。归肝、肾经。具有补肾阳,强筋骨,祛风湿等功效。用于肾阳虚衰,阳痿遗精,筋骨痿软,风湿痹痛,麻木拘挛。

现代研究表明,淫羊藿能兴奋性机能,对动物有促进精液分泌作用。还有降压、降血糖、利尿、镇咳祛痰以及维生素 E 样作用。药理实验研究表明,淫羊藿能增加心脑血管血流量,促进造血功能、免疫功能及骨代谢,具有抗衰老、抗肿瘤等功效。

淫羊藿
Epimedium brevicornu

【地理分布与生境】

在陕西、甘肃、山西、河南、青海、湖北、四川等地区均有栽培。

【生物习性】

淫羊藿是一种生态幅度大的温带及亚热带药用植物,喜阴湿,土壤湿度 25%~30%,空气相对湿度以 70%~80% 为宜,对光较为敏感,忌烈日直射,要求遮光度 80% 左右,淫羊藿对土壤要求比较严格,以中性或稍偏碱、疏松、含腐殖质、有机质丰富的土壤尤其砂壤土为宜,一般生长于低、中山地的灌丛、疏林下或林缘半阴环境中适合生长。

【生态环境影响分析】

根据分析结果可知,影响淫羊藿适宜分布的生态因子共有 46 个,其中 3 月份降雨量贡献率最大,为 24.3%,取值范围为 ≥20mm;其次是 5 月份降雨量、温度季节性变化标准差和 10 月份降雨量贡献率较大,分别为 19.7%、14.7%、10.5%,取值范围分别为 ≥50mm、6500~8500、35~165mm;海拔、4 月份降雨量和 2 月份平均气温贡献率较小,分别为 6.2%、3.7%、3.0%,取值范围分别为 100~3000m、

≥30mm、-6~14℃。(见表51-1)

表51-1 淫羊藿生态因子贡献率

生态因子	贡献率(%)	取值范围
3月份降雨量	24.3	≥20mm
5月份降雨量	19.7	≥50mm
温度季节性变化标准差	14.7	6500~8500
10月份降雨量	10.5	35~165mm
海拔	6.2	100~3000m
4月份降雨量	3.7	≥30mm
2月份平均气温	3.0	-6~14℃

【生态适宜性区划】

从淫羊藿生态适宜性区划图来看,淫羊藿在甘肃最适宜及次适宜生长区域主要在甘肃东南部地区。在陇南市、定西市和临夏回族自治州绝大部分为最适宜种植区域;在天水市和平凉市绝大部分为最适宜种植区域;在庆阳市部分为最适宜种植区域,部分为次适宜种植区域,部分为不适宜种植区域;在甘南藏族自治州、兰州市、白银市和武威市大部分是不适宜种植区域;在金昌市绝大部分是不适宜种植区域;在张掖市绝大部分是不适宜种植区域。(见图51-1)

【生态适宜区域面积】

对生态适宜性进行面积统计发现,淫羊藿在文县分布总面积最大,为4781km²,适宜面积3868km²、次适宜面积913km²,比例分别为80.91%、19.09%。在武都区和永登县种植总面积相差不大且较大,在武都区总面积为4565km²,适宜面积3230km²、次适宜面积1335km²,比例分别为70.76%、29.24%;在永登县总面积为4432km²,适宜面积815km²、次适宜面积3617km²,比例分别为18.40%、81.60%。在礼县和天祝县种植总面积相差不大,在礼县总面积为4133km²,适宜面积3916km²、次适宜面积217km²,比例分别为94.74%、5.26%;在天祝县总面积为3799km²,适宜面积481km²、次适宜面积3318km²,比例分别为12.67%、87.33%。在安定区、麦积区、镇原县、岷县和宕昌县的适宜种植面积比例较大,在安定区总面积为3372km²,适宜面积2553km²、次适宜面积819km²,比例分别为75.72%、24.28%;在麦积区总面积3345km²,适宜面积3286km²、次适宜面积59km²,比例分别为98.25%、1.75%;在镇原县总面积为3277km²,适宜面积2801km²、次适宜面积476km²,比例分别为85.47%、14.53%;在岷县总面积为3184km²,适宜面积2782km²、次适宜面积402km²,比例分别为87.39%、12.61%;在宕昌县总面积为3113km²,适宜面积2815km²、次适宜面积298km²,比例分别为90.42%、9.58%。(见表51-2)

从生态适宜生境分布面积柱状图可以看出,淫羊藿在文县和礼县的适宜生境分布面积最大;在武都区、安定区、镇原县、麦积区、岷县和宕昌县的适宜生境分布面积较大;在永登县和天祝藏族自治县的适宜生境分布面积较小,次适宜生境分布面积较大;在文县、武都区、礼县、安定区、镇原县、麦积区、岷县和宕昌县的次适宜生境分布面积都较小。(见图51-2)

【适宜种植区域及布局建议】

根据淫羊藿的生态适宜性分析结果,建议选择栽培种植的区域时首先考虑文县、武都区和礼县,种植总面积和适宜种植面积都较大,文县适宜种植的主要乡镇有丹堡镇、范坝镇、刘家坪乡、铁楼乡;武都区适宜种植的主要乡镇有枫相乡、洛塘镇、裕河镇、三仓镇;礼县适宜种植的主要乡镇有上坪乡、洮坪镇、桥头镇、沙金乡、石桥镇。其次考虑安定区、镇原县、麦积区、岷县和宕昌县,种植总面积和适

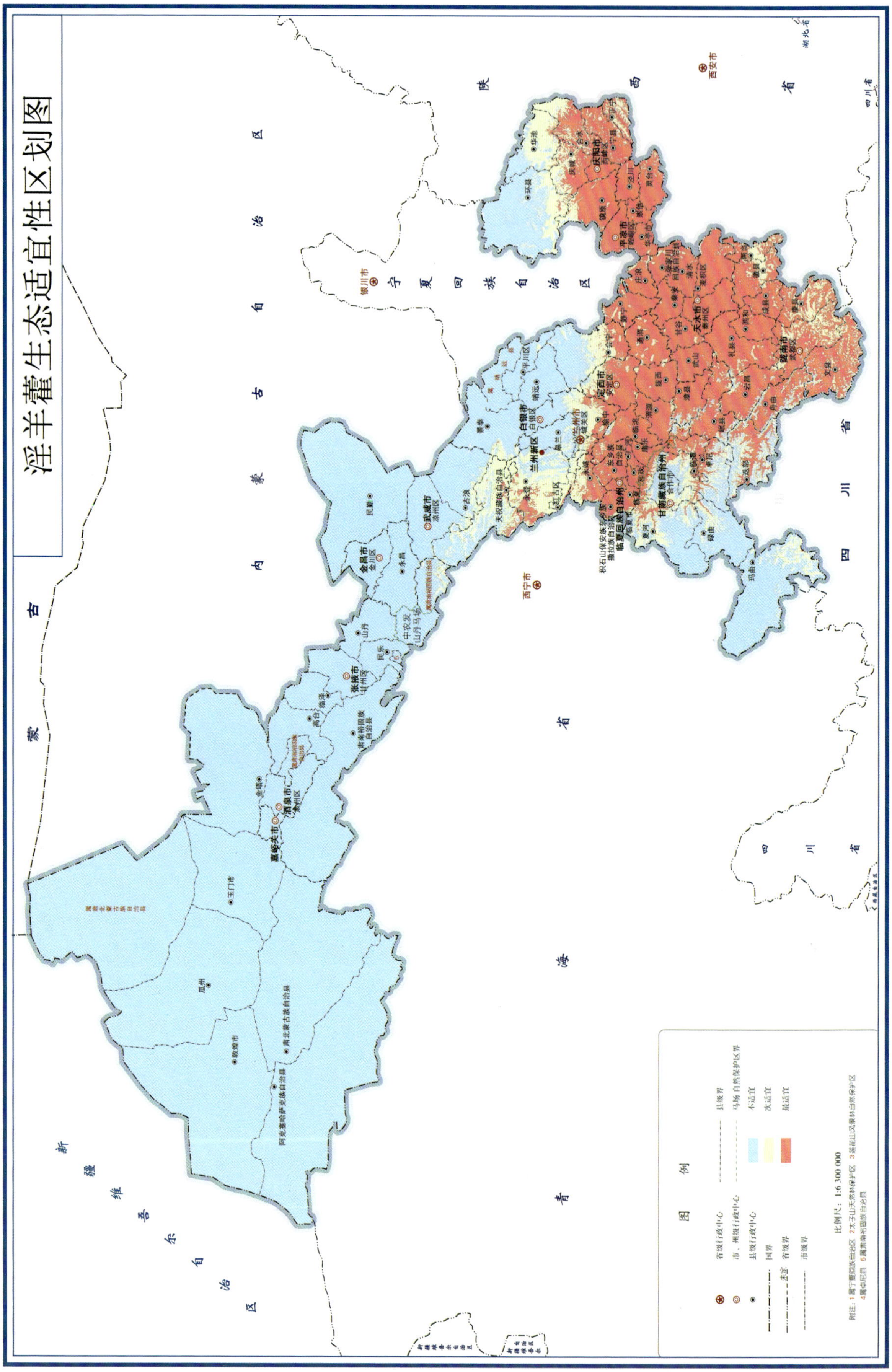

图 51-1　淫羊藿生态适宜性区划图

表 51-2　甘肃各区县淫羊藿适宜面积

区县	总面积(km²)	适宜(km²)	次适宜(km²)	适宜比例(%)	次适宜比例(%)
文县	4781	3868	913	80.91	19.09
武都区	4565	3230	1335	70.76	29.24
永登县	4432	815	3617	18.40	81.60
礼县	4133	3916	217	94.74	5.26
天祝县	3799	481	3318	12.67	87.33
安定区	3372	2553	819	75.72	24.28
麦积区	3345	3286	59	98.25	1.75
镇原县	3277	2801	476	85.47	14.53
岷县	3184	2782	402	87.39	12.61
宕昌县	3113	2815	298	90.42	9.58

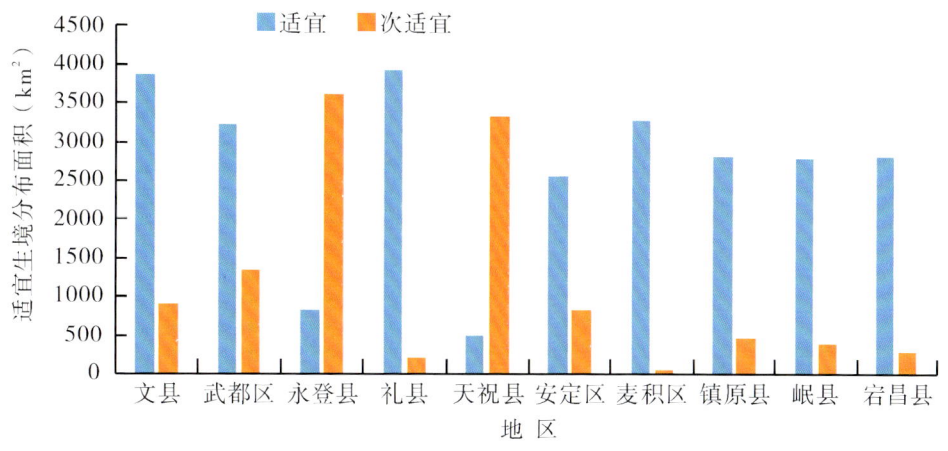

图 51-2　淫羊藿适宜生境分布面积

宜种植面积相对较大,安定区适宜种植的主要乡镇有巉口镇、内官营镇、鲁家沟镇、凤翔镇、李家堡镇;镇原县适宜种植的主要乡镇有孟坝镇、屯字镇、太平镇、平泉镇、临泾镇;麦积区适宜种植的主要乡镇有党川镇、利桥镇、东岔镇;岷县适宜种植的主要乡镇有闾井镇、中寨镇、锁龙乡、蒲麻镇;宕昌县适宜种植的主要乡镇有南河镇、兴化乡、狮子乡、官亭镇。永登县主要乡镇有龙泉寺镇、武胜驿镇、七山乡、通远镇。天祝县种植总面积较大,但适宜种植面积小,适宜种植的主要乡镇有松山镇、华藏寺镇、天堂镇、哈溪镇、西大滩镇。

柔毛淫羊藿

Epimedium pubescens

【地理分布与生境】

产于陕西、甘肃、湖北、四川、河南、贵州、安徽。

【生物习性】

生长于林下、灌丛中、山坡地边或山沟阴湿处。

【生态环境影响分析】

根据分析结果可知,影响柔毛淫羊藿适宜分布的生态因子共有32个,其中9月份降雨量和4月份降雨量贡献率相差不大且最大,分别为33.4%、30.7%,取值范围分别为120~225mm、45~101mm;其次是等温性、海拔和12月份降雨量,贡献率较小,分别为8.6%、8.5%、5.8%,取值范围分别为0~100、500~1800m、≥4mm。(见表51-3)

表51-3 柔毛淫羊藿生态因子贡献率

生态因子	贡献率(%)	取值范围
9月份降雨量	33.4	120~225mm
4月份降雨量	30.7	45~101mm
等温性	8.6	0~100
海拔	8.5	500~1800m
12月份降雨量	5.8	≥4mm

【生态适宜性区划】

从柔毛淫羊藿生态适宜性区划图来看,柔毛淫羊藿在甘肃最适宜及次适宜生长区域主要在甘肃东南部地区。在陇南市、平凉市和天水市部分为最适宜种植区域,部分次适宜种植区域;在甘南藏族自治州和庆阳市大部分为不适宜种植区域;在定西市绝大部分为不适宜种植区域。(见图51-3)

【生态适宜区域面积】

对生态适宜性进行面积统计发现,柔毛淫羊藿在文县和武都区的分布总面积相差不大,在文县总面积为4473km^2,适宜面积2904km^2、次适宜面积1569km^2,比例分别为64.92%、35.08%;在武都区总面积为4385km^2,适宜面积2409km^2、次适宜面积1976km^2,比例分别为54.95%、45.05%。在麦积区、康县、徽县和灵台县适宜种植面积比例较大,在麦积区总面积为3331km^2,适宜面积1808km^2、次适宜面积1523km^2,比例分别为54.27%、45.73%;在康县总面积为2892km^2,适宜面积2802km^2、次适宜面积90km^2,比例分别为96.87%、3.13%;在徽县总面积为2689km^2,适宜面积2500km^2、次适宜面积189km^2,比例分别为92.99%、7.01%;在灵台县总面积为1938km^2,适宜面积1489km^2、次适宜面积449km^2,比例分别为76.82%、23.18%。在礼县、秦州区、宁县和镇原县适宜种植面积比例较小,在礼县总面积为3109km^2,适宜面积222km^2、次适宜面积2887km^2,比例分别为7.15%、92.85%;在秦州区总面积为2264km^2,适宜面积190km^2、次适宜面积2074km^2,比例分别为8.40%、91.60%;在宁县总面积为2237km^2,适宜面积39km^2、次适宜面积2197km^2,比例分别为1.77%、98.23%;在镇原县总面积为1982km^2,适宜面积0km^2、次适宜面积1982km^2,比例分别为0.00%、100.00%。(见表51-4)

从生态适宜生境分布面积柱状图可以看出,柔毛淫羊藿在文县和康县的适宜生境分布面积相差不大;在武都区、麦积区、徽县和灵台县的适宜生境分布面积较大;在礼县、宁县和秦州区的适宜生境分布面积较小;在礼县的次适宜生境分布面积最大;在文县、武都区、麦积区、宁县和秦州区的次适宜生境分布面积较大;在镇原县均为次适宜分布;在康县、徽县和灵台县的次适宜生境分布面积较小。(见图51-4)

【适宜种植区域及布局建议】

根据柔毛淫羊藿的生态适宜性分析结果,建议选择栽培种植的区域时首先考虑文县、武都区、康县和徽县,文县和武都区种植总面积较大,康县和徽县种植总面积相对较大且适宜种植面积比例较大。文县适宜种植的主要乡镇有范坝镇、丹堡镇、刘家坪乡、中庙镇、铁楼乡;武都区适宜种植的主要乡镇有枫相乡、洛塘镇、裕河镇、三仓镇;康县适宜种植的主要乡镇有阳坝镇;徽县适宜种植的主要乡镇有高桥镇、江洛镇、麻沿河镇、榆树乡、嘉陵镇。其次考虑麦积区和灵台县,适宜种植面积相对较大,

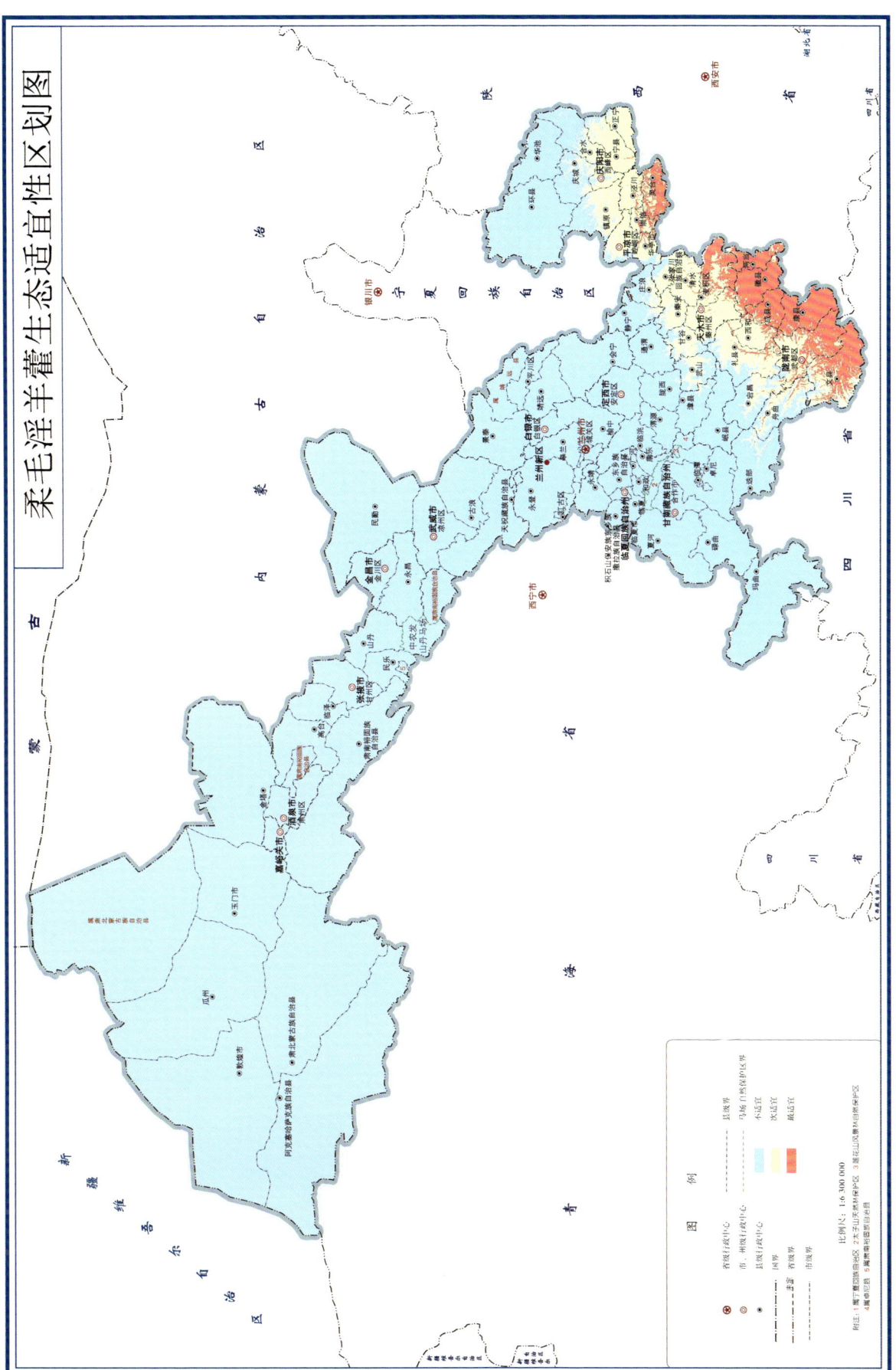

图51-3 柔毛淫羊藿生态适宜性区划图

表 51-4 甘肃各区县柔毛淫羊藿适宜面积

区县	总面积(km²)	适宜(km²)	次适宜(km²)	适宜比例(%)	次适宜比例(%)
文县	4473	2904	1569	64.92	35.08
武都区	4385	2409	1976	54.95	45.05
麦积区	3331	1808	1523	54.27	45.73
礼县	3109	222	2887	7.15	92.85
康县	2892	2802	90	96.87	3.13
徽县	2689	2500	189	92.99	7.01
秦州区	2264	190	2074	8.40	91.60
宁县	2237	39	2197	1.77	98.23
镇原县	1982	0	1982	0.00	100.00
灵台县	1938	1489	449	76.82	23.18

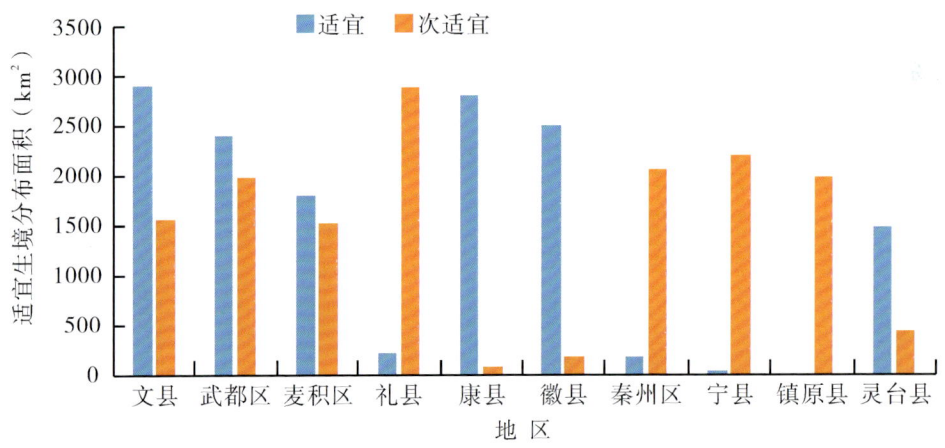

图 51-4 柔毛淫羊藿适宜生境分布面积

麦积区适宜种植的主要乡镇有党川镇、利桥镇、东岔镇;灵台县适宜种植的主要乡镇有百里镇、什字镇。在礼县、宁县、秦州区和镇原县适宜种植面积较小,礼县适宜种植的主要乡镇有桥头镇、石桥镇、永坪镇、白河镇、洮坪镇;宁县适宜种植的主要乡镇有盘克镇、春荣镇;秦州区适宜种植的主要乡镇有娘娘坝镇、皂郊镇、藉口镇;镇原县适宜种植的主要乡镇有屯字镇、太平镇。

第九章 果实及种子类中药

52. 牛蒡子
Niubangzi
ARCTII FRUCTUS

牛蒡子为菊科植物牛蒡 *Arctium lappa* L.的干燥成熟果实。秋季果实成熟时采收果序,晒干,打下果实,除去杂质,再晒干。性寒,味辛、苦。具有疏散风热,宣肺透疹,解毒利咽功效。

中药复方有牛蒡汤、牛蒡甘桔汤、牛蒡解肌汤等。

【地理分布与生境】

牛蒡分布于东北、西北、中南、西南及台湾的台南、河北、山东、江苏、安徽、浙江、江西、广西等地。多生于山野路边、沟边、荒地、山坡向阳草地、林边和村镇附近。

【生物习性】

牛蒡子为菊科二年生草本植物牛蒡的干燥果实。牛蒡为长日照植物,需水较多,但田间不能积水,否则将发生腐烂。喜温暖湿润气候,耐寒、耐热性强。适宜地势向阳、土层深厚、土质肥沃、排水良好的土壤或砂质土壤栽培,忌连作。

【生态环境影响分析】

根据分析结果可知,影响牛蒡适宜分布的生态因子共有29个,其中5月份降雨量贡献率最大,为30.2%,取值范围为50~270mm;10月份降雨量次之,为23.6%,取值范围为>30mm;海拔贡献率较大,为16.9%,取值范围为800~3400m;温度季节性变化标准差和坡度贡献率较小,分别为8.2%、4.7%,取值范围分别为5000~9000、0°~55°;最干季节均温贡献率最小,为3.2%,取值范围为-12~14℃。(见表52-1)

表52-1 牛蒡生态因子贡献率

生态因子	贡献率(%)	取值范围
5月份降雨量	30.2	50~270mm
10月份降雨量	23.6	>30mm
海拔	16.9	800~3400m
温度季节性变化标准差	8.2	5000~9000
坡度	4.7	0°~55°
最干季节均温	3.2	-12~14℃

【生态适宜性区划】

从牛蒡生态适宜性区划图来看,牛蒡在甘肃最适宜及次适宜生长区域主要在东南部地区。在陇南市、天水市、平凉市、定西市和临夏回族自治州绝大部分为最适宜种植区域;在庆阳市和兰州市大部分为最适宜种植区域;在甘南藏族自治州和白银市大部分为次适宜种植区域;在武威市、金昌市和张掖市绝大部分为次适宜种植区域和不适宜种植区域;在酒泉市绝大部分为不适宜种植区域。(见图52-1)

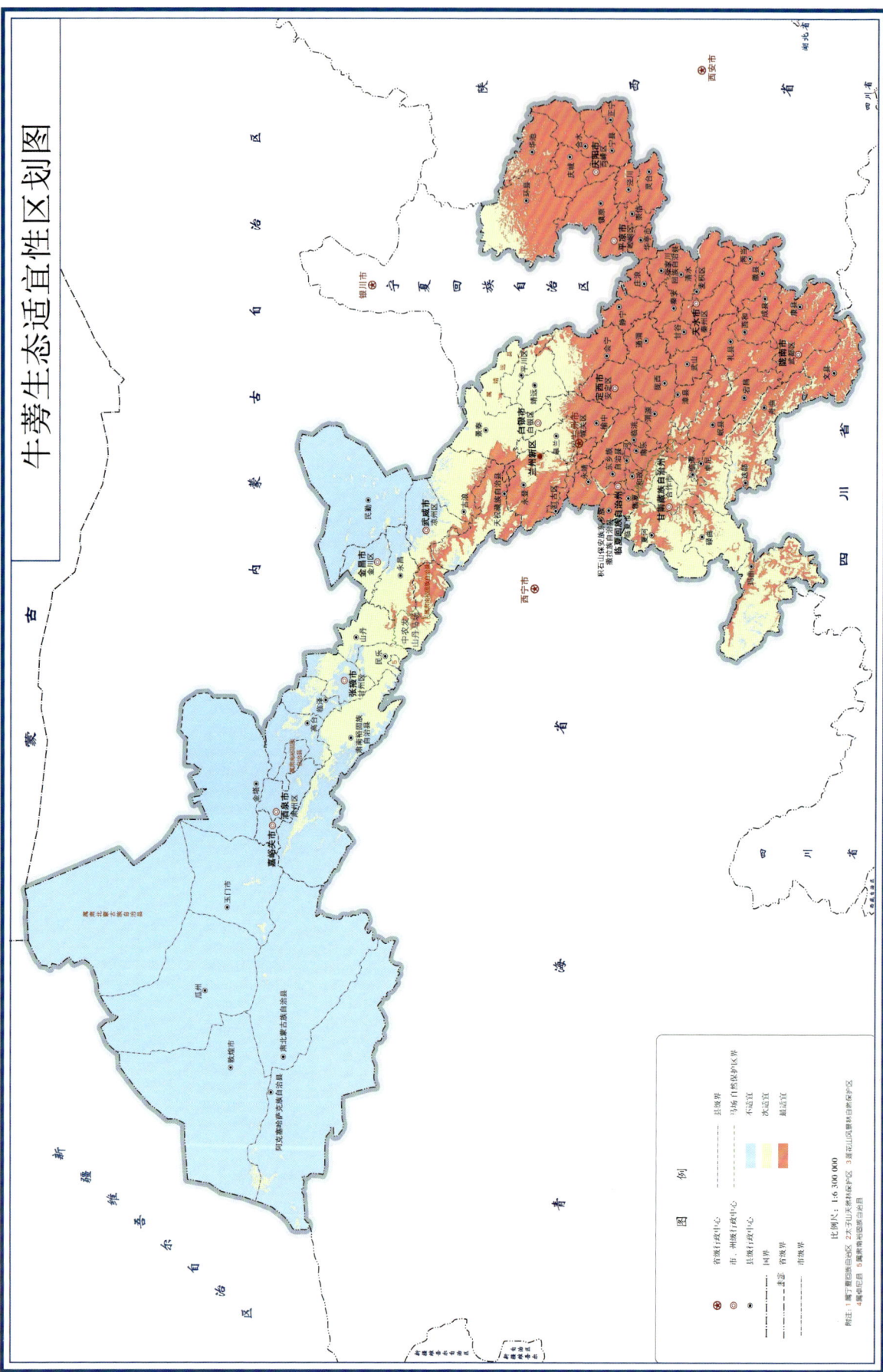

图 52-1 牛蒡生态适宜性区划图

【生态适宜区域面积】

对生态适宜性进行面积统计发现,牛蒡在肃南县分布总面积为10 136km²,适宜面积1668km²、次适宜积8468km²,比例分别为16.45%、83.55%;在玛曲县分布总面积为9775km²,适宜面积2478km²、次适宜面积7297km²,比例分别为25.35%、74.65%;在环县分布总面积为9204km²,适宜面积6300km²、次适宜面积2904km²,比例分别为68.45%、31.55%。在天祝县、会宁县、夏河县和永登县分布总面积相差不大,在天祝县总面积为6916km²,适宜面积4045km²、次适宜面积2871km²,比例分别为58.48%、41.52%;在会宁县总面积为6434km²,适宜面积4065km²、次适宜面积2369km²,比例分别为63.18%、36.82%;在夏河县总面积为6148km²,适宜面积1837km²、次适宜面积4311km²,比例分别为29.88%、70.12%;在永登县总面积为6082km²,适宜面积4606km²、次适宜面积1476km²,比例分别为75.73%、24.27%。在靖远县、景泰县和山丹县分布总面积相差不大,在靖远县总面积为5792km²,适宜面积111km²、次适宜面积5681km²,比例分别为1.91%、98.09%;在景泰县总面积为5380km²,适宜面积687km²、次适宜面积4693km²,比例分别为12.78%、87.22%;在山丹县总面积为5231km²,适宜面积435km²、次适宜面积4796km²,比例分别为8.31%、91.69%。(见表52-2)

表52-2 甘肃各区县牛蒡适宜面积

区县	总面积(km²)	适宜(km²)	次适宜(km²)	适宜比例(%)	次适宜比例(%)
肃南县	10 136	1668	8468	16.45	83.55
玛曲县	9775	2478	7297	25.35	74.65
环县	9204	6300	2904	68.45	31.55
天祝县	6916	4045	2871	58.48	41.52
会宁县	6434	4065	2369	63.18	36.82
夏河县	6148	1837	4311	29.88	70.12
永登县	6082	4606	1476	75.73	24.27
靖远县	5792	111	5681	1.91	98.09
景泰县	5380	687	4693	12.78	87.22
山丹县	5231	435	4796	8.31	91.69

从生态适宜生境分布面积柱状图可以看出,牛蒡在环县适宜生境分布面积最大,天祝县、会宁县和永登县适宜生境分布面积较大,肃南县、玛曲县、夏河县、景泰县、山丹县适宜生境分布面积较小,靖远县适宜生境分布面积最小;在肃南县次适宜生境分布面积最大,玛曲县、靖远县、夏河县、景泰县和山丹县次适宜生境分布面积较大,环县、天祝县和会宁县次适宜生境分布面积较小,永登县次适宜生境分布面积最小。(见图52-2)

【适宜种植区域及布局建议】

根据牛蒡的生态适宜性分析结果,建议选择栽培种植的区域时首先考虑肃南县、玛曲县和环县。肃南县适宜种植的主要乡镇有祁丰乡、红湾寺镇、明花乡、白银乡、马蹄乡、皇城镇、康乐镇、大河乡;玛曲县适宜种植的主要乡镇有欧拉秀玛乡、曼日玛乡、欧拉镇、齐哈玛镇、尼玛镇、阿万仓镇、采日玛镇、木西合乡;环县适宜种植的主要乡镇有曲子镇、合道镇、耿湾乡、芦家湾乡、洪德镇、小南沟乡、虎洞镇、木钵镇、演武乡、樊家川镇、南湫乡、甜水镇。其次是天祝县、会宁县和永登县。天祝县适宜种植的主要乡镇有炭山岭镇、赛什斯镇、天堂镇、祁连镇、东坪乡、赛拉隆乡、石门镇、哈溪镇、西大滩镇;会宁县适宜种植的主要乡镇有汉家岔镇、郭城驿镇、柴家门镇、大沟镇、党家岘乡、平头川镇、八里湾乡、

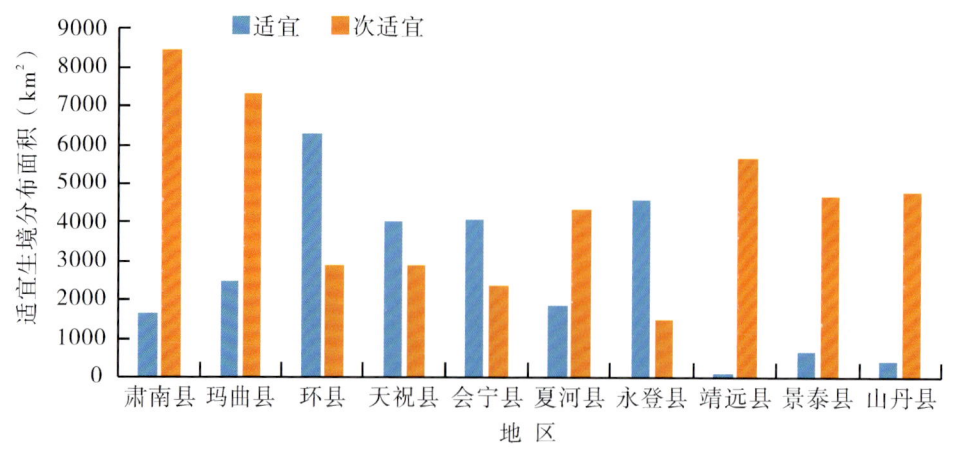

图 52-2 牛蒡适宜生境分布面积

新塬镇、头寨子镇、韩家集镇、土门岘镇、侯家川镇;永登县适宜种植的主要乡镇有红城镇、上川镇、中堡镇、河桥镇、龙泉寺镇、中川镇、苦水镇、七山乡、坪城乡、连城镇、城关镇、柳树镇。在夏河县、靖远县、景泰县和山丹县适宜种植面积较小。夏河县适宜种植的主要乡镇有麻当镇、唐尕昂乡、桑科镇、扎油乡、甘加镇、达麦乡、吉仓乡、博拉镇、拉卜楞镇、阿木去乎镇、曲奥乡、王格尔塘镇;靖远县适宜种植的主要乡镇有糜滩镇、乌兰镇、靖安乡、高湾镇、东升镇、大芦镇、五合镇、若笠乡、双龙镇、石门乡、北滩镇、兴隆乡;景泰县适宜种植的主要乡镇有五佛乡、喜泉镇、草窝滩镇、正路镇、漫水滩乡、一条山镇、上沙沃镇、芦阳镇、红水镇、中泉镇、寺滩乡;山丹县适宜种植的主要乡镇有霍城镇、位奇镇、老军乡、东乐镇、陈户镇、清泉镇、大马营镇、李桥乡。

53. 沙 棘

Shaji

HIPPOPHAE FRUCTUS

本品系蒙古族、藏族习用药材。为胡颓子科植物沙棘 *Hippophae rhamnoides* L.的干燥成熟果实。秋、冬二季果实成熟或冻硬时采收,除去杂质,干燥或蒸干后干燥。味酸、涩,性温。归脾、胃、肺、心经。具有健脾消食,止咳祛痰,活血散瘀的功效。可用于脾虚食少,食积腹痛,咳嗽痰多,胸痹心痛,瘀血经闭,跌仆瘀肿。

现代医学研究,沙棘可降低胆固醇、缓解心绞痛发作,还有防治冠状动脉粥样硬化性心脏病的作用。

沙棘的根、茎、叶、花,特别是沙棘果实含有丰富的营养物质和生物活性物质,可以广泛应用于食品、医药、轻工、航天、农牧渔业等国民经济的许多领域。

【地理分布与生境】

沙棘主要分布于河北、内蒙古、山西、陕西、甘肃、青海、四川西部等地。

【生物习性】

沙棘喜光,耐寒,耐酷热,耐风沙及干旱气候,对土壤适应性强。喜生于向阳山脊、谷地、干涸河床或山坡地,多分布在森林草原和草原地带,有时也见于内蒙古东部草原区的沙地上,西部半荒漠区的河谷和山地。

【生态环境影响分析】

根据分析结果可知,影响沙棘适宜分布的生态因子共有32个,其中海拔贡献率最大,为43.8%,取值范围为600~4000m;9月份平均降雨量、7月份平均气温和11月份平均气温贡献率相差不大,分别为7.0%、6.8%、6.7%,取值范围分别为0~230mm、7~27℃、-7~10℃;8月份平均气温和年均温变化范围贡献率相差不大且贡献率较小,分别为4.2%、3.6%,取值范围分别为6~26℃、10~50℃。(见表53-1)

表 53-1　沙棘生态因子贡献率

生态因子	贡献率(%)	取值范围
海拔	43.8	600~4000m
9月份平均降雨量	7.0	0~230mm
7月份平均气温	6.8	7~27℃
11月份平均气温	6.7	-7~10℃
8月份平均气温	4.2	6~26℃
年均温变化范围	3.6	10~50℃

【生态适宜性区划】

从沙棘生态适宜性区划图来看,可以得到沙棘在甘肃最适宜生长区域主要在东南部地区。在陇南市、天水市绝大部分为最适宜种植区域;定西市、平凉市、定西市和庆阳市大部分为次适宜种植区域;在甘南藏族自治州、临夏回族自治州、兰州市、白银市和武威市绝大部分为不适宜种植区域;在金昌市、张掖市、嘉峪关市和酒泉市均为不适宜种植区域。(见图53-1)

【生态适宜区域面积】

对生态适宜性进行面积统计发现,沙棘在武都区分布总面积最大,为4628km^2,适宜面积3709km^2、次适宜面积919km^2,比例分别为80.15%、19.85%。在文县和礼县种植面积相差不大,在文县总面积为4285km^2,适宜面积3253km^2、次适宜面积1032km^2,比例分别为75.91%、24.09%;在礼县总面积为4255km^2,适宜面积2060km^2、次适宜面积2195km^2,比例分别为48.42%、51.58%。在麦积区和镇原县种植面积相差不大,在麦积区总面积为3394km^2,适宜面积2102km^2、次适宜面积1292km^2,比例分别为61.93%、38.07%;在镇原县总面积为3177km^2,适宜面积113km^2、次适宜面积3064km^2,比例分别为3.56%、96.44%。在康县、合水县、徽县、通渭县和宁县种植总面积相差不大,在康县总面积为2948km^2,适宜面积2909km^2、次适宜面积39km^2,比例分别为98.67%、1.33%;在合水县总面积为2837km^2,适宜面积293km^2、次适宜面积2544km^2,比例分别为10.33%、89.67%;在徽县总面积为2764km^2,适宜面积2442km^2、次适宜面积322km^2,比例分别为88.34%、11.66%;在通渭县总面积为2702km^2,适宜面积13km^2、次适宜面积2689km^2,比例分别为0.48%、99.52%;在宁县总面积为2601km^2,适宜面积512km^2、次适宜面积2089km^2,比例分别为19.70%、80.30%。(见表53-2)

从生态适宜生境分布面积柱状图可以看出,沙棘在武都区的适宜生境分布面积最大;在文县、礼县、麦积区、康县和徽县的适宜生境分布面积较大;在镇原县、合水县和宁县的适宜生境分布面积较小;在通渭县的适宜生境分布面积最小;在镇原县、礼县、合水县、通渭县和宁县的次适宜生境分布面积相差不大,且最大;在武都区、文县和麦积区的次适宜生境分布面积较小;在徽县和康县的次适宜生境分布面积最小。(见图53-2)

【适宜种植区域及布局建议】

根据沙棘的生态适宜性分析结果,建议选择栽培种植的区域时首先考虑武都区,武都区种植总

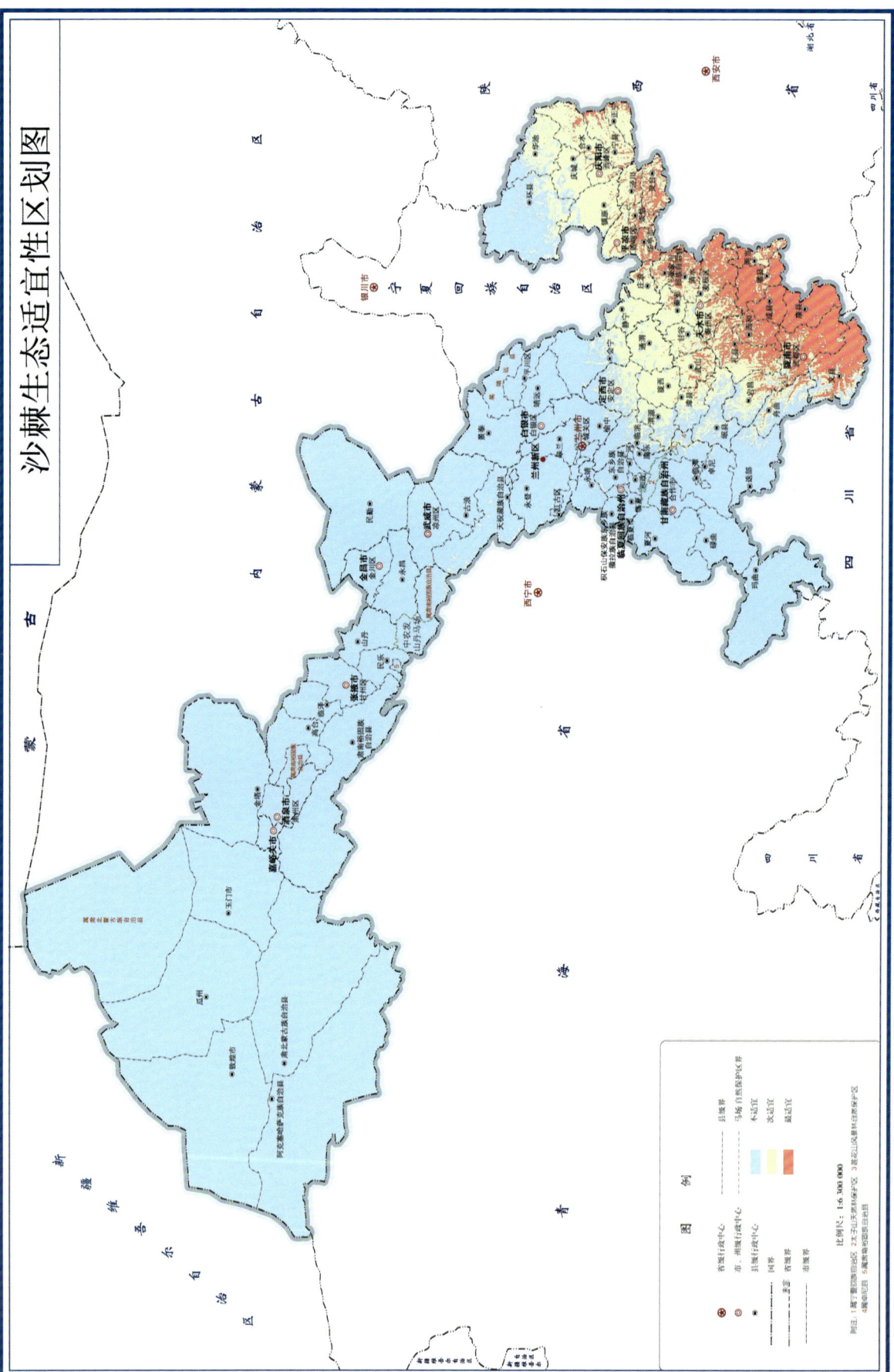

图 53-1 沙棘生态适宜性区划图

表 53-2　甘肃各区县沙棘适宜面积

区县	总面积(km²)	适宜(km²)	次适宜(km²)	适宜比例(%)	次适宜比例(%)
武都区	4628	3709	919	80.15	19.85
文县	4285	3253	1032	75.91	24.09
礼县	4255	2060	2195	48.42	51.58
麦积区	3394	2102	1292	61.93	38.07
镇原县	3177	113	3064	3.56	96.44
康县	2948	2909	39	98.67	1.33
合水县	2837	293	2544	10.33	89.67
徽县	2764	2442	322	88.34	11.66
通渭县	2702	13	2689	0.48	99.52
宁县	2601	512	2089	19.70	80.30

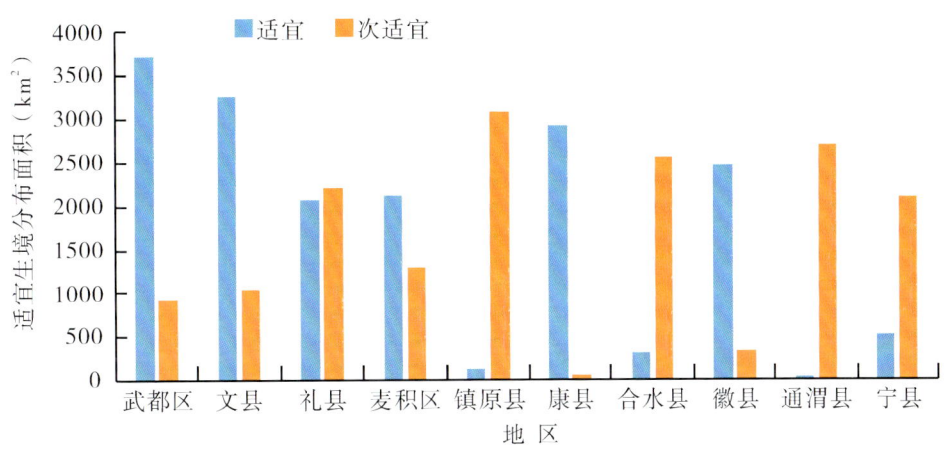

图 53-2　沙棘适宜生境分布面积

面积最大,适宜种植的主要乡镇有安化镇、角弓镇、石门镇、马营镇、隆兴乡、汉王镇、洛塘镇、黄坪镇、五马镇、琵琶镇。其次考虑文县、礼县、麦积区、康县和徽县,种植总面积较大,且适宜种植面积比例较大。文县适宜种植的主要乡镇有刘家坪乡、堡子坝镇、梨坪乡、铁楼乡、范坝镇、临江镇、口头坝乡、舍书乡;礼县适宜种植的主要乡镇有宽川镇、盐官镇、祁山镇、滩坪镇、雷王乡、草坪乡、白河镇;麦积区适宜种植的主要乡镇有花牛镇、新阳镇、东岔镇、伯阳镇、石佛镇、马跑泉镇、元龙镇、甘泉镇、渭南镇;康县适宜种植的主要乡镇有长坝镇、铜钱镇、平洛镇、三河坝镇、阳坝镇、迷坝乡、大堡镇、云台镇、白杨镇;徽县适宜种植的主要乡镇有银杏树镇、大河店镇、水阳镇、城关镇、江洛镇、永宁镇、柳林镇、高桥镇。镇原县、合水县、通渭县和宁县适宜种植面积较小,镇原县适宜种植的主要乡镇有三岔镇、郭原乡、殷家城乡、中原乡、武沟乡、方山乡、新集镇、屯字镇、平泉镇、南川乡;合水县适宜种植的主要乡镇有段家集乡、店子乡、何家畔镇、太白镇、肖咀镇、太莪乡;通渭县适宜种植的主要乡镇有陇阳镇、李店乡、新景乡、常河镇、襄南镇、平襄镇、榜罗镇、马营镇;宁县适宜种植的主要乡镇有长庆桥镇、平子镇、太昌镇、米桥镇、湘乐镇、新宁镇、瓦斜乡。

54. 山茱萸
Shanzhuyu
CORNI FRUCTUS

本品为山茱萸科植物山茱萸 Cornus officinalis Sieb. et Zucc.的干燥成熟果肉。秋末冬初果皮变红时采收果实,用文火烘或置沸水中略烫后,及时除去果核,干燥。该种的果实称"萸肉",俗名枣皮,供药用。味酸、涩,性微温。归肝、肾经。有补益肝肾,收涩固脱等功效。用于眩晕耳鸣,腰膝酸痛,阳痿遗精,遗尿尿频,崩漏带下,大汗虚脱,内热消渴。

【地理分布与生境】

山茱萸主产山西、陕西、甘肃、山东、江苏、浙江、安徽、江西、河南、湖南等省。

【生物习性】

山茱萸为暖温带阳性树种,较耐阴但又喜充足的光照,通常在山坡中下部地段、阴坡、阳坡、谷地以及河两岸等地均生长良好,山茱萸宜栽于排水良好、富含有机质、肥沃的砂壤土中。黏土要混入适量河沙,增加排水及透气性能。

【生态环境影响分析】

根据分析结果可知,影响山茱萸适宜分布的生态因子共有40个,其中3月份降雨量贡献率最大,为38.2%,取值范围为20~175mm;10月份降雨量和11月份降雨量贡献率相差不大,分别为11.6%、11.4%,取值范围40~170mm、>13mm;1月份平均气温贡献率较小,为6.5%,取值范围为-3~6℃;坡度、10月份平均气温和9月份降雨量贡献率相差不大且较小,分别为4.6%、4.5%、4.1%,取值范围为>0°、8~20.5℃、70~260mm。(见表54-1)

表54-1 山茱萸生态因子贡献率

生态因子	贡献率(%)	取值范围
3月份降雨量	38.2	20~175mm
10月份降雨量	11.6	40~170mm
11月份降雨量	11.4	>13mm
1月份平均气温	6.5	-3~6℃
坡度	4.6	>0°
10月份平均气温	4.5	8~20.5℃
9月份降雨量	4.1	70~260mm

【生态适宜性区划】

从山茱萸生态适宜性区划图来看,山茱萸在甘肃最适宜生长区域主要在东南部地区。在陇南市、天水市和平凉市均为最适宜种植区域;在庆阳市和定西市大部分为最适宜种植区域,少数部分为次适宜种植区域和不适宜种植区域;在甘南藏族自治州、兰州市、临夏回族自治州和白银市大部分为不适宜种植区域。(见图54-1)

【生态适宜区域面积】

对生态适宜性进行面积统计发现,山茱萸在环县的分布总面积最大,为6200km²,适宜面积1864km²、次适宜面积4336km²,比例分别为30.07%、69.93%。在文县总面积为4886km²,适宜面积为

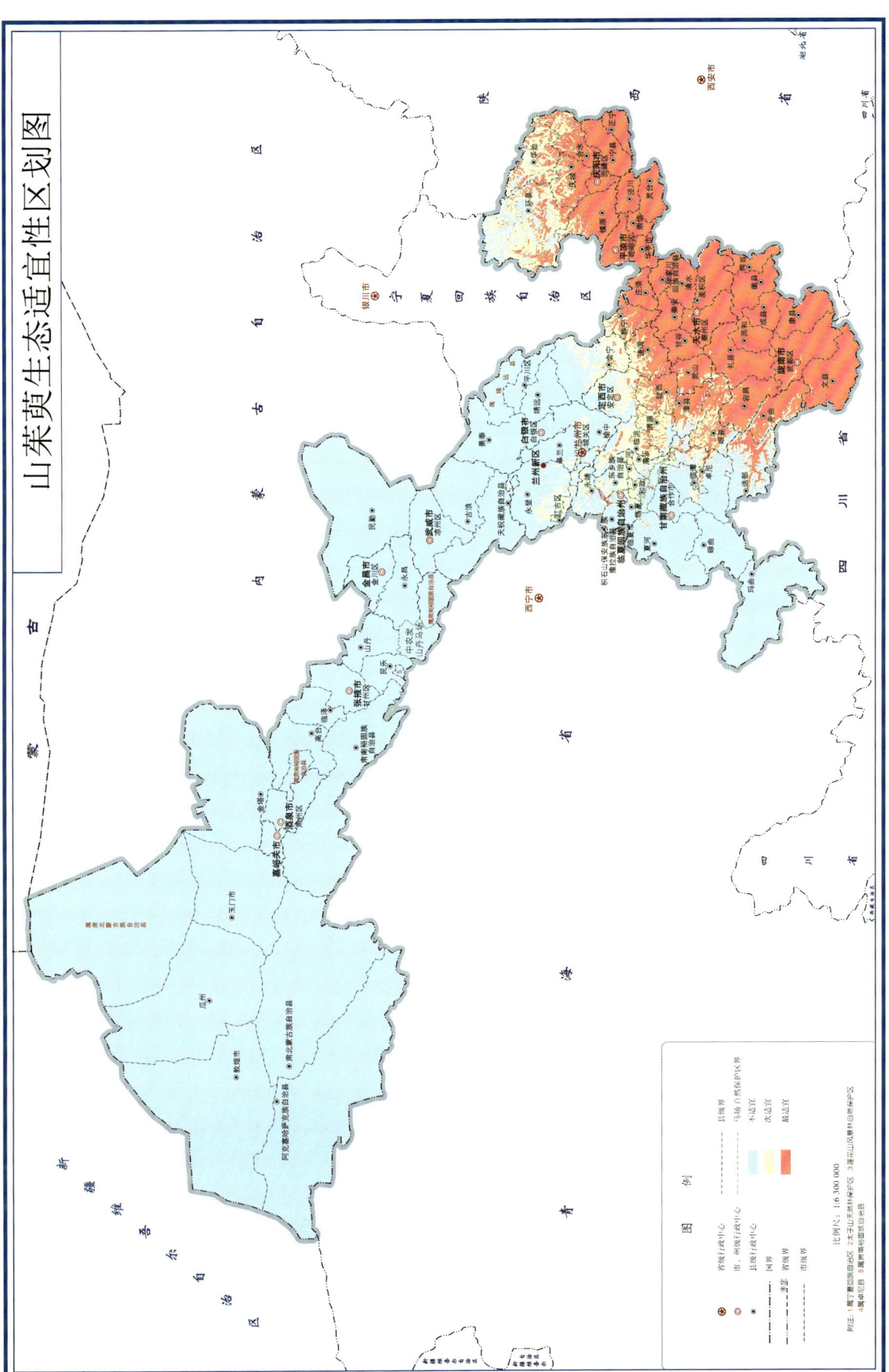

图 54-1 山茱萸生态适宜性区划图

4846km²、次适宜面积40km²，比例分别为99.18%、0.82%；在武都区总面积为4566km²，适宜面积4510km²、次适宜面积56km²，比例分别为98.78%、1.22%；在礼县总面积为4151km²，适宜面积4103km²、次适宜面积48km²，比例分别为98.83%、1.17%。在麦积区和镇原县分布总面积相差不大，在麦积区总面积为3342km²,适宜面积3327km²、次适宜面积15km²，比例分别为99.55%、0.45%；在镇原县总面积为3278km²,适宜面积2938km²、次适宜面积340km²，比例分别为89.62%、10.38%。在宕昌县、华池县和岷县种植总面积相差不大，在宕昌县总面积为3197km²，适宜面积2964km²、次适宜面积233km²，比例分别为92.70%、7.30%；在华池县总面积为3175km²，适宜面积1130km²、次适宜面积2045km²，比例分别为35.58%、64.42%；在岷县总面积为3170km²，适宜面积1812km²、次适宜面积1358km²，比例分别为57.16%、42.84%。在合水县总面积最小，为2756km²，适宜面积1997km²，次适宜面积759km²，比例分别为72.64%、27.54%。（见表54-2）

表54-2 甘肃各区县山茱萸适宜面积

区县	总面积(km²)	适宜(km²)	次适宜(km²)	适宜比例(%)	次适宜比例(%)
环县	6200	1864	4336	30.07	69.93
文县	4886	4846	40	99.18	0.82
武都区	4566	4510	56	98.78	1.22
礼县	4151	4103	48	98.83	1.17
麦积区	3342	3327	15	99.55	0.45
镇原县	3278	2938	340	89.62	10.38
宕昌县	3197	2964	233	92.70	7.30
华池县	3175	1130	2045	35.58	64.42
岷县	3170	1812	1358	57.16	42.84
合水县	2756	1997	759	72.46	27.54

从生态适宜生境分布面积柱状图可以看出，山茱萸在文县、武都区和礼县的适宜生境分布面积都较大；其次是镇原县、麦积区、宕昌县；在环县、华池县、岷县和合水县的适宜生境分布面积较小。在环县的次适宜生境分布面积最大；其次是华池县次适宜生境分布较大；在岷县和合水县的次适宜生境分布面积较小；在文县、武都区、礼县、镇原县、麦积区和宕昌县的次适宜生境分布面积最小。（见图54-2）

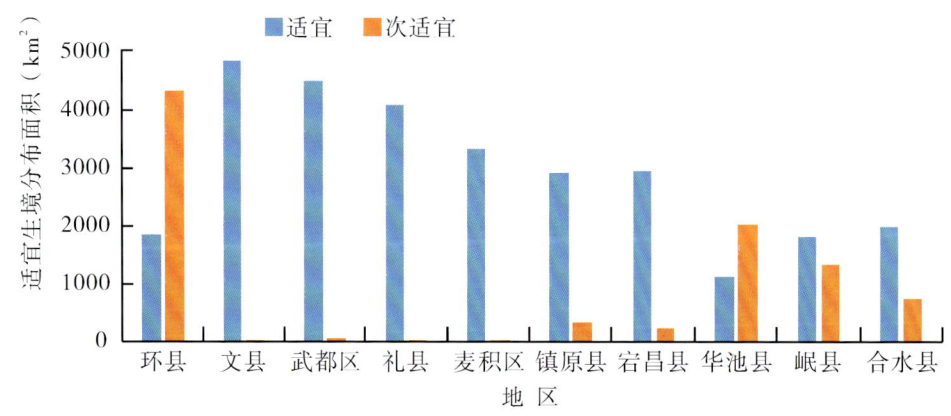

图54-2 山茱萸适宜生境分布面积

【适宜种植区域及布局建议】

根据山茱萸的生态适宜性分析结果，建议选择栽培种植的区域时首先考虑环县，环县种植总面积最大,适宜种植的主要乡镇有毛井镇、小南沟乡、车道镇、合道镇、环城镇。其次考虑文县、武都区、礼县、镇原县、麦积区和宕昌县,种植总面积较大且适宜种植比例大。文县适宜种植的主要乡镇有丹堡镇、范坝镇、刘家坪乡、铁楼乡;武都区适宜种植的主要乡镇有枫相乡、洛塘镇、裕河镇;礼县适宜种植的主要乡镇有上坪乡、洮坪镇;镇原县适宜种植的主要乡镇有孟坝镇、屯字镇、太平镇;麦积区适宜种植的主要乡镇有党川镇、利桥镇、东岔镇;宕昌县适宜种植的主要乡镇有南河镇。华池县、岷县和合水县种植总面积较小且适宜种植比例较小,华池县适宜种植的主要乡镇有林镇乡、城壕镇、悦乐镇、柔远镇;岷县适宜种植的主要乡镇有闾井镇、中寨镇、锁龙乡、蒲麻镇;合水县适宜种植的主要乡镇有太白镇、固城镇、蒿咀铺乡、老城镇。

55. 吴茱萸
Wuzhuyu
EUODIAE FRUCTUS

本品为芸香科植物吴茱萸 *Euodia rutaecarpa* (Juss.) Benth.、石虎 *Euodia rutaecarpa* (Juss.) Benth. var. *officinalis* (Dode) Huang 或疏毛吴茱萸 *Euodia rutaecarpa* (Juss.) Benth. var. *bodinieri* (Dode) Huang 的干燥近成熟果实。8~11月果实尚未开裂时,剪下果枝,晒干或低温干燥,除去枝、叶、果梗等杂质。味辛、苦,性热,有小毒。归肝、脾、胃、肾经。具有散寒止痛,降逆止呕,助阳止泻等功效。用于厥阴头痛,寒疝腹痛,寒湿脚气,经行腹痛,脘腹胀痛,呕吐吞酸,五更泄泻。

其药理作用为强心、扩张血管、舒张平滑肌、升血糖、促进脂肪代谢等。本品有小毒,历代医家在应用吴茱萸时,多采用控制药量、炮制陈放、辨证配伍等方法减毒。

【地理分布与生境】

吴茱萸主产秦岭以南各地,但海南未见有自然分布,曾引进栽培,均生长不良。生长于山地疏林或灌木丛中,多见于向阳坡地。各地有小或大量栽种。

【生物习性】

吴茱萸一般在山坡地、平原、房前屋后、路旁均可种植。对土壤要求不严,中性、微碱性或微酸性的土壤都能生长,但作苗床时尤以土层深厚、较肥沃、排水良好的壤土或砂壤土为佳。低洼积水地不宜种植。

【生态环境影响分析】

根据分析结果可知,影响吴茱萸适宜分布的生态因子共有36个,其中10月份降雨量贡献率最大,为73.3%,取值范围为63~168mm。(见表55-1)

表55-1 吴茱萸生态因子贡献率

生态因子	贡献率(%)	取值范围
10月份降雨量	73.3	63~168mm

【生态适宜性区划】

从吴茱萸生态适宜性区划图来看,吴茱萸最适宜及次适宜生长区域主要在甘肃东南部地区。在陇南市、天水市和平凉市大部分为最适宜种植区域和次适宜种植区域;在甘南藏族自治州和临夏回族自治州绝大部分为不适宜种植区域;在定西市绝大部分为不适宜种植区域;在庆阳市大部分为不适宜种植区域,部分为次适宜种植区域。(见图55-1)

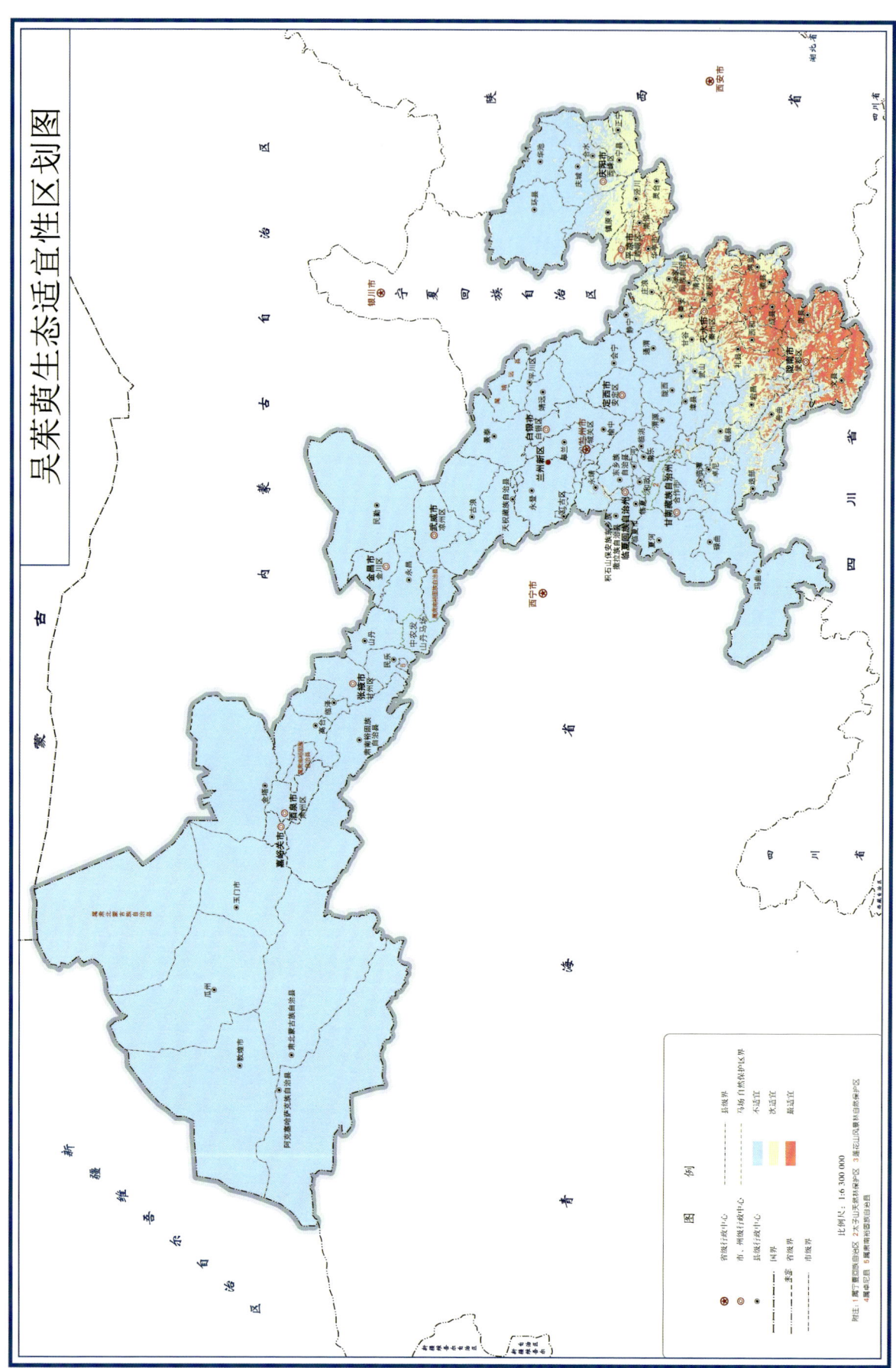

图55-1 吴茱萸生态适宜性区划图

【生态适宜区域面积】

对生态适宜性进行面积统计发现,吴茱萸在文县和武都区种植总面积相差不大且总面积均为最大,在文县总面积为4312km^2,适宜面积2974km^2、次适宜面积1338km^2,比例分别为68.97%、31.03%;在武都区总面积为4215km^2,适宜面积2404km^2、次适宜面积1811km^2,比例分别为57.04%、42.96%。在礼县总面积为3343km^2,适宜面积1186km^2、次适宜面积2157km^2,比例分别为35.48%、64.52%;在麦积区总面积为3124km^2,适宜面积1177km^2、次适宜面积1947km^2,比例分别为37.67%、62.33%;在康县总面积为2842km^2,适宜面积2106km^2、次适宜面积736km^2,比例分别为74.11%、25.89%;在徽县总面积为2611km^2,适宜面积1742km^2、次适宜面积869km^2,比例分别为66.70%、33.30%;在秦州区总面积为2266km^2,适宜面积878km^2、次适宜面积1388km^2,比例分别为38.74%、61.26%。在宕昌县、灵台县和清水县种植总面积较小,在宕昌县总面积为1919km^2,适宜面积405km^2、次适宜面积1514km^2,比例分别为21.10%、78.90%;在灵台县总面积为1913km^2,适宜面积189km^2、次适宜面积1724km^2,比例分别为9.86%、90.14%;在清水县总面积为1813km^2,适宜面积715km^2、次适宜面积1098km^2,比例分别为39.42%、60.58%。(见表55-2)

表55-2 甘肃各区县吴茱萸适宜面积

区县	总面积(km^2)	适宜(km^2)	次适宜(km^2)	适宜比例(%)	次适宜比例(%)
文县	4312	2974	1338	68.97	31.03
武都区	4215	2404	1811	57.04	42.96
礼县	3343	1186	2157	35.48	64.52
麦积区	3124	1177	1947	37.67	62.33
康县	2842	2106	736	74.11	25.89
徽县	2611	1742	869	66.70	33.30
秦州区	2266	878	1388	38.74	61.26
宕昌县	1919	405	1514	21.10	78.90
灵台县	1913	189	1724	9.86	90.14
清水县	1813	715	1098	39.42	60.58

从生态适宜生境分布面积柱状图可以看出,吴茱萸在文县的适宜生境分布面积最大;在武都区、康县和徽县的适宜生境分布面积都较大;在礼县、麦积区、秦州区、清水县、宕昌县和灵台县的适宜生境分布面积较小;在礼县的次适宜生境分布面积最大;在文县、武都区、麦积区、秦州区、宕昌县、灵台县和清水县的次适宜生境分布面积较大;在康县和徽县的次适宜生境分布面积较小。(见图55-2)

【适宜种植区域及布局建议】

根据吴茱萸的生态适宜性分析结果,建议选择栽培种植的区域时首先考虑文县和武都区,种植总面积和适宜种植面积都较大。文县适宜种植的主要乡镇有范坝镇、丹堡镇、刘家坪乡、中庙镇、铁楼乡;武都区适宜种植的主要乡镇有枫相乡、洛塘镇、裕河镇、三仓镇。其次考虑礼县、麦积区、康县和徽县,种植总面积较大。礼县适宜种植的主要乡镇有洮坪镇、桥头镇、石桥镇、永坪镇;麦积区适宜种植的主要乡镇有党川镇、利桥镇、东岔镇;康县适宜种植的主要乡镇有阳坝镇、三河坝镇、白杨镇、岸门口镇、两河镇;徽县适宜种植的主要乡镇有高桥镇、江洛镇、麻沿河镇、榆树乡。秦州区、宕昌县、灵台县、清水县种植总面积较小,且适宜种植面积比例也较小,秦州区适宜种植的主要乡镇有娘娘坝镇、皂郊镇、藉口镇、汪川镇;宕昌县适宜种植的主要乡镇有南河镇、官亭镇、韩院乡、新城子乡、临江铺

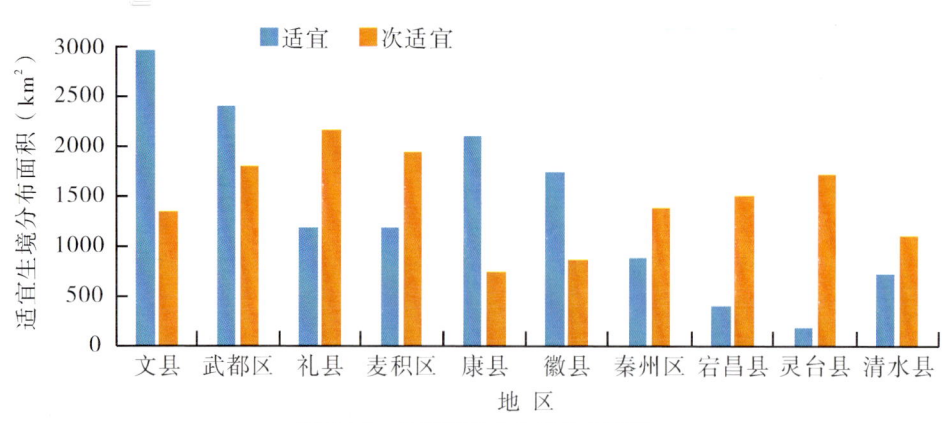

图 55-2 吴茱萸适宜生境分布面积

镇;灵台县适宜种植的主要乡镇有百里镇、什字镇、独店镇、龙门乡;清水县适宜种植的主要乡镇有新城乡、秦亭镇、山门镇、红堡镇、永清镇。

56. 芥 子
Jiezi
SINAPIS SEMEN

本品为十字花科植物白芥 Sinapis alba L.或芥 Brassia juncea(L.) Czem et Coss.的干燥成熟种子。前者习称"白芥子",后者习称"黄芥子"。白芥子:除去杂质,用时捣碎。炒芥子:取净芥子,照清炒法炒至深黄色有香辣气。以种子入药。性温,味辛。归肺经。具有温肺利气,散结通络止痛之功效,主治痰疾喘咳、胸胁胀痛、痰滞经络、关节麻木、疼痛、痰湿流注、阴疽肿痛等症。《备急肘后备急方》中记载:治瘰疬:"小芥子末,醋和贴之,看消即止,恐损肉。"《本草纲目》载有"白芥子末,水调涂足心,引毒归下,疮疹不入目";"涂顶囟,止衄血等方"。在临床上用于治疗慢性气管炎、肺炎、渗出性胸膜炎、闭塞性脉管炎咳喘等呼吸道疾病。

【地理分布与生境】

白芥原产欧洲,在中国辽宁、安徽、河南、四川、山东等全国各地多有栽培。

【生物习性】

白芥喜温暖湿润气候,较耐干旱,喜阳光,适宜肥沃湿润的砂质壤土栽培,忌瘠薄或低洼、积水地。

【生态环境影响分析】

根据分析结果可知,影响白芥适宜分布的生态因子共有35个,其中11月份降雨量贡献率最大,为28.5%,取值范围为7~55mm;其次为坡度,贡献率为8.0%,取值范围为0°~2°;3月份降雨量和最干月降雨量贡献率较小,分别为6.4%、5.3%,取值范围分别为10~70mm、3~34mm;8月份平均气温和9月份平均气温的贡献率最小,分别为3.4%、3.3%,取值范围分别为>22.5℃、15~26℃。(见表56-1)

【生态适宜性区划】

从白芥生态适宜性区划图来看,白芥在甘肃最适宜及次适宜生长区域主要在东南部地区。在庆阳市、平凉市、天水市、陇南市大部分为次适宜种植区域,部分为最适宜种植区域;酒泉市、嘉峪关市、张掖市部分为次适宜种植区域;武威市、白银市、兰州市、临夏回族自治州、定西市、甘南藏族自治州少部分为最适宜种植区域,部分为次适宜种植区域。(见图56-1)

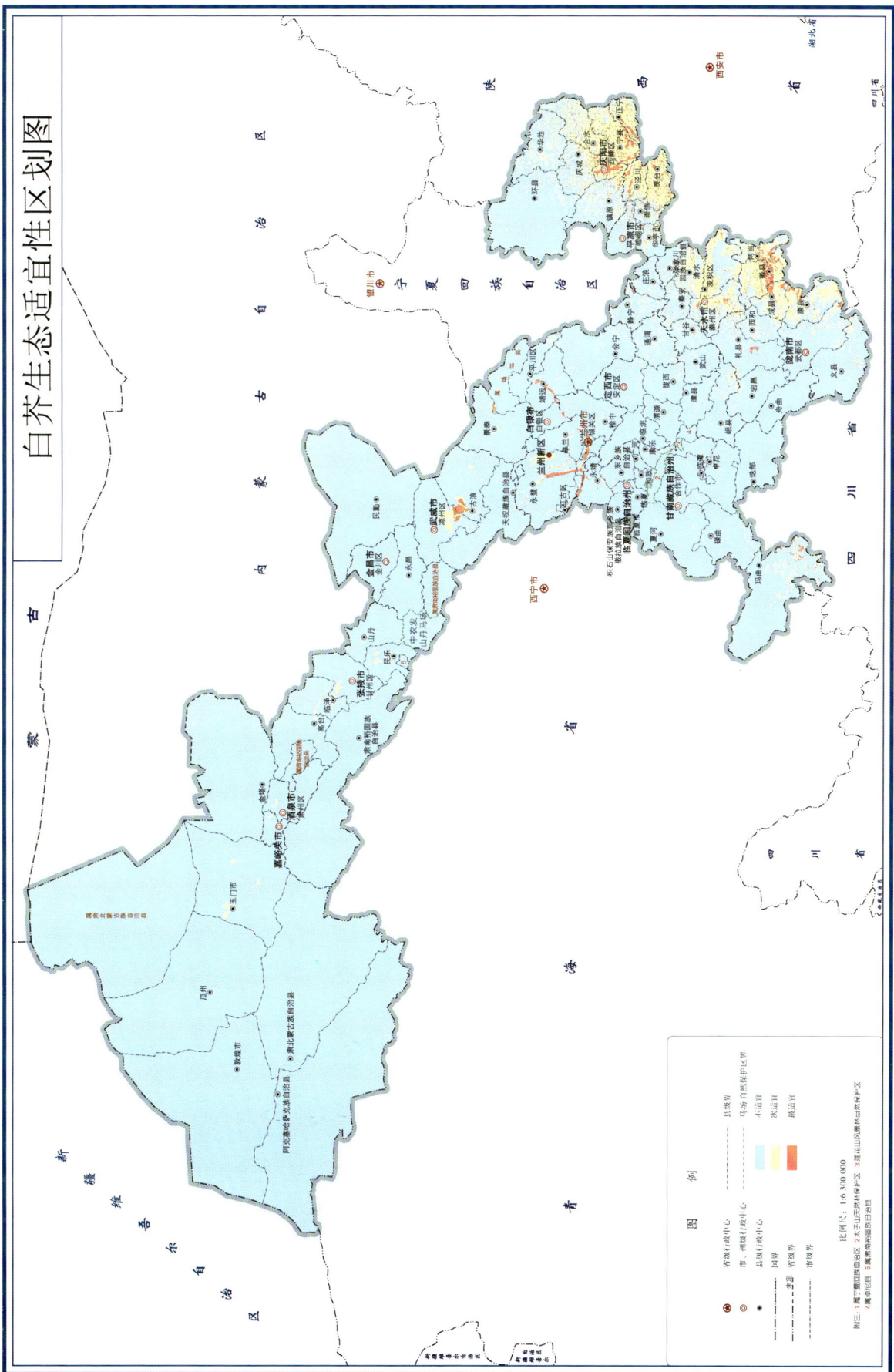

图 56-1 白芥生态适宜性区划图

表 56-1 白芥生态因子贡献率

生态因子	贡献率(%)	取值范围
11月份降雨量	28.5	7~55mm
坡度	8.0	0°~2°
3月份降雨量	6.4	10~70mm
最干月降雨量	5.3	3~34mm
8月份平均气温	3.4	>22.5℃
9月份平均气温	3.3	15~26℃

【生态适宜区域面积】

对生态适宜性进行面积统计发现，白芥在宁县、徽县分布总面积相差不大。在宁县总面积 2298km²，适宜面积 482km²、次适宜面积 1816km²，比例分别为 20.97%、79.03%；在徽县总面积 2136km²，适宜面积 497km²、次适宜面积 1639km²，比例分别为 23.27%、76.73%。在灵台县总面积 1864km²，适宜面积 358km²、次适宜面积 1506km²，比例分别为 19.20%、80.80%；在合水县总面积 1815km²，适宜面积 205km²、次适宜面积 1610km²，比例分别为 11.31%、88.69%。在麦积区和康县次适宜分布面积相对较大，在麦积区总面积 1725km²，适宜面积 161km²、次适宜面积 1564km²，比例分别为 9.35%、90.65%；在康县总面积为 1610km²，适宜面积 162km²、次适宜面积 1448km²，比例分别为 10.06%、89.94%。在泾川县总面积 1175km²，适宜面积 224km²、次适宜面积 951km²，比例分别为 19.10%、80.90%；在正宁县总面积 1128km²，适宜面积 221km²、次适宜面积 907km²，比例分别为 19.62%、80.38%；在秦州区总面积 1104km²，适宜面积 129km²、次适宜面积 975km²，比例分别为 11.70%、88.30%；在庆城县总面积 1060km²，适宜面积 141km²、次适宜面积 919km²，比例分别为 13.30%、86.70%。（见表 56-2）

表 56-2 甘肃各区县白芥适宜面积

区县	总面积(km²)	适宜(km²)	次适宜(km²)	适宜比例(%)	次适宜比例(%)
宁县	2298	482	1816	20.97	79.03
徽县	2136	497	1639	23.27	76.73
灵台县	1864	358	1506	19.20	80.80
合水县	1815	205	1610	11.31	88.69
麦积区	1725	161	1564	9.35	90.65
康县	1610	162	1448	10.06	89.94
泾川县	1175	224	951	19.10	80.90
正宁县	1128	221	907	19.62	80.38
秦州区	1104	129	975	11.70	88.30
庆城县	1060	141	919	13.30	86.70

从生态适宜生境分布面积柱状图可以看出，白芥在宁县适宜生境分布面积最大；徽县适宜生境分布面积次之；灵台县、泾川县、正宁县适宜生境分布面积相差不大；合水县、麦积区、康县、庆城县适宜分布面积较小；秦州区适宜生境分布面积最小；宁县次适宜生境分布面积最大；徽县、合水县、灵台县、麦积区、康县次适宜生境分布面积相差不大；泾川县、庆城县、秦州区次适宜生境分布面积较小；

正宁县次适宜生境分布面积最小。(见图56-2)

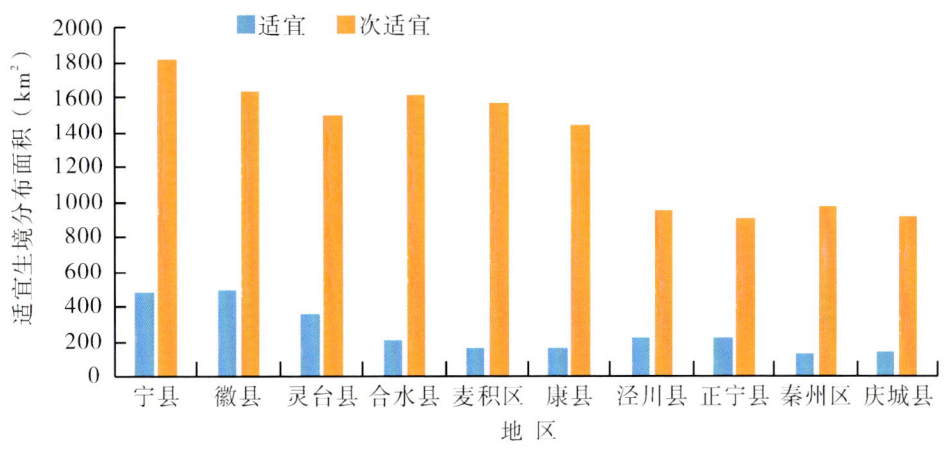

图56-2　白芥适宜生境分布面积

【适宜种植区域及布局建议】

根据白芥的生态适宜性分析结果,建议选择栽培种植的区域时首先考虑宁县、徽县,种植总面积较大。宁县主要乡镇包括盘克镇、春荣镇、焦村镇、湘乐镇、九岘乡、金村乡;徽县主要乡镇包括高桥镇、江洛镇、柳林镇、榆树乡、大河店镇、嘉陵镇。合水县、灵台县、麦积区、康县次适宜种植面积较大。合水县主要乡镇包括太白镇、固城镇、蒿咀铺乡、太莪乡、老城镇、西华池镇;灵台县主要乡镇包括百里镇、什字镇、独店镇、朝那镇、西屯镇、蒲窝镇;麦积区主要乡镇包括党川镇、利桥镇、东岔镇、三岔镇、甘泉镇、元龙镇;康县主要乡镇包括阳坝镇、白杨镇、迷坝乡、大南峪镇、两河镇、豆坪镇。泾川县主要乡镇包括高平镇、太平镇、荔堡镇、丰台镇、飞云镇、党原镇;正宁县主要乡镇包括西坡镇、三嘉乡、山河镇、五顷塬乡、永和镇、永正镇;庆城县主要乡镇包括驿马镇、桐川镇、南庄乡、赤城镇、高楼镇、白马铺镇;秦州区主要乡镇包括娘娘坝镇、皂郊镇、汪川镇、玉泉镇、平南镇、太京镇。

57. 女贞子

Nüzhenzi

LIGUSTRI LUCIDI FRUCTUS

本品为木犀科植物女贞 *Ligustrum lucidum* Ait.的干燥成熟果实。冬季果实成熟时采收,除去枝叶,稍蒸或置沸水中略烫后干燥,或直接干燥。味甘、苦,性凉。归肝、肾经。用于肝肾阴虚,眩晕耳鸣,明目乌发,内热消渴,骨蒸潮热。女贞子为传统常用中药材,是中药复方二至丸、乌须神方以及中药制剂女贞子糖浆、女贞子膏、安宁合剂、肝肾膏等的原料。目前女贞子还被开发成女贞果(子)饮料、女贞子酒和女贞子药粥等。

【地理分布与生境】

女贞在我国分布广泛,华东、华南、西南、华中等地区均有。在山区、平原、庭院都有栽种,除了野生之外,还有人工栽培的。

【生物习性】

女贞树具有喜温、喜光、稍耐阴、较耐寒的特性,适应性强。多生于山坡、丘陵的向阳疏林中。在土质肥沃、土层深厚、排水良好的中性或微酸性砂质土壤或黏质壤土中生长良好。对大气污染的抗性较强,对二氧化硫、氯气、氟化氢及铅蒸气均有较强抗性,也能忍受较高的粉尘、烟尘污染。

【生态环境影响分析】

根据分析结果可知,影响女贞适宜分布的生态因子共有28个,其中10月份降雨量的贡献率最大,为66.6%,取值范围40~230mm;其次为最暖季节均温,贡献率为3.6%,取值范围>22.5℃;年均温变化范围和12月份降雨量贡献率均为3.4%,取值范围分别为2.4~3.7℃、>9mm。(见表57-1)

表57-1 女贞生态因子贡献率

生态因子	贡献率(%)	取值范围
10月份降雨量	66.6	40~230mm
最暖季节均温	3.6	>22.5℃
年均温变化范围	3.4	2.4~3.7℃
12月份降雨量	3.4	>9mm

【生态适宜性区划】

从女贞生态适宜性区划图来看,女贞在甘肃最适宜及次适宜生长区域主要在东南地区。陇南市、天水市大部分为最适宜种植区域;平凉市、定西市、甘南藏族自治州部分区域为最适宜生长区域。庆阳市、定西市、甘南藏族自治州、临夏回族自治州、兰州市、白银市大部分为次适宜种植区域。其余部分为不适宜种植区域。(见图57-1)

【生态适宜区域面积】

对生态适宜性进行面积统计发现,女贞适宜面积最大的区域为环县,总面积13 062km²,都为次适宜区域。在会宁县、华池县、安定区分布总面积分别为7851km²、5516km²、5218km²,全为次适宜种植区域。在文县总面积6932km²,适宜面积5710km²、次适宜面积1222km²,比例分别为82.37%、17.63%;在武都区总面积6474km²,适宜面积5763km²、次适宜面积711km²,比例分别为89、02%、10.98%;在礼县总面积6001km²,适宜面积4986km²、次适宜面积1015km²,比例分别为83.09%、16.91%。卓尼县、迭部县和岷县次适宜面积分布比例较大,在卓尼县总面积为5764km²,适宜面积4km²、次适宜面积5760km²,比例分别为0.07%、99.93%;在迭部县总面积5310km²,适宜面积862km²、次适宜面积4448km²,比例分别为16.23%、83.37%;在岷县总面积5034km²,适宜面积529km²、次适宜面积4505km²,比例分别为10.51%、89.49%。(见表57-2)

表57-2 甘肃各区县女贞适宜面积

区县	总面积(km²)	适宜(km²)	次适宜(km²)	适宜比例(%)	次适宜比例(%)
环县	13 062	0	13 062	0.00	100.00
会宁县	7851	0	7851	0.00	100.00
文县	6932	5710	1222	82.37	17.63
武都区	6474	5763	711	89.02	10.98
礼县	6001	4986	1015	83.09	16.91
卓尼县	5764	4	5760	0.07	99.93
华池县	5516	0	5516	0.00	100.00
迭部县	5310	862	4448	16.23	83.77
安定区	5218	0	5218	0.00	100.00
岷县	5034	529	4505	10.51	89.49

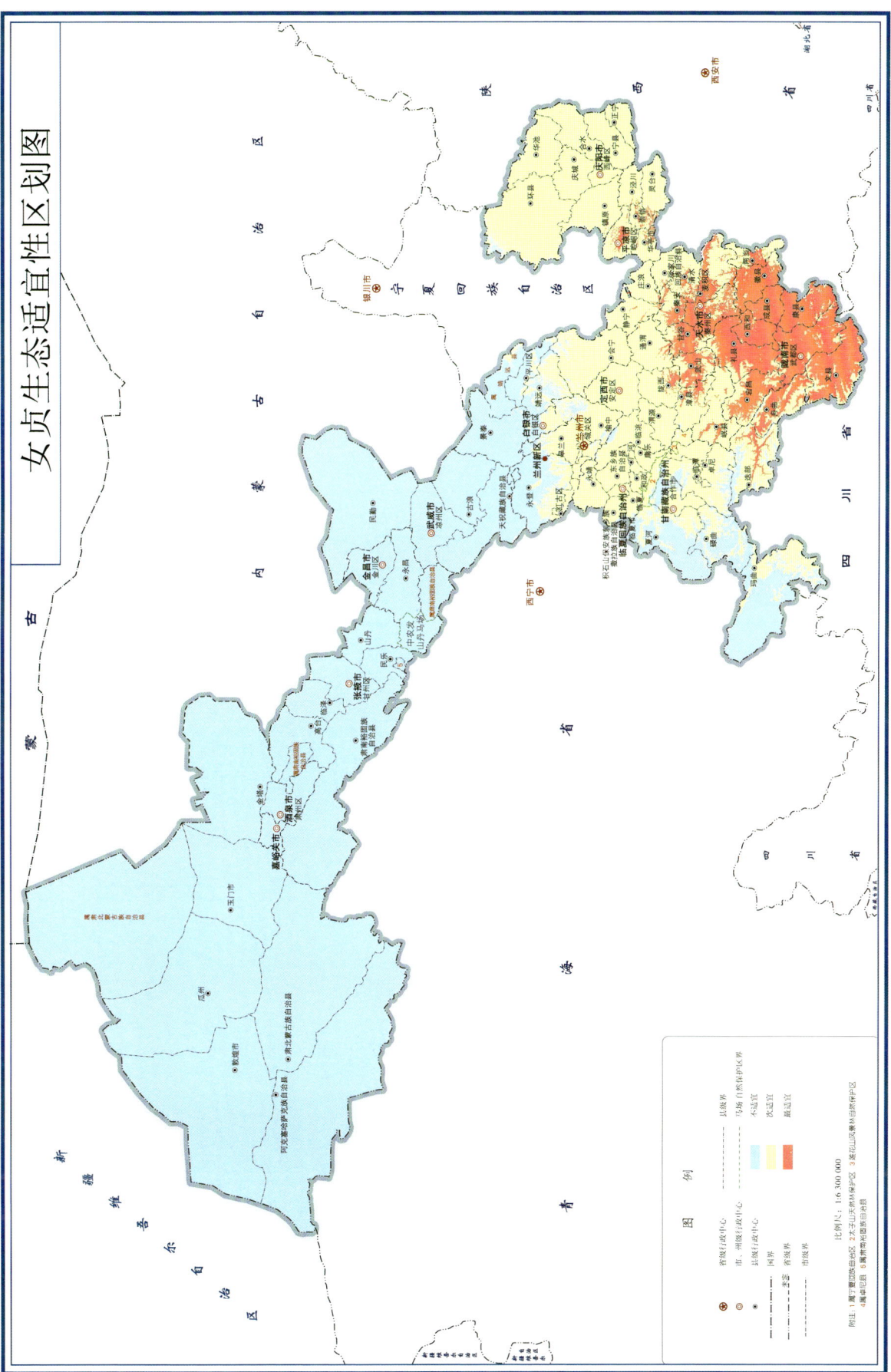

图 57-1 女贞生态适宜性区划图

从生态适宜生境分布面积柱状图可以看出,女贞在文县、武都区、礼县适宜生境分布面积较大;迭部县、岷县适宜生境分布面积较小;卓尼县适宜生境分布面积最小。环县、会宁县、华池县、安定区全为次适宜生境分布地区;环县次适宜生境分布面积最大;会宁县次适宜生境分布面积次之;卓尼县、华池县、迭部县、安定区、岷县地区次适宜生境分布面积相差不大;文县、礼县次适宜生境分布面积较小;武都区次适宜生境分布面积最小。(见图57-2)

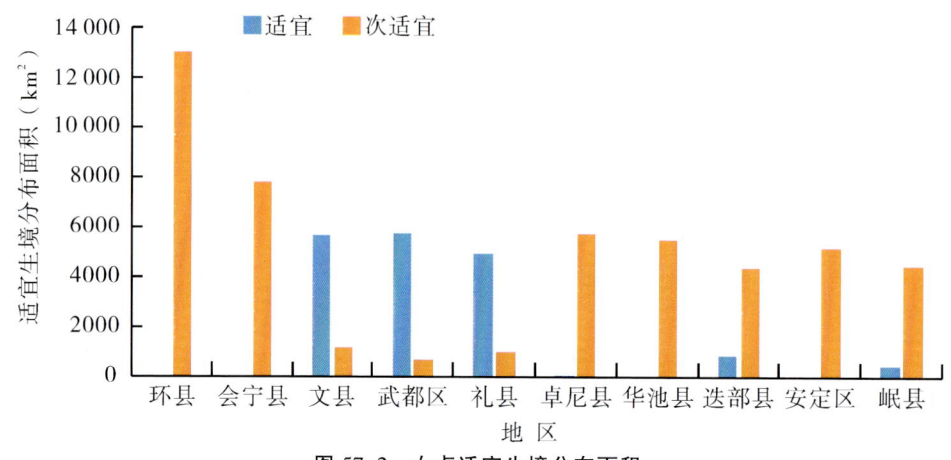

图57-2　女贞适宜生境分布面积

【适宜种植区域及布局建议】

根据女贞的生态适宜性分析结果,建议选择栽培种植的区域时首先考虑环县,次适宜种植面积最大,主要乡镇包括环城镇、车道镇、毛井镇、洪德镇、小南沟乡。其次为会宁县,次适宜种植面积次之,主要乡镇包括头寨子镇、汉家岔镇、甘沟驿镇、郭城驿镇。文县主要乡镇包括丹堡镇、范坝镇、刘家坪乡、铁楼乡;武都区主要乡镇包括枫相乡、洛塘镇、裕河镇;礼县主要乡镇包括上坪乡、洮坪镇。卓尼县次适宜种植面积比例相对较大,主要乡镇包括木耳镇、喀尔钦镇、尼巴镇、恰盖乡。华池县和安定区全为次适宜种植面积,华池县主要乡镇包括林镇乡、城壕镇、柔远镇、五蛟镇、悦乐镇;安定区主要乡镇包括巉口镇、内官营镇、鲁家沟镇、凤翔镇。岷县主要乡镇包括闾井镇、秦许乡、中寨镇;迭部县主要乡镇包括达拉乡、电尕镇、旺藏镇、腊子口镇、多儿乡。

58. 亚麻子
Yamazi
LINI SEMEN

本品为亚麻科植物亚麻 Linum usitatissimum L. 的干燥成熟种子。秋季果实成熟时采收植株,晒干,打下种子,除去杂质,再晒干。味甘,性平。归肺、肝、大肠经。功能主治是润燥通便,养血祛风。用于肠燥便秘,皮肤干燥,瘙痒,脱发。

《本草图经》《本经逢原》和《滇南本草》等医籍对亚麻子均有这样的记载:"味甘、辛,性平,无毒。具有补虚,补阴作用。"可用于"祛风止痒,解毒止痛,平肝顺气,通肠。治麻风,皮肤痒疹,脱发,丹毒,肺痈,睾丸炎,肝风头痛,便秘"等。现代研究也表明亚麻中多糖类成分具有明显的抗细菌和抗病毒作用。

亚麻属于亚麻科亚麻属一年生草本植物,其茎含有丰富的纤维,其种子含有丰富的脂肪、膳食纤维以及蛋白质,对心血管疾病的防治和增强免疫有效。亚麻全草和种子均可入药,因此亚麻是一种多用途、经济价值高、具有广阔利用和开发前景的经济植物。

【地理分布与生境】

中国很多地方都有野生亚麻分布，但以华北、东北和西北地区较多。主要生长于坡地、荒地、湿润地带及草原地带。栽培种亚麻在全国各地均有种植或亦为野生。

【生物习性】

亚麻生性喜温和湿润环境，因此，种植亚麻应选择地势平坦、土层深厚、土质疏松、肥力中上并且相对潮湿或排灌条件较好的地块，有利于抗旱保苗生长和防止受涝灾的影响。

亚麻种子小，萌发时顶土能力弱，在播种前必须精细整地，除净杂草和残留作物秸秆，使墒面表土疏松细碎。适宜的播种期为4月中旬。

【生态环境影响分析】

根据分析结果可知，影响亚麻适宜分布的主要生态因子有34个。其中11月份降雨量的贡献率最高，为24.3%，其取值范围是0~30mm；其次为海拔，贡献率为14.7%，取值范围是600~3700m；而温度季节性变化标准差贡献率为9.0%，取值范围为6000~12 000；最暖月最高温的贡献率为7.7%，取值范围是17~32℃；酸碱度的贡献率为5.3%，取值范围是6.5~9；12月份降雨量贡献率为3.8%，取值范围0~10mm；4月份降雨量贡献率3.5%，取值范围是0~60mm；1月份平均气温贡献率为3.5%，取值范围-15~-2℃。（见表58-1）

表58-1 亚麻生态因子贡献率

生态因子	贡献率(%)	取值范围
11月份降雨量	24.3	0~30mm
海拔	14.7	600~3700m
温度季节性变化标准差	9.0	6000~12 000
最暖月最高温	7.7	17~32℃
酸碱度	5.3	6.5~9
12月份降雨量	3.8	0~10mm
4月份降雨量	3.5	0~60mm
1月份平均气温	3.5	-15~-2℃

【生态适宜性区划】

从亚麻生态适宜性区划图来看，甘肃省大部分地区都有亚麻次适宜种植区和最适宜种植区。其中陇南市、天水市、定西市、平凉市、庆阳市、临夏回族自治州、白银市、兰州市的最适宜种植区域最大；张掖市、武威市、金昌市、甘南藏族自治州的亚麻最适宜种植区域相对较少；酒泉市和嘉峪关市的次适宜种植区和适宜种植区最少。（见图58-1）

【生态适宜区域面积】

对生态适宜性进行面积统计发现，亚麻种植面积最大的是环县，总面积8648km²，适宜面积8268km²、次适宜面积380km²，比例分别为95.61%、4.39%。其次是会宁县，总面积6081km²，适宜面积5945km²、次适宜面积136km²，比例分别为97.76%、2.24%。永登县总面积5511km²，适宜面积5332km²、次适宜区面积179km²，比例分别为96.75%和3.25%；靖远县总面积4895km²，适宜面积2634km²、次适宜面积2261km²，比例分别为53.81%和46.19%；礼县总面积3785km²，适宜面积2526km²、次适宜面积1259km²，比例分别为66.74%、33.26%；天祝县总面积3716km²，适宜面积

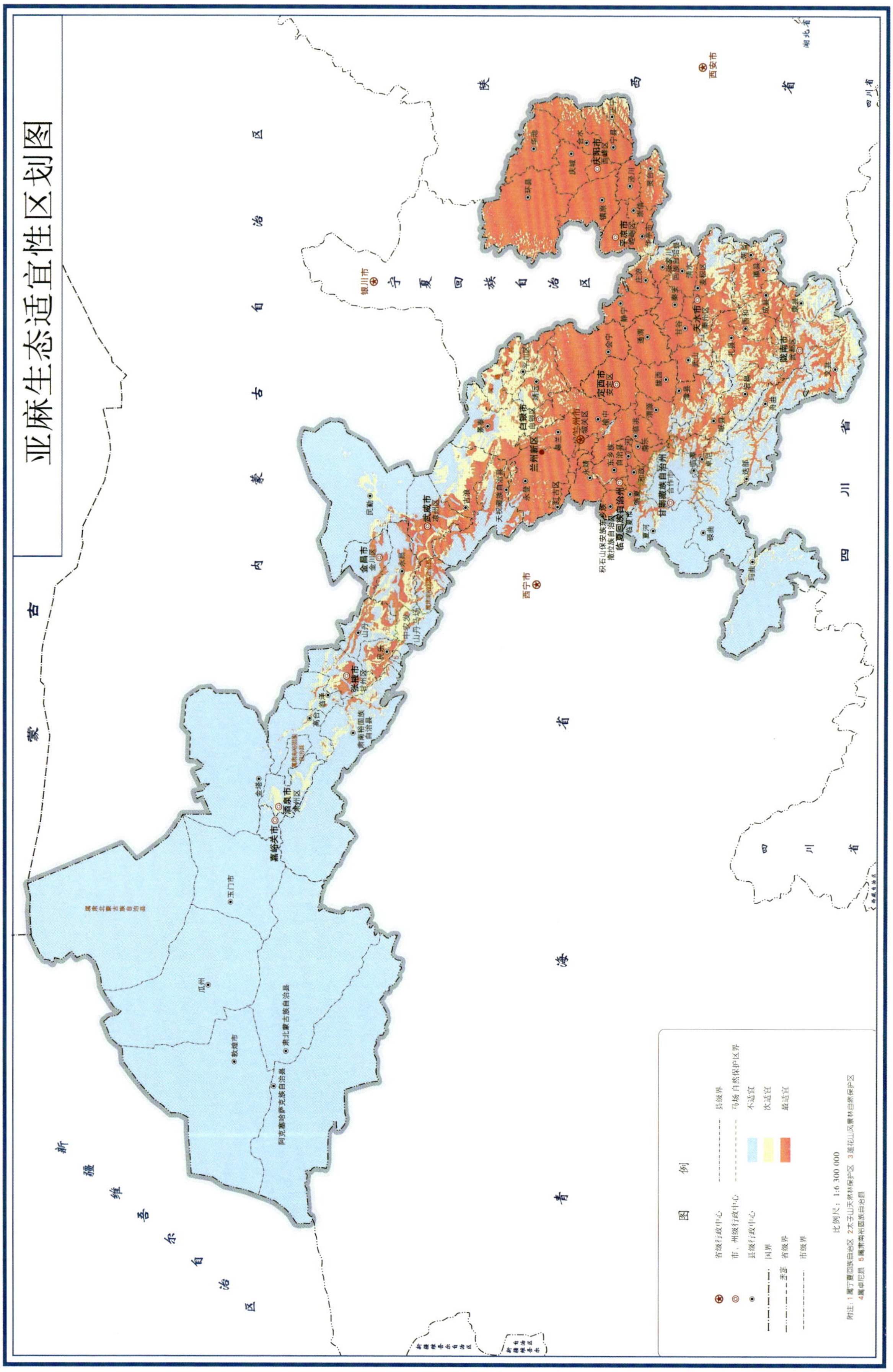

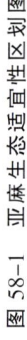

图 58-1 亚麻生态适宜性区划图

2964km², 次适宜面积 752km²，比例分别为 79.76%、20.24%；武都区总面积 3611km²，适宜面积 2004km²，次适宜面积 1607km²，比例分别为 55.50%、44.50%；华池县总面积 3555km²，适宜面积 3471km²、次适宜区 84km²，比例分别为 97.64% 和 2.36%；景泰县总面积 3517km²，适宜面积 1337km²、次适宜面积 2180km²，比例分别为 38.02%、61.98%；安定区总面积 3448km²，适宜面积 3441km²、次适宜面积 7km²，基本都为适宜种植区域，比例分别为 99.80%、0.02%。（见表 58-2）

表 58-2　甘肃各区县亚麻适宜面积

区县	总面积（km²）	适宜（km²）	次适宜（km²）	适宜比例（%）	次适宜比例（%）
环县	8648	8268	380	95.61	4.39
会宁县	6081	5945	136	97.76	2.24
永登县	5511	5332	179	96.75	3.25
靖远县	4895	2634	2261	53.81	46.19
礼县	3785	2526	1259	66.74	33.26
天祝县	3716	2964	752	79.76	20.24
武都区	3611	2004	1607	55.50	44.50
华池县	3555	3471	84	97.64	2.36
景泰县	3517	1337	2180	38.02	61.98
安定区	3448	3441	7	99.80	0.20

从生态适宜生境分布柱状图可以看出，亚麻适宜生境分布面积最大的是环县；次之的为会宁县和永登县；华池县和安定区的适宜生境分布面积相差不大；靖远县的适宜生境分布面积相对较小；武都区、礼县和天祝县的适宜生境分布面积较少。景泰县、靖远县的次适宜生境分布面积最大；其次为武都区、礼县、天祝县、环县；会宁县、永登县的次适宜生境分布面积相对较小；华池县的次适宜生境分布面积最小。（见图 58-2）

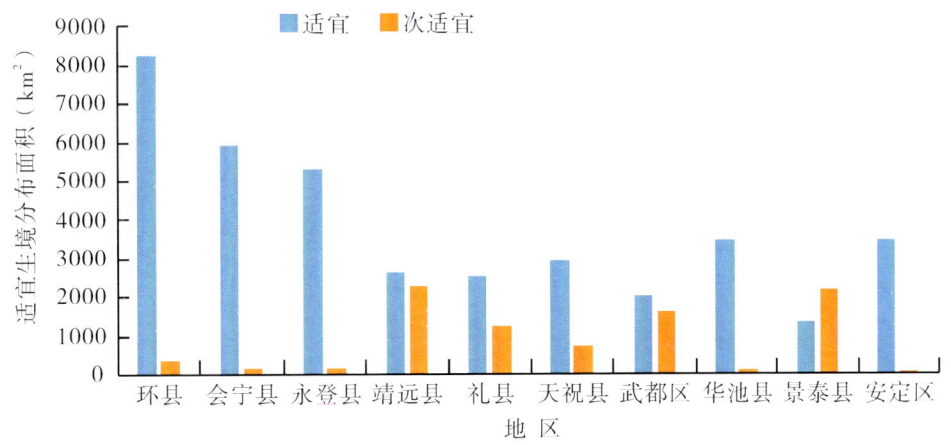

图 58-2　亚麻适宜生境分布面积

【适宜种植区域及布局建议】

根据亚麻的生态适宜性分析结果，建议选择栽培种植的区域时首先考虑环县，环县主要乡镇有环城镇、车道镇、毛井镇、洪德镇、小南沟乡。会宁县适宜种植亚麻的主要乡镇有头寨子镇、汉家岔镇、甘沟驿镇和郭城驿镇；永登县适宜种植亚麻的主要乡镇有七山乡、龙泉寺镇、苦水镇、通远镇、上川镇；靖远县适宜种植亚麻的主要乡镇有高湾镇、北滩镇、若笠乡、石门乡、大芦镇；礼县适宜种植的乡镇有盐官镇、石桥镇、永兴镇；天祝县适宜栽培亚麻的主要乡镇有松山镇、华藏寺镇、旦马乡；武都区适宜种植亚麻的主要乡镇有枫相乡;华池县适宜栽培亚麻的地区主要有林镇乡、城壕镇、柔远镇、五蛟镇和悦乐镇;景泰县的适宜种植亚麻乡镇有中泉镇、正路镇、喜泉镇和寺滩乡;安定区适宜种植亚麻的主要乡镇有巉口镇、内官营镇、鲁家沟镇、凤翔镇。

59. 小叶莲
Xiaoyelian
SINOPODOPHYLLI FRUCTUS

本品系藏族习用药材,藏药称奥毛塞、鹅木塞、墨地,又称桃儿七,为小檗科植物桃儿七 *Sinopodophyllum hexandrum* (Royle) Ying 的干燥成熟果实。秋季果实成熟时采摘,除去杂质,干燥。味甘,性平,有小毒。具有调经活血的功效。用于血瘀经闭,难产,死胎,胎盘不下等妇科病症。

该植物花色艳丽,又不同于大多数花卉先展叶后开花,而是花先叶开放,浆果卵圆形,成熟时红色。花和果都有很高的观赏价值。桃儿七植物根及根茎含鬼臼毒素,鬼臼毒素虽有显著活性,但毒性太大,不能内服,只能外用治皮肤癌、宫颈癌。食用成熟的浆果红色,果肉味甜,目前也未见食之中毒致死、致残的情况。近年来,人们加强了本植物药理作用的研究,取得了较大的进展,同时相关的一系列产品也相继问世。市场上还有妇研宁、二十五味鬼臼丸等妇科用药均采用桃儿七为主要原料,可见桃儿七的药用价值之大,具有较高的开发利用前景。桃儿七根及根茎有较高的药用价值,由于桃儿七种子本身的生物学特性决定,自然条件下很难繁殖,以及人为的采挖,并且采药人为了获取暴利连片采摘,对资源造成了毁灭性破坏,使得野生桃儿七资源正日益枯竭。为了更好地利用桃儿七资源,建议建立自然保护区,严禁上山滥采、乱挖。另外,加强桃儿七的繁殖及栽培技术的研究,扩大人工种植,建立种苗繁殖基地,开展引种驯化研究工作。

【地理分布与生境】

桃儿七分布于陕西、甘肃、青海、四川、云南、西藏等地。生长于山地草丛中、林下、林缘湿地及灌丛中,高山草丛中或疏林下及林缘。主要以栽培较多。

【生物习性】

桃儿七适合寒冷而湿润、夏季低温多雨,冬春干冷的气候,所在地为高山、草地、乱石缝隙、腐殖质丰富的山地灰化土、暗灰钙土、灰褐土及山地棕壤。在太白山的糙皮桦林下,多与大花糙苏、落新妇、无距耧斗菜、赤芍等伴生。

【生态环境影响分析】

根据分析结果可知,影响桃儿七适宜分布的生态因子共有28个,其中海拔的贡献率最高,为40.2%,取值范围为1500~4100m;其次为10月份降雨量,贡献率为18.9%,取值范围为25~125mm;9月降雨量贡献率为11.9%,取值范围为70~250mm;5月份降雨量贡献率为8.4%,取值范围为60~120mm;酸碱度贡献率为5.3%,取值范围为6.7~8.5;11月份平均温度贡献率为3.2%,取值范围为1~15℃。从而可知海拔对桃儿七的生长影响最大,因此对海拔的要求比较高。其次为10月降雨量。8~9月为桃儿七果实成熟期,需要营养物质的积累,要求大量水分的提供,9月降雨量是关键的生态因子;桃儿七在5月上中旬出苗,5月下旬至6月上旬开花,所以5月份降雨量影响桃儿七最初的生长;酸碱度、11月温度对桃儿七的生长影响相对较小,同时也决定桃儿七的产量及质量。(见表59-1)

表 59-1 桃儿七生态因子贡献率

生态因子	贡献率(%)	取值范围
海拔	40.2	1500~4100m
10月份降雨量	18.9	25~125mm
9月份降雨量	11.9	70~250mm
5月份降雨量	8.4	60~120mm
酸碱度	5.3	6.7~8.5
11月份平均温度	3.2	1~15℃

【生态适宜性区划】

从桃儿七生态适宜性区划图来看,桃儿七在甘肃适宜生长区域主要在西南部及中部地区。兰州市、临夏回族自治州、定西市、甘南藏族自治州、陇南市为主要适宜种植区域分布,其中兰州市、临夏回族自治州、甘南藏族自治州、定西市适宜区域分布面积最大;陇南市少部分为最适宜种植区域;次适宜种植区域主要集中在天水市西部、陇南市北部;金昌市、武威市、白银市、平凉市极少区域为桃儿七次适宜种植分布。(见图59-1)

【生态适宜区域面积】

对生态适宜性进行面积统计发现,在适宜面积区分布上,永登县最大,总面积为5294km², 适宜面积3770km²、次适宜面积1524km², 比例分别为71.21%、28.79%。其次为迭部县, 总面积为3536km², 适宜面积2389km²、次适宜面积1147km², 比例分别为67.57%、32.43%。宕昌县总面积2961km², 适宜面积2121km²、次适宜面积840km², 比例分别为71.63%、28.37%;临洮县总面积2542km², 适宜面积1810km²、次适宜面积732km², 比例分别为71.19%、28.81%;舟曲县总面积2477km², 适宜面积1630km²、次适宜面积847km², 比例分别为65.80%、34.20%。桃儿七次适宜面积最大的区域为礼县, 总面积3440km², 次适宜面积2557km²、适宜面积883km², 比例分别为74.34%、25.66%。其次为安定区, 总面积2952km², 次适宜面积2069km²、适宜面积883km², 比例分别为70.08%、29.92%。夏河县总面积3140km², 次适宜面积1946km²、适宜面积1194km², 比例分别为61.97%、38.03%;卓尼县总面积3657km², 适宜面积1481km²、次适宜面积2176km², 比例分别为40.50%、59.50%。礼县、安定区、夏河县、卓尼县均为次适宜分布面积较大区域。岷县适宜区域与次适宜区域比例差不多, 岷县总面积2863km², 适宜面积1352km²、次适宜面积1511km², 比例分别为47.22%、52.78%。(见表59-2)

从生态适宜生境分布面积柱状图可以看出,桃儿七在永登县适宜生境分布面积最大,迭部县次之,宕昌县、临洮县、舟曲县均为适宜生境分布面积,且适宜生境分布面积比例较大。在次适宜生境分布面积上,礼县分布面积最大;其次为安定区;夏河县、卓尼县的次适宜生境面积分布比例大于适宜比例,为次适宜生境分布区;岷县适宜区域与次适宜区域比例差不多。(见图59-2)

【适宜种植区域及布局建议】

根据桃儿七的生态适宜性分析结果,建议选择栽培种植的区域时首先考虑永登县,主要包括七山乡、龙泉寺镇、苦水镇、通远镇、连城镇。其次为迭部县,主要乡镇为达拉乡、电尕镇、旺藏镇、腊子口镇、多儿乡。宕昌县、临洮县、舟曲县适宜面积占较大比例,宕昌县适宜分布地区在南河镇、狮子乡、官亭镇;临洮县主要分布在中铺镇、红旗乡、太石镇;舟曲县分布的主要乡镇为博峪镇、告纳乡、武坪镇。礼县、安定区、夏河县、卓尼县主要为次适宜地区,礼县主要乡镇洮坪镇、上坪乡、石桥镇、沙金乡;安

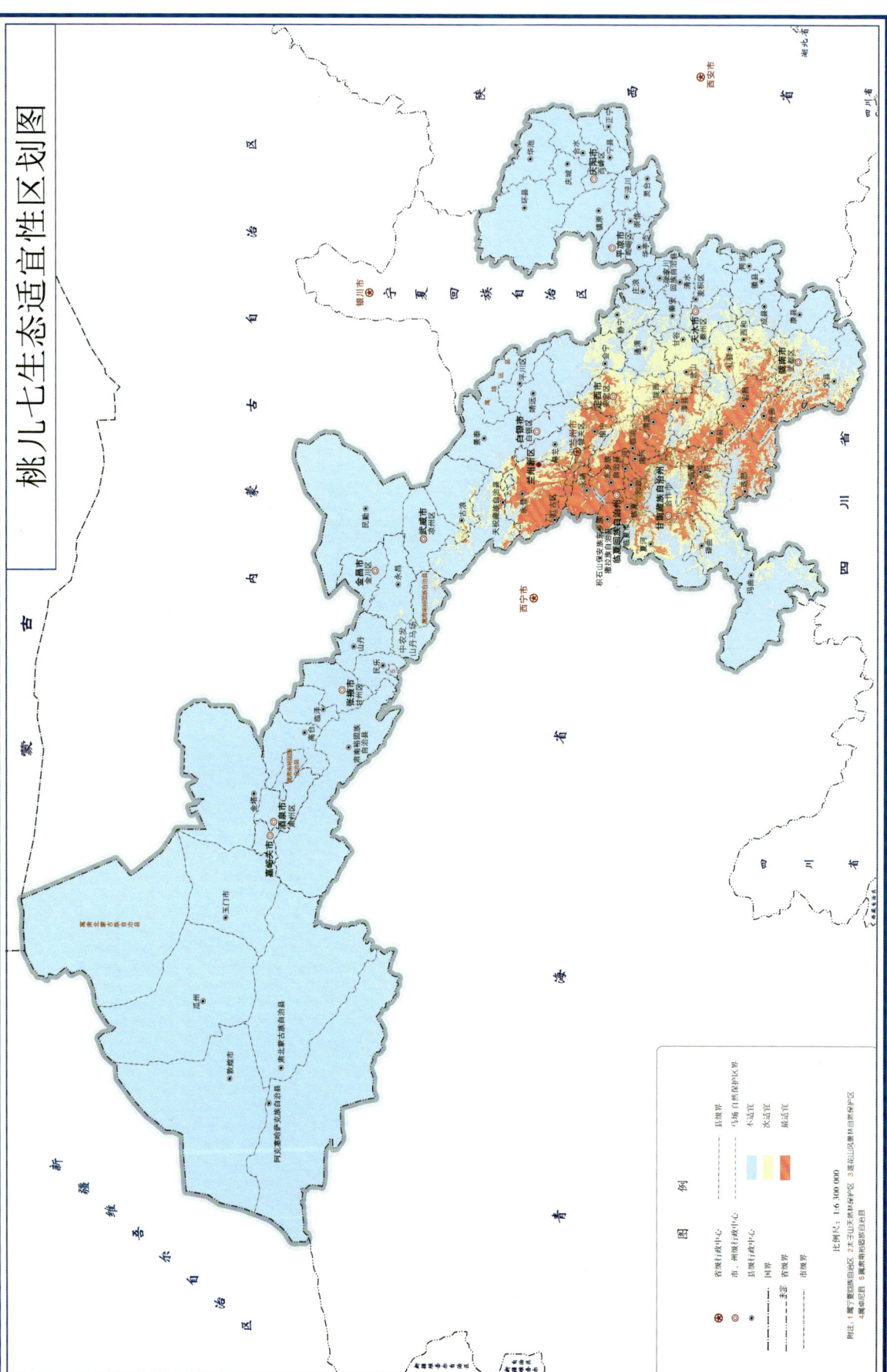

图 59-1 桃儿七生态适宜性区划图

表 59-2　甘肃各区县桃儿七适宜面积

区县	总面积(km²)	适宜(km²)	次适宜(km²)	适宜比例(%)	次适宜比例(%)
永登县	5294	3770	1524	71.21	28.79
卓尼县	3657	1481	2176	40.50	59.50
迭部县	3536	2389	1147	67.57	32.43
礼县	3440	883	2557	25.66	74.34
夏河县	3140	1194	1946	38.03	61.97
宕昌县	2961	2121	840	71.63	28.37
安定区	2952	883	2069	29.92	70.08
岷县	2863	1352	1511	47.22	52.78
临洮县	2542	1810	732	71.19	28.81
舟曲县	2477	1630	847	65.80	34.20

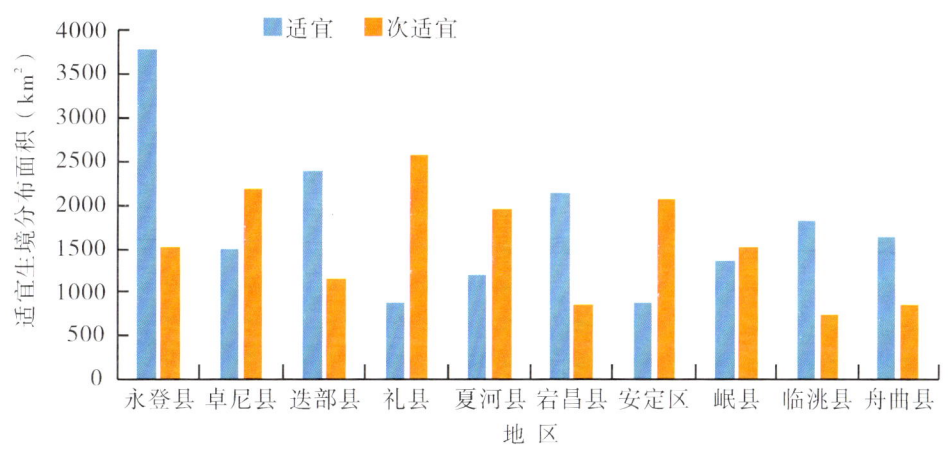

图 59-2　桃儿七适宜生境分布面积

定区主要在巉口镇、内官营镇、鲁家沟镇、凤翔镇；夏河县主要包括甘加镇、阿木去乎镇、桑科镇、博拉镇；卓尼县主要分布在木耳镇、喀尔钦镇、尼巴镇、恰盖乡。岷县适宜区域与次适宜区域比例差不多，主要乡镇为中寨镇、秦许乡、闾井镇、蒲麻镇。

60. 五味子

Wuweizi

SCHISANDRAE CHINENSIS FRUCTUS

本品为木兰科植物五味子 *Schisandra chinensis*(Turcz.) Baill.的干燥成熟果实。习称"北五味子"。为常用中药，应用历史悠久，始载于《神农本草经》。秋季果实成熟时采摘，晒干或蒸后晒干，除去果梗和杂质。乃上品中药。味酸、甘，性温。归肺、肾、心经。有敛肺滋肾，生津敛汗，涩精止泻，宁心安神之效。用于久咳虚喘，津伤口渴，自汗盗汗，肾虚遗精，脾肾虚泻，心悸失眠。五味子药用历史广泛，功能多样，疗效确切，配伍应用十分广泛。传统名方小青龙汤、生脉饮、麦地地黄丸、都气丸、人参养荣汤、天王补心丹等均配伍五味子以取其效。

我国五味子资源丰富、分布极广,具有很高的经济开发价值。五味子成分主要包括脂溶性成分、多糖、挥发油、有机酸等,现代研究证实可作用于心脑血管系统、中枢神经系统、呼吸系统等多个组织系统,具有抗氧化、抗衰老、免疫等功效。由于五味子功能属性独特,已被列入可用于保健食品的物品名单,进而为其广泛用于中医临床、中药新药研制和保健食品开发创造了得天独厚的条件。

【地理分布与生境】

北五味子是药用植物,分布集中在黄河流域以北,主要分布于东北、华北,包括黑龙江、吉林、辽宁、内蒙古、河北、山西、宁夏、甘肃、山东,其中东北是五味子最集中地区。以东北三省分布范围广、产量最大、质量最佳。其野生资源主要分布于北纬40°~50°、东经125°~135°的广阔山林地带。生长于沟谷、溪旁、山坡。

【生物习性】

五味子喜微酸性腐殖土。野生植株生长在山区的杂木林中、林缘或山沟的灌木丛中,缠绕在其他林木上生长。其耐旱性较差。自然条件下,在肥沃、排水好、湿度均衡适宜的土壤上发育最好。

【生态环境影响分析】

根据分析结果可知,影响五味子适宜分布的生态因子共有28个,其中7月份降雨量的贡献率最高,为41.2%,取值范围120~380mm;温度季节性变化标准差的贡献率次之,为36.6%,取值范围11 000~17 000。从而可知7月份降雨量对五味子的影响最大,此时为五味子生长旺盛期,需要大量水分的供给,在8月末至9月下旬果实成熟,可实时采收。(见表60-1)

表60-1 五味子生态因子贡献率

生态因子	贡献率(%)	取值范围
7月份降雨量	41.2	120~380mm
温度季节性变化标准差	36.6	11 000~17 000

【生态适宜性区划】

从五味子生态适宜性区划图来看,五味子在甘肃省主要分布在南部。临夏回族自治州、甘南藏族自治州、定西市、天水市、陇南市、平凉市、庆阳市极少部分区域为五味子的最适宜种植区域。在白银市、兰州市、临夏回族自治州、甘南藏族自治州、定西市、天水市、陇南市、平凉市、庆阳市部分区域为五味子的次适宜种植区域;张掖市、武威市次适宜种植区域较少。(见图60-1)

【生态适宜区域面积】

对生态适宜性进行面积统计发现,五味子次适宜面积最大的区域为环县,总面积5197km²,适宜面积54km²、次适宜面积5143km²,比例分别为1.04%、98.96%。玛曲县总面积3004km²,适宜面积82km²、次适宜面积2922km²,比例分别为2.72%、97.28%;迭部县总面积2436km²,适宜面积11km²、次适宜面积2425km²,比例分别为0.47%、99.53%;文县总面积2240km²,适宜面积89km²、次适宜面积2151km²,比例分别为3.99%、96.01%;华池县总面积2015km²,适宜面积187km²、次适宜面积1828km²,比例分别为9.28%、90.72%;合水县总面积1955km²,适宜面积419km²、次适宜面积1536km²,比例分别为21.43%、78.57%;武都区总面积1939km²,适宜面积28km²、次适宜面积1911km²,比例分别为1.42%、98.58%;礼县总面积1739km²,适宜面积54km²、次适宜面积1685km²,比例分别为3.11%、96.89%;麦积区总面积1718km²,适宜面积281km²、次适宜面积1437km²,比例分别为16.36%、83.64%;通渭县总面积1641km²,适宜面积153km²、次适宜面积1488km²,比例分别为9.34%、90.66%。(见表60-2)

从生态适宜生境分布面积柱状图可以看出,五味子在合水县适宜生境分布面积最大,麦积区次

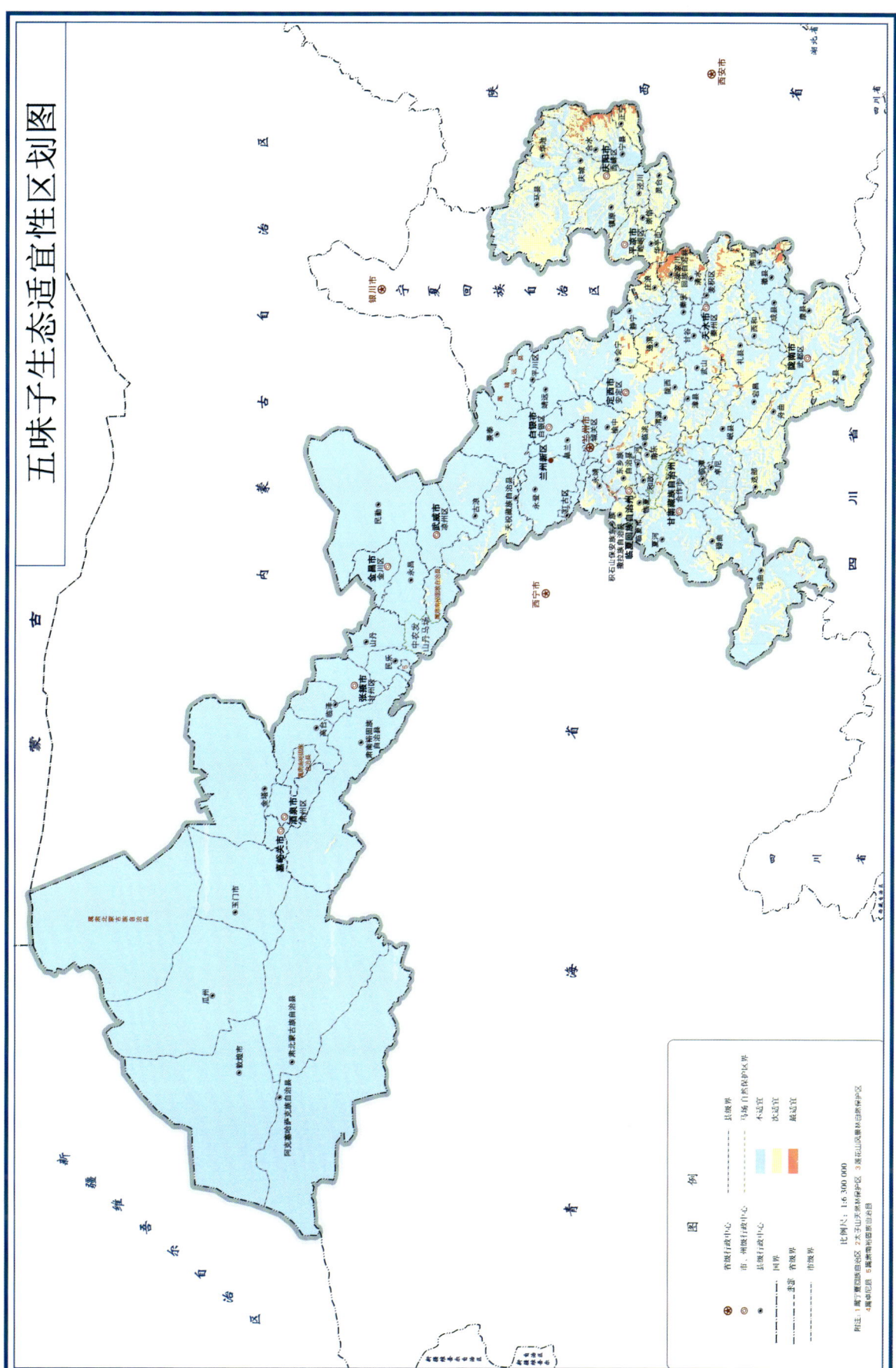

图 60-1 五味子生态适宜性区划图

表 60-2　甘肃各区县五味子适宜面积

区县	总面积(km²)	适宜(km²)	次适宜(km²)	适宜比例(%)	次适宜比例(%)
环县	5197	54	5143	1.04%	98.96%
玛曲县	3004	82	2922	2.72%	97.28%
迭部县	2436	11	2425	0.47%	99.53%
文县	2240	89	2151	3.99%	96.01%
华池县	2015	187	1828	9.28%	90.72%
合水县	1955	419	1536	21.43%	78.57%
武都区	1939	28	1911	1.42%	98.58%
礼县	1739	54	1685	3.11%	96.89%
麦积区	1718	281	1437	16.36%	83.64%
通渭县	1641	153	1488	9.34%	90.66%

之,环县、玛曲县、文县、华池县、武都区、礼县、通渭县适宜生境分布面积相差不大,迭部县适宜生境分布面积最小;环县次适宜生境分布面积最大,玛曲县、迭部县、文县、华池县、武都区、礼县、麦积区、通渭县次适宜生境分布面积相差不大,合水县次适宜生境分布面积最小。(见图60-2)。

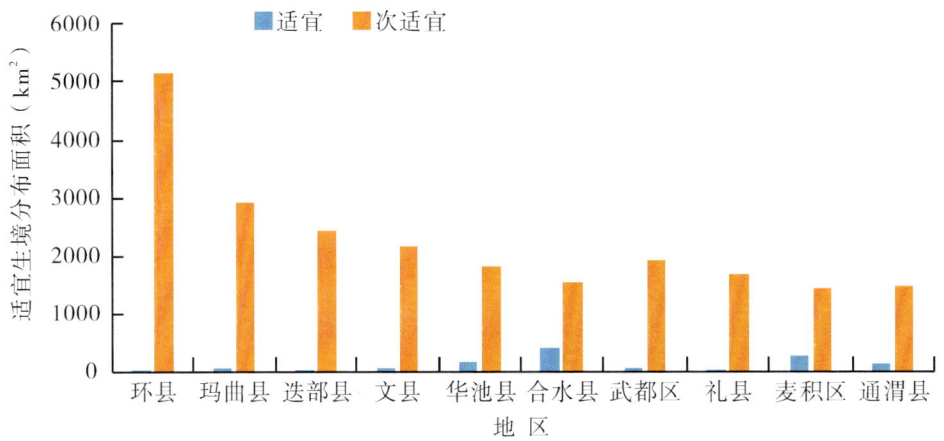

图 60-2　五味子适宜生境分布面积

【适宜种植区域及布局建议】

根据五味子的生态适宜性分析结果,建议选择栽培种植的区域时首先考虑环县,主要包括合道镇、耿湾乡、芦家湾乡、洪德镇、小南沟乡。其次为玛曲县,主要乡镇为欧拉秀玛乡、曼日玛镇、欧拉镇、齐哈玛镇、尼玛镇。迭部县主要乡镇包括尼傲乡、腊子口镇、洛大镇、益哇镇、旺藏镇;文县主要乡镇分布为刘家坪乡、范坝镇、临江镇、口头坝乡、舍书乡;华池县分布的乡镇为桥河乡、柔远镇、紫坊畔乡;合水县主要在太白镇、蒿咀铺乡、固城镇;武都区主要乡镇包括洛塘镇、黄坪镇、五马镇;礼县分布乡镇为草坪乡、石桥镇、永兴镇、城关镇;麦积区主要乡镇包括党川镇、利桥镇、东岔镇;通渭县分布主要乡镇包括马营镇、华岭镇、北城镇。

第十章 全草类中药

61. 独一味

Duyiwei

LAMIOPHLOMIS HERBA

本品系藏族习用药材。为唇形科植物独一味 Lamiophlomis rotata (Benth.)Kudo 的干燥地上部分。秋季花果期采割,洗净,晒干。味甘、苦,性平。归肝经。有活血止血,祛风止痛,活血化瘀,续筋接骨等功效。用于跌打损伤,外伤出血,风湿痹痛,黄水病。

【地理分布与生境】

独一味是重要的青藏高原药用植物和常用大宗藏药,主产于西藏、青海、甘肃等省区。目前全部用药原料依靠野生资源,目前已进入二级濒危保护植物。

【生物习性】

独一味生长于高原或高山上强度风化的碎石滩中或石质高山草甸、河滩地。

【生态环境影响分析】

根据分析结果可知,影响独一味适宜分布的生态因子共有 23 个。其中以海拔的贡献率最大,达 57.1%,取值范围为 2800~4650m;其次为 9 月份降雨量,贡献率为 26.7%,取值范围为 42~140mm。(见表 61-1)

表 61-1 独一味生态因子贡献率

生态因子	贡献率(%)	取值范围
海拔	57.1	2800~4650m
9月份降雨量	26.7	42~140mm

【生态适宜性区划】

从独一味生态适宜性区划图来看,独一味在甘肃适宜及次适宜生长区域主要在东南部地区。在甘南藏族自治州绝大部分是适宜种植区域,少部分是次适宜种植区域;在临夏回族自治州、定西市、陇南市大部分是次适宜种植区域,少部分是不适宜种植区域;在天水市、兰州市、武威市、张掖市、白银市、金昌市无适宜种植区域,绝大部分为不适宜种植面积,小部分为次适宜种植区域,但天水市、兰州市、张掖市、武威市的次适宜区面积较白银市、金昌市大。(见图 61-1)

【生态适宜区域面积】

对生态适宜性进行面积统计发现,独一味适宜面积最大的区域为玛曲县,总面积 9878km²,适宜面积 5278km²、次适宜面积 4600km²,比例分别为 53.44%、46.56%。其次为夏河县,总面积 5991km²,适宜面积 5125km²、次适宜面积 866km²,比例分别为 85.54%、14.46%。独一味在天祝县、临洮县均为次适宜分布,总面积分别为 5550km²、2281km²。卓尼县总面积 5177km²,适宜面积 3679km²、次适宜面积 1498km²,比例分别为 71.06%、28.94%;碌曲县总面积 5102km²,适宜面积 4862km²、次适宜面积

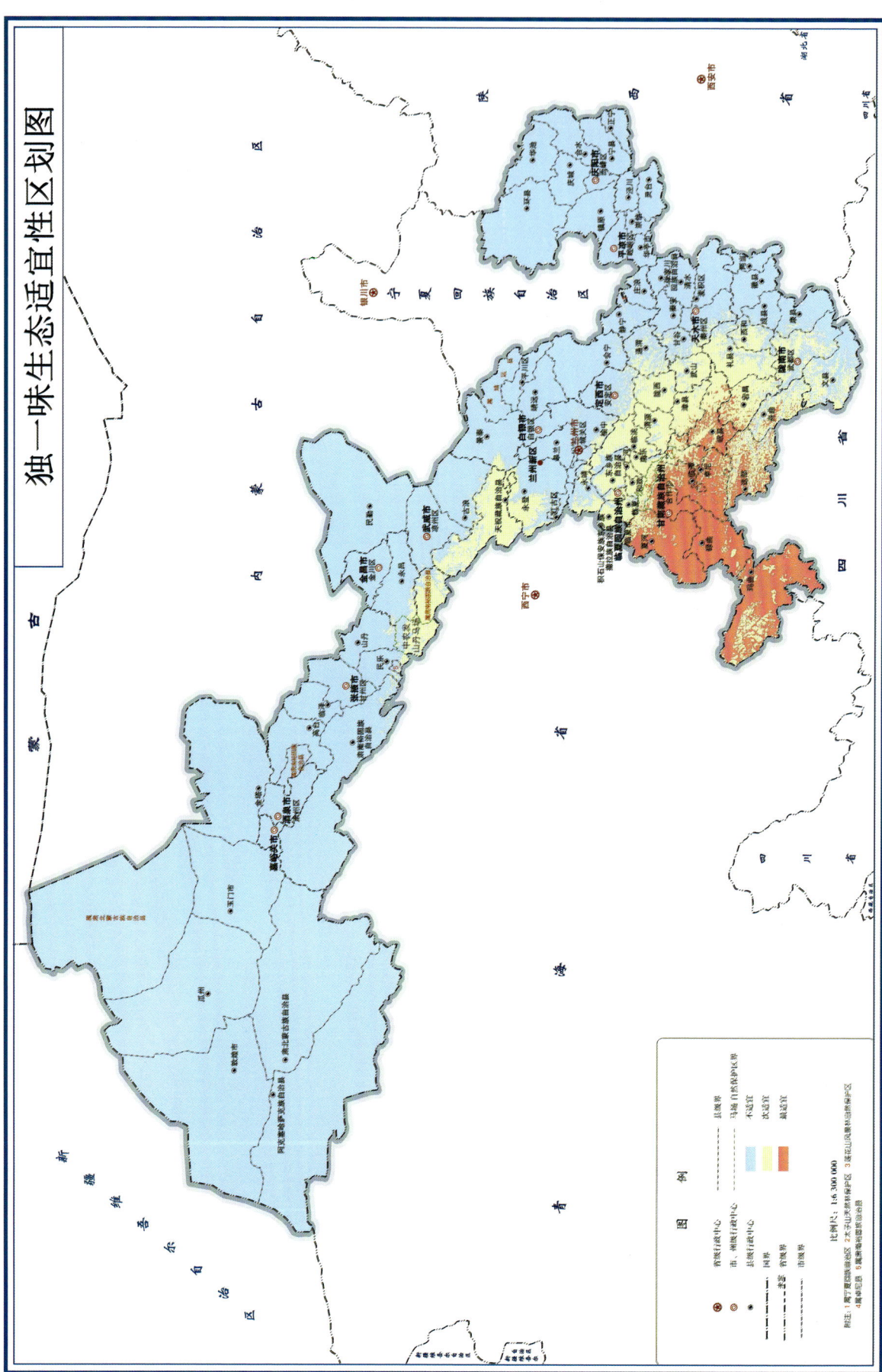

图 61-1 独一味生态适宜性区划图

240km², 比例分别为95.30%、4.70%;迭部县总面积4594km²,适宜面积1938km²、次适宜面积2656km²,比例分别为42.18%、57.82%;岷县总面积3439km²,适宜面积1402km²、次适宜面积2037km²,比例分别为40.77%、59.23%;宕昌县总面积2994km²,适宜面积507km²、次适宜面积2487km²,比例分别为16.94%、83.06%;礼县总面积3187km²,适宜面积4km²、次适宜面积3183km²,比例分别为0.13%、99.87%。(见表61-2)

表61-2 甘肃各区县独一味适宜面积

区县	总面积(km²)	适宜(km²)	次适宜(km²)	适宜比例(%)	次适宜比例(%)
玛曲县	9878	5278	4600	53.44	46.56
夏河县	5991	5125	866	85.54	14.46
天祝县	5550	0	5550	0.00	100.00
卓尼县	5177	3679	1498	71.06	28.94
碌曲县	5102	4862	240	95.30	4.70
迭部县	4594	1938	2656	42.18	57.82
岷县	3439	1402	2037	40.77	59.23
礼县	3187	4	3183	0.13	99.87
宕昌县	2994	507	2487	16.94	83.06
临洮县	2281	0	2281	0.00	100.00

从生态适宜生境分布面积柱状图可以看出,独一味在玛曲县、夏河县、卓尼县、碌曲县的适宜生境分布面积大于次适宜生境分布面积,玛曲县的适宜生境分布面积最大;在迭部县、岷县、礼县、宕昌县次适宜生境分布面积大于适宜生境分布面积,迭部县、岷县的适宜生境分布面积较大;在天祝县、临洮县全部为次适宜生境面积。(见图61-2)

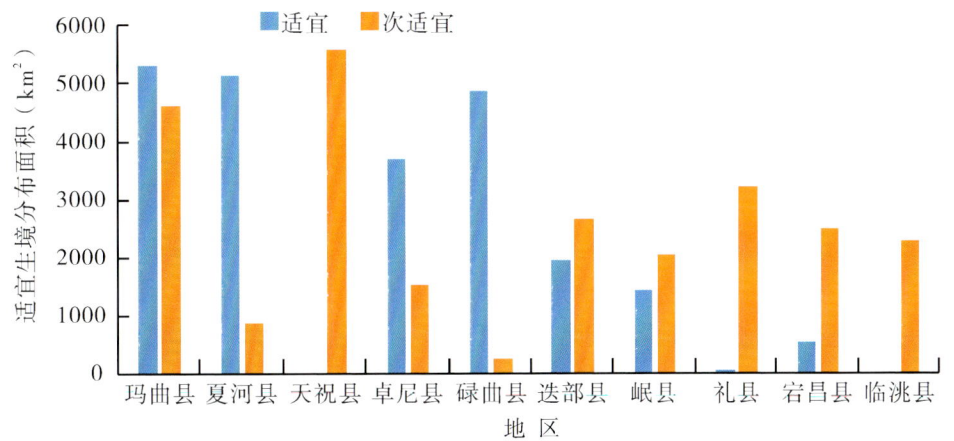

图61-2 独一味适宜生境分布面积

【适宜种植区域及布局建议】

根据独一味的生态适宜性分析结果,建议选择栽培种植的区域时应首先考虑玛曲县,主要包括的乡镇有木西合乡、阿万仓镇、欧拉秀玛乡、欧拉镇、曼日玛镇、尼玛镇。其次为夏河县,主要包括桑科镇、阿木去乎镇、科才镇、甘加镇、扎油乡、麻当镇。天祝县主要包括松山镇、抓喜秀龙镇、毛藏乡、哈溪镇、华藏寺镇、旦马乡;卓尼县主要包括喀尔钦镇、木耳镇、尼巴镇、恰盖乡、康多乡、刀告乡;迭部县主要包括达拉乡、电尕镇、旺藏镇、卡坝乡、腊子口镇、多儿乡;碌曲县主要包括尕海镇、玛艾镇、拉仁关乡、郎木寺镇、双岔镇、西仓镇;岷县主要包括闾井镇、秦许乡、锁龙乡、蒲麻镇、禾驮镇、寺沟镇;礼县主要包括上坪乡、洮坪镇、固城镇、沙金乡、白关镇、崖城镇;宕昌县主要包括南河镇、兴化乡、狮子乡、城关镇、车拉乡、新城子乡;临洮县主要包括峡口镇、辛店镇、中铺镇、连儿湾乡、龙门镇、窑店镇。

62. 麻 黄
Mahuang
EPHEDRAE HERBA

本品为麻黄科植物草麻黄 *Ephedra sinica* Stapf、中麻黄 *Ephedra intermedia* Schrenk et C. A. Mey. 或木贼麻黄 *Ephedra equisetina* Bge.的干燥草质茎。秋季采割绿色的草质茎,晒干。味辛、微苦,性温。归肺、膀胱经。具有发汗散寒,宣肺平喘,利水消肿等功效。用于风寒感冒,胸闷喘咳,风水浮肿;蜜麻黄润肺止咳,多用于表证已解,气喘咳嗽。

麻黄挥发油有发汗作用,麻黄碱能使处于高温环境下的人汗腺分泌增多、增快。麻黄挥发油乳剂有解热作用。麻黄碱和伪麻黄碱均有缓解支气管平滑肌痉挛的作用。伪麻黄碱有明显的利尿作用。麻黄碱能兴奋心脏,收缩血管,升高血压;对中枢神经有明显的兴奋作用,可引起兴奋、失眠、不安。挥发油对流感病毒有抑制作用。其甲醇提取物有抗炎作用。其煎剂有抗病原微生物作用。

现代常以本品为主,随证配伍,可治疗偏头痛、老年性皮肤瘙痒、冻疮、过敏性鼻炎、睡眠呼吸暂停综合征,以及窦性心动过缓、呃逆、上消化道出血、肾衰、腰扭伤、坐骨神经痛、雷诺病、感染性化脓性炎症、慢性咽炎、牙痛等。

草麻黄
Ephedra sinica

【地理分布与生境】

草麻黄主产于辽宁、吉林、内蒙古、河北、山西、河南西北部及陕西等省区。适应性强,习见于山坡、平原、干燥荒地、河床及草原等处,常组成大面积的单纯群落。模式标本采自内蒙古。

【生物习性】

草麻黄适应性强,喜凉爽较干燥气候,耐严寒,对土壤要求不严格,砂质壤土、砂土、壤土均可生长,低洼地和排水不良的黏土不宜栽培。用种子及分株繁殖。

【生态环境影响分析】

根据分析结果可知,影响草麻黄适宜分布的生态因子共有43个,其中海拔贡献率最大,为21.1%,取值范围为1200~3500m;其次是5月份降雨量和最冷月最低温,贡献率分别为16.8%、13.2%,取值范围分别为15~105mm、-18~-6℃;等温性、最冷季节均温、4月份平均气温、年均温变化范围和9月份平均气温贡献率依次减小,分别为6.6%、6.4%、5.6%、3.6%、3.5%,取值范围分别为27~36、-12~0℃、2~12℃、33~46℃、6~17℃。(见表62-1)

【生态适宜性区划】

从草麻黄生态适宜性区划图来看,草麻黄在甘肃最适宜生长区域主要在东南部地区。在定西市、临

表 62-1 草麻黄生态因子贡献率

生态因子	贡献率(%)	取值范围
海拔	21.1	1200~3500m
5月份降雨量	16.8	15~105mm
最冷月最低温	13.2	−18~−6℃
等温性	6.6	27~36
最冷季节均温	6.4	−12~0℃
4月份平均气温	5.6	2~12℃
年均温变化范围	3.6	33~46℃
9月份平均气温	3.5	6~17℃

夏回族自治州、天水市、平凉市和庆阳市大部分是最适宜种植区域；在兰州市、白银市、武威市和金昌市大部分是次适宜种植区域；在张掖市、甘南藏族自治州和陇南市大部分是次适宜种植区域和不适宜种植区域；在嘉峪关市、酒泉市绝大部分是不适宜种植区域。(见图62-1)

【生态适宜区域面积】

对生态适宜性进行面积统计发现，草麻黄在民勤县的分布总面积最大，为12 172km^2，适宜面积6231km^2、次适宜面积5941km^2，比例分别为51.19%、48.81%。其次是肃南县，分布总面积10 710km^2，适宜面积2837km^2、次适宜面积7873km^2，比例分别为26.49%、73.51%。在环县总面积为8682km^2，适宜面积5045km^2、次适宜面积3637km^2，比例分别为58.10%、41.90%；在会宁县总面积为6053km^2，适宜面积4767km^2、次适宜面积1286km^2，比例分别为78.75%、21.25；在永登县总面积为5663km^2，适宜面积2435km^2、次适宜面积3228km^2，比例分别为43.00%、57.00%。在天祝县、靖远县和景泰县分布总面积相差不大，在天祝县总面积为5219km^2，适宜面积2681km^2、次适宜面积2538km^2，比例分别为51.38%、48.62%；在靖远县总面积为5170km^2，适宜面积1682km^2、次适宜面积3488km^2，比例分别为32.54%、67.46%；在景泰县总面积为5052km^2，适宜面积420km^2、次适宜面积4632km^2，比例分别为8.31%、91.69%。在凉州区和山丹县分布总面积相差不大且较小，在凉州区总面积为4675km^2，适宜面积663km^2、次适宜面积4012km^2，比例分别为14.18%、85.82%；在山丹县总面积为4321km^2，适宜面积2145km^2、次适宜面积2176km^2，比例分别为49.64%、50.36%。(见表62-2)

表 62-2 甘肃各区县草麻黄适宜面积

区县	总面积(km^2)	适宜(km^2)	次适宜(km^2)	适宜比例(%)	次适宜比例(%)
民勤县	12 172	6231	5941	51.19	48.81
肃南县	10 710	2837	7873	26.49	73.51
环县	8682	5045	3637	58.10	41.90
会宁县	6053	4767	1286	78.75	21.25
永登县	5663	2435	3228	43.00	57.00
天祝县	5219	2681	2538	51.38	48.62
靖远县	5170	1682	3488	32.54	67.46
景泰县	5052	420	4632	8.31	91.69
凉州区	4675	663	4012	14.18	85.82
山丹县	4321	2145	2176	49.64	50.36

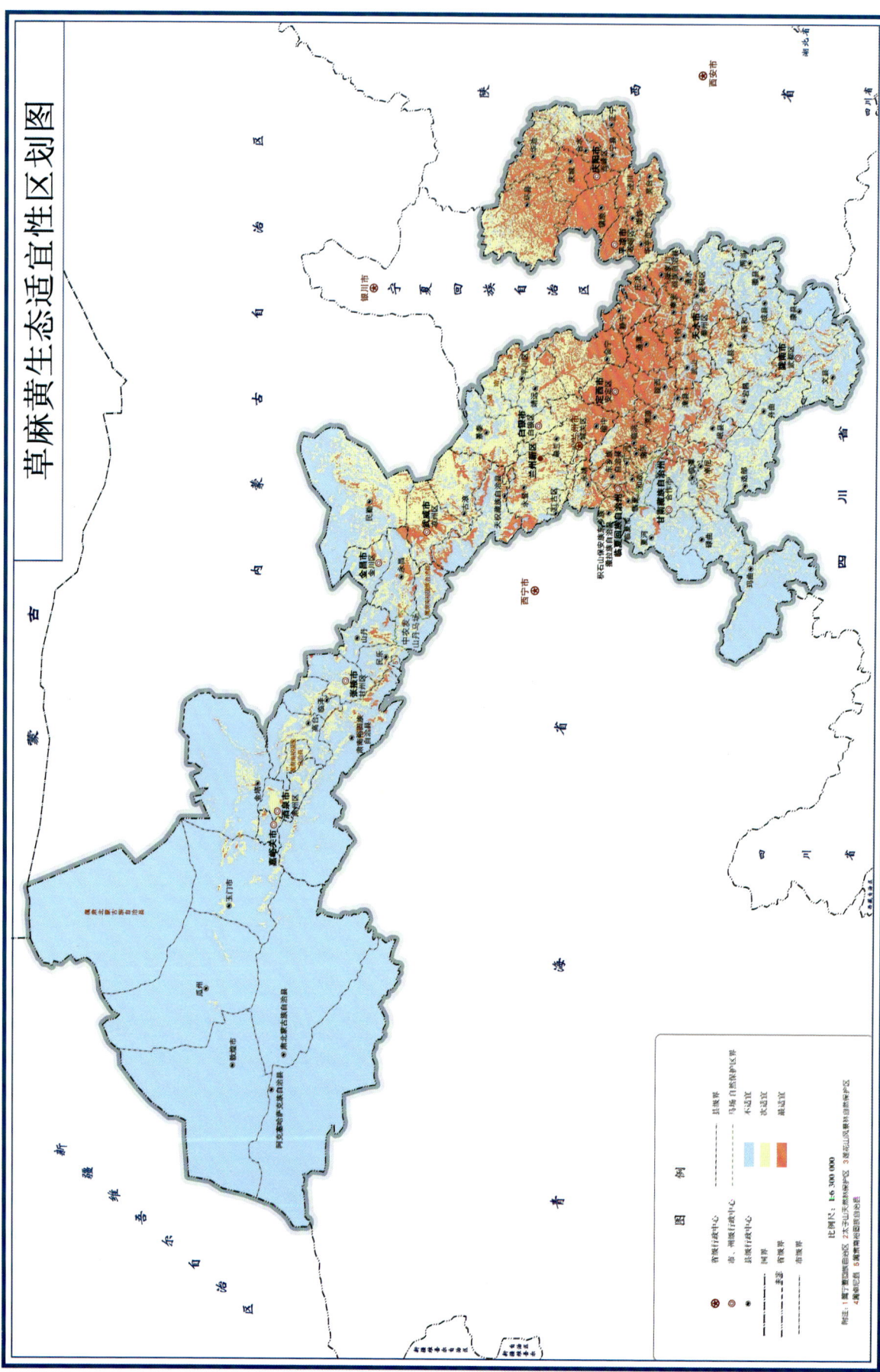

图 62-1 草麻黄生态适宜性区划图

从生态适宜生境分布面积柱状图可以看出，草麻黄在民勤县的适宜生境分布面积最大；其次是环县和会宁县的适宜生境分布面积；在肃南县、永登县、靖远县、天祝县和山丹县适宜生境分布面积较小；在景泰县和凉州区适宜生境分布面积相差不大且面积最小；在肃南县次适宜生境分布面积最大；其次是民勤县的次适宜生境分布面积较大；在永登县、景泰县、靖远县、天祝县、凉州区和山丹县的次适宜生境分布面积较小；在会宁县的次适宜生境分布面积最小。（见图62-2）

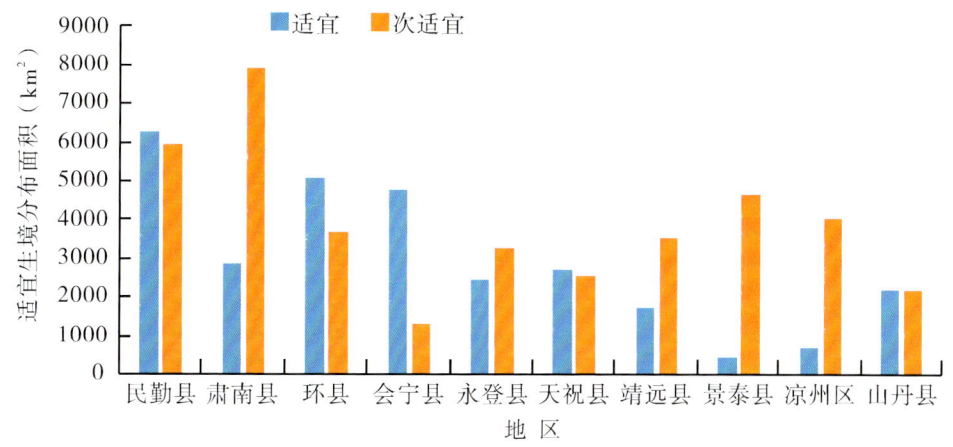

图62-2 草麻黄适宜生境分布面积

【适宜种植区域及布局建议】

根据草麻黄的生态适宜性分析结果，建议选择栽培种植的区域时首先考虑民勤县和环县，种植总面积最大，民勤县适宜种植的主要乡镇有红砂岗镇、东湖镇、南湖镇；环县适宜种植的主要乡镇有环城镇、车道镇、毛井镇、洪德镇、小南沟乡。其次考虑肃南县和会宁县，肃南县种植总面积较大，会宁县适宜种植面积较大，肃南县适宜种植的主要乡镇有祁丰乡、大河乡、皇城镇、马蹄乡、康乐镇；会宁县适宜种植的主要乡镇有头寨子镇。在永登县、天祝县和山丹县适宜种植面积与次适宜种植面积相差不大，永登县适宜种植的主要乡镇有七山乡、龙泉寺镇、武胜驿镇、苦水镇、通远镇；天祝县适宜种植的主要乡镇有松山镇、旦马乡、哈溪镇、华藏寺镇；山丹县适宜种植的主要乡镇有清泉镇、老军乡、位奇镇。在景泰县、靖远县和凉州区次适宜种植面积较大，景泰县适宜种植的主要乡镇有中泉镇、寺滩乡、正路镇、喜泉镇、五佛乡；靖远县适宜种植的主要乡镇有高湾镇、北滩镇、若笠乡、石门乡、刘川镇；凉州区适宜种植的主要乡镇有长城镇。

中麻黄

Ephedra intermedia

【地理分布与生境】

中麻黄为中国分布最广的麻黄之一，分布于辽宁、河北、山东、内蒙古、山西、陕西、甘肃、青海及新疆等省区，以西北各省区最为常见。

【生物习性】

中麻黄生长于干旱荒漠、沙滩地区及干旱的山坡或草地上。属旱生植物，具有耐干旱、耐瘠薄土壤、适应性强的特点。土壤多为风砂土、灰棕荒漠土、灰钙土及栗钙土，伴生种常为红砂、白刺、膜果麻黄、沙蒿、锦鸡儿、沙拐枣等。

中麻黄具有一定的耐盐性，在风砂土、砂壤土等土层深厚的土地及轻、中度盐渍化土壤上生长良好。

【生态环境影响分析】

根据分析结果可知,影响中麻黄适宜分布的生态因子共有25个,其中海拔贡献率最大,为29.4%,取值范围为1000~4000m;其次是3月份降雨量,贡献率为22.4%,取值范围为2~50mm;5月份降雨量贡献率较大,为13.3%,取值范围为20~100mm;温暖指数和12月份降雨量贡献率较小,分别为5.9%、5.4%,取值范围分别为20~100℃、5~20mm。(见表62-3)

表62-3 中麻黄生态因子贡献率

生态因子	贡献率(%)	取值范围
海拔	29.4	1000~4000m
3月份降雨量	22.4	2~50mm
5月份降雨量	13.3	20~100mm
温暖指数	5.9	20~100℃
12月份降雨量	5.4	5~20mm

【生态适宜性区划】

从中麻黄生态适宜性区划图来看,中麻黄在甘肃最适宜及次适宜生长区域主要在东南部。在定西市和临夏回族自治州大部分为最适宜种植区域;在平凉市、庆阳市、天水市、兰州市和金昌市大部分为次适宜种植区域;在陇南市、甘南藏族自治州、白银市、张掖市和武威市大部分为次适宜和不适宜种植区域;在嘉峪关市和酒泉市绝大部分为不适宜种植区域。(见图62-3)

【生态适宜区域面积】

对生态适宜性进行面积统计发现,中麻黄在环县的分布总面积最大,为7665km^2,适宜面积1366km^2、次适宜面积6299km^2,比例分别为17.82%、82.18%。在永昌县总面积6386km^2,适宜面积2201km^2、次适宜面积4185km^2,比例分别为34.47%、65.53%;在会宁县总面积5828km^2,适宜面积2743km^2、次适宜面积3085km^2,比例分别为47.07%、52.93%。在肃南县、民勤县和永登县分布总面积相差不大,在肃南县总面积5475km^2,适宜面积312km^2、次适宜面积5163km^2,比例分别为5.71%、94.29%;在民勤县总面积5397km^2,适宜面积611km^2、次适宜面积4786km^2,比例分别为11.33%、88.67%;在永登县总面积5171km^2,适宜面积1598km^2、次适宜面积3573km^2,比例分别为30.91%、69.09%。在山丹县、夏河县、安定区和镇原县分布总面积相差不大,山丹县总面积3818km^2,适宜面积805km^2、次适宜面积3013km^2,比例分别为21.08%、78.92%;夏河县总面积为3656km^2,适宜面积744km^2、次适宜面积2912km^2,比例分别为20.36%、79.64%;安定区总面积3616km^2,适宜面积3118km^2、次适宜面积498km^2,比例分别为86.22%、13.78%;镇原县总面积3454km^2,适宜面积1130km^2、次适宜面积2324km^2,比例分别为32.71%、67.29%。(见表62-4)

从生态适宜生境分布面积柱状图可以看出,中麻黄在安定区的适宜生境分布面积最大;其次是会宁县和永昌县;在永登县、环县和镇原县的适宜生境分布面积较大;在山丹县、夏河县和民勤县适宜生境分布面积较小;在肃南县的适宜生境分布面积最小;在环县的次适宜生境分布面积最大;在肃南县、民勤县和永昌县的次适宜生境分布面积较大;在永登县、会宁县、山丹县、夏河县和镇原县的次适宜生境分布面积较小;在安定区的次适宜生境分布面积最小。(见图62-4)

【适宜种植区域及布局建议】

根据中麻黄的生态适宜性分析结果,建议选择栽培种植的区域时首先考虑环县、永昌县和会宁县,种植总面积较大。环县适宜种植的主要乡镇有曲子镇、合道镇、耿湾乡、芦家湾乡、洪德镇、小南沟

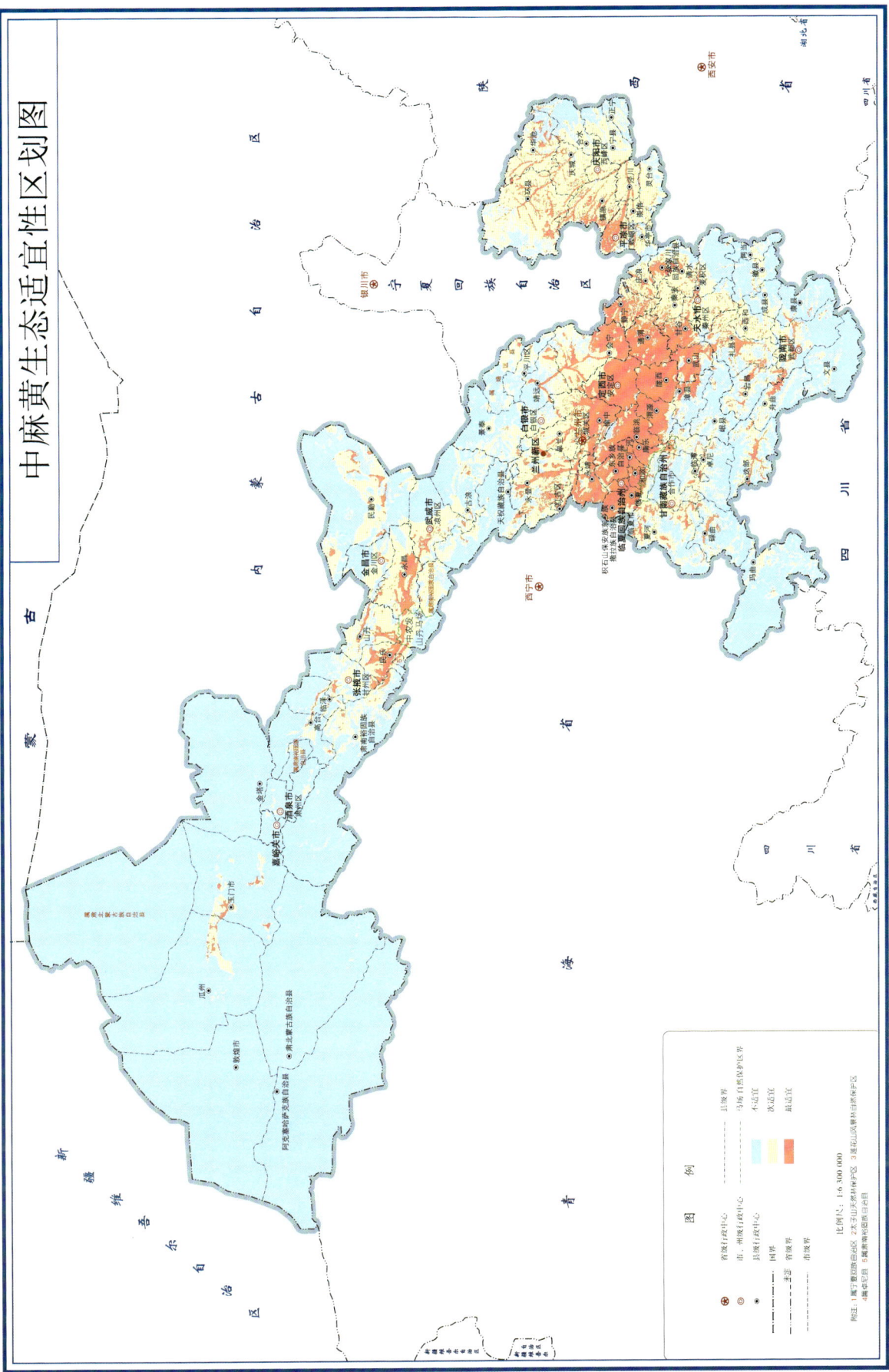

图62-3 中麻黄生态适宜性区划图

表62-4　甘肃各区县中麻黄适宜面积

区县	总面积(km²)	适宜(km²)	次适宜(km²)	适宜比例(%)	次适宜比例(%)
环县	7665	1366	6299	17.82	82.18
永昌县	6386	2201	4185	34.47	65.53
会宁县	5828	2743	3085	47.07	52.93
肃南县	5475	312	5163	5.71	94.29
民勤县	5397	611	4786	11.33	88.67
永登县	5171	1598	3573	30.91	69.09
山丹县	3818	805	3013	21.08	78.92
夏河县	3656	744	2912	20.36	79.64
安定区	3616	3118	498	86.22	13.78
镇原县	3454	1130	2324	32.71	67.29

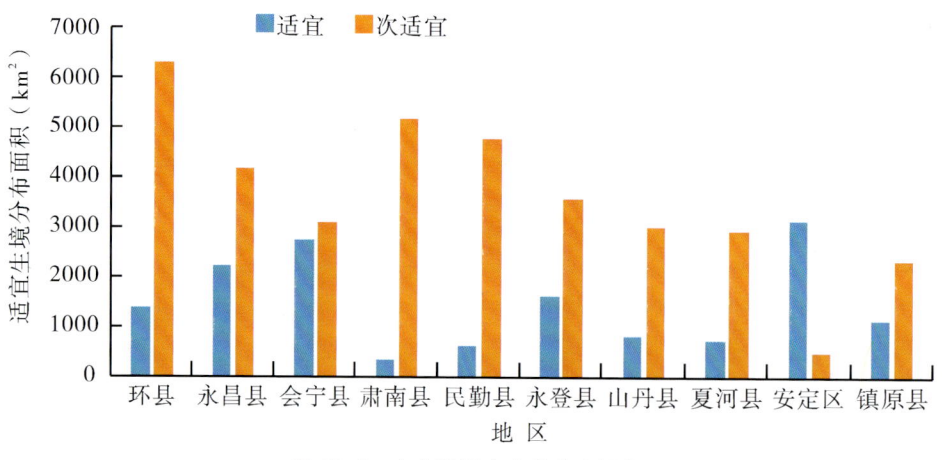

图62-4　中麻黄适宜生境分布面积

乡、虎洞镇、木钵镇、演武乡、樊家川镇;永昌县适宜种植的主要乡镇有红山窑镇、朱王堡镇、城关镇、水源镇、新城子镇、河西堡镇、东寨镇、焦家庄镇、南坝乡、六坝镇;会宁县适宜种植的主要乡镇有头寨子镇、汉家岔镇、郭城驿镇、甘沟驿镇、新庄镇、大沟镇、刘家寨子镇、柴家门镇、四房吴镇、新塬镇。其次考虑肃南县、民勤县、永登县和安定区。肃南县适宜种植的主要乡镇有祁丰乡、红湾寺镇、明花乡、白银乡、马蹄乡、皇城镇、康乐镇、大河乡;民勤县适宜种植的主要乡镇有南湖镇、收成镇、东湖镇、昌宁镇、蔡旗镇、苏武镇、夹河镇、薛百镇、泉山镇、东坝镇;永登县适宜种植的主要乡镇有红城镇、上川镇、中堡镇、河桥镇、龙泉寺镇、中川镇、苦水镇、七山乡、坪城乡、连城镇;安定区适宜种植的主要乡镇有新集乡、凤翔镇、高峰乡、永定路街道、团结镇、石峡湾乡、西巩驿镇、李家堡镇、宁远镇、石泉乡。在山丹县、夏河县和镇原县种植总面积相差不大且适宜种植面积较大。山丹县适宜种植的主要乡镇有霍城镇、位奇镇、老军乡、东乐镇、陈户镇、清泉镇、大马营镇、李桥乡;夏河县适宜种植的主要乡镇有麻当镇、唐尕昂乡、桑科镇、扎油乡、甘加镇、达麦乡、吉仓乡、博拉镇、拉卜楞镇、阿木去乎镇;镇原县适宜种植的主要乡镇有孟坝镇、屯字镇、太平镇、中原乡、新集镇。

木贼麻黄
Ephedra equisetina

【地理分布与生境】

木贼麻黄产于河北、山西、内蒙古、陕西西部、甘肃及新疆等省区。生于干旱地区的山脊山顶及岩壁等处。

【生物习性】

木贼麻黄喜光,性强健,耐寒,畏热;喜生于干旱的山地及沟崖边;忌湿,深根性,根蘖性强。可作岩石园、干旱地绿化用。

【生态环境影响分析】

根据分析结果可知,影响木贼麻黄适宜分布的生态因子共有30个,其中11月份降雨量贡献率最大,为31.8%,取值范围为10~50mm;其次为海拔,贡献率为13.4%,取值范围为1000~3000m;温暖指数贡献率为7.7%,取值范围为20~150℃;最干季平均温和寒冷指数贡献率相差不大,分别为4.5%、4.1%,取值范围分别为-16~-10℃、-50~10℃。(见表62-5)

表62-5 木贼麻黄生态因子贡献率

生态因子	贡献率(%)	取值范围
11月份降雨量	31.8	10~50mm
海拔	13.4	1000~3000m
温暖指数	7.7	20~150℃
最干季平均温	4.5	-16~-10℃
寒冷指数	4.1	-50~10℃

【生态适宜性区划】

从木贼麻黄生态适宜性区划图来看,木贼麻黄在甘肃最适宜及次适宜生长区域主要在东南地区。在临夏回族自治州、定西市、白银市和庆阳市大部分为最适宜种植区域;在兰州市、平凉市、张掖市和武威市大部分为最适宜和次适宜种植区域;在陇南市、天水市和金昌市大部分为次适宜和不适宜种植区域;在酒泉市和嘉峪关市绝大部分为不适宜种植区域。(见图62-5)

【生态适宜区域面积】

对生态适宜性进行面积统计发现,木贼麻黄在民勤县和环县分布总面积相差不大,在民勤县总面积为10 677km^2,适宜面积1949km^2、次适宜面积8728km^2,比例分别为18.25%、81.75%;在环县总面积9165km^2,适宜面积7590km^2、次适宜面积1575km^2,比例分别为82.82%、17.18%。会宁县总面积6407km^2,适宜面积4771km^2、次适宜面积1636km^2,比例分别为74.46%、25.54%。在肃南县、靖远县、永登县和凉州区的分布总面积相差不大,肃南县总面积5374km^2,适宜面积718km^2、次适宜面积4656km^2,比例分别为13.36%、86.64%;靖远县总面积5154km^2,适宜面积2805km^2、次适宜面积2349km^2,比例分别为54.42%、45.58%;永登县总面积5032km^2,适宜面积1555km^2、次适宜面积3477km^2,比例分别为30.90%、69.10%;凉州区总面积4804km^2,适宜面积1163km^2、次适宜面积3641km^2,比例分别为24.21%、75.79%。在景泰县和古浪县分布总面积相差不大,景泰县总面积4332km^2,适宜面积687km^2、次适宜面积3645km^2,比例分别为15.87%、84.13%;古浪县总面积

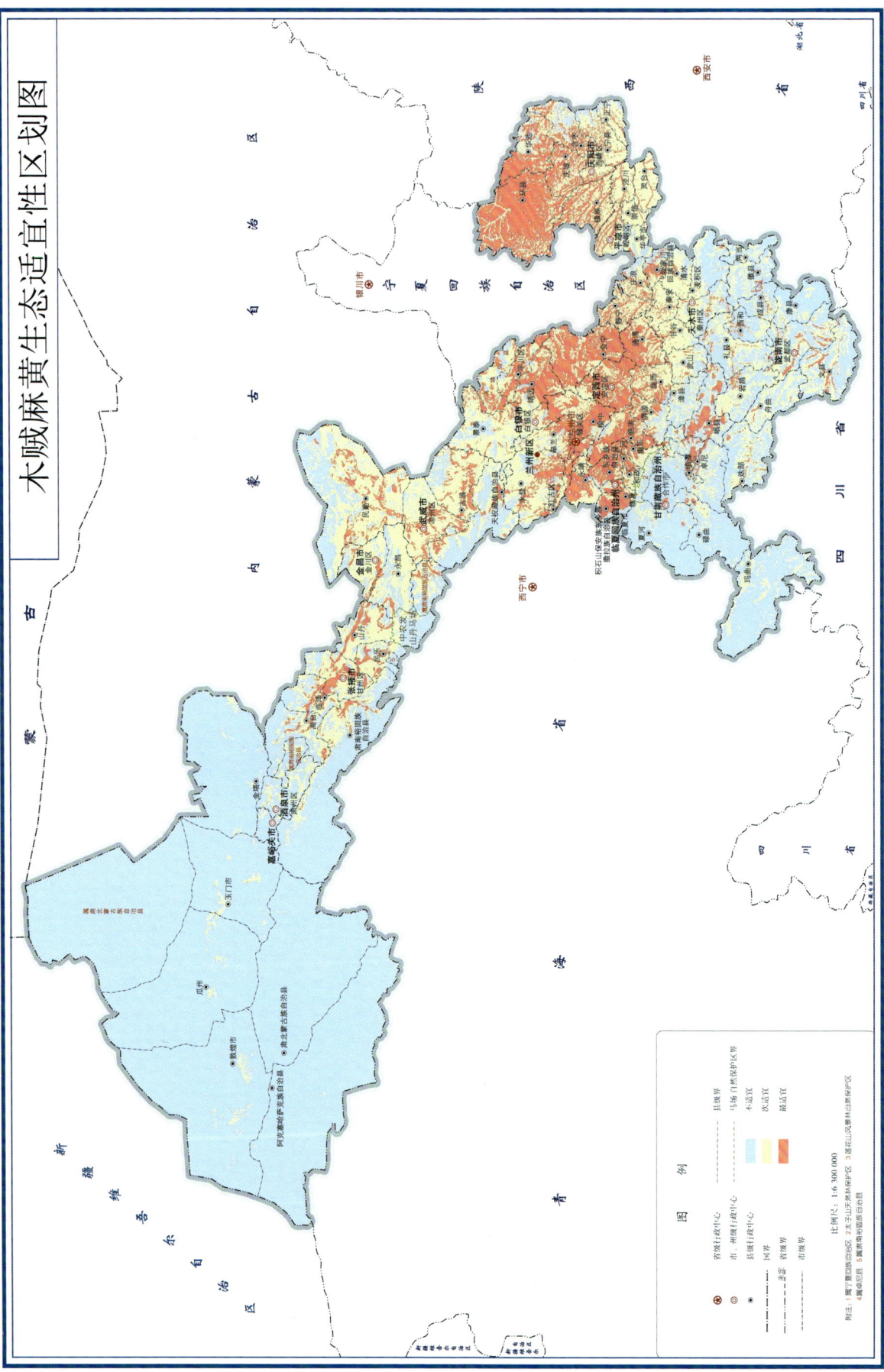

图 62-5 木贼麻黄生态适宜性区划图

4301km²,适宜面积1071km²、次适宜面积3230km²,比例分别为24.90%、75.10%。山丹县总面积3589km²,适宜面积807km²、次适宜面积2782km²,比例分别为22.48%、77.52%。(见表62-6)

表62-6 甘肃各区县木贼麻黄适宜面积

区县	总面积(km²)	适宜(km²)	次适宜(km²)	适宜比例(%)	次适宜比例(%)
民勤县	10 677	1949	8728	18.25	81.75
环县	9165	7590	1575	82.82	17.18
会宁县	6407	4771	1636	74.46	25.54
肃南县	5374	718	4656	13.36	86.64
靖远县	5154	2805	2349	54.42	45.58
永登县	5032	1555	3477	30.90	69.10
凉州区	4804	1163	3641	24.21	75.79
景泰县	4332	687	3645	15.87	84.13
古浪县	4301	1071	3230	24.90	75.10
山丹县	3589	807	2782	22.48	77.52

从生态适宜生境分布面积柱状图可以看出,木贼麻黄在环县的适宜生境分布面积最大;其次是会宁县,适宜生境分布面积较大;在靖远县、民勤县和永登县的适宜生境分布面积较小;在凉州区、古浪县、山丹县、景泰县和肃南县适宜生境分布面积相差不大,且分布面积较小;在民勤县的次适宜生境分布面积最大;在肃南县的次适宜生境分布面积较大;在永登县、凉州区、景泰县、古浪县、山丹县和靖远县的次适宜生境分布面积相差不大,且分布面积较大;在环县和会宁县的次适宜生境分布面积相差不大,且分布面积较小。(见图62-6)

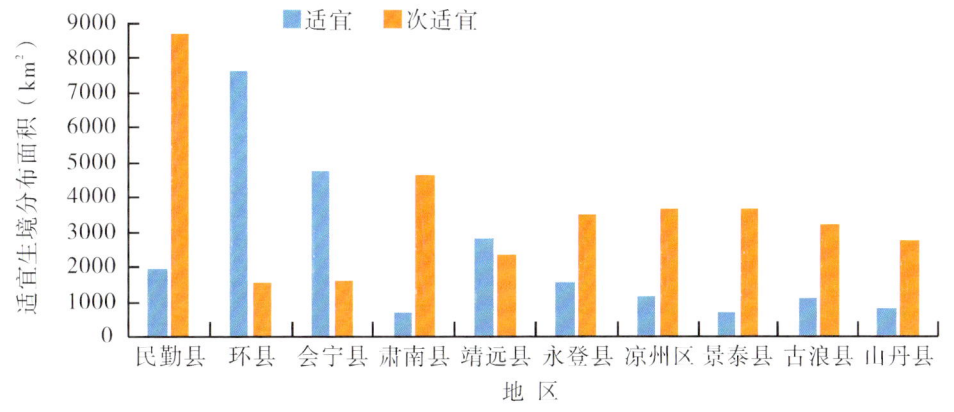

图62-6 木贼麻黄适宜生境分布面积

【适宜种植区域及布局建议】

根据木贼麻黄的生态适宜性分析结果,建议选择栽培种植的区域时首先考虑环县和民勤县,种植总面积相差不大且面积较大。环县适宜种植的主要乡镇有环城镇、车道镇、毛井镇、洪德镇、小南沟乡、耿湾乡、合道镇、甜水镇、虎洞镇、山城乡;民勤县适宜种植的主要乡镇有东湖镇、南湖镇、收成镇、昌宁镇、蔡旗镇、苏武镇、夹河镇、薛百镇、泉山镇、东坝镇。其次考虑会宁县和靖远县,种植总面积较大且适宜种植面积较大。会宁县适宜种植的主要乡镇有头寨子镇、汉家岔镇、郭城驿镇、甘沟驿镇、新庄镇、刘家寨子镇、大沟镇、柴家门镇、四房吴镇、土高山乡;靖远县适宜种植的主要乡镇有高湾镇、若笠乡、北滩镇、乌兰镇、大芦镇、石门乡、刘川镇、五合镇、靖安乡、北湾镇。在肃南县、永登县和凉州区种植总面积相差不大。肃南县适宜种植的主要乡镇有皇城镇、大河乡、马蹄乡、康乐镇、祁丰乡、白银乡、明花乡、红湾寺镇;永登县适宜种植的主要乡镇有七山乡、龙泉寺镇、武胜驿镇、苦水镇、通远镇、连城镇、民乐乡、柳树镇、上川镇、坪城乡；凉州区适宜种植的主要乡镇有羊下坝镇、金沙镇、清水镇、河东镇、清源镇、金塔镇、永昌镇、地质新村街街道、永丰镇、中坝镇。在景泰县、古浪县和山丹县的次适宜种植面积相差不大。景泰县适宜种植的主要乡镇有中泉镇、正路镇、五佛乡、草窝滩镇、上沙沃镇、喜泉镇、芦阳镇、寺滩乡、红水镇、一条山镇；古浪县适宜种植的主要乡镇有横梁乡、十八里堡乡、民权镇、裴家营镇、黄羊川镇、古浪镇、定宁镇、土门镇、西靖镇、黄花滩镇；山丹县适宜种植的主要乡镇有老军乡、清泉镇、陈户镇、位奇镇、大马营镇、东乐镇、霍城镇、李桥乡。

63. 瞿 麦

Qumai

DIANTHI HERBA

本品为石竹科植物瞿麦 Dianthus superbus L.的干燥地上部分。夏、秋二季花果期采割,除去杂质,干燥。味苦,性寒。归心、小肠经。有利尿通淋,活血通经的功效。可用于治疗热淋,血淋,石淋,小便不通,淋沥涩痛,经闭瘀阻。有南天竺饮、加味通心饮、瞿麦散等复方。

瞿麦的主要的药理作用有利尿,兴奋肠管,兴奋心血管,抑菌杀虫等。

【地理分布与生境】

瞿麦主产东北、华北、西北及山东、江苏、浙江、江西、河南、湖北、四川、贵州、新疆等地。生长于山坡、草地、丘陵山地疏林下、林缘、草甸、沟谷溪边。

【生物习性】

瞿麦对土壤要求不严,一般土地都可栽种,但以排水良好、肥沃的砂壤土为好。

【生态环境影响分析】

根据分析结果可知,影响瞿麦适宜分布的生态因子共有 34 个,其中 11 月份降雨量贡献率最大,为 35.4%,取值范围为>5mm；8 月份降雨量贡献率次之,为 20.9%,取值范围为 80~200mm；坡度和海拔贡献率相差不大,分别为 7.5%、7.3%,取值范围分别为 0°~55°、500~3800m；7 月份平均气温贡献率较小,分别为 3.4%,取值范围为 12~25℃。从而可知,11 月份降雨量对瞿麦影响最大,瞿麦花期为 6~9 月,果期为 8~10 月,11 月时果实已采收,此时可采收地上部分。(见表 63-1)

表 63-1 瞿麦生态因子贡献率

生态因子	贡献率(%)	取值范围
11 月份降雨量	35.4	>5mm
8 月份降雨量	20.9	80~200mm
坡度	7.5	0°~55°
海拔	7.3	500~3800m
7 月份平均气温	3.4	12~25℃

【生态适宜性区划】

从瞿麦生态适宜性区划图来看,可以得到瞿麦在甘肃适宜生长区域主要在南部地区。在陇南市、定西市、天水市、平凉市、庆阳市和临夏回族自治州大部分为次适宜种植区域；在甘南藏族自治州、武

威市和白银市大部分是不适宜种植区域;在兰州市、武威市、金昌市和张掖市大部分是不适宜种植区域。(见图63-1)

【生态适宜区域面积】

对生态适宜性进行面积统计发现,瞿麦在环县分布总面积最大,为7135 km^2,适宜面积199 km^2、次适宜积6936 km^2,比例分别为2.79%、97.21%。在会宁县分布总面积5280 km^2,适宜面积694 km^2、次适宜面积4586 km^2,比例分别为13.14%、86.86%。在武都区、文县、天祝县和礼县分布总面积相差不大,武都区总面积4439 km^2,适宜面积1011 km^2、次适宜面积3428 km^2,比例分别为22.78%、77.22%;文县总面积4382 km^2,适宜面积658 km^2、次适宜面积3724 km^2,比例分别为15.01%、84.99%;天祝县总面积4270 km^2,适宜面积975 km^2、次适宜面积3295 km^2,比例分别为22.82%、77.18%;礼县总面积4211 km^2,适宜面积1236 km^2、次适宜面积2975 km^2,比例分别为29.36%、70.64%。永登县总面积4039 km^2,适宜面积628 km^2、次适宜面积3411 km^2,比例分别为15.55%、84.45%;安定区总面积3602 km^2,适宜面积697 km^2、次适宜面积2905 km^2,比例分别为19.35%、80.65%。岷县和镇原县种植总面积相差不大且最小,岷县分布总面积3288 km^2,适宜面积1262 km^2、次适宜面积2026 km^2,比例分别为38.39%、61.61%;镇原县总面积3263 km^2,适宜面积38 km^2、次适宜面积3225 km^2,比例分别为1.16%、98.84%。(见表63-2)

表63-2 甘肃各区县瞿麦适宜面积

区县	总面积(km^2)	适宜(km^2)	次适宜(km^2)	适宜比例(%)	次适宜比例(%)
环县	7135	199	6936	2.79	97.21
会宁县	5280	694	4586	13.14	86.86
武都区	4439	1011	3428	22.78	77.22
文县	4382	658	3724	15.01	84.99
天祝县	4270	975	3295	22.82	77.18
礼县	4211	1236	2975	29.36	70.64
永登县	4039	628	3411	15.55	84.45
安定区	3602	697	2905	19.35	80.65
岷县	3288	1262	2026	38.39	61.61
镇原县	3263	38	3225	1.16	98.84

从生态适宜生境分布面积柱状图可以看出,瞿麦在环县的次适宜生境分布面积最大;在会宁县、武都区、文县、天祝县、礼县、永登县、镇原县的次适宜生境分布面积相差不大,且面积较大;在安定区和岷县的适宜生境分布面积相差不大,且面积较小;在环县的适宜生境分布面积最小;在武都区、天祝县、礼县和岷县适宜生境分布面积相差不大,且面积较大;在会宁县、文县、永登县、安定区的适宜生境分布面积较小;在环县和镇原县的适宜生境分布面积最小。(见图63-2)

【适宜种植区域及布局建议】

根据瞿麦的生态适宜性分析结果,建议选择栽培种植的区域时首先考虑环县和会宁县,种植总面积较大。环县适宜种植的主要乡镇有环城镇、车道镇、洪德镇、毛井镇、小南沟乡;会宁县适宜种植的主要乡镇有头寨子镇、汉家岔镇、甘沟驿镇。其次是武都区、文县、天祝县、礼县、永登县,种植总面积较大。武都区适宜种植的主要乡镇有枫相乡;文县适宜种植的主要乡镇有丹堡镇、范坝镇;天祝县适宜种植的主要乡镇有松山镇、华藏寺镇、旦马乡、哈溪镇;礼县适宜种植的主要乡镇有上坪乡;永登县适宜

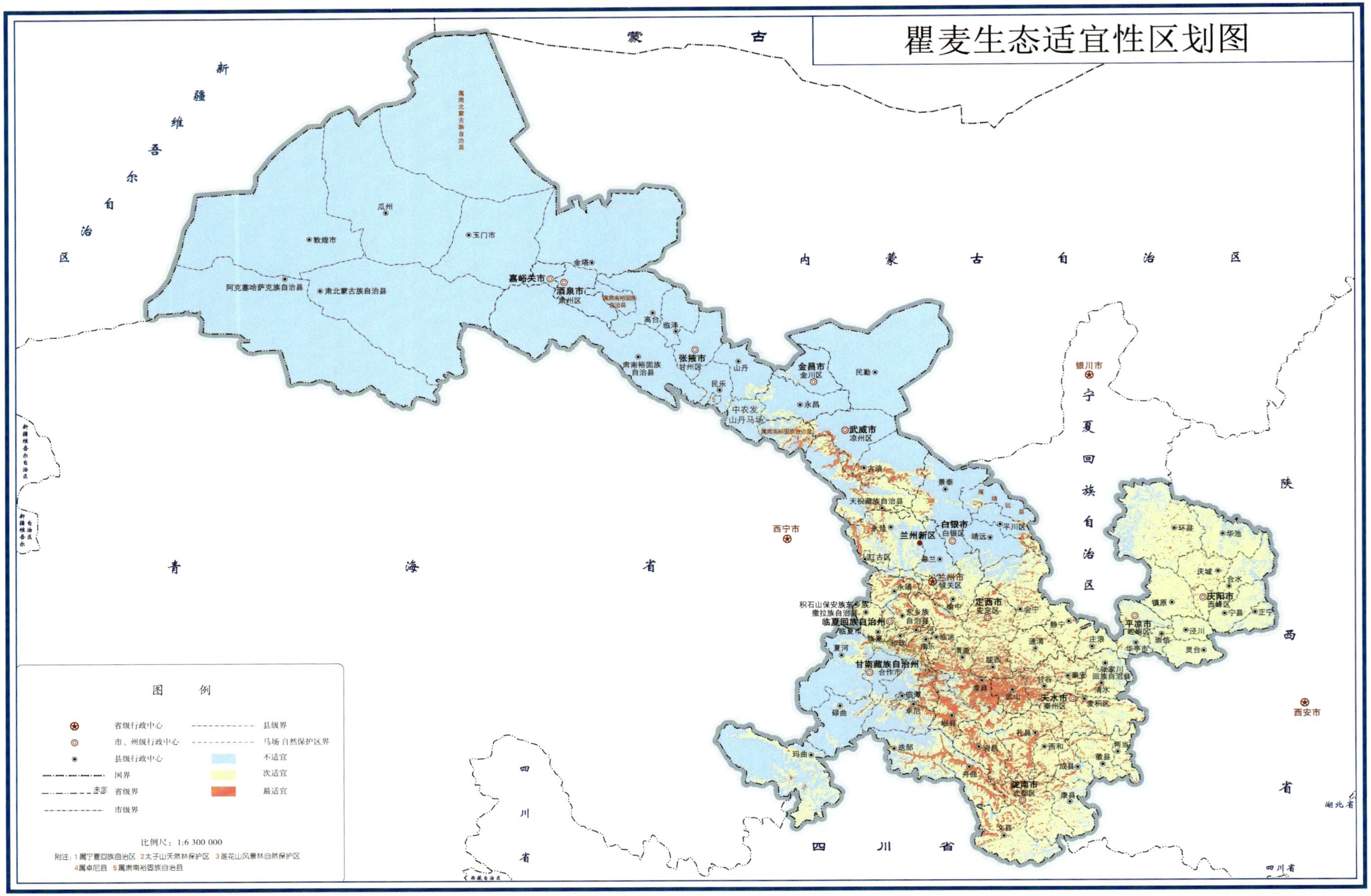

图 63-1　瞿麦生态适宜性区划图

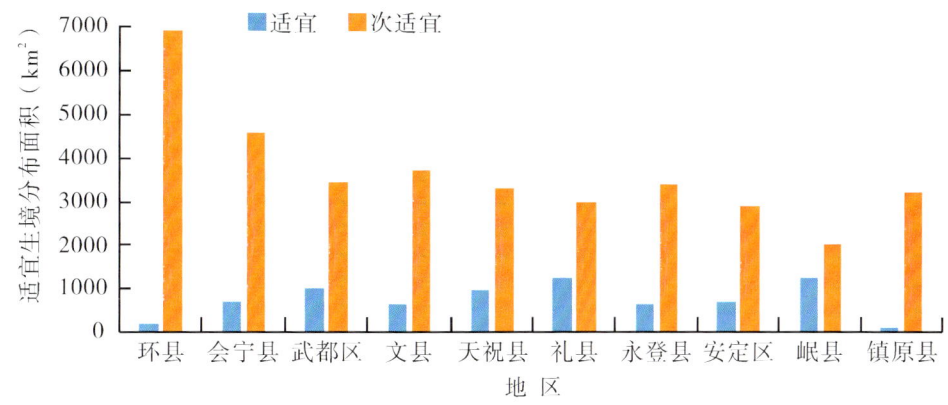

图 63-2　瞿麦适宜生境分布面积

种植的主要乡镇有红城镇、上川镇、中堡镇、河桥镇、龙泉寺镇。安定区、岷县和镇原县种植总面积相差不大。安定区适宜种植的主要乡镇有巉口镇、内官营镇、鲁家沟镇;岷县适宜种植的主要乡镇有西寨镇、申都乡、禾驮镇、西江镇;镇原县适宜种植的主要乡镇有临泾镇、孟坝镇、中原乡、新集镇。

64. 锁　阳

Suoyang

CYNOMORII HERBA

本品为锁阳科植物锁阳 Cynomorium songaricum Rupr.的干燥肉质茎,常寄生于蒺藜科植物白刺 Nitraria tangutorum Bobr.的根上。春季采挖,除去花序,切段,晒干。味甘,性温。归肝、肾、大肠经。可以补肾阳,益精血,润肠通便。用于肾阳不足,精血亏虚,腰膝痿软,阳痿滑精,肠燥便秘,对瘫痪和改善性机能衰弱有一定的作用。

现代研究表明,锁阳在防癌、抗肿瘤、免疫调节、延缓衰老、防治心血管疾病、治疗白细胞减少等方面也有重要作用。

【地理分布与生境】

锁阳生于沙漠地带,主产于我国西北地区。主要分布于甘肃、新疆、宁夏、青海等地。其中质量最好的是甘肃河西地区瓜州的锁阳,有"瓜州锁阳甲天下"的美誉,特别是锁阳城"三九锁阳",更是锁阳中的极品,被当地人视为珍宝,人称"三九锁阳赛人参"。

【生物习性】

锁阳喜干旱少雨,具有抗旱、耐盐碱、抗寒的特性。锁阳的典型生境为荒漠地带的轻度盐渍化低地、湖盆边缘与荒漠河流沿岸地、山前洪积、冲积扇的扇缘带等地,土壤以灰漠土、棕漠土、风砂土为主。常生长于荒漠草原、草原化荒漠与荒漠地带的河边、湖边且有白刺生长的盐碱地区。

【生态环境影响分析】

根据分析结果可知,影响锁阳适宜分布的生态因子共有 24 个,其中土壤含黏土量的贡献率最高,为 31.0%,取值范围为 0%~55%;3 月份平均气温次之,为 16.4%,取值范围为-2~8℃;11 月份平均气温和 8 月份平均降雨量的贡献率较大,分别为 10.9%、8.2%,取值范围分别为-7~3℃、0~100mm;9 月份平均降雨量、年均温度变化范围、最暖月最高温、最湿月降雨量、7 月份平均降雨量的贡献率较小, 分别为 3.7%、3.6%、3.1%、3.1%、3.1%, 取值范围分别为 0~50mm、>40℃、24~40℃、0~100mm、0~

100mm。(见表64-1)

表64-1 锁阳生态因子贡献率

生态因子	贡献率(%)	取值范围
土壤含黏土量	31.0	0%~55%
3月份平均气温	16.4	−2~8℃
11月份平均气温	10.9	−7~3℃
8月份平均降雨量	8.2	0~100mm
9月份平均降雨量	3.7	0~50mm
年均温度变化范围	3.6	>40℃
最暖月最高温	3.1	24~40℃
最湿月降雨量	3.1	0~100mm
7月份平均降雨量	3.1	0~100mm

【生态适宜性区划】

从锁阳生态适宜性区划图来看，可以得到锁阳在甘肃最适宜及次适宜生长区域主要在北部地区。在嘉峪关市绝大部分是最适宜种植区域；在酒泉市、张掖市、金昌市和武威市大部分为最适宜种植区域，极少部分为次适宜种植区域，少部分为不适宜种植区域；在兰州市和白银市绝大部分为次适宜种植区域；在甘南藏族自治州绝大部分为次适宜种植区域；在临夏回族自治州和定西市绝大部分为次适宜种植区域；在庆阳市部分为次适宜种植区域，部分为不适宜种植区域；在陇南市、天水市和平凉市大部分为不适宜种植区域。(见图64-1)

【生态适宜区域面积】

对生态适宜性进行面积统计发现，锁阳在肃北县种植总面积最大，为35 917km²，适宜面积20 397km²、次适宜积15 520km²，比例分别为56.79%、43.21%。敦煌市总面积25 799km²，适宜面积13 212km²、次适宜面积12 587km²，比例分别为51.21%、48.79%；瓜州县总面积20 722km²，适宜面积19 985km²、次适宜面积737km²，比例分别为96.44%、3.56%；金塔县总面积13 421km²，适宜面积12 729km²、次适宜面积692km²，比例分别为94.85%、5.15%；民勤县总面积13 013km²，适宜面积12 417km²、次适宜面积596km²，比例分别为95.42%、4.58%；阿克塞县总面积12 955km²，适宜面积6410km²、次适宜面积6545km²，比例分别为49.48%、50.52%；玉门市总面积11 555km²，适宜面积9922km²、次适宜面积1633km²，比例分别为85.86%、14.14%；肃南县总面积6950km²，适宜面积2347km²、次适宜面积4603km²，比例分别为33.77%、66.23%；会宁县总面积5975km²，适宜面积3km²、次适宜面积5972km²，比例分别为0.05%、99.95%；靖远县总面积5347km²，适宜面积608km²、次适宜面积4739km²，比例分别为11.38%、88.62%。(见表64-2)

从生态适宜生境分布面积柱状图可以看出，锁阳在肃北县的适宜生境分布面积最大，瓜州县次之，敦煌县、民勤县、金塔县和玉门市适宜生境分布面积相差不大且面积较大；阿克塞、肃南县和靖远县适宜生境分布面积较小；会宁县适宜生境分布面积最小。在肃北县次适宜生境分布面积最大；敦煌市次适宜生境分布面积次之；阿克塞、会宁县、靖远县和肃南县次适宜生境分布面积较大；玉门市次适宜生境分布面积较小；瓜州县、民勤县和金塔县次适宜生境分布面积相差不大且面积最小。(见图64-2)

【适宜种植区域及布局建议】

根据锁阳的生态适宜性分析结果，建议选择栽培种植的区域时首先考虑肃北县和瓜州县，其种植面积和适宜比例都较大。肃北县适宜种植的主要乡镇有马鬃山镇、党城湾镇、盐池湾乡、石包城乡；

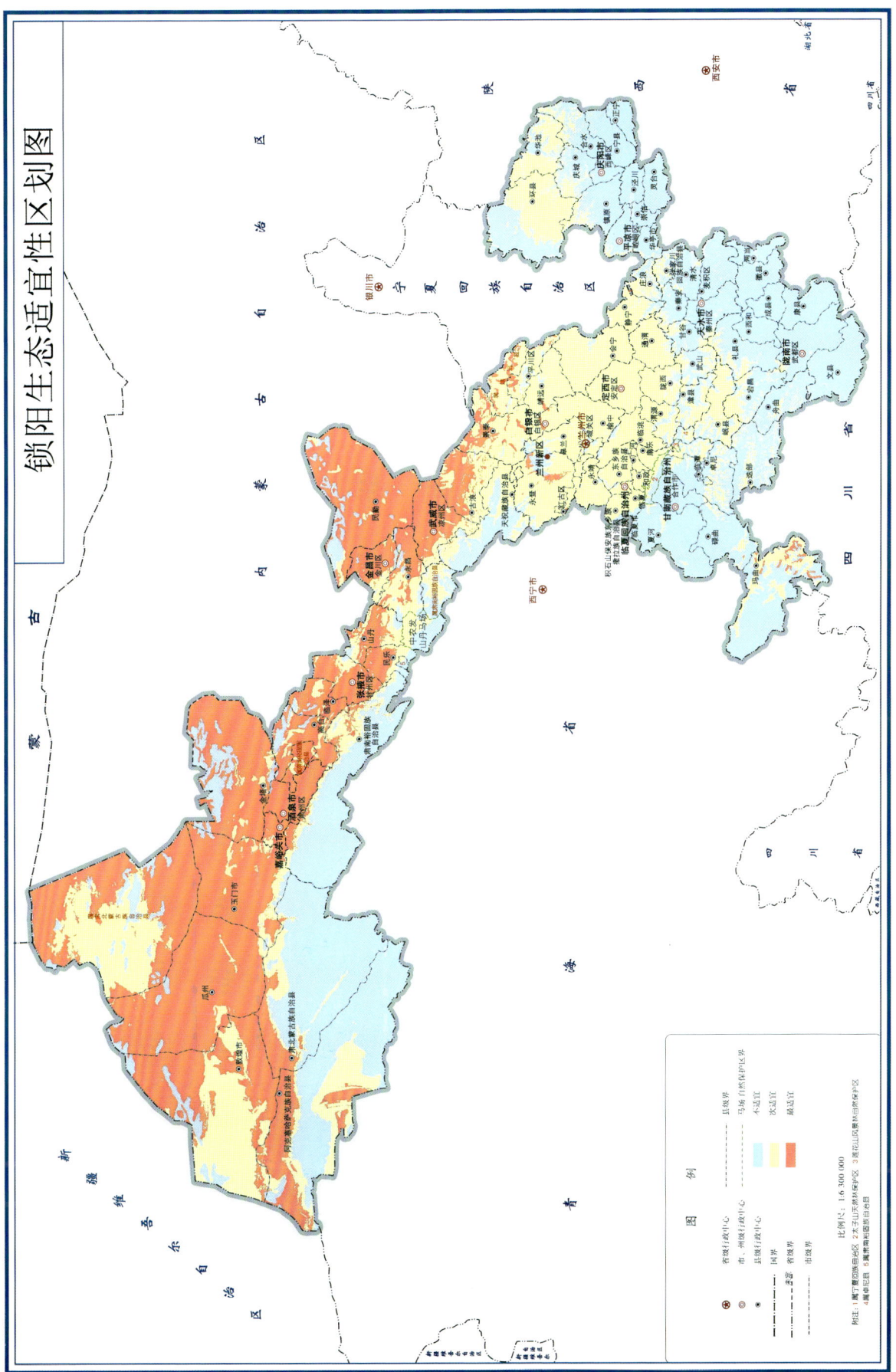

图64-1 锁阳生态适宜性区划图

表 64-2　甘肃各区县锁阳适宜面积

区县	总面积(km²)	适宜(km²)	次适宜(km²)	适宜比例(%)	次适宜比例(%)
肃北县	35 917	20 397	15 520	56.79	43.21
敦煌市	25 799	13 212	12 587	51.21	48.79
瓜州县	20 722	19 985	737	96.44	3.56
金塔县	13 421	12 729	692	94.85	5.15
民勤县	13 013	12 417	596	95.42	4.58
阿克塞县	12 955	6410	6545	49.48	50.52
玉门市	11 555	9922	1633	85.86	14.14
肃南县	6950	2347	4603	33.77	66.23
会宁县	5975	3	5972	0.05	99.95
靖远县	5347	608	4739	11.38	88.62

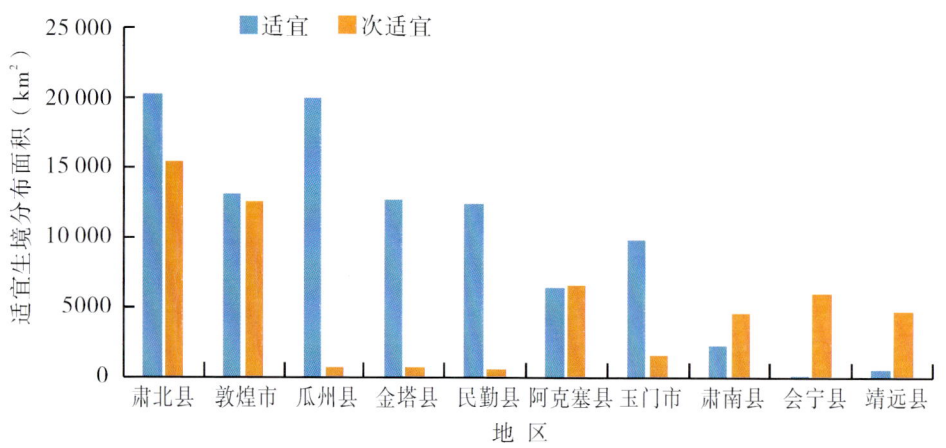

图 64-2　锁阳适宜生境分布面积

瓜州县适宜种植的主要乡镇有柳园镇、锁阳城镇、渊泉镇、西湖镇、布隆吉乡。其次考虑敦煌市、民勤县、金塔县和玉门市,其适宜种植面积相差不大。敦煌市适宜种植的主要乡镇有阳关镇、七里镇、莫高镇、月牙泉镇;民勤县适宜种植的主要乡镇有红砂岗镇、东湖镇、南湖镇;金塔县适宜种植的主要乡镇有航天镇、鼎新镇、东坝镇;玉门市适宜种植的主要乡镇有花海镇、赤金镇、昌马镇。阿克塞县和肃南县虽适宜比例只有49%和34%,但是种植总面积较大。阿克塞县适宜种植的主要乡镇有阿勒腾乡、阿克旗乡、红柳湾镇;肃南县适宜种植的主要乡镇有大河乡、明花乡、祁丰乡、皇城镇。凉州区、高台县和甘州区虽种植总面积较小,但适宜比例较大。古浪县、山丹县和永昌县种植种面积较小,适宜比例也较小。靖远县、会宁县、环县、景泰县、永登县和安定区种植总面积较小,适宜种植比例都很小,不建议栽培种植。

65. 贯叶连翘
Guanyelianqiao
HYPERICUM PERFORATUM

本品为藤黄科金丝桃属植物贯叶连翘 *Hypericum perforatum* L.的干燥地上部分，又称贯叶金丝桃、小对叶草、过路黄、千层楼等，为多年生草本植物。味辛，性寒。归肝经。具有疏肝解郁，清热，除湿，消肿通乳等功能。《贵州草药》中记载，贯叶连翘能"清热、解毒、通乳、利湿"。

贯叶连翘在西方国家被称为圣约翰草，目前已成为世界上销量最大的三种中草药之一，德、美等国已将其收录于药典。现主要用于抗抑郁，有"天然氟西汀"之称，对轻、中度抑郁症有一定治疗作用，单独使用时效果最好。

【地理分布与生境】

贯叶连翘原产于欧亚大陆，在我国资源丰富，遍布全国，尤其西北、华东等地，主要分布于西南和西北各省，产于河北、山西、陕西、甘肃、新疆、山东、江苏、江西、河南、湖北、湖南、四川及贵州各省区，多生于山坡、草丛、田埂、路边。

【生物习性】

贯叶连翘喜温暖湿润的环境，对土壤要求不严，可利用零星隙地栽培。

【生态环境影响分析】

根据分析结果可知，影响贯叶连翘适宜分布的生态因子共有 23 个，其中 4 月份降雨量贡献率最高，比例为 40.6%，取值范围为 40~60mm；其次是 9 月份降雨量，贡献率达 22.9%，取值范围在 100~250mm；海拔贡献率 12.9%，取值范围在 600~3000m；等温性贡献率为 9.4%，取值范围在 22~32；最干季节均温贡献率最小，为 4%，取值范围为 −6~10℃。（见表 65-1）

表 65-1　贯叶连翘生态因子贡献率

生态因子	贡献率(%)	取值范围
4 月份降雨量	40.6	40~60mm
9 月份降雨量	22.9	100~250mm
海拔	12.9	600~3000m
等温性	9.4	22~32
最干季节均温	4	−6~10℃

【生态适宜性区划】

从贯叶连翘生态适宜性区划图来看，可以得到贯叶连翘最适宜以及次适宜生长区域主要在甘肃东南部地区。陇南市、平凉市、天水市的大部分区域为最适宜面积分布区域，少部分区域有次适宜种植面积分布；次适宜种植分布区域主要在庆阳市和定西市；在甘南藏族自治州、临夏回族自治州、兰州市和白银市内有部分次适宜种植面积的分布。（见图 65-1）

【生态适宜区域面积】

对生态适宜进行面积统计发现，贯叶连翘适宜面积最大区域为文县，分布总面积 4889km²，适宜面积 3493km²、次适宜面积 1396km²，比例分别为 71.45%、28.55%。环县总面积 4838km²，均为次适宜分布面积；武都区总面积 4566km²，适宜面积 4257km²、次适宜面积 309km²，比例分别为 93.23%、6.77%；礼县

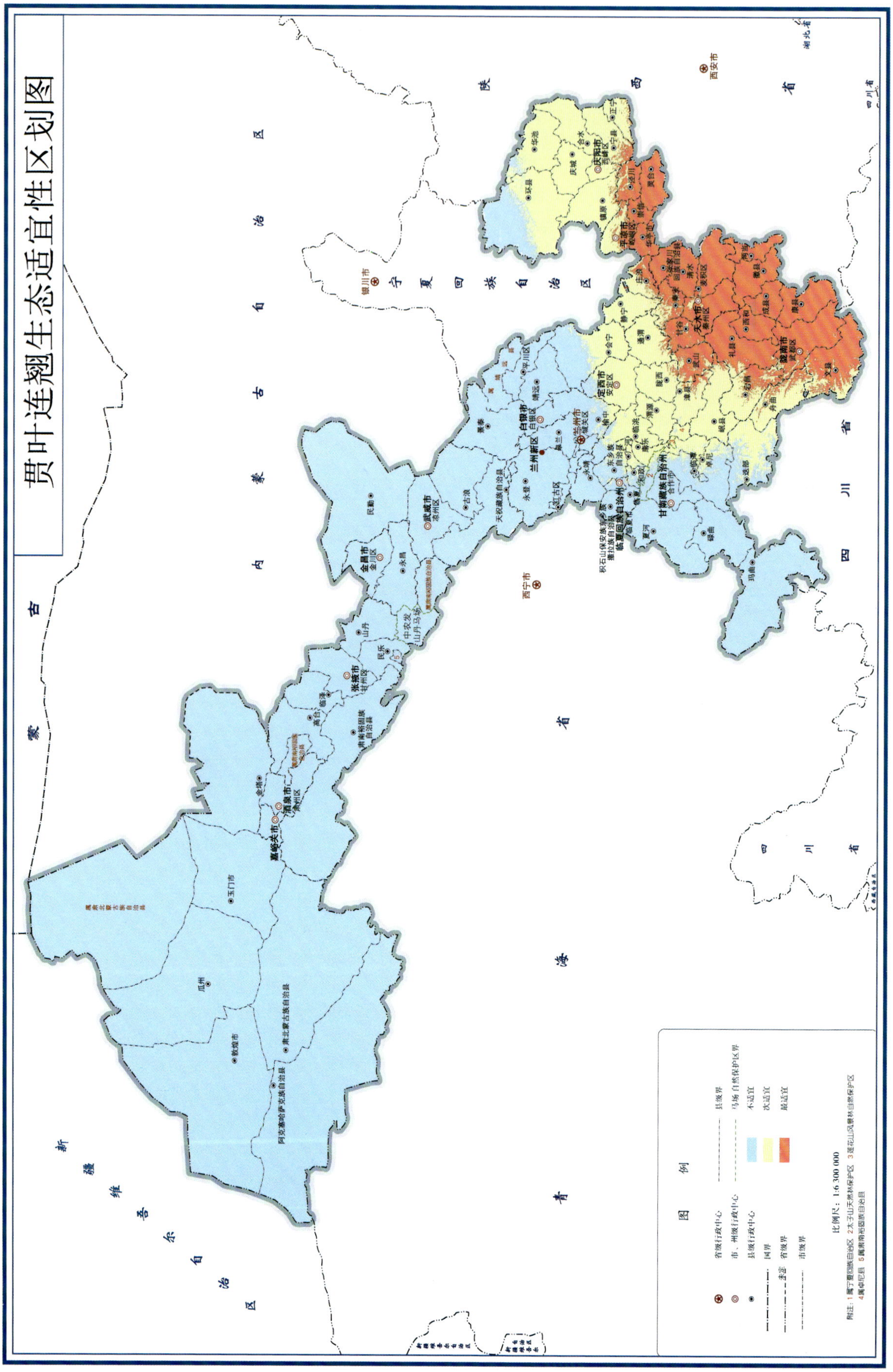

图 65-1 贯叶连翘生态适宜性区划图

总面积 4155km²,适宜面积 3735km²、次适宜面积 420km²,比例分别为 89.89%、10.11%;岷县总面积 3425km²,适宜面积仅 87km²、次适宜面积 3338km²,比例分别为 2.54%、97.46%;麦积区总面积 3344km²,适宜面积 3204km²、次适宜面积仅 140km²,比例分别为 95.81%、4.19%;镇原县总面积 3314km²,适宜面积仅 12km²、次适宜面积 3302km²,比例分别为 0.36%、99.64%;华池县分布面积 3300km²,均为次适宜面积;宕昌县总面积 3232km²,适宜面积 720km²、次适宜面积 2512km²,比例分别为 22.28%、77.72%。分布面积最少的是安定区,总面积 2982km²,均为次适宜面积。(见表 65-2)

表 65-2 甘肃各区县贯叶连翘适宜面积

区县	总面积(km²)	适宜(km²)	次适宜(km²)	适宜比例(%)	次适宜比例(%)
文县	4889	3493	1396	71.45	28.55
环县	4838	0	4838	0	100
武都区	4566	4257	309	93.23	6.77
礼县	4155	3735	420	89.89	10.11
岷县	3425	87	3338	2.54	97.46
麦积区	3344	3204	140	95.81	4.19
镇原县	3314	12	3302	0.36	99.64
华池县	3300	0	3300	0	100
宕昌县	3232	720	2512	22.28	77.72
安定区	2982	0	2982	0	100

从生态适宜生境分布面积柱状图可以看出,贯叶连翘在文县生境分布面积最多;其次是环县;安定区分布面积最少;文县、武都区、礼县、麦积区分布适宜生境分布面积偏多;环县、华池县、镇原县、岷县以及宕昌县和安定区分布的面积以次适宜生境分布面积为主,次适宜生境分布面积较多。(见图 65-2)

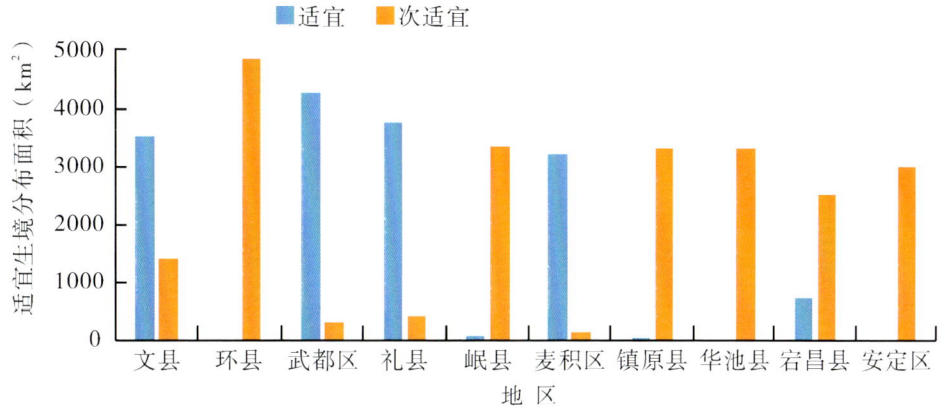

图 65-2 贯叶连翘适宜生境分布面积

【适宜种植区域及布局】

根据贯叶连翘的生态适宜性分析结果,建议选择栽培种植的区域时首先考虑文县、武都区、礼县以及麦积区。其中文县分布的主要乡镇有丹堡镇、范坝镇、中寨镇、刘家坪乡、铁楼乡;武都区的主要乡镇有枫相乡、洛塘镇、裕河镇、三仓镇、鱼龙镇、外纳镇;礼县的主要乡镇有上坪乡、洮坪镇、固城镇、沙金乡、石桥镇、崖城镇;麦积区的主要乡镇有党川镇、利桥镇、东岔镇、三岔镇、甘泉镇、麦积镇。其次考虑环县、华池县、镇原县、岷县以及安定区。环县的主要乡镇有环城镇、车道镇、合道镇、曲子镇、天池乡、八珠乡;华池县的主要乡镇有林镇乡、城壕镇、柔远镇、五蛟镇、悦乐镇、山庄乡;镇原县主要乡镇有三岔镇、孟坝镇、屯字镇、新城镇、太平镇、平泉镇;岷县的主要乡镇有闾井镇、秦许乡、锁龙乡、蒲麻镇、禾驮镇、寺沟镇;安定区的主要乡镇有内官营镇、巉口镇、凤翔镇、李家堡镇、青岚山乡、西巩驿镇。最后考虑宕昌县,主要乡镇有南河镇、兴化乡、狮子乡、城关镇、新城子乡、官亭镇。

66. 金钱草
Jinqiancao
LYSIMACHIAE HERBA

本品为报春花科植物过路黄 Lysimachia christinae Hance 的干燥全草。夏、秋二季采收,除去杂质,晒干,全草入药。味甘、咸,性微寒。归肝、胆、肾、膀胱经。具有利湿退黄,利尿通淋,解毒消肿之效。可用于湿热黄疸,胆胀胁痛,石淋,热淋,小便涩痛,痈肿疔疮,蛇虫咬伤等病症;外用还可治化脓性炎症,烧烫伤。

【地理分布与生境】

过路黄产于云南、四川、贵州、陕西(南部)、河南、湖北、湖南、广西、广东、江西、安徽、江苏、浙江、福建等地。一般生于沟边、路旁阴湿处和山坡林下,垂直分布海拔最大可达2300m。

【生物习性】

过路黄喜温暖、忌高温、耐低温,且喜阴凉、湿润环境,有流动水源处较常见。

【生态环境影响分析】

根据分析结果可知,影响过路黄适宜分布的生态因子共有33个,其中4月份降雨量贡献率最大,达62.1%,取值范围在40~190mm;其余生态因子贡献率普遍偏低,等温性贡献率6.5%,取值范围为22~33;12月份平均降雨量贡献率4.4%,取值范围为>0mm;10月份平均降雨量贡献率4.2%,取值范围为50~150mm;年均温变化范围贡献率也是4.2%,取值范围在26~35℃;海拔贡献率3.7%,取值范围在1000~2500m。(见表66-1)

表66-1 过路黄生态因子贡献率

生态因子	贡献率(%)	取值范围
4月份降雨量	62.1	40~190mm
等温性	6.5	22~33
12月份平均降雨量	4.4	>0mm
10月份平均降雨量	4.2	50~150mm
年均温变化范围	4.2	26~35℃
海拔	3.7	1000~2500m

【生态适宜性区划】

从过路黄生态适宜性区划图来看,过路黄在甘肃最适宜及次适宜生长区域主要在东南部分地区。陇南市有大面积的最适宜种植区域以及少部分的次适宜种植区域的分布,甘南藏族自治州、庆阳市、天水市、定西市以及平凉市均有部分最适宜和次适宜种植面积的分布。(见图66-1)

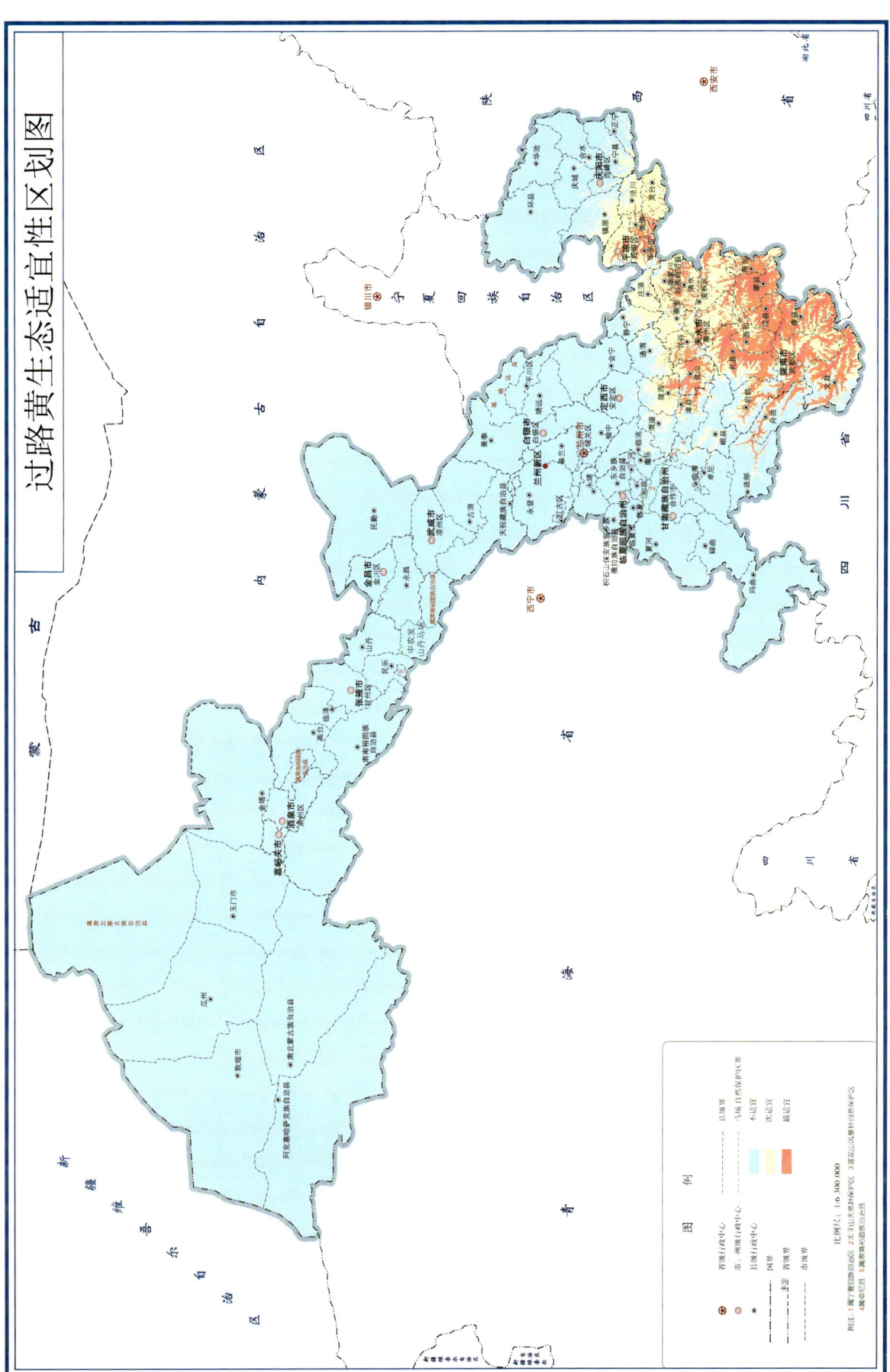

图 66-1 过路黄生态适宜性区划图

【生态适宜区域面积】

对生态适宜进行面积统计发现,过路黄适宜面积最大区域为武都区,总面积 4322km²,适宜面积 2567km²、次适宜面积 1755km²,比例分别为 59.38%、40.62%。其次是文县和礼县,文县的总面积为 3769km²、适宜面积 2277km²、次适宜面积 1492km²,比例分别为 60.41%、39.59%;礼县总面积 3701km²、适宜面积 2333km²、次适宜面积 1368km²,比例分别为 63.04%、36.96%。麦积区总面积 3279km²、适宜面积 1002km²、次适宜面积 2277km²,比例分别为 30.56%、69.44%;康县总面积 2891km²、适宜面积 2121km²、次适宜面积 770km²,比例分别为 73.37%、26.63%;徽县总面积 2688km²、适宜面积 2043km²、次适宜面积 645km²,比例分别为 76.00%、24.00%;秦州区面积 2301km²、适宜面积 787km²、次适宜面积 1514km²,比例分别为 34.20%、65.80%。清水县和灵台县分布总面积偏少,清水县总面积 1920km²、适宜面积 856km²、次适宜面积 1064km²,比例分别为 44.58%、55.42%;灵台县总面积 1898km²、适宜面积 297km²、次适宜面积 1601km²,比例分别为 15.65%、84.35%。宕昌县总面积最少为 1860km²、适宜面积 777km²、次适宜面积 1083km²,比例分别为 41.77%、58.23%。(见表 66-2)

表 66-2　甘肃各区县过路黄适宜面积

区县	总面积(km²)	适宜(km²)	次适宜(km²)	适宜比例(%)	次适宜比例(%)
武都区	4322	2567	1755	59.38	40.62
文县	3769	2277	1492	60.41	39.59
礼县	3701	2333	1368	63.04	36.96
麦积区	3279	1002	2277	30.56	69.44
康县	2891	2121	770	73.37	26.63
徽县	2688	2043	645	76.00	24.00
秦州区	2301	787	1514	34.20	65.80
清水县	1920	856	1064	44.58	55.42
灵台县	1898	297	1601	15.65	84.35
宕昌县	1860	777	1083	41.77	58.23

从生态适宜生境分布面积柱状图可以看出,过路黄适宜生境分布面积较大的区县有武都区、文县、礼县、康县以及徽县,其中武都区适宜生境分布面积最大;适宜生境分布面积较少的有麦积区、秦州区、清水县和宕昌县,分布面积最少的是灵台县。次适宜生境分布面积最大的是麦积区;其次是武都区、灵台县、秦州区以及文县和礼县,次适宜生境分布面积偏多;分布较少的是清水县、宕昌县、康县、徽县。(见图 66-2)

【适宜种植区域及布局建议】

根据过路黄的生态适宜性分析结果,建议选择栽培种植的区域时首先考虑武都区。武都区内过路黄分布的主要乡镇有枫相乡、洛塘镇、裕河镇、三仓镇、鱼龙镇、五马镇。其次可以考虑的区县有文县、礼县、康县、麦积区、徽县。其中文县内分布的主要乡镇有范坝镇、中庙镇、丹堡镇、玉垒乡、刘家坪乡、尚德镇;礼县主要乡镇有洮坪镇、石桥镇、永坪镇、罗坝镇、固城镇、崖城镇;麦积区主要乡镇有党川镇、利桥镇、东岔镇、三岔镇、甘泉镇、麦积镇;康县主要乡镇有阳坝镇、三河坝镇、白杨镇、岸门口镇、两河镇、长坝镇;徽县的主要乡镇有高桥镇、江洛镇、麻沿河镇、榆树乡、嘉陵镇、柳林镇。秦州区的主要乡镇有娘娘坝镇、藉口镇、皂郊镇、汪川镇、关子镇、牡丹镇;清水县主要乡镇有秦亭镇、山门镇、

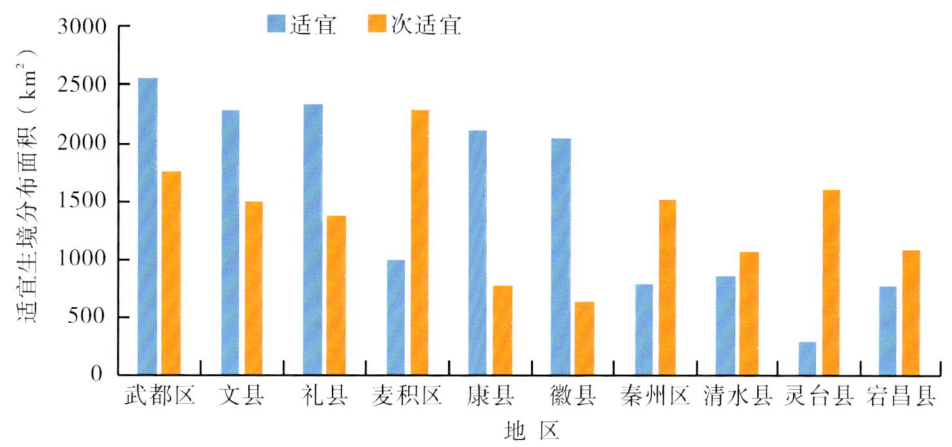

图 66-2 过路黄适宜生境分布面积

红堡镇、永清镇、白驼镇、白沙镇;灵台县主要乡镇有百里镇、什字镇、独店镇、龙门乡、梁原乡、西屯镇;宕昌县主要乡镇有南河镇、官亭镇、韩院乡、兴化乡、城关镇、新寨乡。

67. 筋骨草

Jingucao

AJUGAE HERBA

本品为唇形科植物筋骨草 *Ajuga decumbens* Thunb. 的干燥全草。春季花开时采收,除去泥沙,晒干,全草入药。又名金疮小草或白毛夏枯草。药用始载于《本草拾遗》。味苦,性寒。归肺经。具有清热解毒,凉血消肿功效。可用于肺热咯血,跌打损伤,扁桃腺炎,咽喉炎等症。

郁仁存《中医肿瘤学》中记载其常用于治疗乳腺癌和肺癌。且有文献报道筋骨草对不同时期的胃肠、肝、肺的恶性肿瘤均有不同程度的抗肿瘤和延长生存期的疗效。

【地理分布与生境】

筋骨草产自河北、山东、河南、山西、陕西、甘肃、四川及浙江,生于山谷溪旁、阴湿的草地上、林下湿润处及路旁草丛中。

【生物习性】

筋骨草性喜半阴和湿润气候,在酸性、中性土壤中生长良好,耐涝、耐旱、耐阴也耐暴晒,且抗逆性强,长势强健。

【生态环境影响分析】

根据分析结果可知,影响筋骨草适宜分布的生态因子共有31个,其中年平均降雨量贡献率最高,达46.5%,取值范围在450~900mm;其次是12月份降雨量,贡献率10.8%,取值范围在2~20mm;最冷月最低温贡献率9.9%,取值范围-17~6℃;坡度贡献率7.9%,坡度值范围>5°;等温性贡献率3.7%,取值范围27~40。(见表67-1)

【生态适宜性区划】

从筋骨草生态适宜性区划图来看,筋骨草在甘肃最适宜及次适宜生长区域主要在东南部分地区。在平凉市、天水市、陇南市分布有大面积的最适宜和少部分的次适宜种植区域,在庆阳市、定西市、甘南藏族自治州内有部分的最适宜以及次适宜种植面积的分布。(见图67-1)

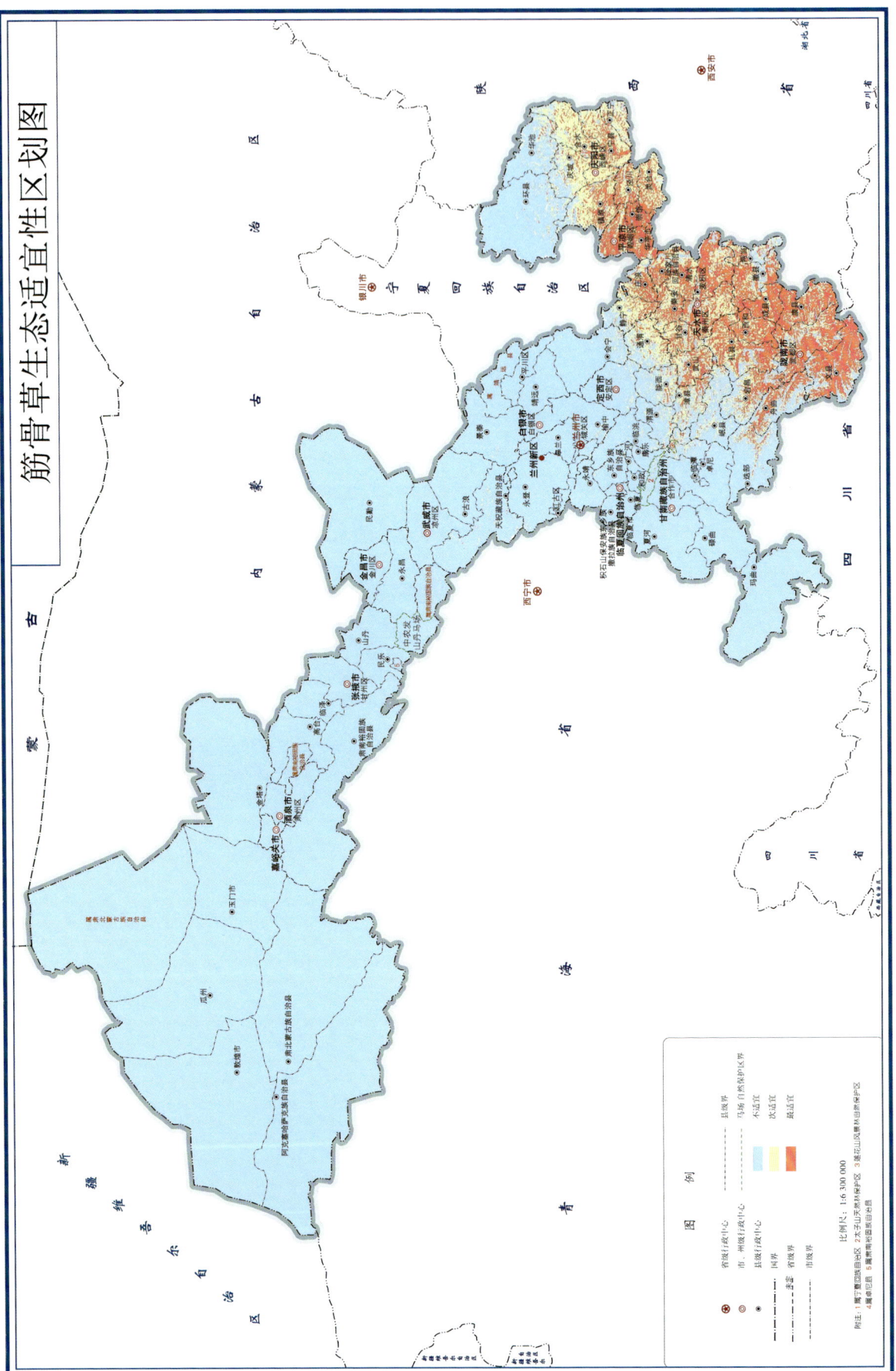

图 67-1 筋骨草生态适宜性区划图

表 67-1 筋骨草生态因子贡献率

生态因子	贡献率(%)	取值范围
年平均降雨量	46.5	450~900mm
12月份降雨量	10.8	2~20mm
最冷月最低温	9.9	−17~6℃
坡度	7.9	>5°
等温性	3.7	27~40

【生态适宜区域面积】

对生态适宜进行面积统计发现,筋骨草适宜面积最大的为文县,总面积3963km²,适宜面积3301km²、次适宜面积662km²,比例分别为83.30%、16.70%。其次是武都区,总面积3871km²,适宜面积2828km²、次适宜面积1043km²,比例分别为73.06%、26.94%。礼县总面积3613km²,适宜面积2250km²、次适宜面积1363km²,比例分别为62.28%、37.72%;麦积区总面积3087km²,适宜面积2124km²、次适宜面积963km²,比例分别为68.80%、31.20%;镇原县总面积2783km²,适宜面积1157km²,次适宜面积1626km²,比例分别为41.57%、58.43%;康县总面积2762km²,适宜面积2172km²、次适宜面积590km²,比例分别为78.63%、21.37%;合水县总面积2423km²,适宜面积505km²、次适宜面积1918km²,比例分别为20.84%、79.16%;宁县总面积2397km²,适宜面积936km²、次适宜面积1461km²,比例分别为39.05%、60.95%;秦州区总面积2297km²,适宜面积1201km²、次适宜面积1096km²,比例分别为52.29%、47.71%。最少的是徽县,总面积2292km²,适宜面积1517km²、次适宜面积775km²,所占比例分别为66.20%和33.80%。(见表67-2)

表 67-2 甘肃各区县筋骨草适宜面积

区县	总面积(km²)	适宜(km²)	次适宜(km²)	适宜比例(%)	次适宜比例(%)
文县	3963	3301	662	83.30	16.70
武都区	3871	2828	1043	73.06	26.94
礼县	3613	2250	1363	62.28	37.72
麦积区	3087	2124	963	68.80	31.20
镇原县	2783	1157	1626	41.57	58.43
康县	2762	2172	590	78.63	21.37
合水县	2423	505	1918	20.84	79.16
宁县	2397	936	1461	39.05	60.95
秦州区	2297	1201	1096	52.29	47.71
徽县	2292	1517	775	66.20	33.80

从生态适宜生境分布面积柱状图可以看出,筋骨草适宜生境分布面积最大的是文县;其次是武都区、礼县、麦积区以及康县;徽县、秦州区、宁县以及镇原县适宜生境分布面积相对较少;最少的是合水县。但合水县的次适宜生境分布面积最多;其次是镇原县、宁县以及礼县;秦州区、麦积区、武都区、徽县的次适宜生境分布面积偏少;文县和康县的次适宜生境分布面积最少。(见图67-2)

【适宜种植区域及布局建议】

根据筋骨草的生态适宜性分析结果,建议选择栽培种植的区域时首先考虑文县,其主要乡镇有

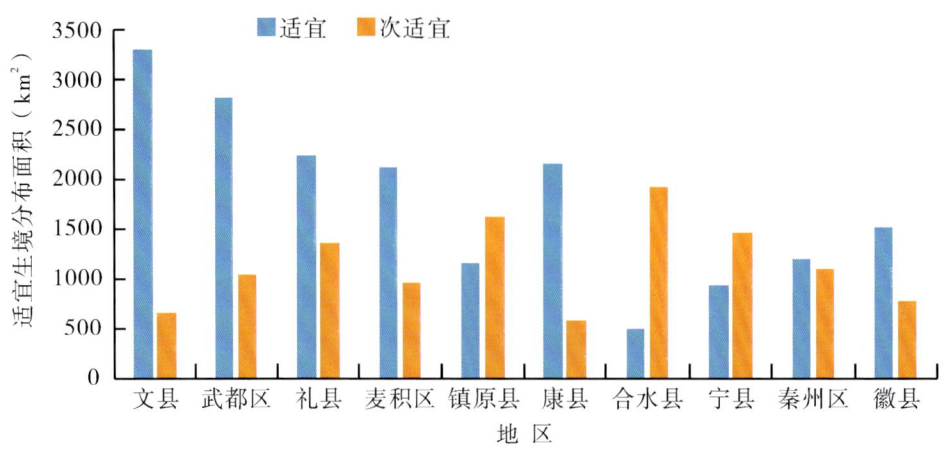

图 67-2 筋骨草适宜生境分布面积

范坝镇、丹堡镇、中庙镇、刘家坪乡、中寨镇、桥头镇。其次考虑武都区,主要乡镇有枫相乡、洛塘镇、裕河镇、三仓镇、外纳镇、五库镇。也可以考虑礼县、麦积区、镇原县以及康县,礼县主要乡镇有洮坪镇、上坪乡、石桥镇、固城镇、永坪镇、崖城镇;麦积区主要乡镇有党川镇、利桥镇、东岔镇、三岔镇、甘泉镇、麦积镇;镇原县主要乡镇有孟坝镇、屯字镇、平泉镇、新集镇、临泾镇、太平镇;康县主要乡镇有阳坝镇、三河坝镇、白杨镇、岸门口镇、两河镇、长坝镇。合水县主要乡镇有太白镇、固城镇、蒿咀铺乡、太莪乡、老城镇、西华池镇;宁县主要乡镇有盘克镇、春荣镇、九岘乡、金村乡、焦村镇、湘乐镇;秦州区主要乡镇有娘娘坝镇、藉口镇、皂郊镇、汪川镇、关子镇以及牡丹镇;徽县主要乡镇有高桥镇、麻沿河镇、江洛镇、榆树乡、大河店镇、柳林镇。

68. 连钱草

Lianqiancao

GLECHOMAE HERBA

本品为唇形科植物活血丹 *Glechoma longituba* (Nakai) Kupr.的干燥地上部分。春至秋季采收,除去杂质,晒干。连钱草为全株入药。味辛、微苦,性微寒。归肝、肾、膀胱经。具有利湿通淋,清热解毒,散瘀消肿之效。主治黄疸,水肿,膀胱结石,疟疾,咳嗽,白带,月经不调,小儿疳积,冠心病,胃疼,慢性肠炎等;外敷可治风湿性关节炎,痈肿,蛇咬伤,腮腺炎等症。《百草镜》中记载连钱草功效"治跌打损伤,疟疾,产后惊风,肚痛,便毒,痔漏;擦鹅掌风;汁漱牙疼"。王安卿在《采药志》中记录"发散头风风邪。治脑漏,白浊热淋,玉茎肿痛,捣汁冲酒吃"。

活血丹的嫩叶富含蛋白质,如今在许多国家已成为人们的传统食品和调味品,可在每年的春、夏季采摘嫩茎和叶炒食。而且采用活血丹建植草坪,还可以克服目前建植的草坪修剪频繁、浇水量大等缺点,推动草坪业的发展。

【地理分布与生境】

活血丹分布广泛,除甘肃、青海、新疆、西藏外,全国各地皆有生长。生于田野、林缘、路边、林间草地、溪边河畔或村旁阴湿草丛中。

【生物习性】

活血丹喜阴湿环境,阳处亦能生长,对土壤要求不严,但以疏松、肥沃、排水良好的砂质壤土为佳;适宜在温暖、湿润的气候条件下生长,是一种颇具开发价值的药用与观赏植物。

【生态环境影响分析】

根据分析结果可知,影响活血丹适宜分布的生态因子共有36个,其中4月份降雨量贡献率最高,为64.1%,取值范围为40~400mm;10月份平均降雨量贡献率达4.6%,取值范围为40~180mm;8月份平均气温贡献率为3.1%,取值范围>22℃。(见表68-1)

表68-1 活血丹生态因子贡献率

生态因子	贡献率(%)	取值范围
4月份降雨量	64.1	40~400mm
10月份平均降雨量	4.6	40~180mm
8月份平均气温	3.1	>22℃

【生态适宜性区划】

从活血丹生态适宜性区划图来看,活血丹在甘肃最适宜及次适宜生长区域主要在最南部的陇南市和甘南藏族自治州,在天水市、定西市有少量的最适宜和次适宜种植面积的分布。(见图68-1)

【生态适宜区域面积】

对生态适宜进行面积统计发现,活血丹适宜面积最大区域为文县,总面积达到3112km²,适宜面积达到2850km²、次适宜面积262km²,比例分别为91.59%、8.41%。其次是武都区,总面积2306km²,适宜面积2036km²、次适宜面积270km²,比例分别为88.29%、11.71%。康县总面积1185km²,适宜面积999km²、次适宜面积186km²,比例分别为84.32%、15.68%;徽县总面积701km²,适宜面积551km²、次适宜面积150km²,比例分别为78.55%、21.45%;舟曲县总面积561km²,适宜面积480km²、次适宜面积81km²,比例分别为85.56%、14.44%;麦积区总面积505km²,适宜面积425km²、次适宜面积80km²,比例分别为84.21%、15.79%;两当县总面积451km²,适宜面积383km²、次适宜面积68km²,比例分别为84.98%、15.02%;礼县总面积331km²,适宜面积276km²、次适宜面积55km²,比例分别为83.30%、16.70%;宕昌县总面积276km²,适宜面积212km²、次适宜面积64km²,比例分别为76.69%、23.31%。成县活血丹分布总面积最小,仅170km²,其中适宜面积129km²,占比75.61%;次适宜面积41km²,占比24.39%。(见表68-2)

表68-2 甘肃各区县活血丹适宜面积

区县	总面积(km²)	适宜(km²)	次适宜(km²)	适宜比例(%)	次适宜比例(%)
文县	3112	2850	262	91.59	8.41
武都区	2306	2036	270	88.29	11.71
康县	1185	999	186	84.32	15.68
徽县	701	551	150	78.55	21.45
舟曲县	561	480	81	85.56	14.44
麦积区	505	425	80	84.21	15.79
两当县	451	383	68	84.98	15.02
礼县	331	276	55	83.30	16.70
宕昌县	276	212	64	76.69	23.31
成县	170	129	41	75.61	24.39

从生态适宜生境分布面积柱状图可以看出,活血丹的次适宜生境分布面积在文县分布最大;其

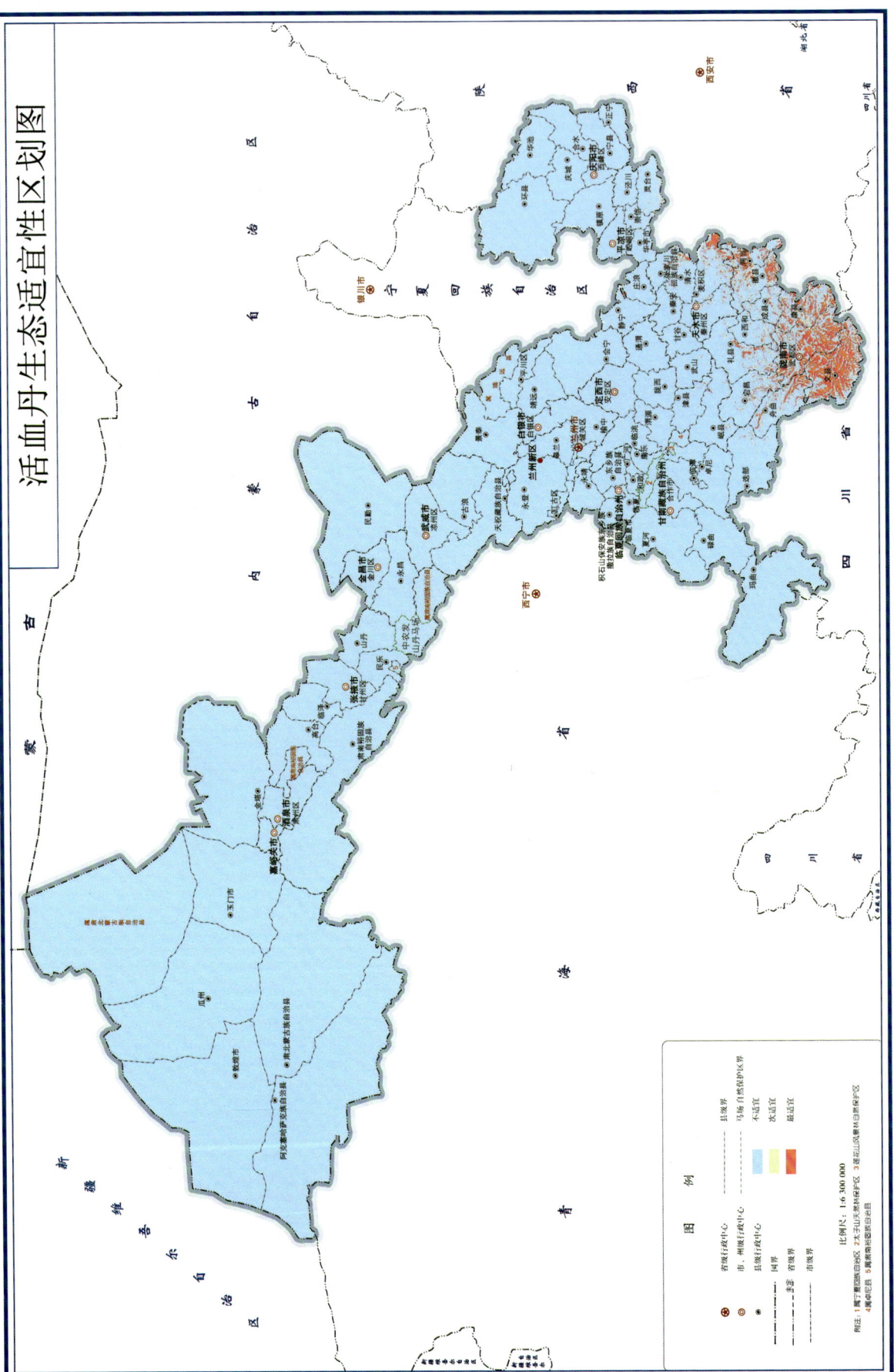

图 68-1 活血丹生态适宜性区划图

次是武都区;康县、徽县、舟曲县、麦积区、两当县、礼县、宕昌县以及成县的活血丹适宜生境分布面积依次减少,其中礼县、宕昌县和成县适宜生境分布面积偏少,成县适宜生境分布面积最小。各县的次适宜生境分布面积均比较少。(见图68-2)

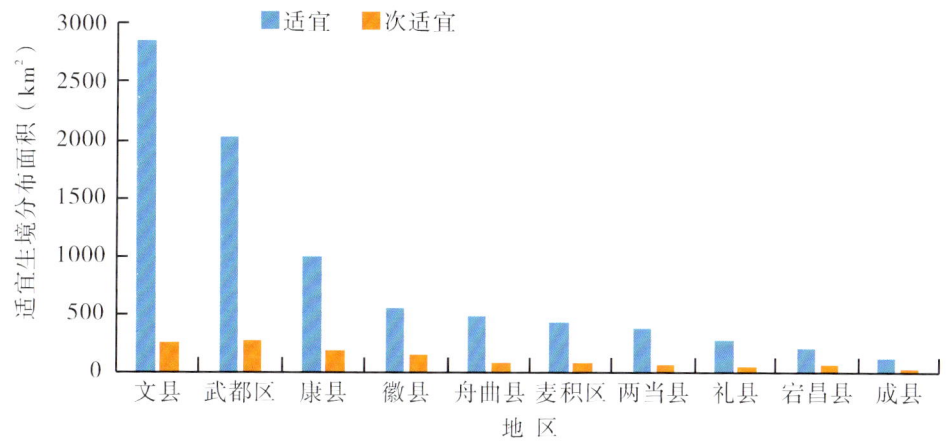

图68-2 活血丹适宜生境分布面积

【适宜种植区域及布局建议】

根据活血丹的生态适宜性分析结果,建议选择栽培种植的区域时首先考虑文县,其次是武都区、康县。文县的主要乡镇有丹堡镇、范坝镇、刘家坪乡、尚德镇、玉垒乡;武都区的主要乡镇有枫相乡、洛塘镇、三仓镇、五库镇以及外纳镇;康县的主要乡镇有阳坝镇、三河坝镇、岸门口镇;徽县的主要乡镇有柳林镇、大河店镇、虞关乡、嘉陵镇、高桥镇;舟曲县的主要乡镇有告纳镇、拱坝镇;麦积区的主要乡镇有东岔镇、利桥镇、党川镇;两当县的主要乡镇金洞乡、左家乡、云屏镇;礼县的主要乡镇为桥头镇;宕昌县的主要乡镇有临江铺镇和新寨乡;成县的主要分布乡镇为城关镇。

69. 薄 荷

Bohe

MENTHAE HAPLOCALYCIS HERBA

本品为唇形科植物薄荷 Mentha haplocalyx Briq. 的干燥地上部分。夏、秋二季茎叶茂盛或花开至三轮时,选晴天,分次采割,晒干或阴干。薄荷用途很广,可用于医药、食品、化妆品、香料、烟草工业等。作为中药,其味辛,性凉。归肺、肝经。主要功效有疏散风热,清利头目,利咽,透疹,疏肝行气。用于风热感冒,风温初起,头痛目赤,喉痹,口疮,风疹麻疹,胸胁胀闷。现代研究表明有抗早孕以及胃肠道和心脑血管等疾病,也可用作防腐剂、兴奋剂、局部麻醉剂。

薄荷早在三国时代华佗最早《丹方大方》一书的鼻病方中多处提及,记载于唐代孙思邈《千金·食治》中,名为蕃荷菜,"味苦、辛,温,无毒。可久食,却肾气,令人口气香。主辟邪毒,除劳弊。形瘦疲倦者不可久食,动消渴病"。《新修本草》将薄荷列入菜部,曰"味辛、苦,温,无毒、茎方,叶似荏而尖长,根经冬不死,又有蔓生者,功用相似"。《新修本草》记载了薄荷植物形态为茎方形,叶片椭圆尖长,为多年生或为蔓生植物,与现代文献描述的薄荷基本一致。

【地理分布与生境】

薄荷产地依据本草记载,宋代以前未有薄荷产地记载,《本草图经》等本草记载了薄荷在全国范围内均有栽培,主产于江苏、安徽、浙江、河南、江西等地。

【生物习性】

薄荷适应性较强,喜温暖湿润环境,性喜中性土壤,砂壤土、壤土和腐殖质土均可种植,薄荷喜肥,尤以氮肥为主,忌连作。

【生态环境影响分析】

根据分析得到的结果可知,影响薄荷的主要生态因子有主要有33个。其中3月份降雨量的贡献率最大,为27.1%,其取值范围为13~36mm;其次为8月份降雨量,贡献率为9.6%,取值范围为80~260mm;7月份平均气温贡献率为8.5%,其取值范围为12.7~26.2℃;海拔贡献率为7.6%,其取值范围为760~3200m;坡度的贡献率为6.6%,取值范围为2°~56°;温度季节性变化标准差的贡献率为5.3%,其取值范围为4000~11 000;11月份降雨量的贡献率为5.1%,取值范围为7~46mm;2月份降雨量的贡献率为3.8%,取值范围为10~30mm;1月份降雨量的贡献率为3.5%,取值范围为2~20mm;2月份平均气温的贡献率为3.4%,取值范围为-5~3℃。(见表69-1)

表69-1 薄荷生态因子贡献率

生态因子	贡献率(%)	取值范围
3月份降雨量	27.1	13~36mm
8月份降雨量	9.6	80~260mm
7月份平均气温	8.5	12.7~26.2℃
海拔	7.6	760~3200m
坡度	6.6	2°~56°
温度季节性变化标准差	5.3	4000~11 000
11月份降雨量	5.1	7~46mm
2月份降雨量	3.8	10~30mm
1月份降雨量	3.5	2~20mm
2月份平均气温	3.4	-5~3℃

【生态适宜性区划】

从薄荷生态适宜性区划图来看,薄荷在甘肃最适宜及次适宜生长区域主要集中于东南部。薄荷最适宜生长的地区有陇南市、天水市、平凉市、庆阳市、定西市、临夏回族自治州、兰州市的西部和南部地区、白银市和武威市的少部分地区;而金昌市、张掖市只有部分地区为最适宜种植薄荷的区域;甘肃省除嘉峪关和酒泉市外,其余各市均有薄荷适宜和次适宜种植区域。(见图69-1)

【生态适宜区域面积】

对生态适宜性进行面积统计发现,环县种植薄荷的总面积最大,为7612km²,适宜面积3804km²、次适宜面积3808km²,比例分别为49.97%、50.03%。其次为民勤县,总面积4956km²,适宜面积1072km²、次适宜面积3884km²,比例分别为21.63%、78.37%。会宁县的总面积有4835km²,适宜面积1387km²、次适宜面积3448km²,比例分别为28.69%、71.31%;文县的总面积4602km²,适宜面积4065km²、次适宜面积537km²,比例分别为88.33%、11.67%;武都区总面积4503km²,适宜面积4067km²、次适宜面积436km²,比例分别为90.32%、9.68%;永登县总面积4017km²,适宜面积1182km²、次适宜面积2835km²,比例分别为29.42%、70.58%;礼县总面积4005km²,适宜面积3236km²、次适宜面积769km²,比例分别为80.80%、19.20%;华池县总面积3552km²,适宜面积

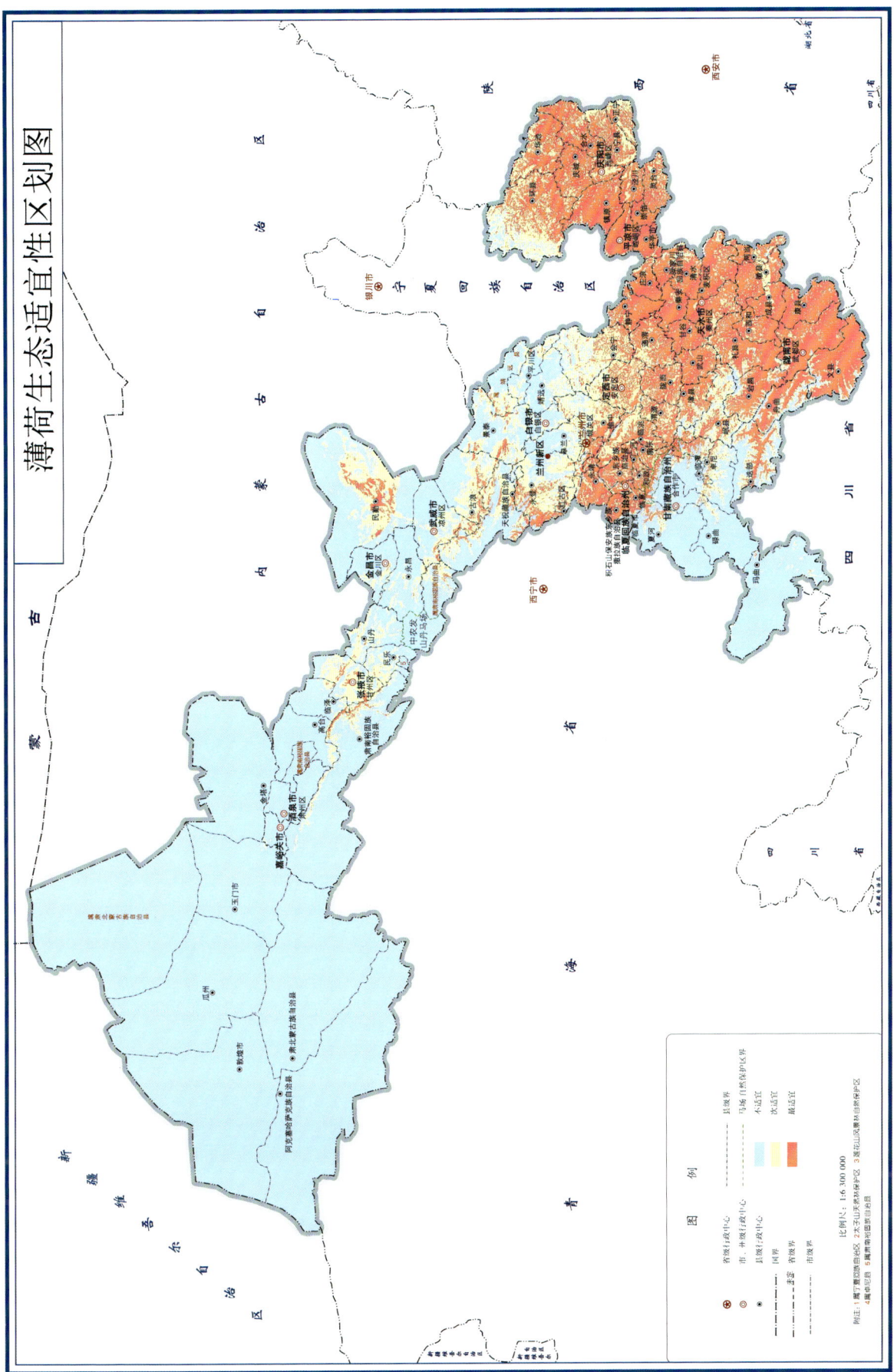

图 69-1 薄荷生态适宜性区划图

2508km²、次适宜面积1044km²，比例分别为70.61%、29.39%；安定区总面积3354km²，适宜面积1527km²、次适宜面积1827km²，比例分别为45.53%、54.47%。镇原县总面积最少，为3314km²，适宜面积2994km²、次适宜面积320km²，比例分别为90.34%、9.66%。（见表69-2）

表69-2 甘肃各区县薄荷适宜面积

区县	总面积(km²)	适宜(km²)	次适宜(km²)	适宜比例(%)	次适宜比例(%)
环县	7612	3804	3808	49.97	50.03
民勤县	4956	1072	3884	21.63	78.37
会宁县	4835	1387	3448	28.69	71.31
文县	4602	4065	537	88.33	11.67
武都区	4503	4067	436	90.32	9.68
永登县	4017	1182	2835	29.42	70.58
礼县	4005	3236	769	80.80	19.20
华池县	3552	2508	1044	70.61	29.39
安定区	3354	1527	1827	45.53	54.47
镇原县	3314	2994	320	90.34	9.66

从薄荷生态适宜生境分布面积柱状图可以看出，薄荷在武都区的适宜生境分布面积最大；其次为文县、环县、礼县和镇原县、华池县；会宁县和安定区的适宜生境分布面积相差不大；永登县的适宜生境分布面积较小；民勤县的适宜生境分布面积最小。民勤县的次适宜生境分布面积最大；其次为环县和会宁县、永登县；安定区薄荷次适宜生境分布面积较大；华池县和礼县、文县的薄荷次适宜生境分布面积相对较小；武都区的次适宜生境分布面积最小。（见图69-2）

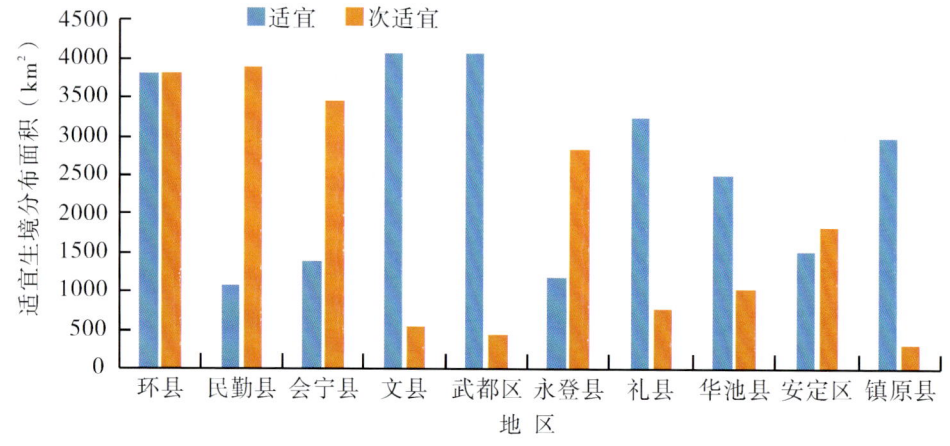

图69-2 薄荷适宜生境分布面积

【适宜种植区域及布局建议】

根据薄荷的生态适宜性分析结果，建议优先选择环县种植，其主要乡镇有环城镇、车道镇、洪德镇、合道镇、耿湾乡、小南沟乡、虎洞镇、毛井镇。其次选择民勤县，其主要乡镇有南湖镇、东湖镇、收成镇、西渠镇、苏武镇、夹河镇、昌宁镇、薛百镇。会宁县适宜种植的主要乡镇有头寨子镇、甘沟驿镇、汉家岔镇、柴家门镇、大沟镇、新庄镇、新添堡乡、新塬镇；武都区适宜种植的主要乡镇有枫相乡、洛塘镇、裕河镇、三仓镇、鱼龙镇、外纳镇、五马镇、五库镇；永登县适宜种植的主要乡镇有七山乡、通远镇、武胜驿镇、苦水镇、连城镇、民乐乡、龙泉寺镇；在礼县，建议选择的乡镇有洮坪镇、上坪乡、固城镇、石桥镇、崖城镇、沙金乡、永坪镇、罗坝镇；华池县适宜种植的主要乡镇有林镇乡、城壕镇、柔远镇、五蛟镇、悦乐镇、乔川乡、山庄乡、怀安乡；安定区适宜种植的主要乡镇有巉口镇、内官营镇、鲁家沟镇、凤翔镇、李家堡镇、青岚山乡、西巩驿镇；镇原县适宜栽培种植薄荷的主要乡镇有三岔镇、孟坝镇、屯字镇、新城镇、太平镇、平泉镇和新集镇；文县主要乡镇有范坝镇、丹堡镇、刘家坪乡、中寨镇、铁楼乡、中庙镇、石鸡坝镇。

70. 益母草
Yimucao
LEONURI HERBA

本品为唇形科植物益母草 Leonurus japonicus Houtt.的新鲜或干燥地上部分。鲜品春季幼苗期至初夏花前期采割；干品夏季茎叶茂盛、花未开或初开时采割，晒干，或切段晒干。生用或熬膏用。味辛、苦，性微寒。归心、肝、膀胱经。具有活血化瘀，利水消肿，清热解毒之功能，素有"血家圣药""经产良药"之称。用于月经不调，产后瘀阻，跌打损伤，水肿，小便不利，疮痈肿毒。

益母草是一种传统的妇科中药，对痛经、月经不调等病症有良好的作用。益母草营养非常丰富，嫩茎叶中含有蛋白质、碳水化合物、脂肪、维生素等物质。通常食用益母草嫩茎叶。益母草的食用方法很多，可与红糖、山楂、茶叶等煮成茶饮；可与红糖熬制成益母草膏。现代研究发现对于冠心病、高血脂病的治疗也有很大作用。

【地理分布与生境】

生于山野荒地、田埂、草地、溪边等处。全国大部分地区均有分布，部分地区有栽培。生长于荒地、路旁、田埂、山坡草地、河边，以向阳处为多。

【生物习性】

益母草喜温暖湿润气候，喜阳光，耐严寒较强，一般栽培农作物的平原及坡地均可生长，对土壤要求不严，一般土壤和荒山坡地均可种植，以较肥沃的土壤为佳，需要充足水分条件，但不宜积水，怕涝。

【生态环境影响分析】

根据分析结果可知，影响益母草适宜分布的生态因子共有 33 个，其中 10 月份降雨量的贡献率最高，为 54.9%，其取值范围为>25mm；海拔的贡献率次之，为 15.5%，取值范围为 250~4750m；坡度对益母草生境影响不大，贡献率为 7.6%，取值范围为>1°。从而可知 10 月份降雨量对益母草的影响最大。（见表 70-1）

表 70-1　益母草生态因子贡献率

生态因子	贡献率(%)	取值范围
10 月份降雨量	54.9	>25mm
海拔	15.5	250~4750m
坡度	7.6	>1°

【生态适宜性区划】

从益母草生态适宜性区划图来看，益母草在甘肃最适宜生长区域主要在中部、南部及东部地区。定西市、兰州市、临夏回族自治州、甘南藏族自治州、陇南市、天水市、平凉市、庆阳市均为益母草最适宜种植区域;其中兰州市、临夏回族自治州、甘南藏族自治州、庆阳市少部分区域为益母草的次适宜种植区域,甘南藏族自治州有极少部分为不适宜种植区域;白银市益母草次适宜区域分布比例与最适宜区域分布不相上下;张掖市、金昌市、武威市为主要的次适宜分布区域,其次适宜分布面积相对较大,最适宜区域分布极少;酒泉市、嘉峪关市大部分区域为不适宜种植区域,少数部分为次适宜分布区域。(见图70-1)

【生态适宜区域面积】

对生态适宜性进行面积统计发现,益母草适宜面积最大的区域为会宁县,总面积为6081km²,适宜面积5448km²、次适宜面积633km²,比例分别为89.60%、10.40%,大部分为适宜区域。其次为环县,总面积8629km²,适宜面积5334km²、次适宜面积3295km²,比例分别为61.82%、38.18%。文县总面积4888km²,大多面积为适宜区域,适宜分布比例达到99.96%;卓尼县总面积5178km²,适宜面积4588km²、次适宜面积590km²,比例分别为88.61%、11.39%,主要面积为适宜区域;永登县以适宜区域为主,总面积5673km²,适宜面积4242km²、次适宜面积1431km²,比例分别为74.77%、25.23%。次适宜面积最大的区域为景泰县,总面积4952km²,次适宜面积4583km²、适宜面积369km²,所占比例分别为92.54%、7.46%。其次为靖远县,总面积5372km²,次适宜面积3943km²、适宜面积1429km²,比例分别为73.40%、26.60%,次适宜占主要区域。天祝县总面积5674km²,次适宜面积3294km²、适宜面积2380km²,比例分别为58.05%、41.95%。玛曲县、夏河县适宜面积与次适宜面积所占比例差不多,玛曲县总面积8151km²,适宜面积4158km²、次适宜面积3993km²,比例分别为51.01%、48.99%;夏河县总面积5723km²,适宜面积2953 km²、次适宜面积2770km²,比例分别为51.60%、48.40%。(见表70-2)

表70-2 甘肃各区县益母草适宜面积

区县	总面积(km²)	适宜(km²)	次适宜(km²)	适宜比例(%)	次适宜比例(%)
环县	8629	5334	3295	61.82	38.18
玛曲县	8151	4158	3993	51.01	48.99
会宁县	6081	5448	633	89.60	10.40
夏河县	5723	2953	2770	51.60	48.40
天祝县	5674	2380	3294	41.95	58.05
永登县	5673	4242	1431	74.77	25.23
靖远县	5372	1429	3943	26.60	73.40
卓尼县	5178	4588	590	88.61	11.39
景泰县	4952	369	4583	7.46	92.54
文县	4888	4886	2	99.96	0.04

从生态适宜生境分布面积柱状图可以看出,益母草在会宁县适宜生境分布面积最大;环县次之;文县均为适宜生境分布区域;永登县、卓尼县适宜生境分布面积较大;景泰县适宜生境面积分布最小。在次适宜生境分布面积上,景泰县次适宜生境分布面积最大;其次为靖远县;天祝县以次适宜生境分布区域为主;玛曲县、夏河县适宜生境分布面积与次适宜生境分布面积相当;文县次适宜生境分布面积最小。(见图70-2)

【适宜种植区域及布局建议】

根据益母草的生态适宜性分析结果,建议选择栽培种植的区域时首先考虑环县,主要包括环城镇、车道镇、毛井镇、洪德镇、小南沟乡。其次为会宁县,主要乡镇为头寨子镇、汉家岔镇。文县全为适宜分布区域,分布地区为丹堡镇、范坝镇。永登县、卓尼县适宜面积分布区占较大比例。永登县主要乡镇为七山

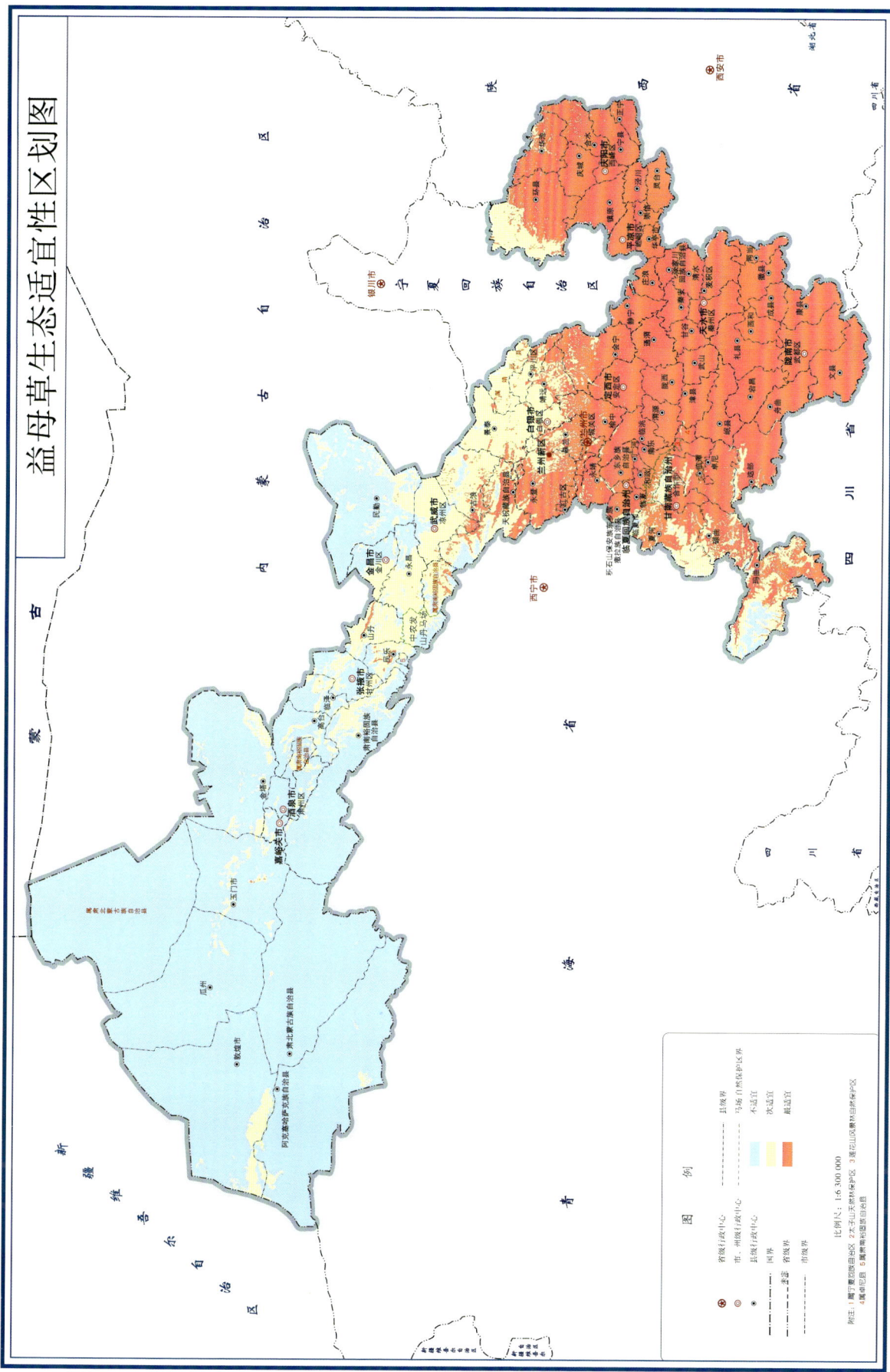

图 70-1 益母草生态适宜性区划图

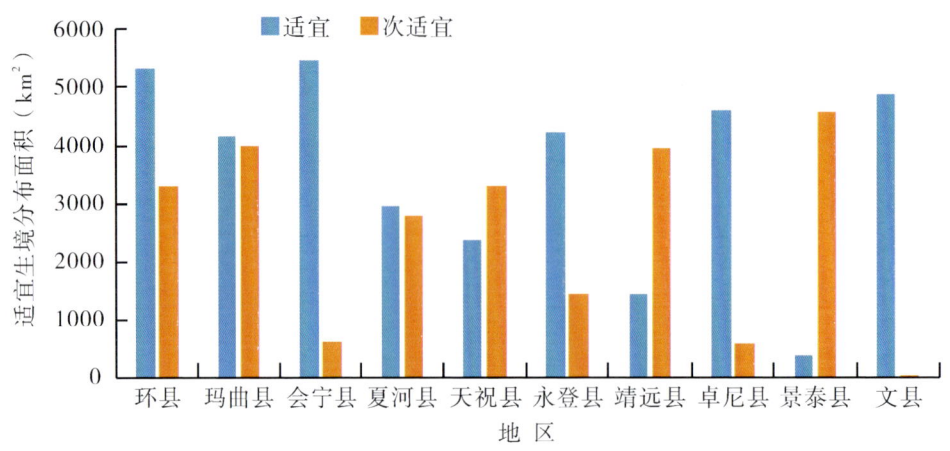

图 70-2 益母草适宜生境分布面积

乡、龙泉寺镇、武胜驿镇、苦水镇、通远镇;卓尼县主要地区为喀尔钦镇、木耳镇、尼巴镇、恰盖乡。景泰县主要为次适宜分布区域,主要包括中泉镇、寺滩乡、正路镇、五佛乡、喜泉镇;其次为靖远县,主要地区为高湾镇、北滩镇、若笠乡、石门乡。天祝县主要以次适宜分布区域为主,地区包括松山镇、抓喜秀龙镇、旦马乡、哈溪镇。玛曲县、夏河县适宜分布面积与次适宜分布面积差不多,玛曲县主要包括阿万仓镇、曼日玛镇、欧拉镇、尼玛镇、欧拉秀玛乡。夏河县主要包括阿木去乎镇、桑科镇、科才镇、甘加镇。

71. 翼首草

Yishoucao

PTEROCEPHALI HERBA

本品为川续断科植物匙叶翼首草 Pterocephalus hookeri (C. B. Clarke) Höeck 的干燥全草。为藏族常用药材,藏语名为榜孜毒乌、榜子毒乌、榜孜夺吾等,在南派藏医药中,翼首草被喻为地上七种仙草之一,应用广泛。夏末秋初采挖,除去杂质,阴干。藏医认为翼首草性寒,味苦,有小毒。具有清热解毒,祛风湿,止痛的作用。主治感冒发烧及各种传染病所引起的热症,血热,痹症。身体虚弱者和孕妇忌服。

帝玛·丹增彭措所著的《晶珠本草》记载"翼首草解毒,清新旧热,治瘟病时疫,治风湿性关节炎、肠绞痛"。《藏药志》中记载"翼首草清热解表,解毒,退烧,清心凉血,祛风湿,止痛,可治感冒发热、肠炎、风湿性关节炎、热症、痢疾、麻疹、荨麻疹及食物中毒"。《中华人民共和国药典》2020 年版及《中华人民共和国卫生部药品标准》(藏药)中收载了多种应用翼首草的藏药复方制剂,如十二味翼首散、洁白丸、二十五味甘子丸、二十五味驴血丸、二十六味余甘子丸、九味青鹏散等。

【地理分布与生境】

匙叶翼首草主要产云南、四川、西藏东部和青海南部。

【生物习性】

匙叶翼首草生长于山野草地、高山草甸及耕地附近。

【生态环境影响分析】

根据分析结果可知,影响匙叶翼首草适宜分布的生态因子共有 30 个,其中海拔的贡献率最高,为 47.5%,取值范围为 2200~4600mm;由此可知匙叶翼首草主要生长在高海拔区域,且海拔对它的生长起关键作用。其次为9月份平均降雨量,贡献率为28.1%,取值范围为70~220mm;匙叶翼首草的花果期为7~10月份,因此需要大量水分。6月份平均降雨量的贡献率为8.1%,取值范围为80~220mm;土壤含黏土量的贡献率为3.7%,取值范围为5~35%。(见表71-1)

表71-1 匙叶翼首草生态因子贡献率

生态因子	贡献率(%)	取值范围
海拔	47.5	2200~4600m
9月份平均降雨量	28.1	70~220mm
6月份平均降雨量	8.1	80~220mm
土壤含黏土量	3.7	5~35%

【生态适宜性区划】

从匙叶翼首草生态适宜性区划图来看,匙叶翼首草在甘肃最适宜及次适宜生长区域主要在西南部地区。甘南藏族自治州的中部及西南部为匙叶翼首草最适宜种植区域,少部分区域为次适宜种植区域,极少部分为不适宜种植区域;定西市、陇南市极少部分为最适宜种植区域,少部分为次适宜种植区域,大部分为不适宜种植区域;张掖市、武威市、兰州市、临夏回族自治州、天水市极少部分为次适宜种植区域,大部分为不适宜种植区域。(见图71-1)

【生态适宜区域面积】

对生态适宜性进行面积统计发现,匙叶翼首草在适宜面积区分布上,玛曲县面积最大,总面积9883km²,适宜面积8458km²,次适宜面积1425km²,比例分别为85.58%、14.42%;其次为碌曲县,总面积5101km²,适宜面积3922km²,次适宜面积1179km²,比例分别为76.88%、23.12%。次适宜面积最大的区域为夏河县,总面积5449km²,次适宜面积3281km²,适宜面积2168km²,比例分别为60.22%、39.78%;其次为卓尼县,总面积4882km²,次适宜面积3160km²,适宜面积1722km²,比例分别为64.72%、35.28%。迭部县总面积4876km²,次适宜面积2893km²、适宜面积1983km²,比例分别为59.33%、40.67%;岷县总面积3296km²,次适宜面积2103km²、适宜面积1193km²,比例分别为63.80%、36.20%,大部分为次适宜面积分布区;文县总面积3021km²,次适宜面积2170km²、适宜面积851km²,比例分别为71.82%、28.18%;宕昌县总面积2842km²,次适宜面积2155km²、适宜面积687km²,比例分别为75.82%、24.18%;武都区总面积2734km²,次适宜面积2462km²、适宜面积272km²,比例分别为90.06%、9.94%;舟曲县总面积2458km²,次适宜面积1612km²、适宜面积847km²,比例分别为65.56%、34.44%。夏河县、卓尼县、迭部县、岷县、文县、宕昌县、武都区、舟曲县均为次适宜生长区域,占所在县比例均大于50%。(见表71-2)

从生态适宜生境分布面积柱状图可以看出,匙叶翼首草在玛曲县适宜生境分布面积最大;碌曲县次之;夏河县、卓尼县、迭部县、岷县、文县、宕昌县、武都区、舟曲县大部分均为次适宜生长区域,适宜生长区域面积比例相对较小。(见图71-2)

【适宜种植区域及布局建议】

根据匙叶翼首草的生态适宜性分析结果,建议选择栽培种植的区域时首先考虑玛曲县,主要包括木西合乡、阿万仓镇、欧拉秀玛乡、欧拉镇、曼日玛镇、尼玛镇。其次考虑碌曲县,其主要乡镇为尕海镇、玛艾镇、拉仁关乡、郎木寺镇、双岔镇。在次适宜区域分布上首先考虑夏河县,主要包括桑科镇、阿木去乎镇、科才镇、甘加镇、扎油乡;其次考虑卓尼县,主要乡镇有喀尔钦镇、尼巴镇、木耳镇、恰盖乡。迭部县主要乡镇有达拉乡、电尕镇、多儿乡、旺藏镇、卡坝乡;岷县主要乡镇包括闾井镇、秦许乡、中寨

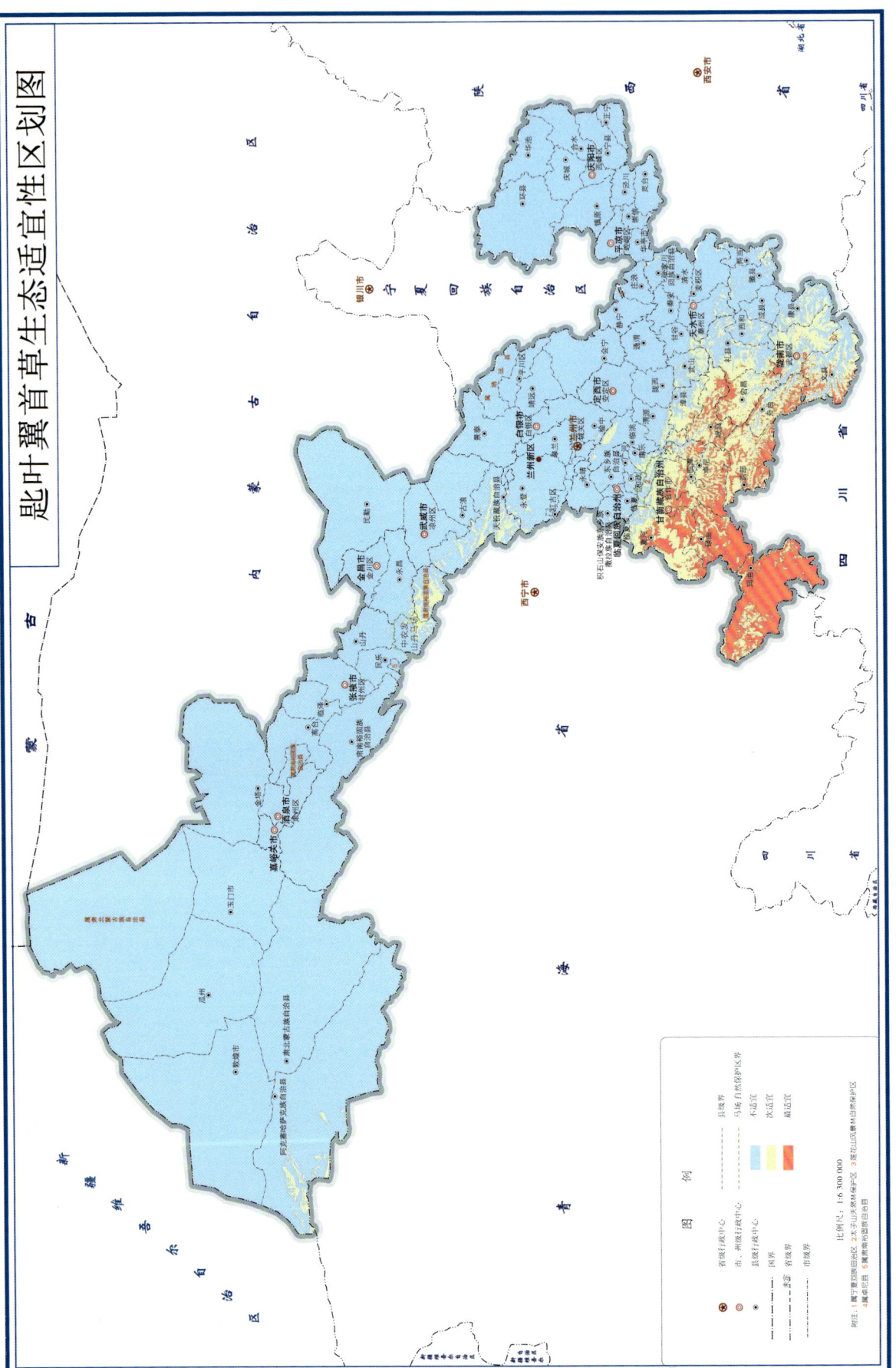

图71-1 匙叶翼首草生态适宜性区划图

表 71-2　甘肃各区县匙叶翼首草适宜面积

区县	总面积(km²)	适宜(km²)	次适宜(km²)	适宜比例(%)	次适宜比例(%)
玛曲县	9883	8458	1425	85.58	14.42
夏河县	5449	2168	3281	39.78	60.22
碌曲县	5101	3922	1179	76.88	23.12
卓尼县	4882	1722	3160	35.28	64.72
迭部县	4876	1983	2893	40.67	59.33
岷县	3296	1193	2103	36.20	63.80
文县	3021	851	2170	28.18	71.82
宕昌县	2842	687	2155	24.18	75.82
武都区	2734	272	2462	9.94	90.06
舟曲县	2459	847	1612	34.44	65.56

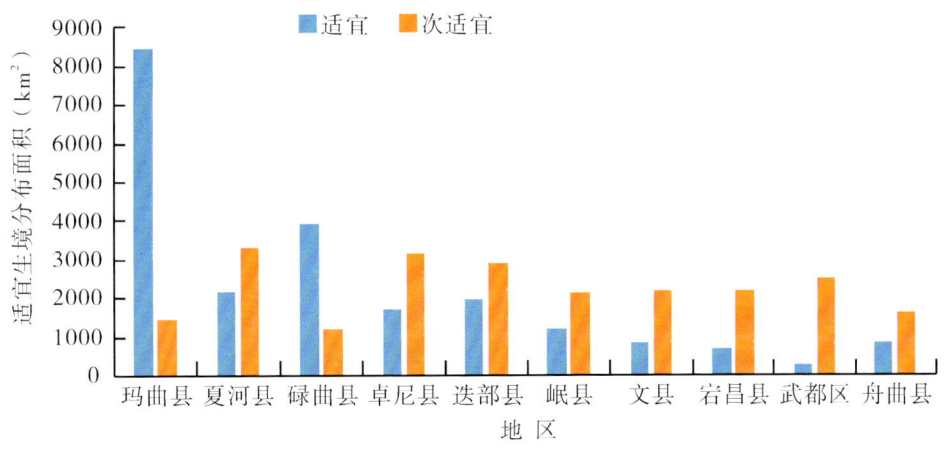

图 71-2　匙叶翼首草适宜生境分布面积

镇、锁龙乡、蒲麻镇；文县主要包括丹堡镇、刘家坪乡、铁楼乡、堡子坝镇；宕昌县乡镇主要为南河镇、兴化乡、狮子乡；武都区主要乡镇为三仓镇、马营镇、鱼龙镇、枫相乡；舟曲县的主要乡镇包括博峪镇、武坪镇、告纳镇。

第十一章 其他类中药

72. 紫 苏
Zisu
PERILLA FRUTESCENS

本品为唇形科植物紫苏 Perilla frutescens (L.) Britt.，入药部位包括紫苏叶(Perillae Folium)、紫苏子(Perillae Fructus)、紫苏梗(Perillae Caulis)，此谓"三苏"。味辛，性温。入肺、脾经。三者功效各有侧重，可互补。紫苏叶具有解表散寒，行气和胃。用于风寒感冒，咳嗽呕恶，妊娠呕吐，鱼蟹中毒。紫苏子具有降气化痰，止咳平喘，润肠通便之效。可用于痰壅气逆，咳嗽气喘，肠燥便秘。紫苏梗具有理气宽中，止痛，安胎之效。可用于胸膈痞闷，胃脘疼痛，嗳气呕吐，胎动不安。

其临床应用始见于《本草经集注》。《本草纲目》谓："紫苏，近世要药也；其味辛，入气分，其色紫，入血分。故同橘皮、砂仁则行气安胎；同藿香、乌药则温中止痛；同香附、麻黄则发汗解肌；同川芎、当归则和血、散血；同木瓜、厚朴，则散湿解暑，治霍乱脚气；同桔梗、桔壳则利膈宽肠；同杏仁、莱菔子则消痰定喘。"紫苏水煎剂对大肠杆菌、痢疾杆菌、葡萄球菌均有抑制作用；而紫苏油对自然污染的霉菌有明显的抑制力，其对霉菌的抑制力明显优于尼泊金乙酸，且具有用量少、安全、不受pH值因素影响的特点。

【地理分布与生境】

紫苏原产中国，在华北、华中、华南、西南及台湾省均有野生和栽培。

【生物习性】

紫苏为一年生直立草本，喜温暖湿润的气候，适应性很强，对土壤要求不严，排水良好，砂土、壤土、黏土、房前屋后、沟边地边上均能良好生长，故在全国有广泛栽培。

【生态环境影响分析】

根据分析结果可知，影响紫苏适宜分布的生态因子共有36个，其中4月份降雨量贡献率最高为53.0%，取值范围为40~325mm；10月份降雨量贡献率达11.5%，取值范围>35mm；坡度贡献率达7.5%，取值范围2°~46°；温度季节性变化标准差贡献率5.4%，范围取值在5000~9500；11月份降雨量贡献率达3.3%，取值范围>12mm。（见表72-1）

表72-1 紫苏生态因子贡献率

生态因子	贡献率(%)	取值范围
4月份降雨量	53.0	40~325mm
10月份降雨量	11.5	>35mm
坡度	7.5	2°~46°
温度季节性变化标准差	5.4	5000~9500
11月份降雨量	3.3	>12mm

【生态适宜性区划】

从紫苏生态适宜性区划图来看,紫苏在甘肃最适宜及次适宜生长区域主要在东部以及东南部分地区。最适宜种植面积主要分布在庆阳市、天水市、陇南市的全部或大部分区域,以及定西市、白银市和甘南藏族自治州的部分区域;甘南藏族自治州、临夏回族自治州、兰州市、白银市以及武威市和金昌市的全部或大部分区域属于次适宜种植面积,在酒泉市、嘉峪关市、张掖市、庆阳市和定西市内有部分的次适宜种植面积分布。(见图72-1)

【生态适宜区域面积】

对生态适宜进行面积统计发现,紫苏适宜面积最大的为环县,总面积达8647km²,适宜面积1223km²、次适宜面积7424km²,比例分别为14.15%、85.85%。其次是天祝县,总面积达6412km²,均为次适宜面积。会宁县总面积6081km²,适宜面积366km²、次适宜面积5715km²,比例分别为6.01%、93.99%;永登县总面积5699km²,均为次适宜面积;靖远县总面积5266km²,均为次适宜分布面积;卓尼县总面积5005km²,适宜面积117km²、次适宜面积4888km²,比例分别为2.35%、97.65%;景泰县总面积4941km²,均为次适宜面积分布;文县总面积4888km²,适宜面积4489km²、次适宜面积399km²,比例分别为91.83%、8.17%;武都区总面积4566km²,适宜面积4534km²,比例达99.30%,次适宜面积仅仅32km²,占比0.70%;古浪县总面积4128km²,均为次适宜面积。(见表72-2)

表72-2 甘肃各区县紫苏适宜面积

区县	总面积(km²)	适宜(km²)	次适宜(km²)	适宜比例(%)	次适宜比例(%)
环县	8647	1223	7424	14.15	85.85
天祝县	6412	0	6412	0	100
会宁县	6081	366	5715	6.01	93.99
永登县	5699	0	5699	0	100
靖远县	5266	0	5266	0	100
卓尼县	5005	117	4888	2.35	97.65
景泰县	4941	0	4941	0	100
文县	4888	4489	399	91.83	8.17
武都区	4566	4534	32	99.30	0.70
古浪县	4128	0	4128	0	100

从生态适宜生境分布面积柱状图可以看出,紫苏在各县均有较大的适宜或次适宜生境分布面积。其中文县和武都区为适宜生境分布面积的主要区县;其他各县均为次适宜生境分布面积的主要区县;其中环县的次适宜生境分布面积最大;古浪县次适宜生境分布面积分布相对较少;环县、会宁县适宜生境分布面积较少,卓尼县适宜生境分布面积最少。(见图72-2)

【适宜种植区域及布局建议】

根据紫苏的生态适宜性分析结果,建议选择栽培种植的区域时可以考虑环县、天祝县、永登县、会宁县、靖远县、景泰县、卓尼县、文县、武都区和古浪县。其中环县分布的主要乡镇有环城镇、车道镇、毛井镇、洪德镇、小南沟乡;天祝县主要分布乡镇有松山镇、旦马乡、哈溪镇、抓喜秀龙镇以及毛藏乡;永登县的主要分布乡镇有七山乡、龙泉寺镇、武胜驿镇、苦水镇、通远镇;会宁县的主要分布乡镇有头寨子镇和汉家岔镇;靖远县的主要乡镇有高湾镇、北滩镇、若笠乡;景泰县的主要乡镇有中泉镇、寺滩乡、正路镇、喜泉镇和五佛乡;卓尼县的主要乡镇有木耳镇、喀尔钦镇、尼巴镇以及恰盖乡;文县

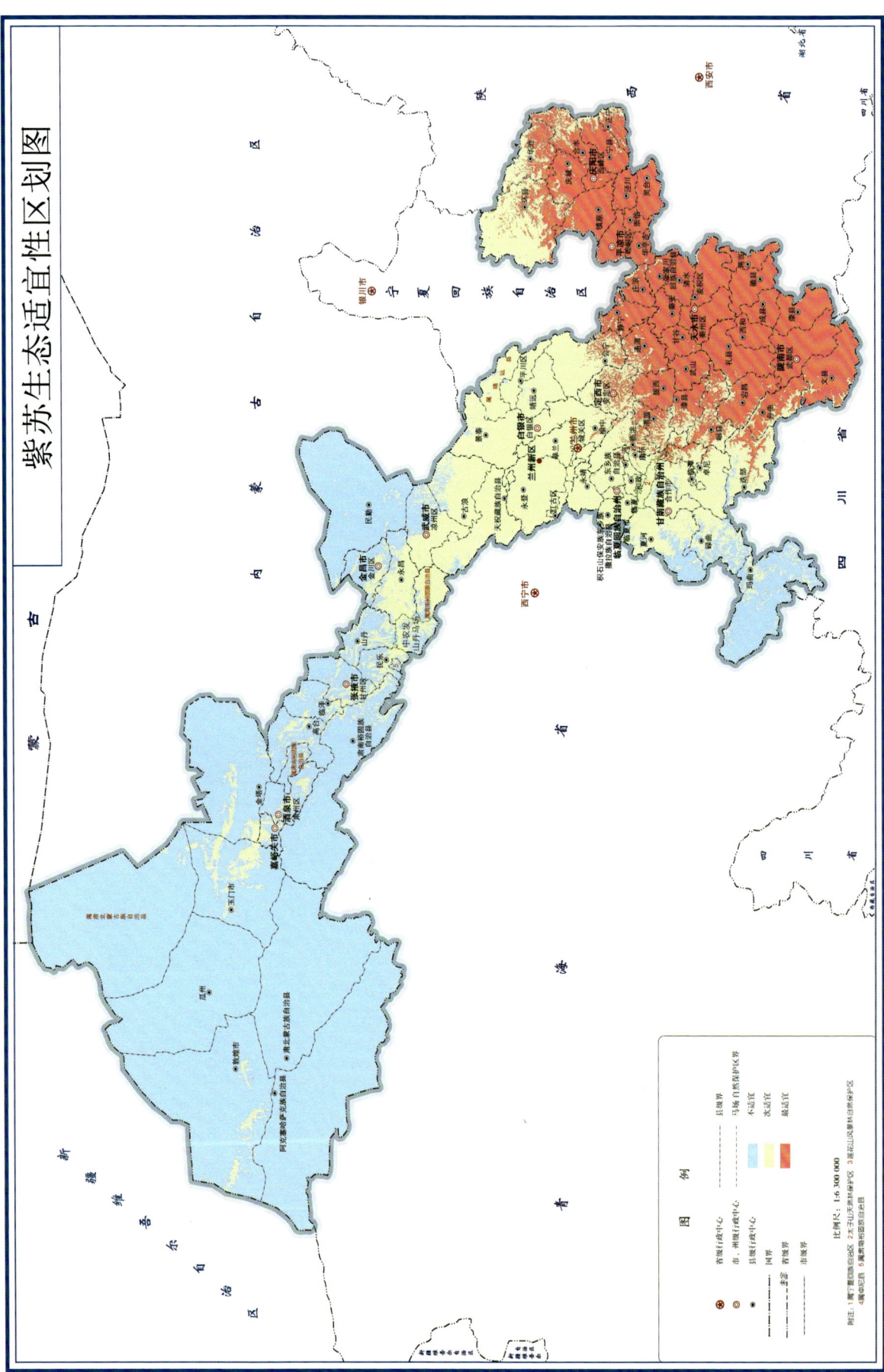

图 72-1 紫苏生态适宜性区划图

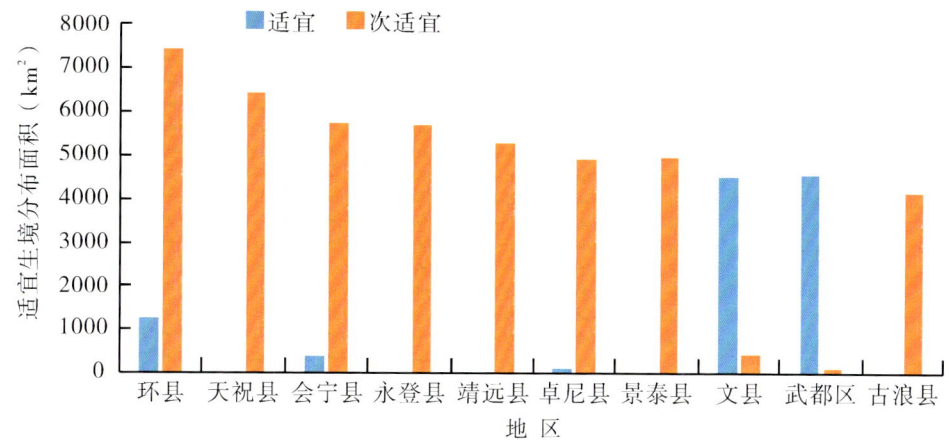

图72-2 紫苏适宜生境分布面积

的主要乡镇有丹堡镇、范坝镇、刘家坪乡、铁楼乡;武都区的主要分布乡镇为枫相乡;古浪县的主要分布乡镇有海子滩镇、新堡乡以及黄花滩镇。

73. 白 果
Baiguo
GINKGO SEMEN

本品为银杏科植物银杏 *Ginkgo biloba* L.的干燥成熟种子。味甘、苦、涩,性平,有小毒。归肺经。具有敛肺定喘,止带缩尿的功效。用于治疗哮喘痰嗽,带下白浊,小便频数,遗尿等。

现代医学研究表明,银杏具有通畅血管、改善大脑功能、延缓大脑衰老、增强记忆力、滋阴养颜、抗衰老、抗菌等作用。种子可供食用(多食易中毒),叶子可作药用和制杀虫剂,是我国特有珍贵孑遗树种。

银杏树生长较慢,寿命极长,自然条件下从栽种到结银杏果要20多年,40年后才能大量结果,因此又有人把它称作"公孙树",有"公种而孙得食"的含义,是树中的老寿星,具有观赏、经济、药用等价值。

【地理分布与生境】

银杏仅浙江天目山有野生状态的树木,银杏的栽培区甚广,北自东北沈阳,南达广州,东起华东,西南至贵州、云南西部均有栽培,以生产种子为目的,或作园林树种。

【生物习性】

银杏为喜光树种,深根性,对气候、土壤的适应性较宽,能在高温多雨及雨量稀少、冬季寒冷的地区生长,但生长缓慢或不良;能生于酸性土壤、石灰性土壤及中性土壤上,但不耐盐碱土及过湿的土壤。

【生态环境影响分析】

根据分析结果可知,影响银杏适宜分布的生态因子共有29个,其中4月份降雨量贡献率最高,为76.0%,取值范围为70~330mm;最冷月最低温和等温性次之,均为4.2%,取值范围分别为-11~12℃、20~32;坡度贡献率最小,为4.0%,取值范围为0°~40°。从而可知,4月份降雨量对银杏的影响最大,此时正值银杏开花时期,需水量较大,10月种子成熟便可采收。(见表73-1)

【生态适宜性区划】

从银杏生态适宜性区划图来看,可以得到银杏在甘肃最适宜及次适宜生长区域主要在东南地区。在陇南市和天水市大部分为最适宜种植区域;在平凉市大部分为不适宜种植区域;在庆阳市、甘

表 73-1 银杏生态因子贡献率

生态因子	贡献率(%)	取值范围
4月份降雨量	76.0	70~330mm
最冷月最低温	4.2	−11~12℃
等温性	4.2	20~32
坡度	4.0	0°~40°

南藏族自治州和定西市绝大部分为不适宜种植区域。(见图73-1)

【生态适宜区域面积】

对生态适宜性进行面积统计发现，银杏在武都区种植总面积最大，为3270km^2，适宜面积2916km^2、次适宜面积354km^2，比例分别为89.17%、10.83%。在文县总面积为2977km^2，适宜面积2677km^2、次适宜面积300km^2，比例分别为89.94%、10.06%；在康县总面积为2797km^2，适宜面积2645km^2、次适宜面积152km^2，比例分别为94.56%、5.44%；在礼县总面积为2676km^2，适宜面积2198km^2、次适宜面积478km^2，比例分别为82.14%、17.86%；在徽县总面积为2548km^2，适宜面积2480km^2、次适宜面积68km^2，比例分别为97.34%、2.66%；在麦积区总面积为2525km^2，适宜面积1985km^2、次适宜面积540km^2，比例分别为78.61%、21.39%；在灵台县总面积为1675km^2，适宜面积1095km^2、次适宜面积580km^2，比例分别为65.37%、34.63%；在秦州区总面积为1633km^2，适宜面积1222km^2、次适宜面积411km^2，比例分别为74.85%、25.15%；在西和县总面积为1598km^2，适宜面积1255km^2、次适宜面积343km^2，比例分别为78.56%、21.44%；在成县总面积为1586km^2，适宜面积1559km^2、次适宜面积27km^2，比例分别为98.30%、1.70%。(见表73-2)

表 73-2 甘肃各区县银杏适宜面积

区县	总面积(km^2)	适宜(km^2)	次适宜(km^2)	适宜比例(%)	次适宜比例(%)
武都区	3270	2916	354	89.17	10.83
文县	2977	2677	300	89.94	10.06
康县	2797	2645	152	94.56	5.44
礼县	2676	2198	478	82.14	17.86
徽县	2548	2480	68	97.34	2.66
麦积区	2525	1985	540	78.61	21.39
灵台县	1675	1095	580	65.37	34.63
秦州区	1633	1222	411	74.85	25.15
西和县	1598	1255	343	78.56	21.44
成县	1586	1559	27	98.30	1.70

从生态适宜生境分布面积柱状图可以看出，银杏在武都区适宜生境分布面积最大；文县、康县和徽县适宜生境分布面积次之；礼县、麦积区、成县适宜生境分布面积较小；灵台县、秦州区和西河县适宜生境分布面积相差不大且面积最小。在礼县、麦积区和灵台县次适宜生境分布面积最大；武都区、文县、秦州区、西河县次适宜生境分布面积次之；康县和徽县次适宜生境分布面积较小；成县次适宜生境分布面积最小。(见图73-2)

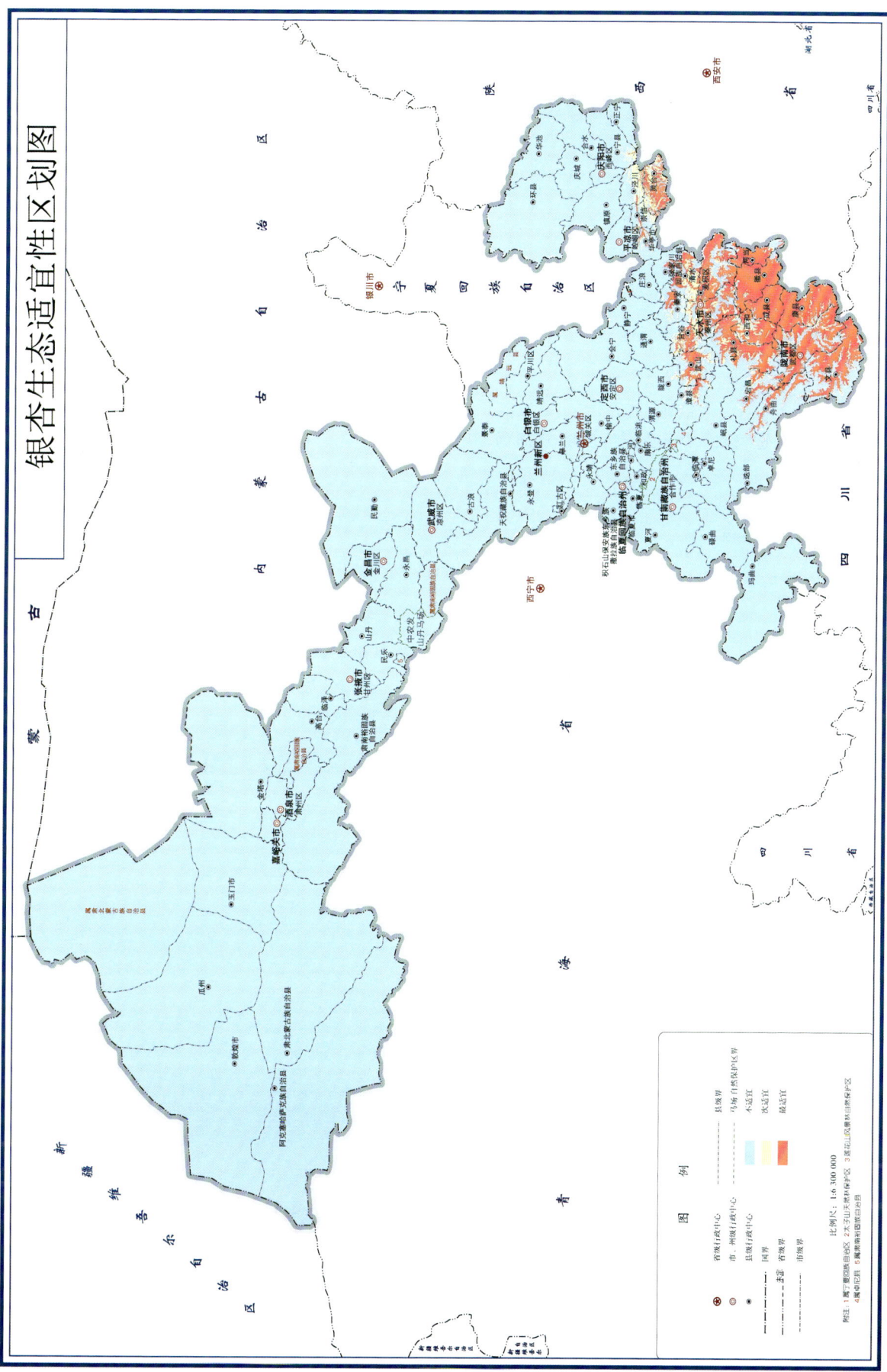

图 73-1 银杏生态适宜性区划图

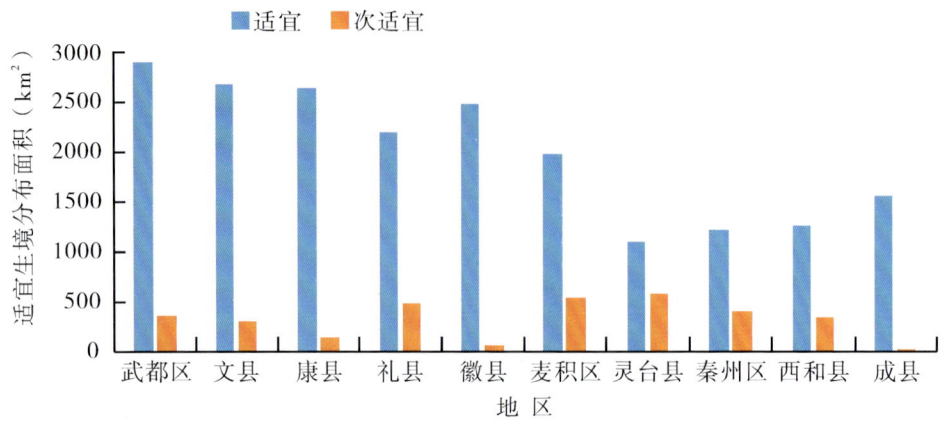

图 73-2 银杏适宜生境分布面积

【适宜种植区域及布局建议】

根据银杏的生态适宜性分析结果,建议选择栽培种植的区域时首先考虑武都区、文县和康县。武都区适宜种植的主要乡镇有枫相乡、裕河镇、洛塘镇、外纳镇、五马镇;文县适宜种植的主要乡镇有范坝镇、中庙镇、丹堡镇、玉垒乡;康县适宜种植的主要乡镇有阳坝镇、三河坝镇、白杨镇、岸门口镇、两河镇。其次是礼县和麦积区,其种植总面积和适宜比例都相差不多。礼县适宜种植的主要乡镇有石桥镇、桥头镇、永坪镇、洮坪镇、白河镇;麦积区适宜种植的主要乡镇有党川镇、东岔镇、利桥镇、甘泉镇、元龙镇。徽县虽种植总面积较小但适宜比例大,适宜种植的主要乡镇有高桥镇、江洛镇、麻沿河镇、榆树乡。灵台县、秦州区和西河县种植总面积较小,适宜面积比例也较小。灵台县适宜种植的主要乡镇有百里镇、什字镇、独店镇、朝那镇、西屯乡;秦州区适宜种植的主要乡镇有娘娘坝镇、皂郊镇、藉口镇;西和县适宜种植的主要乡镇有洛峪镇、十里镇、太石河乡、晒经乡。成县种植总面积最小,但适宜比例最大,适宜种植的主要乡镇有宋坪乡、王磨镇、城关镇。

74. 红花绿绒蒿
Honghualüronghao
MECONOPSIS PUNICEA

本品为罂粟科植物红花绿绒蒿 Meconopsis punicea Maxim. 的花茎及果实。8~9月采花茎及果实,分别干燥处理,储存。味苦、涩,性微温。入肝、肾经。为传统藏药材,其藏药名为欧贝玛保。有镇痛止咳,固涩,抗菌的功效。常用于治疗遗精,白带,肝硬化,发烧,肺结核,鼻出血等疾病。始出藏药典籍《晶珠本草》,谓:"欧贝,清肝热、肺热。"红花绿绒蒿配藁本,煎汤服可用于治神经性头痛;红花绿绒蒿配地榆、荠菜,煎汤,可治肠炎;红花绿绒蒿配悬钩子根、峨参,炖肉吃,可用治遗精,白带,肾性水肿等。

【地理分布与生境】

红花绿绒蒿主要分布于四川西北部、西藏东北部、青海东南部和甘肃西南部等地区,生长于林缘、沟边、山坡草地。

【生物习性】

红花绿绒蒿喜湿润、温暖、光照充足且通风良好的环境,但忌强光暴晒。

【生态环境影响分析】

根据分析结果可知,影响红花绿绒蒿适宜分布的生态因子共有26个,其中海拔的贡献率最大,达52.9%,取值范围在3100~4400m;其次是5月份降雨量,贡献率达27.0%,取值范围在52~135mm;10月份降雨量贡献率最少,为9.7%,降雨量取值范围在24~78mm。(见表74-1)

表74-1 红花绿绒蒿生态因子贡献率

生态因子	贡献率(%)	取值范围
海拔	52.9	3100~4400m
5月份降雨量	27.0	52~135mm
10月份降雨量	9.7	24~78mm

【生态适宜性区划】

从红花绿绒蒿生态适宜性区划图来看,红花绿绒蒿在甘肃最适宜及次适宜种植面积的分布基本在甘南藏族自治州,在甘南邻边的定西市、临夏回族自治州和陇南市内有少部分的最适宜种植面积的分布。(见图74-1)

【生态适宜区域面积】

对生态适宜进行面积统计发现,红花绿绒蒿适宜面积最大的为玛曲县,总面积达到8091km²,适宜面积达到7680km²、次适宜面积411km²,比例分别为94.91%、5.09%。其次是夏河县,总面积4871km²,适宜面积4161km²、次适宜面积710km²,比例分别为85.42%、14.58%。碌曲县总面积4790km²,适宜面积4690km²、次适宜面积100km²,比例分别为97.91%、2.09%;卓尼县总面积4098km²,适宜面积3779km²、次适宜面积319km²,比例分别为92.21%、7.79%;迭部县总面积3918km²,适宜面积3739km²、次适宜面积179km²,比例分别为95.43%、4.57%;合作市总面积1880km²,适宜面积1374km²、次适宜面积506km²,比例分别为73.09%、26.91%;舟曲县总面积1023km²,适宜面积892km²、次适宜面积131km²,比例分别为87.19%、12.81%;岷县总面积986km²,适宜面积604km²、次适宜面积382km²,比例分别为61.26%、38.74%;临潭县总面积786km²,适宜面积558km²、次适宜面积228km²,比例分别为70.99%、29.01%;宕昌县总面积最小,仅仅451km²,其中适宜面积311km²,占总面积比例的68.96%,次适宜面积140km²,比例为31.04%。(见表74-2)

表74-2 甘肃各区县红花绿绒蒿适宜面积

区县	总面积(km²)	适宜(km²)	次适宜(km²)	适宜比例(%)	次适宜比例(%)
玛曲县	8091	7680	411	94.91	5.09
夏河县	4871	4161	710	85.42	14.58
碌曲县	4790	4690	100	97.91	2.09
卓尼县	4098	3779	319	92.21	7.79
迭部县	3918	3739	179	95.43	4.57
合作市	1880	1374	506	73.09	26.91
舟曲县	1023	892	131	87.19	12.81
岷县	986	604	382	61.26	38.74
临潭县	786	558	228	70.99	29.01
宕昌县	451	311	140	68.96	31.04

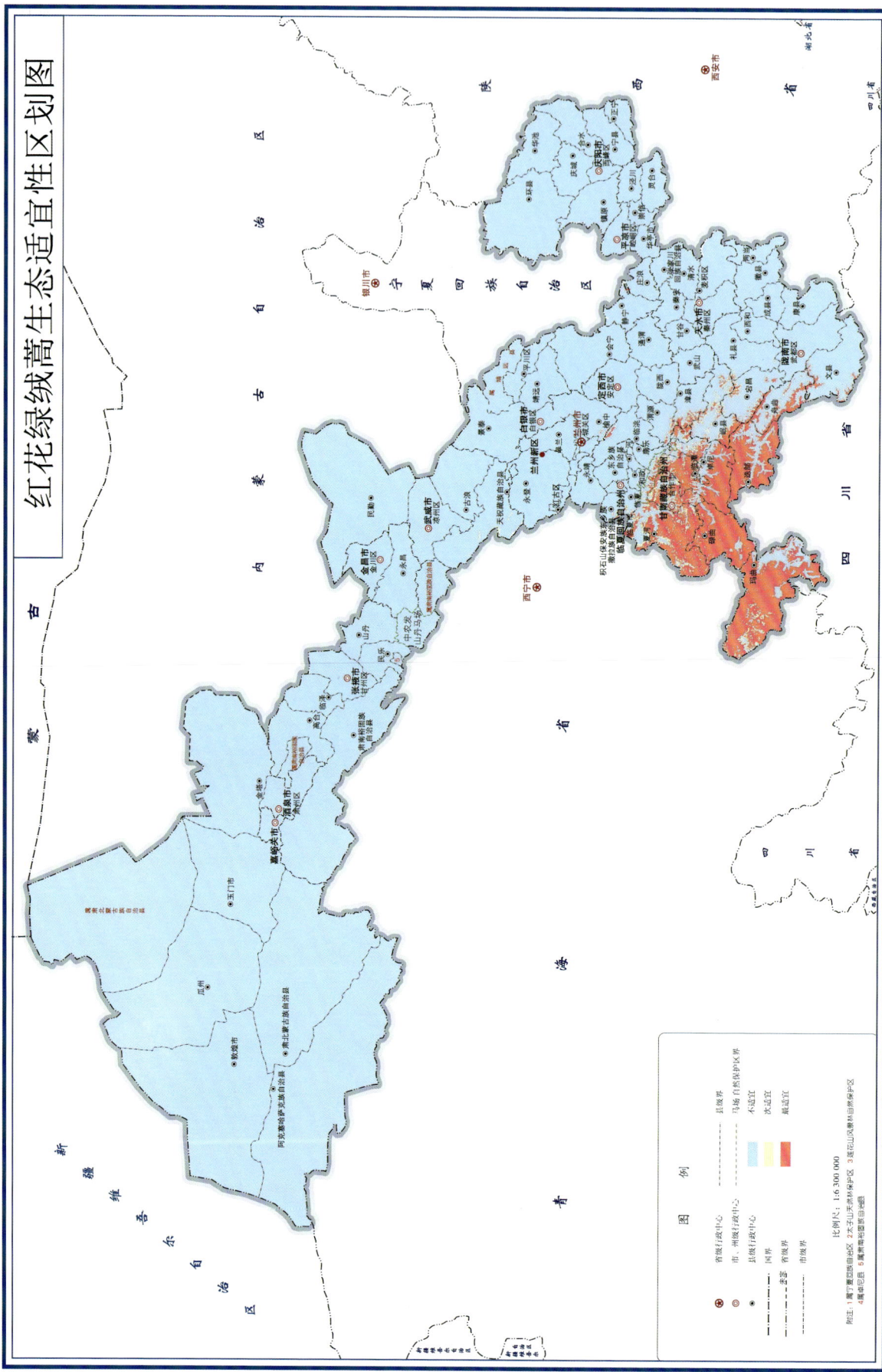

图74-1 红花绿绒蒿生态适宜性区划图

从生态适宜生境分布面积柱状图可以看出,红花绿绒蒿在玛曲县适宜生境分布面积最大;夏河县、碌曲县、卓尼县、迭部县、舟曲县、合作市、岷县、临潭县适宜生境分布面积较少,宕昌县最少。各县的次适宜生境分布面积均较少,且各县其适宜生境分布面积均比次适宜生境分布面积大。(见图74-2)

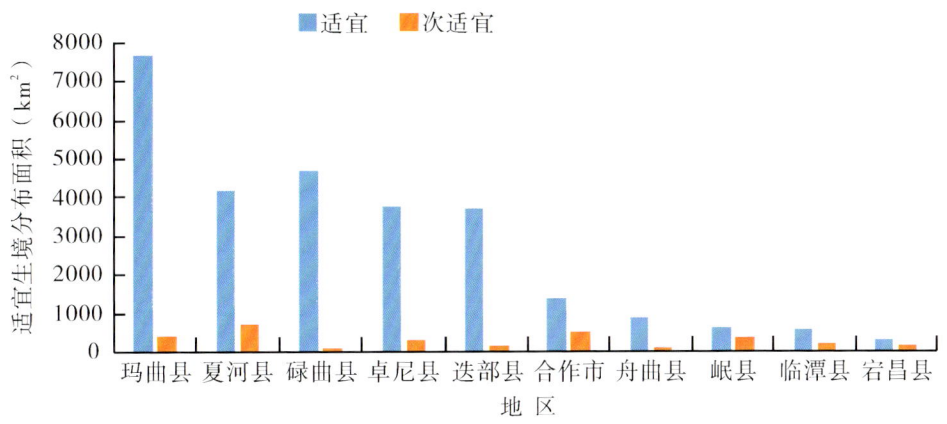

图74-2 红花绿绒蒿适宜生境分布面积

【适宜种植区域及布局建议】

根据红花绿绒蒿的生态适宜性分析结果,建议选择栽培种植的区域时首先考虑玛曲县,其适宜栽培的主要乡镇有木西合乡、欧拉秀玛乡、阿万仓镇、欧拉镇、尼玛镇、齐哈玛镇、曼日玛镇。其次可以考虑夏河县和碌曲县。其中夏河县的主要乡镇有桑科镇、科才镇、阿木去乎镇、甘加镇、扎油乡、博拉镇和吉仓乡;碌曲县主要乡镇有尕海镇、玛艾镇、拉仁关乡、郎木寺镇、双岔镇、西仓镇、阿拉乡。迭部县的主要乡镇有达拉乡、电尕镇、多儿乡、卡坝乡、益哇镇、腊子口镇以及旺藏镇;卓尼县的主要乡镇有喀尔钦镇、木耳镇、恰盖乡、康多乡、刀告乡、完冒镇、藏巴哇镇、申藏镇;合作市的主要乡镇有佐盖多玛乡、勒秀镇、卡加道乡、佐盖曼玛镇、那吾镇、卡加乡、当周街道。最后也可以考虑岷县、宕昌县以及舟曲县。岷县的主要乡镇有秦许乡、闾井镇、禾驮镇、寺沟镇、麻子川镇、梅川镇、中寨镇、申都乡;舟曲县的主要乡镇有博峪镇、武坪镇、插岗乡、告纳镇、憨班镇、大峪镇;宕昌县的主要乡镇有南河镇、车拉乡、城关镇、新城子乡、兴化乡以及何家堡乡、贾河乡。临潭县主要乡镇有城关镇、三岔乡、新城镇、八角镇、石门乡、术布乡、长川乡、店子镇、卓洛乡。

主要参考文献

1.国家药典委员会.中华人民共和国药典[M].北京:中国医药科技出版社,2020.

2.中国科学院中国植物志编辑委员会.中国植物志[M].北京:科学出版社,1993.

3.中国药材公司.中国中药资源[M].北京:科学出版社,1995.

4.陈士林.中国药材产地生态适宜性区划[M].北京:科学出版社,2011.

5.张小波,黄璐琦.中国中药区划[M].北京:科学出版社,2019.

6.毕华兴,谭秀英,李笑吟.基于DEM的数字地形分析[J].北京林业大学学报,2005,27(2):49-53.

7.龚成文,米永伟,谢志军,等.甘肃中药材产业发展现状、问题及对策[J].甘肃科技,2017(22):1-4.

8.黄璐琦.中药区划专题编者按[J].中国中药杂志,2016(17):3113-3114.

9.张小波,郭兰萍,周涛,等.关于中药区划理论和区划指标体系的探讨[J].中国中药杂志,2010,35(17):2350-2355.

10.孟祥才,邹云峰,李庆峰,等.穿龙薯蓣开发历史及资源现状[J].中国现代中药,2011,13(12):15-17.

11.门桂荣.黄精林下栽培技术[J].现代农业科技,2018(12):89-90.

12.陈媛媛,胡尚钦,陶珊,等.川芎栽培关键技术研究进展[J].中药材,2018,41(5):1236-1240.

13.姜磊,田成玉,李军.丹参栽培技术研究[J].山东林业科技,2018,48(6):99-102.

14.赵建邦.甘肃丹参(甘西鼠尾草)的研究与应用评价[J].中药材,2003(7):529-531.

15.陈亚平,关枫.传统中药当归[J].中医药信息,2016,33(4):44-46.

16.李成义,魏学明,王明伟,等.甘肃道地药材党参的本草学研究[J].西部中医药,2012,25(2):12-14.

17.刘朵,章丹丹,卞卡.地黄药理药化及配伍研究[J].时珍国医国药,2012,23(3):748-750.

18.林先明,郭晓亮,郭杰,等.独活种子质量标准研究[J].安徽农业科学,2015,43(33):184-185,271.

19.远金,谭勇,王绍明,等.红景天植物化学成分及资源利用研究进展[J].中国农学通报,2008,24(12):458.

20.李楚源,曾令杰.板蓝根研究进展[J].现代中药研究与实践,2005,19(3):51-55.

21.康传志,王青青,周涛,等.贵州杜仲的生态适宜性区划分析[J].中药材,2014(5):760-766.

22.熊厚溪,丁玲,许海.毕节地区苦参的生态适宜性区划[J].贵州农业科学,2017,45(5):90-94.

23.裴莉昕,纪宝玉,陈随清,等.河南不同产地商陆药材质量分析[J].中国实验方剂学杂志,2017,23(2):48-52.

24.胡平,舒光明,夏燕莉,等.川射干野生资源产量性状调查研究[J].时珍国医国药.2014,25(6):1478-1479.

25.丁永辉,宋平顺,朱俊儒,等.甘肃柴胡属植物资源及中药柴胡的商品调查[J].中草药,2002,33(11):1036-1038.

26.段宝忠,陈锡林,黄林芳,等.太白贝母资源学研究概况[J].中国现代中药,2010,12(4):12-14.

27.刘京宏,周利,钟晓红,等.白及资源研究现状及长产业链开发策略[J].中国现代中药,2017,19(10):1485-1504.

28.简再友,王文全,俞敬波.赤芍野生资源调查及可持续利用技术途径探讨[J].中国现代中药,2010,12(5):10-11.

29.燕玲,宛涛,张众,等.荚膜黄芪与蒙古黄芪植物学特征分析[J].内蒙古农业大学学报,2001,22(4):72-77.

30.吴昌娟,高金虎.黄芩栽培技术研究综述及产业前景展望[J].现代农业科技,2016(1):94-95.

31.谭玲玲,彭华胜,胡正海.桔梗的生物学特性及化学成分研究进展[J].南方农业学报,2011,42(12):1523-1527.

32.赵欢.药用植物秦艽的研究进展[J].贵州农业科学,2017,45(1):112-115.

33.田洪岭,牛变花,王耀琴,等.远志栽培现状及推广前景分析[J].安徽农业科学,2016,44(15):112-113.

34.丰先红,罗孝贵,李健,等.甘孜州川续断高产栽培技术[J].江西农业,2017,3(103):7-12.

35.周峰,陈万生,乔传卓.中药知母商品及资源调查[J].时珍国医国药,2000,11(7):672.

36.张丽霞,祁建军,李海涛,等.西双版纳野生重楼资源的分布状况[J].中国中药杂志,2010,35(13):1684-1686.

37.赵容,许亮,谢明康,等.中药玉竹的本草考证[J].中国实验方剂学杂志,2017,23(15):227-234.

38.徐岩,傅克治.甘松香的生药学研究[J].药学学报,1957,5(4):1269-284.

39.车树理,杨文玺,武睿.甘肃中部山区宽叶羌活栽培技术研究[J].现代农业,2019(1):6-9.

40.唐春梓,刘海华,艾伦强,等.何首乌栽培资源调查[J].宁夏农林科技,2013,54(1):14-15.

41.向地英,张延龙,牛立新.秦巴山区及毗邻地区野生百合的形态多样性研究[J].武汉植物学研究,2005,23(4):385-388.

42.王岩,宋良科,王小宁,等.大黄种质考证与资源分布[J].中国药房,2013,24(11):1040-1043.

43.刘洋洋,刘春生,曾斌芳,等.甘草种质资源研究进展[J].中草药,2013,44,(24):3593-3598.

44.李满,许强,康建宏,等.铁棒锤的研究进展[J].农业科学研究,2007,28(1):49-51.

45.唐远,万德光,裴瑾,等.川木通的研究进展[J].时珍国医国药,2007,18(10):2346-2347.

46.熊大胜,郭春秋,谢彬.三叶木通种子品质性状研究[J].中草药,2005,36(11):1710-1713.

47.孙守祥.木通药材基原考证[J].中药材,2007,30(7):875-877.

48.谢克光.白鲜高产栽培技术[J].辽宁农业科学,2016,4:91-92.

49.杏亚婷.陇南厚朴生态、生物学特性及栽培技术[J].甘肃科技,2010,26(6):102,162.

50.李作洲,徐艳琴,王瑛,等.淫羊藿属药用植物的研究现状与展望[J].中草药,2005,36(2):289-295.

51.姚欣,许亮,刘淼,等.道地药材牛蒡子特性与生态因子的关系[J].湖南农业科学,2009(11):18-21.

52.李根前,唐德瑞,赵一庆.沙棘的生物学与生态学特性[J].西北植物学报,2000,20(5):892-897.

53.李祎辰,谭雪红.山茱萸的生态特性、栽培技术及药用价值浅析[J].现代园艺,2018(9):38-39.

54.周涛,江维克,李玲,等.贵州吴茱萸的生境与群落特征调查[J].贵州农业科学,2010,38(10):35-37.

55.刘秦,范惠玲,姚正良.白芥优异性状研究进展[J].现代农业科技,2010(19):44-45.

56.杨曦,蒋桂华.女贞子的研究开发现状与展望[J].时珍国医国药,2008,19(12):2987-2990.

57.帅瑞艳,刘飞虎.亚麻起源及其在中国的栽培与利用[J].中国麻业科学,2010,32(5):282-286.

58.吕丽芬,袁理春,杨丽云,等.重要濒危保护植物桃儿七[J].云南农业科技,2006,3(3):29-29.

59.于继鸿.辽五味子综合开发与利用[J].辽宁中医药大学学报,2011,13(8):190-192.

60.张娟红,徐丽婷,王荣等.藏药独一味生药学及化学成分研究进展[J].兰州大学学报,2015,41(5):57-62.

61.张梦婷,张嘉丽,任阳阳,等.麻黄的研究进展[J].世界中医药,2016,11(9):1917-1921,1928.

62.刘晨,张凌珲,杨柳,等.瞿麦药学研究概况[J].安徽农业科学,2011,39(33):20387-20388,20392.

63.李振华,郭静霞,崔占虎,等.锁阳的研究进展与资源保护[J].中国现代中药,2014,16(10):861-869.

64.陈端妮,唐晓敏,张春荣,等.不同采收时间广金钱草药材产量和质量研究[J].中国现代中药,2018,20(4):450-452.

65.杨安荣,杨培君.四种商品连钱草的辨析及鉴别[J].时珍国医国药,2005,16(9):835-836.

66.杨倩,詹志来,欧阳臻,等.薄荷的本草考证[J].中国野生植物资源,2018,38(4):60-64,79.

67.何育佩,郝二伟,谢金玲,等.紫苏药理作用及其化学物质基础研究进展[J].中草药,2018,49(16):3957-3968.

68.江永靖,梁洪军.甘肃银杏资源分布及栽培类型区划[J].甘肃科技,2003,19(10):146-148.

附 录

附录一 甘肃省常见中药名录

序号	药材名	基原名	基原拉丁名	AUC 值
1	穿山龙	穿龙薯蓣	*Dioscorea nipponica* Makino	0.982
2	黄精	黄精	*Polygonatum sibiricum* Red.	0.984
3		滇黄精	*Polygonatum kingianum* Coll. et Hemsl.	0.988
4		多花黄精	*Polygonatum cyrtonema* Hua.	0.979
5	川芎	川芎	*Ligusticum chuanxiong* Hort.	0.987
6	丹参	丹参	*Salvia miltiorrhiza* Bge.	0.986
7	柴丹参	甘西鼠尾草	*Salvia przewalskii* Maxim.	0.99
8	当归	当归	*Angelica sinensis* (Oliv.) Diel	0.991
9	党参	党参	*Codonopsis pilosula* (Franch.) Nannf.	0.996
10		川党参	*Codonopsis tangshen* Oliv.	0.990
11		素花党参	*Codonopsis pilosula* Nannf. var. *modesta* (Nannf.) L. T. Shen	0.993
12	地黄	地黄	*Rehmannia glutinosa* Libosch.	0.993
13	独活	重齿毛当归	*Angelica pubescens* Maxim. f. *biserrata* Shan et Yuan	0.989
14	红景天	大花红景天	*Rhodiola crenulata* (Hook. f. et Thoms.) H. Ohba	0.988
15	板蓝根	菘蓝	*Isatis indigotica* Fort.	0.991
16	杜仲	杜仲	*Eucommia ulmoides* Oliv.	0.976
17	苦参	苦参	*Sophora flavescens* Ait.	0.976
18	商陆	商陆	*Phytolacca acinosa* Roxb.	0.983
19	射干	射干	*Belamcanda chinensis* (L.) DC.	0.983
20	升麻	升麻	*Cimicifuga foetida* L.	0.990
21	赤芍	芍药	*Paeonia lactiflora* Pall.	0.966
22		川赤芍	*Paeonia veitchii* Lynch	0.992
23	柴胡	柴胡	*Bupleurum chinense* DC.	0.987
24	川贝母	川贝母	*Fritillaria cirrhosa* D. Don	0.988
25		甘肃贝母	*Fritillaria przewalskii* Maxim.	0.996
26		暗紫贝母	*Fritillaria unibracteata* Hsiao et K.C. Hsia	0.994
27		梭砂贝母	*Fritillaria delavayi* Franch.	0.993
28		太白贝母	*Fritillaria taipaiensis* P. Y. Li	0.994
29	白及	白及	*Bletilla striata* (Thunb.) Reichb. f.	0.982
30	防风	防风	*Saposhnikovia divaricata* (Trucz.) Schischk.	0.975
31	甘肃黄芩	甘肃黄芩	*Scutellaria rehderiana* Diels	0.994
32	甘遂	甘遂	*Euphorbia kansui* T. N. Liou ex T. P. Wang	0.992

续表

序号	药材名	基原名	基原拉丁名	AUC 值
33	高乌头	高乌头	*Aconitum sinomontanum* Nakai	0.993
34	葛根	野葛	*Pueraria lobata* (Willd.) Ohwi	0.975
35	黄芪	蒙古黄芪	*Astragalus membranaceus* (Fisch.)Bge. var. *mongholicus*(Bge.)Hsiao	0.991
36		膜荚黄芪	*Astragalus membranaceus* (Fisch.) Bge.	0.992
37	黄芩	黄芩	*Scutellaria baicalensis* Georgi	0.986
38	天麻	天麻	*Gastrodia elata* Bl.	0.991
39	桔梗	桔梗	*Platycodon grandiflorum* (Jacq.) A. DC.	0.982
40	秦艽	秦艽	*Gentiana macrophylla* Pall.	0.974
41		小秦艽	*Gentiana dahurica* Fisch.	0.974
42		粗茎秦艽	*Gentiana crassicaulis* Duthie ex Burk.	0.991
43		麻花秦艽	*Gentiana straminea* Maxim.	0.990
44	远志	远志	*Polygala tenuifolia* Willd.	0.983
45	续断	川续断	*Dipsacus asper* Wall. ex Henry	0.992
46	知母	知母	*Anemarrhena asphodeloides* Bge.	0.984
47	重楼	七叶一枝花	*Paris polyphylla* Smith var. *chinensis*(Franch.)Hara	0.990
48	玉竹	玉竹	*Polygonatum odoratum* (Mill.)Druce	0.985
49	甘松	甘松	*Nardostachys jatamansi* DC.	0.993
50	羌活	羌活	*Notopterygium incisum* Ting ex H. T. Chang	0.993
51		宽叶羌活	*Notopterygium franchetii* H. de Boiss.	0.994
52	何首乌	何首乌	*Polygonum multiflorum* Thunb.	0.980
53	百合	百合	*Lilium brownii* F. E. Brown var. *viridulum* Baker	0.980
54		细叶百合	*Lilium pumilum* DC.	0.995
55		卷丹	*Lilium lancifolium* Thunb.	0.982
56	天南星	天南星	*Arisaema erubescens* (Wall.) Schott	0.985
57	半夏	半夏	*Pinellia ternata* (Thunb.) Breit.	0.981
58	大黄	药用大黄	*Rheum officinale* Baill.	0.981
59		唐古特大黄	*Rheum tanguticum* Maxim. ex Balf.	0.992
60		掌叶大黄	*Rheum palmatum* L.	0.986
61	甘草	甘草	*Glycyrrhiza uralensis* Fisch.	0.985
62		胀果甘草	*Glycyrrhiza inflata* Bat.	0.989
63	铁棒锤	伏毛铁棒锤	*Aconitum flavum* Hand.-Mazz.	0.988
64		铁棒锤	*Aconitum pendulum* Busch	0.988
65	川木通	小木通	*Clematis armandii* Franch.	0.987
66		绣球藤	*Clematis montana* Buch.-Ham.	0.993
67	木通	木通	*Akebia quinata* (Thunb.) Decne.	0.991
68		三叶木通	*Akebia trifoliata* (Thunb.) Koidz.	0.987
69		白木通	*Akebia trifoliata* (Thunb.) Koidz. var. *australis* (Diels) Rehd.	0.986

续表

序号	药材名	基原名	基原拉丁名	AUC 值
70	通草	通脱木	*Tetrapanax papyrifer* (Hook.) K. Koch	0.986
71	白鲜皮	白鲜	*Dictamnus dasycarpus* Turcz.	0.979
72	厚朴	厚朴	*Magnolia officinalis* Rehd. et Wils.	0.979
73	枇杷叶	枇杷	*Eriobotrya japonica* (Thunb.) Lindl.	0.973
74	淫羊藿	淫羊藿	*Epimedium brevicornu* Maxim.	0.990
75		柔毛淫羊藿	*Epimedium pubescens* Maxim.	0.993
76	牛蒡子	牛蒡	*Arctium lappa* L.	0.982
77	沙棘	沙棘	*Hippophae rhamnoides* L.	0.991
78	山茱萸	山茱萸	*Cornus officinalis* Sieb. et Zucc.	0.979
79	吴茱萸	吴茱萸	*Euodia rutaecarpa* (Juss.) Benth.	0.979
80	芥子	白芥	*Sinapis alba* L.	0.991
81	女贞子	女贞	*Ligustrum lucidum* Ait.	0.982
82	亚麻子	亚麻	*Linum usitatissimum* L.	0.986
83	小叶莲	桃儿七	*Sinopodophyllum hexandrum* (Royle) Ying	0.99
84	五味子	五味子	*Schisandra chinensis* (Turcz.) Baill.	0.988
85	独一味	独一味	*Lamiophlomis rotata* (Benth.) Kudo	0.990
86	麻黄	草麻黄	*Ephedra sinica* Stapf	0.984
87		中麻黄	*Ephedra intermedia* Schrenk ex C. A. Mey.	0.994
88		木贼麻黄	*Ephedra equisetina* Bge.	0.983
89	瞿麦	瞿麦	*Dianthus superbus* L.	0.983
90	锁阳	锁阳	*Cynomorium songaricum* Rupr.	0.986
91	贯叶连翘	贯叶连翘	*Hypericum perforatum* L.	0.992
92	金钱草	过路黄	*Lysimachia christinae* Hance	0.990
93	筋骨草	筋骨草	*Ajuga decumbens* Thunb.	0.989
94	连钱草	活血丹	*Glechoma longituba* (Nakai) Kupr.	0.98
95	薄荷	薄荷	*Mentha haplocalyx* Briq.	0.984
96	益母草	益母草	*Leonurus japonicus* Houtt.	0.984
97	翼首花	匙叶翼首草	*Pterocephalus hookeri* (C. B. Clarke) Höeck	0.992
98	紫苏	紫苏	*Perilla frutescens* (L.) Britt.	0.971
99	白果	银杏	*Ginkgo biloba* L.	0.983
100	红花绿绒蒿	红花绿绒蒿	*Meconopsis punicea* Maxim.	0.991

注:AUC 值作为模型预测准确度的衡量指标,其取值范围为[0,1],值越大表示模型判断力越强,AUC 值在 0.5~0.6 为失败,0.6~0.7 为较差,0.7~0.8 为一般,0.8~0.9 为好,0.9~1.0 为非常好

附录二 生态因子数据

附表 1 气候类型数据

序号	名称	单位	类型	含义
1~12	1~12 月月降雨量	毫米(mm)	连续型	
13~24	1~12 月月平均气温	摄氏度 ×10(°C ×10)	连续型	
25	年平均气温	摄氏度 ×10(°C ×10)	连续型	
26	昼夜温差月均值	摄氏度 ×10(°C ×10)	连续型	各月昼夜温差的均值
27	等温性	1	连续型	(昼夜温差月均值与年均温变化范围的比值) ×100
28	温度季节性变化的标准差	1	连续型	各季节均温的标准差 ×100
29	最暖月最高温	摄氏度 ×10(°C ×10)	连续型	
30	最冷月最低温	摄氏度 ×10(°C ×10)	连续型	
31	年均温变化范围	摄氏度 ×10(°C ×10)	连续型	年昼夜温差
32	最湿季平均温	摄氏度 ×10(°C ×10)	连续型	最湿季度的平均温
33	最干季平均温	摄氏度 ×10(°C ×10)	连续型	最干季度的平均温
34	最暖季平均温	摄氏度 ×10(°C ×10)	连续型	
35	最冷季平均温	摄氏度 ×10(°C ×10)	连续型	
36	年均降雨量	毫米(mm)	连续型	
37	最湿月降雨量	毫米(mm)	连续型	
38	最干月降雨量	毫米(mm)	连续型	
39	季节降水量变异系数	1	连续型	(标准偏差 SD/平均值 MN)×100%
40	最湿季降雨量	毫米(mm)	连续型	
41	最干季降雨量	毫米(mm)	连续型	
42	最暖季降雨量	毫米(mm)	连续型	
43	最冷季降雨量	毫米(mm)	连续型	

附表 2 土壤类型数据

序号	名称	单位	类型	含义
1	酸碱度(pH 值)	1	连续型	
2	土壤的阳离子交换能力	cmol/kg	连续型	土壤上层(0~30cm)的阳离子交换能力,反映了土壤对营养的固定能力
3	土壤含沙量	%	连续型	土壤上层(0~30cm)的含沙量,按重量百分比计算
4	土壤含黏土量	%	连续型	土壤上层(0~30cm)的含黏土量,按重量百分比计算
5	土壤亚类(sym90)	1	类别型	按照FAO—90体系划分
6	土壤有效水含量等级	1	类别型	
7	土壤质地分类(USDA)	1	类别型	
8	有机碳含量	%	连续型	土壤上层(0~30cm)的有机碳含量,反映了土壤的肥力,按重量百分比计算

附表 3 地形数据

序号	名称	单位	类型	含义
1	altitude	米(m)	连续型	高程(海拔)
2	slope	度(°)	连续型	坡度
3	aspect	1	类别型	坡向

附表 4 综合气象指标数据

序号	名称	单位	类型	含义
1	index_WI	摄氏度(°C)	连续型	温暖指数 计算方法:月平均气温大于5°C的各月平均气温-5°C,再求和
2	index_CI	摄氏度(°C)	连续型	寒冷指数 计算方法:月平均气温小于5°C的各月平均气温-5°C,再求和
3	index_HI	mm/°C	连续型	干燥度指数 计算方法:P是年平均降水量,单位是mm,WI是温暖指数

注:数据来源于"中药资源空间信息网格数据库"。